위험물 기능사

필기

KB043685

다락원

머리말
Introduction

급진적인 화학산업의 성장과 경제 발전으로 위험물 제조 및 취급, 저장시설이 대규모화 되어 가고 있습니다. 따라서 각 산업체에서는 유능한 인재의 체계적인 운영과 대형사고의 방지를 위해 위험물 안전관리에 대한 필요성이 대두되고 있고, 위험물 자격증의 취득도 필수 요소로 인식되고 있습니다. 이에 본 저자는 위험물 기능사 자격시험 합격을 위해 열심히 공부하는 수험생 여러분을 돕고자 합니다.

본서의 특징

- ▶ 저자의 오랜 실무 경험과 학원 강의 경력을 바탕으로 집필하였습니다.
- ▶ 각 과목별로 이론은 최대한 핵심적인 것만을 다루고, 예제와 예상문제를 수록해 학습능력을 높였습니다.
- ▶ 최근 과년도 문제와 핵심적인 해설을 상세히 설명하였습니다.
- ▶ 출제빈도가 높은 키워드만을 정리한 '합격노트'를 별책으로 첨부하였습니다.
- ▶ **저자 직강 동영상 강의를 무료로 제공합니다.**
  * 자세한 사항은 옆면 참고

이와 같이 본 저자가 심혈을 기울여 집필을 하였지만 그런 중에도 미비한 점이 있을까 염려되는 바, 수험자 여러분의 지도편달을 통해 지속적인 개정이 가능하도록 힘쓸 것입니다.

수험자 여러분 모두에게 합격의 기쁨이 있기를 기원하며, 본서가 발행되기까지 수고하여 주신 다락원 사장님과 편집부 직원들에게 진심으로 감사를 드립니다.

저자 은송기

위험물기능사 필기
원큐패스! 한번에 합격하기!

저자직강 무료 동영상 강의

합격노트 부록집에 기재되어 있는 쿠폰번호를 이용하여 핵심요약 강의를 학습할 수 있습니다.

쿠폰 등록 및 강의 수강 방법

다락원 홈페이지 회원가입 후 이용할 수 있습니다.

1. 다락원 PC 또는 모바일 홈페이지에 로그인해주세요.
2. 마이페이지 – 내 쿠폰함 – 쿠폰번호 입력 후 쿠폰을 등록해주세요.
3. 쿠폰목록에서 쿠폰 확인 후 사용하기 버튼을 클릭해주세요.
4. 내 강의실에서 강의를 수강해주세요.

쿠폰 관련 유의사항

〈위험물기능사 필기 저자직강 강의 무료수강〉 쿠폰은 2024년 3월 31일까지 등록하실 수 있습니다.
등록기한이 지난 쿠폰은 사용할 수 없으니 기한 내에 꼭 등록하시기 바랍니다. 쿠폰은 환불 또는 교환되지 않습니다.

쿠폰에 대해 궁금한 점은
고객지원팀(02-736-2031, 내선 313, 314)으로 문의바랍니다.

www.darakwon.co.kr

개요

위험물 안전 관리법 규정에 의거 위험물의 제조 및 저장하는 취급소에서 각 류별 위험물 규모에 따라 위험물과 시설물을 점검하고, 일반 작업자를 지시 감독하며 재해 발생 시 응급조치와 안전관리 업무를 수행하는 일

수행직무

위험물을 저장·취급·제조하는 제조소등에서 위험물을 안전하게 저장·취급·제조하고 일반 작업자를 지시 감독하며, 각 설비에 대한 점검과 재해 발생 시 응급조치 등의 안전 관리 업무를 수행하는 직무

진로 및 전망

위험물 제조, 저장, 취급 전문 업체, 도료제조, 고무제조, 금속제련, 유기합성물제조, 염료제조, 화장품제조, 인쇄잉크제조 등 지정수량 이상의 위험물 취급 업체 및 위험물 안전관리 대행기관에 종사할 수 있다.
상위직으로 승진하기 위해서는 관련 분야의 상위자격을 취득하거나 기능을 인정받을 수 있는 경험이 있어야 한다.
유사직종의 자격을 취득하여 독극물취급, 소방설비, 열관리, 보일러 환경분야로 전직할 수 있다.

취득방법

• 시행처 : 한국산업인력공단
• 시험과목
　－ 필기 : 화재예방과 소화방법, 위험물의 화학적 성질 및 취급
　－ 실기 : 위험물 취급 실무
• 검정방법
　－ 필기 : 객관식 4지 택일형, 60문항(60분)
　－ 실기 : 필답형(90분)
• 합격기준
　－ 필기 : 100점을 만점으로 하여 60점 이상
　－ 실기 : 100점을 만점으로 하여 60점 이상

시험일정

회별	필기시험		
	원서접수(인터넷)	시험시행	합격 예정자 발표
제1회	1월경	1월경	2월경
제2회	3월경	3월경	4월경
제3회	5월경	6월경	7월경
제4회	8월경	8월경	9월경

* 자세한 일정은 Q-net(http://www.q-net.or.kr)에서 확인

자격종목 : 위험물기능사
필기검정방법 : 객관식
문제수 : 60
시험시간 : 1시간
직무내용 : 위험물을 저장·취급·제조하는 제조소등에서 위험물을 안전하게 저장·취급·제조하고 일반 작업자를 지시 감독하며, 각 설비에 대한 점검과 재해 발생 시 응급조치 등의 안전관리 업무를 수행하는 직무이다.

화재예방과 소화방법, 위험물의 화학적 성질 및 취급

1. 화재 예방 및 소화 방법   – 화학의 이해 / 화재 및 소화 / 화재 예방 및 소화 방법

2. 소화약제 및 소화기   – 소화약제 / 소화기

3. 소방시설의 설치 및 운영   – 소화설비의 설치 및 운영 / 경보 및 피난설비의 설치기준

4. 위험물의 종류 및 성질   – 제1류 위험물 / 제2류 위험물 / 제3류 위험물 / 제4류 위험물 / 제5류 위험물 / 제6류 위험물

5. 위험물안전관리 기준   – 위험물 저장·취급·운반·운송기준

6. 기술기준   – 제조소등의 위치구조설비기준 / 제조소등의 소화설비, 경보설비 및 피난설비기준

7. 위험물안전관리법상 행정사항   – 제조소등 설치 및 후속절차 / 행정처분 / 안전관리 사항 / 행정감독

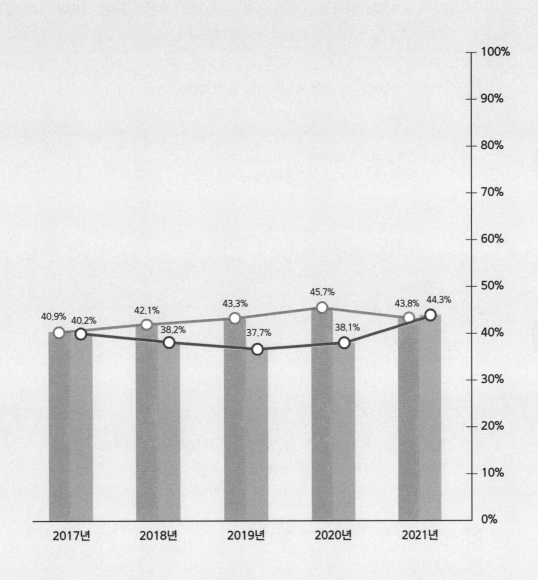

합격률

Q 시험 일정이 궁금합니다.

A 시험 일정은 매년 상이하므로, 큐넷 홈페이지(www.q-net.or.kr)를 참고하거나 다락원 원큐패스카페(http://cafe.naver.com/1qpass)를 이용하면 편리합니다. 원서접수기간, 필기시험일정 등을 확인할 수 있습니다.

Q 자격증을 따고 싶은데 시험 응시방법을 잘 모르겠습니다.

A 시험 응시방법은 간단합니다.

[홈페이지에 접속하여 회원가입]
국가기술자격은 보통 한국산업인력공단과 한국기술자격검정원 홈페이지에서 응시하면 됩니다.
그 외에도 한국보건의료인국가시험원, 대한상공회의소 등이 있으니 자격증의 주관사를 먼저 아는 것이 중요합니다.

[사진 등록]
회원가입한 내역으로 원서를 등록하기 때문에, 규격에 맞는 본인확인이 가능한 사진으로 등록해야 합니다.
• 접수가능사진 : 6개월 이내 촬영한 (3×4cm) 칼라사진, 상반신 정면, 탈모, 무 배경
• 접수불가능사진 : 스냅 사진, 선글라스, 스티커 사진, 측면 사진, 모자 착용, 혼란한 배경사진, 기타 신분확인이 불가한 사진

원서접수 신청을 클릭한 후, 자격선택 → 종목선택 → 응시유형 → 추가입력 → 장소선택 → 결제하기 순으로 진행하면 됩니다.

Q 시험장에서 따로 유의해야 할 점이 있나요?

A 시험당일 신분증을 지참하지 않은 경우에는 당해 시험이 정지(퇴실) 및 무효 처리되므로, 신분증을 반드시 지참하기 바랍니다.

[공통 적용]
① 주민등록증(주민등록증발급신청확인서(유효기간 이내인 것) 및 정부24·PASS 주민등록증 모바일 확인서비스 포함), ② 운전면허증(모바일 운전면허증 포함, 경찰

청에서 발행된 것) 및 PASS 모바일 운전면허 확인서비스, ③ 건설기계조종사면허증, ④ 여권, ⑤ 공무원증(장교·부사관·군무원신분증 포함), ⑥ 장애인등록증(복지카드)(주민등록번호가 표기된 것), ⑦ 국가유공자증, ⑧ 국가기술자격증(정부24, 카카오, 네이버 모바일 자격증 포함)(국가기술자격법에 의거 한국산업인력공단 등 10개기관에서 발행된 것), ⑨ 동력수상레저기구 조종면허증(해양경찰청에서 발행된 것)

[한정 적용]

- 초·중·고등학생 및 만18세 이하인 자
  ① 초·중·고등학교 학생증(사진·생년월일·성명·학교장 직인이 표기·날인된 것), ② NEIS 재학증명서(사진(컬러)·생년월일·성명·학교장 직인이 표기·날인되고, 발급일로부터 1년 이내인 것), ③ 국가자격검정용 신분확인증명서(별지 1호 서식에 따라 학교장 확인·직인이 날인되고, 유효기간 이내인 것), ④ 청소년증(청소년증발급신청확인서(유효기간 이내인 것) 포함), ⑤ 국가자격증(국가공인 및 민간자격증 불인정)

- 미취학 아동
  ① 한국산업인력공단 발행 "국가자격검정용 임시신분증"(별지 제2호 서식에 따라 공단 직인이 날인되고, 유효기간 이내인 것), ② 국가자격증(국가공인 및 민간자격증 불인정)

- 사병(군인)
  국가자격검정용 신분확인증명서(별지 제1호 서식에 따라 소속부대장이 증명·날인하고, 유효기간 이내인 것)

- 외국인
  ① 외국인등록증, ② 외국국적동포국내거소신고증, ③ 영주증
  ※ 일체 훼손·변형이 없는 원본 신분증인 경우만 유효·인정
    - 사진 또는 외지(코팅지)와 내지가 탈착·분리 등의 변형이 있는 것, 훼손으로 사진·인적사항 등을 인식할 수 없는 것 등
    - 신분증이 훼손된 경우 시험응시는 허용하나, 당해 시험 유효처리 후 별도 절차를 통해 사후 신분확인 실시
  ※ 사진, 주민등록번호(최소 생년월일), 성명, 발급자(직인 등)가 모두 기재된 경우에 한하여 유효·인정

이 책의 구성

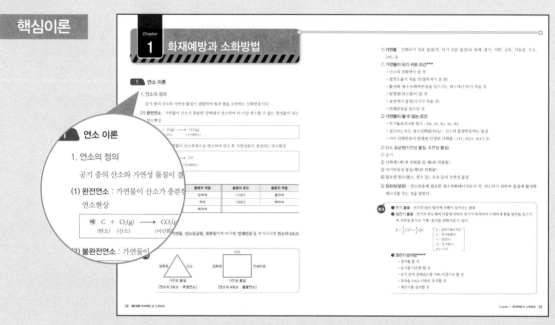

● 시험에 자주 출제되고 반드시 알아야 하는 핵심이론을 파트별로 분류하여 이해하기 쉽도록 정리했습니다.

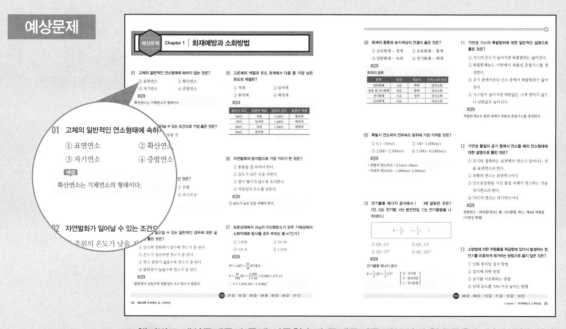

● 챕터별로 예상문제를 수록해 이론학습과 문제풀이를 반복하여 학습률을 높일 수 있습니다.

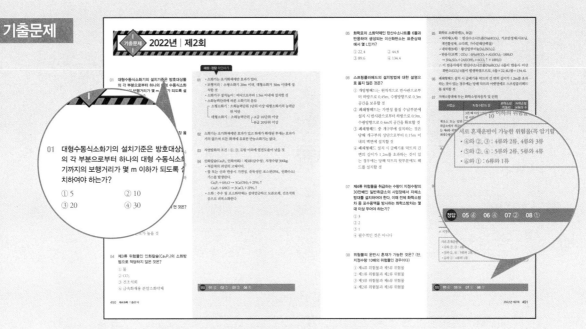

● 최근 기출문제를 수록하여 출제경향을 파악할 수 있습니다.
● 상세한 해설을 달아 문제 이해가 빠르고 쉽습니다.

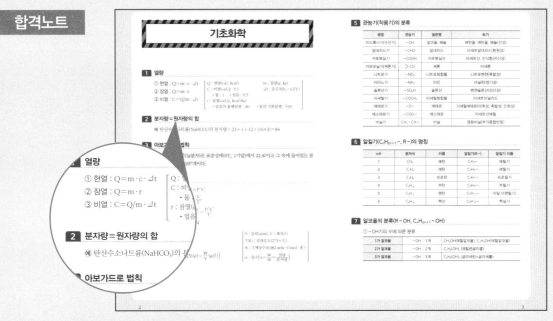

● 필기시험에 자주 출제되는 키포인트를 쏙쏙 뽑아 정리했습니다.
● 저자 직강 무료 동영상 강의를 통해 더욱 자세하게 학습할 수 있습니다.

차례

제1과목

기초화학

원소의 주기율표

족 (원자가) 주기	1족(+1) 알칼리 금속	2족(+2) 알칼리토 금속	3족(+3) 붕소족	4족(±4) 탄소족	5족(-3) 질소족	6족(-2) 산소족	7족(-1) 할로겐족	0족(0) 비활성 기체
1	$^1_1$H 수소							$^4_2$He 헬륨
2	$^7_3$Li 리튬	$^9_4$Be 베릴륨	$^{11}_5$B 붕소	$^{12}_6$C 탄소	$^{14}_7$N 질소	$^{16}_8$O 산소	$^{19}_9$F 불소	$^{20}_{10}$Ne 네온
3	$^{23}_{11}$Na 나트륨	$^{24}_{12}$Mg 마그네슘	$^{27}_{13}$Al 알루미늄	$^{28}_{14}$Si 실리콘	$^{31}_{15}$P 인	$^{32}_{16}$S 유황	$^{35.5}_{17}$Cl 염소	$^{40}_{18}$Ar 아르곤
4	$^{39}_{19}$K 칼륨	$^{40}_{20}$Ca 칼슘					Br 브롬	
							I 요오드	

예 ── 원자량＝양성자 수＋중성자 수

$$12\ \text{C}$$
$$6$$

── 원소 기호

── 원자번호＝양성자 수

[탄소의 원자번호와 원자량]

1 원자번호 1~20번까지 원자량 외우는 법

원자번호	1	2	3	4	5	6	7	8	9	10	11	12	13	14	15	16	17	18	19	20
원소	H	He	Li	Be	B	C	N	O	F	Ne	Na	Mg	Al	Si	P	S	Cl	Ar	K	Ca
원자량	1	4	7	9	11	12	14	16	19	20	23	24	27	28	31	32	35.5	40	39	40
암기법	수 헬 리 베 붕 탄						질 산 불 네				나 막 알 시				인 유 염 알				카 칼	

2 원자량 및 분자량 계산법

1. 원자량 계산법

(1) 원자번호가 짝수일 경우 : 원자량＝원자번호×2

> 예) C(탄소) : 6×2＝12g   Mg(마그네슘) : 12×2＝24g

(2) 원자번호가 홀수일 경우 : 원자량＝원자번호×2＋1

> 예) Na(나트륨) : 11×2＋1＝23g   P(인) : 15×2＋1＝31g

(3) 예외의 원자량

> 예) $_1$H(수소) : 1g $_7$N(질소) : 14g $_{17}$Cl(염소) : 35.5g $_{18}$Ar(아르곤) : 40g

2. 분자량 계산법(원자량의 합)

(1) CO_2 (이산화탄소)

12(C)＋16(O)×2＝44g

(2) $NaHCO_3$ (탄산수소나트륨)

23(Na)＋1(H)＋12(C)＋16(O)×3＝84g

(3) CH_3COOH (초산)

12(C)×2＋1(H)×4＋16(O)×2＝60g

※ 공기(Air)의 평균분자량 : 공기는 그 성분이 부피의 비로 N_2(질소) 78%, O_2(산소) 21%, Ar(아르곤) 1%이므로, 28(N_2)×0.78＋32(O_2)×0.21＋40(Ar)×0.01≒29g

3 원자가 및 원자단을 이용하여 화학식을 만드는 방법

1. 주기율표의 원자가

족 분류	1족 (알칼리금속)	2족 (알칼리토금속)	3족 (붕소족)	4족 (탄소족)	5족 (질소족)	6족 (산소족)	7족 (할로겐족)	0족 (비활성기체)
원자가	+1	+2	+3	+4 −4	+5 −3	+6 −2	+7 −1	0
	불변			가변				불변

2. 원자가를 이용하여 화학식을 만드는 방법

(1) H₂O (물) : $H^{+1} \diagdown O^{-2}$

　　(H^{+1})는 1족($+1$가), (O^{-2})는 6족(-2가)

(2) Al₂O₃ (산화알루미늄) : $Al^{+3} \diagdown O^{-2}$

　　(Al^{+3})은 3족($+3$가), (O^{-2})는 6족(-2가)

(3) CO₂ (이산화탄소) : $C^{+4} \diagdown O^{-2}$ ⟶ C_2O_4(약분) : CO_2

　　(C^{+4})는 4족($+4$가), (O^{-2})는 6족(-2가)

　　※ H₂O₂ (과산화수소) : 과산화물에서는 약분하여 H_2O_2 → HO로 표기하면 안된다.

3. 중요한 원자단의 원자가

이름	원자단	원자가	예시
암모늄기	NH_4^{+}	$+1$	NH_4OH (수산화암모늄), $(NH_4)_2SO_4$ (황산암모늄)
수산기	OH^{-}	-1	$NaOH$ (수산화나트륨), $Ca(OH)_2$ (수산화칼슘), $Al(OH)_3$ (수산화알루미늄)
질산기	NO_3^{-}	-1	HNO_3 (질산), KNO_3 (질산칼륨), NH_4NO_3 (질산암모늄)
염소산기	ClO_3^{-}	-1	$HClO_3$ (염소산), $KClO_3$ (염소산칼륨)
초산기	CH_3COO^{-}	-1	CH_3COOH (초산＝아세트산), CH_3COONa (초산나트륨)
황산기	SO_4^{2-}	-2	H_2SO_4 (황산), $Al_2(SO_4)_3$ (황산알루미늄)

4. 원자단을 이용하여 화학식을 만드는 방법

(1) NaOH (수산화나트륨) : $Na^{+1} \diagdown (OH)^{-1}$

　　(Na^{+1})는 1족($+1$가), (OH^{-1})는 (-1가)

(2) Al(OH)₃ (수산화알루미늄) : $Al^{+3} \diagdown (OH)^{-1}$

　　(Al^{+3})은 3족($+3$가), (OH^{-1})는 (-1가)

(3) (NH₄)₂SO₄ (황산암모늄) : $(NH_4)^{+1} \diagdown (SO_4)^{-2} = (NH_4)_2(SO_4)_1 = (NH_4)_2SO_4$

5. 화학식을 읽는 방법

음성 원소 이름 끝에 '화'를 붙여 뒤에서부터 앞쪽으로 읽는다(음성부분 '소'는 생략). 또한 원자단은 '화'를 붙이지 않고 음성부분부터 읽는다.

　　① $NaCl$ ⟶ 염소화나트륨＝염화나트륨

　　　　Al_2O_3 ⟶ 산소화알루미늄＝산화알루미늄

　　② $Al_2(SO_4)_3$＝황산알루미늄

　　　　CH_3COONa＝초산나트륨(아세트산나트륨)

Chapter 2 화학반응식

1 화학방정식 세우는 방법

	수소가 산소와 반응하여 물이 되었다	만드는 방법
기초식	$H_2 + O_2 \longrightarrow H_2O$	반응물과 생성물을 분자식으로 분자 하나씩 써준다.
반반응식	$H_2 + \frac{1}{2}O_2 \longrightarrow H_2O$	양변에 원자수가 같게 계수를 붙인다.
화학방정식	$2H_2 + O_2 \longrightarrow 2H_2O$	계수는 정수로 고친다.

※ 미정계수법 : 화학반응식에서 반응물과 생성물의 원자 개수를 서로 똑같이 맞추어주는 방법

> 예 $CH_3COCH_3 + 3O_2 \longrightarrow 2CO_2 + 3H_2O$
>   (아세톤)   (산소)   (이산화탄소) (물)

$$aCH_3COCH_3 + bO_2 \longrightarrow cCO_2 + dH_2O$$
반응물   생성물

원자의 종류	C	H	O
관계식	2a=c	6a=2d	a+2b=2c+d
a=1 이라면	2×1=c, c=2	6×1=2d, d=3	1+2b=2×2+3, d=3

$$\therefore CH_3COCH_3 + 3O_2 \longrightarrow 2CO_2 + 3H_2O$$

2 화학반응식을 만드는 방법

1. 화학반응식

물질과 물질이 반응 시 또는 물질이 분해반응 시 새로운 물질이 생성되는 과정을 식으로 나타내는 것으로 반응 전(반응물 : 왼쪽)과 반응 후(생성물 : 오른쪽)를 기준하여 화살표로 표시하는 식을 말한다.

2. 화학반응식의 원리

(1) 수소는 산소와 연소반응하여 물을 생성한다.

$$2H_2 + O_2 \longrightarrow 2H_2O$$
(수소)   (산소)   (물)

| 풀이 | 물의 화학식 표기는 수소(H^{+1}) : 1족($+1$가), 산소(O^{-2}) : 6족(-2가)이므로, $H^{+1}O^{-2} \Rightarrow H_2O$로 표기한다. |

(2) 탄소는 산소와 연소반응하여 이산화탄소를 생성한다.

$$C + O_2 \longrightarrow CO_2$$
(탄소)　(산소)　　(이산화탄소)

| 풀이 | 이산화탄소의 화학식 표기는 탄소(C^{+4}) : 4족($+4$가), 산소(O^{-2}) : 6족(-2가)이므로, $C^{+4}O^{-2}$: C_2O_4(약분) $\Rightarrow CO_2$로 표기한다. |

(3) 메탄은 산소와 연소반응하여 이산화탄소와 물을 생성한다.

$$CH_4 + 2O_2 \longrightarrow CO_2 + 2H_2O$$
(메탄)　(산소)　　(이산화탄소)　(물)

| 풀이 | 메탄(CH_4)에서 탄소(C)는 산소(O_2)와 연소반응하여 이산화탄소(CO_2)가 생성되고, 나머지 수소(H)는 산소(O_2)와 연소반응하여 물(H_2O)이 생성된다. |

> **참고** 유기(탄소)화합물[C·H·O]의 산화(연소)반응식
>
> $$\begin{bmatrix} C \cdot H \cdot O \\ C \cdot H \end{bmatrix} + O_2 \xrightarrow{\text{산화(연소)}} CO_2 + H_2O$$
> (유기화합물)　(산소)　　　　(이산화탄소)　(물)
>
> 유기(탄소)화합물의 주성분인 탄소(C)·수소(H)·산소(O) 또는 탄소(C)·수소(H)는 산소(O_2)와 산화(연소)반응하여 이산화탄소(CO_2)와 물(H_2O)을 생성한다.
>
> 예 $$CH_3OH + 1.5O_2 \longrightarrow CO_2 + 2H_2O$$
> (메탄올)　　(산소)　　(이산화탄소)　(물)
>
> $$C_6H_6 + 7.5O_2 \longrightarrow 6CO_2 + 3H_2O$$
> (벤젠)　　(산소)　　(이산화탄소)　(물)

(4) 황은 산소와 연소반응하여 이산화황을 생성한다.

$$S + O_2 \longrightarrow SO_2$$
(황)　(산소)　　(이산화황)

| 풀이 | 황(S)과 산소(O)는 동일한 6족에서 있으므로 -2가의 원자가를 가지고 있어서 화학식 규칙에 맞지 않으므로 이산화황(SO_2)으로 암기한다. |

(5) 인은 산소와 연소반응하여 오산화인을 생성한다.

$$4P + 5O_2 \longrightarrow 2P_2O_5$$
(인)　(산소)　　(오산화인)

| 풀이 | 오산화인의 화학식 표기에서 인(P)은 산소(O)보다 [$-$]원자가를 가지는 힘이 약하므로 인(P^{+5})은 5족($+5$, -3)에 있지만 -3가가 아닌 $+5$가의 원자가를 가지며 산소(O^{-2})는 6족(-2)에 있어서 -2가 원자가를 가진다. 그러므로 $P^{+5}O^{-2}$: P_2O_5(오산화인)으로 표기한다. |

예 $P_2S_5 + 7.5O_2 \longrightarrow P_2O_5 + 5SO_2$
(오황화인) (산소) (오산화인) (이산화황)

오황화인(P_2S_5)에서 인(P)은 산소(O_2)와 연소반응하여 오산화인(P_2O_5)이 생성되고 나머지 황(S)은 산소(O_2)와 연소반응하여 이산화황(SO_2)이 생성된다.

(6) 이황화탄소는 산소와 연소반응하여 이산화탄소와 이산화황 가스를 생성한다.

$\quad CS_2 + 3O_2 \longrightarrow CO_2 + 2SO_2$
(이황화탄소) (산소) (이산화탄소) (이산화황=아황산가스)

풀이
- 이황화탄소의 화학식 [C^{+4} : 4족(+4가), S^{-2} : 6족(−2가)이므로, $C^{+4}S^{-2}$: C_2S_4(약분) ⇒ CS_2]
- 이황화탄소(CS_2)에서 탄소(C)는 산소(O_2)와 연소반응하여 이산화탄소(CO_2)를 생성하고, 나머지 황(S)은 산소(O_2)와 반응하여 이산화황(SO_2)을 생성한다.

(7) 탄화칼슘은 물과 반응하여 수산화칼슘과 아세틸렌 가스를 생성한다.

$\quad CaC_2 + 2H_2O \longrightarrow Ca(OH)_2 + C_2H_2$
(탄화칼슘) (물) (수산화칼슘) (아세틸렌)

풀이
탄화칼슘(CaC_2)에서 금속인 칼슘[Ca^{+2} : 2족(+2가)]은 물[$H_2O \xrightarrow{전리} H^+ + OH^-$]의 수산기[$OH^{-1}$]와 반응하여 수산화칼슘[$Ca^{+2}(OH)^{-1}$: $Ca(OH)_2$]이 생성되고 나머지 탄소(C)는 물의 수소(H^+)와 반응하여 아세틸렌(C_2H_2) 가스를 생성한다.

(8) 인화칼슘은 물과 반응하여 수산화칼슘과 독성이 강한 포스핀 가스를 생성한다.

$\quad Ca_3P_2 + 6H_2O \longrightarrow 3Ca(OH)_2 + 2PH_3$
(인화칼슘) (물) (수산화칼슘) (포스핀=인화수소)

풀이
- 인화칼슘의 화학식[Ca^{+2} : 2족(+2가), P^{-3} : 5족(−3가) 이므로, $Ca^{+2}P^{-3}$ ⇒ Ca_3P_2]
- 인화수소의 화학식[P^{-3} : 5족(−3가), H^{+1} : 1족(+1가) 이므로, $P^{-3}H^{+1}$ ⇒ PH_3]
- 인화칼슘(Ca_3P_2)에서 금속인 칼슘(Ca^{+2})은 물[$H_2O \xrightarrow{전리} H^+ + OH^-$]의 수산기[$OH^{-1}$]와 반응하여 수산화칼슘[$Ca^{+2}(OH)^{-1}$: $Ca(OH)_2$]이 생성되고 나머지 인(P^{-3})은 수소(H^+)와 반응하여 포스핀(PH_3) 가스를 생성한다.

3 몰(mol)

※ 아보가드로법칙 : 같은 온도, 같은 압력, 같은 부피 속에서 모든 기체는 같은 수의 기체의 분자수가 존재한다.

1. 1mol의 개념

① 물(H_2O)=18g(분자량) : 1mol : 22.4L(0℃, 1기압) : 6×10^{23}개의 분자수
② 산소(O_2)=32g(분자량) : 1mol : 22.4L(0℃, 1기압) : 6×10^{23}개의 분자수

즉, 모든 기체 1mol(분자량)은 표준상태(0℃, 1기압)에서 22.4L의 부피를 가지며 그 속에 6×10^{23}개의 분자개수가 존재한다.

2. 화학반응식에서 몰(mol)수의 개념(표준상태 : 0℃, 1기압)

	$2H_2$ (수소)	+	O_2 (산소)	⟶	$2H_2O$ (물)
① 질량수	4g	+	32g	=	36g
② 몰수	2mol	:	1mol	:	2mol
③ 부피수	2×22.4L	:	22.4L	:	2×22.4L
④ 분자개수	2×6×10²³개	:	6×10²³개	:	2×6×10²³개

 예제 1 에탄올 23g이 완전연소되면 표준상태에서 몇 l의 이산화탄소가 생성되는가?

| 풀이 |
$$C_2H_5OH + 3O_2 \longrightarrow 2CO_2 + 3H_2O$$

$$46g \quad : \quad 2×22.4l$$
$$23g \quad : \quad x$$

$$\therefore x = \frac{23×2×22.4}{46} = 22.4l$$

정답 | 22.4l

- 에탄올(C_2H_5OH) 분자량(1mol)＝12(C)×2＋1(H)×5＋16(O)＋1(H)＝46g
- 이산화탄소(CO_2) 분자량(1mol)＝12(C)＋16(O)×2＝44g

---

4 밀도와 비중

분자량이 크면 증가한다.★★★

① 밀도(ρ)＝$\dfrac{질량(W)}{부피(V)}$(g/l·kg/m³)

- 기체(증기)의 밀도＝$\dfrac{분자량}{22.4l}$(단, 0℃, 1기압)

> 예 산소(O_2)$\rho = \dfrac{32g}{22.4L} = 1.43g/l$ [O_2의 분자량＝16[O]×2＝32g]

② 비중

- 기체의 비중＝$\dfrac{분자량}{29(공기의 평균분자량)}$

> 예 이산화탄소(CO_2)＝$\dfrac{44}{29}$＝1.517 [CO_2의 분자량＝12[C]＋16[O]×2＝44g]

기체의 법칙

1 보일의 법칙

일정한 온도에서 일정량의 기체의 부피는 압력에 반비례한다.

$$PV = P'V'$$

(반응전)	(반응후)
• P : 압력	• P′ : 압력
• V : 부피	• V′ : 부피
• T(K) : 절대온도(273+℃)	• T′(K) : 절대온도(273+℃)

2 샤를의 법칙

일정한 압력에서 일정량의 기체의 부피는 절대온도에 비례한다.

$$\frac{V}{T} = \frac{V'}{T'}$$

3 보일·샤를의 법칙

일정량의 기체가 차지하는 부피는 압력에 반비례하고 절대온도에 비례한다.

$$\frac{PV}{T} = \frac{P'V'}{T'}$$

4 이상기체 상태방정식

$$PV = nRT \qquad PV = \frac{W}{M}RT \ [\text{몰}(n) = \frac{W}{M}]$$

$$PM = \frac{W}{V}RT \qquad PM = \rho RT \ [\text{밀도}(\rho) = \frac{W}{V} (g/l)]$$

$$\begin{bmatrix} P : \text{압력(atm)}, \ V : \text{체적}(l) \\ T[K] : \text{절대온도}(273+t℃) \\ R : \text{기체상수} = 0.082(\text{atm} \cdot l/\text{mol} \cdot K) \\ n : \text{몰수}(n = \frac{W}{M} = \frac{\text{질량}}{\text{분자량(g)}}) \end{bmatrix}$$

예제
1

표준상태에서 10L의 산소는 27℃, 3atm에서 몇 L가 되겠는가?

풀이 │ 표준상태 0℃, 1기압(atm), 보일샤를의 법칙을 적용하면 다음과 같다.

$$\frac{PV}{T} = \frac{P'V'}{T'} \text{에서}, \ \frac{1atm \times 10L}{(273+0)K} = \frac{3atm \times V'}{(273+27)K}, \ V' = \frac{1 \times 10 \times 300}{3 \times 273} = 3.66L$$

정답 │ 3.66L

예제 2 표준상태에서 2kg의 이산화탄소가 모두 기체의 소화약제로 방사될 경우 부피는 몇 m³ 인가?

| 풀이 |

$PV=nRT$, $PV=\dfrac{W}{M}RT$ (표준상태 : 0℃, 1atm, CO_2 분자량 : 44g)

$\therefore V=\dfrac{WRT}{PM}=\dfrac{2000g\times0.082atm\cdot l/mol\cdot K\times(273+0)K}{1atm\times44g}≒1017.5l≒1.018m^3$ 정답 | 1.018m³

 예제 3 39℃, 152mmHg에서 1000cc의 부피를 차지하는 질량이 0.25g인 기체가 있다. 이 기체의 분자량은 얼마나 되겠는가? (단, 1기압은 760mmHg이다.)

| 풀이 |

$PV=nRT$, $PV=\dfrac{W}{M}RT$

$\therefore M=\dfrac{WRT}{PV}=\dfrac{0.25g\times0.082atm\cdot l/mol\cdot K\times(273+39)K}{\dfrac{152}{760}atm\times1l}≒32g$ 정답 | 32g

 예제 4 20℃, 1기압에서 벤젠(C_6H_6)의 증기밀도(g/L)를 구하시오.

| 풀이 |

• 벤젠(C_6H_6) 1mol의 분자량＝12(C)×6＋1(H)×6＝78g

• $PM=\rho RT$에서 증기밀도(ρ)＝$\dfrac{PM}{RT}=\dfrac{1\times78}{0.082\times(273+20)}=3.25g/L$ 정답 | 3.25g/L

Chapter 4 유기화합물(탄소화합물)

주요구성원소는 탄소(C), 수소(H) 또는 산소(O), 황(S), 질소(N), 인(P) 등으로 되어 있다.

예 메탄(CH_4), 아세톤(CH_3COCH_3), 벤젠(C_6H_6) 등

※ 무기화합물 : 탄소(C)를 갖고 있지 않은 화합물

예 염화칼륨(KCl), 산화나트륨(Na_2O), 산화마그네슘(MgO) 등

---

1 관능기(작용기)의 분류★★★

명칭	관능기	일반명	보기
히드록시기(수산기)	$-OH$	알코올, 페놀	메탄올, 에탄올, 페놀(산성)
알데히드기	$-CHO$	알데히드	아세트알데히드(환원성)
카르보닐기(케톤기)	$>CO$	케톤	아세톤
니트로기	$-NO_2$	니트로화합물	니트로벤젠(폭발성)
아미노기	$-NH_2$	아민	아닐린(염기성)

※ 관능기를 가지고 있는 식을 시성식이라고 한다.

2 지방족과 방향족 탄화수소

1. 지방족(사슬모양) 화합물

구조식이 탄소와 탄소 사이의 결합상태가 사슬모양처럼 연결되어 있는 물질

(1) 종류 : 아세톤(CH_3COCH_3), 아세트알데히드(CH_3CHO), 에틸알코올(C_2H_5OH) 등

[아세톤의 구조식]   [아세트알데히드의 구조식]   [에틸알코올의 구조식]

(2) 알칸(일반식 : C_nH_{2n+2})

① 탄소와 수소의 단일결합으로 이루어진 포화탄화수소이다.

② 일반식(C_nH_{2n+2})에 대입하면 다음과 같다.

n=1 : $C_1H_{2\times1+2}=CH_4$ (메탄)	n=5 : C_5H_{12} (펜탄)
n=2 : $C_2H_{2\times2+2}=C_2H_6$ (에탄)	n=6 : C_6H_{14} (헥산)
n=3 : $C_3H_{2\times3+2}=C_3H_8$ (프로판)	n=7 : C_7H_{16} (헵탄)
n=4 : $C_4H_{2\times4+2}=C_4H_{10}$ (부탄)	n=8 : C_8H_{18} (옥탄)

[메탄의 구조식] [에탄의 구조식] [프로판의 구조식]

(3) 알킬기($C_nH_{2n+1}-$, $R-$)의 명칭

n수	분자식	이름	알킬기(R−)	알킬기 이름
1	CH_4	메탄	CH_3-	메틸기
2	C_2H_6	에탄	C_2H_5-	에틸기
3	C_3H_8	프로판	C_3H_7-	프로필기
4	C_4H_{10}	부탄	C_4H_9-	부틸기
5	C_5H_{12}	펜탄	$C_5H_{11}-$	아밀기(펜틸기)
6	C_6H_{14}	헥산	$C_6H_{13}-$	헥실기
7	C_7H_{16}	헵탄	$C_7H_{15}-$	헵틸기
8	C_8H_{18}	옥탄	$C_8H_{17}-$	옥틸기

(4) 알코올의 분류($R-OH$, $C_nH_{2n+1}-OH$)★★★

① −OH기의 수에 따른 분류

1가 알코올	−OH : 1개	CH_3OH(메틸알코올), C_2H_5OH(에틸알코올)
2가 알코올	−OH : 2개	$C_2H_4(OH)_2$ (에틸렌글리콜)
3가 알코올	−OH : 3개	$C_3H_5(OH)_3$ (글리세린=글리세롤)

② −OH기와 결합한 탄소원자에 연결된 알킬기(R−)의 수에 따른 분류

1차 알코올	R− : 1개	CH_3OH(메틸알코올), C_2H_5OH(에틸알코올)
2차 알코올	R− : 2개	$(CH_3)_2CHOH$(이소프로필 알코올)

알코올류의 정의(위험물안전관리 법령상)
- 알코올류는 탄소의 수가 1~3개까지의 포화[1]가 알코올을 말한다.
- 종류 : CH_3OH(메틸알코올), C_2H_5OH(에틸알코올), C_3H_7OH(프로필알코올)

2. 방향족(고리모양) 화합물

구조식이 탄소와 탄소 사이의 결합상태가 벤젠의 고리모양처럼 연결되어 있는 물질

(1) 벤젠기()를 가지고 있는 벤젠의 유도체를 말한다.

(2) 벤젠(C_6H_6)의 구조식

(3) 종류 : 벤젠(C_6H_6), 톨루엔($C_6H_5CH_3$), 크실렌[$C_6H_4(CH_3)_2$], 페놀(C_6H_5OH) 등

[페놀의 구조식]　　　　　　　　[톨루엔의 구조식]　　　　　　　　[크실렌의 구조식]

01 질산에틸 분자량은 약 얼마인가?

① 76　　　　　　② 82

③ 91　　　　　　④ 105

해설

분자량은 원자량의 합이다.

질산에틸($C_2H_5ONO_2$)

$= 12(C) \times 2 + 1(H) \times 5 + 16(O) \times 3 + 14(N) \times 1 = 91$

$= 91$

02 다음 위험물의 증기 비중이 가장 큰 것은?

① 이황화탄소(CS_2)

② 벤젠(C_6H_6)

③ 에틸알코올(C_2H_5OH)

④ 디에틸에테르($C_2H_5OC_2H_5$)

해설

증기(기체)의 비중 $= \dfrac{증기(기체)의\ 분자량}{공기의\ 평균분자량(29)}$

① $\dfrac{76}{29} = 2.6$　　② $\dfrac{78}{29} = 2.68$

③ $\dfrac{46}{29} = 1.58$　　④ $\dfrac{74}{29} = 2.55$

03 다음 중 분자량이 약 74, 비중이 약 0.71인 물질로서 에탄올 두 분자에서 물이 빠지면서 축합반응이 일어나 생성되는 물질은?

① $C_2H_5OC_2H_5$　　② C_2H_5OH

③ C_6H_5Cl　　　　④ CS_2

해설

$C_2H_5OH + C_2H_5OH \xrightarrow[\text{탈수}]{\text{진한황산}} C_2H_5OC_2H_5 + H_2O$

04 다음 아세톤의 완전연소 반응식에서 (　)에 알맞은 계수를 차례대로 옳게 나타낸 것은?

$$CH_3COCH_3 + (\quad)O_2 \longrightarrow (\quad)CO_2 + 3H_2O$$

① 3, 4　　　　　② 4, 3

③ 6, 3　　　　　④ 3, 6

해설

유기화합물(C, H, O) + $O_2 \longrightarrow CO_2 + H_2O$

・ $CH_3COCH_3 + 4O_2 \longrightarrow 3CO_2 + 3H_2O$

05 액화 이산화탄소 1kg이 25℃ 2atm의 공기 중에서 방출되었을 때 방출된 기체상의 이산화탄소의 부피는?

① 278l　　　　② 556l

③ 1111l　　　　④ 1985l

해설

$PV = \dfrac{W}{M}RT$

$\therefore V = \dfrac{WRT}{PM}$

$= \dfrac{1000 \times 0.082 \times (273 + 25)}{2 \times 44}$

$= 277.68 l$

06 메탄 1g이 완전연소하면 발생되는 이산화탄소는 몇 g인가?

① 1.25　　　　　② 2.75

③ 14　　　　　　④ 44

해설

$CH_4 + 2O_2 \longrightarrow CO_2 + 2H_2O$

16g　　　：　　44g

1g　　　：　　x

$\therefore x = \dfrac{1 \times 44}{16} = 2.75g$

정답 01 ③　02 ②　03 ①　04 ②　05 ①　06 ②

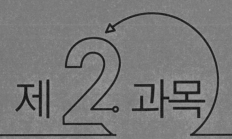

제 2 과목
화재예방 및 소화방법

화재예방과 소화방법

1 연소 이론

1. 연소의 정의

공기 중의 산소와 가연성 물질이 결합하여 빛과 열을 수반하는 산화반응이다.

(1) 완전연소 : 가연물이 산소가 충분한 상태에서 연소하여 더 이상 연소할 수 없는 생성물이 되는 연소현상

> 예 $C + O_2(g) \longrightarrow CO_2(g)$
> (탄소) (산소) (이산화탄소)

(2) 불완전연소 : 가연물이 산소부족으로 연소하여 연소 후 가연성분이 생성되는 연소현상

> 예 $C + \frac{1}{2}O_2 \longrightarrow CO$
> (탄소) (산소) (일산화탄소)

(3) 고온체의 색깔과 온도

불꽃의 온도	불꽃의 색깔	불꽃의 온도	불꽃의 색깔
700℃	암적색	1100℃	황적색
850℃	적색	1300℃	백적색
950℃	휘적색		

2. 연소의 조건

(1) 연소의 3요소 : 가연물, 산소공급원, 점화원이며 여기에 '연쇄반응'을 추가시키면 연소의 4요소가 된다.

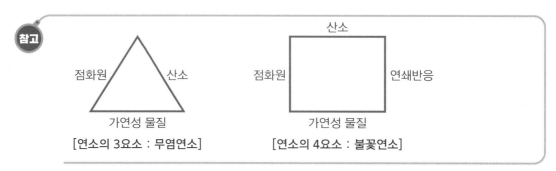

참고

[연소의 3요소 : 무염연소]   [연소의 4요소 : 불꽃연소]

1) 가연물 : 산화되기 쉬운 물질(즉, 타기 쉬운 물질)로 목재, 종이, 석탄, 금속, 석유류, 수소, LNG 등

① 가연물이 되기 쉬운 조건★★★
- 산소와 친화력이 클 것
- 열전도율이 적을 것(열축적이 잘 됨)
- 활성화 에너지(화박반응을 일으키는 최소에너지)가 작을 것
- 발열량(연소열)이 클 것
- 표면적이 클것(크기가 작을 것)
- 연쇄반응을 일으킬 것

② 가연물이 될 수 없는 조건
- 주기율표의 0족 원소 : He, Ar, Kr, Xe, Rn
- 질소(N_2) 또는 질소산화물(NO_x) : 산소와 흡열반응하는 물질
- 이미 산화반응이 완결된 안정된 산화물 : CO_2, H_2O, Al_2O_3 등

2) 산소 공급원(지연성 물질, 조연성 물질)
① 공기
② 산화제 (제1류 위험물 및 제6류 위험물)
③ 자기반응성 물질(제5류 위험물)
④ 할로겐 원소(불소, 염소 등), 오존 등의 조연성 물질

3) 점화원(열원) : 연소반응에 필요한 최소착화에너지로서 즉, 연소하기 위하여 물질에 활성화 에너지를 주는 것을 말한다.

❶ 전기 불꽃 : 전기의 ⊕⊖ 합선에 의해서 일어나는 불꽃
❷ 정전기 불꽃 : 전기의 부도체의 마찰에 의하여 전기가 축적되어 미세하게 불꽃 방전을 일으키며 가연성 증기나 기체·분진을 점화시킬 수 있다.

$$E = \frac{1}{2}CV^2 = \frac{1}{2}QV$$

$\begin{bmatrix} E : 정전기에너지(J) \\ C : 전기용량(F) \\ V : 전압(V) \\ Q : 전기량(C) \\ [Q=CV] \end{bmatrix}$

❸ 정전기 방지법★★★★
- 접지를 할 것
- 공기를 이온화 할 것
- 공기 중의 상대습도를 70% 이상으로 할 것
- 유속을 1m/s 이하로 유지할 것
- 제진기를 설치할 것

4) **연쇄반응** : 가연물과 산소 분자가 점화에너지(활성화에너지)를 받으면 불안정한 과도기적 물질로 나누어지면서 활성화된다. 이러한 상태를 라디칼(Radical)이라고 한다.

3. 연소의 종류

① 확산연소 : LPG, LNG, 수소(H_2), 아세틸렌(C_2H_2) 등
② 증발연소 : 황, **파라핀**(양초), **나프탈렌**, 휘발유, 등유 등의 제4류 위험물
③ 표면연소 : **숯**, **코크스**, **목탄**, **금속분**(Al, Mg 등)
④ 분해연소 : 목재, 석탄, 종이, 합성수지, **중유**, 타르 등
⑤ 자기연소(내부연소) : 질산에스테르, 셀룰로이드, 니트로화합물 등의 **제5류 위험물**

- 표면연소(무염연소, 작열연소) : 가연물＋산소＋점화원
- 불꽃연소 : 가연물＋산소＋점화원＋**연쇄반응**

4. 연소의 물성

(1) 인화점(Flash point) : 가연성 물질에 점화원을 접촉시켰을 때 불이 붙는 최저 온도 즉, 가연성 액체를 가열할 경우 가연성 증기를 발생시켜 인화가 일어나는 액체의 최저온도이다. (증기의 농도는 연소 하한계에 달할 때의 온도)

(2) 착화점(착화온도, 발화점, 발화온도, Ignition point) : 가연성 물질이 점화원 없이 열축적에 의하여 착화되는 최저온도

착화점이 낮아지는 조건
- 발열량, 반응 활성도, 산소의 농도, 압력이 높을수록
- 열전도율, 습도 및 가스 압력이 낮을수록
- 분자구조가 복잡할수록

(3) 연소범위(연소한계, 폭발범위, 폭발한계) : 가연성 가스가 공기중에 혼합하여 연소할 수 있는 농도 범위를 말하며, 이때 농도가 묽은 쪽은 **연소하한계**, 진한 쪽은 **연소상한계**라 한다. (단위 : vol%)

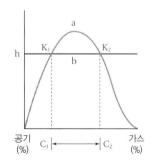

a : 열의 발생속도
b : 열의 방열속도
c_1 : 연소하한(LEL)
c_2 : 연소상한(UEL)
K_1, K_2 : 착화온도

참고
- 연소범위 중 하한값이 낮을수록, 상한값이 높을수록, 연소범위가 넓을수록 위험성이 크다.
- 연소범위는 온도가 높아지면 하한은 낮아지고 상한은 높아지며, 압력이 높아지면 하한값은 크게 변하지 않지만 상한값은 높아진다.
- 산소중에서 연소범위는 하한값은 크게 변하지 않지만 상한값은 높아져서 연소범위가 넓어진다.

1) 중요가스 공기 중 폭발범위(상온, 1atm에서)

가스	하한계	상한계	가스	하한계	상한계
수소(H_2)	4.0	75.0	메틸알코올	7.3	36.0
메탄	5.0	15.0	에틸알코올	4.3	19.0
아세틸렌(C_2H_2)	2.5	81.0	아세트알데히드	4.1	57.0
산화프로필렌	2.5	38.5	에테르	1.9	48.0
벤젠	1.4	7.1	아세톤	2.6	12.8
톨루엔	1.4	6.7	이황화탄소(CS_2)	1.2	44.0
가솔린	1.4	7.6			

2) 폭발범위와 압력과의 관계 : 일반적으로 가스압력이 높아질수록 발화온도는 낮아지고 폭발범위는 넓어진다.

3) 혼합가스의 폭발한계를 구하는 식(르샤틀리에의 법칙)

① 하한치 : $\dfrac{100}{L} = \dfrac{V_1}{L_1} + \dfrac{V_2}{L_2} + \dfrac{V_3}{L_3} + \cdots$

② 상한치 : $\dfrac{100}{L} = \dfrac{V_1}{L'_1} + \dfrac{V_2}{L'_2} + \dfrac{V_3}{L'_3} + \cdots$

$\begin{bmatrix} L_1, L_2, L_3, \cdots : \text{각 성분의 폭발하한치(Vol\%)} \\ L'_1, L'_2, L'_2, \cdots : \text{각 성분의 폭발상한치(Vol\%)} \\ V_1, V_2, V_3, \cdots : \text{각 성분의 체적(Vol\%)} \end{bmatrix}$

4) 위험도(H) : 가연성가스의 폭발범위로 구하며 수치가 클수록 위험성이 높다.

$H = \dfrac{U - L}{L}$

$\begin{bmatrix} H : \text{위험도} \\ U : \text{폭발상한치(UEL)} \\ L : \text{폭발하한치(LEL)} \end{bmatrix}$

> 예 아세틸렌 폭발범위 2.5~81%일 때 위험도 $H = \dfrac{81 - 2.5}{2.5} = 31.4$이다.

(4) 폭발(Explosion) : 가연성 기체의 비정상 연소반응으로서 '연소에 의한 열의 발생속도가 열의 방출속도보다 클 때 일어나는 현상'으로 격렬하게 소리를 내며, 파열되거나 팽창되며 그때 많은 기체가 발생하는 것이다.

(5) 폭굉(Detonation) : 폭발 중에서도 특히 격렬한 경우 폭굉이라 하며, 폭굉이라 함은 가스 중의 음속보다 화염 전파 속도가 더 큰 경우로, 이때 파면선단에 충격파라고 하는 솟구치는 압력파가 발생하여 격렬한 파괴작용을 일으키는 현상을 말한다.

참고
> • 정상 연소시 전파속도 : 0.1~10m/sec, 폭굉시 전파속도 : 1,000~3,500m/sec
> • 폭굉유도거리 : 최초의 완만한 연소가 격렬한 폭굉으로 발전할 때까지의 거리
>   ※ 폭굉유도거리(DID)가 짧아지는 경우★★
>   • 정상 연소속도가 큰 혼합가스일수록   • 관 속에 방해물이 있거나 관경이 가늘수록
>   • 압력이 높을수록   • 점화원의 에너지가 강할수록

2 자연발화

1. 자연발화

물질이 외부로부터 점화에너지를 공급받지 않았는데도 상온, 공기중에서 화학변화를 일으켜 장시간에 걸쳐 열의 축적으로 온도가 상승하여 발화하는 현상이다.

(1) 자연발화의 형태★★★

① **산화열**에 의한 발열 : 건성유, 석탄, 원면, 고무분말, 금속분 등

② **분해열**에 의한 발열 : 셀룰로이드, 니트로셀룰로오스, 질산에스테르류 등

③ **흡착열**에 의한 발열 : 활성탄, 목탄분말 등

④ **미생물**에 의한 발열 : 퇴비, 먼지, 퇴적물, 곡물 등

⑤ **중합열**에 의한 발열 : 시안화수소, 산화에틸렌 등

(2) 자연발화에 영향을 주는 인자★★★

① 수분

② 열전도율

③ 열의 축적

④ 발열량

⑤ 공기의 유동

⑥ 퇴적 방법

⑦ 용기의 크기와 형태

(3) 자연발화의 조건★★★

① 발열량이 클 것

② 주위 온도가 높을 것

③ 열전도율이 낮을 것

④ 표면적이 넓을 것

(4) 자연발화의 방지법★★★

① 통풍을 잘 시킬 것

② 습도를 낮출 것

③ 저장실 온도를 낮출 것

④ 퇴적 및 수납할 때에 열이 쌓이지 않게 할 것

⑤ 물질의 표면적을 최소화할 것

3 화재의 분류

종류	등급	표시 색상	소화방법	화재구분
일반화재	A급	백색	냉각소화	종이, 목재, 고무 등의 화재
유류화재	B급	황색	질식소화	석유류(기름), 알코올류, 가스 등의 화재
전기화재	C급	청색	질식소화	전기기기 등의 화재
금속화재	D급	–	피복소화	금속(Na, Mg, Al) 등의 화재

01 고체의 일반적인 연소형태에 속하지 않는 것은?

① 표면연소   ② 확산연소

③ 자기연소   ④ 증발연소

해설

확산연소는 기체연소의 형태이다.

02 자연발화가 일어날 수 있는 조건으로 가장 옳은 것은?

① 주위의 온도가 낮을 것

② 표면적이 작을 것

③ 열전도율이 작을 것

④ 발열량이 작을 것

03 주된 연소형태가 분해연소인 것은?

① 금속분   ② 유황

③ 목재   ④ 피크르산

해설

분해연소 : 목재, 석탄 등

04 화재를 잘 일으킬 수 있는 일반적인 경우에 대한 설명 중 틀린 것은?

① 산소와 친화력이 클수록 연소가 잘 된다.

② 온도가 상승하면 연소가 잘 된다.

③ 연소 범위가 넓을수록 연소가 잘 된다.

④ 발화점이 높을수록 연소가 잘 된다.

해설

발화점이 낮을수록 위험성이 크고 연소가 잘된다.

05 고온체의 색깔과 온도 관계에서 다음 중 가장 낮은 온도의 색깔은?

① 적색   ② 암적색

③ 휘적색   ④ 백적색

해설

불꽃의 온도	불꽃의 색깔	불꽃의 온도	불꽃의 색깔
500℃	적열	1,100℃	황적색
700℃	암적색	1,300℃	백적색
850℃	적색	1,500℃	휘백색
950℃	휘적색		

06 자연발화의 방지법으로 가장 거리가 먼 것은?

① 통풍을 잘 하여야 한다.

② 습도가 낮은 곳을 피한다.

③ 열이 쌓이지 않도록 유의한다.

④ 저장실의 온도를 낮춘다.

해설

② 습도가 높은 곳을 피해야 한다.

07 표준상태에서 2kg의 이산화탄소가 모두 기체상태의 소화약제로 방사될 경우 부피는 몇 m^3인가?

① 1,018   ② 10.18

③ 101.8   ④ 1,018

해설

$PV = nRT = \dfrac{W}{M}RT$에서,

$V = \dfrac{W}{PM}RT = \dfrac{2,000}{1 \times 44} \times 0.082 \times 273.15$

$\therefore V = 1,018.10l = 1.018m^3$

정답 01 ②   02 ③   03 ③   04 ④   05 ②   06 ②   07 ①

08 화재의 종류와 표지색상의 연결이 옳은 것은?

① 금속화재 – 청색　　② 유류화재 – 황색

③ 일반화재 – 녹색　　④ 전기화재 – 백색

해설

화재의 분류

종류	등급	색표시	주된 소화 방법
일반화재	A급	백색	냉각소화
유류 및 가스화재	B급	황색	질식소화
전기화재	C급	청색	질식소화
금속화재	D급	–	피복소화

09 폭발시 연소파의 전파속도 범위에 가장 가까운 것은?

① 0.1~10m/s　　② 100~1,000m/s

③ 2,000~3,500m/s　　④ 5,000~10,000m/s

해설

• 폭발의 연소속도 : 0.1m/s~10m/s

• 폭굉의 연소속도 : 1,000m/s~3,500m/s

10 전기불꽃 에너지 공식에서 (　　)에 알맞은 것은? (단, Q는 전기량, V는 방전전압, C는 전기용량을 나타낸다.)

$$E=\frac{1}{2}(\quad)=\frac{1}{2}(\quad)$$

① QV, CV　　② QC, CV

③ QV, CV^2　　④ QC, QV^2

해설

전기불꽃 에너지 공식

$$E=\frac{1}{2}QV=\frac{1}{2}CV^2 \quad \begin{bmatrix} Q : 전기량 \\ V : 방전전압 \\ C : 전기용량 \end{bmatrix}$$

11 가연성 가스의 폭발범위에 대한 일반적인 설명으로 틀린 것은?

① 가스의 온도가 높아지면 폭발범위는 넓어진다.

② 폭발한계농도 이하에서 폭발성 혼합가스를 생성한다.

③ 공기 중에서보다 산소 중에서 폭발범위가 넓어진다.

④ 가스압이 높아지면 하한값은 크게 변하지 않으나 상한값은 높아진다.

해설

폭발한계농도 범위 내에서 폭발성 혼합가스를 생성한다.

12 가연성 물질이 공기 중에서 연소할 때의 연소형태에 대한 설명으로 틀린 것은?

① 공기와 접촉하는 표면에서 연소가 일어나는 것을 표면연소라 한다.

② 유황의 연소는 표면연소이다.

③ 산소공급원을 가진 물질 자체가 연소하는 것을 자기연소라 한다.

④ TNT의 연소는 자기연소이다.

해설

증발연소 : 파라핀(양초), 황, 나프탈렌, 왁스, 제4류 위험물 (가연성 액체)

13 소방법에 의한 위험물을 취급함에 있어서 발생하는 정전기를 유효하게 제거하는 방법으로 옳지 않은 것은?

① 인화 방지망 설치 방법

② 접지에 의한 방법

③ 공기를 이온화하는 방법

④ 상대 습도를 70% 이상 높이는 방법

정답　08 ②　09 ①　10 ③　11 ②　12 ②　13 ①

Chapter 2 소화방법 및 소화기

1 소화방법

1. 소화의 원리

연소가 일어나기 위해서는 가연물, 산소공급원, 점화원, 연쇄반응의 4요소가 구비되어야 하므로 이 요소들 중 하나 이상을 제거 또는 변화시키면 소화의 원리에 이용할 수 있다.

[제거요소별 소화법]

제거요소	가연물	산소	점화원	연쇄반응
소화법	제거소화	질식소화	냉각소화	억제소화

2. 소화방법

(1) 냉각효과

① 연소 물체로부터 열을 빼앗아 발화점 이하로 온도를 낮추는 방법

② 소화약제 : 물, 강화액, 산·알칼리 소화기, 분말, CO_2, 포 등

(2) 질식소화

① 공기 중의 산소의 농도를 21%에서 15% 이하로 낮추어 산소공급을 차단시켜 연소를 중단시키는 방법

② 소화약제 : 물분무, 포말(화학포, 기계포), 할로겐화물, CO_2, 분말, 마른모래 등

(3) 제거소화 : 연소할 때 필요한 가연성 물질을 없애주는 소화방법

> 예 촛불, 유전화재, 산불화재, 가스화재(밸브로 차단), 전원차단 등

(4) 부촉매소화(화학소화)

① 가연성 물질이 연속적으로 연소시 연쇄반응을 느리게 하여 억제·방해 또는 차단시켜 소화하는 방법

② 소화약제 : 할로겐화합물소화기, 제3종 분말소화기 등

(5) 희석효과 : 수용성인 가연성 물질의 화재시 다량의 물을 방사하여 가연물의 농도를 연소범위의 하한계 이하로 희석하여 소화하는 방법

> 예 수용성 물질 : 알코올류, 에스테르류, 케톤류 등

(6) **유화소화** : 유류화재시 포소화약제를 방사하는 경우나 물보다 비중이 큰 중유 등의 화재시 무상주수할 경우 표면에 유화층이 형성되어 물과 기름의 중간성질을 나타내며 엷은막으로 산소를 차단시키는 소화방법

(7) **피복소화** : 이산화탄소 소화약제 방사시 비중이 공기의 1.5배로 무거워 가연물의 구석구석까지 침투·피복하므로 연소를 차단하여 소화하는 방법

2   소화기(약제) 및 소화의 특성

1. 소화기의 분류

(1) 소화능력단위에 의한 분류

① **소형소화기** : 소화능력단위 1단위 이상이며 대형소화기의 능력단위 미만인 소화기를 말한다.

② **대형소화기** : 소화능력단위가 A급 화재는 10단위 이상, B급 화재는 20단위 이상인 소화기를 말한다.

③ **소화설비의 능력단위★★★**

소화설비	용량	능력단위
소화전용(轉用)물통	8L	0.3
수조(소화전용물통 3개 포함)	80L	1.5
수조(소화전용물통 6개 포함)	190L	2.5
마른 모래(삽 1개 포함)	50L	0.5
팽창질석 또는 팽창진주암(삽 1개 포함)	160L	1.0

※ 능력단위 : 소요단위에 대응하는 소화설비의 소화능력의 기준단위

(2) 소요단위에 의한 분류

① **소요단위** : 소화설비의 설치대상이 되는 건축물, 그 밖의 공작물의 규모 또는 위험물의 양의 기준 단위

② **소요 1단위의 규정★★★★★**

소요 1단위	제조소 또는 취급소용 건축물의 경우	내화 구조 외벽을 갖춘 연면적 100m^2
		내화 구조 외벽이 아닌 연면적 50m^2
	저장소 건축물의 경우	내화 구조 외벽을 갖춘 연면적 150m^2
		내화 구조 외벽이 아닌 연면적 75m^2
	위험물의 경우	지정수량의 10배

※ 위험물의 소요단위 $= \dfrac{\text{저장(취급)수량}}{\text{지정수량} \times 10}$

(3) 대형소화기의 소화약제의 기준★★★

종류	소화약제 양
포소화기(기계포)	20L 이상
강화액소화기	60L 이상
물소화기	80L 이상
분말소화기	20kg 이상
할로겐화합물소화기	30kg 이상
이산화탄소소화기	50kg 이상

(4) 간이소화기 : 소화탄, 마른모래(건조사), 소화질석(팽창질석, 팽창진주암), 중조톱밥, 수증기
　　(보조 소화약제)

(5) 전기설비의 소화설비★★★

제조소 등에 전기설비(전기배선, 조명기구 등은 제외)가 설치된 경우에는 당해 장소의 면적 100m²마다 소형 수동식 소화기를 1개 이상 설치할 것

(6) 소화기의 유지 관리

1) 소화기 외부 표시사항

① 소화기의 명칭　　　　　　　② 능력단위
③ 적응화재 표시　　　　　　　④ 사용방법
⑤ 취급시 주의사항　　　　　　⑥ 용기합격 및 중량표시
⑦ 제조년월일　　　　　　　　⑧ 제조업체명 및 상호

2) 소화기의 사용방법★★★

① 소화기는 적응화재에만 사용할 것
② 성능에 따라 화점 가까이 접근하여 사용할 것
③ 소화작업은 바람을 등지고 풍상에서 풍하로 실시할 것
④ 소화작업은 양 옆으로 비로 쓸듯이 골고루 소화약제를 방사할 것

※ 소화기는 초기화재만 효과가 있고 화재가 확대된 후에는 효과가 거의 없으며 모든 화재에 유효한 만능 소화기는 없다.

2. 액체상태의 소화약제 및 소화기

(1) 물소화기 [A급]

연소물체로부터 열을 빼앗아 발화점 이하로 온도를 낮추어 냉각소화하는 방법이다.

물소화약제의 방사방법

- 봉상주수 : 옥내소화전, 옥외소화전과 같이 소방노즐을 사용하여 분사되는 물줄기로 가늘고 긴 물줄기의 모양으로 방사하는 주수소화 방법(냉각효과)
- 적상주수 : 스프링클러헤드와 같이 물방울을 형성하면서 방사하는 주수형태(냉각효과)
- 무상주수 : 물분무헤드나 분무노즐에서 안개 또는 구름모양의 분무상태로 방사하는 주수형태 (질식, 냉각, 희석, 유화효과)

(2) 강화액 소화기(약제) [A급]

물에 탄산칼륨(K_2CO_3)을 용해시켜 물소화약제 성능을 강화시킨 약제로서 강화액은 $-30℃$에 서도 동결하지 않으므로 한랭지에서도 사용가능하다.(강화액 : pH 12, 비중 1.3~1.4, 사용온도 $-20~-40℃$)

 소화의 원리(주로 A급, 무상방사시 B, C급에 사용가능)

내부의 황산이 있어 탄산칼륨과 화학반응하여 발생된 CO_2가 압력원이 된다.

$$H_2SO_4 \ + \ K_2CO_3 \ \longrightarrow \ K_2SO_4 \ + \ H_2O \ + \ CO_2\uparrow$$
(황산)　　　(탄산칼륨)　　　(황산칼륨)　　(물)　　(이산화탄소)

(3) 산·알칼리 소화기(약제) [A급]

산의 황산(H_2SO_4)과 알칼리인 탄산수소나트륨($NaHCO_3$)의 화학반응으로 발생되는 CO_2가 압력 원으로 방사되는 포로 화재를 진압한다. (방출용액의 pH=5.5)

$$H_2SO_4 \ + \ 2NaHCO_3 \ \longrightarrow \ Na_2SO_4 \ + \ 2CO_2\uparrow \ + \ 2H_2O$$
(황산)　　 (탄산수소나트륨)　　　(황산나트륨)　(이산화탄소)　　(물)

 산·알칼리 소화기 사용상 주의사항

- A급(일반화재) : 적합, B급(유류화재) : 부적합, C급(전기화재) : 사용금지
  ※ 단 무상방사시 : A, B, C급 사용 가능
- 보관시 : 전도금지, 겨울철 동결에 주의할 것

(4) 포말소화기(약제) [B급, C급]

1) 포말(포)소화약제 : 물의 소화능력을 향상시키기 위하여 거품(Foam)을 방사할 수 있는 약제 를 첨가하여 질식 및 냉각효과를 얻을 수 있도록 만든 소화약제이다.

2) 포소화약제 구비조건★★★

① 독성이 적을 것

② 포의 안정성, 유동성이 좋을 것

③ 유류의 표면에 잘 분산되고 접착성이 좋을 것

④ 포의 소포성이 적을 것

3) 포소화약제의 종류

① 화학포소화약제 : 외약제[A제 : 탄산수소나트륨, $NaHCO_3$의 수용액]와 내약제[B제 : 황산알루미늄, $Al_2(SO_4)_3$수용액]의 화학반응에 의해 생성되는 이산화탄소(CO_2)를 이용하여 포를 발생시킨다. 여기에 안정제로 카제인, 젤라틴, 사포닌 등을 사용한다.

> **화학포소화약제의 구성(포핵 : CO_2)★★**
> • 화학포 반응식 : A제[$NaHCO_3$]＋B제[$Al_2(SO_4)_3$]＋안정제[카제인, 젤라틴, 사포닌 등]
> $$6NaHCO_3 + Al_2(SO_4)_3 + 18H_2O \longrightarrow 3Na_2SO_4 + 2Al(OH)_3 + 6CO_2\uparrow + 18H_2O$$

② 기계포소화약제(공기포소화약제) : 포소화약제 원액을 물에 용해시켜 발포기의 기계적 수단으로 공기와 혼합교반하여 거품을 만들어 내는 형식으로서 유류화재에 적합하다.

〈단백포 소화약제〉

• 소의 뿔, 발톱, 피 등의 동물성 및 식물성 단백질로 물에 용해시켜 유류화재용으로 사용하는 약제이다.

〈수성막포 소화약제(AFFF : Aqueous Film Forming Foam)〉★★★

• 포소화약제 중 가장 우수한 약제로 미국 3M사에서 개발한 일명 Ligh Water라고 한다.

• 각종시설물 및 연소물을 부식시키지 않고 피해를 최소화하며 분말소화약제와 병용사용시 소화효과는 한층 더 증가하여 두 배로 된다.

〈합성계면활성제포 소화약제〉

• 거품이 잘 만들어지고 유동성 및 질식효과가 좋아 유류화재에 우수하여 가장 많이 사용한다.

〈내알코올용포 소화약제〉★★★

• 단백질의 가수분해 생성물과 합성세제 등을 소화약제로 사용하며 특히 물에 잘녹는 알코올류, 에스테르류, 케톤류, 아민류 등의 수용성 용제에 적합하다.

3. 기체상태의 소화약제 및 소화기

(1) 할로겐화합물의 소화약제(증발성 액체 소화제) 및 소화기 [B급, C급]

포화탄화수소인 메탄(CH_4)과 에탄(C_2H_6)의 물질에 수소원자 일부 또는 전부가 할로겐원소인 불소(F_2), 염소(Cl_2), 브롬(Br_2), 요오드(I_2)로 치환된 소화약제로서 주된 소화효과는 부촉매효과에 의한 억제소화이고 또한 질식·냉각효과도 있으며 독성이 적고 안정된 화합물을 형성한다.

할로겐화합물 소화약제 명명법★★

- Halon 1211[CF$_2$ClBr] : 할론의 번호는 탄소수, 불소수, 염소수, 브롬수, 아이오딘 순이다.

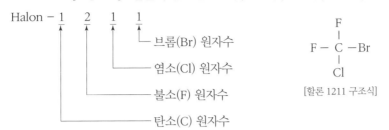

[할론 1211 구조식]

1) 할로겐화합물 소화약제의 구비조건★★★

① 비점이 낮고 기화가 쉬울 것   ② 비중은 공기보다 무겁고 불연성일 것

③ 증발 잔유물이 없고 증발잠열이 클 것   ④ 전기화재에 적응성이 있을 것

2) 할로겐화합물 소화약제의 종류★★★★

명칭	분자식	할론번호	상태(상온)
일브롬화삼플루오르화메탄	CF$_3$Br	Halon 1301	기체
일브롬화일염화이플루오르화메탄	CF$_2$ClBr	Halon 1211	기체
이브롬화사플루오르화에탄	C$_2$F$_4$Br$_2$	Halon 2402	액체
사염화탄소	CCl$_4$	Halon 104	액체

※ 할론 104 소화약제(CCl$_4$) : 사염화탄소 소화약제로 메탄(CH$_4$)에 염소(Cl) 4원자와 치환된 것으로 CTC 소화약제라고 한다.

- 상온에서 무색투명한 휘발성 액체로 특이한 냄새와 독성이 있다.
- 사염화탄소는 공기, 수분, 탄산가스와 반응하여 맹독성 가스인 **포스겐**(COCl$_2$)을 발생시키므로 실내에서는 **사용을 금지**토록 하고 있다. (법적 사용금지됨)

 사염화탄소의 화학반응식

- 공기 중 : $2CCl_4 + O_2 \longrightarrow 2COCl_2 + 2Cl_2$
- 습기 중 : $CCl_4 + H_2O \longrightarrow COCl_2 + 2HCl$
- 탄산가스 중 : $CCl_4 + CO_2 \longrightarrow 2COCl_2$

3) 할로겐화합물의 소화기 종류(B급, C급 화재에 적합)

용기에 수동 펌프를 부착한 '**수동펌프식**'과 가압펌프를 부착한 수동축압식, 축압가스로 압축 공기 또는 질소(N$_2$)가스를 축압하여 소화약제를 방출시키는 축압식 등이 있다.

(2) 이산화탄소 소화기(약제)★★★ [B급, C급]

1) 이산화탄소의 특성(질식, 냉각, 피복효과)

① 상온에서 무색, 무취, 무미의 화학적으로 안정된 부식성이 없는 **불연성 기체**이다.

② 기체의 비중(공기＝1.0)은 1.52로 공기보다 무거워 **피복효과**가 있으며 **심부화재**에 적합하다.

> ※ 심부화재 : 목재 또는 섬유류 같은 고체 가연성 물질에서 발생하는 화재형태로서 가연물 내부에서 연소
> 가 일어나는 화재

2) 이산화탄소 소화약제의 장·단점

① 장점 : 화재 진화 후 소화약제의 **잔존물이 없고** 깨끗하여 소방대상물을 오염, 손상시키지 않아 증거보존이 가능하다.(전산실, 정밀기계실에 효과적임)

② 단점 : 방사시 **소음이 매우 크고** 급냉하여 피부의 접촉시 동상에 걸리기 쉽다.

3) 줄－톰슨효과 : 액체 이산화탄소 소화약제가 가는 관을 통과시 압력과 온도의 급감으로 인하여 관 내에 드라이아이스가 생성되어 노즐을 막히게 하는 현상이다.

(3) 불활성가스 청정소화약제

소화약제의 주성분으로 헬륨(He), 네온(Ne), 아르곤(Ar), 질소(N_2) 또는 이산화탄소(CO_2) 등의 가스 중 한 가지 또는 그 이상을 함유한 소화약제를 말한다.

1) 분류★★★

종류	화학식	종류	화학식
IG-01	Ar(100%)	IG-55	N_2(50%), Ar(50%)
IG-100	N_2(100%)	IG-541	N_2(52%), Ar(40%), CO_2(8%)

2) 명명법

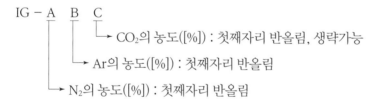

IG － A B C

→ CO_2의 농도([%]) : 첫째자리 반올림, 생략가능

→ Ar의 농도([%]) : 첫째자리 반올림

→ N_2의 농도([%]) : 첫째자리 반올림

3) 소화효과★★

① 할로겐 청정소화약제 : 질식, 냉각, 부촉매효과

② 불활성가스 청정소화약제 : 질식, 냉각효과

4. 고체상의 소화약제 및 소화기

(1) 분말소화약제 : 분말소화약제의 가압 및 축압용가스는 이산화탄소(CO_2), 질소(N_2) 가스를 사용한다.(압력지시계의 정상압력범위 : 0.7~0.98MPa)

종류	주성분	색상	적응화재
제1종	탄산수소나트륨($NaHCO_3$)	백색	B, C급
제2종	탄산수소칼륨($KHCO_3$)	담자(회)색	B, C급
제3종	제일인산암모늄($NH_4H_2PO_4$)	담홍색	A, B, C급
제4종	탄산수소칼륨＋요소($KHCO_3+(NH_2)_2CO$)	회(백)색	B, C급

1) 제1종 분말소화약제(탄산수소나트륨, 중탄산나트륨, 중조, $NaHCO_3$) : 백색

① 주성분은 중탄산나트륨($NaHCO_3$)이며 이 약제에 방습처리제(표면첨가제)로 스테아린산염 및 실리콘을 사용하여 습기로 인해 약제가 굳는 것을 방지한다.

　※ 스테아린산염 : 스테아린산아연, 스테아린산알루미늄 등

② 소화효과 : 질식효과, 냉각효과★★

③ 주방에서 사용하는 식용유화재에 적합하며 이것은 화재시 방사되는 중탄산나트륨과 식용류가 반응하여 금속비누가 만들어지는 **비누화현상**으로 거품이 생성되어 기름의 표면을 덮어서 질식소화 및 재발방지에 효과를 나타내는 소화현상이다.★★★

④ **열분해 반응식**★★★

- 1차 열분해 반응식 : $2NaHCO_3 \longrightarrow Na_2CO_3 + CO_2 + H_2O$
  [270℃] 　(중탄산나트륨)　(탄산나트륨)　(이산화탄소)　(수증기)
- 2차 열분해 반응식 : $2NaHCO_3 \longrightarrow Na_2O + 2CO_2 + H_2O$
  [850℃] 　(탄산수소나트륨)　(산화나트륨)　(이산화탄소)　(수증기)

2) 제2종 분말소화약제(탄산수소칼륨, 중탄산칼륨, $KHCO_3$) : 담자색

① 주성분은 중탄산칼륨($KHCO_3$)이며 이 약제에 방습제(표면 첨가제)로 스테아린산염 및 실리콘을 사용한다.

② 소화효과 : 질식효과, 냉각효과

③ **열분해 반응식**★★

- 1차 열분해 반응식 : $2KHCO_3 \longrightarrow K_2CO_3 + CO_2 + H_2O$
  [190℃] 　(중탄산칼륨)　(탄산칼륨)　(이산화탄소)　(수증기)
- 2차 열분해 반응식 : $2KHCO_3 \longrightarrow K_2O + 2CO_2 + H_2O$
  [590℃] 　(탄산수소칼륨)　(산화칼륨)　(이산화탄소)　(수증기)

　※ 제1종 및 제2종 분말소화약제의 열분해 반응식에서 제 몇 차 또는 열분해 온도조건이 주어지지 않을 경우에는 제1차 열분해 반응식을 쓰면 된다.

3) 제3종 분말소화약제(제일인산암모늄, $NH_4H_2PO_4$) : 담홍색★★★

① 주성분은 제일인산암모늄($NH_4H_2PO_4$)으로서 실리콘오일 등을 사용하여 방습처리되어 있다.

② **소화 효과** : 질식, 냉각, 부촉매, 방진, 차단효과 등

③ 완전열분해 반응식 : $NH_4H_2PO_4 \longrightarrow NH_3 + H_2O + HPO_3$ ★★★

　　　　　　　　　(제1인산암모늄)　　　(암모니아)　(수증기)　(메타인산)

- 190℃에서 분해 : $NH_4H_2PO_4 \longrightarrow NH_3 + H_3PO_4$ (인산, 올소인산)

- 215℃에서 분해 : $2H_3PO_4 \longrightarrow H_2O + H_4P_2O_7$ (피로인산)

- 300℃에서 분해 : $H_4P_2O_7 \longrightarrow H_2O + 2HPO_3$ (메타인산)

- 1,000℃에서 분해 : $2HPO_3 \longrightarrow H_2O + P_2O_5$ (오산화인)

제3종 분말소화약제가 A급 화재에도 적응성이 있는 이유

제일인산암모늄의 열분해시 생성되는 불연성용융물질인 메타인산(HPO_3)이 가연물의 표면에 부착 및 점착되는 방진작용으로 가연물과 산소와의 접촉을 차단시켜주기 때문이다.

4) 제4종 분말소화약제(탄산수소칼륨($KHCO_3$) + 요소($(NH_2)_2CO$) : 회(백)색

① 주성분은 중탄산칼륨($KHCO_3$)과 요소[$(NH_2)_2CO$]로 되어 있으며 이 약제에 방습제로 유·무 기산을 사용한다.

② 소화효과 : 냉각효과, 질식효과, 부촉매효과(제2종 분말 및 소화약제의 개량형)

③ 열분해 반응식 : $2KHCO_3 + (NH_2)_2CO \longrightarrow K_2CO_3 + 2NH_3 + 2CO_2$

※ 제4종 분말소화약제 : 소화성능은 우수하지만 가격이 너무 비싸기 때문에 우리나라에서는 거의 사용하지 않는다.

Chapter 2 | 소화방법 및 소화기

01 올바른 소화기 사용법으로 가장 거리가 먼 것은?

① 적응화재에 사용할 것

② 바람을 등지고 사용할 것

③ 방출거리보다 먼 거리에서 사용할 것

④ 양옆으로 비로 쓸듯이 골고루 사용할 것

해설

화점 가까이 접근하여 사용할 것

02 물을 소화약제로 사용하는 가장 큰 이유는?

① 기화잠열이 크므로

② 부촉매 효과가 있으므로

③ 환원성이 있으므로

④ 기화하기 쉬우므로

해설

물의 기화잠열 : 539kcal/kg

03 인화성 액체의 화재에 해당하는 것은?

① A급 화재   ② B급 화재

③ C급 화재   ④ D급 화재

해설

B급 : 유류화재

04 분말 소화설비에서 분말 소화약제의 가압용 가스로 사용하는 것은?

① CO_2 ② H_2

③ CCl_4 ④ Cl_2

해설

가압용 가스 : 이산화탄소(CO_2)나 질소(N_2) 사용

05 다음 중 소화설비와 능력단위의 연결이 옳은 것은?

① 마른모래(삽 1개 포함) 50l – 0.5 능력단위

② 팽창질석(삽 1개 포함) 80l – 1.0 능력단위

③ 소화전용물통 3l – 0.3 능력단위

④ 수조(소화전용 물통 6개 포함) 190l – 1.5 능력단위

해설

간이 소화용구의 능력단위

소화설비	용량	능력단위
소화전용 물통	8l	0.3
수조(소화전용 물통 3개 포함)	80l	1.5
수조(소화전용 물통 6개 포함)	190l	2.5
마른 모래(삽 1개 포함)	50l	0.5
팽창질석 또는 팽창진주암(삽 1개 포함)	160l	1.0

06 건축물의 외벽이 내화구조로 된 제조소는 연면적 몇 m²를 1소요단위로 하는가?

① 50   ② 75

③ 100   ④ 150

해설

소요 1단위의 규정

구분	외벽이 내화구조	외벽이 내화구조 아닌 것
제조소, 취급소용의 건축물	연면적 100m²	연면적 50m²
저장소의 건축물	연면적 150m²	연면적 75m²
위험물의 경우	지정수량의 10배	

정답 01 ③   02 ①   03 ②   04 ①   05 ①   06 ③

07 디에틸에테르 2,000*l*와 아세톤 4,000*l*를 옥내저장소에 저장하고 있다면 총 소요단위는 얼마인가?

① 5
② 6
③ 7
④ 8

① 제4류 위험물의 지정수량
  • 디에틸에테르(특수인화물) : 50*l*
  • 아세톤(제1석유류 및 수용성) : 400*l*
② 위험물의 소요1단위 : 지정수량의 10배

∴ 소요단위 $= \dfrac{\text{저장수량}}{\text{지정수량} \times 10}$

$= \dfrac{2,000}{50 \times 10} + \dfrac{4,000}{400 \times 10} = 5$단위

08 탄산칼륨을 첨가한 것으로 물의 빙점을 낮추어 한랭지 또는 겨울철에 사용이 가능한 소화기는?

① 산·알칼리 소화기
② 할로겐화물 소화기
③ 분말 소화기
④ 강화액 소화기

강화액 소화기(A, B, C급)
• 매우 추운 지방에서 사용(어는점 약 −30~−25℃)
• 반응식(압력원 : CO_2)

$H_2SO_4 + K_2CO_3 \rightarrow K_2SO_4 + H_2O + CO_2 \uparrow$

• 소화약제는 알칼리성(pH=12)

09 수성막 포 소화약제를 수용성 알코올 화재 시 사용하면 소화효과가 떨어지는 가장 큰 이유는?

① 유독가스가 발생하므로
② 화염의 온도가 높으므로
③ 알코올은 포와 반응하여 가연성 가스를 발생하므로
④ 알코올은 소포성을 가지므로

10 할로겐화물 소화약제의 조건으로 옳은 것은?

① 비점이 높을 것
② 기화되기 쉬울 것
③ 공기보다 가벼울 것
④ 연소되기 좋을 것

할로겐화물 소화약제의 조건
• 비점이 낮을 것
• 기화되기 쉬울 것
• 전기화재에 적응성이 있을 것
• 공기보다 무겁고 불연성일 것
• 증발 잔유물이 없고 증발잠열이 클것

11 포 소화약제의 주된 소화효과를 모두 옳게 나타낸 것은?

① 촉매효과와 억제효과
② 억제효과와 제거효과
③ 질식효과와 냉각효과
④ 연소방지와 촉매효과

12 제1인산암모늄 분말소화약제의 색상과 적응화재를 옳게 나타낸 것은?

① 백색, BC급
② 담홍색, BC급
③ 백색, ABC급
④ 담홍색, ABC급

13 제3종 분말소화약제가 열분해를 했을 때 생기는 부착성이 좋은 물질은?

① NH_3
② HPO_3
③ CO_2
④ P_2O_5

14 다음 중 물분무소화설비가 적응성이 없는 대상물은?

① 전기설비

② 제4류 위험물

③ 인화성고체

④ 알칼리금속의 과산화물

해설

- 제1류 위험물(금수성물질) : 알칼리금속의 무기과산화물 (K_2O_2, Na_2O_2 등)
- 금수성 위험물질에 적응성이 있는 소화기 : 탄산수소염류, 마른 모래, 팽창질석 또는 팽창진주암

15 다음 중 무색, 무취이고 전기적으로 비전도성이며 공기보다 약 1.5배 무거운 성질을 가지는 소화약제는?

① 분말소화약제　　　② 이산화탄소 소화약제

③ 포소화약제　　　　④ 할론 1301 소화약제

16 다음 ( ) 안에 알맞은 반응 계수를 차례대로 옳게 나타낸 것은?

$$6NaHCO_3 + Al_2(SO_4)_3 \cdot 18H_2O$$
$$\longrightarrow 3Na_2SO_4 + (\quad)Al(OH)_3 + (\quad)CO_2 + 18H_2O$$

① 3, 6　　　　　　② 6, 3

③ 6, 2　　　　　　④ 2, 6

해설

화학포 소화약제

외약제(A제) $NaHCO_3$, 내약제(B제) $Al_2(SO_4)_3$

17 할로겐화합물 소화약제가 전기화재에 사용될 수 있는 이유에 대한 다음 설명 중 가장 적합한 것은?

① 전기적으로 부도체이다.

② 액체의 유동성이 좋다.

③ 탄산가스와 반응하여 포스겐가스를 만든다.

④ 증기의 비중이 공기보다 작다.

18 제1종 분말소화약제가 1차 열분해되어 표준상태를 기준으로 10m³의 탄산가스가 생성되었다. 몇 kg의 탄산수소나트륨이 사용되었는가? (단, 나트륨의 원자량은 23이다.)

① 18.75　　　　　② 37

③ 56.25　　　　　④ 75

해설

$NaHCO_3$의 분자량 $= 23 + 1 + 12 + 16 \times 3 = 84$

$$2NaHCO_3 \longrightarrow Na_2CO_3 + H_2O + CO_2$$

$2 \times 84kg$ ： $22.4m^3$

x ： $10m^3$

$$\therefore x = \frac{2 \times 84kg \times 10m^3}{22.4m^3} = 75kg$$

19 다음 중 C급 화재에 가장 적응성이 있는 소화설비는?

① 봉상 강화액 소화기

② 포 소화기

③ 이산화탄소 소화기

④ 스프링클러 설비

해설

- C급 (전기화재) : 비전도성인 CO_2소화기를 사용한다.
- 전기화재는 물을 함유한 소화약제는 사용할 수 없다(단, 물분무소화설비는 제외).

20 CF_3Br 소화기의 주된 소화효과에 해당되는 것은?

① 억제효과　　　　② 질식효과

③ 냉각효과　　　　④ 피복효과

해설

할론 1301(CF_3Br) : 부촉매효과에 의한 억제효과

정답　14 ④　15 ②　16 ④　17 ①　18 ④　19 ③　20 ①

21 다음 중 알코올형 포 소화약제를 이용한 소화가 가장 효과적인 것은?

① 아세톤 ② 휘발유
③ 톨루엔 ④ 벤젠

해설

• 알코올형포 : 수용성인 석유류에 효과가 좋다.
• 아세톤(CH_3COCH_3) : 제4류의 제1석유류(수용성)로서 알코올형포·CO_2·건조분말에 의해 질식소화하며 또한 다량의 물 또는 물분무로 희석소화가 가능하다.

22 이산화탄소 소화기 사용 중 소화기 방출구에서 생길 수 있는 물질은?

① 포스겐 ② 일산화탄소
③ 드라이아이스 ④ 수소가스

해설

• 줄-톰슨효과에 의하여 약제 방출시 −78~−80℃로 온도가 급격히 강하하여 드라이아이스(Dryice)가 생성한다.
• 이때 생성된 드라이아이스가 소화기 방출구를 막아 소화 작업을 저해할 수 있다.

23 소화효과에 대한 설명으로 옳지 않은 것은?

① 산소 공급 차단에 의한 소화는 제거효과이다.
② 물에 의한 소화는 냉각효과이다.
③ 가연물을 제거하는 효과는 제거효과이다.
④ 소화분말에 의한 효과는 분말의 가열 분해에 의한 질식 및 억제 냉각의 상승효과이다.

해설

공기 중 산소농도 21%를 10~15% 이하로 떨어뜨려 질식 소화를 한다.

24 소화약제가 갖추어야 될 성질과 거리가 먼 것은?

① 현저한 독성이나 부식성이 없어야 한다.
② 열과 접촉 시 현저한 독성을 발생하지 않아야 한다.
③ 저장 안정성이 있어야 한다.
④ 부유물이나 침전에 의해 분리가 잘 되어야 한다.

해설

부유물이나 침전에 의해 분리되지 않아야 하며 항상 균일하게 분포되어 있어야 한다.

25 소화기의 사용방법에 대한 설명으로 가장 옳은 것은?

① 소화기는 화재 초기에만 효과가 있다.
② 소화기는 대형소화설비의 대용으로 사용할 수 있다.
③ 소화기는 어떠한 소화에도 만능으로 사용할 수 있다.
④ 소화기는 구조와 성능, 취급법을 명시하지 않아도 된다.

26 불에 대한 제거소화의 방법이 아닌 것은?

① 가스화재 시 가스 공급을 차단하기 위해 밸브를 닫아 소화시킨다.
② 유전화재 시 폭약을 사용하여 폭풍에 의하여 가연성 증기를 날려 보내 소화시킨다.
③ 연소하는 가연물을 밀폐시켜 공기 공급을 차단하여 소화한다.
④ 촛불 소화 시 입으로 바람을 불어서 소화시킨다.

해설

③은 공기 중 산소공급을 차단하는 질식소화에 해당된다.

Chapter 3 소방시설의 종류 및 설치운영

1 소방시설

소방시설은 소화설비, 경보설비, 피난설비, 소화용수설비 및 소화활동설비로 구분한다.

1. 소화설비

> • 소화설비 : 물 또는 그 밖의 소화약제를 사용하여 소화하는 기계, 기구 또는 설비
> • 소화설비의 종류 : 소화기구, 자동소화장치, 옥내소화전설비, 옥외소화전설비, 스프링클러설비, 물분무 등 소화설비

(1) 소화기구

1) 소화기구의 종류

① 소화기

② 자동확산소화기

③ 간이소화용구 : 에어졸식 소화용구, 투척용 소화용구 및 소화약제 외의 것

2) 수동식 소화기 설치기준

① 각층마다 설치하고, 바닥으로부터 1.5m 이하의 곳에 비치할 것

② 특정소방대상물의 각 부분으로부터 1개의 소화기까지의 보행거리 : 소형소화기는 20m 이내, 대형소화기는 30m 이내가 되도록 배치할 것

(2) 옥내소화전설비

건축물 내에 화재발생시 초기화재를 진화할 목적으로 소화전내에 비치된 호스 및 노즐을 이용하여 화재를 소화하는 설비이다.

1) 옥내소화전설비의 설치기준★★★

① 옥내소화전 개폐밸브 및 호스접속구는 바닥면으로부터 1.5m 이하의 높이에 설치할 것

② 가압송수장치의 시동을 알리는 표시등(이하 '시동표시등'이라 한다)은 적색으로 옥내소화전함의 내부 또는 그 직근의 장소에 설치할 것

③ 옥내소화전함에는 그 표면에 '소화전'이라고 표시할 것

④ 옥내소화전함의 상부의 벽면에 적색의 표시등을 설치하되, 당해 표시등의 부착면과 15° 이상의 각도가 되는 방향으로 10m 떨어진 곳에서 용이하게 식별이 가능하도록 할 것

⑤ 옥내소화전설비의 비상전원은 45분 이상 작동할 것

2) 가압송수장치의 설치기준

① 고가수조를 이용한 가압송수장치

- 낙차(수조의 하단으로부터 호스 접속구까지의 수직거리)는 다음식에 의하여 구한 수치 이상으로 할 것

$$H = h_1 + h_2 + 35m$$

> H : 필요낙차 (단위 : m)
> h_1 : 방수용 호수의 마찰손실수두 (단위 : m)
> h_2 : 배관의 마찰손실수두

② 압력수조를 이용한 가압송수장치

- 압력수조의 압력은 다음 식에 의하여 구한 수치 이상으로 할 것★★★

$$P = P_1 + P_2 + P_3 + 0.35MPa$$

> P : 필요한 압력 (단위 : MPa)
> P_1 : 소방용호스의 마찰손실수두압 (단위 : MPa)
> P_2 : 배관의 마찰손실수두압 (단위 : MPa)
> P_3 : 낙차의 환산수두압 (단위 : MPa)

> **참고** 단위환산 : $1kg/cm^2 = 10mH_2O(수두) = 100KPa = 0.1MPa$
> ※ $3.5kg/cm^2 = 35mH_2O = 350KPa = 0.35MPa$

③ 펌프를 이용한 가압송수장치

- 펌프의 전양정은 다음 식에 의하여 구한 수치 이상으로 할 것

$$H = h_1 + h_2 + h_3 + 35m$$

> H : 펌프의 전양정 (단위 : m)
> h_1 : 소방용 호스의 마찰손실수두 (단위 : m)
> h_2 : 배관의 마찰손실수두 (단위 : m)
> h_3 : 낙차 (단위 : m)

3) 옥내소화전은 제조소등의 건축물의 층마다 당해 층의 각 부분에서 하나의 호스접속구까지의 수평거리가 25m 이하가 되도록 설치할 것

4) 수원의 수량은 옥내소화전이 가장 많이 설치된 층의 옥내소화전 설치개수(설치개수가 5개 이상인 경우는 5개)에 7.8m³를 곱한 양 이상이 되도록 설치할 것

> - 수원의 양(Q) : $Q(m^3) = N \times 7.8m^3$(N, 5개 이상인 경우 5개)★★★★
> ※ 법정 방수량 : 260l/min으로 30min 이상 기동할 수 있는 양
> ∴ $0.26m^3/min \times 30min = 7.8m^3$

5) 옥내소화전설비는 각층을 기준으로 하여 당해 층의 모든 옥내소화전(설치개수가 5개 이상인 경우는 5개의 옥내소화전)을 동시에 사용할 경우에 각 노즐선단의 방수압력이 350KPa 이상이고 방수량이 1분당 260l 이상의 성능이 되도록 할 것

(3) 옥외소화전설비

건축물의 외부에 설치·고정되어 있어 물을 방사하는 소화설비로서 초기 및 대규모 화재시 주로 1, 2층의 저층에 사용하며 이외에 인접건축물의 연소확대방지에 사용하는 소방설비이다.

1) 옥외소화전설비의 설치기준

① 옥외소화전의 **개폐밸브** 및 호스접속구는 지반면으로부터 **1.5m 이하**의 높이에 설치할 것

② 옥외소화전함은 옥외소화전으로부터 **보행거리 5m 이하**의 장소에 설치할 것

③ 비상전원은 45분 이상 작동할 것

2) 옥외소화전은 방호대상물의 각 부분에서 하나의 호스접속구까지의 **수평거리가 40m 이하**가 되도록 설치할 것

3) **수원의 수량**은 옥외소화전의 설치개수(설치개수가 4개 이상인 경우는 4개의 옥외소화전)에 13.5m³를 곱한 양 이상이 되도록 설치할 것

> • 수원의 양(Q) : $Q(m^3) = N \times 13.5m^3$(N, 4개 이상인 경우 4개)★★★★
> ※ 법정 방수량 : 450l/min으로 30min 이상 기동할 수 있는 양
> ∴ $0.45m^3/min \times 30min = 13.5m^3$

4) 옥외소화전설비는 모든 옥외소화전(설치개수가 4개 이상인 경우는 4개의 옥외소화전)을 동시에 사용할 경우에 각 노즐선단의 **방수압력이 350KPa 이상**이고, 방수량이 **1분당 450l 이상**의 성능이 되도록 할 것

(4) 스프링클러설비

물을 자동으로 분무 방수하여 초기화재를 진압할 목적으로 천장이나 반자 및 벽 등에 스프링클러헤드를 설치하여 감열작용에 의해 화재시 효과적으로 진압할 수 있는 소화설비이다.

[스프링클러설비의 장·단점]★★★★

장점	단점
• 초기화재 진압에 절대적인 효과가 있다. • 감지부가 기계적이므로 오동작, 오보가 없다. • 소화약제가 물이라서 값이 싸고 복구가 쉽다. • 시설이 반영구적이고 조작이 쉽고 안전하다. • 야간에도 자동으로 화재의 감지, 경보, 소화 등을 제어할 수 있어 안전하다.	• 초기 시설비가 많이 든다. • 다른 설비에 비해 구조 및 시공이 복잡하다. • 물로 살수시 피해가 많다. • 일반화재(A급)에만 적합하며 유지관리에 유의해야 한다.

1) 스프링클러설비의 설치기준★★★

① 스프링클러헤드는 방호대상물의 각 부분에서 하나의 **스프링클러헤드**까지의 수평거리가 **1.7m 이하**가 되도록 설치할 것

② 스프링클러설비의 **방사구역**은 150m² 이상(방호대상물의 바닥면적이 150m² 미만인 경우에는 당해 바닥면적)으로 할 것

2) 개방형 스프링클러헤드의 설치기준★★

① 스프링클러헤드의 반사판으로부터 하방으로 0.45m, 수평방향으로 0.3m의 공간을 보유할 것

② 스프링클러헤드는 헤드의 축심이 당해 헤드의 부착면에 대하여 직각이 되도록 설치할 것

③ 스프링클러설비에 설치하는 수동식 개방밸브를 조작하는 데 필요한 힘은 15kg 이하로 할 것

3) 폐쇄형 스프링클러헤드의 설치기준★★★

① 스프링클러헤드의 반사판과 당해 헤드의 부착면과의 거리는 0.3m 이하일 것

② 급배기용 덕트 등의 긴변의 길이가 1.2m를 초과하는 것이 있는 경우에는 당해 덕트 등의 아래면에도 스프링클러헤드를 설치할 것

4) 스프링클러헤드는 그 부착장소의 평상시의 최고주위온도에 따라 다음 표에 정한 표시온도를 갖는 것을 설치할 것★★★

부착장소의 최고주위온도(단위 ℃)	표시온도(단위 ℃)
28 미만	58 미만
28 이상 39 미만	58 이상 79 미만
39 이상 64 미만	79 이상 121 미만
64 이상 106 미만	121 이상 162 미만
106 이상	162 이상

5) 수원의 수량은 폐쇄형 스프링클러헤드를 사용하는 것은 30(헤드의 설치개수가 30 미만인 방호대상물인 경우에는 당해 설치개수), 개방형 스프링클러헤드를 사용하는 것은 스프링클러헤드가 가장 많이 설치된 방사구역의 스프링클러헤드 설치개수에 2.4m³를 곱한 양 이상이 되도록 설치할 것

> • 수원의 양(Q) : Q(m³)＝N(헤드수)×2.4m³
>
> ※ 법정 방수량 : 80*l*/min으로 30min 이상 기동할 수 있는 양
>
> ∴ 0.08m³/min×30min＝2.4m³
>
> ※ N(헤드수) : 폐쇄형은 최대 30개 미만, 개방형은 설치 개수

6) 스프링클러설비의 방사압력이 100KPa 이상이고, 방수량이 1분당 80*l* 이상의 성능이 되도록 할 것

7) 제어밸브는 바닥면으로부터 0.8m 이상 1.5m 이하의 높이에 설치할 것

(5) 물분무 소화설비

물분무 노즐을 사용하여 물의 입자를 미세하게 분무방사시켜 물방울의 표면적을 넓게 함으로써 유류화재 및 전기화재에 매우 효과적인 소화설비이다.

물분무등 소화설비★★

- 물분무 소화설비
- 포 소화설비
- 이산화탄소 소화설비
- 할로겐화합물 소화설비
- 분말 소화설비

1) 물분무 소화설비의 설치기준

① 물분무 소화설비의 **방사구역**은 **150m² 이상**(방호대상물의 표면적이 150m² 미만인 경우에는 당해 표면적)으로 할 것

② **수원의 수량**은 분무헤드가 가장 많이 설치된 방사구역의 모든 분무헤드를 동시에 사용할 경우에 당해 방사구역의 표면적 1m²당 **1분당 20ℓ**의 비율로 계산한 양으로 30분간 방사할 수 있는 양 이상이 되도록 설치할 것

> - 수원의 양(Q) : $Q(m^3) = A$(방호대상물의 표면적 m^2) $\times 0.6m^3/m^2$★★
> ※ 법정 방수량 : $20ℓ/min \cdot m^2$으로 30min 이상 방사할 수 있는 양
> ∴ $0.02m^3/min \cdot m^2 \times 30min = 0.6m^3/m^2$

③ 물분무 소화설비 분무헤드를 동시에 사용할 경우에 각 선단의 방사압력이 **350KPa 이상**으로 표준방사량을 방사할 수 있는 성능이 되도록 할 것

[위험물제조소등의 소화설비 설치기준(비상전원 : 45분)]★★★

소화설비	수평거리	방수량	방수압력	토출량	수원의 양(Q : m³)
옥내	25m 이하	260(ℓ/min) 이상	350(KPa) 이상	N(최대 5개) ×260(ℓ/min)	Q=N(소화전개수 : 최대 5개)×7.8m³ (260ℓ/min×30min)
옥외	40m 이하	450(ℓ/min) 이상	350(KPa) 이상	N(최대 4개) ×450(ℓ/min)	Q=N(소화전개수 : 최대 4개)×13.5m³ (450ℓ/min×30min)
스프링클러	1.7m 이하	80(ℓ/min) 이상	100(KPa) 이상	N(헤드수) ×80(ℓ/min)	Q=N(헤드수)×2.4m³ (80ℓ/min×30min)
물분무	–	20(ℓ/m²·min) 이상	350(KPa) 이상	A(바닥면적 m²) ×20(ℓ/m²·min)	Q=A(바닥면적 m²)×0.6m³/m² (20ℓ/m²·min×30min)

(6) 포소화설비

물과 포소화약제가 혼합된 수용액을 화학적 또는 기계적으로 미세한 포를 발포시켜 연소물의 표면을 피복·질식소화하며, 포에 함유된 수분에 의한 냉각효과도 있다. 특히 대규모 유류화재에 적합하고 옥외소화에도 효과가 있다.

1) 고정식 포소화설비의 포방출구의 종류와 포주입법★★★

① 고정식지붕구조[CRT(콘루프)탱크] ┌ 상부포주입법 : Ⅰ형, Ⅱ형
                                    └ 저부포주입법 : Ⅲ형, Ⅳ형

② 부상식지붕구조[FRT(플루팅루프)탱크] : 상부포주입법=특형

참고 **상부포주입법과 저부포주입법**★★
- 상부포주입법 : 고정포방출구를 탱크 옆판의 상부에 설치하여 액포면상에 포를 방출하는 방법
- 저부포주입법 : 탱크의 액면하에 설치된 포방출구로부터 포를 탱크 내에 주입하는 방법

[포방출구의 종류에 따른 포수용액량과 방출률]★★★

포방출구의 종류 / 위험물의 구분	I 형		II 형		특형		III 형		IV 형	
	포수용액량 (l/m^2)	방출률 (l/m^2 ·min)	포수용액량 (l/m^2)	방출률 (l/m^2 ·min)	포수용액량 (l/m^2)	방출률 (l/m^2 ·min)	포수용액량 (l/m^2)	방출률 (l/m^2 ·min)	포수용액량 (l/m^2)	방출률 (l/m^2 ·min)
제4류 위험물 중 인화점이 21℃ 미만인 것	120	4	220	4	240	8	220	4	220	4
제4류 위험물 중 인화점이 21℃ 이상 70℃ 미만인 것	80	4	120	4	160	8	120	4	120	4
제4류 위험물 중 인화점이 70℃ 이상인 것	60	4	100	4	120	8	100	4	100	4

2) 보조포소화전 설치기준

① 방유제 외측의 소화활동상 유효한 위치에 설치하되 각각의 보조포소화전 상호간의 보행거리가 75m 이하가 되도록 설치할 것

② 보조포소화전은 3개(호스접속구가 3개 미만인 경우에는 그 개수)의 노즐을 동시에 사용할 경우에 각각의 노즐선단의 방사압력이 0.35MPa 이상이고 방사량이 400l/min 이상의 성능이 되도록 설치할 것

③ 보조포소화전은 옥외소화전설비의 옥외소화전의 기준의 예에 준하여 설치할 것

3) 포헤드 방식의 포헤드 설치기준

① 포헤드는 방호대상물의 모든 표면이 포헤드의 유효사정 내에 있도록 설치할 것

② 방호대상물의 표면적(건축물의 경우에는 바닥면적) 9m²당 1개 이상의 헤드를, 방호대상물의 표면적 1m²당의 방사량이 6.5l/min 이상의 비율로 계산한 양의 포수용액을 표준방사량으로 방사할 수 있도록 설치할 것

③ 방사구역은 100m² 이상(방호대상물의 표면적이 100m² 미만인 경우에는 당해 표면적)으로 할 것

4) 포모니터노즐 방식의 포모니터노즐 설치기준(위치가 고정된 노즐의 방사각도를 수동 또는 자동으로 조준하여 포를 방사하는 설비를 말함) : 포모니터노즐은 노즐선단의 방사량이 1,900l/min 이상이고 수평방사거리가 30m 이상이 되도록 설치할 것

5) 포소화약제의 혼합장치★★

① 펌프 프로포셔너 방식(펌프혼입방식) : 펌프의 토출관과 흡입관 사이의 배관도중에 흡입기를 설치하여 펌프에서 토출된 물의 일부를 보내고, 농도 조정밸브에서 조정된 포소화약제의 필요량을 포 소화약제 탱크에서 펌프 흡입측으로 보내어 혼합하는 방식(주로 소방펌프차에 사용함)

② 프레셔 프로포셔너 방식(차압혼입방식) : 펌프와 발포기의 중간에 벤추리관을 설치하여 벤추리 작용과 펌프 가압수의 포 소화약제 저장탱크에 대한 압력으로 포소화약제를 흡입·혼합하는 방식(가장 많이 사용함)

③ 라인 프로포셔너 방식(관로혼합방식) : 펌프와 발포기의 중간에 벤추리관을 설치하여 벤추리 작용에 의해 포소화약제를 흡입·혼합하는 방식(소규모설비에 사용함)

④ 프레셔사이드 프로포셔너 방식(압입 혼합방식) : 펌프의 토출관에 압입기를 설치하여 포소화약제 압입용 펌프로 포소화약제를 압입·혼합하는 방식(주로 대형유류탱크에 사용함)

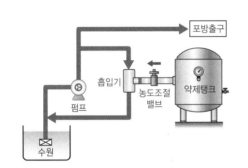

[펌프 프로포셔너 방식]

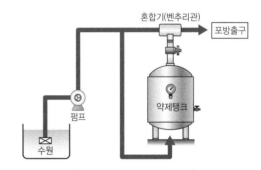

[프레셔 프로포셔너 방식]

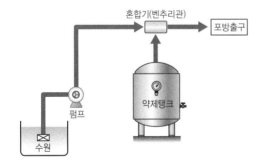

[라인 프로포셔너 방식]

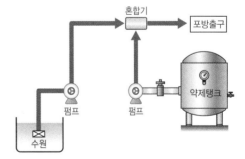

[프레셔사이드 프로포셔너 방식]

(8) 불활성가스 소화설비

고압가스용기에 저장된 불연성가스인 CO_2 가스 및 N_2 가스를 소화설비로 고정설치하여 화재발생시 불활성가스를 방출 분사시켜 질식 또는 냉각작용으로 소화시키는 설비이다.

1) 불활성가스 소화설비의 분사헤드 및 저장용기

① 방사된 소화약제가 방호구역의 전역에 균일하고 신속하게 방사할 수 있도록 설치할 것

구분		전역방출방식			국소방출방식 (이산화탄소)
		이산화탄소(CO_2)		불활성가스	
		저압식(20℃)	고압식(−18℃ 이하)	IG-100, IG-55, IG-541	
분사 헤드	방사압력	1.05MPa 이상	2.1MPa 이상	1.9MPa 이상	–
	방사시간	60초 이내	60초 이내	60초 이내(약제량 95% 이상)	30초 이내
용기의 충전비		1.1~1.4 이하	1.5~1.9 이하	충전압력 32MPa 이하(21℃)	–

② 저장용기 설치기준★★★★

- 방호구역 외의 장소에 설치할 것
- 온도가 40℃ 이하이고 온도 변화가 적은 장소에 설치할 것
- 직사일광 및 빗물이 침투할 우려가 적은 장소에 설치할 것
- 저장용기에 안전장치를 설치할 것
- 저장용기의 외면에 소화약제의 종류와 양, 제조년도 및 제조자를 표시할 것

2) 저압식저장용기(CO_2 용기)의 설치기준★★★★

① 저압식저장용기에는 액면계 및 압력계를 설치할 것

② 저압식저장용기에는 2.3MPa 이상의 압력 및 1.9MPa 이하의 압력에서 작동하는 압력경보장치를 설치할 것

③ 저압식저장용기에는 용기내부의 온도를 −20℃ 이상 −18℃ 이하로 유지할 수 있는 자동냉동기를 설치할 것

④ 저압식저장용기에는 파괴판과 방출밸브를 설치할 것

(9) 할로겐화합물 소화설비

불연성가스인 할로겐화합물 소화약제를 사용하여 화재발생시 할로겐원자에 의하여 연소반응의 억제작용으로 냉각·희석작용 및 연쇄반응을 억제하는 고정소화설비이다.

1) 설치기준

① 전역 및 국소방출방식 분사헤드의 방사압력 및 방사시간

구분	소화약제	방사압력	방사시간
할로겐화합물	할론 2402	0.1 MPa 이상	30초 이내
	할론 1211	0.2 MPa 이상	
	할론 1301	0.9 MPa 이상	

※ 할론 2402를 방사하는 분사헤드는 당해 소화약제를 무상(霧狀)으로 방사하는 것일 것

② 국소방출 방식 분사헤드의 설치기준

- 분사헤드는 방호대상물의 모든 표면이 분사헤드의 유효사정 내에 있도록 설치할 것
- 할론 2402, 할론 1211, 할론 1301 등의 소화약제 방사시간 : 30초 이내

③ 전역방출방식 또는 국소방출방식의 할로겐화물 소화약제의 충전비

약제	할론 2402		할론 1211	할론 1301
	가압식	축압식		
충전비	0.51~0.67 미만	0.67~2.75 이하	0.7~1.4 이하	0.9~1.6 이하

(10) 분말 소화설비

1) 분사헤드 설치기준

① 전역방출방식

- 방사된 소화약제가 방호구역의 전역에 균일하고 신속하게 확산할 수 있도록 설치할 것
- 분사헤드의 방사압력은 0.1MPa 이상일 것
- 소화약제의 양을 30초 이내에 균일하게 방사할 것
- 방호구역 체적 1m³당 소화약제의 양

소화약제의 종별	소화약제의 양(kg)
제1종 분말	0.6
제2종·제3종 분말	0.36
제4종 분말	0.24

② 국소방출방식

- 분사헤드는 방호대상물의 모든 표면이 분사헤드의 유효사정 내에 있도록 설치할 것
- 소화약제의 방사에 의하여 위험물이 비산되지 않는 장소에 설치할 것
- 소화약제의 양을 30초 이내에 균일하게 방사할 것

2) 이동식분말소화설비는 하나의 노즐마다 다음 표에 정한 소화약제의 종류에 따른 양 이상으로 할 것

소화약제의 종별	전체 소화약제의 양(kg)	방사량(kg/min)
제1종 분말	50	45
제1종 분말 또는 제3종 분말	30	27
제4종 분말	20	18
제5종 분말	소화약제에 따라 필요한 양	–

3) 저장용기등의 충전비

소화약제의 종별	충전비의 범위
제1종 분말	0.85 이상 1.45 이하
제1종 분말 또는 제3종 분말	1.02 이상 1.75 이하
제4종 분말	1.50 이상 2.50 이하

01 대형수동식소화기를 설치하는 경우 방호대상물의 각 부분으로부터 하나의 대형수동식소화기까지의 거리는 보행거리가 몇 m 이하가 되도록 하여야 하는가? (단, 원칙적인 경우에 한한다.)

① 10   ② 20

③ 25   ④ 30

해설

수동식소화기 보행거리 : 대형 30m 이하, 소형 20m 이하

02 다음 중 대형소화기의 기준으로 잘못된 것은?

① 물소화기 80l 이상

② 강화액소화기 20l 이상

③ 할로겐화합물소화기 30kg 이상

④ 이산화탄소소화기 50kg 이상

해설

대형 소화기의 기준

소화기의 종류	소화약제의 충전량
물소화기	80l 이상
포소화기	20l 이상
강화액소화기	60l 이상
할로겐화합물소화기	30kg 이상
이산화탄소소화기	50kg 이상
분말소화기	20kg 이상

03 위험물안전관리법령상 물분무등소화설비에 포함되지 않는 것은?

① 포소화설비

② 분말소화설비

③ 스프링클러설비

④ 이산화탄소소화설비

해설

물분무등소화설비
- 물분무소화설비
- 이산화탄소 소화설비
- 분말소화설비
- 포소화설비
- 할로겐화합물소화설비

04 옥내소화전 설비의 비상전원은 자가발전설비 또는 축전지설비로 옥내소화전 설비를 유효하게 몇 분 이상 작동할 수 있어야 하는가?

① 10분   ② 20분

③ 45분   ④ 60분

05 위험물제조소에서 옥내소화전이 1층에 4개, 2층에 6개가 설치되어 있을 때 수원의 수량은 몇 L 이상이 되도록 설치하여야 하는가?

① 13,000   ② 15,600

③ 39,000   ④ 46,800

해설

옥내소화전설비의 수원의 양($Q : m^3$)
$Q = N$(5개 이상인 경우 5개)$\times 7.8m^3$
$= 5 \times 7.8m^3 = 39m^3 = 39,000l$

정답 01 ④   02 ②   03 ③   04 ③   05 ③

06 위험물제조소등에 설치하는 옥내소화전 설비의 기준으로 옳지 않은 것은?

① 옥내소화전함에는 그 표면에 '소화전'이라고 표시하여야 한다.

② 옥내소화전함의 상부 벽면에 적색의 표시등을 설치하여야 한다.

③ 표시등 불빛은 부착면과 10도 이상의 각도가 되는 방향으로 8m 이내에서 쉽게 식별할 수 있어야 한다.

④ 호스 접속구는 바닥면으로부터 1.5m 이하의 높이에 설치하여야 한다.

해설

③ 표시등의 부착면과 15° 이상의 각도가 되는 방향으로 10m 떨어진 곳에서 용이하게 식별이 가능할 것

07 위험물안전관리법령상 옥내소화전 설비에 관한 기준에 대해 다음 (   ) 안에 알맞은 수치를 옳게 나열한 것은?

> 옥내소화전 설비는 각 층을 기준으로 하여 당해 층의 모든 소화전(설치 개수가 5개 이상인 경우는 5개의 옥내 소화전)을 동시에 사용할 경우에 각 노즐 선단의 방수 압력이 (㉠) kPa 이상이고 방수량이 1분당 (㉡) l 이상의 성능이 되도록 할 것

① ㉠ 350, ㉡ 260

② ㉠ 450, ㉡ 260

③ ㉠ 350, ㉡ 450

④ ㉠ 450, ㉡ 450

08 옥내소화전 설비에서 펌프를 이용한 가압송수장치의 경우 펌프의 전양정 H는 소정의 산식에 의한 수치 이상이어야 한다. 전양정 H를 구하는 식으로 옳은 것은? (단, h_1은 소방용 호스의 마찰손실수두, h_2는 배관의 마찰손실수두, h_3는 낙차이며, h_1, h_2, h_3의 단위는 모두 m이다.)

① $H=h_1+h_2+h_3$

② $H=h_1+h_2+h_3+0.35m$

③ $H=h_1+h_2+h_3+35m$

④ $H=h_1+h_2+0.35m$

09 위험물안전관리법령상 제6류 위험물을 저장 또는 취급하는 제조소등에 적응성이 없는 소화설비는?

① 팽창질석   ② 할로겐화합물소화기

③ 포소화기   ④ 인산염류 분말소화기

해설

제6류 위험물에 적응성이 있는 소화설비
- 옥내(외)소화전 설비, 스프링클러설비, 물분무소화설비
- 포소화설비, 인산염류 분말소화설비, 건조사, 물통 또는 수조
- 팽창질석 또는 팽창진주암

10 위험물제조소등에 설치된 옥외소화전설비는 모든 옥외소화전(설치개수가 4개 이상인 경우는 4개의 옥외소화전)을 동시에 사용할 경우에 각 노즐 선단의 방수압력은 몇 kPa 이상이어야 하는가?

① 170   ② 350

③ 420   ④ 540

해설

방수량은 1분당 450l 이상의 성능이 되도록 할 것

 정답 06 ③ 07 ① 08 ③ 09 ② 10 ②

11 위험물제조소등의 스프링클러 설비의 기준에 있어 개방형 스프링클러 헤드는 스프링클러 헤드의 반사판으로부터 하방과 수평방향으로 각각 몇 m의 공간을 보유하여야 하는가?

① 하방 0.3m, 수평방향 0.45m

② 하방 0.3m, 수평방향 0.3m

③ 하방 0.45m, 수평방향 0.45m

④ 하방 0.45m, 수평방향 0.3m

해설

개방형 스프링클러헤드의 유효사정거리
- 헤드의 반사판으로부터 하방으로 0.45m, 수평방향으로 0.3m의 공간을 보유할 것
- 헤드는 헤드의 축심이 당해 헤드의 부착면에 대하여 직각이 되도록 설치할 것

12 위험물안전관리법령에 따라 폐쇄형 스프링클러 헤드를 설치하는 장소의 평상시 최고주위온도가 28℃ 이상, 39℃ 미만일 경우 헤드의 표시온도는?

① 52℃ 이상, 76℃ 미만 ② 52℃ 이상, 79℃ 미만

③ 58℃ 이상, 76℃ 미만 ④ 58℃ 이상, 79℃ 미만

해설

부착장소의 최고주위온도(단위: ℃)	표시온도(단위: ℃)
28 미만	58 미만
28 이상 39 미만	58 이상 79 미만
39 이상 64 미만	79 이상 121 미만
64 이상 106 미만	121 이상 162 미만
106 이상	162 이상

13 폐쇄형스프링클러헤드에 관한 기준에 따르면 급배기용 덕트 등의 긴 변의 길이가 몇 m를 초과하는 것이 있는 경우에는 당해 덕트 등의 아래면에도 스프링클러 헤드를 설치해야 하는가?

① 0.8   ② 1.0

③ 1.2   ④ 1.5

14 포소화설비의 기준에 따르면 포헤드방식의 포헤드는 방호대상물의 표면적 1m² 당의 방사량의 몇 L/min 이상의 비율로 계산한 양의 포수용액을 표준방사량으로 방사할 수 있도록 설치하여야 하는가?

① 3.5   ② 4

③ 6.5   ④ 9

해설

포헤드 방식의 설치기준
- 방호대상물의 표면적 9m²당 1개 이상의 헤드를 설치할 것
- 방호대상물의 표면적 1m²당의 방사량은 6.5l/min 이상

15 이산화탄소 소화설비의 배관에 대한 기준으로 옳은 것은?

① 원칙적으로 겸용이 가능하도록 할 것

② 동관의 배관은 고압식인 것은 16.5MPa 이상의 압력에 견딜 것

③ 관이음쇠는 저압식의 경우 5.0MPa 이상의 압력에 견딜 것

④ 배관의 가장 높은 곳과 낮은 곳의 수직거리는 30m 이하일 것

해설

이산화탄소 소화설비의 배관에 대한 기준
- 전용으로 할 것
- 강관의 배관은 고압식인 것은 스케줄 80 이상, 저압식인 것은 스케줄 40 이상의 것을 사용할 것
- 동관의 배관은 고압식인 것은 16.5MPa 이상, 저압식인 것은 3.75MPa 이상의 압력에 견딜 수 있는 것을 사용할 것
- 관이음쇠는 고압식인 것은 16.5MPa 이상, 저압식인 것은 3.75MPa 이상의 압력에 견딜 수 있는 것을 사용할 것
- 낙차는 50m 이하일 것

정답 11 ④ 12 ④ 13 ③ 14 ③ 15 ②

16 전역방출방식의 할로겐화물 소화설비의 분사 헤드에서 Halon 1211을 방사하는 경우의 방사압력은 얼마 이상으로 하여야 하는가?

① 0.1MPa   ② 0.2MPa

③ 0.5MPa   ④ 0.9MPa

해설

전역방출방식의 분사헤드 방사압력

종류	할론 2402	할론 1211	할론 1301
방사압력	0.1MPa 이상	0.2MPa 이상	0.9MPa 이상

17 이산화탄소소화설비의 약제저장방식 중 고압식의 충전비로 맞는 것은?

① 1.1~1.4   ② 1.2~1.5

③ 1.5~1.9   ④ 1.9~2.5

해설

• 고압식의 충전비 : 1.5~1.9
• 저압식의 충전비 : 1.1~1.4

18 개방형 스프링클러 헤드를 이용하는 스프링클러 설비에서 수동식 개방 밸브를 개방 조작하는 데 필요한 힘은 얼마 이하가 되도록 설치하여야 하는가?

① 5kg   ② 10kg

③ 15kg   ④ 20kg

19 다음 ( ) 안에 들어갈 수치를 순서대로 올바르게 나열한 것은? (단, 제4류 위험물에 적응성을 갖기 위한 살수밀도기준을 적용하는 경우는 제외한다.)

> 위험물제조소등에 설치하는 폐쇄형 헤드의 스프링클러설비는 30개의 헤드(헤드 설치수가 30 미만의 경우는 당해 설치 개수)를 동시에 사용할 경우 각 선단의 방사 압력이( )KPa 이상이고 방수량이 1분당 ( )L 이상이어야 한다.

① 100, 80   ② 120, 80

③ 100, 100   ④ 120, 100

해설

스프링클러 설비 중 폐쇄형 헤드는 방사압력이 100KPa 이상이고 방수량은 80l/min이다.

20 화재 시 이산화탄소를 방출하여 산소의 농도를 12.5%로 낮추어 소화하려면 공기중의 이산화탄소의 농도는 약 몇 vol%로 해야 하는가?

① 30.7   ② 32

③ 40.5   ④ 68.0

해설

$$공기중\ CO_2농도(vol\%) = \frac{21-O_2}{21} \times 100$$

$$\therefore \frac{21-12.5}{21} \times 100 = 40.5(vol\%)$$

21 물분무소화설비의 방사구역은 몇 m² 이상이어야 하는가? (단, 방호대상물의 표면적이 300m²이다)

① 100   ② 150

③ 300   ④ 450

해설

물분무 소화설비의 방사구역은 150m² 이상으로 할 것
(단, 방호대상물의 표면적이 150m² 미만인 경우 당해 표면적)

정답   16 ②   17 ③   18 ③   19 ①   20 ③   21 ②

소화설비의 설치기준

1 소화설비

1. 소화난이도등급 Ⅰ

(1) 소화난이도등급 Ⅰ에 해당하는 제조소등

제조소 등의 구분	제조소등의 규모, 저장 또는 취급하는 위험물의 품명 및 최대수량 등
제조소 일반 취급소	연면적 1,000m² 이상인 것
	지정수량의 100배 이상인 것(고인화점위험물만을 100℃ 미만의 온도에서 취급하는 것 및 화학류의 위험물을 취급하는 것은 제외)
	지면으로부터 6m 이상의 높이에 위험물 취급설비가 있는 것(고인화점위험물만을 100℃ 미만의 온도에서 취급하는 것은 제외)
	일반취급소로 사용되는 부분 외의 부분을 갖는 건축물에 설치된 것(내화구조로 개구부없이 구획된 것 및 고인화점위험물만을 100℃ 미만의 온도에서 취급하는 것은 제외)
주유취급소	법규정상 주유취급소의 직원 외의 자가 출입하는 부분의 면적의 합이 500m²를 초과하는 것
옥내 저장소	지정수량의 150배 이상인 것(고인화점위험물만을 저장하는 것 및 제48조의 위험물을 저장하는 것은 제외)
	연면적 150m²를 초과하는 것(150m² 이내마다 불연재료로 개구부없이 구획된 것 및 인화성고체 외의 제2류 위험물 또는 인화점 70℃ 이상의 제4류 위험물만을 저장하는 것은 제외)
	처마높이가 6m 이상인 단층건물의 것
	옥내저장소로 사용되는 부분 외의 부분이 있는 건축물에 설치된 것(내화구조로 개구부없이 구획된 것 및 인화성고체 외의 제2류 위험물 또는 인화점 70℃ 이상의 제4류 위험물만을 저장하는 것은 제외)
옥외 탱크 저장소	액표면적이 40m² 이상인 것(제6류 위험물을 저장하는 것 및 고인화점위험물만을 100℃ 미만의 온도에서 저장하는 것은 제외)
	지반면으로부터 탱크 옆판의 상단까지 높이가 6m 이상인 것(제6류위험물을 저장하는 것 및 고인화점위험물만을 100℃ 미만의 온도에서 저장하는 것은 제외)
	지중탱크 또는 해상탱크로서 지정수량의 100배 이상인 것(제6류 위험물을 저장하는 것 및 고인화점위험물만을 100℃ 미만의 온도에서 저정하는 것은 제외)
	고체위험물을 저장하는 것으로서 지정수량의 100배 이상인 것
옥내 탱크 저장소	액표면적이 40m² 이상인 것(제6류 위험물을 저장하는 것 및 고인화점위험물만을 100℃ 미만의 온도에서 저장하는 것은 제외)
	바닥면으로부터 탱크 옆판의 상단까지 높이가 6m 이상인 것(제6류 위험물을 저장하는 것 및 고인화점위험물만을 100℃ 미만의 온도에서 저장하는 것은 제외)
	탱크전용실이 단층건물 외의 건축물에 있는 것으로서 인화점 38℃ 이상 70℃ 미만의 위험물을 지정수량의 5배 이상 저장하는 것(내화구조로 개구부없이 구획된 것은 제외)

옥외 저장소	덩어리 상태의 유황을 저장하는 것으로서 경계표시 내부의 면적(2 이상의 경계표시가 있는 경우에는 각 경계표시의 내부의 면적을 합한 면적)이 100m² 이상인 것	
	인화성고체, 제1석유류 또는 알코올류의 위험물을 저장하는 것으로서 지정수량의 100배 이상 인것	
암반 탱크 저장소	액표면적이 40m² 이상인 것(제6류 위험물을 저장하는 것 및 고인화점위험물만을 100℃ 미만의 온도에서 저장하는 것은 제외)	
	고체위험물만을 저장하는 것으로서 지정수량의 100배 이상인 것	
이송취급소	모든 대상	

(2) 소화난이도등급 Ⅰ의 제조소등에 설치하여야 하는 소화설비

제조소등의 구분			소화설비
제조소 및 일반취급소			옥내소화전설비, 옥외소화전설비, 스프링클러설비 또는 물분무등소화설비(화재발생시 연기가 충만할 우려가 있는 장소에는 스프링클러설비 또는 이동식 외의 물분무등소화설비에 한한다)
옥내 저장소	처마높이가 6m 이상인 단층건물 또는 다른 용도의 부분이 있는 건축물에 설치한 옥내저장소		스프링클러설비 또는 이동식 외의 물분무등소화설비
	그 밖의 것		옥외소화전설비, 스프링클러설비, 이동식 외의 물분무등소화설비 또는 이동식 포소화설비(포소화전을 옥외에 설치하는 것에 한한다)
옥외 탱크 저장소	지중탱크 또는 해상 탱크 외의 것	유황만을 저장 취급하는 것	물분무소화설비
		인화점 70℃ 이상의 제4류 위험물만을 저장취급하는 것	물분무소화설비 또는 고정식 포소화설비
		그 밖의 것	고정식 포소화설비(포소화설비가 적응성이 없는 경우에는 분말소화설비)
	지중탱크		고정식 포소화설비, 이동식 이외의 이산화탄소 소화설비 또는 이동식 이외의 할로겐화합물소화설비
	해상탱크		고정식 포소화설비, 물분무소화설비, 이동식이외의 이산화탄소소화설비 또는 이동식 이외의 할로겐화합물소화설비
옥내 탱크 저장소	유황만을 저장취급하는 것		물분무소화설비
	인화점 70℃ 이상의 제4류 위험물만을 저장취급하는 것		물분무소화설비, 고정식 포소화설비, 이동식 이외의 이산화탄소소화설비, 이동식 이외의 할로겐화합물소화설비 또는 이동식 이외의 분말소화설비
	그 밖의 것		고정식 포소화설비, 이동식 이외의 이산화탄소소화설비, 이동식 이외의 할로겐화합물소화설비 또는 이동식 이외의 분말소화설비
옥외저장소 및 이송취급소			옥내소화전설비, 옥외소화전설비, 스프링클러설비 또는 물분무등소화설비(화재발생시 연기가 충만할 우려가 있는 장소에는 스프링클러설비 또는 이동식 이외의 물분무소화설비에 한한다)
암반 탱크 저장소	유황만을 저장취급하는 것		물분무소화설비
	인화점 70℃ 이상의 제4류 위험물만을 저장취급하는 것		물분무소화설비 또는 고정식 포소화설비
	그 밖의 것		고정식 포소화설비(포소화설비가 적응성이 없는 경우에는 분말소화설비)

2. 소화난이도등급 II

(1) 소화난이도등급 II에 해당하는 제조소등

제조소등의 구분	제조소등의 규모, 저장 또는 취급하는 위험물의 품명 및 최대수량 등
제조소 일반 취급소	연면적 600m^2 이상인 것
	지정수량의 10배 이상인 것(고인화점위험물만을 100℃ 미만의 온도에서 취급하는 것 및 제48조의 위험물을 취급하는 것은 제외)
	일반취급소로서 소화난이도등급 I의 제조소등에 해당하지 아니하는 것(고인화점위험물만을 100℃ 미만의 온도에서 취급하는 것은 제외)
옥내 저장소	단층건물 이외의 것
	제2류 또는 제4류의 위험물(인화성 고체 및 인화점 70℃ 미만 제외)만을 저장·취급하는 다층건물 또는 지정수량의 50배 이하인 소규모 옥내저장소
	지정수량의 10배 이상인 것(고인화점위험물만을 저장하는 것 및 제48조의 위험물을 저장하는 것은 제외)
	연면적 150m^2 초과인 것
	지정수량 20배 이하의 옥내저장소로서 소화난이도등급 I의 제조소등에 해당하지 아니하는 것
옥외 탱크저장소 옥내 탱크저장소	소화난이도등급 I의 제조소등 외의 것(고인화점위험물만을 100℃ 미만의 온도로 저장하는 것 및 제6류 위험물만을 저장하는 것은 제외)
옥외 저장소	덩어리 상태의 유황을 저장하는 것으로서 경계표시 내부의 면적(2 이상의 경계표시가 있는 경우에는 각 경계표시의 내부의 면적을 합한 면적)이 5m^2 이상 100m^2 미만인 것
	인화성고체, 제1석유류, 알코올류의 위험물을 저장하는 것으로서 지정수량의 10배 이상 100배 미만인 것
	지정수량의 100배 이상인 것(덩어리 상태의 유황 또는 고인화점위험물을 저장하는 것은 제외)
주유 취급소	옥내주유취급소
판매 취급소	제2종 판매취급소

(2) 소화난이도등급 II의 제조소등에 설치하여야 하는 소화설비

제조소등의 구분	소화설비
제조소, 옥내저장소, 옥외저장소, 주유취급소, 판매취급소, 일반취급소	방사능력범위 내에 당해 건축물, 그 밖의 공작물 및 위험물이 포함되도록 대형수동식소화기를 설치하고, 당해 위험물의 소요단위의 1/5 이상에 해당하는 능력단위의 소형수동식소화기등을 설치할 것
옥외탱크저장소, 옥내탱크저장소	대형수동식소화기 및 소형수동식소화기등을 각각 1개 이상 설치할 것

3. 소화난이도등급 Ⅲ

(1) 소화난이도등급 Ⅲ에 해당하는 제조소등

제조소등의 구분	제조소등의 규모, 저장 또는 취급하는 위험물의 품명 및 최대수량 등
제조소 일반취급소	화약류에 해당하는 위험물을 취급하는 것
	화약류에 해당하는 위험물외의 것을 취급하는 것으로서 소화난이도등급 Ⅰ 또는 소화난이도등급 Ⅱ의 제조소등에 해당하지 아니하는 것
옥내저장소	화약류에 해당하는 위험물을 취급하는 것
	화약류에 해당하는 위험물외의 것을 취급하는 것으로서 소화난이도등급 Ⅰ 또는 소화난이도등급 Ⅱ의 제조소등에 해당하지 아니하는 것
지하 탱크저장소 간이탱크저장소 이동탱크저장소	모든 대상
옥외저장소	덩어리 상태의 유황을 저장하는 것으로서 경계표시 내부의 면적(2 이상의 경계표시가 있는 경우에는 각 경계표시의 내부의 면적을 합한 면적)이 $5m^2$ 미만인 것
	덩어리 상태의 유황외의 것을 저장하는 것으로서 소화난이도등급 Ⅰ 또는 소화난이도등급 Ⅱ의 제조소등에 해당하지 아니하는 것
주유취급소	옥내주유취급소외의 것
제1종 판매취급소	모든 대상

(2) 소화난이도등급 Ⅲ의 제조소등에 설치하여야 하는 소화설비

제조소등의 구분	소화설비	설치기준	
지하탱크저장소	소형수동식소화기등	능력단위의 수치가 3 이상	2개 이상
이동탱크저장소	자동차용소화기	무상의 강화액 8L 이상	2개 이상
		이산화탄소 3.2킬로그램 이상	
		일브롬화일염화이플루오르화메탄(CF_2ClBr) 2L 이상	
		일브롬화삼플루오르화메탄(CF_3Br) 2L 이상	
		이브롬화사플루화에탄($C_2F_4Br_2$) 1L 이상	
		소화분말 3.5킬로그램 이상	
	마른모래 및 팽창질석 또는 팽창진주암	마른모래 150L 이상	
		팽창질석 또는 팽창진주암 640L 이상	
그 밖의 제조소등	소형수동식소화기등	능력단위의 수치가 건축물 그 밖의 공작물 및 위험물의 소요단위의 수치에 이르도록 설치할 것. 다만, 옥내소화전설비, 옥외소화전설비, 스프링클러설비, 물분무등소화설비 또는 대형수동식소화기를 설치한 경우에는 당해 소화설비의 방사능력범위내의 부분에 대하여는 수동식소화기등을 그 능력단위의 수치가 당해 소요단위의 수치의 1/5 이상이 되도록 하는 것으로 족하다	

4. 소화설비의 적응성★★★★

소화설비의 구분			건축물 그밖의 공작물	전기 설비	제1류 위험물 알칼리금속과산화물등	제1류 위험물 그밖의 것	제2류 위험물 철분·금속분·마그네슘등	제2류 위험물 인화성고체	제2류 위험물 그밖의 것	제3류 위험물 금수성물품	제3류 위험물 그밖의 것	제4류 위험물	제5류 위험물	제6류 위험물
옥내소화전설비 또는 옥외소화전설비			○			○		○	○		○		○	○
스프링클러설비			○			○		○	○		○	△	○	○
물분무등소화설비	물분무소화설비		○	○		○		○	○		○	○	○	○
물분무등소화설비	포소화설비		○			○		○	○		○	○	○	○
물분무등소화설비	이산화탄소소화설비			○				○				○		
물분무등소화설비	할로겐화합물소화설비			○				○				○		
물분무등소화설비	분말소화설비	인산염류 등	○	○		○		○	○			○		○
물분무등소화설비	분말소화설비	탄산수소염류 등		○	○		○	○		○		○		
물분무등소화설비	분말소화설비	그 밖의 것			○		○			○				
대형·소형수동식소화기	봉상수(棒狀水)소화기		○			○		○	○		○		○	○
대형·소형수동식소화기	무상수(霧狀水)소화기		○	○		○		○	○		○		○	○
대형·소형수동식소화기	봉상강화액소화기		○			○		○	○		○		○	○
대형·소형수동식소화기	무상강화액소화기		○	○		○		○	○		○	○	○	○
대형·소형수동식소화기	포소화기		○			○		○	○		○	○	○	○
대형·소형수동식소화기	이산화탄소소화기			○				○			○		△
대형·소형수동식소화기	할로겐화합물소화설비			○				○				○		
대형·소형수동식소화기	분말소화기	인산염류소화기	○	○		○		○	○			○		○
대형·소형수동식소화기	분말소화기	탄산수소염류소화기		○	○		○	○		○		○		
대형·소형수동식소화기	분말소화기	그 밖의 것			○		○			○				
기타	물통 또는 수조		○			○		○	○		○		○	○
기타	건조사				○	○	○	○	○	○	○	○	○	○
기타	팽창질석 또는 팽창진주암				○	○	○	○	○	○	○	○	○	○

※ 비고 : 'O'표시는 당해 소방대상물 및 위험물에 대하여 소화설비가 적응성이 있음을 표시하고, '△'표시는 제4류 위험물을 저장 또는 취급하는 장소의 살수기준면적에 따라 스프링클러설비의 살수밀도가 다음 표에 정하는 기준 이상인 경우에는 당해 스프링클러설비가 제4류 위험물에 대하여 적응성이 있음을, 제6류 위험물을 저장 또는 취급하는 장소로서 폭발의 위험이 없는 장소에 한하여 이산화탄소소화기가 제6류 위험물에 대하여 적응성이 있음을 각각 표시한다.

※ 제4류 위험물의 취급·저장장소에 스프링클러설비 설치 시 1분당 방사밀도

살수기준면적 (m²)	방사밀도(L/m²·분)		비고
	인화점 38℃ 미만	인화점 38℃ 이상	
279 미만	16.3 이상	12.2 이상	살수기준면적은 내화구조의 벽 및 바닥으로 구획된 하나의 실의 바닥면적을 말한다. 다만, 하나의 실의 바닥면적이 465m² 이상인 경우의 살수기준면적은 465m²로 한다.
279 이상 372 미만	15.5 이상	11.8 이상	
372 이상 465 미만	13.9 이상	9.8 이상	
465 이상	12.2 이상	8.1 이상	

2 경보설비 및 피난설비의 설치기준

1. 경보설비

(1) 제조소등별로 설치하여야 하는 경보설비의 종류

제조소등의 구분	제조소등의 규모, 저장 또는 취급하는 위험물의 종류 및 최대수량	경보설비
1. 제조소 및 일반취급소	• 연면적 500m² 이상인 것 • 옥내에서 지정수량의 100배 이상을 취급하는 것(고인화점 위험물만을 100℃ 이상의 온도에서 취급하는 것을 제외) • 일반취급소로 사용되는 부분 외의 부분이 있는 건축물에 설치된 일반취급소(일반취급소와 일반취급소 외의 부분이 내화구조의 바닥 또는 벽으로 개구부 없이 구획된 것을 제외)	자동화재 탐지설비
2. 옥내저장소	• 지정수량의 100배 이상을 저장 또는 취급하는 것(고인화점 위험물만을 저장 또는 취급하는 것을 제외) • 저장창고의 연면적이 150m²를 초과하는 것[당해 저장창고가 연면적 150m² 이내마다 불연재료의 격벽으로 개구부 없이 완전히 구획된 것과 제2류 또는 제4류의 위험물(인화성고체 및 인화점이 70℃ 미만인 제4류 위험물을 제외)만을 저장 또는 취급하는 것에 있어서는 저장창고의 연면적이 500m² 이상의 것에 한한다] • 처마높이가 6m 이상인 단층건물의 것 • 옥내저장소로 사용되는 부분 외의 부분이 있는 건축물에 설치된 옥내저장소[옥내저장소와 옥내저장소 외의 부분이 내화구조의 바닥 또는 벽으로 개구부 없이 구획된 것과 제2류 또는 제4류의 위험물(인화성고체 및 인화점이 70℃ 미만인 제4류 위험물을 제외)만을 저장 또는 취급하는 것을 제외]	
3. 옥내탱크저장소	단층 건물 외의 건축물에 설치된 옥내탱크저장소로서 소화 난이도등급 Ⅰ에 해당하는 것	
4. 주유취급소	옥내주유취급소	

5. 옥외탱크저장소	특수인화물, 제1석유류 및 알코올류를 저장 또는 취급하는 탱크 용량이 1,000만L 이상인 것	자동화재탐지설비, 자동화재속보설비
6. 제1호 내지 제5호의 자동화재탐지설비 설치대상에 해당하지 아니하는 제조소등	지정수량의 10배 이상을 저장 또는 취급하는 것	자동화재탐지설비, 비상경보설비, 확성장치 또는 비상방송설비 중 1종 이상

(2) 자동화재탐지설비의 설치기준

① 자동화재탐지설비의 경계구역(화재가 발생한 구역을 다른 구역과 구분하여 식별할 수 있는 최소단위의 구역을 말한다. 이하 이 호 및 제2호에서 같다)은 건축물 그 밖의 공작물의 2 이상의 층에 걸치지 아니하도록 할 것. 다만, 하나의 경계구역의 면적이 500m² 이하이면서 당해 경계구역이 두 개의 층에 걸치는 경우이거나 계단·경사로·승강기의 승강로 그 밖에 이와 유사한 장소에 연기감지기를 설치하는 경우에는 그러하지 아니하다.

② 하나의 경계구역의 면적은 600m² 이하로 하고 그 한변의 길이는 50m(광전식분리형 감지기를 설치할 경우에는 100m)이하로 할 것. 다만, 당해 건축물 그 밖의 공작물의 주요한 출입구에서 그 내부의 전체를 볼 수 있는 경우에 있어서는 그 면적을 1,000m² 이하로 할 수 있다.

③ 자동화재탐지설비의 감지기는 지붕(상층이 있는 경우에는 상층의 바닥) 또는 벽의 옥내에 면한 부분(천장이 있는 경우에는 천장 또는 벽의 옥내에 면한 부분 및 천장의 뒷 부분)에 유효하게 화재의 발생을 감지할 수 있도록 설치할 것

④ 자동화재탐지설비에는 비상전원을 설치할 것

2. 피난설비

화재가 발생하였을 경우 안전한 장소로 피난 및 대피를 하기 위하여 사용되는 기계·기구 또는 설비를 말한다.

(1) 종류 : 피난기구, 인명구조기구, 유도등 및 유도표지, 비상조명 및 휴대용 비상조명 등

(2) 유도등 설치기준

① 주유소취급소 중 건축물의 2층 이상의 부분을 점포·휴게음식점 또는 전시장의 용도로 사용하는 것에 있어서는 당해 건축물의 2층이상으로부터 직접 주유취급소의 부지 밖으로 통하는 출입구와 당해 출입구로 통하는 통로·계단 및 출입구에 유도등을 설치해야 한다.

② 옥내주유취급소에 있어서는 당해 사무소 등의 출입구 및 피난구와 당해 피난구로 통하는 통로·계단 및 출입구에 유도등을 설치하여야 한다.

③ 유도등에는 비상전원을 설치하여야 한다.

01 아닐린 취급을 주된 작업내용으로 하는 장소에 스프링클러설비를 설치할 경우 확보하여야 하는 1분당 방사밀도는 몇 l/m^2 이상이어야 하는가? (단, 살수기준면적은 250m²이다.)

① 12.2 　　　　② 13.9
③ 15.5 　　　　④ 16.3

해설

• 제4류 위험물취급 장소에 스프링클러설비를 설치 시 확보하여야 하는 1분당 방사밀도

살수기준면적 (m²)	방사밀도(l/m^2·분)		비고
	인화점 38℃ 미만	인화점 38℃ 이상	
279 미만	16.3 이상	12.2 이상	살수 기준면적은 내화구조의 벽 및 바닥으로 구획된 하나의 실의 바닥면적을 말한다. 다만, 하나의 실의 바닥 면적이 465m² 이상인 경우의 살수기준 면적은 465m²로 한다.
279 이상 372 미만	15.5 이상	11.8 이상	
372 이상 465 미만	13.9 이상	9.8 이상	
465 이상	12.2 이상	8.1 이상	

• 아닐린의 인화점은 75℃이므로 38℃ 이상에 해당된다. (제3석유류)
• 살수면적은 250m²이므로 279m² 미만에 해당된다.
∴ 방사밀도 : 12.2l/m^2분 이상

02 옥외탱크저장소의 탱크용량이 1000만L 이상일 때 자동화재탐지설비 및 자동화재속보설비의 경보설비를 설치해야 한다. 설치대상 품명에 해당되지 않는 것은?

① 특수인화물 　　　② 제1석유류
③ 제2석유류 　　　④ 알코올류

해설

옥외탱크저장소의 탱크용량이 1000만L 이상인 저장 또는 취급 탱크에는 자동화재탐지설비 및 자동화재속보설비를 설치해야 한다.
• 설치대상 : 특수인화물, 제1석유류, 알코올류

03 처마의 높이가 6m 이상인 단층 건물에 설치된 옥내 저장소의 소화설비로 고려될 수 없는 것은 어느 것인가?

① 고정식 포소화설비
② 옥내소화전 설비
③ 고정식 이산화탄소 소화설비
④ 고정식 할로겐화합물 소화설비

해설

• 처마의 높이가 6m 이상인 단층 건물에 설치된 옥내저장소는 소화난이도등급 Ⅰ에 해당되므로 소화설비는 스프링클러설비 또는 이동식외의 물분무 등 소화설비를 설치해야 한다.
• 옥내소화전설비는 소화난이도등급 Ⅱ 건물에 설치해야 한다.
• 물분무 등 소화설비 : 물분무소화설비, 포소화설비, 이산화탄소 소화설비, 할로겐화합물 소화설비, 분말소화설비, 청정소화설비, 미분무 소화설비, 강화액 소화설비

04 위험물안전관리법령상 지정수량의 10배 이상의 위험물을 저장, 취급하는 제조소등에 설치하여야 할 경보설비 종류에 해당되지 않는 것은?

① 확성장치 　　　② 비상방송설비
③ 자동화재 탐지설비 　　④ 무선통신설비

해설

제조소등의 구분	제조소등의 규모, 저장 또는 취급하는 위험물의 종류 및 최대수량 등	경보설비
자동화재탐지설비 설치 대상에 해당하지 아니하는 제조소등	지정수량의 10배 이상을 저장 또는 취급하는 것	자동화재탐지설비, 비상경보설비, 확성장치 또는 비상방송설비 중 1종 이상

정답　01 ①　02 ③　03 ②　04 ④

05 위험물에 따른 소화설비를 설명한 내용으로 틀린 것은?

① 제1류 위험물 중 알칼리금속 과산화물은 포소화설비가 적응성이 없다.

② 제2류 위험물 중 금속분은 스프링클러설비가 적응성이 없다.

③ 제3류 위험물 중 금수성물질은 포소화설비가 적응성이 있다.

④ 제5류 위험물은 스프링클러설비가 적응성이 있다.

해설

금수성 물질은 물을 주성분으로 하는 소화설비는 절대엄금이다.

06 소화난이도등급 Ⅰ에 해당하는 옥외탱크저장소 중 유황만을 저장 취급하는 것에 설치하여야 하는 소화설비는? (단, 지중탱크와 해상탱크는 제외한다.)

① 스프링클러소화설비

② 이산화탄소소화설비

③ 분말소화설비

④ 물분무소화설비

07 지정수량 10배의 위험물을 저장 또는 취급하는 제조소에 있어서 연면적이 최소 몇 m²이면 자동화재 탐지설비를 설치해야 하는가?

① 100 ② 300

③ 500 ④ 1,000

해설

제조소 및 일반취급소

• 연면적 500m² 이상인 것

• 옥내에서 지정수량의 100배 이상을 취급하는 것(고인화점 위험물을 100℃ 미만의 온도에서 취급하는 것은 제외)

08 소화기구는 바닥으로부터 몇 m 이하의 곳에 설치해야 하는가?

① 0.5m 이하 ② 1.0m 이하

③ 1.5m 이하 ④ 2.0m 이하

해설

소화기구는 바닥으로부터 1.5m 이하의 곳에 설치해야 한다.

09 소화난이도등급 Ⅰ에 해당하지 않는 제조소등은?

① 제1석유류 위험물을 제조하는 제조소로서 연면적 1,000m² 이상인 경우

② 제1석유류 위험물을 저장하는 옥외탱크저장소로서 액표면적이 40m² 이상인 것

③ 모든 이송취급소

④ 제6류 위험물을 저장하는 암반탱크저장소

해설

소화난이도등급 Ⅰ의 암반탱크에서 제외대상 : 제6류 위험물을 저장하는 것 및 고인화점 위험물만을 100℃ 미만의 온도에서 저장하는 것

10 옥내에서 지정수량 100배 이상을 취급하는 일반취급소에 설치하여야 하는 경보설비는? (단, 고인화점 위험물만을 취급하는 경우는 제외한다.)

① 비상경보설비

② 자동화재탐지설비

③ 비상방송설비

④ 비상벨설비 및 확성장치

해설

제조소 및 일반취급소에서 자동화재탐지설비 설치기준

• 연면적 500m² 이상인 것

• 옥내에서 지정수량 100배 이상을 취급하는 경우(단, 고인화점 위험물만을 취급시 제외)

 정답 05 ③ 06 ④ 07 ③ 08 ③ 09 ④ 10 ②

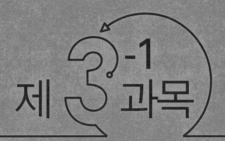

제 3-1 과목

위험물의 성질과 취급
– 위험물의 종류 및 성질

Chapter 1 위험물의 구분

1 위험물의 정의

'위험물안전관리법'상 위험물은 인화성 또는 발화성 등의 성질을 가지는 것으로서 대통령령이 정하는 물품으로 정의한다. 또한 화학적, 물리적 성격에 따라 제1류에서 제6류까지 구분하고 각 유별로 품명과 지정수량을 명시하고 있다.

2 지정수량

1. 지정수량

위험물의 종류별로 위험성을 고려하여 대통령령이 정하는 수량으로서 제조소등의 설치허가 등에 있어서 기준이 되는 최저의 수량

2. 2품명 이상의 지정수량 배수 환산 방법

$$\frac{\text{A품명 저장수량}}{\text{A품명의 지정수량}} + \frac{\text{B품명 저장수량}}{\text{B품명의 지정수량}} + \cdots = \text{배수 환산값}$$

※ 환산값의 합계가 1 이상이 되면 지정수량 이상의 위험물로 본다.

3 위험물의 성질에 따른 구분

1. 제1류 위험물(산화성고체)

'산화성 고체'라 함은 고체[액체(1기압 및 섭씨 20도에서 액상인 것 또는 섭씨 20도 초과 섭씨 40도 이하에서 액상인 것을 말한다. 이하 같다) 또는 기체(1기압 및 섭씨 20도에서 기상인 것을 말한다) 외의 것을 말한다. 이하 같다]로서 산화력의 잠재적인 위험성 또는 충격에 대한 민감성을 판단하기 위하여 소방청장이 정하여 고시(이하 '고시'라 한다)하는 시험에서 고시로 정하는 성질과 상태를 나타내는 것을 말한다. 이 경우 '액상'이라 함은 수직으로 된 시험관(안지름 30mm, 높이 120mm의 원통형유리관을 말한다)에 시료를 55mm까지 채운 다음 당해 시험관을 수평으로 하였을 때 시료액면의 선단이 30mm를 이동하는데 걸리는 시간이 90초 이내에 있는 것을 말한다.

2. 제2류 위험물(가연성고체)

'가연성 고체'라 함은 고체로서 화염에 의한 발화의 위험성 또는 인화의 위험성을 판단하기 위하여 고시로 정하는 시험에서 고시로 정하는 성질과 상태를 나타내는 것을 말한다.

① 유황은 순도가 60중량% 이상인 것을 말한다. 이 경우 순도측정에 있어서 불순물은 활석 등 불연성 물질과 수분에 한한다.

② '철분'이라 함은 철의 분말로서 53마이크로미터의 표준체를 통과하는 것이 50중량% 미만인 것은 제외한다.

③ '금속분'이라 함은 알칼리금속·알칼리토류금속·철 및 마그네슘 외의 금속의 분말을 말하고, 구리분·니켈분 및 150마이크로미터의 체를 통과하는 것이 50중량% 미만인 것을 제외한다.

④ 마그네슘 및 마그네슘을 함유한 것에 있어서는 다음에 해당하는 것은 제외한다.

 • 2mm의 체를 통과하지 아니하는 덩어리 상태의 것
 • 직경 2mm 이상의 막대 모양의 것

⑤ '인화성 고체'라 함은 고형알코올 그 밖에 1기압에서 인화점이 섭씨 40도 미만인 고체를 말한다.

⑥ 황화린·적린·유황 및 철분은 가연성 고체의 규정에 의한 성상이 있는 것으로 본다.

3. 제3류 위험물(자연발화성물질 및 금수성물질)

'자연발화성물질 및 금수성물질'이라 함은 고체 또는 액체로서 공기 중에서 발화의 위험성이 있거나 물과 접촉하여 발화하거나 가연성가스를 발생하는 위험성이 있는 것을 말한다.

칼륨·나트륨·알킬알루미늄·알킬리튬 및 황린은 자연발화성물질 및 금수성물질의 규정에 의한 성상이 있는 것으로 본다.

4. 제4류 위험물(인화성액체)

'인화성액체'라 함은 액체(제3석유류, 제4석유류 및 동식물유류에 있어서는 1기압과 섭씨 20도에서 액상인 것에 한한다)로서 인화의 위험성이 있는 것을 말한다.

① '특수 인화물'이라 함은 이황화탄소, 디에틸에테르 그 밖에 1기압에서 발화점이 섭씨 100도 이하인 것 또는 인화점이 섭씨 영하 20도 이하이고 비점이 섭씨 40도 이하인 것을 말한다.

② '제1석유류'라 함은 아세톤, 휘발유 그 밖에 1기압에서 인화점이 섭씨 21도 미만인 것을 말한다.

③ '알코올류'라 함은 1분자를 구성하는 탄소원자의 수가 1개부터 3개까지인 포화1가 알코올(변성알코올을 포함한다)을 말한다. 다만, 다음에 해당하는 것은 제외한다.

 • 1분자를 구성하는 탄소원자의 수가 1개 내지 3개의 포화1가 알코올의 함유량이 60중량 % 미만인 수용액
 • 가연성 액체량이 60중량% 미만이고 인화점 및 연소점이 에틸알코올 60중량% 수용액의 인화점 및 연소점을 초과하는 것

④ '제2석유류'라 함은 등유, 경유 그 밖에 1기압에서 인화점이 섭씨 21도 이상 섭씨 70도 미만인 것을 말한다. 다만, 도료류 그 밖의 물품에 있어서 가연성 액체량이 40중량% 이하이면서 인화점이 섭씨 40도 이상인 동시에 연소점이 섭씨 60도 이상인 것은 제외한다.

⑤ '제3석유류'라 함은 중유, 클레오소트유 그 밖에 1기압에서 인화점이 섭씨 70도 이상 섭씨 200도 미만인 것을 말한다. 다만 도료류 그 밖의 물품은 가연성 액체량이 40중량% 이하인 것은 제외한다.

⑥ '제4석유류'라 함은 기어류, 실린더유 그 밖의 1기압에서 인화점이 섭씨 200도 이상 섭씨 250도 미만의 것을 말한다. 다만 도료류 그 밖의 물품은 가연성 액체량이 40중량% 이하인 것은 제외한다.

⑦ '동식물유류'라 함은 동물의 지육 등 또는 식물의 종자나 과육으로부터 추출한 것으로서 1기압에서 인화점이 섭씨 250도 미만인 것을 말한다. 다만, 행정안정부령으로 정하는 용기기준과 수납·저장기준에 따라 저장·보관되고 용기의 외부에 물품의 통칭 명, 수량 및 화기엄금의 표시가 있는 경우를 제외한다.

5. 제5류 위험물(자기반응성물질)

'자기반응성 물질'이라 함은 고체 또는 액체로서 폭발의 위험성 또는 가열 분해의 격렬함을 판단하기 위하여 고시로 정하는 시험에서 고시로 정하는 성질과 상태를 나타내는 것을 말한다.

6. 제6류 위험물(산화성액체)

'산화성 액체'라 함은 액체로서 산화력의 잠재적인 위험성을 판단하기 위하여 고시로 정하는 성질과 상태를 나타내는 것을 말한다.

① 과산화수소는 그 농도가 36중량% 이상인 것에 한한다.

② 질산은 그 비중이 1.49 이상인 것에 한한다.

7. 복수성상의 물품(위험물의 성질에 규정된 성상을 2가지 이상 포함하는 물품)

① 복수성상물품이 산화성 고체와 가연성 고체의 성상을 가지는 경우
 : 제2류 위험물 [1류＋2류＝2류]

② 복수성상물품이 산화성 고체 및 자기반응성 물질의 성상을 가지는 경우
 : 제5류 위험물 [1류＋5류＝5류]

③ 복수성상물품이 가연성 고체와 자연발화성 물질 및 금수성 물질의 성상을 가지는 경우
 : 제3류 위험물 [2류＋3류＝3류]

④ 복수성상물품이 자연발화성 물질 및 금수성 물질과 인화성 액체의 성상을 가지는 경우
 : 제3류 위험물 [3류＋4류＝3류]

⑤ 복수성상물품이 인화성 액체와 자기반응성 물질의 성상을 가지는 경우
 : 제5류 위험물 [4류＋5류＝5류]

※ 복수성상의 류별 우선순위 : 1류 〈 2류 〈 4류 〈 3류 〈 5류

Chapter 2

제1류 위험물(산화성 고체)

1 제1류 위험물의 종류 및 지정수량

성질	위험등급	품명[주요품목]	지정수량
산화성 고체	I	1. 아염소산염류[$NaClO_2$, $KClO_2$, $Ca(ClO_2)_2$]	50kg
		2. 염소산염류[$NaClO_3$, $KClO_3$, NH_4ClO_3]	
		3. 과염소산염류[$KClO_4$, $NaClO_4$, NH_4ClO_4]	
		4. 무기과산화물[Na_2O_2, K_2O_2, MgO_2, BaO_2]	
	II	5. 브롬산염류[$KBrO_3$, $NaBrO_3$]	300kg
		6. 질산염류[KNO_3, $NaNO_3$, NH_4NO_3, $AgNO_3$]	
		7. 요오드산염류[KIO_3, $NaIO_3$]	
	III	8. 과망간산염류[$KMnO_4$, $NaMnO_4$]	1000kg
		9. 중크롬산염류[$K_2Cr_2O_7$, $Na_2Cr_2O_7$]	
	I ~ III	10. 그 밖에 행정안전부령이 정하는것[CrO_3, KIO_4, $NaNO_2$ 등] 11. 1~10호의 하나 이상을 함유한것	50kg, 300kg 또는 1000kg

2 제1류 위험물의 개요

1. 공통 성질

① 일반적으로 불연성이고 다른 물질을 산화시킬 수 있는 산소를 포함하고 있는 산화성 고체로서 강산화제이다.

② 대부분이 무색 결정 또는 백색 분말로서 비중은 1보다 크고 수용성인 것이 많다.

③ 반응성이 풍부하고 과열, 타격, 충격, 마찰 및 다른 화합물(특히 환원성 물질)과의 접촉 등으로 분해하여, 발생한 산소가 연소를 돕는 지연성 물질로서 폭발 위험성이 있다.

④ 유기물 또는 가연물과 혼합할 경우 격렬하게 연소 또는 폭발성이 있다.

⑤ 알칼리금속의 과산화물은 물과 반응하여 산소를 발생한다.

⑥ 대부분 무기화합물이며 유독성과 부식성이 있다.

Chapter 2. 제1류 위험물(산화성 고체) **75**

2. 저장 및 취급시 유의사항★★★

① 가열, 충격, 마찰을 피하고 분해를 촉진하는 화합물과의 접촉을 피한다.

② 직사광선을 피하고 환기가 잘되는 찬 곳에 저장하되 열원, 산화되기 쉬운 물질(환원제)로부터 격리하고 화재 위험이 있는 장소에서 멀리 저장한다.

③ 용기 등에 수납해 있는 것은 용기 등의 파손을 막고 위험물이 새어 나가지 않도록 하며 특히 대부분 조해성을 가지므로 습기를 방지하도록 밀전하여 냉암소에 저장할 것

④ 다른 약품류나 강산류 및 가연물과의 접촉을 피할 것

3. 소화 방법★★★

① 산화성 고체는 자체 내에 산소를 함유하고 있으므로 외기의 산소를 차단하는 질식소화는 효과가 없으며 따라서 분해온도 이하로 낮추어 소화하는 냉각소화의 방법으로 다량의 물을 사용한다.

② 무기과산화물류 중 알칼리금속의 과산화물은 제3류 위험물과 같이 물과 반응하여 발열하므로 마른모래, 팽창질석, 팽창진주암, 탄산수소염류분말소화약제 등의 질식소화 방법을 쓴다 (단, 주수소화는 절대 엄금).

③ 연소시 산화성이 강한 물질로서 많은 산소가 발생하여 격렬한 연소현상이 일어나므로 소화작업시 안전거리 확보 후 보안경 등 보호장구를 착용할 것

3　제1류 위험물의 종류 및 일반성상

1. 아염소산염류 [지정수량 : 50kg]

(1) 아염소산나트륨($NaClO_2$) → 아염소산소다

① 분자량 90, 무색의 결정성 분말로서 조해성이 있고 물에 잘 녹으며 무수염은 안정하다.

② 열분해시 염화나트륨과 산소를 발생한다.

$$NaClO_2 \longrightarrow NaCl + O_2 \ [열분해 온도 : 130℃]$$
(아염소산나트륨)　　(염화나트륨)　(산소)

③ 산과 접촉시 분해하여 이산화염소(ClO_2)의 유독가스를 발생시킨다.

④ 소화 방법 : 다량의 물로 냉각소화

2. 염소산염류 [지정수량 : 50kg]

(1) 염소산칼륨($KClO_3$)★★★

분자량	123.5	융점	368.4(℃)
비중	2.32	분해온도	400(℃)

① 광택이 있는 무취, 무색의 결정(단사정계 결정) 또는 백색의 분말이다.

② 냉수, 알코올에는 잘 녹지 않으나 온수 및 글리세린에 잘 녹으며 찬맛이 있고 유독하다.

③ 열분해시 염화칼륨과 산소를 발생한다.

$$2KClO_3 \longrightarrow 2KCl + 3O_2\uparrow \text{ [열분해 온도 : 400℃]}$$
(염소산칼륨)　　　(염화칼륨)　(산소)

④ 가연물과 혼재시 약간의 자극으로 폭발하며 강산화성 물질(유황, 적인, 목탄, 암모니아, 유기물), 분해 촉매인 중금속염 및 강산의 혼합은 폭발위험이 있다.

⑤ 황산 등의 산과 반응하여 이산화염소(ClO_2)를 발생하고 발열폭발위험이 있다.

$$6KClO_3 + 3H_2SO_4 \longrightarrow 3K_2SO_4 + 2HClO_4 + 4ClO_2 + 2H_2O$$
(염소산칼륨)　　（황산）　　　　（황산칼륨）　（과염소산）　（이산화염소）　　（물）

⑥ 소화 방법 : 다량의 물로 냉각소화

(2) 염소산나트륨($NaClO_3$)

분자량	106.5	융점	240(℃)
비중	2.5	분해온도	300(℃)

① 무색 결정으로 알코올, 물, 글리세린, 에테르에 잘 녹는다.

② 조해성과 흡습성이 큰 강한 산화제로서 철재를 잘 부식시킨다.

③ 열분해시 염화나트륨과 산소를 발생한다.

$$2NaClO_3 \longrightarrow 2NaCl + 3O_2\uparrow \text{ [열분해 온도 : 300℃]}$$
(염소산나트륨)　　　(염화나트륨)　(산소)

④ 산 또는 분해 반응시 독성과 폭발성이 강한 이산화염소(ClO_2)를 발생한다.

⑤ 소화 방법 : 다량의 물로 냉각소화

(3) 염소산암모늄(NH_4ClO_3)

분자량	101.5	비중	1.8(20℃)	분해온도	100(℃)

① 무색의 결정으로 폭발성, 조해성, 금속부식성이 있으며, 수용액은 산성이다.

② 분해폭발시 다량의 기체를 발생한다.

$$2NH_4ClO_3 \longrightarrow N_2 + Cl_2 + 4H_2O + O_2 \text{ [열분해 온도 : 100℃]}$$
(염소산암모늄)　　　（질소）（염소）　（물）　（산소）

③ 소화 방법 : 다량의 물로 냉각소화

3. 과염소산염류 [지정수량 : 50kg]

(1) 과염소산칼륨($KClO_4$)★★

분자량	138.5	융점	610℃
비중	2.52	분해온도	400℃

① 무색 결정으로 물에 녹기 힘들며 알코올, 에테르 등에도 녹지 않는다.

② 열분해시 염소산칼륨과 산소를 발생한다.

$$KClO_4 \longrightarrow KCl + 2O_2 \uparrow \text{ [열분해 온도 : 400~610℃]}$$
(과염소산칼륨)　(염소산칼륨)　(산소)

③ 소화 방법 : 다량의 물로 냉각소화

(2) 과염소산나트륨(NaClO₄)

분자량	122.5	융점	482(℃)
비중	2.5	분해온도	400(℃)

① 무색 결정으로 조해성과 흡습성이 있다.

② 물, 알코올, 아세톤에는 잘 녹으나 에테르에는 녹지 않는다.

③ 열분해시 염화나트륨과 산소를 발생한다.

$$NaClO_4 \longrightarrow NaCl + 2O_2 \uparrow \text{ [열분해 온도 : 400℃]}$$
(과염소산나트륨)　(염화나트륨)　(산소)

④ 소화 방법 : 다량의 물로 냉각소화

(3) 과염소산암모늄(NH₄ClO₄)

분자량	117.5	비중	1.87(20℃)	분해온도	130(℃)

① 무색 결정으로 조해성이 있다.

② 물, 알코올, 아세톤에는 잘 녹으나 에테르에는 녹지 않는다.

③ 열분해시 다량의 기체를 발생한다.

$$2NH_4ClO_4 \longrightarrow N_2 + Cl_2 + 2O_2 + 4H_2O \text{ [열분해 온도 : 130℃]}$$
(과염소산암모늄)　(질소)　(염소)　(산소)　(물)

④ 소화 방법 : 다량의 물로 냉각소화

4. 무기과산화물류 [지정수량 : 50kg]

(1) 과산화나트륨(Na₂O₂)★★★

분자량	78	비중	2.8(20℃)	융점 및 분해온도	460(℃)

① 백색 또는 황백색 분말로 조해성이 있으며 알코올에는 녹지 않는다.

② 열분해시 산화나트륨과 산소를 발생한다.

$$2Na_2O_2 \longrightarrow 2Na_2O + O_2 \uparrow \text{ [열분해 온도 : 460℃]}$$
(과산화나트륨)　(산화나트륨)　(산소)

③ 물과 반응시 수산화나트륨과 산소와 많은 열이 발생한다.

$$2Na_2O_2 + 2H_2O \longrightarrow 4NaOH + O_2 \uparrow \text{ [물기엄금]}$$
(과산화나트륨)　(물)　(수산화나트륨)　(산소)

④ 공기중 탄산가스와 반응하여 산소를 발생한다.

$$2Na_2O_2 + 2CO_2 \longrightarrow 2Na_2CO_3 + O_2\uparrow \text{ [CO}_2\text{ 소화엄금]}$$
(과산화나트륨) (이산화탄소)　　(탄산나트륨)　(산소)

⑤ 초산과 반응시 초산나트륨과 과산화수소를 발생한다.

$$Na_2O_2 + 2CH_3COOH \longrightarrow 2CH_3COONa + H_2O_2$$
(과산화나트륨)　(초산)　　　　　(초산나트륨)　(과산화수소)

⑥ 소화 방법 : 주수소화는 절대엄금하고, 마른모래(건조사), 탄산수소염류분말소화약제 등으로 질식소화가 좋다(이산화탄소는 효과 없음).

(2) 과산화칼륨(K$_2$O$_2$)★★★

분자량	110	비중	2.9(20℃)	융점 및 분해온도	490(℃)

① 무색 또는 오렌지색의 분말로서 에틸알코올에 잘 녹고, 흡습성 및 조해성이 강하다.

② 열분해시 산화칼륨과 산소를 발생한다.

$$2K_2O_2 \longrightarrow 2K_2O + O_2\uparrow \text{ [열분해 온도 : 490℃]}$$
(과산화칼륨)　　(산화칼륨)　(산소)

③ 물과 접촉시 발열하고 수산화칼륨과 산소를 발생한다.

$$2K_2O_2 + 2H_2O \longrightarrow 4KOH + O_2\uparrow \text{ [물기엄금]}$$
(과산화칼륨)　(물)　　　(수산화칼륨)　(산소)

④ 초산과 반응시 초산칼륨과 과산화수소를 생성한다.

$$K_2O_2 + 2CH_3COOH \longrightarrow 2CH_3COOK + H_2O_2$$
(과산화칼륨)　(초산)　　　　　(초산칼륨)　　(과산화수소)

⑤ 이산화탄소와 반응시 탄산칼륨과 산소를 발생한다.

$$2K_2O_2 + 2CO_2 \longrightarrow 2K_2CO_3 + O_2\uparrow \text{ [CO}_2\text{ 소화엄금]}$$
(과산화칼륨) (이산화탄소)　(탄산칼륨)　(산소)

⑥ 소화 방법 : 물 사용시 많은 열이 발생하여 위험하므로 주수소화는 절대엄금하고, 마른모래, 탄산염류분말소화약제 등으로 질식소화를 한다.

(3) 과산화마그네슘(MgO$_2$)★★

① 백색 분말로서 물보다 무겁고 물에 녹지 않는다.

② 열분해시 산화마그네슘과 산소가 발생한다.

$$2MgO_2 \longrightarrow 2MgO + O_2\uparrow$$
(과산화마그네슘)　(산화마그네슘)　(산소)

③ 황산과 반응시 황산마그네슘과 과산화수소를 발생한다.

$$MgO_2 + H_2SO_4 \longrightarrow MgSO_4 + H_2O_2$$
(과산화마그네슘) (황산)　　　(황산마그네슘) (과산화수소)

④ 소화 방법 : 주수소화(가능), 마른모래에 의한 질식소화가 효과적이다.

(4) 과산화칼슘(CaO_2)

분자량	72	비중	1.70	분해온도	275(℃)

① 백색 분말이며 물에는 녹기 어렵다.

② 열분해시 산화칼슘과 산소를 발생한다.

$$2CaO_2 \longrightarrow 2CaO + O_2\uparrow \text{ [열분해 온도 : 275℃]}$$
(과산화칼슘)　　　　(산화칼슘)　　(산소)

③ 소화 방법 : 주수소화(가능), 마른모래에 의한 질식소화가 효과적이다.

(5) 과산화바륨(BaO_2)★★★

분자량	169	비중	4.958	분해온도	840(℃)

① 백색 분말로 물, 알코올, 에테르에 녹지 않는다.

② 열분해시 산화바륨과 산소를 발생한다.

$$2BaO_2 \longrightarrow 2BaO + O_2\uparrow \text{ [열분해 온도 : 840℃]}$$
(과산화바륨)　　　　(산화바륨)　　(산소)

③ 황산과 반응하여 과산화수소를 생성한다.

$$BaO_2 + H_2SO_4 \longrightarrow BaSO_4 + H_2O_2$$
(과산화바륨)　　(황산)　　　　(황산바륨)　　(과산화수소)

④ 소화 방법 : 건조사에 의한 질식소화, 주수소화(가능)

(6) 기타 무기과산화물 : 과산화리튬(Li_2O_2), 과산화루비듐(Rb_2O_2), 과산화세슘(Cs_2O_2) 등이 있다.

참고 무기과산화물의 특징

- 무기과산화물의 열분해 $\xrightarrow{\Delta}$ 산소($O_2\uparrow$) 발생

- 무기과산화물 + $\begin{cases} \text{물}(H_2O) \\ \text{이산화탄소}(CO_2) \end{cases}$ $\longrightarrow$ 산소($O_2\uparrow$) 발생 [고열 발생]

- 무기과산화물+산(HCl, CH_3COOH 등) → 제6류 위험물인 과산화수소(H_2O_2) 생성

- 소화방법 : 주수 및 CO_2 소화엄금, 건조사, 팽창질석, 팽창진주암, 탄산수소염류분말소화약제 등으로 질식소화한다.

---

5. 브롬(취소)산염류 [지정수량 : 300kg] : $M'BrO_3$

(1) 브롬산칼륨($KBrO_3$)

분자량	167	비중	3.27	분해온도	370(℃)

① 백색 분말로 물에는 잘 녹고 알코올에는 녹지 않는다.

② 열분해 시 브롬화칼륨과 산소를 발생한다.

$$2KBrO_3 \longrightarrow 2KBr + 3O_2\uparrow \text{ [열분해 온도 : 370℃]}$$
(브롬산칼륨)　　　(브롬화칼륨)　(산소)

③ 소화 방법 : 다량의 물로 냉각소화

(2) 브롬산나트륨(NaBrO₃)

① 무색 결정이고 물에 잘 녹는다.

② 비중 3.3, 분해온도 380℃, 분자량 151이다.

③ 소화 방법 : 다량의 물로 냉각소화

6. 질산염류 [지정수량 : 300kg]

(1) 질산칼륨(KNO₃)

별명	초석	비중	2.1	분해온도	400(℃)

① 무색 또는 백색 결정 또는 분말로 조해성 및 흡습성이 없다.

② 물, 글리세린 등에는 잘 녹으나 알코올에는 녹지 않고, 흑색화약의 원료로 사용한다.

③ 열분해시 아질산칼륨과 산소를 발생한다.

$$2KNO_3 \longrightarrow 2KNO_2 + O_2\uparrow \text{ [열분해 온도 : 400℃]}$$
(질산칼륨)　　　(아질산칼륨)　(산소)

④ 흑색화약(질산칼륨＋유황＋목탄)의 원료로 불꽃놀이 용도에 사용된다.

⑤ 소화 방법 : 다량의 물로 냉각소화

(2) 질산나트륨(NaNO₃)

별명	칠레초석	비중	2.27	분해온도	380(℃)

① 무색 결정 또는 백색 분말로서 조해성 및 흡습성이 강하다.

② 물, 글리세린에 잘 녹고 무수 알코올에는 녹지 않는다.

③ 열분해 시 아질산나트륨과 산소를 발생한다.

$$2NaNO_3 \longrightarrow 2NaNO_2 + O_2\uparrow \text{ [열분해 온도 : 380℃]}$$
(질산나트륨)　　　(아질산나트륨)　(산소)

④ 소화 방법 : 다량의 물로 냉각소화

(3) 질산암모늄(NH₄NO₃)

분자량	80	비중	1.73	분해온도	220(℃)

① 무색의 백색 결정으로 조해성이 있고 물, 알코올, 알칼리에 잘 녹는다.

② 물에 녹을 경우에는 흡열반응을 하여 다량의 열을 흡수하므로 한제로 사용한다.

③ 급격히 가열시 산소를 발생하고, 충격을 주면 단독으로 분해폭발한다.

$$2NH_4NO_3 \longrightarrow 4H_2O + 2N_2\uparrow + O_2\uparrow \quad \text{[열분해 온도 : 220℃]}$$
(질산암모늄)　　　　　(물)　　(질소)　　(산소)

※ 시험출제시 질산암모늄 열분해시 발생하는 기체는 질소, 산소 그리고 물(수증기)도 기체상태로 계산해줄 것

④ 강력한 산화제로 혼합화약의 원료로 사용된다.

※ AN－FO 폭약의 기폭제 : NH_4NO_3(94%) + 경유(6%) 혼합

⑤ 소화 방법 : 다량의 물로 냉각소화

7. 요오드산염류 [지정수량 : 300kg] : $M'IO_3$

(1) 요오드산칼륨(KIO_3)

분자량	214	비중	3.89	분해온도	560(℃)

① 무색의 결정성 분말로서 물, 진한 황산에는 녹지만 알코올에는 녹지 않는다.

② 열분해 시 산소를 발생한다.

③ 소화 방법 : 다량의 물로 냉각소화

8. 삼산화크롬 [지정수량 : 300kg] : 무수크롬산 CrO_3

분자량	100	비중	2.70	분해온도	250℃

① 암적색 결정으로 물, 에테르, 알코올, 황산에 잘 녹으며 독성이 강하다.

② 열분해 시 산소를 발생하고 산화크롬이 녹색으로 변한다.

$$4CrO_3 \longrightarrow 2Cr_2O_3 + 3O_2\uparrow \quad \text{[열분해 온도 : 250℃]}$$
(삼산화크롬)　　　(산화크롬)　　(산소)

③ 소화 방법 : 마른모래(건조사)로 피복하여 질식소화

9. 과망간산염류 [지정수량 : 1,000kg]

(1) 과망간산칼륨($KMnO_4$)★★

별명	카메레온	비중	2.7	분해온도	240(℃)

① 흑자색의 주상결정으로 물에 녹아서 진한 보라색을 나타낸다.

② 열분해 시 산소를 발생하고 이산화망간과 망간산칼륨을 생성한다.

$$2KMnO_4 \longrightarrow K_2MnO_4 + MnO_2 + O_2\uparrow \quad \text{[열분해 온도 : 240℃]}$$
(과망간산칼륨)　　　(망간산칼륨)　(이산화망간)　(산소)

③ 묽은 황산과 반응시 황산칼륨, 황산망간, 물과 산소를 발생한다.

$$4KMnO_4 + 6H_2SO_4 \longrightarrow 2K_2SO_4 + 4MnSO_4 + 6H_2O + 5O_2\uparrow$$
(과망간산칼륨)　　(황산)　　　　(황산칼륨)　　(황산망간)　　(물)　　(산소)

④ 아세톤, 메틸알코올, 빙초산에 잘 녹는다.

⑤ 소화 방법 : 다량의 물로 냉각소화

10. 중크롬산염류 [지정수량 : 1,000kg]

(1) 중크롬산칼륨($K_2Cr_2O_7$)

분자량	294	비중	2.69	분해온도	500(℃)

① 등적색 결정 또는 분말로서 쓴맛, 금속성 맛, 독성이 있다.

② 흡습성이 있어 물에 잘녹으나 알코올에는 녹지 않는다.

③ 열분해 시 산소를 발생시키고, 산화크롬과 크롬산칼륨으로 분해된다.

$$4K_2Cr_2O_7 \longrightarrow 4K_2CrO_4 + 2Cr_2O_3 + 3O_2 \uparrow \text{ [열분해 온도 : 500℃]}$$
(중크롬산칼륨)　　　　(크롬산칼륨)　(산화크롬)　(산소)

④ 소화 방법 : 다량의 물로 냉각소화

01 염소산나트륨의 위험성에 대한 설명 중 틀린 것은?

① 조해성이 강하므로 저장용기는 밀전한다.

② 산과 반응하여 이산화염소를 발생한다.

③ 황, 목탄, 유기물 등과 혼합한 것은 위험하다.

④ 유리용기를 부식시키므로 철제용기에 저장한다.

해설

염소산나트륨은 철제를 부식시키므로 철제용기를 사용금지하고 유리나 합성수지류의 용기를 사용할 것

※ 유리부식 : HF (플루오르산)

02 과산화칼륨에 대한 설명으로 옳지 않은 것은?

① 염산과 반응하여 과산화수소를 생성한다.

② 탄산 가스와 반응하여 산소를 생성한다.

③ 물과 반응하여 수소를 생성한다.

④ 물과의 접촉을 피하고 밀전하여 저장한다.

해설

과산화칼륨(K_2O_2) : 무기과산화물(금수성)

• $K_2O_2 + 2HCl \rightarrow 2KCl + H_2O_2$

• $2K_2O_2 + 2CO_2 \rightarrow 2K_2CO_3 + O_2\uparrow$

• $2K_2O_2 + 2H_2O \rightarrow 4KOH + O_2\uparrow$

03 과산화나트륨이 물과 반응할 때의 변화를 가장 옳게 설명한 것은?

① 산화나트륨과 수소를 발생한다.

② 물을 흡수하여 탄산나트륨이 된다.

③ 산소를 방출하여 수산화나트륨이 된다.

④ 서서히 물에 녹아 과산화나트륨의 안정한 수용액이 된다.

해설

조해성 물질로 물과 접촉하면 발열 및 수산화나트륨(NaOH)과 산소(O_2)를 발생한다.

$2Na_2O_2 + 2H_2O \rightarrow 4NaOH + O_2\uparrow$

04 질산칼륨의 성질에 해당하는 것은?

① 무색 또는 흰색 결정이다.

② 물과 반응하면 폭발의 위험이 있다.

③ 물에 녹지 않으나 알코올에 잘 녹는다.

④ 황산, 목분과 혼합하면 흑색 화약이 된다.

해설

질산칼륨 : 제1류 위험물(산화성 고체)

• 무색결정 또는 백색분말로서 물, 글리세린에 잘 녹고, 알코올에는 녹지 않는다.

• 흑색 화약 = 질산칼륨(75%) + 유황(10%) + 목탄(15%)

05 염소산칼륨에 대한 설명 중 틀린 것은?

① 촉매 없이 가열하면 약 400℃에서 분해한다.

② 열분해하여 산소를 방출한다.

③ 불연성 물질이다.

④ 냉수, 알코올, 에테르에 잘 녹는다.

해설

④ 냉수, 알코올에는 녹지 않고 온수, 글리세린에 잘녹는다.

06 다음 중 주수소화를 하면 위험성이 증가하는 것은?

① 과산화칼륨   ② 과망간산칼륨

③ 과염소산칼륨   ④ 브롬산칼륨

해설

• 제1류의 무기과산화물(금수성)은 물과 접촉시 발열하므로 위험성이 증가한다

$2K_2O_2 + 2H_2O \rightarrow 4KOH + O_2\uparrow$

• 소화제 : 건조사, 암분등으로 질식소화한다.

 정답 01 ④   02 ③   03 ③   04 ①   05 ④   06 ①

07 제1류 위험물에 관한 설명으로 옳은 것은?

① 질산암모늄은 황색결정으로 조해성이 있다.

② 과망간산칼륨은 흑자색 결정으로 물에 녹지 않으나 알코올에 녹여 피부병에 사용된다

③ 질산나트륨은 무색결정으로 조해성이 있으며 일명 칠레 초석으로 불린다.

④ 염소산칼륨은 청색분말로 유독하며 냉수, 알코올에 잘 녹는다.

해설

① 질산 암모늄은 무색결정이다.
② 과망간산칼륨은 물에 잘 녹는다.
④ 염소산칼륨은 무색 또는 백색의 분말로 냉수 알코올에 잘 녹지 않는다.

08 염소산칼륨과 염소산나트륨의 공통성질에 대한 설명으로 적합한 것은?

① 물과 작용하여 발열 또는 발화한다.

② 가연물과 혼합시 가열, 충격에 의해 연소위험이 있다.

③ 독성이 없으나 연소 생성물은 유독하다.

④ 상온에서 발화하기 쉽다.

해설

염소산칼륨과 염소산나트륨은 강산화제로서 가연물과 혼합 시 가열, 충격, 마찰에 의해 연소 폭발의 위험이 있다.

09 과염소산암모늄이 300℃에서 분해되었을 때 주요 생성물이 아닌 것은?

① NO_2

② Cl_2

③ O_2

④ N_2

해설

$2NH_4ClO_4 \rightarrow N_2 + Cl_2 + 2O_2 + 4H_2O$

10 질산암모늄의 위험성에 대한 설명에 해당하는 것은?

① 폭발기와 산화기가 결합되어 있어 100℃에서 분해 폭발한다.

② 인화성 액체로 정전기에 주의하여야 한다.

③ 400℃에서 분해되기 시작하여 540℃에서 급격히 분해폭발할 위험성이 있다.

④ 단독으로 급격한 가열, 충격으로 분해하여 폭발의 위험이 있다.

해설

④ $2NH_4NO_3 \xrightarrow{\Delta} 4H_2O + 2N_2\uparrow + O_2\uparrow$

※ AN - FO 폭약의 기폭제 : $NH_4NO_3(94\%)$ + 경유(6%)

11 과산화나트륨 78g과 충분한 양의 물이 반응하여 생성되는 기체의 종류와 생성량을 옳게 나타낸 것은?

① 수소, 1g

② 산소, 16g

③ 수소, 2g

④ 산소, 32g

해설

$$2Na_2O_2 + 2H_2O \rightarrow 4NaOH + O_2\uparrow (기체)$$

$2 \times 78g \quad : \quad 32g$

$78g \quad : \quad x$

$x = \dfrac{78 \times 32}{2 \times 78} = 16g$

12 과망간산칼륨에 대한 설명으로 옳은 것은?

① 물에 잘 녹는 흑자색의 결정이다.

② 에탄올, 아세톤에 녹지 않는다.

③ 물에 녹았을 때는 진한 노란색을 띤다.

④ 강알칼리와 반응하여 수소를 방출하며 폭발한다.

해설

과망간산칼륨은 물, 에탄올, 아세톤에 잘 녹는 흑자색 결정으로 진한 보라색을 띠는 강한 산화제로서 강알칼리와 반응하여 산소를 방출한다.

$4KMnO_4 + 4KOH \rightarrow 4K_2MnO_4 + 2H_2O + O_2\uparrow$

정답 07 ③ 08 ② 09 ① 10 ④ 11 ② 12 ①

13 과산화나트륨(Na_2O_2)은 CO_2 가스를 흡수하여 무엇으로 변화하는가?

① 산화나트륨　　　　② 수산화나트륨

③ 탄산과 나트륨　　　④ 탄산나트륨

해설

$$2Na_2O_2 + 2CO_2 \rightarrow 2Na_2CO_3 + O_2 \uparrow$$

14 과염소산나트륨의 성질이 아닌 것은?

① 황색의 분말로 물과 반응하여 산소를 발생한다.

② 가열하면 분해되어 산소를 방출한다.

③ 융점은 약 482℃이고 물에 잘 녹는다.

④ 비중은 약 2.5로 물보다 무겁다.

해설

과염소산나트륨($NaClO_4$)

• 무색의 백색 분말로 조해성이 있으며 물, 알코올, 아세톤에 잘 녹고 에테르에는 녹지 않는다.

• 비중 2.5, 융점 482℃, 분해온도 400℃

$$NaClO_4 \xrightarrow{400℃} NaCl + 2O_2 \uparrow$$

15 아염소산나트륨의 저장 및 취급 시 주의사항과 거리가 먼 것은?

① 밀봉밀전하여 건조한 냉암소에 저장한다.

② 강산류와의 접촉을 피한다.

③ 저장, 취급, 운반 시 충격, 마찰을 피한다.

④ 무기물 등 산화성 물질과 격리한다.

해설

④ 암모니아, 유기물질 등과 유황, 금속분(Al, Mg) 등의 환원성 물질과 혼촉시 발화한다.

16 과염소산칼륨의 일반적인 성질에 대한 설명 중 틀린 것은?

① 강한 산화제의 불연성 물질이다.

② 알코올, 에테르에 녹지 않는다.

③ 과일향이 나는 보라색 결정이다.

④ 가열하여 완전 분해시키면 산소를 발생한다.

해설

• 무색 무취의 결정 또는 백색 분말로서 불연성인 강산화제이다.

• 물에 약간 녹고 알코올, 에테르 등에는 녹지 않으며 가열 시 분해시키면 산소를 발생한다.

17 다음 중 산을 가하면 이산화염소를 발생시키는 물질은?

① 아염소산나트륨

② 브롬산칼륨

③ 옥소산칼륨(요오드산칼륨)

④ 과망간산칼륨

해설

아염소산나트륨은 산과 접촉시 유독한 이산화염소(ClO_2)가스를 발생시킨다.

18 $NaClO_3$에 대한 설명으로 옳은 것은?

① 물, 알코올에 녹지 않고 에테르에 녹는다.

② 가연성 물질로 무색, 무취의 결정이다.

③ 유리를 부식시키므로 철재 용기에 저장한다.

④ 산과 반응하여 유독성의 ClO_2를 발생한다.

해설

• 무색무취의 입방정계 주상 결정으로 조해성, 흡습성이 있고 물, 알코올,글리세린, 에테르 등에 잘 녹는다.

• 강한 산화제로서 철재 용기를 부식시킨다.

• 산과 반응 또는 분해 반응시 독성이 있으며 폭발성이 강한 이산화염소(ClO_2)를 발생한다.

 정답 13 ④　14 ①　15 ④　16 ③　17 ①　18 ④

19 복수의 성상을 가지는 위험물에 대한 품명지정의 기준상 유별의 연결이 틀린 것은?

① 산화성 고체의 성상 및 가연성 고체의 성상을 가지는 경우 : 가연성 고체

② 산화성 고체의 성상 및 자기반응성 물질의 성상을 가지는 경우 : 자기반응성 물질

③ 가연성 고체의 성상과 자연발화성 물질의 성상 및 금수성 물질의 성상을 가지는 경우 : 자연발화성 물질 및 금수성 물질

④ 인화성 액체의 성상 및 자기반응성 물질의 성상을 가지는 경우 : 인화성 액체

해설

④ 자기반응성 물질

20 아염소산염류 100Kg, 질산염류 3000kg, 과망간산염류 1000kg을 같은 장소에 저장하려 한다. 각각의 지정수량 배수의 합은?

① 5배   ② 10배

③ 13배   ④ 15배

해설

• 지정수량 : 아염소산염류 50kg, 질산염류 300kg, 과망간산염류 1000kg

• 지정수량의 배수

$$= \frac{\text{A품목의 저장수량}}{\text{A품목의 지정수량}} + \frac{\text{B품목의 저장수량}}{\text{B품목의 지정수량}} + \cdots$$

$$\therefore \frac{100}{50} + \frac{3000}{300} + \frac{1000}{1000} = 13배$$

21 다음 중 지정수량이 가장 큰 것은?

① 과염소산칼륨   ② 트리니트로톨루엔

③ 황린   ④ 황화린

해설

① 제1류 : 50kg   ② 제5류 : 200kg

③ 제3류 : 20kg   ④ 제2류 : 100kg

22 과망간산칼륨의 일반적인 성질에 관한 설명 중 틀린 것은?

① 강한 살균력과 산화력이 있다.

② 금속성 광택이 있는 무색의 결정이다.

③ 가열 분해시키면 산소를 방출한다.

④ 분자량은 158, 비중은 2.7이다.

해설

비중이 2.7이고 흑자색의 결정으로서 강한 살균력과 산화력이 있으며 열분해시 산소를 발생한다.

$$2KMnO_4 \xrightarrow[\Delta]{240℃} K_2MnO_4 + MnO_2 + O_2 \uparrow$$

23 염소산칼륨 20kg과 아염소산나트륨 10kg을 과염소산과 함께 저장하는 경우 지정수량 1배로 저장하려면 과염소산은 얼마나 저장할 수 있는가?

① 20kg   ② 40kg

③ 80kg   ④ 120kg

해설

• 지정수량 : 염소산칼륨(50kg), 아염소산나트륨(50kg), 과염소산(300kg)

• 지정수량의 배수

$$= \frac{\text{A품목의 저장량}}{\text{A품목의 지정수량}} + \frac{\text{B품목의 저장량}}{\text{B품목의 지정수량}} + \cdots$$

$$\therefore \frac{20kg}{50kg} + \frac{10kg}{50kg} + \frac{x kg}{300kg} = 1이므로$$

$$\frac{120}{300} + \frac{60}{300} + \frac{x}{300} = 1$$

$$\frac{180}{300} + \frac{x}{300} = 1$$

$$x = 120$$

제2류 위험물(가연성 고체)

1 제2류 위험물의 종류 및 지정수량

성질	위험등급	품명[주요품목]	지정수량
가연성 고체	II	1. 황화린 [P_4S_3, P_2S_5, P_4S_7]	100kg
		2. 적린 [P]	
		3. 황 [S]	
	III	4. 철분 [Fe]	500kg
		5. 금속분 [Al, Zn]	
		6. 마그네슘 [Mg]	
		7. 인화성고체 [고형알코올]	1000kg

2 제2류 위험물의 개요

(1) 공통 성질★★★

① 가연성 고체로서 비교적 낮은 온도에서 착화하기 쉬운 이연성, 속연성 물질이다.

② 연소속도가 매우 빠른 고체로서 연소시 연소온도가 높고 연소열이 크므로 유독가스의 발생으로 매우 유독하다.

③ 비중은 1보다 크고 물에 녹지 않으며 산소를 함유하지 않기 때문에 강력한 환원성 물질로서 인화성 고체를 제외하고는 무기화합물이다.

④ 철분, 마그네슘분 등의 금속분류는 이온화경향이 큰 금속일수록 산화되기 쉽고 산소와 결합력이 크기 때문에 물 또는 산과 접촉시 발열한다.

(2) 저장 및 취급시 유의사항★★★

① 화기를 피하고 불티, 불꽃 등 고온체인 점화원의 접근 또는 접촉을 피한다.

② 산화제인 제1류 위험물, 제6류 위험물과의 혼합, 혼촉시 가열, 마찰, 충격에 의해 발화 폭발 위험이 있다.

③ 금속분류(철분, 마그네슘분 등)는 물(습기) 또는 산과 접촉시 수소(H_2)기체가 발생할 수 있으므로 피하여 저장한다.

④ 저장용기는 밀전, 밀봉하여 통풍이 잘되는 냉암소에 보관한다.

(3) 소화 방법

① 적린, 유황은 다량의 주수에 의한 냉각소화가 좋다.

② 금속분을 제외하고 주수에 의한 냉각소화를 한다.

③ 금속분 화재시는 마른모래, 탄산수소염류소화약제 등으로 질식소화가 좋다.

3 제2류 위험물의 종류 및 성상

1. 황화린 [지정수량 : 100kg]

(1) 삼황화린(P_4S_3)★★

① 착화점 100℃, 비중 2.03, 융점 172℃의 황색 결정 또는 분말로서 조해성이 없다.

② 질산, 알칼리, 이황화탄소(CS_2)에는 녹지만, 물, 염산, 황산에는 녹지 않는다.

③ 연소시 유독한 물질인 오산화인과 이산화황을 발생한다.

$$P_4S_3 \ + \ 8O_2 \ \longrightarrow \ 2P_2O_5 \ + \ 3SO_2 \uparrow$$
(삼황화린)　(산소)　　　(오산화인)　(이산화황)

(2) 오황화린(P_2S_5)★★

① 착화점 142℃, 비중 2.09, 융점 290℃의 담황색 결정이고, 조해성이 있다.

② 알코올, 이황화탄소에 잘 녹고 물과 반응 시 황화수소가스와 인산이 된다.

$$P_2S_5 \ + \ 8H_2O \ \longrightarrow \ 5H_2S \ + \ 2H_3PO_4$$
(오황화린)　(물)　　　(황화수소)　　(인산)

③ 연소시 유독한 물질인 오산화인과 이산화황을 발생한다.

$$P_2S_5 \ + \ O_2 \ \longrightarrow \ 7.5P_2O_5 \ + \ 5SO_2 \uparrow$$
(오황화린)　(산소)　　　(오산화인)　(이산화황)

(3) 칠황화린(P_4S_7)

① 착화점 250℃, 비중 2.19, 융점 310℃의 담황색 결정이고, 조해성이 있어 수분을 흡수하면 분해한다.

② 이황화탄소(CS_2)에 약간 녹지만 냉수에는 서서히, 더운물에는 급격히 분해하여 유독한 황화수소(H_2S)와 인산(H_3PO_4)을 발생한다.

(4) 소화 방법 : 다량의 물로 냉각소화

2. 적린(P) [지정수량 : 100kg]★★★

별명	붉은 인, 자인	원자량	31	융점	590(℃)
승화온도	400(℃)	비중	2.2	발화점	260(℃)

① 암적색의 분말로서 브롬화인(PBr_3)에 녹고, 물, CS_2, 에테르에는 녹지 않는다.

② 황린의 동소체로서 독성이 없고 자연발화의 위험이 없어 안전하다.

③ 염소산칼륨과 반응시 염화칼륨과 오산화인이 발생한다.

$$6P + 5KClO_3 \longrightarrow 5KCl + 3P_2O_5$$
（적린）　（염소산칼륨）　　（염화칼륨）　（오산화인）

④ 연소할 경우는 황린과 마찬가지로 오산화인의 흰 연기를 낸다.

$$4P + 5O_2 \longrightarrow 2P_2O_5$$
（적린）　（산소）　　（오산화인）

⑤ 소화 방법 : 다량의 물로 냉각소화

3. 황(유황, S) [지정수량 : 100kg]★★★

유황은 순도가 60%(중량) 미만인 것을 제외하고, 이 경우 순도 측정에 있어서 불순물은 활석 등 불연성 물질과 수분에 한한다.

① 황색의 결정 또는 분말로서 사방황, 단사황, 고무상황 등의 동소체가있다.

② 물에 녹지 않고, 이황화탄소(CS_2)에 잘 녹는다. (단, 고무상황은 CS_2에 녹지 않음)

③ 연소시 푸른빛을 내며 유독성인 아황산가스를 발생한다.

$$S + O_2 \longrightarrow SO_2 \text{ [이산화황＝아황산가스]}$$
（황）　（산소）　（이산화황）

④ 밀폐된 공간에서 분말상태로 공기중 부유할 때 분진폭발의 위험이 있다.

⑤ 전기의 부도체로서 정전기 발생시 마찰, 충격에 의해서 발화폭발 위험이 있다.

⑥ 소화 방법 : 다량의 물로 냉각소화

4. 철분(Fe) [지정수량 : 500kg]

철분이라 함은 철의 분말로서 53마이크로미터의 표준체를 통과하는 것이 50%(중량)이상인 것을 말한다.

비중	7.86	융점	1535(℃)	비점	2750(℃)

① 은백색의 금속분말로서 열, 전기의 양도체이다.

② 공기중에서 산화시 산화제2철이 되어 황갈색으로 변한다.

$$4Fe + 3O_2 \longrightarrow 2Fe_2O_3 \text{ [Fe}^{+3} : \text{제2철]}$$
（철）　（산소）　　（산화제2철）

③ 염산 또는 물(더운물)과 반응하여 수소 가스를 발생한다.

• Fe^{+2}[2가철 : 제1철]과의 반응식

$$Fe + 2HCl \longrightarrow FeCl_2 + H_2$$
（철）　（염산）　　（염화제1철）（수소）

$$Fe \ + \ 2H_2O \ \longrightarrow \ Fe(OH)_2 \ + \ H_2$$
　　(철)　　　(물)　　　　　(수산화제1철)　　(수소)

- Fe^{+3}[3가철 : 제2철]과의 반응식

$$Fe \ + \ 3HCl \ \longrightarrow \ FeCl_3 \ + \ 1.5H_2$$
　(철)　　　(염산)　　　　(염화제2철)　　(수소)

$$Fe \ + \ 3H_2O \ \longrightarrow \ Fe(OH)_3 \ + \ 1.5H_2$$
　(철)　　　(물)　　　　　(수산화제2철)　　(수소)

※ Fe(철)은 2가와 3가의 원자가를 갖는 원소이기 때문에 시험출제시 어느 것을 써도 모두 정답으로 인정한다.

④ 소화 방법 : 주수소화는 엄금하고, 건조사, 탄산수소염류소화약제로 질식소화한다.

5. 마그네슘(Mg)분 [지정수량 : 500kg]

마그네슘은 2mm의 체를 통과하지 못하는 덩어리와 직경이 2mm 이상의 막대모양의 것은 제외한다.

비중	1.74	융점	650(℃)	발화점	473(℃)

① 은백색의 광택이 나는 경금속으로서 열과 전기의 양도체이다.

② 연소시 백색광의 강한 빛을 내며 산화마그네슘이 된다.

$$2Mg \ + \ O_2 \ \longrightarrow \ 2MgO$$
　(마그네슘)　(산소)　　　(산화마그네슘)

③ 산 또는 뜨거운 물(수증기)과 반응하여 많은 열을 내면서 수소를 발생한다.

$$Mg \ + \ 2HCl \ \longrightarrow \ MgCl_2 \ + \ H_2\uparrow$$
　(마그네슘)　(염산)　　　(염화마그네슘)　(수소)

$$Mg \ + \ 2H_2O \ \longrightarrow \ Mg(OH)_2 \ + \ H_2\uparrow$$
　(마그네슘)　(물)　　　　(수산화마그네슘)　(수소)

④ 이산화탄소와 반응시 산화마그네슘과 탄소를 발생한다.

$$2Mg \ + \ CO_2 \ \longrightarrow \ 2MgO \ + \ C$$
　(마그네슘)　(이산화탄소)　(산화마그네슘)　(탄소)

⑤ 소화 방법 : 물, CO_2는 엄금하고, 마른모래, 탄산수소염류소화약제로 질식소화

6. 금속분류 [지정수량 : 500kg]

금속분이라 함은 알칼리금속, 알칼리토금속 및 철분, 마그네슘분 이외의 금속분을 말한다.
(단, 구리분, 니켈분과 150 μm의 체를 통과하는 것이 50%(중량) 미만인 것은 제외한다)

(1) 알루미늄(Al)분

원자량	27	비중	2.71	융점	660(℃)

① 은백색 경금속으로 열 및 전기 전도율이 좋다.

② 연소시 산화알루미늄과 열을 발생한다.

$$4Al + 3O_2 \longrightarrow 2Al_2O_3$$
(알루미늄)　(산소)　　(산화알루미늄)

③ 진한 질산에서는 부동태를 만들어 녹지 않지만 묽은질산, 묽은염산, 묽은황산에는 잘 녹는다.

- 부동태를 만드는 금속 : Fe, Ni, Al, Cr, Co
- 부동태를 만드는 산 : 진한 H_2SO_4, 진한 HNO_3 뿐임

④ 물(수증기), 산과 반응시 수소를 발생한다. (단, 진한질산은 제외)

$$2Al + 6HCl \longrightarrow 2AlCl_3 + 3H_2 \uparrow$$
(알루미늄)　(염산)　　(염화알루미늄)　(수소)

$$2Al + 3H_2SO_4 \longrightarrow Al_2(SO_4)_3 + 3H_2 \uparrow$$
(알루미늄)　(황산)　　(황산알루미늄)　(수소)

$$2Al + 6H_2O \longrightarrow 2Al(OH)_3 + 3H_2 \uparrow$$
(알루미늄)　(물)　　(수산화알루미늄)　(수소)

양쪽성원소(산과 알칼리에 반응하는 원소) : Al, Zn, Sn, Pb (알아주나)

⑤ 소화 방법 : 물 소화엄금하고, 마른모래, 탄산수소염류소화약제로 질식소화

(2) 아연(Zn)분

원자량	65	비중	7.14	융점	419(℃)

① 은백색의 광택이 나는 분말로서 열 및 전기의 양도체이다.

② 물(수증기), 산과 반응시 수소를 발생한다.

$$Zn + 2H_2O \longrightarrow Zn(OH)_2 + H_2 \uparrow$$
(아연)　(물)　　(수산화아연)　(수소)

$$Zn + 2HCl \longrightarrow ZnCl_2 + H_2 \uparrow$$
(아연)　(염산)　　(염화아연)　(수소)

$$Zn + H_2SO_4 \longrightarrow ZnSO_4 + H_2 \uparrow$$
(아연)　(황산)　　(황산아연)　(수소)

③ 소화 방법 : 물 소화엄금하고, 마른모래, 탄산수소염류소화약제로 질식소화

7. 인화성 고체 [지정수량 : 1,000kg]

인화성 고체라 함은 고형 알코올과 그밖에 1기압에서 인화점이 40℃ 미만인 고체를 말한다.
- 종류 : 고형알코올, 메타알데히드[$(CH_3CHO)_4$], 제3부틸알코올[$(CH_3)_3COH$] 등

01 금속분의 연소 시 주수소화하면 위험한 원인으로 옳은 것은?

① 물에 녹아 산이 되어 산소가스를 발생한다.
② 물과 작용하여 유독 가스를 발생한다.
③ 물과 작용하여 수소 가스를 발생한다
④ 물과 작용하여 산소 가스를 발생한다.

해설

금속분(Al, Zn 등)과 물(H_2O)이 반응하여 가연성 가스인 수소(H_2)를 발생한다.
$2Al + 6H_2O \rightarrow 2Al(OH)_3 + 3H_2 \uparrow$ (수소)

02 황화린에 대한 설명 중 잘못된 것은?

① P_4S_3은 황색 결정 덩어리로 조해성이 있고, 공기 중 약 50℃에서 발화한다.
② P_2S_5는 담황색 결정으로 조해성이 있고, 알칼리와 분해하여 가연성 가스를 발생한다.
③ P_4S_7은 담황색 결정으로 조해성이 있고, 온수에 녹아 유독한 H_2S를 발생한다.
④ P_4S_3과 P_2S_5의 연소생성물은 모두 P_2O_5와 SO_2이다.

해설

① P_4S_3는 황색결정으로 조해성은 없고 공기중 약 100℃에서 발화한다.
• 삼화화린 연소 반응식 : $P_4S_3 + 8O_2 \rightarrow 2P_2O_5 + 3SO_2 \uparrow$
• 오황화린 연소 반응식 : $2P_2S_5 + 15O_2$
$\rightarrow 2P_2O_5 + 10SO_2 \uparrow$

03 적린에 관한 설명 중 틀린 것은?

① 물에 잘 녹고 브롬화인에는 녹지 않는다.
② 화재시 물로 냉각소화 할 수 있다.
③ 황린에 비해 안정하다.
④ 황린과 서로 동소체이다.

해설

적린은 브롬화인에 녹고 물, 에테르, CS_2에 녹지 않는다.

04 철분, 마그네슘, 금속분에 적응성이 있는 소화설비는?

① 스프링클러 설비
② 할로겐화합물 소화설비
③ 대형 수동식 포 소화기
④ 금속화재용 분말 소화기

해설

금수성 물질에 적응성이 있는 소화기
• 건조사
• 팽창질석 또는 팽창진주암
• 탄산수소염류 분말 소화기(금속화재용 분말 소화기)

05 제2류 위험물 중 지정수량이 잘못 연결된 것은?

① 유황 – 100kg
② 철분 – 500kg
③ 금속분 – 500kg
④ 인화성 고체 – 500kg

해설

인화성 고체 – 1,000kg

 정답 01 ③   02 ①   03 ①   04 ④   05 ④

06 제2류 위험물과 산화제를 혼합하면 위험한 이유로 가장 적합한 것은?

① 제2류 위험물이 가연성 액체이기 때문에

② 제2류 위험물이 환원제로 작용하기 때문에

③ 제2류 위험물은 자연 발화의 위험이 있기 때문에

④ 제2류 위험물은 물 또는 습기를 잘 머금고 있기 때문에

> **해설**
> 제2류 위험물(가연성 고체)의 환원제와 제1류 위험물(산화성 고체)의 산화제가 접촉시 혼촉발화의 위험이 있다.

07 적린이 공기 중에서 연소할 때 생성되는 물질은?

① P_2O_3 ② PO_2

③ PO_3 ④ P_2O_5

> **해설**
> 적린(P)와 황린(P_4)는 동소체로서 연소시 백색의 매독성인 오산화인(P_2O_5)이 발생하고, 일부 포스핀(PH_3)도 발생한다.
> $4P + 5O_2 \rightarrow 2P_2O_5$
> $P_4 + 5O_2 \rightarrow 2P_2O_5$

08 위험물의 반응성에 대한 설명 중 틀린 것은?

① 마그네슘은 온수와 작용하여 산소를 발생하고 산화마그네슘이 된다.

② 황린은 공기 중에서 연소하여 오산화인을 발생한다.

③ 아연 분말은 공기 중에서 연소하여 산화아연을 발생한다.

④ 삼황화린은 공기 중에서 연소하여 오산화인과 이산화황을 발생한다.

> **해설**
> ① $Mg + 2H_2O \rightarrow Mg(OH)_2 + H_2\uparrow$
> ② $P_4 + 5O_2 \rightarrow 2P_2O_5$
> ③ $2Zn + O_2 \rightarrow 2ZnO$
> ④ $P_4S_3 + 8O_2 \rightarrow 2P_2O_5 + 3SO_2\uparrow$

09 오황화린이 물과 반응하였을 때 발생하는 물질로 옳은 것은?

① 황화수소, 이산화황

② 황화수소, 인산

③ 이산화황, 오산화인

④ 이산화황, 인산

> **해설**
> 물과 반응하면 분해하여 황화수소(H_2S)와 인산(H_3PO_4)으로 된다.
> $P_2S_5 + 8H_2O \rightarrow 5H_2S + 2H_3PO_4$

10 P_4S_3이 가장 잘 녹는 것은?

① 염산   ② 이황화탄소

③ 황산   ④ 물

> **해설**
> 삼황화린(P_4S_3)은 질산, 알칼리, 이황화탄소에는 녹지만 물, 염산, 황산에는 녹지 않는다.

11 황의 성상에 관한 설명으로 틀린 것은?

① 연소할 때 발생하는 가스는 냄새를 갖고 있으나 인체에 무해하다.

② 미분이 공기중에 떠 있을 때 분진폭발의 우려가 있다.

③ 용융된 황을 물에서 급냉하면 고무상황을 얻을 수 있다.

④ 연소할 때 아황산가스를 발생한다.

> **해설**
> 황이 연소할 때 독성이 강한 아황산가스(SO_2)가 발생한다.
> $S + O_2 \rightarrow SO_2\uparrow$

정답   06 ②   07 ④   08 ①   09 ②   10 ②   11 ①

12 다음 중 일반적으로 알려진 황화린의 세 종류에 속하지 않은 것은?

① P_4S_3 ② P_2S_5

③ P_4S_7 ④ P_2S_9

> **해설**

삼황화린 P_4S_3, 오황화린 P_2S_5, 칠황화린 P_4S_7

13 제2류 위험물의 일반적 성질 중 옳지 않은 것은?

① 가연성 고체로서 속연성, 이연성 물질이다.

② 연소 시 연소열이 크고 연소 온도가 높다.

③ 산소를 포함하고 있어 연소 시 조연성 가스의 공급이 필요 없다.

④ 대부분 비중은 1보다 크고, 인화성 고체를 제외하고 무기화합 물질이다.

14 다음 설명 중 틀린 것은?

① 황린은 공기 중 방치하는 경우에 자연발화한다.

② 미분상의 유황은 물과 작용해서 자연발화할 때 황화수소가스를 발생한다.

③ 적린은 염소산칼륨 등의 산화제와 혼합하면 발화 또는 폭발할 수 있다.

④ 마그네슘은 알칼리토금속으로 할로겐 원소와 접촉하여 자연 발화의 위험이 있다.

> **해설**

• 유황은 강산화제, 유기과산화물, 목탄분 등과 혼합시 가열, 충격, 마찰등에 의해 발화 폭발을 일으킨다.
• 유황은 물에 녹지 않으며 연소시 유독성가스인 이산화황(SO_2)를 발생한다.

$S + O_2 \rightarrow SO_2 \uparrow$

15 다음 중 적린의 성질로 잘못된 것은?

① 황린과 성분 원소는 같다.

② 착화 온도는 황린보다 낮다.

③ 물, 이황화탄소에 녹지 않고 브롬화인에 녹는다.

④ 황린에 비해 화학적 활성이 적다.

> **해설**

착화점 : 황린 34℃, 적린 260℃

16 마그네슘(Mg)에 대한 설명 중 틀린 것은?

① 알칼리토금속에 속하는 물질이다.

② 화재 시 CO_2 소화제는 효과가 없고 건조사를 사용한다.

③ 물과 반응하여 O_2를 발생시킨다.

④ 산화제와의 혼합시 발화위험이 있다.

> **해설**

③ Mg는 물과 반응하여 H_2를 발생시킨다.

$Mg + 2H_2O \rightarrow Mg(OH)_2 + H_2 \uparrow$

17 적린의 성질에 관한 설명 중 틀린 것은?

① 착화온도는 약 260℃이다.

② 물, 암모니아, CS_2에 녹지 않는다.

③ 연소 시 인화수소 가스가 발생한다.

④ 산화제와 혼합 시 발화하기 쉽다.

> **해설**

적린은 연소시 오산화인의 흰연기를 발생한다.

$4P + 5O_2 \rightarrow 2P_2O_5$

18 위험물의 화재시 소화 방법에 대한 설명 중 옳은 것은?

① 아연분은 주수소화가 적당하다.

② 마그네슘은 봉상주수소화가 적당하다.

③ 알루미늄은 건조사로 피복하여 소화하는 것이 좋다.

④ 황화린은 산화제로 피복하여 소화하는 것이 좋다.

해설

- 금속분(Al, Zn, Mg)은 금수성물질로서 물과 반응시 수소(H_2)를 발생하므로 주수소화는 절대엄금하고 건조사 등으로 피복소화한다.
- 황화린은 물과 반응시 유독한 H_2S가 발생하므로 CO_2, 건조사 등으로 질식소화한다.

19 유황은 순도가 몇 중량% 이상이어야 위험물에 해당하는가?

① 40%　　　　　② 50%

③ 60%　　　　　④ 70%

해설

위험물의 순도 : 유황 60중량% 이상, 알코올 60중량% 이상, 과산화수소 36중량% 이상

20 유황 500kg, 인화성 고체 1000kg을 저장하려 한다. 각각의 지정수량의 배수의 합은?

① 3배　　　　　② 4배

③ 5배　　　　　④ 6배

해설

- 지정수량 : 유황 100kg, 인화성 고체 1000kg
- 지정수량배수

$$= \frac{A품목의 저장수량}{A품목의 지정수량} + \frac{B품목의 저장수량}{B품목의 지정수량} + \cdots$$

$$\therefore \frac{500}{100} + \frac{1000}{1000} = 6배$$

21 오황화린(P_2S_5)이 물과 반응하였을 때 생성된 가스를 연소시키면 발생하는 독성이 있는 가스는?

① 이산화질소　　　② 포스핀

③ 염화수소　　　　④ 이산화황

해설

- $P_2S_5 + 8H_2O \rightarrow 2H_3PO_4 + 5H_2S\uparrow$ (황화수소 발생)
- $2H_2S + 3O_2 \rightarrow 2SO_2\uparrow + 2H_2O$(황화수소 연소반응식)

22 알루미늄분의 위험성에 대한 설명 중 틀린 것은?

① 뜨거운 물과 접촉시 격렬하게 반응한다.

② 산화제와 혼합하면 가열, 충격 등으로 발화할 수 있다.

③ 연소시 수산화 알루미늄과 수소를 발생한다.

④ 염산과 반응하여 수소를 발생한다.

해설

연소시 다량열과 광택을 내고 흰 연기를 내면서 연소한다.
$4Al + 3O_2 \rightarrow 2Al_2O_3$

23 제2류 위험물 중 지정수량이 500kg인 물질에 의한 화재는?

① A급 화재　　　② B급 화재

③ C급 화재　　　④ D급 화재

해설

제2류 중 지정수량 500kg인 것 : 철분, 마그네슘, 금속분등 이므로 금속화재인 D급 화재에 해당한다.

정답　18 ③　19 ③　20 ④　21 ④　22 ③　23 ④

24 위험물안전관리법령상 제2류 위험물에 속하지 않는 것은?

① P_4S_3 ② Zn
③ Mg ④ Li

해설

④ 리튬(Li) : 제3류(알칼리금속)

25 삼황화린과 오황화린의 공통점이 아닌 것은?

① 물과 접촉하여 인화수소가 발생한다.
② 가연성 고체이다.
③ 분자식이 P와 S로 이루어져 있다.
④ 연소 시 오산화인과 이산화황이 생성된다.

해설

• 삼황화린(P_4S_0) : 물에 녹지 않음
• 오황화린(P_2S_5) : 물과 반응시 인산과 황화수소가 생성한다.
  $P_2S_5 + 8H_2O \rightarrow 5H_2S + 2H_3PO_4$

26 적린에 관한 설명 중 틀린 것은?

① 황린의 동소체이고, 황린에 비하여 안정하다.
② 성냥, 화약 등에 이용된다.
③ 연소 생성물은 황린과 같다.
④ 자연 발화를 막기 위해 물속에 보관한다.

해설

황린은 공기중 발화점이 40~50℃로 낮아 자연발화의 위험이 있으므로 물속에 보관한다.

27 다음 중 적린과 황린에서 동일한 성질을 나타내는 것은?

① 발화점 ② 용해성
③ 유독성 ④ 연소생성물

해설

적린(P)과 황린(P_4)은 서로 동소체이므로 연소시 연소생성물이 같은 오산화인(P_2O_5)를 발생하고 일부 포스핀(PH_3)도 발생한다.

28 제2류 위험물의 화재 발생시 소화 방법 또는 주의할 점으로 적합하지 않은 것은?

① 마그네슘의 경우 이산화탄소를 이용한 질식소화는 위험하다.
② 황은 비산에 주의하여 분무주수로 냉각소화한다.
③ 적린의 경우 물을 이용한 냉각소화는 위험하다.
④ 인화성 고체는 이산화탄소를 질식소화 할 수 있다.

해설

적린은 브롬화인(PBr_3)에 녹고 물, CS_2, 에테르, NH_3에는 녹지 않으며 주수에 의한 냉각소화를 한다.

29 적린과 혼합하여 반응하였을 때 오산화인을 발생하는 것은?

① 물 ② 황린
③ 에틸알코올 ④ 염소산칼륨

해설

적린은 제1류 위험물의 강산화제인 염소산염류와 반응시 약간의 충격, 마찰에 의해 발화 폭발한다.
$6P + 5KClO_3 \rightarrow 5KCl + 3P_2O_5$

 정답 24 ④ 25 ① 26 ④ 27 ④ 28 ③ 29 ④

제3류 위험물
(자연발화성 물질 및 금수성 물질)

1 제3류 위험물의 종류와 지정수량

성질	위험등급	품명[주요품목]	지정수량
자연발화성 물질 및 금수성 물질	Ⅰ	1. 칼륨[K]	10kg
		2. 나트륨[Na]	
		3. 알킬알루미늄[(CH$_3$)$_3$Al, (C$_2$H$_5$)$_3$Al]	
		4. 알킬리튬[C$_2$H$_5$Li, C$_4$H$_9$Li]	
		5. 황린[P$_4$]	20kg
	Ⅱ	6. 알칼리금속(칼륨 및 나트륨 제외) 및 알칼리토금속[Li, Ca]	50kg
		7. 유기금속화합물[Te(C$_2$H$_5$)$_2$, Zn(CH$_3$)$_2$, Pb(C$_2$H$_5$)$_4$] (알킬알루미늄 및 알킬리튬 제외)	
	Ⅲ	8. 금속의 수소화물[LiH, NaH, CaH$_2$]	300kg
		9. 금속의 인화물[Ca$_3$P$_2$, AlP]	
		10. 칼슘 또는 알루미늄의 탄화물[CaC$_2$, Al$_4$C$_3$]	
	Ⅰ, Ⅱ, Ⅲ	11. 그 밖에 행정안전부령이 정하는 것 염소화규소화합물[SiHCl$_3$, SiH$_4$Cl]	10kg, 20kg, 50kg 또는 300kg

2 제3류 위험물의 개요

(1) 공통 성질★★★

① 대부분 무기화합물의 고체이며 알킬알루미늄과 같은 액체도 있다.

② 금수성 물질(황린은 제외)로서 물과 반응하여 발열 또는 발화하고 가연성 가스(수소, 아세틸렌, 포스핀)를 발생한다. (K, Na, CaC$_2$, Ca$_3$P$_2$ 등)

③ 칼륨(K), 나트륨(Na), 알킬알루미늄, 알킬리튬은 물보다 가볍고 나머지는 물보다 무겁다.

④ 알킬알루미늄 또는 알킬리튬은 공기 중에서 급격히 산화하고, 물과 접촉하면 가연성 가스를 발생하여 급격히 발화한다.

⑤ 황린은 공기 중에서 자연발화한다.

(2) 저장 및 취급시 유의사항★★★

① 금수성 물질로서 용기의 파손, 부식을 방지하고 밀전, 밀봉하여 공기와 수분과의 접촉을 절대 피한다.

② 다량 저장시 소화가 곤란하므로 소분하여 저장하고 K, Na은 보호액인 석유류속에 저장하고 황린은 물속에 저장한다.

③ 강산화제, 강산류, 충격, 불티 등 화기로부터 분리 및 격리 저장할 것

④ 알킬알루미늄, 알킬리튬, 유기금속화합물류는 물과 접촉시 가연성 가스를 발생하므로 화기에 절대 주의할 것

(3) 소화 방법

① 주수소화는 발화 또는 폭발을 유발하므로 절대 엄금하고 또한 CO_2와도 격렬하게 반응을 하므로 사용할 수 없다. (황린의 경우 초기화재 시 물로 사용 가능)

② 건조사, 팽창질석 및 팽창진주암 등을 사용하여 질식소화가 가장 효과적이다.

③ 금속화재용 소화약제로 분말 소화약제인 탄산수소염류를 사용한다.

3 제3류 위험물의 종류 및 성상

1. 칼륨(K) [지정수량 : 10kg]★★★★

별명	포타슘	원자량	39	융점	63.7(℃)
불꽃색상	보라색	비중	0.86	비점	762.2(℃)

① 은백색의 광택있는 무른 경금속으로 흡습성, 조해성 및 부식성이 있다.

② 연소시 산화칼륨을 생성하고, 보라색 불꽃을 내면서 연소한다.

$$4K \; + \; O_2 \; \longrightarrow \; 2K_2O$$
(칼륨)　(산소)　　(산화칼륨)

③ 물과 반응시 수산화칼륨과 수소를 발생하고 자연발화의 폭발을 일으키기 쉬우므로 석유류(등유, 경유, 유동파라핀) 등에 저장한다.

$$2K \; + \; 2H_2O \; \longrightarrow \; 2KOH \; + \; H_2\uparrow$$
(칼륨)　(물)　　　(수산화칼륨)　(수소)

※ 석유 속에 저장하는 이유 : 수분과 접촉을 차단하고 공기의 산화를 방지하기 위함

④ 이온화경향이 큰 금속으로 화학반응성이 매우 크다.

⑤ 알코올과 반응하여 칼륨알코올레이트를 만들고 수소를 발생한다.

$$K \; + \; CH_3OH \; \longrightarrow \; CH_3OK \; + \; 0.5H_2\uparrow$$
(칼륨)　(메틸알코올)　　(칼륨메틸레이트)　(수소)

$$K \; + \; C_2H_5OH \; \longrightarrow \; C_2H_5OK \; + \; 0.5H_2\uparrow$$
(칼륨)　(에틸알코올)　　(칼륨에틸레이트)　(수소)

⑥ 이산화탄소와 반응시 탄산칼륨과 탄소를 생성한다.

$$4K \; + \; 3CO_2 \; \longrightarrow \; 2K_2CO_3 \; + \; C \; [연소, 폭발]$$
(칼륨)　(이산화탄소)　　(탄산칼륨)　　(탄소)

⑦ 소화 방법 : 물, CO_2 소화 절대엄금하고, 마른모래, 탄산수소분말소화약제로 질식소화

2. 나트륨(Na) [지정수량 : 10kg]★★★★

별명	금속 소다	원자량	23	융점	97.7(℃)
불꽃색상	황색	비중	0.97	비점	880(℃)

① 은백색의 광택있는 무른 경금속으로 연소시 산화나트륨을 생성하며, 황색 불꽃을 내면서 연소한다.

$$4Na \ + \ O_2 \ \longrightarrow \ 2Na_2O \text{ (회백색)}$$
(나트륨) (산소) (산화나트륨)

② 공기중의 수분이나 알코올과 반응하여 수소를 발생하며 자연발화를 일으키기 쉬우므로 석유류(등유, 경유, 유동파라핀) 속에 저장한다.

$$Na \ + \ H_2O \ \longrightarrow \ NaOH \ + \ 0.5H_2 \uparrow$$
(나트륨) (물) (수산화나트륨) (수소)

$$Na \ + \ CH_3OH \ \longrightarrow \ CH_3ONa \ + \ 0.5H_2 \uparrow$$
(나트륨) (메틸알코올) (나트륨메틸레이트) (수소)

$$Na \ + \ C_2H_5OH \ \longrightarrow \ C_2H_5ONa \ + \ 0.5H_2 \uparrow$$
(나트륨) (에틸알코올) (나트륨에틸레이트) (수소)

③ 초산과 반응시 수소를 발생하고, 이산화탄소와 폭발적으로 반응한다.

$$2Na \ + \ 2CH_3COOH \ \longrightarrow \ 2CH_3COONa \ + \ H_2 \uparrow$$
(나트륨) (초산) (초산나트륨) (수소)

$$4Na \ + \ 3CO_2 \ \longrightarrow \ 2Na_2CO_3 \ + \ C \text{ [연소폭발]}$$
(나트륨) (이산화탄소) (탄산나트륨) (탄소)

④ 소화 방법 : 금속 칼륨에 준한다.

3. 알킬알루미늄(RAl 또는 RAlX) [지정수량 : 10kg]

참고 알킬기(R−)의 종류

탄소수 구분	C=1개	C=2개	C=3개	C=4개
알킬기(R−)	CH_3-	C_2H_5-	C_3H_7-	C_4H_9-
이름	메틸기	에틸기	프로필기	부틸기

• 알킬기 $C_nH_{2n+1}-(R-)$와 알루미늄(Al)의 혼합물을 알킬알루미늄(R−Al)이라 한다.
• 탄소수가 $C_1 \sim_4$까지는 자연발화하고, C_5 이상은 점화하지 않으면 연소반응을 하지 않는다.

(1) 트리메틸알루미늄(TriMethly Aluminium, TMA) : $(CH_3)_3Al$ ★★

분자량	72	융점	15(℃)
비중	0.752	비점	126(℃)

① 무색의 가연성 액체로서 공기중 노출되면 자연발화한다.

$$2(CH_3)_3Al\ +\ 12O_2\ \longrightarrow\ Al_2O_3\ +\ 9H_2O\ +\ 6CO_2\uparrow$$
(트리메틸알루미늄)　(산소)　(산화알루미늄)　(물)　(이산화탄소)

② 물, 알코올과 반응하여 메탄을 발생하고 폭발한다.

$$(CH_3)_3Al\ +\ 3H_2O\ \longrightarrow\ Al(OH)_3\ +\ 3CH_4\uparrow$$
(트리메틸알루미늄)　(물)　(수산화알루미늄)　(메탄)

$$(CH_3)_3Al\ +\ 3CH_3OH\ \longrightarrow\ (CH_3O)_3Al\ +\ 3CH_4\uparrow$$
(트리메틸알루미늄)　(메틸알코올)　(알루미늄메틸레이트)　(메탄)

$$(CH_3)_3Al\ +\ 3C_2H_5OH\ \longrightarrow\ (C_2H_5O)_3Al\ +\ 3CH_4\uparrow$$
(트리메틸알루미늄)　(에틸알코올)　(알루미늄에틸레이트)　(메탄)

③ 소화 방법 : 물소화는 절대엄금하고, 팽창질석, 팽창진주암, 마른모래 등으로 질식소화

(2) 트리에틸알루미늄(Tri Ethyl Aluminium, TEA) : $(C_2H_5)_3Al$ ★★★★

분자량	114	융점	−46(℃)
비중	0.837	비점	186.6(℃)

① 무색투명한 액체로서 공기중 자연발화한다.

$$2(C_2H_5)_3Al\ +\ 21O_2\ \longrightarrow\ 12CO_2\uparrow\ +\ Al_2O_3\ +\ 15H_2O$$
(트리에틸알루미늄)　(산소)　(이산화탄소)　(산화알루미늄)　(물)

② 물, 알코올과 반응하여 에탄을 생성하면서 발열폭발에 이른다.

$$(C_2H_5)_3Al\ +\ 3H_2O\ \longrightarrow\ Al(OH)_3\ +\ 3C_2H_6\uparrow$$
(트리에틸알루미늄)　(물)　(수산화알루미늄)　(에탄)

$$(C_2H_5)_3Al\ +\ 3CH_3OH\ \longrightarrow\ Al(CH_3O)_3\ +\ 3C_2H_6\uparrow$$
(트리에틸알루미늄)　(메틸알코올)　(알루미늄메틸레이트)　(에탄)

$$(C_2H_5)_3Al\ +\ 3C_2H_5OH\ \longrightarrow\ (C_2H_5O)_3Al\ +\ 3C_2H_6\uparrow$$
(트리에틸알루미늄)　(에틸알코올)　(알루미늄에틸레이트)　(에탄)

③ 사용시 희석 안정제(벤젠, 톨루엔, 헥산)를 불활성가스 중에서 취급한다.

④ 소화 방법 : 물 소화는 절대엄금하고, 팽창질석, 팽창진주암, 마른모래 등으로 질식소화

4. 알킬리튬(R-Li) [지정수량 : 10kg]

① 메틸리튬, 에틸리튬, 부틸리튬 등은 물과 반응시 가연성 가스를 발생한다.

$$CH_3Li + H_2O \longrightarrow LiOH + CH_4\uparrow$$
(메틸리튬)　　(물)　　　(수산화리튬)　　(메탄)

$$C_2H_5Li + H_2O \longrightarrow LiOH + C_2H_6\uparrow$$
(에틸리튬)　　(물)　　　(수산화리튬)　　(에탄)

$$C_4H_9Li + H_2O \longrightarrow LiOH + C_4H_{10}\uparrow$$
(부틸리튬)　　(물)　　　(수산화리튬)　　(부탄)

② 소화 방법 : 물소화는 절대엄금하고, 팽창질석, 팽창진주암, 마른모래 등으로 질식소화

5. 황린[백린(P_4)] [지정수량 : 20kg]★★★★

별명	백린, 인	분자량	124	융점	44($^\circ$C)
발화점	34($^\circ$C)	비중	1.82	비점	280($^\circ$C)

① 백색 또는 담황색이며, 독성이 강하고 자극성 냄새가 나는 고체로서 발화점이 34℃로 매우 낮아 공기중에서 자연발화를 일으킨다.

② 물에 녹지 않고 반응하지 않기 때문에 pH＝9(약알칼리) 정도의 물속에 저장하며 이황화탄소(CS_2)에 잘 녹는다.

　　※ 수산화칼슘[Ca(OH)$_2$]의 강알칼리용액이 되면 유독성의 포스핀(PH$_3$) 가스가 발생하기 때문에 소량을 넣어 약알칼리성의 물(pH 9)에 저장한다.

③ 공기중에서 연소시 오산화인의 백색 연기를 발생한다.

$$P_4 + 5O_2 \longrightarrow 2P_2O_5$$
(황린)　　(산소)　　　(오산화인)

④ 공기를 차단하고 황린(P_4)을 260℃로 가열하면 적린(P)으로 된다. [적린과 동소체임]

⑤ 소화 방법 : 다량의 물로 냉각소화

6. 알칼리금속류(K, Na은 제외) 및 알칼리토금속(Mg은 제외) [지정수량 : 50kg]

(1) 리튬(Li)

원자량	7	융점	180($^\circ$C)	발화점	179($^\circ$C)
비중	0.534	비점	1.336($^\circ$C)	불꽃색상	적색

① 은백색의 무른 경금속이고, 금속 원소 중 가장 가벼운 알칼리금속이다.

② 연소시 적색 불꽃을 내며 연소한다.

③ 물과 반응시 수산화리튬과 수소를 발생한다.

$$Li + H_2O \longrightarrow LiOH + 0.5H_2\uparrow$$
(리튬)　　(물)　　　(수산화리튬)　　(수소)

④ 용도 : 2차 전지 원료에 사용한다.

⑤ 소화 방법 : 물 소화엄금하고, 팽창질석, 팽창진주암, 마른모래 등으로 질식소화

(2) 칼슘(Ca)

원자량	40	융점	851(℃)	불꽃색상	황적색
비중	1.55	비점	1,200±30(℃)		

① 은백색 무른 경금속이고, 알칼리토금속으로 연소시 산화칼슘이 된다.

$$2Ca \ + \ O_2 \ \longrightarrow \ 2CaO$$
(칼슘)　　(산소)　　　　(산화칼슘)

② 상온에서는 산소, 할로겐과 직접 반응하고, 고온에서 수소 또는 질소와 반응하여 수소화합물 및 질소화합물을 생성한다.

③ 물과 반응시 수산화칼슘과 수소를 발생한다.

$$Ca \ + \ 2H_2O \ \longrightarrow \ Ca(OH)_2 \ + \ H_2 \uparrow$$
(칼슘)　　(물)　　　　(수산화칼슘)　　(수소)

④ **소화 방법** : 물 소화엄금하고, 팽창질석, 팽창진주암, 마른모래 등으로 질식소화

7. 유기금속화합물(알킬알루미늄, 알킬리튬 제외) [지정수량 : 50kg]

① 디에틸텔르륨[Te(C_2H_5)_2], 디에틸아연[Zn(C_2H_5)_2] 등이 있다.
② 일반적 성질 및 소화 방법은 알킬알루미늄에 준한다.

8. 금속의 수소화합물 [지정수량 : 300kg]

(1) 종류 : 수소화리튬, 수소화칼륨, 수소화나트륨, 수소화칼슘, 수소화알루미늄리튬 등

(2) 반응식 : 물과 반응시 수소를 발생하고 공기 중 자연발화한다.

① 수소화리튬(LiH)

$$2LiH \ \longrightarrow \ 2Li \ + \ H_2 \uparrow$$
(수소화리튬)　　(리튬)　　(수소)

$$LiH \ + \ H_2O \ \longrightarrow \ LiOH \ + \ H_2 \uparrow$$
(수소화리튬)　(물)　　　　(수산화리튬)　　(수소)

② 수소화칼륨(KH)

$$KH \ + \ H_2O \ \longrightarrow \ KOH \ + \ H_2 \uparrow$$
(수소화칼륨)　(물)　　　　(수산화칼륨)　　(수소)

③ 수소화나트륨(NaH)

$$NaH \ + \ H_2O \ \longrightarrow \ NaOH \ + \ H_2 \uparrow$$
(수소화나트륨)　(물)　　　　(수산화나트륨)　　(수소)

④ 수소화칼슘(CaH_2)

$$CaH_2 \ + \ 2H_2O \ \longrightarrow \ Ca(OH)_2 \ + \ 2H_2 \uparrow$$
(수소화칼슘)　　(물)　　　　(수산화칼슘)　　(수소)

⑤ 수소화알루미늄리튬(LiAlH₄)

$$LiAlH_4 + 4H_2O \longrightarrow LiOH + Al(OH)_3 + 4H_2\uparrow$$
(수소화알루미늄리튬) (물)　　　(수산화리튬) (수산화알루미늄)　(수소)

(3) 소화 방법 : 물 소화엄금하고, 팽창질석, 팽창진주암, 마른모래 등으로 질식소화

9. 금속의 인화합물 [지정수량 : 300kg]

(1) 인화칼슘(Ca_3P_2)★★★

별명	인화석회	분자량	182
융점	1600℃	비중	2.51

① 적갈색의 괴상의 고체로서 알코올, 에테르에 녹지 않는다.

② 물 또는 염산과 반응시 맹독성인 인화수소(PH_3 : 포스핀) 가스를 발생한다.

$$Ca_3P_2 + 6H_2O \longrightarrow 3Ca(OH)_2 + 2PH_3\uparrow$$
(인화칼슘)　　(물)　　　(수산화칼슘)　　(포스핀)

$$Ca_3P_2 + 6HCl \longrightarrow 3CaCl_2 + 2PH_3\uparrow$$
(인화칼슘)　　(염산)　　(염화칼슘)　　(포스핀)

③ 소화 방법 : 물 소화는 절대엄금하고, 마른모래 등으로 질식소화

(2) 인화알루미늄(AlP)

분자량	58	비중	2.4~2.8	융점	1000(℃)

① 암회색 또는 황색의 결정이다.

② 물 또는 염산과 반응시 맹독성인 포스핀 가스를 발생한다.

$$AlP + 3H_2O \longrightarrow Al(OH)_3 + PH_3\uparrow$$
(인화알루미늄)　(물)　　(수산화알루미늄)　(포스핀)

$$AlP + 3HCl \longrightarrow AlCl_3 + PH_3\uparrow$$
(인화알루미늄)　(염산)　　(염화알루미늄) (포스핀)

③ 소화 방법 : 물 소화엄금하고, 마른모래 등으로 질식소화

10. 칼슘 또는 알루미늄의 탄화물 [지정수량 : 300kg]

(1) 탄화칼슘(CaC_2)★★★★

별명	카바이드	분자량	64
융점	2300(℃)	비중	2.22

① 순수한 것은 무색투명하나 보통은 회백색의 불규칙한 괴상의 고체이다.

② 고온에서 질소와 반응시 석회질소(칼슘시안아미드)와 탄소를 생성한다.

$$CaC_2 \ + \ N_2 \ \longrightarrow \ CaCN_2 \ + \ C$$
(탄화칼슘)　(질소)　　(석회질소)　(탄소)

③ 물과 반응시 수산화칼슘과 아세틸렌 가스를 발생한다.

$$CaC_2 \ + \ 2H_2O \ \longrightarrow \ Ca(OH)_2 \ + \ C_2H_2\uparrow$$
(탄화칼슘)　(물)　　(수산화칼슘)　(아세틸렌)

④ **소화 방법** : 물 소화엄금하고, 마른모래 등으로 질식소화

참고 아세틸렌(C_2H_2)가스의 특성★★★
- 연소시 이산화탄소와 물이 생성된다.

$$C_2H_2 \ + \ 2.5O_2 \ \longrightarrow \ 2CO_2 \ + \ H_2O \ (연소범위 : 2.5{\sim}81\%)$$
(아세틸렌)　(산소)　　(이산화탄소)　(물)

- 금속(Cu, Ag, Hg)과 반응하여 폭발성인 금속아세틸라이드를 생성하기 때문에 이들 금속의 접촉을 피해야 한다.

(2) 탄화알루미늄(Al_4C_3) : 물과 반응시 수산화알루미늄과 메탄가스를 발생한다.

$$Al_4C_3 \ + \ 12H_2O \ \longrightarrow \ 4Al(OH)_3 \ + \ 3CH_4\uparrow$$
(탄화알루미늄)　(물)　　(수산화알루미늄)　(메탄)

$$CH_4 \ + \ 2O_2 \ \longrightarrow \ CO_2 \ + \ 2H_2O$$
(메탄)　(산소)　　(이산화탄소)　(물)

※ 메탄(CH_4)의 연소범위 : 5~15%

(3) 망간카바이드(Mn_3C) : 물과 반응시 수산화망간, 메탄 및 수소 가스를 발생한다.

$$Mn_3C \ + \ 6H_2O \ \longrightarrow \ 3Mn(OH)_2 \ + \ CH_4\uparrow \ + \ H_2\uparrow$$
(망간카바이드)　(물)　　(수산화망간)　(메탄)　(수소)

(4) 마그네슘카바이드(MgC_2)

$$MgC_2 \ + \ 2H_2O \ \longrightarrow \ Mg(OH)_2 \ + \ C_2H_2\uparrow$$
(마그네슘카바이드)　(물)　　(수산화마그네슘)　(아세틸렌)

(5) 칼륨카바이드(K_2C_2)

$$K_2C_2 \ + \ 2H_2O \ \longrightarrow \ 2KOH \ + \ C_2H_2\uparrow$$
(칼륨카바이드)　(물)　　(수산화칼륨)　(아세틸렌)

01 제3류 위험물의 성질을 설명한 것으로 옳은 것은?

① 물에 의한 냉각소화를 모두 금지한다.

② 알킬알루미늄, 나트륨, 수소화나트륨은 비중이 모두 물보다 무겁다.

③ 모두 무기화합물로 구성되어 있다.

④ 지정수량은 모두 300kg 이하의 값을 갖는다.

해설

① 물에 의한 냉각소화는 모두 금지한다.(황린은 제외)

② 알킬알루미늄 : 비중 0.83 , 나트륨 : 비중 0.97, 수소화나트륨 : 비중 0.93으로 비중은 모두 물보다 가볍다.

③ 유기 및 무기화합물로 구성되어 있다.

④ 알킬알루미늄과 나트륨 : 지정수량 10kg
수소화나트륨 : 지정수량 300kg

02 금속나트륨의 올바른 취급으로 가장 거리가 먼 것은?

① 보호액인 석유나 벤젠속에서 노출되지 않도록 저장한다.

② 수분 또는 습기와 접촉되지 않도록 주의한다.

③ 용기에서 꺼낼 때는 손을 깨끗이 닦고 만져야 한다.

④ 다량 연소하면 소화가 어려우므로 가급적 소량씩 소분하여 저장한다.

해설

③ 피부와 접촉시 강알칼리성이므로 화상을 입을 우려가 있기 때문에 안전장비 등을 사용할 것

03 황린의 보존 방법으로 가장 적합한 것은?

① 벤젠 속에 보존한다.

② 석유 속에 보존한다.

③ 물 속에 보존한다.

④ 알코올 속에 보존한다.

해설

자연발화성이 있어 물속에 저장하며, 보호액은 약알칼리성 (pH＝9)을 유지하여 인화수소(PH_3) 생성을 방지한다.

※ 알칼리제 : 석회, 소다회 등

04 황린에 대한 설명으로 옳지 않은 것은?

① 연소하면 악취가 있는 붉은색 연기를 낸다.

② 공기 중에서 자연발화할 수 있다.

③ 물속에 저장하여야 한다.

④ 자체 증기도 유독하다.

해설

공기 중에서 연소하면 독성이 강한 오산화인(P_2O_5)의 흰연기가 발생한다.

$P_4 + 5O_2 \rightarrow 2P_2O_5$

05 물과 작용하여 포스핀 가스를 발생시키는 것은?

① P_4 ② P_4S_3

③ Ca_3P_2 ④ CaC_2

해설

인화칼슘(Ca_3P_2)은 알코올 에테르에는 녹지 않으나 물이나 묽은 산과 반응하여 맹독성인 인화수소(PH_3 : 포스핀) 가스를 발생한다

$Ca_3P_2 + 6H_2O \rightarrow 3Ca(OH)_2 + 2PH_3\uparrow$

$Ca_3P_2 + 6HCl \rightarrow 3CaCl_2 + 2PH_3\uparrow$

06 황린을 밀폐 용기 속에서 260℃로 가열하여 얻은 물질을 연소시킬 때 주로 생성되는 물질은?

① P_2O_5 ② CO_2
③ PO_2 ④ CuO

해설

황린은 공기를 차단하고 약 260℃로 가열하면 적린이 된다. 적린은 연소시 독성이 강한 오산화인(P_2O_5)의 흰연기가 발생하며, 일부 포스핀(PH_3) 가스가 발생한다.
$$4P + 5O_2 \rightarrow 2P_2O_5$$

07 CaC_2의 저장 장소로서 적합한 곳은?

① 가스가 발생하므로 밀전을 하지 않고 공기중에 보관한다.
② $NaOH$ 수용액 속에 저장한다.
③ CCl_4 분위기의 수분이 많은 장소에 보관한다.
④ 밀봉 밀전하여 건조하고 환기가 잘 되는 장소에 보관한다.

해설

탄화칼슘(CaC_2)은 물 또는 습기와 반응하여 가연성 가스인 아세틸렌(C_2H_2)가스를 발생하므로 밀봉 밀전하여 건조하고 환기가 잘되는 장소에 보관한다.
$$CaC_2 + 2H_2O \rightarrow Ca(OH)_2 + C_2H_2 \uparrow$$

08 금속칼륨의 보호액으로 가장 적당한 것은?

① 알코올   ② 경유
③ 아세트산   ④ 물

해설

보호액 속에 저장하는 위험물
• 석유(유동파라핀, 경유, 등유) 속 보관 : 칼륨(K), 나트륨(Na)
• 물속에 보관 : 이황화탄소(CS_2), 황린(P_4)

09 금속칼륨의 성질에 대한 설명으로 옳은 것은?

① 화학적 활성이 강한 금속이다.
② 산화되기 어려운 금속이다.
③ 금속 중에서 가장 단단한 금속이다.
④ 금속 중에서 가장 무거운 금속이다.

해설

칼륨(K)은 이온화 경향이 매우 큰 금속(활성이 강함)이며 산화되기 쉽고 물이나 알코올과 반응하여 수소(H_2)를 발생시킨다.
$$2K + 2H_2O \rightarrow 2KOH + H_2 \uparrow$$
$$2K + 2C_2H_5OH \rightarrow 2C_2H_5OK(칼륨에틸라이트) + H_2 \uparrow$$

10 탄화칼슘에서 아세틸렌가스가 발생하는 반응식으로 옳은 것은?

① $CaC_2 + 2H_2O \rightarrow Ca(OH)_2 + C_2H_2$
② $CaC_2 + H_2O \rightarrow CaO + C_2H_2$
③ $2CaC_2 + 6H_2O \rightarrow 2Ca(OH)_3 + 2C_2H_3$
④ $CaC_2 + 3H_2O \rightarrow CaCO_3 + 2CH_3$

11 트리에틸알루미늄의 화재 시 사용할 수 있는 소화약제(설비)가 아닌 것은?

① 마른모래
② 팽창질석
③ 팽창진주암
④ 이산화탄소

12 물과 반응하여 CH₄와 H₂ 가스를 발생하는 것은?

① K₂C₂
② MgC₂
③ BeC₂
④ Mn₃C

해설

제3류 위험물의 금속탄화물(지정수량 : 300kg)
① $K_2C_2 + 2H_2O \rightarrow 2KOH + C_2H_2 \uparrow$
② $MgC_2 + 2H_2O \rightarrow Mg(OH)_2 + C_2H_2 \uparrow$
③ $BeC_2 + 4H_2O \rightarrow 2Be(OH)_2 + CH_4 \uparrow$
④ $Mn_3C + 6H_2O \rightarrow 3Mn(OH)_2 + CH_4 \uparrow + H_2 \uparrow$

13 금속나트륨에 관한 설명으로 옳은 것은?

① 은백색의 광택있는 금속으로 물보다 무겁다.
② 융점이 100℃ 보다 높고 연소시 노란색 불꽃을 낸다.
③ 물과 격렬히 반응하여 산소를 발생하고 발열한다.
④ 등유는 반응이 일어나지 않아 저장액으로 이용된다.

14 황린과 적린의 성질에 대한 설명 중 틀린 것은?

① 황린은 담황색의 고체이며 마늘과 비슷한 냄새가 나며 공기중에 방치하면 자연발화한다.
② 적린은 암적색의 분말이고 냄새가 없다.
③ 황린은 독성이 없고 적린은 맹독성 물질이다.
④ 황린은 이황화탄소에 녹지만 적린은 녹지 않는다.

15 다음 중 제3류 위험물이 아닌 것은?

① 황린
② 나트륨
③ 칼륨
④ 적린

해설

적린 : 제2류 위험물

16 다음 위험물 중 물과 반응하여 연소 범위가 약 2.5~81%인 위험한 가스를 발생시키는 것은?

① Na
② K
③ CaC₂
④ Na₂O₂

해설

탄화칼슘(CaC₂, 카바이트)은 물과 반응하여 아세틸렌가스를 발생한다.
• C₂H₂ 가스 연소 범위 : 2.5~81%
• $CaC_2 + 2H_2O \rightarrow Ca(OH)_2 + C_2H_2 \uparrow$
• $C_2H_2 + 2.5O_2 \rightarrow 2CO_2 + H_2O$

17 물과 반응하면 폭발적으로 반응하여 에탄을 생성하는 물질은?

① (C₂H₅)₂O
② CS₂
③ CH₃CHO
④ (C₂H₅)₃Al

해설

트리에틸알루미늄[TEA : (C₂H₅)₃Al]
$(C_2H_5)_3Al + 3H_2O \rightarrow Al(OH)_3 + 3C_2H_6 \uparrow$ (에탄)

18 제3류 위험물 중 은백색 광택이 있고 노란색 불꽃을 내며 연소하며 비중이 약 0.97, 융점이 약 97.7℃인 물질의 지정수량은 몇 kg인가?

① 10
② 50
③ 200
④ 300

해설

불꽃반응 색깔

K : 보라색	Na : 노란색	Li : 적색
Ca : 주황색	Ba : 황록색	Sr : 진한 빨간색

정답 12 ④ 13 ④ 14 ③ 15 ④ 16 ③ 17 ④ 18 ①

19 물과 작용하여도 가연성 기체를 발생시키지 않는 것은?

① 수소화칼슘 ② 탄화칼슘

③ 산화칼슘 ④ 금속 칼륨

> **해설**

① $CaH_2 + 2H_2O \rightarrow Ca(OH)_2 + 2H_2 \uparrow$
② $CaC_2 + 2H_2O \rightarrow Ca(OH)_2 + C_2H_2 \uparrow$
③ $CaO + H_2O \rightarrow Ca(OH)_2$
④ $2K + 2H_2O \rightarrow 2KOH + H_2 \uparrow$

20 탄화알루미늄이 물과 반응하여 생기는 현상이 아닌 것은?

① 산소가 발생한다.
② 수산화알루미늄이 생성된다.
③ 열이 발생한다.
④ 메탄가스가 발생한다.

> **해설**

$Al_4C_3 + 12H_2O \rightarrow 4Al(OH)_3 + 3CH_4 \uparrow$

21 금속나트륨, 금속칼륨 등을 보호액 속에 저장하는 이유를 가장 옳게 설명한 것은?

① 온도를 낮추기 위하여
② 산소발생을 막기 위하여
③ 공기중의 수분과 접촉을 막기 위하여
④ 운반시 충격을 작게 하기 위하여

> **해설**

제3류 위험물(자연발화성 및 금수성 물질)의 알칼리금속으로 공기중에 수분(H_2O)과 접촉하면 수소(H_2) 가스를 발생하고 발화의 위험이 있으므로 석유류등의 보호액 속에 저장한다.

$2Na + 2H_2O \rightarrow 2NaOH + H_2 + 88.2kcal$
$2K + 2H_2O \rightarrow 2KOH + H_2 + 92.8kcal$

22 위험물과 물이 반응하여 발생하는 가스를 잘못 연결한 것은?

① 탄화알루미늄 – 메탄
② 탄화칼슘 – 아세틸렌
③ 인화칼슘 – 에탄
④ 수소화칼슘 – 수소

> **해설**

① $Al_4C_3 + 12H_2O \rightarrow 4Al(OH)_3 + 3CH_4 \uparrow$
② $CaC_2 + 2H_2O \rightarrow Ca(OH)_2 + C_2H_2 \uparrow$
③ $Ca_3P_2 + 6H_2O \rightarrow 3Ca(OH)_2 + 2PH_3 \uparrow$
④ $CaH_2 + 2H_2O \rightarrow Ca(OH)_2 + 2H_2 \uparrow$

23 다음은 위험물의 성질에 대한 설명이다. 각 위험물에 대해 옳은 설명으로만 나열된 것은?

> A. 건조공기와 상온에서 반응한다.
> B. 물과 작용하면 가연성가스를 발생한다.
> C. 물과 작용하면 수산화칼슘을 만든다.
> D. 비중이 1 이상이다.

① K : A, B, D ② Ca_3P_2 : B, C, D

③ Na : A, C, D ④ CaC_2 : A, B, D

> **해설**

인화칼슘(Ca_3P_2)은 물 및 약산과 격렬히 분해 반응하여 맹독성이자 가연성인 인화수소(PH_3)가스를 발생한다. (비중 2.51)

$Ca_3P_2 + 6H_2O \rightarrow 3Ca(OH)_2 + 2PH_3 \uparrow$
$Ca_3P_2 + 6HCl \rightarrow 3CaCl_2 + 2PH_3 \uparrow$

24 위험물의 품명과 지정수량이 잘못 짝지어진 것은?

① 황화린 – 100kg
② 마그네슘 – 500kg
③ 알킬알루미늄 – 10kg
④ 황린 – 50kg

> **해설**

황린(P_4) – 20kg

 정답 19 ③ 20 ① 21 ③ 22 ③ 23 ② 24 ④

Chapter 5 제4류 위험물(인화성 액체)

1 제4류 위험물의 종류 및 지정수량

성질	위험등급	품명		지정수량	지정품목	기타 조건(1기압에서)
인화성 액체	I	특수인화물		50l	• 이황화탄소 • 디에틸에테르	• 발화점 100℃ 이하 • 인화점 -20℃ 이하로서 비점 40℃ 이하
	II	제1석유류	비수용성	200l	• 아세톤 • 휘발유	인화점 21℃ 미만
			수용성	400l		
		알코올류		400l	• 탄소의 원자수가 C_1~C_3까지인 포화1가 알코올(변성알코올 포함) • 메틸알코올(CH_3OH), 에틸알코올(C_2H_5OH), 프로필알코올[C_3H_7OH]	
	III	제2석유류	비수용성	1,000l	• 등유 • 경유	인화점 21℃ 이상 70℃ 미만
			수용성	2,000l		
		제3석유류	비수용성	2,000l	• 중유 • 클레오소트유	인화점 70℃ 이상 200℃ 미만
			수용성	4,000l		
		제4석유류		6,000l	• 기어유 • 실린더유	인화점 200℃ 이상 250℃ 미만
		동식물유류		10,000l	동물의 지육 또는 식물의 종자나 과육으로부터 추출한 것으로 1기압에서 인화점이 250℃ 미만인 것	

2 제4류 위험물의 개요

(1) 공통 성질★★★★

① 대부분 액체로서 물보다 가볍고 물에 녹지 않는 것이 많다.

② 증기의 비중에 공기보다 무거워 낮은 곳에 체류하기 쉬우므로 인화의 위험이 있다(단, HCN 제외).

③ 상온에서 대단히 인화하기 쉬운 인화성 액체로서 착화온도(발화온도)가 낮은 것은 위험하다.

④ 연소범위의 하한값이 낮아 증기와 공기가 조금만 혼합하여도 연소폭발의 위험이 있다.

⑤ 전기의 부도체로서 정전기의 축척으로 인화의 위험이 있다.

• 인화점 : 가연성 증기를 발생할 수 있는 최저온도
• 착화온도(착화점, 발화온도, 발화점) : 가연성 물질에 점화원 없이 가열함으로서 착화되는 최저온도
• 연소범위(폭발범위) : 공기중에서 연소가 일어나는 가연성 가스의 농도(Vol%) 범위

(2) 저장 및 취급시 유의사항★★★

① 인화점 이하로 유지하고 화기 및 점화원인의 접근은 절대 금한다.

② 용기는 증기 및 액체의 누설을 방지하고 밀봉, 밀전하여 통풍이 잘되고 차고 건조한 냉암소에 저장할 것

③ 액체의 이송 및 혼합시 정전기 방지 위해 접지를 하고 증기는 높은 곳에 배출시킨다.

(3) 소화 방법★★★

① 제4류 위험물은 물보다 비중이 작고 물에 녹지 않아 물 위에 부상하여 연소면을 확대하므로 봉상의 주수소화는 절대금한다(단, 수용성은 제외).

② CO_2, 할로겐화물, 분말, 물분무, 포 등으로 질식소화한다.

③ 수용성 위험물은 알코올포 및 다량의 물로 희석시켜 가연성 증기의 발생을 억제시켜 소화한다. (일반 포약제 사용시 소포성 때문에 효과없음)

 인화성 액체의 인화점 시험방법
• 태그 밀폐식 인화점 측정기 : 인화점이 0℃ 미만인 경우에 측정한다.
• 신속평형법 인화점 측정기 : 인화점이 0℃ 이상 80℃ 이하인 경우에 측정한다.
• 클리브랜드 개방컵 인화점 측정기 : 인화점이 80℃를 초과하는 경우에 측정한다.

3 제4류 위험물의 종류 및 일반 성상

1. 특수인화물류 [지정수량 : 50L]

• 지정품목 : 이황화탄소, 디에틸에테르
• 지정성상

┌ 1기압(760mmHg)에서 액체로 되는 것으로서 발화점이 100℃ 이하인 것
└ 1기압(760mmHg)에서 액체로 되는 것으로서 인화점이 −20℃ 이하로서 비점이 40℃ 이하인 것

(1) 디에틸에테르($C_2H_5OC_2H_5$)★★★★

비중	0.72	비점	34.6(℃)	인화점	−45(℃)
연소범위	1.9~48(%)			발화점	180(℃)

① 휘발성이 강한 무색 투명한 액체이다.

② 물에 약간 녹고 알코올에 잘 녹으며 증기는 마취성 있어 마취제에 사용한다.

③ 공기와 장기간 접촉시 산화되어 과산화물이 생성될 수 있으므로 갈색병에 밀봉밀전하여 보관한다.

> **참고** 디에틸에테르
> - 과산화물 검출시약 : 옥화칼륨(KI) 10% 수용액(황색 변화)
> - 과산화물 제거시약 : 30%의 황산제일철수용액 또는 5g의 환원철
> - 제법 : 에틸알코올에 진한황산을 넣고 탈수시켜 130~140℃에서 축합반응에 의하여 생성된다.
>
> $$2C_2H_5OH \xrightarrow[\text{탈수}]{c-H_2SO_4} C_2H_5OC_2H_5 + H_2O$$
> (에틸알코올)　　　　　　(디에틸에테르)　(물)

④ 연소시 이산화탄소와 물을 생성한다.

$$C_2H_5OC_2H_5 + 6O_2 \longrightarrow 4CO_2 + 5H_2O$$
(디에틸에테르)　　(산소)　　　(이산화탄소)　　(물)

> **참고** 유기화합물(탄소화합물)의 연소반응식★★★★
>
> $$\begin{bmatrix} C \cdot H \cdot O \\ C \cdot H \end{bmatrix} + O_2 \longrightarrow CO_2 + H_2O$$
> (유기화합물)　　(산소)　(이산화탄소)　(물)

⑤ 대량 저장시 불활성가스를 봉입하고 정전기를 방지하기 위해 소량의 염화칼슘($CaCl_2$)을 넣어 둔다.

⑥ 소화 방법 : 이산화탄소, 할로겐화합물, 분말, 포말소화약제에 의한 질식소화

(2) 이황화탄소(CS_2)★★★★ [비수용성 액체]

별명	이유화 탄소	분자량	76	비점	46.25(℃)
연소범위	1.2~44(%)	비중	1.26	인화점	−30(℃)
		증기비중	2.64	발화점	100(℃)

① 무색 또는 황색을 띠며 독성이 강한 휘발성 액체이다.

② 물보다 무겁고, 물에 녹지 않으나, 알코올, 벤젠, 에테르 등의 유기용제에 잘 녹는다.

③ 연소시 이산화탄소와 유독한 아황산가스를 발생한다.

$$CS_2 + 3O_2 \longrightarrow CO_2 + 2SO_2\uparrow \text{ [이산화황=아황산가스]}$$
(이황화탄소) (산소) (이산화탄소) (이산화황)

④ 물과 150℃ 이상의 고온으로 가열하면 분해하여 이산화탄소와 유독한 황화수소를 발생한다.

$$CS_2 + 2H_2O \longrightarrow CO_2 + 2H_2S\uparrow \text{ [이산화탄소=탄산가스]}$$
(이황화탄소) (물) (이산화탄소) (황화수소)

⑤ 물보다 무겁고(비중 1.26) 물에 녹지 않으므로 용기나 탱크에 저장시 물속에 보관하여 가연성 증기의 발생을 억제시킨다.★★★

⑥ 소화 방법 : 이산화탄소, 할론, 분말소화약제로 질식소화 또는 물로 질식소화

(3) 아세트알데히드(CH_3CHO)★★★★ [수용성 액체]

비중	0.78	비점	21(℃)	인화점	−39(℃)
연소범위	4.1~57(%)			발화점	185(℃)

① 자극성 냄새를 가진 무색 액체로서 물, 에탄올, 에테르에 잘 녹는다.

② 반응성이 풍부하여 산화 또는 환원된다(산화되면 초산, 환원되면 에틸알코올).

$$2CH_3CHO + O_2 \longrightarrow 2CH_3COOH \text{ [산화]}$$
(아세트알데히드) (산소) (초산)

$$CH_3CHO + H_2 \longrightarrow C_2H_5OH \text{ [환원]}$$
(아세트알데히드) (수소) (에틸알코올)

참고 **산화와 환원**
- 산화 : 산소(얻음), 수소(잃음)
- 환원 : 산소(잃음), 수소(얻음)

$$C_2H_5OH \underset{\text{환원(+2H)}}{\overset{\text{산화(-2H)}}{\rightleftharpoons}} CH_3CHO \overset{\text{산화(+O)}}{\longrightarrow} CH_3COOH$$
(에틸알코올) (아세트알데히드) (초산)

[CH₃CHO 구조식]

③ 환원성 물질로 은거울반응, 펠링반응 및 요오드포름(CHI_3) 반응을 한다.

④ 연소시 이산화탄소와 물을 생성한다.

$$2CH_3CHO + 5O_2 \longrightarrow 4CO_2 + 4H_2O$$
(아세트알데히드) (산소) (이산화탄소) (물)

⑤ Cu, Mg, Ag, Hg 및 그 합금 등과 접촉시 중합반응을 하여 폭발성 물질인 금속아세틸라이드를 생성하므로 저장용기나 취급하는 설비는 사용을 하지 말아야 한다.★★

⑥ 산과 접촉시 중합반응하여 발열하고 공기와 접촉시 폭발성의 과산화물을 생성한다.★★

⑦ 저장탱크에 저장시 불활성가스(N₂, Ar 등) 또는 수증기를 봉입하고 냉각장치를 사용하여 저장온도를 비점(21℃) 이하로 유지시켜야 한다. 보냉장치가 없는 이동저장탱크에 저장시 40℃ 이하로 유지하여야 한다.★★★

⑧ 소화 방법 : 알코올용포, 다량의 물 분무, 이산화탄소, 분말소화 등에 의한 질식소화

참고 수용성 위험물 화재시
- 반드시 알코올용포를 사용한다.
- 일반용포소화약제 사용시 포가 소멸되는 소포성 때문에 효과가 없다.

(4) 산화프로필렌(CH_3CHCH_2O)★★★ [수용성 액체]

별명	프로필렌옥사이드	비중	0.83	인화점	−37(℃)
연소범위	2.5~38.5(%)	비점	34(℃)	발화점	465(℃)

① 무색 투명하고 에테르향의 냄새를 가진 휘발성이 강한 자극성 액체로서 증기는 인체에 해롭다.

② 피부 접촉시 화상을 입으며 다량의 증기 흡입시 폐부종을 일으킨다.

③ 연소시 이산화탄소와 물을 생성한다.

$$CH_3CHCH_2O \ + \ 4O_2 \ \longrightarrow \ 3CO_2 \ + \ 3H_2O$$
(산화프로필렌)　　(산소)　　(이산화탄소)　　(물)

④ Cu, Mg, Ag, Hg 및 그 합금 등과 반응하여 폭발성 물질인 금속 아세틸라이드를 생성하므로 용기나 취급 설비는 사용을 하지 말아야 한다.★★★

⑤ 증기압이 매우 높으므로(20℃에서 45.5mmHg) 상온에서 쉽게 연소범위에 도달한다.

⑥ 소화 방법 : 아세트알데히드에 준한다.

(5) 기타

① 이소프렌 : 인화점 −54℃, 발화점 220℃, 연소범위 2~9%, 비점 34℃

② 이소펜탄 : 인화점 −51℃

③ 펜탄 : 인화점 −57℃

2. 제1석유류 [지정수량 : 비수용성 200L, 수용성 400L]

- 지정품목 : 아세톤, 가솔린(휘발유)
- 지정성상 : 1기압, 20℃에서 액체로서 인화점이 21℃ 미만인 것

비수용성 액체

(1) 가솔린(휘발유)★★★★

비중	0.65~0.80	증기비중	3~4	인화점	−43~−20(℃)
연소범위	1.4~7.6(%)			발화점	300(℃)

① 무색 투명하고 휘발성이 강한 인화성 액체로서 주성분은 C_5~C_9의 탄화수소 혼합물로 주로 옥탄(C_8H_{18})을 말한다.

② 가솔린 제법 : 직류법(분류법), 열분해법(크래킹), 접촉개질법(리포밍)이 있다.

 참고

- 가솔린 착색 : 공업용 – 무색, 자동차용 – 오렌지색, 항공기용 – 청색
- 옥탄가 $= \dfrac{\text{이소옥탄(vol\%)}}{\text{이소옥탄(vol\%)} + \text{노르말헵탄(vol\%)}} \times 100$

  ※ 옥탄가란, 이소옥탄을 100, 노르말헵탄을 0으로 하여 가솔린의 성능을 측정하는 기준값

③ 소화 방법 : 포말(대량일 때), 이산화탄소, 할로겐화합물, 분말 등에 의한 질식소화

(2) 벤젠(C_6H_6)★★★★

구조식		비중	0.9	비점	80(℃)
		연소범위	1.4~7.1(%)	인화점	−11(℃)
		융점	5.5(℃)	발화점	562(℃)

① 무색 투명한 방향성의 독특한 냄새를 가진 휘발성이 강한 액체로서 독성이 강하다.

② 연소시 이산화탄소와 물이 생성되며 이때 다량의 그을음이 발생한다(탄소함유량이 많기 때문에 그을음이 발생함).

$$C_6H_6 \ + \ 7.5O_2 \longrightarrow \ 6CO_2 \ + \ 3H_2O$$
(벤젠)　　　(산소)　　　　(이산화탄소)　　(물)

③ 제조법 : 3분자의 아세틸렌(C_2H_2)을 철(Fe) 촉매하에 중합반응시켜 제조한다.

$$3C_2H_2 \ \xrightarrow[\text{고온}]{Fe} \ C_6H_6$$
(아세틸렌)　　　　(벤젠)

④ 벤젠은 부가(첨가)반응보다 치환반응을 더 잘한다.

⑤ 소화 방법 : 가솔린에 준한다.

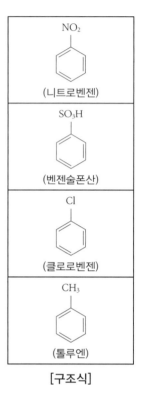

> **참고** 벤젠의 치환반응과 부가반응
>
> ❶ 치환반응($-NO_2$, $-HSO_3$, $-Cl$, $-CH_3$)
>
> - 니트로화반응($-NO_2$) : 니트로벤젠 생성
>
> $$C_6H_6 + HNO_3 \xrightarrow[\text{탈수}]{c-H_2SO_4(\text{황산})} C_6H_5NO_2 + H_2O$$
> (벤젠)　(질산)　　　　　　　　(니트로벤젠)　(물)
>
> - 술폰화반응($-HSO_3$) : 벤젠술폰산 생성
>
> $$C_6H_6 + H_2SO_4 \xrightarrow[\text{탈수}]{c-H_2SO_4(\text{황산})} C_6H_5SO_3H + H_2O$$
> (벤젠)　(황산)　　　　　　　　(벤젠술폰산)　(물)
>
> - 클로로화반응($-Cl$) : 클로로벤젠 생성
>
> $$C_6H_6 + Cl_2 \longrightarrow C_6H_5Cl + HCl$$
> (벤젠)　(염소)　　(클로로벤젠)　(염화수소)
>
> - 프리델-크라프츠반응($-CH_3$) : 톨루엔 생성
>
> $$C_6H_6 + CH_3Cl \xrightarrow{AlCl_3(\text{염화알루미늄})} C_6H_5CH_3 + HCl$$
> (벤젠)　(염화메틸)　　　　　　(톨루엔)　(염화수소)
>
> ❷ 부가(첨가)반응
>
> - 시클로헥산 제조법
>
> $$C_6H_6 + 3H_2 \xrightarrow{Ni(\text{니켈})} C_6H_{12}$$
> (벤젠)　(수소)　　　(시클로헥산)
>
> - 벤젠헥사클로라이드(BHC) 제조법
>
> $$C_6H_6 + 3Cl_2 \xrightarrow[\text{자외선}]{\text{햇빛}} C_6H_6Cl_6$$
> (벤젠)　(염소)　　(벤젠헥사클로라이드)
>
> [구조식]

(3) 톨루엔($C_6H_5CH_3$)★★★

별명	메틸벤젠	비중	0.871	융점	$-95(℃)$
구조식	(구조식)	비점	111(℃)	인화점	4(℃)
		연소범위	1.4~6.7(%)	발화점	552(℃)

① 무색 투명한 액체로서 특유한 냄새가 나며 증기는 마취성, 독성이 있다.(독성은 벤젠의 $\frac{1}{10}$ 정도)

② 연소시 이산화탄소와 물을 생성한다.

$$C_6H_5CH_3 + 9O_2 \longrightarrow 7CO_2 + 4H_2O$$
(톨루엔)　(산소)　　(이산화탄소)　(물)

③ 트리니트로톨루엔(TNT) 폭약의 주원료로 사용한다.(니트로화 반응)★★★

④ 소화 방법 : 벤젠에 준한다.

(4) 콜로디온

① 무색의 점성이 있는 액체로 인화점은 −18℃이다.

② 약질화면에 에탄올과 디에틸에테르를 3:1의 부피의 비율로 혼합한 것이다.

(5) 메틸에틸케톤(MEK, $CH_3COC_2H_5$)

분자량	72	비중	0.81	인화점	−1(℃)
연소범위	1.81~10.0(%)	비점	80(℃)	발화점	516(℃)

① 아세톤과 비슷한 냄새가 나는 무색 휘발성 액체이다.

② 피부 접촉시 탈지 작용을 일으킨다.

③ 소화 방법 : 벤젠에 준한다.

(6) 초산메틸(CH_3COOCH_3, 아세트산메틸)

분자량	74	비중	0.93	융점	−98(℃)
연소범위	3.1~16.0(%)	비점	60(℃)	인화점	−10(℃)
				발화점	454(℃)

① 휘발성, 마취성이 있는 무색액체로서 향긋한 냄새가 나고, 독성이 있다.

② 진한황산(탈수) 촉매하에 초산과 메틸알코올을 반응시켜 초산메틸과 물을 생성한다.

$$CH_3COOH \ + \ CH_3OH \xrightarrow[\text{탈수(축합)}]{\text{c}-H_2SO_4(\text{황산})} CH_3COOCH_3 \ + \ H_2O$$
$$\text{(초산)} \qquad \text{(메틸알코올)} \qquad\qquad\quad \text{(초산메틸)} \qquad \text{(물)}$$

참고 축합반응과 가수분해반응

- 축합반응 : 진한황산을 촉매로 사용하여 물을 탈수시키는 반응
- 가수분해반응 : 초산메틸 제조반응식에서 역반응(←)으로 초산메틸과 물이 분해반응하여 초산과 메틸알코올로 만들어지는 반응이다.

$$CH_3COOCH_3 \ + \ H_2O \longrightarrow CH_3COOH \ + \ CH_3OH$$
$$\text{(초산메틸)} \qquad \text{(물)} \qquad\qquad \text{(초산)} \qquad \text{(메틸알코올)}$$

③ 소화 방법 : 물분무, 알코올포, CO_2, 분말 등으로 질식소화

(7) 초산에틸($CH_3COOC_2H_5$, 아세트산에틸)

비중	0.9	비점	77(℃)	인화점	−4(℃)
연소범위	2.5~9.0(%)			발화점	427(℃)

① 무색 투명한 액체로서 물에는 약간 녹으며 과일향과 맛을 내는 에센스에 사용한다.

② 진한황산(탈수) 촉매하에 초산에 에틸알코올을 반응시켜 만든 초산에틸과 물을 생성한다.(가수분해 반응도 함)

$$CH_3COOH + C_2H_5OH \xrightarrow[\text{탈수(축합)}]{c-H_2SO_4} CH_3COOC_2H_5 + H_2O$$
$$\text{(초산)} \qquad \text{(에틸알코올)} \qquad \text{(초산에틸)} \qquad \text{(물)}$$

③ 소화 방법 : 물분무, 알코올포, CO_2, 분말 등으로 질식소화한다.

(8) 의산에틸($HCOOC_2H_5$, 개미산에틸)

비중	0.92	비점	54(℃)	인화점	−20(℃)
연소범위	2.7~13.5(%)	융점	−81(℃)	발화점	578(℃)

① 무색 투명한 액체로서 독성은 없다.

② 물과 가수분해 반응시 개미산과 에틸알코올이 된다.

$$HCOOC_2H_5 + H_2O \longrightarrow HCOOH + C_2H_5OH$$
$$\text{(의산에틸)} \qquad \text{(물)} \qquad \text{(의산)} \qquad \text{(에틸알코올)}$$

③ 소화 방법 : 초산에틸에 준한다.

수용성 액체

(9) 아세톤(CH_3COCH_3, 디메틸케톤)★★★

분자량	58	비중	0.79	인화점	−18(℃)
연소범위	2.6~12.8(%)	비점	56.6(℃)	발화점	538(℃)

① 무색 독특한 냄새가 나는 액체로서 물에 잘 녹는다.

② 피부 접촉시 탈지작용을 한다.

③ 연소시 이산화탄소와 물을 생성한다.

$$CH_3COCH_3 + 4O_2 \longrightarrow 3CO_2 + 3H_2O$$
$$\text{(아세톤)} \qquad \text{(산소)} \qquad \text{(이산화탄소)} \qquad \text{(물)}$$

④ 제2차 알코올(이소프로필알코올)을 산화시키면 케톤(아세톤)이 생성된다.

$$(CH_3)_3CHOH \xrightarrow{\text{산화}(-2H)} CH_3COCH_3 \text{ [아세톤 생성과정]}$$
$$\text{(이소프로필알코올)} \qquad \text{(아세톤)}$$

$$(CH_3)_3CHOH + 0.5O_2 \longrightarrow CH_3COCH_3 + H_2O \text{ [아세톤 제조법]}$$
$$\text{(이소프로필알코올)} \qquad \text{(산소)} \qquad \text{(아세톤)} \qquad \text{(물)}$$

⑤ 요오드포름 반응을 하며 아세틸렌 저장시 용제로 사용한다.

⑥ 소화 방법 : 수용성이기 때문에 다량의 주수로 희석소화하거나 알코올형포, 물분무, CO_2, 분말에 의한 질식소화한다.

(10) 피리딘(C_5H_5N)★★

분자량	79	비중	0.98	인화점	20(℃)
연소범위	1.8~12.4(%)	비점	115(℃)	발화점	482(℃)

① 순수한 것은 무색 또는 황색을 띠는 액체로 물에 잘 녹는다.
② 약알칼리성을 나타내며 강한 악취와 독성 및 흡습성이 있다.★★
③ 소화 방법 : 분무주수, CO_2, 알코올포, 분말 등으로 질식소화한다.

(11) 의산메틸(HCOOCH₃, 개미산메틸)

비중	0.98	비점	32(℃)	인화점	−19(℃)
연소범위	5~20(%)			발화점	449(℃)

① 달콤한 향기를 가진 무색의 액체로서 물, 유기용제 등에 잘 녹는다.
② 증기는 마취성이 있고 독성이 강하다.
③ 물과 가수분해 반응시 포름산과 메틸알코올을 생성한다.

$$HCOOCH_3 + H_2O \longrightarrow CH_3OH + HCOOH$$
(의산메틸)　　(물)　　(메틸알코올)　　(의산)

④ 소화 방법 : 초산에틸에 준한다.

(12) 시안화수소(HCN, 청산)

분자량	27	액비중	0.69	인화점	−18(℃)
연소범위	5.6~40.5(%)	증기비중	0.93	착화점	538(℃)
		비점	26(℃)		

① 특유한 냄새가 나는 무색 액체로서 물, 알코올에 잘 녹으며 수용액은 약산성이다.
② 맹독성 물질이며 공기보다 가볍다(증기비중 0.93).
③ 소화 방법 : 알코올포, 이산화탄소, 분말 등으로 질식소화한다.

3. 알코올류(R−OH) [지정수량 : 400L], 수용성 액체

- '알코올류'라 함은 1분자를 구성하는 탄소수가 1~3개인 포화 1가 알코올(변성알코올을 포함)을 말한다. 다만, 다음에 해당하는 것은 제외한다.
- 1분자를 구성하는 탄소수가 1~3개인 포화 1가 알코올의 함유량이 60중량% 미만인 수용액
- 가연성 액체량이 60중량% 미만이고 인화점 및 연소점이 에틸알코올 60중량% 수용액의 인화점 및 연소점을 초과하는 것

(1) 메틸알코올(CH_3OH)★★★★

별명	메탄올, 목정	비중	0.79	인화점	11(℃)
구조식	H | H—C—O—H | H	비점	64(℃)	발화점	464(℃)
		연소범위	7.3~36(%)		

① 무색 투명한 액체로서 알코올류 중 물에 가장 잘 녹는다.

② 독성이 강하여, 먹으면 실명 또는 사망한다.

③ 연소시 이산화탄소와 물을 생성한다.

$$2CH_3OH + 3O_2 \longrightarrow 2CO_2 + 4H_2O$$
　　(메틸알코올)　　(산소)　　(이산화탄소)　　(물)

④ 메틸알코올을 산화하면 포름알데히드를 거쳐 의산(포름산)이 된다.

$$CH_3OH \underset{\text{환원}(+2H)}{\overset{\text{산화}(-2H)}{\rightleftarrows}} HCHO \underset{\text{환원}(-O)}{\overset{\text{산화}(+O)}{\rightleftarrows}} HCOOH$$
(메틸알코올)　　　　　　　(포름알데히드)　　　　　　　(의산)

⑤ 소화 방법 : 알코올 포, 이산화탄소, 분말, 할로겐소화제 등으로 질식소화

(2) 에틸알코올(C_2H_5OH)★★★★

별명	에탄올, 주정	비중	0.79	인화점	13(℃)
구조식	H H | | H—C—C—O—H | | H H	비점	78.3(℃)	발화점	423(℃)
		연소범위	4.3~19(%)		

① 무색 투명한 향이 있는 액체로서 독성은 없다.

② 물에 잘 녹으며 술의 원료에 사용된다.

③ 연소시 이산화탄소와 물을 생성한다.

$$C_2H_5OH + 3O_2 \longrightarrow 2CO_2 + 3H_2O$$
　　(에틸알코올)　　(산소)　　(이산화탄소)　　(물)

④ 에틸알코올을 산화하면 아세트 알데히드를 거쳐 아세트산(초산)이 된다.

$$C_2H_5OH \underset{\text{환원}(+2H)}{\overset{\text{산화}(-2H)}{\rightleftarrows}} CH_3CHO \underset{\text{환원}(\times)}{\overset{\text{산화}(+O)}{\rightleftarrows}} CH_3COOH$$
(에틸알코올)　　　　　　　(아세트알데히드)　　　　　　　(아세트산)

⑤ 요오드포름(CHI_3 ↓ : 황색침전) 반응을 한다(에틸알코올 검출에 사용함).

$$C_2H_5OH + 6KOH + 4I_2 \longrightarrow CHI_3\downarrow + 5KI + HCOOK + 5H_2O$$
(에틸알코올)　(수산화칼륨) (요오드)　(요오드포름) (요오드화칼륨) (의산칼륨)　　(물)

참고

요오드포름 반응하는 물질
- 에틸알코올(C_2H_5OH)
- 아세톤(CH_3COCH_3)
- 아세트알데히드(CH_3CHO)
- 이소프로필알코올[$(CH_3)_2CHOH$]

⑥ 130℃에서 진한 황산과의 반응하면 디에틸에테르를 생성한다.

$$2C_2H_5OH \xrightarrow[\text{탈수, 축합}]{\text{c-}H_2SO_4} C_2H_5OC_2H_5 + H_2O$$

(에틸알코올)　　　　　　　　　(디에틸에테르)　　　(물)

⑦ 160℃에서 진한 황산과 반응하면 에틸렌을 생성한다.

$$C_2H_5OH \xrightarrow[\text{160℃ 탈수}]{\text{c-}H_2SO_4} C_2H_4 + H_2O$$

(에틸알코올)　　　　　　　　(에틸렌)　　(물)

⑧ 소화 방법 : 메틸알코올에 준한다.

(3) 기타 : 프로필알코올[C_3H_7OH, 프로판올], 이소프로필알코올[$(CH_3)_2CHOH$, 이소프로판올]

4. 제2석유류 [지정수량 : 비수용성 1000L, 수용성 2000L]

- 지정품목 : 등유, 경유
- 지정성상 : 1기압에서 인화점이 21℃ 이상 70℃ 미만인 것. 단, 도료류 그 밖의 물품에 있어서 가연성 액체량이 40중량% 이하이면서 인화점이 40℃ 이상인 동시에 연소점이 60℃ 이상인 것은 제외한다.

비수용성 액체

(1) 등유(케로신)★★

비중	0.79~0.85	연소범위	1.1~6.0(%)	인화점	30~60(℃)
증기비중	4~5			발화점	254(℃)

① 무색 또는 담황색 액체로서 물에 녹지 않는다.
② 탄소수가 $C_{10} \sim C_{16}$이 되는 탄화수소의 혼합물이다.
③ 소화 방법 : 포, 분말, CO_2, 할론소화제 등에 의한 질식소화

(2) 경유(디젤유)

비중	0.83~0.88	연소범위	1~6(%)	인화점	50~70(℃)
증기비중	4~5			발화점	257(℃)

① 담황색 또는 담갈색의 액체로서 물에 녹지 않는다.
② 탄소수가 $C_{15} \sim C_{20}$이 되는 탄화수소의 혼합물이다.
③ 소화 방법 : 등유에 준한다.

(3) 크실렌($C_6H_4(CH_3)_2$, 자이렌)

① 벤젠(⬡)의 수소 원자 2개가 메틸기($-CH_3$) 2개와 치환된 것으로 3가지의 이성질체가 있다.

명칭	오르토-크실렌	메타-크실렌	파라-크실렌
인화점	32℃	25℃	25℃
비중	0.88	0.86	0.86
구조식	 (o-크실렌)	 (m-크실렌)	 (p-크실렌)

※ 이성질체 : 분자식은 같고, 구조식이나 성질이 서로 다른 물질

② 소화 방법 : 등유에 준한다.

(4) 클로로벤젠(C_6H_5Cl)

구조식		비중	1.1	인화점	32(℃)
		비점	132(℃)	발화점	638(℃)

① 석유와 비슷한 냄새를 가진 무색 액체이다.

② 물보다 무겁고 물에 녹지 않는다.

③ 연소시 이산화탄소와 물 그리고 염화수소를 생성한다.

$$C_6H_5Cl \ + \ 7O_2 \ \longrightarrow \ 6CO_2 \ + \ 2H_2O \ + \ HCl$$
(클로로벤젠)　(산소)　　(이산화탄소)　(물)　(염화수소)

④ 소화 방법 : 등유에 준한다.

(5) 기타

구분	스티렌 [$C_6H_5CH_2CH$]	테레핀유(송정유) [$C_{10}H_{16}$]	부틸알코올 [C_4H_9OH]	큐멘 [$(CH_3)_2CHC_6H_5$]
인화점	32℃	35℃	35℃	36℃

수용성 액체

(6) 의산(HCOOH)

별명	개미산, 포름산	비중	1.2	인화점	69(℃)
연소범위	18~57(%)	비점	101(℃)	발화점	601(℃)

① 무색, 투명하고 자극성 액체로서 피부 접촉시 수포상의 화상을 입는다.

② 물에 잘 녹고 물보다 무겁고 초산보다 산성이 강하다.

③ 강한 환원성이 있어 은거울 반응 및 펠링반응을 한다.

④ 진한 황산을 가하여 탈수하면 일산화탄소와 물을 생성한다.

$$\text{HCOOH} \xrightarrow[\text{탈수}]{\text{c-H}_2\text{SO}_4} \text{H}_2\text{O} + \text{CO} \uparrow$$
(의산)   (물)   (일산화탄소)

⑤ 소화 방법 : 알코올 포, CO_2, 물분무, 또는 다량의 물로 희석소화

(7) 초산(CH_3COOH)★★

별명	아세트산, 빙초산	비점	118.3(℃)	인화점	40(℃)
비중	1.05	융점	16.7(℃)	발화점	427(℃)

① 강한 신맛이 나는 무색 투명한 액체로서 물에 잘 녹고 물보다 무겁다.

② 피부와 접촉시 화상을 입으며, 3~5% 수용액을 식초라고 한다.

③ 연소시 이산화탄소와 물을 생성한다.

$$\text{CH}_3\text{COOH} + 2\text{O}_2 \longrightarrow 2\text{CO}_2 \uparrow + 2\text{H}_2\text{O} \uparrow$$
(초산)   (산소)   (이산화탄소)   (물)

④ 소화 방법 : 의산에 준한다.

(8) 히드라진(N_2H_4)

분자량	32	비중	1	인화점	38(℃)
연소범위	4.7~100%	비점	113.5(℃)	발화점	270(℃)

① 무색의 맹독성 액체로서 물, 알코올에는 잘 녹고 로켓항공기 원료에 사용된다.

② 히드라진과 제6류 위험물인 과산화수소가 혼촉시 발화폭발 위험이 있다.

$$\text{N}_2\text{H}_4 + 2\text{H}_2\text{O}_2 \longrightarrow 4\text{H}_2\text{O} + \text{N}_2$$
(히드라진) (과산화수소)   (물)   (질소)

③ 소화 방법 : 의산에 준한다.

(9) 아크릴산($CH_2=CHCOOH$)

비중	1.05	인화점	51(℃)	발화점	438(℃)

① 무색 초산과 같은 냄새가 나는 부식성 액체로서 물에 잘 녹고 물보다 무겁다.

② 소화 방법 : 의산에 준한다.

5. 제3석유류 [지정수량 : 비수용성 2000L, 수용성 4000L]

- 지정품목 : 중유, 클레오소트유
- 지정성상 : 1기압에서 인화점이 70℃ 이상 200℃ 미만인 것. 단, 도료류 그 밖의 물품은 가연성 액체량이 40중량(%) 이하인 것은 제외한다.

비수용성 액체

(1) 중유

① 인화점 70~150℃, 비중 0.9로 물보다 가볍고, 갈색 또는 암갈색의 액체로서 원유의 성분 중 비점이 300~350℃ 이상에서 분류하여 **직류중유**와 **분해중유**로 나눈다.

② 점도의 차이에 따라 **A중유, B중유, C중유** 등의 3등급으로 구분한다.

③ 소화 방법 : 마른모래, 물분무, CO_2, 포, 할론, 분말 등으로 피복에 의한 질식소화

(2) 클레오소트유(타르유)

비중	1.02~1.05	인화점	74(℃)	발화점	336(℃)

① 암갈색의 기름 모양의 액체로 증기는 유독하다.

② 물보다 무겁고 물에 녹지 않으며 유기용제에 잘 녹는다.

③ 소화 방법 : 중유에 준한다.

(3) 아닐린($C_6H_5NH_2$)★★★

구조식		비중	1.02	인화점	75(℃)
		비점	184(℃)	발화점	538(℃)

① 무색 또는 담황색 액체로서 **물보다 무겁고 독성이 강하다.**

② 알칼리 금속과 반응하여 수소와 아닐리드를 생성한다.

③ **니트로벤젠을 환원시켜 아닐린을 얻고, 아닐린을 산화시키면 니트로벤젠을 얻는다.**

④ 소화 방법 : 물분무, CO_2, 분말, 알코올포 등으로 질식소화

(4) 니트로벤젠($C_6H_5NO_2$)★★

구조식		비중	1.20	인화점	88(℃)
		비점	211(℃)	발화점	482(℃)

① 갈색 액체로서 물보다 무겁고 물에 녹지 않는다.

② **아닐린을 산화시켜 니트로벤젠을 만든다.**

③ 벤젠에 진한 황산과 질산을 반응시키면 **니트로화** 반응으로 생성된다.

④ 소화 방법 : 아닐린에 준한다.

(5) 염화벤조일(C_6H_5COCl)

비중	1.21	인화점	72(℃)	발화점	197(℃)

① 무색 액체로서 물보다 무겁고 에테르에 녹는다.

② 소화방법 : 아닐린에 준한다.

수용성 액체

(6) 에틸렌글리콜[$C_2H_4(OH)_2$]

구조식	H | H — C — OH | H — C — OH | H	비중	1.1	인화점	111(℃)
		비점	197(℃)	발화점	413(℃)

① 무색의 단맛이 있는 액체로서 물보다 무겁고 물에 잘 녹으며 독성이 있다.

② 화학식에서 [−OH]를 2개 가지고 있는 2가 알코올로서 차부동액의 원료에 사용된다.

③ 소화 방법 : 물분무, CO_2, 분말, 알코올포 등으로 질식소화하며, 물로 냉각소화도 가능

(7) 글리세린[$C_3H_5(OH)_3$, 글리세롤]★★

구조식	H H H | | | H — C — C — C — H | | | OH OH OH	비중	1.26	인화점	160(℃)
		비점	290℃	발화점	393(℃)

① 무색의 단맛이 있는 액체로서 물보다 무겁고 독성은 없다.

② 화학식에서 [−OH]를 3개 가지고 있는 3가 알코올로서 화장품 및 화약원료에 사용된다.

③ 소화 방법 : 에틸렌글리콜에 준한다.

6. 제4석유류 [지정수량 : 6,000L]

- 지정품목 : 기어유, 실린더유
- 지정성상 : 1기압에서 인화점이 200℃ 이상 250℃ 미만인 것. 단, 도료류 그 밖의 물품은 가연성 액체량이 40중량(%) 이하인 것은 제외한다.

(1) 윤활유 : 기계의 마찰을 적게 하기 위해 사용되는 물질이다.

① 종류 : 기어유, 실린더유, 터빈유 등

② 인화점 230℃ 정도, 비중 0.9로 물보다 가볍다.

③ 소화 방법 : 분말, 할로겐화합물, CO_2, 포소화약제(대형화재시) 등으로 질식소화

(2) **가소제** : 강도가 강한 물질을 부드럽게 조절해주는 물질이다.

　① 종류 : 프탈산디옥틸(DOP), 프탈산디이소데실(DIDP) 등

　② 인화점 220℃ 정도, 비중 0.96으로 종류에 따라 약간 차이가 있다.

　③ 소화 방법 : CO_2 소화, 분말 소화(이때 유독가스에 주의)

(3) **기타** : 전기절연유, 절삭유, 방청유 등이 있다.

7. 동식물유류 [지정수량 : 10,000L]★★★

　• 지정성상 : 동물의 지육 등 또는 식물의 종자나 과육으로부터 추출한 것으로 1기압에서 인화점이 250℃ 미만인 것(단, 행정안전부령이 정하는 용기기준 수납, 저장 기준에 따라 수납되어 저장, 보관되고 용기의 외부에 물품의 통칭명, 수량 및 화기엄금의 표시가 있는 경우 제외한다).

(1) **종류** : 유지는 요오드값에 따라 건성유, 반건성유, 불건성유로 구분한다.

 ❶ 요오드값 : 유지 100g에 부가되는 요오드의 g수(불포화도를 나타내며, 2중결합수에 비례한다.)

　❷ 요오드 값이 클수록★★★

　　• 불포화 결합을 많이 함유한다(2중 결합이 많다).

　　• 자연발화성(산소와 산화 중합)이 크다.

　　• 건조되기 쉽고 반응성이 크다.

　1) 건성유★★★

　① 2중 결합이 많아서 불포화도가 크고, 자연발화 위험성이 있다.

　② 요오드값 : 130 이상

　③ 종류 : 해바라기, 동유, 아마인유, 정어리 기름, 들기름 등

　2) 반건성유

　① 요오드값 : 100~130

　② 종류 : 참기름, 옥수수기름, 청어기름, 채종유, 면실유(목화씨유), 콩기름, 쌀겨기름 등

　3) 불건성유

　① 요오드값 : 100 이하

　② 종류 : 야자유, 동백기름, 올리브유, 소기름, 돼지기름, 피마자유, 땅콩기름(낙화생유) 등

(2) **소화 방법** : CO_2, 분말, 할로겐화합물, 물분무 주수 등에 의한 질식소화

01 제4류 위험물의 일반적인 취급상 주의사항으로 옳은 것은?

① 정전기가 축적되어 있으면 화재의 우려가 있으므로 정전기가 축적되지 않게 할 것

② 위험물이 유출하였을 때 액면이 확대되지 않게 흙 등으로 잘 조치한 후 자연 증발시킬 것

③ 물에 녹지 않는 위험물은 폐기할 경우 물을 섞어 하수구에 버릴 것

④ 증기의 배출은 지표로 향해서 할 것

[해설]

제4류 위험물의 일반적 성질

• 인화성 액체로서 증기는 공기보다 무거워 낮은 곳에 채류하기 쉽다.

• 대부분 액체 비중은 물보다 가볍고 물에 녹지 않는다.

• 연소하한값이 낮아 증기는 공기와 약간 혼합하여도 연소한다.

• 전기의 부도체로서 정전기가 축적되어 인화의 위험이 있다.

02 위험물안전관리법령상 특수인화물의 정의에 대해 다음 (   ) 안에 알맞은 수치를 차례대로 옳게 나열한 것은?

> '특수인화물'이라 함은 이황화탄소, 디에틸에테르 그 밖에 1기압에서 발화점이 섭씨 (   )도 이하인 것 또는 인화점이 섭씨 영하(   )도 이하이고 비점이 섭씨 40도 이하인 것을 말한다.

① 100, 20   ② 25, 0

③ 100, 0   ④ 25, 20

03 산화프로필렌의 성상에 대한 설명 중 틀린 것은?

① 청색의 휘발성이 강한 액체이다.

② 인화점이 낮은 인화성 액체이다.

③ 물에 잘 녹는다.

④ 에테르향의 냄새를 가진다.

[해설]

• 에테르 냄새를 가진 무색의 휘발성이 강한 액체로서 물 또는 벤젠, 에테르, 알코올 등의 유기용제에 잘 녹는다.

• 인화점 −37℃, 착화점 465℃, 비점 34℃, 연소범위 2.3~36%

04 다음 위험물 중 인화점이 가장 낮은 것은?

① 이황화탄소

② 에테르

③ 벤젠

④ 아세톤

[해설]

제4류 위험물의 인화점

품명	이황화탄소	에테르	아세톤	벤젠
화학식	CS_2	$C_2H_5OC_2H_5$	CH_3COCH_3	C_6H_6
유별	특수인화물	특수인화물	제1석유류	제1석유류
인화점(℃)	−30	−45	−18	−11

 정답 **01** ① **02** ① **03** ① **04** ②

05 다음 물질 중 증기비중이 가장 작은 것은?

① 이황화탄소 　　　② 아세톤
③ 아세트알데히드 　　④ 에테르

> **해설**

$$※ 증기비중 = \frac{분자량}{29(공기평균분자량)}$$

① 이황화탄소(CS_2) : $\frac{76}{29} = 2.62$

② 아세톤(CH_3COCH_3) : $\frac{58}{29} = 2$

③ 아세트알데히드(CH_3CHO) : $\frac{44}{29} = 1.52$

④ 에테르$(C_2H_5OC_2H_5)$: $\frac{74}{29} = 2.55$

※ 증기비중은 분자량이 가장 작은 것 : CH_3CHO

06 제1석유류, 제2석유류, 제3석유류를 구분하는 주요 기준이 되는 것은?

① 인화점 　　　② 발화점
③ 비등점 　　　④ 비중

07 다음 중 저장할 때 상부에 물을 덮어서 저장하는 것은?

① 디에틸에테르 　　② 아세트알데히드
③ 산화프로필렌 　　④ 이황화탄소

> **해설**

이황화탄소(CS_2) : 제4류 위험물 중 특수인화물
저장 시 저장탱크를 물속에 넣어 가연성 증기의 발생을 억제시킨다.

> **참고** 보호액
> • 물속에 저장 : 황린(P_4), 이황화탄소(CS_2)
> • 석유류(등유, 경유, 유동파라핀) 속에 저장 : 칼륨(K), 나트륨(Na)

08 건성유에 속하지 않는 것은?

① 동유 　　　② 아마인유
③ 야자유 　　④ 들기름

> **해설**

① 건성유 : 요오드값 130 이상
  • 종류 : 해바라기유, 동유, 아마인유, 정어리기름, 들기름 등
② 반건성유 : 요오드값 100~130
  • 종류 : 참기름, 옥수수기름, 청어기름, 채종유, 면실유(목화씨유), 콩기름, 쌀겨유 등
③ 불건성유 : 요오드값 100 이하
  • 종류 : 올리브유, 피마자유, 야자유, 땅콩기름(낙화생유) 등

09 동·식물유류를 취급 및 저장할 때 주의사항으로 옳은 것은?

① 아마인유는 불건성유이므로 옥외 저장 시 자연 발화의 위험이 없다.
② 요오드가가 130 이상인 것은 섬유질에 스며들어 있으면 자연 발화의 위험이 있다.
③ 요오드가가 100 이상인 것은 불건성유이므로 저장할 때 주의를 요한다.
④ 인화점이 상온 이하이므로 소화에는 별 어려움이 없다.

10 벤젠의 성질로 옳지 않은 것은?

① 휘발성을 갖는 갈색, 무취의 액체이다.
② 증기는 유해하다.
③ 인화점은 0℃보다 낮다.
④ 끓는점은 상온보다 높다.

> **해설**

• 무색 투명한 방향성의 독특한 냄새를 가진 휘발성이 강한 액체이다.
• 인화점 -11℃, 착화점 498℃, 비점 80℃, 연소범위 1.4~7.1%, 응고점 5.5℃

정답 05 ③ 　06 ① 　07 ④ 　08 ③ 　09 ② 　10 ①

11 메틸알코올의 성질로 옳은 것은?

① 인화점 이하가 되면 밀폐된 상태에서 연소하여 폭발한다.

② 비점은 물보다 높다.

③ 물에 녹기 어렵다.

④ 증기 비중이 공기보다 크다.

해설

- 메틸알코올은 무색 투명한 휘발성 액체로서 독성이 있고 물, 유기용매에 잘 녹는다.
- 인화점 −11℃, 비점 64℃, 착화점 464℃, 액비중 0.79, 증기비중 1.1, 연소범위 7.3~36%

12 1기압 27℃에서 아세톤 58g을 완전히 기화시키면 부피는 약 몇L가 되는가?

① 22.4   ② 24.6

③ 27.4   ④ 58.0

해설

아세톤(CH_3COCH_3)의 분자량 : 58

$PV = nRT = \dfrac{W}{M}RT$에서,

$V = \dfrac{WRT}{PM} = \dfrac{58 \times 0.082 \times (273+27)}{1 \times 58} = 24.6l$

13 위험물안전관리법령에서 정의한 제2석유류의 인화점 범위는 1기압에서 얼마인가?

① 21℃ 미만

② 21℃ 이상, 70℃ 미만

③ 70℃ 이상, 200℃ 미만

④ 200℃ 미만

해설

제4류 위험물(인화성 액체)의 석유류 분류는 인화점으로 한다.
①: 제1석유류 ②: 제2석유류 ③: 제3석유류

14 아세톤과 아세트알데히드의 공통 성질에 대한 설명이 아닌 것은?

① 무취이며 휘발성이 강하다.

② 무색의 액체로 인화성이 강하다.

③ 증기는 공기보다 무겁다.

④ 물보다 가볍다.

해설

① 무색 자극성이며 휘발성이 강한 액체이다(모두 제4류 제1석유류이다).

15 메틸에틸케톤에 대한 설명으로 옳은 것은?

① 물보다 무겁다.

② 증기는 공기보다 가볍다.

③ 지정수량은 200l이다.

④ 물과 접촉하면 심하게 발열하므로 주수소화는 금한다.

해설

메틸에틸케톤($CH_3COC_2H_5$, MEK) : 제4류 제1석유류

- 물, 알코올, 에테르에 잘 녹는 무색의 휘발성 액체이다.
- 비중 0.81(증기비중 2.48), 인화점 −1℃, 발화점 516℃
- 소화시 물분무, 알코올포, CO_2 등의 질식소화한다.

16 에테르 중의 과산화물을 검출할 때 그 검출시약과 정색반응의 색이 옳게 짝지어진 것은?

① 요오드화칼륨용액 – 적색

② 요오드화칼륨용액 – 황색

③ 브롬화칼륨용액 – 무색

④ 브롬화칼륨용액 – 청색

해설

디에틸에테르($C_2H_5OC_2H_5$) : 제4류 특수인화물

- 직사광선에 장시간 노출 시 과산화물을 생성하므로 갈색병에 보관한다.
- 과산화물 생성 확인방법
디에틸에테르＋KI용액(10%) → 황색변화(1분 이내에 변색)

정답 11 ④   12 ②   13 ②   14 ①   15 ③   16 ②

17 메탄올과 에탄올의 공통점에 대한 설명으로 틀린 것은?

① 증기비중이 같다.

② 무색 투명한 액체이다.

③ 비중이 1보다 작다.

④ 물에 잘 녹는다.

해설

$$증기비중 = \frac{분자량}{29(공기의\ 평균\ 분자량)}$$

- 메탄올(CH_3OH) $= \frac{32}{29} = 1.1$

- 에탄올(C_2H_5OH) $= \frac{46}{29} = 1.59$

18 휘발유의 소화 방법으로 옳지 않은 것은?

① 분말소화약제를 사용한다.

② 포소화약제를 사용한다.

③ 물통 또는 수조로 주수소화한다.

④ 이산화탄소에 의한 질식소화를 한다.

해설

제4류(인화성액체)의 비수용성인 석유류 화재시 물로 소화하는 경우 물보다 비중이 작아 연소면이 확대되어 위험성이 커진다.

19 다음 제4류 위험물 중 연소범위가 가장 넓은 것은?

① 아세트알데히드　② 산화프로필렌

③ 휘발유　　　　④ 아세톤

해설

① 아세트알데히드 : 4.1~57%

② 산화프로필렌 : 2.5~38.5%

③ 휘발유 : 1.4~7.6%

④ 아세톤 : 2.6~12.8%

20 구리, 은, 마그네슘과 접촉 시 아세틸라이드를 만들고, 연소 범위가 2.5~38.5%인 물질은?

① 아세트알데히드

② 알킬알루미늄

③ 산화프로필렌

④ 콜로디온

해설

산화프로필렌은 반응성이 풍부하여 구리, 철, 알루미늄, 마그네슘, 수은, 은 및 그 합금 등과 중합반응을 일으켜 발열하고 아세틸라이드의 폭발성 물질을 생성한다.

21 다음 중 화재시 내알코올 포소화약제를 사용하는 것이 가장 적합한 위험물은?

① 아세톤　　　② 휘발유

③ 경우　　　　④ 등유

해설

내알코올용 포소화약제 : 제4류 위험물 중 수용성 위험물에 적합함

예 아세톤, 알코올류 등

22 등유에 관한 설명 중 틀린 것은?

① 물보다 가볍다.

② 가솔린보다 인화점이 높다.

③ 물에 용해되지 않는다.

④ 증기는 공기보다 가볍다.

해설

④ 증기는 공기보다 무겁다.

(인화점 30~60℃, 착화점 254℃)

23 이황화탄소의 성질에 대한 설명 중 틀린 것은?

① 연소할 때 주로 황화수소를 발생한다.

② 증기 비중은 약 2.6이다.

③ 보호액으로 물을 사용한다.

④ 인화점이 약 -30℃ 이다.

해설

공기중에서 연소시 푸른색 불꽃을 내며 자극성인 아황산가스(SO_2)를 발생한다.

$CS_2 + 3O_2 \rightarrow CO_2 + 2SO_2$

　　　　　　　　이산화황(아황산 가스)

24 아세톤의 성질에 관한 설명으로 옳은 것은?

① 분자량은 58, 비중은 1.02이다.

② 물에 불용이고, 에테르에 잘 녹는다.

③ 증기 자체는 무해하나, 피부에 닿으면 탈지작용이 있다.

④ 인화점이 0℃보다 낮다.

해설

• 무색 독특한 냄새가 나는 휘발성 액체로서 보관중 황색으로 변색되며 일광에 의해 분해시 과산화물을 생성한다.

• 물과 유기용제에 잘 녹고, 요오드포름 반응을 한다.

• 분자량 58, 비중 0.79, 비점 56℃, 인화점 -18℃, 착화점 468℃, 연소 범위 26~12.8%이다.

25 다음은 위험물안전관리법령에서 정의한 동·식물유류에 관한 내용이다. ( ) 안에 알맞은 수치는?

> 동물의 지육 등 또는 식물의 종자나 과육으로부터 추출한 것으로서 1기압에서 인화점이 섭씨 ( )도 미만인 것을 말한다.

① 21　　　　　　② 200

③ 250　　　　　④ 300

26 위험물안전관리법상 제3석유류의 액체 상태의 판단 기준은?

① 1기압과 섭씨 20도에서 액상인 것

② 1기압과 섭씨 25도에서 액상인 것

③ 기압에 무관하게 섭씨 20도에서 액상인 것

④ 기압에 무관하게 섭씨 25도에서 액상인 것

해설

'인화성 액체'라 함은 액체(제3석유류, 제4석유류 및 동식물유류에 있어서는 1기압과 섭씨 20도에서 액상인 것에 한한다)로서 인화의 위험성이 있는 것을 말한다.

27 휘발유, 등유, 경유 등의 제4류 위험물에 화재가 발생하였을 때 소화 방법으로 가장 옳은 것은?

① 포소화설비로 질식 소화시킨다.

② 다량의 물을 위험물에 직접 주수하여 소화한다.

③ 강산화성 소화제를 사용하여 중화시켜 소화한다.

④ 염소산칼륨 또는 염화나트륨이 주성분인 소화약제로 표면을 덮어 소화한다.

해설

제4류 위험물(인화성 액체)의 적응소화기 : 포, 할론, 물분무, CO_2 등의 질식소화

28 1몰의 이황화탄소와 고온의 물이 반응하여 생성되는 유독한 기체 물질의 부피는 표준 상태에서 얼마인가?

① 22.4l　　　　② 44.8l

③ 67.2l　　　　④ 134.4l

해설

$CS_2 + 2H_2O \rightarrow CO_2 + 2H_2S \uparrow$

1mol　2×22.4l

여기서 반응 후 유독가스(H_2S)는 44.8l이 발생한다.

 **정답** 23 ①　24 ④　25 ③　26 ①　27 ①　28 ②

29 다음 중 지정수량이 가장 작은 것은?

① 아세톤
② 디에틸에테르
③ 클레오소트유
④ 클로로벤젠

해설

제4류 위험물의 지정수량
① 아세톤 : 제1석유류(수용성) $400l$
② 디에틸에테르 : 특수인화물 $50l$
③ 클레오소트유 : 제3석유류(비수용성) $2000l$
④ 클로로벤젠 : 제2석유류(비수용성) $1000l$

30 다음 수용액 중 알코올의 함유량이 60중량% 이상일 때 위험물안전관리법상 제4류 알코올류에 해당하는 물질은?

① 에틸렌글리콜($C_2H_4(OH)_2$)
② 알릴알코올($CH_2=CHCH_2OH$)
③ 부틸알코올(C_4H_9OH)
④ 에틸알코올 (CH_3CH_2OH)

해설

알코올류 : 알코올 함유량 60중량% 이상인 탄소원자수가 $C_{1\sim3}$인 포화 1가 알코올로서 메틸알코올(CH_3OH), 에틸알코올(C_2H_5OH), 프로필알코올(C_3H_7OH) 등

31 가솔린에 대한 설명으로 옳은 것은?

① 연소범위는 15~75vol%이다.
② 용기는 따뜻한 곳에 환기가 잘 되게 보관한다.
③ 전도성이므로 감전에 주의한다.
④ 화재 소화시 포소화약제에 의한 소화를 한다.

해설

• 연소범위 1.4~7.6
• 가열금지, 직사광선을 피하고 환기가 잘되게 보관한다.
• 비전도성이므로 정전기 발생에 주의한다.

32 $C_6H_5CH_3$의 일반적 성질이 아닌 것은?

① 벤젠보다 독성이 매우 강하다.
② 진한 질산과 진한 황산으로 니트로화하면 TNT가 된다.
③ 비중은 약 0.86이다.
④ 물에 녹지 않는다.

해설

독성은 톨루엔보다 벤젠이 더 강하다.

33 벤젠, 톨루엔의 공통된 성상이 아닌 것은?

① 비수용성의 무색 액체이다.
② 인화점이 0℃ 이하이다.
③ 액체의 비중은 1보다 작다.
④ 증기의 비중은 1보다 작다.

해설

인화점 : 벤젠 −11℃, 톨루엔 4℃

34 에틸알코올에 관한 설명 중 옳은 것은?

① 인화점은 0℃ 이하이다.
② 비점은 물보다 낮다.
③ 증기밀도는 메틸알코올보다 작다.
④ 수용성이므로 이산화탄소소화기는 효과가 없다.

해설

• 에틸알코올(C_2H_5OH) : 분자량, 46, 인화점 13℃, 비점 78℃

$$증기밀도 = \frac{46g}{22.4l} = 2.05g/l\,(0℃, 1atm)$$

• 메틸알코올(CH_3OH) : 분자량 32g, 인화점 11℃, 비점 64℃

$$증기밀도 = \frac{32g}{22.4l} = 1.43g/l\,(0℃, 1atm)$$

35 가솔린의 연소범위에 가장 가까운 것은?

① 1.4~7.6%
② 2.0~23.0%
③ 1.8~36.5%
④ 1.0~50.5%

제5류 위험물(자기반응성 물질)

1 제5류 위험물의 종류 및 지정수량

성질	위험등급	품명[주요품목]	지정수량
자기 반응성 물질	I	1. 유기과산화물[과산화벤조일, MEKPO]	10kg
		2. 질산에스테르류[니트로셀룰로오스, 니트로글리세린, 질산메틸, 질산에틸]	
	II	3. 니트로화합물[TNT, 피크린산, 디니트로벤젠, 디니트로 톨루엔]	200kg
		4. 니트로소화합물[파라니트로소 벤젠]	
		5. 아조화합물[아조벤젠, 히드록시아조벤젠]	
		6. 디아조화합물[디아조 디니트로페놀]	
		7. 히드라진 유도체[디메틸 히드라진]	
		8. 히드록실아민[NH_2OH]	100kg
		9. 히드록실아민염류[황산히드록실아민]	
		10. 그 밖에 행정안전부령이 정하는 것 • 금속의 아지화합물[NaN_3 등] • 질산구아니딘[$HNO_3 \cdot C(NH)(NH_2)_2$]	200kg

2 제5류 위험물의 개요

(1) 공통 성질★★★

① 자체내에 산소를 함유한 물질로서 가열, 마찰, 충격 등에 의해 폭발 위험이 있는 자기반응성 물질이다.

② 가연성 물질로 대부분 연소 또는 분해 속도가 매우 빠른 폭발성 유기질소화합물이다.

③ 공기중 장시간 방치하면 산화 반응이 일어나 열분해가 진행되어 자연발화를 일으킬 우려가 있다.

④ 가연물과 산소 공급원이 혼합되어 있는 상태이므로 점화원을 가까이 하는 것은 대단히 위험하다.

(2) 저장 및 취급시 유의사항

① 화기는 절대 엄금하고 직사광선, 가열, 충격, 마찰 등을 피한다.

② 정전기 발생 및 축적을 방지하며, 밀봉 밀전하여 적당한 온도와 습도를 유지하고 통풍이 잘되는 냉암소에 저장한다.

③ 가급적 소분하여 저장하고 용기의 파손 및 누설을 방지한다.

④ 강산화제, 강산류 기타 물질이 혼입되지 않도록 한다.

⑤ 위험물제조소등 및 운반용기의 외부에 주의사항으로 '화기엄금' 및 '충격주의'라고 표시한다.★★

⑥ 니트로 화합물은 민감하여 화기, 가열, 충격, 마찰, 타격 등에 폭발 위험이 있다.

(3) 소화 방법

① 연소 속도가 빠르고 폭발적이므로 소량의 화재나 화재 초기 이외에는 소화가 대단히 어렵다.

② 자체 내에 산소를 함유하고 있으므로 질식소화는 효과가 없고 따라서 대량의 주수로서 냉각소화를 하여야 한다.

3   제5류 위험물의 종류 및 성상

1. 유기과산화물류 [지정수량 : 10kg]

'유기과산화물'이란 일반적으로 [−O−O−]기의 구조를 가진 유기과산화물로서 불안정하며 자기반응성이 커서 가열, 마찰, 충격에 의해 분해폭발이 잘 일어난다.

(1) 과산화벤조일[$(C_6H_5CO)_2O_2$, 벤조일 퍼옥사이드(BPO)]★★

분자량	242	비중	1.33	융점	103~105(℃)
구조식				발화점	125℃

① 무색, 무취의 백색 결정으로 물에 녹지 않고 유기용제에는 잘 녹는다.

② 상온에서는 안정하지만 가열하면 약 100℃에서 흰 연기를 내며 분해한다.

③ 건조된 상태에서 열,빛,충격,마찰 등에 착화하며 연소속도가 매우 빠르게 폭발한다.

④ 비활성 희석제로 프탈산디메틸(DMP), 프탈산디부틸(DBP) 등을 사용하고 수분에 흡수시켜 폭발성을 낮출 수 있다.

⑤ 소화 방법 : 다량의 물로 냉각소화

(2) 메틸에틸케톤퍼옥사이드[$(CH_3COC_2H_5)_2O_2$, MEKPO, 과산화메틸에틸케톤]

분자량	148	분해온도	40(℃) 이상	융점	−20(℃)
구조식				인화점	58(℃)
				발화점	205(℃)

① 무색, 특이한 냄새가 나는 기름 모양의 액체이다.

② 물에 잘 녹지 않고 유기용제에 잘 녹는다.

③ 소화방법 : 다량의 물로 냉각소화

(3) 아세틸퍼옥사이드[$(CH_3CO)_2O_2$]

분자량	118	인화점	45(℃)
구조식	$CH_3 - \overset{\overset{O}{\|\|}}{C} - O - O - \overset{\overset{O}{\|\|}}{C} - CH_3$	발화점	121(℃)
		녹는점	30(℃)

① 무색의 가연성 고체로서 물에 잘 녹지 않고 유기용제에 잘 녹는다.

② 소화 방법 : 다량의 물로 냉각소화

2. 질산에스테르류 [지정수량 : 10kg]

질산에스테르류는 알코올의 수산기($-OH$)를 질산으로 처리하여 질산기($-NO_3$)와 치환한 질산에스테르($R \cdot O \cdot NO_2$) 화합물이다. 이때 첨가되는 진한 황산은 탈수 작용을 한다.

$$R - O\underline{H + HO} \cdot NO_2 \xrightarrow[탈수작용]{c-H_2SO_4} R \cdot O \cdot NO_2 + H_2O$$
(알코올)　　(질산)　　　　　　　　(질산에스테르)

(1) 니트로셀룰로오스[$C_6H_7O_2(ONO_2)_3$]n ★★

비중	1.7	비점	83(℃)	인화점	13(℃)
분해온도	130(℃)			발화점	180(℃)

① 셀룰로오스를 진한 질산(3)과 진한 황산(1)을 반응시켜 만든다.

② 맛, 냄새가 없고 물에는 녹지 않으며 직사광선에서 자연발화한다.

③ 130℃ 정도에서 서서히 분해하고, 180℃에서 불꽃을 내며 급격히 연소하고 대량일 때에는 폭발한다.

$$2C_{24}H_{29}O_9(ONO_2)_{11} \xrightarrow[\Delta]{130℃} 24CO_2\uparrow + 24CO\uparrow + 12H_2O + 17H_2\uparrow + 11N_2\uparrow$$
(니트로셀룰로오스)　　　　(이산화탄소)　　(일산화탄소)　　(물)　　(수소)　　(질소)

④ 질화도가 클수록 분해도, 폭발성이 증가한다.(질화도 : 질소의 함유량)

⑤ 저장, 운반할 때는 물(20%) 또는 알코올(30%)로 습윤시킨다.

　※ 건조시 타격, 마찰에 의해 폭발의 위험성이 있다.

⑥ 소화 방법 : 다량의 물로 냉각소화

(2) 니트로글리세린[$C_3H_5(ONO_2)_3$, NG] ★★★

구조식		분자량	227	융점	2.8(℃)
	$\begin{matrix} CH_2 - O - NO_2 \\ \| \\ CH - O - NO_2 \\ \| \\ CH_2 - O - NO_2 \end{matrix}$	비중	1.6	비점	160(℃)

① 순수한 것은 무색 단맛이 나는 투명한 액체(공업용 : 담황색)로서 가열, 마찰, 충격에 민감하여 폭발하기 쉽다.

② 규조토에 흡수시켜 폭약인 다이너마이트를 제조한다.

③ 50℃ 이하에서는 안정하나 145℃에서는 격렬히 분해하고 222℃에서는 분해폭발한다.

$$4C_3H_5(ONO_2)_3 \xrightarrow[\Delta]{145℃} 12CO_2\uparrow + 10H_2O + 6N_2\uparrow + O_2\uparrow$$

(니트로글리세린)　　　　　(이산화탄소)　　　(물)　　　(질소)　　　(산소)

④ 소화 방법 : 다량의 물로 냉각소화

(3) 질산메틸(CH_3ONO_2)

분자량	77	비중	1.22	비점	66(℃)

① 무색 투명한 액체로서 향긋한 냄새와 단맛이 난다.

② 물에 녹지 않고 알코올, 에테르 등에 잘 녹는다.

③ 휘발성, 인화성이 있어 제1석유류와 같은 위험성이 있다.

④ 소화방법 : 물분무, CO_2, 마른모래, 분말 등으로 질식소화

(4) 질산에틸($C_2H_5ONO_2$)★★

분자량	91	비중	1.11	비점	88(℃)

① 무색 투명하고 향긋한 냄새와 단맛이 나는 액체이다.

② 물에 녹지 않고 알코올, 에테르 등에 잘 녹는다.

③ 인화점이 −10℃로서 대단히 낮아 인화하기 쉬워 제1석유류와 같은 위험성이 있다.

④ 진한황산(탈수) 촉매하에 에틸알코올과 질산을 반응시켜 얻는다.

$$C_2H_5OH + HNO_3 \xrightarrow[\Delta]{145℃} C_2H_5ONO_2 + H_2O$$

(에틸알코올)　　(질산)　　　　　(질산에틸)　　(물)

⑤ 소화 방법 : 물분무, CO_2, 마른모래, 분말 등으로 질식소화

(5) 니트로글리콜[$C_2H_4(ONO_2)_2$]

융점	−11.3(℃)	비중	1.5	비점	105.5(℃)

① 순수한 것은 무색이나 공업용은 담황색 액체이다.

② 니트로글리세린보다 충격감도는 약하나 충격, 가열에 의해 폭발할 수 있다.

③ 니트로글리세린과 혼합하여 다이너마이트로 사용한다.

(6) 셀룰로이드

① 발화점 180℃, 비중 1.4인 무색 또는 반투명 고체이다.

② 물에 녹지 않고 알코올, 아세톤에 잘 녹으며 자연발화의 위험이 있다.

3. 니트로화합물 [지정수량 : 200kg]

유기화합물의 수소 원자를 2 이상의 니트로기($-NO_2$)로 치환된 화합물이다.

(1) 트리니트로톨루엔[$C_6H_2CH_3(NO_2)_3$, TNT]★★★

구조식		분자량	227	융점	81(℃)
		비중	1.66	발화점	300(℃)
		비점	280(℃)		

① 담황색 주상결정이나 직사광선에 의해 다갈색으로 변한다.

② 물에 녹지 않고 아세톤, 벤젠, 에테르 등에 잘 녹으며 독성은 없다.

③ 충격 강도는 피크르산보다 약하고 표준폭약으로 사용된다.

$$2C_6H_2CH_3(NO_2)_3 \longrightarrow 12CO\uparrow + 2C + 3N_2\uparrow + 5H_2\uparrow$$
　　(트리니트로톨루엔)　　　　(일산화탄소)　(탄소)　(질소)　(수소)

④ TNT 제법은 진한 황산(탈수작용) 촉매하에 톨루엔과 질산을 반응시켜 생성한다.

$$C_6H_5CH_3 + 3HNO_3 \xrightarrow[\text{니트로화 반응}]{\text{c}-H_2SO_4(탈수)} C_6H_2CH_3(NO_2)_3 + 3H_2O$$
　(톨루엔)　　　(질산)　　　　　　　　　　(트리니트로톨루엔(TNT))　　(물)

> **참고** 구조식으로 표현
>
>
> (톨루엔)　　　　(질산)　　　　　　　　　(TNT)　　　(물)
>
> ①번의 방식인 벤젠의 수소(H)와 질산의 니트로기($-NO_2$)가 치환하는 니트로화 반응이 ②번과 ③번도 똑같이 3번 이루어진다.

⑤ 건조한 상태에서는 폭발의 위험성이 있으므로 10% 정도 물에 넣어 저장한다.

⑥ 소화 방법 : 다량의 물로 냉각소화

(2) 피크린산[$C_6H_2(NO_2)_3OH$, 트리니트로페놀, TNP]★★

구조식		분자량	229	융점	121(℃)
	OH O_2N ⬡ NO_2 NO_2	비중	1.8	발화점	300(℃)
		비점	240(℃)		

① 휘황색의 침상 결정으로 쓴맛이 있고 독성이 있다.

② 찬물에는 잘 녹지 않고 온수, 알코올, 벤젠, 에테르에는 잘 녹는다.

③ 단독으로는 마찰, 충격에 둔감하나 금속(구리, 아연, 납 등)과 혼합하여 생성된 피크린산 금속
염은 민감하여 마찰, 충격으로 인하여 폭발의 위험이 있어 약간 습기가 있게 저장한다.

$$2C_6H_2(NO_2)_3OH \longrightarrow 4CO_2\uparrow + 6CO\uparrow + 3N_2\uparrow + 2C + 3H_2\uparrow$$
　　(피크린산)　　　　　　 (이산화탄소) (일산화탄소) (질소)　 (탄소)　 (수소)

④ 페놀에 진한황산(탈수작용)과 질산을 작용시켜 만든다.

$$C_6H_5OH + 3HNO_3 \xrightarrow[\text{니트로화 반응}]{c-H_2SO_4(탈수)} C_6H_2OH(NO_2)_3 + 3H_2O$$
　 (페놀)　　　　 (질산)　　　　　　　　　 (트리니트로페놀(TNP))　 (물)

⑤ 소화 방법 : 다량의 물로 냉각소화

(3) 기타 : 트리메틸렌트리니트로아민[$(H_2C-N-CO_2)_3$, 헥소겐], 테트릴[$C_6H_2NCH_3NO_2(NO_2)_3$] 등

4. 니트로소화합물 [지정수량 : 200kg]

하나의 벤젠핵에 수소 원자 대신 니트로소기($-NO$)가 2 이상 결합된 것으로서 파라디니트로소
벤젠, 디니트로소레조르신, 디니트로소펜타메틸렌테드라민(DPT) 등이 있다.

5. 아조화합물 [지정수량 : 200kg]

아조기($-N=N-$)가 탄화수소기의 탄소 원자와 결합해 있는 화합물로서 아조벤젠, 히드록시아
조벤젠, 아미노아조벤젠, 아족시벤젠 등이 있다.

6. 디아조화합물류 [지정수량 : 200kg]

디아조기($N\equiv N-$)가 탄화수소의 탄소 원자와 결합한 화합물로서 디아조메탄, 디아조디니트로
페놀, 디아조아세토니트릴, 디아조카르복실산에스테르 등이 있다.

7. 히드라진유도체 [지정수량 : 200kg]

히드라진(N_2H_4)은 유기화합물로부터 얻어진 물질이며, 탄화수소치환체를 포함한 물질로 디메틸
히드라진, 히드라조벤젠, 염산히드라진, 황산히드라진 등이 있다.

8. 히드록실아민(NH_2OH) [지정수량 : 100kg]

융점	33(℃)	비중	1.204	비점	142(℃)

① 무색의 침상 결정으로 조해성이 있으며 물, 에탄올에 잘 녹는다.

② 약염기성으로 산과 반응하여 히드록실암모늄염을 만든다.

③ 15℃에서 분해 시작하여 NH_3, N_2로 분해하고 일부는 N_2O를 생성하며 130℃ 이상 강하게 가열시 폭발한다.

$$3NH_2OH \longrightarrow NH_3 + N_2 + 3H_2O$$

(히드록실아민)　　(암모니아)　(질소)　　(물)

9. 히드록실아민염류 [지정수량 : 100kg]

황산히드록실아민$[(NH_2OH)_2 \cdot H_2SO_4]$, 염산히드록실아민($NH_2OH \cdot HCl$) 등이 있다.

10. 금속의 아지화합물 [지정수량 : 200kg]

아지화나트륨(NaN_3), 아지드화납[질화납, $Pb(N_3)_2$], 아지드화은(AgN_3) 등이 있다.

11. 질산구아니딘[$HNO_3 \cdot C(NH)(NH_2)_2$] [지정수량 : 200kg]

01 제5류 위험물의 일반적인 취급 및 소화 방법으로 틀린 것은?

① 운반 용기 외부에는 주의사항으로 화기 엄금 및 충격 주의 표시를 한다.

② 화재 시 소화 방법으로는 질식소화가 가장 이상적이다.

③ 대량 화재 시 소화가 곤란하므로 가급적 소분하여 저장한다.

④ 화재 시 폭발의 위험성이 있으므로 충분히 안전거리를 확보하여야 한다.

해설

제5류 위험물은 물질 자체에 산소를 함유하고 있기 때문에 다량의 주수에 의한 냉각소화가 가장 효과적이다.

02 위험물안전관리법령상 품명이 질산에스테르류에 속하지 않는 것은?

① 질산에틸
② 니트로글리세린
③ 니트로톨루엔
④ 니트로셀룰로오스

해설

제5류(자기반응성 물질) 질산에스테르류 : 질산메틸, 질산에틸, 니트로글리세린, 니트로셀룰로오스

03 상온에서 액상인 것으로만 나열된 것은?

① 니트로셀룰로오스, 니트로글리세린

② 질산에틸, 니트로글리세린

③ 질산에틸, 피크린산

④ 니트로셀룰로오스, 셀룰로이드

해설

• 질산에틸($C_2H_5ONO_2$) : 제5류(질산에스테르류) 무색 투명한 액체

• 니트로글리세린[$C_3H_5(ONO_2)_3$] : 제5류(자기반응성 물질) 무색 투명한 기름 모양의 액체(공업용 : 황색 액체)

04 유기과산화물에 대한 설명으로 틀린 것은?

① 소화 방법으로는 질식소화가 가장 효과적이다.

② 벤조일퍼옥사이드, 메틸에틸케톤퍼옥사이드 등이 있다.

③ 저장 시 고온체나 화기의 접근을 피한다.

④ 지정수량은 10kg이다.

해설

① 다량의 주수에 의한 냉각소화가 가장 좋다.

05 규조토에 어떤 물질을 흡수시켜 다이너마이트를 제조하는가?

① 페놀
② 니트로글리세린
③ 질산에틸
④ 장뇌

06 트리니트로톨루엔에 관한 설명 중 틀린 것은?

① TNT라고 한다.

② 피크린산에 비해 충격, 마찰에 둔감하다.

③ 물에 녹아 발열·발화한다.

④ 폭발시 다량의 가스를 발생한다.

해설

• 물에는 녹지 않고 알코올, 아세톤, 벤젠에 녹는다.

• 강력한 폭약이며 급격한 타격에 폭발한다.
$$2C_6H_2CH_3(NO_2)_3 \rightarrow 2C + 12CO + 3N_2\uparrow + 5H_2\uparrow$$

정답 01 ② 02 ③ 03 ② 04 ① 05 ② 06 ③

07 과산화벤조일에 대한 설명으로 틀린 것은?

① 발화점이 약 425℃로 상온에서 비교적 안전하다.

② 상온에서 고체이다.

③ 산소를 포함하는 산화성 물질이다.

④ 물을 혼합하면 폭발성이 줄어든다.

해설

상온에서는 안정하나 가열하면 약 100℃에서 흰연기를 내며 분해한다(발화점 125℃).

08 질산에틸의 성상에 관한 설명 중 틀린 것은 어느 것인가?

① 향기를 갖는 무색의 액체이다.

② 휘발성 물질로 증기 비중은 공기보다 작다.

③ 물에는 녹지 않으나 에테르에 녹는다.

④ 비점 이상으로 가열하면 폭발의 위험이 있다.

해설

질산에틸($C_2H_5ONO_2$)의 증기비중은 $\frac{92}{29}=3.17$로서
공기보다 무거운 휘발성 액체이다.

09 니트로글리세린에 대한 설명으로 옳은 것은?

① 품명은 니트로화합물이다.

② 물, 알코올, 벤젠에 잘 녹는다.

③ 가열, 마찰, 충격에 민감하다.

④ 상온에서 청색의 결정성 고체이다.

해설

니트로글리세린[$C_3H_5(ONO_2)_3$]
• 제5류(자기반응성물질)의 질산에스테르류, 지정수량 10kg
• 무색 투명한 액체로서 물에 녹지 않고 알코올, 아세톤, 벤젠 등에 잘 녹는다.
• 니트로글리세린+규조토=다이너마이트

10 제5류 위험물인 트리니트로톨루엔 분해시 주 생성물에 해당하지 않는 것은?

① CO   ② N_2

③ NH_3 ④ H_2

해설

트리니트로톨루엔(T.N.T) 분해반응식
$2C_6H_2CH_3(NO_2)_3 \rightarrow 12CO+3C+3N_2+5H_2$

11 제5류 위험물이 아닌 것은?

① 염화벤조일   ② 아지화나트륨

③ 질산구아니딘   ④ 아세틸퍼옥사이드

해설

① 염화벤조일[C_6H_5COCl] : 제4류 위험물 중 제3석유류

12 트리니트로페놀의 성상에 대한 설명 중 틀린 것은?

① 융점은 약 61℃이고 비점은 약 120℃이다.

② 쓴맛이 있으며 독성이 있다.

③ 단독으로는 마찰, 충격에 비교적 안정하다.

④ 알코올, 에테르, 벤젠에 녹는다.

해설

트리니트로페놀(피크린산) : 녹는점 122.5℃, 비점 255℃, 인화점 150℃, 발화점 300℃

13 피크린산 제조에 사용되는 물질과 가장 관계가 있는 것은?

① C_6H_6 ② $C_6H_5CH_3$

③ $C_3H_5(OH)_3$ ④ C_6H_5OH

해설

피크린산(트리니트로페놀, TNP) : 페놀에 질산과 황산(탈수 작용)을 니트로화 반응시켜 만든다.

$$C_6H_5OH + 3HNO_3 \xrightarrow[\Delta]{(c-H_2SO_4)} C_6H_2OH(NO_2)_3 + 3H_2O$$
$$\text{(페놀)} \quad \text{(질산)} \qquad\qquad \text{(TNP)} \qquad \text{(물)}$$

정답 07 ①　08 ②　09 ③　10 ③　11 ①　12 ①　13 ④

Chapter 7
제6류 위험물(산화성 액체)

1 위험물의 종류 및 지정수량

성질	위험등급	품명[주요품목]	지정수량
산화성 액체	I	1. 과염소산[$HClO_4$]	300kg
		2. 과산화수소[H_2O_2]	
		3. 질산[HNO_3]	
		4. 그 밖에 행정안전부령이 정하는 것 • 할로겐간화합물(BrF_3, IF_5 등)	

2 제6류 위험물의 개요

(1) 공통성질★★★

① 산소를 많이 함유하고 있는 강산화성 액체이고 자신은 '불연성 물질'이다.

② 분해에 의하여 산소를 발생하므로 다른 가연 물질의 연소를 돕는다.

③ 무색 투명한 무기화합물로 비중은 1보다 크고 물에 잘 녹는다.

④ 과산화수소를 제외하고 강산성 물질이고 물과 접촉시 발열한다.

⑤ 산화력이 강해 가연물, 유기물 등과 혼합하면 산화시켜 발화하는 수도 있다.

⑥ 부식성의 강산이므로 피부 점막을 부식시키고 증기는 유독하다.

(2) 저장 및 취급시 유의사항

① 물, 가연물, 염기 및 산화제와의 접촉을 피해야 한다.

② 흡습성이 강하기 때문에 내산성 용기에 보관해야 하며, 용기의 밀봉, 파손과 위험물이 새어나 오지 않도록 주의하여야 한다.

③ 피부에 접촉시 다량의 물에 세척하고 증기를 흡입하지 않도록 한다.

④ 위험물 누출시 마른모래나 흙으로 흡수시키고 대량일 때 과산화수소는 물로, 다른 물질은 중화제(소다회, 중탄산나트륨, 소석회)로 중화시킨후 다량의 물로 세척한다.

⑤ 위험물제조소등 및 운반용기의 외부에 주의사항으로 '가연물접촉주의'라고 표시한다.

(3) 소화 방법

① 물과 접촉시 발열하므로 물 사용을 피하는 것이 좋다.

② 가연성 물질을 제거하고 마른모래, CO_2, 인산염류분말소화약제를 사용한다.

③ 다량의 물로 냉각소화 한다.

④ 소화작업시 유독하므로 보호피복, 보호장갑, 공기호흡기 등 보호장구를 착용한다.

---

3 위험물의 종류 및 성상

1. 과염소산($HClO_4$) [지정수량 : 300kg]

융점	−112(℃)	비중	1.76	비점	39(℃)

① 무색 투명한 액체로 흡수성이 강하고 휘발성이 있다.

② 가열하면 분해 폭발하여 유독성인 염화수소기체를 발생시킨다.

$$HClO_4 \xrightarrow{\;\triangle\;} HCl + 2O_2$$
(과염소산)   (염화수소)   (산소)

③ 산화력이 매우 강한 산으로 염소산 중에서 제일 강한 산이다.

> **참고**
>
> 산의 세기 : $HClO_4 > HClO_3 > HClO_2 > HClO$
>   (과염소산)   (염소산)   (아염소산) (차아염소산)

④ **소화방법** : 마른모래, 인산염류분말소화제, 다량의 물분무 등

2. 과산화수소(H_2O_2) [지정수량 : 300kg] : 농도가 36중량% 이상인 것★★★★

융점	−0.89(℃)	비중	1.465	비점	80.2(℃)

① 점성있는 무색 또는 청색을 띠는 액체로 물, 알코올, 에테르 등에 잘 녹고 석유나 벤젠 등에는 녹지 않는다.

② 산화제 및 환원제로도 사용한다.

③ 이산화망간(MnO_2) 촉매하에 상온에 분해하여 산소를 발생한다.

$$2H_2O_2 \longrightarrow 2H_2O + O_2$$
(과산화수소)   (물)   (산소)

④ 과산화수소 3%의 수용액을 소독약인 옥시풀로 사용한다.

⑤ 일반 시판품은 30~40%의 수용액으로 분해하기 쉬워 안정제로 인산(H_3PO_4), 요산($C_5H_4N_4O_3$)을 사용한다.

⑥ 고농도의 60% 이상인 것은 충격, 마찰에 의해 **단독으로 분해폭발** 위험이 있으며, **히드라진과** 접촉시 분해하여 발화폭발한다.

$$2H_2O_2 \ + \ N_2H_4 \ \longrightarrow \ 4H_2O \ + \ N_2$$
(과산화수소)　(히드라진)　　　(물)　　(질소)

⑦ 직사광선을 피하고 내산성 갈색용기에 저장하여 냉암소에 저장한다.

⑧ **용기는** 밀봉하되 분해시 발생하는 산소를 방출시켜 폭발을 방지하기 위해 작은 **구멍이 뚫린 마개를 사용한다.**

⑨ **소화 방법** : 다량의 물로 냉각소화

3. 질산(HNO₃) [지정수량 : 300kg] : 비중이 1.49 이상인 것★★★

융점	−42(℃)	비중	1.49	비점	86(℃)

① **자극성, 부식성이** 강한 무색의 무거운 액체이다.

② 직사광선에 의해 분해하여 **적갈색의 이산화질소를 발생시킨다.**(분해방지를 위해 갈색병에 보관)

$$4HNO_3 \ \longrightarrow \ 4NO_2\uparrow \ + \ 2H_2O \ + \ O_2\uparrow$$
(질산)　　　(이산화질소)　　(물)　　(산소)

③ 질산은 **단백질과 반응하여 노락색으로 변한다.** (크산토프로테인반응 : 단백질 검출 반응)★

④ **염산(3)과 질산(1)의** 부피비로 혼합한 용액을 왕수라고 하며 이용액에 유일하게 **녹는 금속은 금(Au)과 백금(Pt)**이다.★

⑤ **진한 질산은** 금속과 반응하여 **산화피막을** 만들어 내부를 보호하는 **금속의 부동태를 만든다.**★★

> • **부동태를 만드는 금속** : Fe, Ni, Al, Cr, Co
> • 부동태를 만드는 산 : 진한 질산(c−HNO₃), 진한 황산(c−H₂SO₄)

⑥ **소화 방법** : 마른모래, CO₂ 등을 사용하고 소량일 경우 다량의 물로 희석
　※ 물로 소화시 발열하여 비산할 위험이 있으므로 주의한다.

4. 할로겐간 화합물 [지정수량 : 300kg]

두 할로겐 X와 Y로 이루어진 2성분 화합물로 보통 상호성분을 직접 작용시키면 생긴다.
• **종류** : 삼불화브롬(BrF₃), 오불화브롬(BrF₅), 염화요오드(ICl), 브롬화요오드(IBr), 오불화요오드(IF₅) 등이 있다.

01 제6류 위험물에 대한 설명으로 틀린 것은?

① 위험등급 Ⅰ에 속하는 불연성 물질이다.

② 자신이 산화되는 산화성 물질이다.

③ 지정수량이 300kg이다.

④ 삼불화브롬은 제6류 위험물이다.

해설

제6류 위험물은 산화성 액체로서 다른 물질을 산화시키는 물질에 해당된다.

02 제6류 위험물의 소화방법으로 틀린 것은?

① 마른모래로 소화한다.

② 환원성 물질을 사용하여 중화소화한다.

③ 연소의 상황에 따라 분무주수도 효과가 있다.

④ 과산화수소 화재 시 다량의 물을 사용하여 희석 소화 할 수 있다.

해설

제6류 위험물은 산화성 액체로서 자체적으로 산소를 함유한 물질이므로 CO_2 및 할론의 질식소화는 효과가 없고 다량의 물로 주수소화한다.

03 과염소산과 과산화수소의 공통된 성질이 아닌 것은?

① 비중이 1보다 크다.

② 물에 녹지 않는다.

③ 산화제이다.

④ 산소를 포함한다.

04 제6류 위험물의 위험성에 대한 설명으로 틀린 것은?

① 질산을 가열할 때 발생하는 적갈색 증기는 무해하지만 가연성이며 폭발성이 강하다.

② 고농도의 과산화수소는 충격, 마찰에 의해서 단독으로도 분해, 폭발할 수 있다.

③ 과염소산은 유기물과 접촉 시 발화 또는 폭발할 위험이 있다.

④ 과산화수소는 햇빛에 의해서 분해되며, 촉매 (MnO_2) 하에서 분해가 촉진된다.

해설

① 질산(HNO_3)을 가열시 분해하면 이산화질소(NO_2)의 유독한 적갈색 기체가 발생한다.

$2HNO_3 \rightarrow H_2O + 2NO_2 + 0.5O_2$

05 과산화수소에 대한 설명으로 틀린 것은?

① 불연성 물질이다.

② 농도가 약 3wt%이면 단독으로 분해 폭발한다.

③ 산화성 물질이다.

④ 점성이 있는 액체로 물에 용해된다.

해설

• 제6류 위험물(산화성 액체)로 점성이 있는 액체로 물, 에테르, 알코올에 용해하는 불연성 물질이다.

• 농도 60% 이상인 것은 마찰, 충격에 의해 단독 분해 폭발 위험이 있다.

정답 01 ② 02 ② 03 ② 04 ① 05 ②

06 과산화수소의 성질 및 취급 방법에 관한 설명 중 틀린 것은?

① 햇빛에 의하여 분해한다.

② 인산, 요산 등의 분해방지 안정제를 넣는다.

③ 저장 용기는 공기가 통하지 않게 마개로 꼭 막아둔다.

④ 에탄올에 녹는다.

해설

③ 용기는 밀봉하되 분해 시 발생하는 산소를 방출하기 위하여 작은 구멍이 뚫린 마개를 사용한다.

07 무색 또는 옅은 청색의 액체로 농도가 36wt% 이상인 것을 위험물로 간주하는 것은?

① 과산화수소 ② 과염소산

③ 질산 ④ 초산

08 질산에 대한 설명 중 틀린 것은?

① 환원성 물질과 혼합하면 발화할 수 있다.

② 분자량은 약 63이다.

③ 위험물 안전관리법령상 비중이 1.82 이상 되어야 위험물로 취급된다.

④ 분해하면 인체에 해로운 가스가 발생한다.

해설

③ 질산(HNO_3)의 비중이 1.49 이상일 것

09 과산화수소가 이산화망간 촉매하에서 분해가 촉진될 때 발생하는 가스는?

① 수소 ② 산소

③ 아세틸렌 ④ 질소

해설

$2H_2O_2 \rightarrow 2H_2O + O_2$

분해방지안정제 : 인산(H_3PO_4), 요산($C_5H_4N_4O_3$)

10 제6류 위험물에 대한 설명으로 적합하지 않은 것은?

① 질산은 햇빛에 의해 분해되어 NO_2를 발생한다.

② 과염소산은 산화력이 강하여 유기물과 접촉시 연소 또는 폭발한다.

③ 질산은 물과 접촉하면 발열한다.

④ 과염소산은 물과 접촉하면 흡열한다.

해설

④ 과염소산($HClO_4$)은 무색, 흡습성이 강한 휘발성 액체로서 물과 접촉시 발열 반응하고 6종류의 과염소산 고체 수화물을 만든다.

11 질산(NHO_3)에 대한 설명 중 옳은 것은?

① 산화력은 없고 강한 환원력이 있다.

② 자체 연소성이 있다.

③ 크산토프로테인 반응을 한다.

④ 조연성과 부식성이 없다.

해설

③ 단백질(펩티드결합)과 반응하여 노란색으로 변색한다.
질산(HNO_3)은 산화력이 강한 산으로서 조연성, 부식성을 가진 액체이다.

12 HNO_3에 대한 설명으로 틀린 것은?

① Al, Fe은 진한 질산에서 부동태를 생성해 녹지 않는다.

② 질산과 염산을 3 : 1 비율로 제조한 것을 왕수라 한다.

③ 부식성이 강하고 흡수성이 있다.

④ 직사광선에서 분해하여 NO_2를 발생한다.

해설

② 왕수 = 질산(1) : 염산(3)

정답 06 ③ 07 ① 08 ③ 09 ② 10 ④ 11 ③ 12 ②

13 제6류 위험물에 대한 설명으로 옳은 것은?

① 과염소산은 독성은 없지만 폭발의 위험이 있으므로 밀폐하여 보관한다.

② 과산화수소는 농도가 3% 이상일 때 단독으로 폭발하므로 취급에 주의한다.

③ 질산은 자연발화의 위험이 높으므로 저온 보관한다.

④ 할로겐간 화합물의 지정수량은 300kg이다.

해설

① 흡수성이 강한 매우 불안정한 강산
② 농도가 60wt% 이상일 때 단독 폭발 위험성 있음
③ 산화력이 있는 불연성의 강산으로 자연발화성 없음

14 위험물안전관리법령상 산화성 액체에 해당하지 않는 것은?

① 과염소산
② 과산화수소
③ 과염소산나트륨
④ 질산

해설

③ 과염소산나트륨 : 제1류의 산화성 고체

15 위험물안전관리법령상 탄산수소염류의 분말소화기가 적응성을 갖는 위험물이 아닌 것은?

① 과염소산   ② 철분
③ 톨루엔   ④ 아세톤

해설

① 과염소산($HClO_4$) : 제6류 위험물(산화성 액체)는 인산염류의 분말소화기 또는 다량의 물로 희석하여 소화한다.

※ 탄산수소염류 분말소화기의 적응성
• 금수성 물품 : 알칼리금속의 과산화물, 금속분, 마그네슘, 철분 등
• 제4류(인화성 액체) : 벤젠, 톨루엔, 아세톤 등

16 위험등급이 나머지 셋과 다른 것은?

① 알칼리토금속
② 아염소산염류
③ 질산에스테르류
④ 제6류 위험물

해설

① : 위험등급 Ⅱ
②, ③, ④ : 위험등급 Ⅰ

17 다음 물질 중 위험물안전관리법상 제6류 위험물에 해당하는 것은 모두 몇 개인가?

• 비중 1.49인 질산
• 비중 1.7인 과염소산
• 물 60g, 과산화수소 40g을 혼합한 수용액

① 1개   ② 2개
③ 3개   ④ 없음

해설

• 과산화수소 wt%=$\dfrac{40}{60+40}$=40wt%로서 36wt% 이상으로 위험물에 해당된다.
• 과염소산은 제한이 없다.
• 질산은 비중이 1.49 이상으로 위험물에 해당된다.

18 질산의 비중이 1.5일 때, 1소요단위는 몇 L인가?

① 150   ② 200
③ 1,500   ④ 2,000

해설

• 위험물의 1소요단위＝지정수량×10배
  ＝300kg×10＝3,000kg
• 질산의 액비중이 1.5이므로 밀도는 1.5kg/l가 된다.
• 밀도＝$\dfrac{질량}{부피}$
• ∴ 부피＝$\dfrac{질량}{밀도}$＝$\dfrac{3000kg}{1.5kg/l}$＝2000l

정답 13 ④   14 ③   15 ①   16 ①   17 ③   18 ④

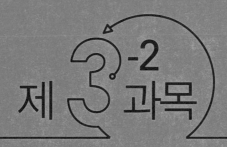

제 **3**-2 과목

위험물의 성질과 취급
– 위험물 안전관리법

Chapter 1 위험물의 취급방법

1 위험물 안전관리법 총칙

1. 목적

위험물의 저장·취급 및 운반과 이에 따른 안전 관리에 관한 사항을 규정함으로써 위험물로 인한 위해를 방지하여 공공의 안전을 확보함을 목적으로 한다.

2. 용어의 정의

① '위험물'이라 함은 인화성 또는 발화성 등의 성질을 가지는 것으로서 대통령령이 정하는 물품을 말한다.

② '지정수량'이라 함은 위험물의 종류별로 위험성을 고려하여 대통령령이 전하는 수량으로 제조소등의 설치허가 등에 있어서 최저의 기준이 되는 수량을 말한다.

③ '제조소'라 함은 위험물을 제조할 목적으로 지정수량 이상의 위험물을 취급하기 위하여 규정에 따른 허가 받은 장소를 말한다.

④ '저장소'라 함은 지정수량 이상의 위험물을 저장하기 위한 대통령이 정하는 장소로서 규정에 따른 허가를 받은 장소를 말한다.

⑤ '취급소'라 함은 지정수량 이상의 위험물을 제조외의 목적으로 취급하기 위한 대통령령이 정하는 장소로서 규정에 따른 허가를 받은 장소를 말한다.

⑥ '제조소등'이라 함은 제조소·저장소 및 취급소를 말한다.

3. 위험물의 저장 및 취급의 제한

① 지정수량 이상의 위험물을 저장소가 아닌 장소에서 저장하거나 제조소등이 아닌 장소에서 취급하여서는 아니된다.

② 임시로 저장 또는 취급하는 장소에서의 저장 또는 취급의 기준과 임시로 저장 또는 취급하는 장소의 위치·구조 및 설비의 기준은 시·도의 조례로 정한다.

- 시·도의 조례가 정하는 바에 따라 관할소방서장의 승인을 받아 지정수량 이상의 위험물을 90일 이내의 기간동안 임시로 저장 또는 취급하는 경우
- 군부대가 지정수량 이상의 위험물을 군사목적으로 임시로 저장 또는 취급하는 경우

③ 둘 이상의 위험물을 같은 장소에서 저장 또는 취급하는 경우에 있어서 당해 장소에서 저장 또는 취급하는 각 위험물의 수량을 그 위험물의 지정수량으로 각각 나누어 얻은 수의 합계가 1 이상인 경우 당해 위험물은 **지정수량 이상의 위험물**로 본다.

※ 둘 이상의 위험물질 취급시 지정수량 배수계산 ★★★★

$$지정수량의 배수합 = \frac{A\ 물질의\ 저장량}{A\ 물질의\ 지정수량} + \frac{B\ 물질의\ 저장량}{B\ 물질의\ 지정수량} + \frac{C\ 물질의\ 저장량}{C\ 물질의\ 지정수량} + \cdots$$

※ 지정수량의 배수합계가 1이상인 경우 : 지정수량 이상의 위험물로 본다.

4. 제조소의 완공검사

① 규정에 따른 허가를 받은 자가 제조소등의 설치를 마쳤거나 그 위치·구조 또는 설비의 변경을 마친 때에는 당해 제조소등마다 시·도지사가 행하는 완공검사를 받아 법 규정에 따른 기술 기준에 적합하다고 인정받은 후가 아니면 이를 사용하여서는 아니된다. 다만, 제조소등의 위치·구조 또는 설비의 변경허가를 신청하는 때에 화재예방에 관한 조치사항을 기재한 서류를 제출하는 경우에는 당해 변경공사와 관계가 없는 부분을 완공검사를 받기 전에 미리 사용할 수 있다.

② 완공검사를 받고자 하는 자가 제조소등의 일부에 대한 설치 또는 변경을 마친 후 그 일부를 미리 사용하고자 하는 경우에는 당해 제조소등의 일부에 대하여 완공검사를 받을 수 있다.

5. 위험물시설의 설치 및 변경

① 제조소등을 설치하고자 하는 자는 대통령령이 정하는 바에 따라 그 설치장소를 관할하는 특별시장·광역시장·특별자치시장·도지사 또는 특별자치도지사(이하 '시·도지사'라 한다)의 허가를 받아야 한다.

② 제조소등의 위치·구조 또는 설비의 변경없이 당해 제조소등에서 저장하거나 취급하는 위험물의 품명·수량 또는 지정수량의 배수를 변경하고자 하는 자는 변경하고자 하는 날의 1일 전까지 행정 안정부령이 정하는 바에 따라 **시·도지사에게 신고**하여야 한다.

③ 제조소등의 설치자의 지위를 승계한 자는 행정안전부령이 정하는 바에 따라 **승계한 날부터 30일 이내에** 시·도지사에게 그 사실을 **신고**하여야 한다.

④ 제조소등의 관계인(소유자·점유자 또는 관리자를 말한다. 이하 같다)은 해당 제조소등의 용도를 폐지(장래에 대하여 위험물 시설로서의 기능을 완전히 상실시키는 것을 말한다)한 때에

는 행정안전부령이 정하는 바에 따라 제조소등의 용도를 폐지한 날부터 14일 이내에 시·도지사에게 신고하여야 한다.

⑤ 다음에 해당하는 제조소등의 경우에는 허가를 받지 아니하고 당해 제조소등을 설치하거나 그 위치·구조 또는 설비를 변경할 수 있으며, 신고를 하지 아니하고 위험물의 품명·수량 또는 지정수량의 배수를 변경할 수 있다.
- 주택의 난방시설(공동주택의 중앙난방시설을 제외한다)을 위한 저장소 또는 취급소
- 농예용·축산용 또는 수산용으로 필요한 난방시설 또는 건조시설을 위한 지정수량 20배 이하의 저장소

6. 제조소등 설치허가의 취소와 사용정지

시·도지사는 제조소등의 관계인이 다음에 해당하는 때에는 행정안전부령이 정하는 바에 따라 허가를 취소하거나 6월 이내의 기간을 정하여 제조소등의 전부 또는 일부에 사용정지를 명할 수 있다.

① 변경허가를 받지 아니하고 제조소등의 위치·구조 또는 설비를 변경한 때
② 완공검사를 받지 아니하고 제조소등을 사용한 때
③ 수리·개조 또는 이전의 명령을 위반한 때
④ 위험물안전관리자를 선임하지 아니한 때
⑤ 대리자를 지정하지 아니한 때
⑥ 정기점검을 하지 아니한 때
⑦ 정기검사를 받지 아니한 때
⑧ 저장·취급기준 준수명령을 위반한 때

7. 과징금 처분

시·도지사는 제조소등에 대한 사용의 정지가 그 이용자에게 심한 불편을 주거나 그 밖에 공익을 해칠 우려가 있는 때에는 사용정지 처분에 갈음하여 2억원 이하의 과징금을 부과할 수 있다.

8. 위험물 안전관리자

(1) 위험물 안전관리자의 선임 및 해임***
① 제조소등의 관계인은 제조소등마다 위험물안전관리자로 선임한다.
② 안전관리자를 해임하거나 퇴직한 때에는 해임하거나 퇴직한 날부터 30일 이내에 재선임한다.
③ 안전관리자를 선임한 경우에는 선임한 날부터 14일 이내에 소방본부장 또는 소방서장에게 신고한다.
④ 안전관리자를 해임하거나 안전관리자가 퇴직한 경우 관계인 또는 안전관리자는 소방본부장

이나 소방서장에게 그 사실을 알려 해임되거나 퇴직한 사실을 확인받을 수 있다.

⑤ 안전관리자를 선임한 제조소등의 관계인은 안전관리자가 여행·질병 그 밖의 사유로 직무를 수행할 수 없을 경우 대리자(代理者)를 지정한다. 직무의 대행하는 기간은 30일을 초과할 수 없다.

(2) 위험물 취급 자격자(위험물 안전관리자로 선임할 수 있는 자)

위험물 취급 자격자의 구분	취급할 수 있는 위험물
「국가기술자격법」에 의한 자격 취득자. 위험물 기능장. 위험물산업기사, 위험물기능사	모든 위험물
안전관리자 교육 이수자	제4류 위험물
소방공무원 경력자(소방공무원으로 근무한 경력이 3년 이상인 자)	

(3) 안전관리자의 책무

① 위험물의 취급 작업에 참여하여 해당 작업자에 대하여 지시 및 감독하는 업무

② 화재 등의 재난이 발생한 경우 응급처치 및 소방관서 등에 대한 연락 업무

③ 위험물 시설의 안전을 담당하는 자를 따로 두는 제조소등의 경우에는 그 담당자에게 다음 각 목의 규정에 의한 업무의 지시, 그 밖에 제조소등의 경우에는 다음 각목의 규정에 의한 업무
  • 제조소등의 위치·구조 및 설비를 기술 기준에 적합하도록 유지하기 위한 점검과 점검 상황의 기록, 보존
  • 제조소등의 구조 또는 설비의 이상을 발견한 경우 소방관서 등에 대한 연락 및 응급조치 화재가 발생하거나 화재 발생의 위험성이 현저한 경우 소방관서 등에 대한 연락 및 응급조치
  • 제조소등의 계측 장치·제어 장치 및 안전 장치 등의 적정한 유지·관리
  • 제조소등의 위치·구조 및 설비에 관한 설계 도서 등의 정비·보존 및 제조소등의 구조 및 설비의 안전에 관한 사무의 관리

④ 화재 등의 재해의 방지와 응급조치에 관하여 인접하는 제조소등과 그 밖의 관련되는 시설의 관계자와 협조 체제의 유지

⑤ 위험물의 취급에 관한 일지의 작성·기록

⑥ 그 밖에 위험물을 수납한 용기를 차량에 적재하는 작업, 위험물 설비를 보수하는 작업 등 위험물의 취급과 관련된 작업의 안전에 관하여 필요한 감독의 수행

9. 다수의 제조소등을 설치한 자가 1인의 안전관리자를 중복하여 선임할 수 있는 경우

① 보일러·버너 또는 이와 비슷한 것으로서 위험물을 소비하는 장치로 이루어진 7개 이하의 일반취급소에 공급하기 위한 위험물을 저장하는 저장소를 동일인이 설치한 경우

② 위험물을 차량에 고정된 탱크 또는 운반기에 옮겨 담기 위한 5개 이하의 일반취급소 [일반취급소간의 보행거리가 300m 이내인 경우에 한한다]와 그 일반취급소에 공급하기 위한 위험물을 저장하는 저장소를 동일인이 설치한 경우

③ 동일구내에 있거나 상호 100m 이내의 거리에 있는 저장소로서 저장소의 규모, 저장하는 위험물의 종류 등을 고려하여 저장소를 동일인이 설치한 경우
  • 10개 이하의 옥내저장소, 옥외저장소, 암반탱크저장소
  • 30개 이하의 옥외탱크저장소
  • 옥내탱크저장소
  • 지하탱크저장소
  • 간이탱크저장소
④ 다음 각목의 기준에 모두 적합한 5개 이하의 제조소등을 동일인이 설치한 경우
  • 각 제조소등이 동일 구내에 위치하거나 상호 100m 이내의 거리에 있을 것
  • 각 제조소등에서 저장 또는 취급하는 위험물의 최대 수량이 지정수량의 3,000배 미만일 것 (단, 저장소의 경우는 제외)

10. 정기점검

(1) 정기점검 대상인 제조소등
① 예방규정을 정하여야 하는 제조소등
② 지하탱크 저장소
③ 이동탱크 저장소
④ 지하탱크가 있는 제조소 , 주유 취급소 또는 일반취급소

(2) 정기점검 횟수 : 제조소등의 관계인은 해당 제조소등에 대하여 연1회 이상

11. 정기검사

정기검사 대상인 제조소등 : 액체 위험물을 저장 또는 취급하는 50만L 이상의 옥외탱크저장소 (특정·준특정 옥외 탱크 저장소)

• 특정 옥외저장탱크 : 100만l 이상의 옥외저장탱크
• 준특정 옥외저장탱크 : 50만l 이상 100만l 미만의 옥외저장탱크

12. 탱크 안전 성능검사의 대상

① 기초·지반검사 : 옥외탱크저장소의 액체위험물 탱크 중 그 용량이 100만 l 이상인 탱크
② 충수·수입검사 : 액체 위험물을 저장 또는 취급하는 탱크
③ 용접부 검사 : ①의 규정에 의한 탱크
④ 암반탱크검사 : 액체위험물을 저장 또는 취급하는 암반내의 공간을 이용한 탱크

13. 예방규정

일정 규모 이상의 위험물을 저장 취급하는 제조소등의 설치자가 화재예방과 화재 등 재해 발생 시 비상조치의 구체적인 방법 등의 규정을 정한 내용

(1) 예방규정을 정하여야 하는 제조소등★★★

① 지정수량의 10배 이상의 위험물을 취급하는 제조소
② 지정수량의 100배 이상의 위험물을 저장하는 옥외저장소
③ 지정수량의 150배 이상의 위험물을 저장하는 옥내저장소
④ 지정수량의 200배 이상을 저장하는 옥외탱크저장소
⑤ 암반탱크저장소
⑥ 이송취급소
⑦ 지정수량의 10배 이상의 위험물을 취급하는 일반취급소

(2) 예방규정 작성에 포함되어야 하는 내용

① 위험물의 안전관리업무를 담당하는 자의 직무 및 조직에 관한 사항
② 안전관리자가 여행·질병 등으로 인하여 그 직무를 수행할 수 없을 경우 그 직무의 대리자에 관한 사항
③ 자체소방대를 설치하여야 하는 경우에는 자체소방대의 편성과 화학 소방 자동차의 배치에 관한 사항
④ 위험물의 안전에 관계된 작업에 종사하는 자에 대한 안전 교육 및 훈련에 관한 사항
⑤ 위험물 시설 및 작업장에 대한 안전 순찰에 관한 사항
⑥ 위험물 시설·소방 시설 그 밖의 관련 시설에 대한 점검 및 정비에 관한 사항
⑦ 위험물 시설의 운전 또는 조작에 관한 사항
⑧ 위험물 취급 작업의 기준에 관한 사항
⑨ 이송취급소에 있어서는 배관 공사 현장 책임자의 조건 등 배관 공사 현장에 대한 감독체제에 관한 사항과 배관 주위에 있는 이송취급소 시설 외의 공사를 하는 경우 배관의 안전 확보에 관한 사항
⑩ 재난 그 밖의 비상 시의 경우에 취하여야 하는 조치에 관한 사항
⑪ 위험물의 안전에 관한 기록에 관한 사항
⑫ 제조소등의 위치·구조 및 설비를 명시한 서류와 도면의 정비에 관한 사항
⑬ 예방규정은 「산업안전보건법」 규정에 의한 안전보건관리규정과 통합하여 작성할 수 있다.
⑭ 예방규정을 제정하거나 변경한 경우에는 예방규정제출서에 제정 또는 변경한 예방규정 1부를 첨부하여 시·도지사 또는 소방서장에게 제출하여야 한다.

14. 자체소방대

다량의 위험물을 저장·취급하는 제조소등의 당해 사업소에는 자체소방대를 설치하여야 한다.

(1) 자체소방대 설치대상 사업소

제4류 위험물을 지정수량의 3천배 이상 취급하는 제조소 또는 일반취급소와 50만배 이상 저장하는 옥외탱크저장소에 설치할 것

(2) 자체소방대에 두는 화학소방자동차 및 인원★★★

사업소	사업소 지정수량의 양	화학 소방자동차	자체소방대원의 수
제조소 또는 일반취급소에서 취급하는 제4류 위험물의 최대수량의 합계	지정수량의 3천배 이상 12만배 미만인 사업소	1대	5인
	지정수량의 12만배 이상 24만배 미만인 사업소	2대	10인
	지정수량이 24만배 이상 48만배 미만인 사업소	3대	15인
	지정수량의 48배 이상인 사업소	4대	20인
옥외탱크저장소에 저장하는 제4류 위험물의 최대수량	50만배 이상인 사업소	2대	10인

※ 포말을 방사하는 화학소방차의 대수 : 상기 표의 규정대수의 $\frac{2}{3}$ 이상으로 할 수 있다.

(3) 화학소방자동차에 갖추어야 하는 소화능력 및 설비의 기준★★

화학소방자동차의 구분	소화능력 및 설비의 기준
포수용액 방사차	포수용액의 방사능력이 2,000l/분 이상일 것
	소화약액탱크 및 소화약 액혼합장치를 비치할 것
	10만 l 이상의 포수용액을 방사할 수 있는 양의 소화 약제를 비치할 것
분말 방사차	분말의 방사능력이 35kg/초 이상일 것
	분말탱크 및 가압용 가스 설비를 비치할 것
	1,400kg 이상의 분말을 비치할 것
할로겐화합물 방사차	할로겐 화합물의 방사 능력이 40kg/초 이상일 것
	할로겐 화합물 탱크 및 가압용 가스 설비를 비치할 것
	1,000kg 이상의 할로겐 화합물을 비치할 것
이산화탄소 방사차	이산화탄소의 방사능력이 40kg/초 이상일 것
	이산화탄소 저장용기를 비치할 것
	3,000kg 이상의 이산화탄소를 비치할 것
제독차	가성소다 및 규조토를 각각 50kg 이상 비치할 것

2 위험물 저장 및 취급 공통기준

1. 제조소등에서의 저장·취급 공통기준

(1) 중요기준

제조소등에서 허가 및 신고와 관련되는 품명 외의 위험물, 허가 및 신고와 관련되는 수량 또는 지정수량의 배수를 초과하는 위험물을 저장 또는 취급하지 아니하여야 한다.

(2) 세부기준

① 위험물을 저장 또는 취급하는 건축물, 공작물 및 설비는 당해 위험물의 성질에 따라 차광 또는 환기를 실시하여야 한다.

② 위험물은 온도계, 습도계, 압력계 그 밖의 계기를 감시하여 해당 위험물의 성질에 맞는 적정한 온도, 습도 또는 압력을 유지하도록 저장 또는 취급하여야 한다.

③ 위험물의 변질, 이물의 혼입 등에 의하여 당해 위험물의 위험성이 증대되지 아니하도록 필요한 조치를 강구하여야 한다

④ 위험물이 남아 있거나 남아 있을 우려가 있는 설비, 기계·기구, 용기 등을 수리하는 경우에는 안전한 장소에서 위험물을 완전하게 제거한 후에 실시하여야 한다.

⑤ 위험물을 용기에 수납하여 저장 또는 취급할 때에는 그 용기는 당해 위험물의 성질에 적응하고 파손·부식·균열 등이 없는 것으로 하여야 한다.

⑥ 가연성의 액체·증기 또는 가스가 새거나 체류할 우려가 있는 장소 또는 가연성의 미분이 현저하게 부유할 우려가 있는 장소에서는 전선과 전기기구를 완전히 접속하고 불꽃을 발하는 기계·기구·공구·신발 등을 사용하지 아니하도록 한다.

※ 가연성 증기 또는 가연성 미분이 체류할 염려가 있는 장소 : 인화점이 40℃ 미만의 위험물 또는 인화점 이상의 온도에서 위험물 또는 가연성 미분을 대기에 방치한 상태로 취급하고 있는 것을 말한다.

⑦ 위험물을 보호액에 보존하는 경우에는 해당 위험물이 보호액으로부터 노출되지 아니하도록 하여야 한다.

(3) 위험물의 유별 저장·취급의 공통기준★★★

① 제1류 위험물은 가연물과의 접촉·혼합이나 분해를 촉진하는 물품과의 접근 또는 과열·충격·마찰 등을 피하는 한편, 알칼리금속의 과산화물 및 이를 함유한 것에 있어서는 물과의 접촉을 피하여야 한다.

② 제2류 위험물은 산화제와의 접촉·혼합이나 불티·불꽃·고온체와의 접근 또는 과열을 피하는 한편, 철분·금속분·마그네슘 및 이를 함유한 것에 있어서는 물이나 산과의 접촉을 피하고 인화성 고체에 있어서는 함부로 증기를 발생시키지 아니하여야 한다.

③ 제3류 위험물 중 자연발화성물질에 있어서는 불티·불꽃 또는 고온체와의 접근·과열 또는 공기와의 접촉을 피하고, 금수성 물질에 있어서는 물과의 접촉을 피하여야 한다.

④ 제4류 위험물은 불티·불꽃·고온체와의 접근 또는 과열을 피하고, 함부로 증기를 발생시키지 아니하여야 한다.

⑤ 제5류 위험물은 불티·불꽃·고온체와의 접근이나 과열·충격 또는 마찰을 피하여야 한다.

⑥ 제6류 위험물은 가연물과의 접촉·혼합이나 분해를 촉진하는 물품과의 접근 또는 과열을 피하여야 한다.

2. 위험물 저장기준

(1) 중요기준★★★

① 저장소에는 위험물 외의 물품을 저장하지 아니하여야 한다.

② 유별을 달리하는 위험물은 동일한 저장소(내화구조의 격벽으로 완전히 구획된 실이 2 이상 있는 저장소에 있어서는 동일한 실)에 저장하지 아니하여야 한다. 다만, 옥내저장소 또는 옥외저장소에 있어서 다음의 각목의 규정에 의한 위험물을 저장하는 경우로서 위험물을 유별로 정리하여 저장하는 한편, 서로 1m 이상의 간격을 두는 경우에는 그러하지 아니하다.

- 제1류 위험물(알칼리금속의 과산화물 또는 이를 함유한 것은 제외)과 제5류 위험물을 저장하는 경우
- 제1류 위험물과 제6류 위험물을 저장하는 경우
- 제1류 위험물과 제3류 위험물 중 자연발화성물질(황린 또는 이를 함유한 것)을 저장하는 경우
- 제2류 위험물 중 인화성고체와 제4류 위험물을 저장하는 경우
- 제3류 위험물 중 알킬알루미늄 등과 제4류 위험물(알킬알루미늄 또는 알킬리튬을 함유한 것)을 저장하는 경우
- 제4류 위험물 중 유기과산화물과 제5류 위험물 중 유기과산화물 또는 이를 함유한 것을 저장하는 경우

③ 제3류 위험물 중 황린 그 밖에 물속에 저장하는 물품과 금수성 물질은 동일한 저장소에서 저장하지 아니하여야 한다.

④ 옥내저장소에서 동일 품명의 위험물이더라도 자연발화할 우려가 있는 위험물 또는 재해가 현저하게 중대할 우려가 있는 위험물을 다량 저장하는 경우에는 지정수량의 10배 이하마다 구분하여 상호간 0.3m 이상의 간격을 두어 저장하여야 한다. 다만, 위험물 또는 기계에 의하여 하역하는 구조로 된 용기에 수납한 위험물에 있어서는 그러하지 아니하다.

⑤ 옥내저장소에는 용기에 수납하여 저장하는 위험물의 온도가 55℃ 이하로 할 것

(2) 알킬알루미늄 등, 아세트알데히드 등 및 디에틸에테르 등의 저장기준(중요기준)★★★★

① 옥외저장탱크 또는 옥내저장탱크 중 압력탱크(최대상용압력이 대기압을 초과하는 탱크를 말한다.)에 있어서는 알킬알루미늄 등의 취출에 의하여 당해 탱크내의 압력이 상용압력 이하로 저하하지 아니하도록, 압력탱크 외의 탱크에 있어서는 알킬알루미늄 등의 취출이나 온도의

저하에 의한 공기의 혼입을 방지할 수 있도록 불활성의 기체를 봉입할 것

② 옥외저장탱크·옥내저장탱크 또는 이동저장탱크에 새롭게 알킬알루미늄 등을 주입하는 때에는 미리 당해 탱크 안의 공기를 불활성기체와 치환하여 둘 것

③ 이동저장탱크로부터 위험물을 저장 또는 취급하는 탱크에 인화점이 40℃ 미만인 위험물을 주입할 때에는 이동탱크저장소의 원동기를 정지시킬 것

④ 이동 저장탱크에 알킬알루미늄 등을 저장하는 경우에는 20kPa 이하의 압력으로 불활성의 기체를 봉입하여 둘 것

⑤ 옥외 저장탱크·옥내저장탱크 또는 지하저장탱크 중 압력탱크에 있어서는 아세트알데히드 등의 취출에 의하여 당해 탱크내의 압력이 상용압력 이하로 저하하지 아니하도록, 압력탱크 외의 탱크에 있어서는 아세트알데히드등의 취출이나 온도의 저하에 의한 공기의 혼입을 방지할 수 있도록 불활성 기체를 봉입할 것

⑥ 옥외저장탱크·옥내저장탱크·지하저장탱크 또는 이동저장탱크에 새롭게 아세트알데히드 등을 주입하는 때에는 미리 당해 탱크 안의 공기를 불활성기체와 치환하여 둘 것

⑦ 이동저장탱크에 아세트알데히드 등을 저장하는 경우에는 항상 불활성의 기체를 봉입하여 둘 것

⑧ 옥외저장탱크·옥내저장탱크 또는 지하저장탱크 중 압력탱크외의 탱크에 저장할 경우 유지해야 하는 온도★★★
  • 산화프로필렌, 디에틸에테르 : 30℃ 이하
  • 아세트 알데히드 : 15℃ 이하

⑨ 옥외저장탱크·옥내저장탱크 또는 지하저장탱크 중 압력탱크에 저장할 경우 아세트알드히드 등 또는 디에틸에테르 등은 40℃ 이하로 유지할 것★★★

⑩ 아세트알데히드 등 또는 디에틸 에테르 등을 이동저장탱크에 저장할 경우★★★
  • 보냉장치가 있는 경우 : 비점 이하
  • 보냉 장치가 없는 경우 : 40℃ 이하로 유지

(3) 세부기준

① 옥내 및 옥외 저장소에서 위험물을 저장할 경우 다음 각목의 규정에 의한 높이를 초과하여 용기를 겹쳐 쌓지 아니하여야 한다.★★★
  • 기계에 의하여 하역하는 구조로 된 용기만을 겹쳐 쌓는 경우에 있어서는 6m
  • 제4류 위험물 중 제3석유류, 제4석유류 및 동식물유류를 수납하는 용기만을 겹쳐 쌓는 경우에 있어서는 4m
  • 그 밖의 경우에 있어서는 3m

② 옥외저장탱크·옥내저장탱크 또는 지하저장탱크의 주된 밸브(액체의 위험물을 이송하기 위한 배관에 설치된 밸브 중 탱크의 바로 옆에 있는 것을 말한다) 및 주입구의 밸브 또는 뚜껑은 위험물을 넣거나 빼낼 때 외에는 폐쇄하여야 한다.

③ 옥외저장탱크의 주위에 방유제가 있는 경우에는 그 배수구를 평상시 폐쇄하여 두고, 해당 방유제의 내부에 유류 또는 물이 괴었을 때에는 지체없이 이를 배출하여야 한다.

④ 이동저장탱크에는 해당 탱크에 저장 또는 취급하는 위험물의 유별·품명·최대 수량 및 적재 중량을 표시하고 잘 보일 수 있도록 관리하여야 한다.

⑤ 이동저장탱크 및 그 안전장치와 그 밖의 부속배관은 균열, 결합불량, 극단적인 변형, 주입호스의 소상 등에 의한 위험물의 누설이 일어나지 아니하도록 하고, 해당 탱크의 배출 밸브는 사용 시 외에는 완전하게 폐쇄하여야 한다.

⑥ 알킬알루미늄등을 저장 또는 취급하는 이동탱크저장소에는 긴급시의 연락처, 응급조치에 관하여 필요한 사항을 기재한 서류, 방호복, 고무장갑, 밸브 등을 죄는 결합공구 및 휴대용 확성기를 비치하여야 한다.

⑦ 유황을 용기에 수납하지 아니하고 저장하는 옥외저장소에서는 유황을 경계표시의 높이 이하로 저장하고, 유황이 넘치거나 비산하는 것을 방지할 수 있도록 경계표시 내부의 전체를 난연성 또는 불연성의 천막 등으로 덮고 해당 천막 등을 경계표시에 고정하여야 한다.

3. 위험물 취급기준

(1) 위험물 취급 중 제조에 관한 기준
① 증류공정 : 위험물을 취급하는 설비의 경우 내부압력의 변동 등에 의하여 액체 또는 증기가 새지 않도록 할 것
② 추출공정 : 추출관의 내부압력이 비정상으로 상승하지 않도록 할 것
③ 건조공정 : 위험물의 온도가 국부적으로 상승하지 아니하는 방법으로 가열 또는 건조할 것
④ 분쇄공정 : 위험물의 분말이 현저하게 부유하고 있거나 위험물의 분말이 현저하게 기계, 기구 등에 부착하고 있는 상태로 그 기계, 기구를 취급하지 않을 것

(2) 위험물 취급 중 소비에 관한 기준
① 분사도장작업 : 방화상 유효한 격벽 등으로 구획된 안전한 장소에서 실시할 것
② 담금질 또는 열처리작업 : 위험물이 위험한 온도에 이르지 않도록 실시할 것
③ 버너를 사용하는 작업 : 버너의 역화를 방지하고 위험물이 넘치지 않도록 할 것

(3) 주유취급소, 판매취급소, 이송취급소 또는 이동탱크저장소에서의 위험물의 취급기준
① 자동차 등에 주유할 때 : 고정주유설비를 사용하여 직접 주유할 것
② 자동차 등에 인화점 40°C 미만의 위험물을 주유할 때 : 자동차 등의 원동기를 정지시킬 것★★★
③ 고객이 직접 주유하는 주유취급소 : 셀프용고정주유(급유)설비 외의 고정주유(급유)설비를 사용하여 고객에 의한 주유 또는 용기에 옮겨 담는 작업을 행하지 아니할 것

④ 이동저장탱크에 급유할 때 : 고정 급유설비를 사용하여 직접 급유할 것

⑤ 판매취급소에서 배합하거나 옮겨담을 수 있는 위험물의 종류

- 도료류
- 제1류 위험물 중 염소산염류
- 유황
- 인화점 38℃ 이상인 제4류 위험물

(4) 알킬알루미늄 및 아세트알데히드 등의 취급기준(중요기준)★★★

① 알킬알루미늄등의 제조소 또는 일반취급소에 있어서 알킬알루미늄등을 취급하는 설비에는 불활성의 기체를 봉입할 것

② 알킬알루미늄등의 이동탱크저장소에 있어서 이동저장탱크로부터 알킬알루미늄등을 꺼낼 때에는 동시에 200kPa 이하의 압력으로 불활성의 기체를 봉입할 것

③ 아세트알데히드등의 제조소 또는 일반취급소에 있어서 아세트알데히드등을 취급하는 설비에는 연소성 혼합기체의 생성에 의한 폭발의 위험이 생겼을 경우에 불활성의 기체 또는 수증기(아세트알데히드등을 취급하는 탱크 : 불활성 기체)를 봉입할 것

④ 아세트알데히드등의 이동탱크저장소에 있어서 이동저장탱크로부터 아세트알데히드 등을 꺼낼 때에는 동시에 100kPa 이하의 압력으로 불활성의 기체를 봉입할 것

4. 위험물 운반 및 운송기준

(1) 운반용기의 기준

1) 운반용기의 재질 : 강판, 알루미늄, 양철판, 유리, 금속판, 종이, 플라스틱, 섬유판, 고무류, 합성섬유, 삼, 짚 또는 나무로 한다.

2) 운반용기 적재방법

① 고체위험물 : 운반용기 내용적의 95% 이하의 수납률

② 액체위험물 : 운반용기 내용적의 98% 이하의 수납률(55℃에서 누설되지 않도록 공간용적 유지)

③ 제3류 위험물의 운반용기 수납기준

- 자연발화성물질 : 불활성기체 밀봉
- 자연발화성물질 이외 : 보호액 밀봉 또는 불활성기체 밀봉
- 알킬알루미늄, 알칼리튬 : 운반용기 내용적의 90% 이하 수납, 50℃에서 5% 이상 공간용적 유지

④ 운반용기 겹쳐 쌓는 높이 제한 : 3m 이하

⑤ 운반용기 적재 시 위험물에 따른 조치사항

차광성 피복을 해야 하는 경우	방수성 피복으로 덮어야 하는 경우
• 제1류 위험물 • 제3류 위험물 중 자연발화성 물질 • 제4류 위험물 중 특수인화물 • 제5류 위험물 • 제6류 위험물	• 제1류 위험물 중 알칼리금속의 과산화물 • 제2류 위험물 중 철분, 금속분, 마그네슘 • 제3류 위험물 중 금수성물질

※ 제5류 위험물 중 55℃ 이하의 온도에서 분해될 우려가 있는 것은 보냉 컨테이너에 수납하는 등 적정한 온도 관리를 할 것

 위험물 적재운반시 차광성 및 방수성 피복을 전부 해야 하는 위험물
  • 제1류 위험물 중 알칼리금속의 과산화물 : K_2O_2, Na_2O_2 등
  • 제3류 위험물 중 자연발화성 및 금수성 물질 : K, Na, R-Al, R-Li 등

⑥ 유별 위험물의 혼재기준

구분	제1류	제2류	제3류	제4류	제5류	제6류
제1류		×	×	×	×	○
제2류	×		×	○	○	×
제3류	×	×		○	×	×
제4류	×	○	○		○	×
제5류	×	○	×	○		×
제6류	○	×	×	×	×	

※ 이 표는 지정수량의 $\frac{1}{10}$ 이하의 위험물에 대하여는 적용하지 아니한다.

 서로 혼재 운반이 가능한 위험물(꼭 암기할 것)
  • ④와 ②, ③ : 4류와 2류, 4류와 3류
  • ⑤와 ②, ④ : 5류와 2류, 5류와 4류
  • ⑥과 ① : 6류와 1류

⑦ 운반용기 외부 표시사항
  • 위험물의 품명, 위험등급, 화학명 및 수용성(제4류 위험물의 수용성인 것에 한함)
  • 위험물의 수량

• 수납하는 위험물에 따른 주의사항

종류별	구분	주의사항
제1류 위험물(산화성고체)	알칼리금속의 과산화물	'화기·충격주의', '물기엄금', '가연물접촉주의'
	그 밖의 것	'화기·충격주의' 및 '가연물접촉주의'
제2류 위험물(가연성고체)	철분, 금속분, 마그네슘	'화기주의' 및 '물기엄금'
	인화성고체	'화기엄금'
	그 밖의 것	'화기주의'
제3류 위험물 (자연발화성 및 금수성물질)	자연발화성물질	'화기엄금' 및 '공기접촉엄금'
	금수성물질	'물기엄금'
제4류 위험물(인화성액체)	—	'화기엄금'
제5류 위험물(자기반응성물질)	—	'화기엄금' 및 '충격주의'
제6류 위험물(산화성액체)	—	'가연물접촉주의'

(2) 위험물의 운송기준

1) 이동탱크저장소에 의하여 위험물을 운송하는 자는 해당 위험물을 취급할 수 있는 국가기술자격자 또는 안전교육을 받은 자

2) 알킬알루미늄, 알킬리튬은 운송책임자의 감독·지원을 받아 운송하여야 한다.

※ 알킬알루미늄, 알킬리튬의 운송책임자의 자격
  • 해당 위험물의 취급에 관한 국가기술자격을 취득하고 관련 업무에 1년 이상 종사한 경력이 있는 자
  • 위험물의 운송에 관한 안전교육을 수료하고 관련 업무에 2년 이상 종사한 경력이 있는 자

3) 위험물 운송자의 기준

① 운전자를 2명 이상으로 장거리를 운송하는 경우
  • 고속국도에서는 340km 이상
  • 그 밖의 도로에서는 200km 이상

② 운전자를 1명 이상으로 운송하는 경우
  • 운송책임자를 동승시킨 경우
  • 운송하는 위험물이 제2류 위험물, 제3류 위험물(칼슘 또는 알루미늄의 탄화물을 함유한 것에 한함) 또는 제4류 위험물(특수인화물을 제외)인 경우
  • 운송도중에 2시간 이내마다 20분 이상씩 휴식하는 경우

※ 위험물 운송자는 위험물 안전카드를 전 위험물 모두(제1류~제6류) 휴대하여야 한다. 단, 제4류 위험물은 특수인화물, 제1석유류만 위험물 안전카드를 휴대한다.

(3) 위험물 저장탱크의 용량

1) 탱크의 용량 = 탱크의 내용적 − 탱크의 공간용적

2) 탱크의 공간용적의 구분

① 탱크의 공간용적 : 탱크의 내용적의 5/100 이상 10/100 이하(5~10% 이하)로 한다.

  ※ • 탱크의 최대용량(95%) : 공간용적 5%
   • 탱크의 최저용량(90%) : 공간용적 10%

② 소화설비를 설치하는 탱크의 공간용적(소화제 방출구를 탱크 안의 윗부분에 설치한 것에 한함) : 해당 소화설비의 소화약제 방출구 아래의 0.3m 이상 1m 미만 사이의 면으로부터 윗부분의 용적을 공간용적으로 한다.

③ 암반탱크의 공간용적 : 해당 탱크 내에 용출하는 7일간의 지하수의 양에 상당하는 용적과 해당 탱크의 내용적의 1/100 용적 중에서 큰 용적을 공간용적으로 한다.

3) 탱크의 내용적 계산방법

① 타원형탱크의 내용적

<table>
<tr><th>[양쪽이 볼록한 것]</th><th>[한쪽이 볼록하고 다른 한쪽은 오목한 것]</th></tr>
<tr><td> 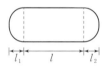</td><td> </td></tr>
<tr><td>∴ 내용적$(V) = \dfrac{\pi ab}{4}\left(l + \dfrac{l_1 + l_2}{3}\right)$</td><td>∴ 내용적$(V) = \dfrac{\pi ab}{4}\left(l + \dfrac{l_1 - l_2}{3}\right)$</td></tr>
</table>

② 원통형탱크의 내용적

<table>
<tr><th>[횡으로 설치한 것]</th><th>[종으로 설치한 것]</th></tr>
<tr><td> 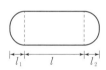</td><td> </td></tr>
<tr><td>∴ 내용적$(V) = \pi r^2\left(l + \dfrac{l_1 + l_2}{3}\right)$</td><td>∴ 내용적$(V) = \pi r^2 l$</td></tr>
</table>

01 위험물 안전관리자를 반드시 선임하여야 하는 시설이 아닌 것은?

① 옥외저장소   ② 옥외탱크저장소

③ 주유취급소   ④ 이동탱크저장소

해설

④ 이동탱크저장소(차량에 고정된 탱크에 위험물을 저장 또는 취급하는 저장소)

02 위험물안전관리법령 중 위험물의 운반에 관한 기준에 따라 운반 용기의 외부에 주의사항으로 '화기충격주의', '물기엄금' 및 '가연물접촉주의'를 표시하였다. 어떤 위험물에 해당하는가?

① 제1류 위험물 중 알칼리 금속의 과산화물

② 제2류 위험물 중 철분·금속분·마그네슘

③ 제3류 위험물 중 자연 발화성 물질

④ 제5류 위험물

03 질산나트륨 90kg, 유황20kg, 클로로벤젠 2000l를 저장하고 있을 경우 각각의 지정수량의 배수의 총합은 얼마인가?

① 2   ② 2.5

③ 3   ④ 3.5

해설

유별 및 지정수량

• 질산나트륨(제1류) : 300kg

• 유황(제2류) : 100kg

• 클로로벤젠(제4류 2석유류 비수용성) : 1000l

∴ 지정수량의 배수

$$= \frac{저장수량}{지정수량} = \frac{90kg}{300kg} + \frac{20kg}{100kg} + \frac{2000l}{1000l} = 2.5배$$

04 운반할 때 빗물의 침투를 방지하기 위하여 방수성이 있는 피복으로 덮어야 하는 위험물은?

① TNT   ② 이황화탄소

③ 과염소산   ④ 마그네슘

해설

적재위험물 성질에 따라 구분

차광성 덮개를 해야 하는 것	방수성 피복으로 덮어야 하는 것
• 제1류 위험물 • 제3류 위험물 중 자연발화성 물질 • 제4류 위험물 중 특수인화물 • 제5류 위험물 • 제6류 위험물	• 제1류 위험물 중 알칼리 금속의 과산화물 • 제2류 위험물 중 철분, 금속분, 마그네슘 • 제3류 위험물 중 금수성 물질

05 제4류 위험물을 취급하는 제조소에서 지정수량의 몇 배 이상을 취급할 경우 자체소방대를 설치하여야 하는가?

① 1000배   ② 2000배

③ 3000배   ④ 4000배

06 자체소방대에 두어야 하는 화학소방자동차 중 포수용액을 방사하는 화학소방자동차는 전체 법정 화학소방자동차 대수의 얼마 이상으로 하여야 하는가?

① 1/3   ② 2/3

③ 1/5   ④ 2/5

해설

화학소방차의 기준 : 포수용액을 방사하는 화학소방자동차의 대수는 규정에 의한 화학소방자동차의 대수의 3분의 2 이상으로 하여야 한다.

 정답   01 ④   02 ①   03 ②   04 ④   05 ③   06 ②

07 위험물안전관리법령상 다음 (   ) 안에 알맞은 수치는?

> 이동저장탱크로부터 위험물을 저장 또는 취급하는 탱크에 인화점이 (   )℃ 미만인 위험물을 주입할 때에는 이동 탱크 저장소의 원동기를 정지시킬 것

① 40
② 50
③ 60
④ 70

08 제조소 또는 일반취급소에서 취급하는 제4류 위험물의 최대 수량의 합이 지정수량의 12만배 미만인 사업소의 자체소방대에 두는 화학소방자동차와 자체소방대원의 기준으로 옳은 것은?

① 1대, 5인
② 2대, 10인
③ 3대, 15인
④ 4대, 20인

09 고체 위험물은 운반 용기 내용적의 몇 % 이하의 수납률로 수납하여야 하는가?

① 94%
② 95%
③ 98%
④ 99%

해설

위험물 수납률 : 고체 95% 이하, 액체 98% 이하로 하되 55℃의 온도에서 누설되지 아니하도록 충분한 공간 용적을 유지하도록 한다.

10 위험물안전관리법령상 위험물의 운반 용기 외부에 표시해야 할 사항이 아닌 것은? (단, 용기의 용적은 10L이며 원칙적인 경우에 한다.)

① 위험물의 화학명
② 위험물의 지정수량
③ 위험물의 품명
④ 위험물의 수량

11 옥외저장탱크·옥내저장탱크 또는 지하저장탱크 중 압력 탱크에 저장하는 아세트알데히드 등의 온도는 몇 ℃ 이하로 유지하여야 하는가?

① 30
② 40
③ 55
④ 65

해설

① 옥외 및·옥내저장탱크 또는 지하저장탱크 중 압력 탱크에 저장하는 경우
  • 아세트알데히드, 디에틸에테르 등 : 40℃ 이하 유지
② ①의 압력 탱크외의 탱크에 저장하는 경우
  • 산화프로필렌, 디에틸에테르 : 30℃ 이하
  • 아세트알데히드 : 15℃ 이하
③ 아세트알데히드등 또는 디에틸에테르등을 이동저장탱크에 저장할 경우
  • 보냉장치가 있는 경우 : 비점 이하
  • 보냉장치가 없는 경우 : 40℃ 이하 유지

12 화학소방자동차가 갖추어야 하는 소화능력 기준으로 틀린 것은?

① 포수용액 방사능력 : 2000L/min 이상
② 분말 방사능력 : 35kg/s 이상
③ 이산화탄소 방사능력 : 40kg/s 이상
④ 할로겐화합물 방사능력 : 50kg/s 이상

해설

④ 할로겐화합물 방사능력 : 40kg/s 이상

13 그림과 같이 횡으로 설치한 원형탱크의 용량은 약 몇 m³ 인가? (단, 공간용적은 내용적은 $\frac{10}{100}$이다.)

① 1690.9
② 1335.1
③ 1268.4
④ 1201.7

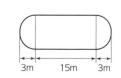

해설

$$v = \pi r^2 \left(L + \frac{L_1 + L_2}{3} \right) = 3.14 \times 5^2 \times \left(15 + \frac{3+3}{3} \right)$$
$$= 133.4 \times 0.9 = 1,201.05$$

(공간용적이 10%이므로 탱크용량은 0.9을 곱한다.)

14 적재시 일광의 직사를 피하기 위하여 차광성이 있는 피복으로 가려야 하는 것은?

① 메탄올   ② 과산화수소
③ 철분   ④ 가솔린

해설

① 제4류 알콜류 ② 제6류 ③ 제2류 ④ 제4류 제1석유류

차광성으로 피복해야 하는 경우	방수성의 덮게를 해야 하는 경우

제1류 위험물
제3류 위험물 중 자연발화성
   물질
제4류 위험물 중 특수인화물
제5류 위험물
제6류 위험물
	제1류 위험물 중 알칼리 금속
	   의 과산화물
	제2류 위험물 중 철분, 금속분,
	   마그네슘
	제3류 위험물 중 금수성 물질

15 다음 ( ) 안에 알맞은 수치와 용어를 옳게 나열한 것은?

> 이황화탄소의 옥외저장탱크는 벽 및 바닥의 두께가 ( )m 이상이고, 누수가 되지 아니하는 철근 콘크리트의 ( )에 넣어 보관하여야 한다.

① 0.2, 수조   ② 1.2, 수조
③ 1.2, 진공탱크   ④ 0.2, 진공탱크

해설

이황탄소(CS_2) : 제4류의 특수인화물
가연성 증기의 발생을 억제하기 위해 물속에 보관한다.

16 그림과 같은 타원형 위험물탱크의 내용적은 약 얼마인가? (단, 단위는 m이다.)

① 5.03㎥
② 7.52㎥
③ 9.03㎥
④ 19.05㎥

해설

타원형 탱크의 내용적

$$V = \frac{\pi ab}{4} \left(l + \frac{l_1 + l_2}{3} \right) = \frac{\pi \times 2 \times 1}{4} \left(3 + \frac{0.3 + 0.3}{3} \right)$$
$$= 5.03 \mathrm{m}^3$$

17 위험물안전관리법령에 따라 관계인이 예방규정을 정하여야 할 옥외탱크저장소에 저장되는 위험물의 지정수량 배수는?

① 100배 이상   ② 150배 이상
③ 200배 이상   ④ 250배 이상

해설

예방규정을 정하여야 하는 제조소등의 지정수량

- 제조소 : 10배 이상   • 옥외저장소 : 100배 이상
- 옥내저장소 : 150배 이상   • 옥외탱크저장소 : 200배 이상
- 암반탱크저장소   • 이송취급소
- 일반취급소 : 10배 이상(제외사항있음)

18 그림과 같은 위험물을 저장하는 탱크의 내용적은 약 몇 m³인가? (단, r은 10m, L은 25m이다.)

① 3612
② 4712
③ 5812
④ 7854

해설

탱크의 내용적(종으로 설치한 것)
$$V = \pi r^2 L = \pi \times 10^2 \times 25 = 7854 \mathrm{m}^3$$

19 제조소등의 관계인은 당해 제조소등의 용도를 폐지한 때에는 행정안전부령이 정하는 바에 따라 제조소등의 용도를 폐지한 날부터 며칠이내에 시·도지사에게 신고하여야 하는가?

① 5일　　　② 7일
③ 10일　　　④ 14일

해설

위험물 시설의 설치 및 변경
- 제조소등 설치 : 시·도지사 허가를 받을 것
- 제조소등의 위치, 구조, 위험물의 품명, 수량, 지정수량의 배수 등을 변경 : 변경하는 날의 1일 전까지 시·도지사에게 신고
- 제조소등의 설치자의 지위승계 : 30일 이내 시·도지사에게 신고
- 제조소등의 용도의 폐지 : 폐지한 날부터 14일 이내에 시·도지사에게 신고
- 과징금 처분 : 사용정지 처분에 갈음하여 2억원 이하의 과징금 부과

20 위험물의 운반에 관한 기준에서 적재 방법 기준으로 틀린 것은?

① 고체 위험물은 운반 용기의 내용적 95% 이하의 수납률로 수납할 것
② 액체 위험물은 운반 용기의 내용적 98% 이하의 수납률로 수납할 것
③ 알킬알루미늄은 운반 용기 내용적의 95% 이하의 수납률로 수납하되, 50℃의 온도에서 5%이상의 공간 용적을 유지할 것
④ 제3류 위험물 중 자연 발화성 물질에 있어서는 불활성 기체를 봉입하여 밀봉하는 등 공기와 접하지 아니하도록 할 것

해설

알킬알루미늄 등은 운반용기의 내용적의 90% 이하의 수납률로 수납하되, 5% 이상의 공간용적을 유지하도록 할 것

21 다음 (　) 안에 들어갈 알맞은 단어는?

보냉장치가 있는 이동저장탱크에 저장하는 아세트알데히드 등 또는 디에틸에테르 등의 온도는 당해 위험물의 (　　　) 이하로 유지하여야 한다.

① 비점　　　② 인화점
③ 융해점　　　④ 발화점

해설

- 보냉장치가 있을 경우 : 비점 이하 유지
- 보냉장치가 없을 경우 : 40℃ 이하 유지

22 운송 책임자의 감독·지원을 받아 운송하여야 하는 위험물은?

① 알킬알루미늄　　　② 금속나트륨
③ 메틸에틸케톤　　　④ 트리니트로톨루엔

해설

운송책임자의 감독·지원을 받아 운송하여야 하는 위험물
- 알킬알루미늄
- 알킬리튬
- 알킬알루미늄 또는 알킬리튬의 물질을 함유하는 위험물

23 횡으로 설치한 원통형 위험물 저장 탱크의 내용적이 500*l*일 때 공간 용적은 최소 몇 *l*이어야 하는가? (단, 원칙적인 경우에 한한다.)

① 15　　　② 25
③ 35　　　④ 50

해설

위험물 탱크의 공간용적 : 5~10%
- 최소 5% : 500L×0.05=25*l*
- 최대 10% : 500L×0.1=50*l*

Chapter 2

위험물 제조소등의 시설기준

1 제조소

1. 제조소의 안전거리★★★

(1) 제조소(제6류 위험물을 취급하는 제조소는 제외)

건축물의 외벽 또는 공작물의 외측으로부터 해당 제조소의 외벽 또는 이에 상당하는 공작물의 외측까지의 수평거리를 안전거리라 한다.

건축물(대상물)	안전거리
사용전압 7,000[V] 초과 35,000[V] 이하의 특고압가공전선	3[m] 이상
사용전압 35,000[V] 초과의 특고압가공전선	5[m] 이상
주거용(제조소가 설치된 부지 내에 있는 것은 제외)	10[m] 이상
고압가스, 액화석유가스, 도시가스의 시설	20[m] 이상
학교, 병원, 극장(300명 이상), 복지시설(20명 이상)	30[m] 이상
유형문화재, 지정문화재	50[m] 이상

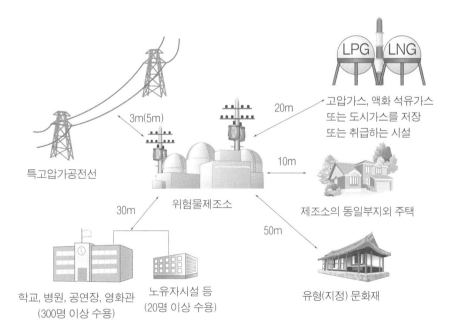

특고압가공전선

3m(5m)

위험물제조소

20m

고압가스, 액화 석유가스 또는 도시가스를 저장 또는 취급하는 시설

10m

제조소의 동일부지외 주택

30m

학교, 병원, 공연장, 영화관 (300명 이상 수용)

노유자시설 등 (20명 이상 수용)

50m

유형(지정) 문화재

(2) 제조소등의 안전거리의 단축기준

방화상 유효한 담을 설치한 경우의 안전거리는 다음 표와 같다.

구분	취급하는 위험물의 최대수량 (지정수량의 배수)	안전거리(이상)		
		주거용 건축물	학교·유치원 등	문화재
제조소·일반취급소	10배 미만	6.5	20	35
	10배 미만	7.0	22	38
옥내저장소	5배 미만	4.0	12.0	23.0
	5배 이상 10배 미만	4.5	12.0	23.0
	10배 이상 20배 미만	5.0	14.0	26.0
	20배 이상 50배 미만	6.0	18.0	32.0
	50배 이상 200배 미만	7.0	22.0	38.0
옥외탱크저장소	500배 미만	6.0	18.0	32.0
	500배 이상 1,000배 미만	7.0	22.0	38.0
옥외저장소	10배 미만	6.0	18.0	32.0
	10배 이상 20배 미만	8.5	25.0	44.0

(3) 방화상 유효한 담의 높이

> - $H \leq pD^2 + a$인 경우 : $h = 2$
> - $H > pD^2 + a$인 경우 : $h = H - p(D^2 - d^2)$

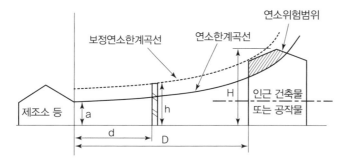

여기서,
- D : 제조소등과 인근 건축물 또는 공작물과의 거리(m)
- H : 인근 건축물 또는 공작물의 높이(m)
- a : 제조소등의 외벽의 높이(m)
- d : 제조소등과 방화상 유효한 담과의 거리(m)
- h : 방화상 유효한 담의 높이(m)
- p : 상수

① 앞의 식에 의하여 산출된 수치가 2 미만일 때에는 담의 높이는 2m로, 4 이상일 때는 담의 높이를 4m로 하되, 다음의 소화설비를 보강하여야 한다.

- 당해 제조소등의 소형소화기 설치대상인 것에 있어서는 대형소화기를 1개 이상 증설을 할 것
- 당해 제조소등이 옥내소화전설비·옥외소화전설비·스프링클러설비·물분무소화설비·포소화설비·이산화탄소소화설비·할로겐화합물소화설비 또는 분말소화전설비 설치대상인 것에 있어서는 반경 30m마다 대형소화기 1개 이상을 증설할 것

② 방화상 유효한 담
- 제조소등으로부터 5m 미만의 거리에 설치할 경우 : 내화구조
- 제조소등으로부터 5m 이상의 거리에 설치할 경우 : 불연재료
- 제조소등의 벽을 높게 하여 방화상 유효한 담을 갈음할 경우 : 벽을 내화구조로 하고 개구부를 설치하여서는 아니된다.

2. 제조소의 보유공지★★

(1) 위험물을 취급하는 건축물의 주위에는 위험물의 최대수량에 따라 공지를 보유해야 한다.

취급하는 위험물의 최대수량	공지의 너비
지정수량의 10배 이하	3m 이상
지정수량의 10배 초과	5m 이상

(2) 제조소의 작업에 현저한 지장이 생길 우려가 있는 당해 제조소와 다른 작업장 사이에 기준에 따라 방화상 유효한 격벽을 설치한 때에는 공지를 보유하지 아니할 수 있다.
① 방화벽은 내화구조로 할 것(단, 제6류 위험물인 경우에는 불연재료로 할 수 있다)
② 방화벽에 설치하는 출입구 및 창 등의 개구부는 가능한 한 최소로 하고, 출입구 및 창에는 자동폐쇄식의 갑종방화문을 설치할 것
③ 방화벽의 양단 및 상단이 외벽 또는 지붕으로부터 50cm 이상 돌출하도록 할 것

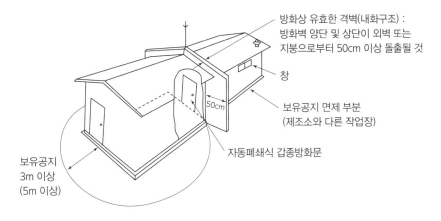

방화상 유효한 격벽(내화구조) :
방화벽 양단 및 상단이 외벽 또는
지붕으로부터 50cm 이상 돌출될 것

창

50cm

보유공지 면제 부분
(제조소와 다른 작업장)

자동폐쇄식 갑종방화문

보유공지
3m 이상
(5m 이상)

3. 제조소의 표지 및 게시판

(1) 표지의 설치기준★★

① 표지의 기재사항 : '위험물 제조소'라고 표지하여 설치

② 표지의 크기 : 한변의 길이 0.3m 이상 다른 한변의 길이 0.6m 이상

③ 표지의 색상 : 백색바탕에 흑색 문자

(2) 게시판 설치기준★★

① 기재사항 : 위험물의 유별·품명 및 저장최대수량 또는 취급최대수량, 지정수량의 배수 및 안전관리자의 성명 또는 직명

② 게시판의 크기 : 한변의 길이가 0.3m 이상, 다른 한변의 길이가 0.6m 이상인 직사각형

③ 게시판의 색상 : 백색바탕에 흑색문자

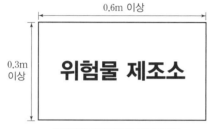

(위험물의 제조소의 표지판)

유별	제4류 제1석유류
품명	가솔린
취급 최대 수량	100,000리터
지정수량 배수	500배
위험물 안전관리자	은송기

(위험물 제조소의 게시판)

(3) 주의사항 표시 게시판★★★★

위험물의 종류	주의사항	게시판의 색상	크기
제1류 위험물중 알칼리금속의 과산화물 제3류 위험물중 금수성 물질	물기 엄금	청색 바탕에 백색 문자	한변 : 0.3m이상 다른한변 : 0.6m 이상
제2류 위험물 (인화성 고체는 제외)	화기주위	적색바탕에 백색문자	
제2류 위험물 중 인화성 고체 제3류 위험물 중 자연 발화성 물질 제4류 위험물 제5류위험물	화기엄금		

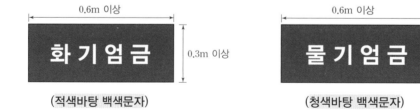

(적색바탕 백색문자)   (청색바탕 백색문자)

4. 제조소 건축물의 구조★★★★

① 지하층이 없도록 하여야 한다.

② 벽, 기둥, 바닥, 보, 서까래 및 계단을 불연재료로 하고, 연소의 우려가 있는 외벽은 개구부가 없는 내화구조의 벽으로 할 것

③ 지붕은 폭발력이 위로 방출될 정도의 가벼운 불연재료로 덮어야 한다.

> ※ 지붕을 내화구조로 할 수 있는 경우
> ① 제2류 위험물(분상의 것과 인화성 고체는 제외)
> ② 제4류 위험물 중 제4석유류, 동식물유류
> ③ 제6류 위험물
> ④ 밀폐형 구조의 건축물로서 다음 조건을 갖출 경우
> ·발생할 수 있는 내부의 과압(過壓) 또는 부압(負壓)에 견딜 수 있는 철근콘크리트 구조일 것
> ·외부화재에 90분 이상 견딜 수 있는 구조일 것

④ 출입구와 비상구에는 갑종방화문 또는 을종방화문을 설치하되, 연소의 우려가 있는 외벽에 설치하는 출입구에는 수시로 열 수 있는 자동폐쇄식의 갑종방화문을 설치하여야 한다.

⑤ 위험물을 취급하는 건축물의 창 및 출입구의 유리는 망입유리로 할 것

⑥ 액체의 위험물을 취급하는 건축물의 바닥은 위험물이 스며들지 못하는 재료를 사용하고, 적당한 경사를 두어 그 최저부에 집유설비를 하여야 한다.

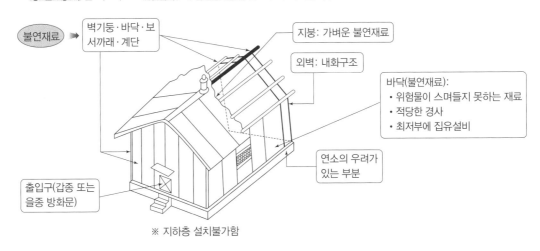

[위험물 제조소 건축물의 구조]

5. 채광, 조명 및 환기설비

(1) 채광설비 : 불연재료로 하고, 연소의 우려가 없는 장소에 설치하되 채광면적을 최소로 할 것

(2) 조명설비

① 가연성가스 등이 체류할 우려가 있는 장소의 조명등은 방폭등으로 할 것

② 전선은 내화, 내열전선으로 할 것

③ 점멸스위치는 출입구 바깥부분에 설치할 것

(3) 환기설비의 기준

① 환기는 자연배기방식으로 할 것

② 급기구는 당해 급기구가 설치된 실의 바닥면적 150m² 마다 1개 이상으로 하되, 급기구의 크기는 800cm² 이상으로 할 것(단, 바닥면적이 150m² 미만인 경우에는 다음의 크기로 할 것)

바닥면적	급기구의 면적
60m² 미만	150cm² 이상
60m² 이상 90m² 미만	300cm² 이상
90m² 이상 120m² 미만	450cm² 이상
120m² 이상 150m² 미만	600cm² 이상

③ 급기구는 낮은 곳에 설치하고 가는 눈의 구리망 등으로 인화방지망을 설치할 것

④ 환기구는 지붕위 또는 지상 2m 이상의 높이에 회전식 고정벤틸레이터 또는 루프팬방식으로 설치할 것

6. 배출설비

가연성 증기 또는 미분이 체류할 우려가 있는 건축물에는 그 증기 또는 미분을 옥외의 높은 곳으로 배출할 수 있도록 배출설비를 설치하여야 한다.

① 배출설비는 국소방식으로 할 것

> ※ 전역방식으로 할 수 있는 경우
> • 위험물취급설비가 배관이음 등으로만 된 경우
> • 건축물의 구조, 작업장소의 분포 등의 조건에 의하여 전역방식이 유효한 경우

② 배출설비는 배풍기, 배출덕트, 후드 등을 이용하여 강제적으로 배출하는 것으로 할 것

③ 배출능력은 1시간당 배출장소 용적의 20배 이상인 것으로 하여야 한다(단, 전역방식의 경우에는 바닥면적 1m²당 18m³ 이상으로 할 수 있다).

④ 배출설비의 급기구 및 배출구는 다음 각목의 기준에 의한다.

- 급기구는 높은 곳에 설치하고, 가는 눈의 구리망 등으로 인화방지망을 설치할 것
- 배출구는 지상 2m 이상으로서 연소의 우려가 없는 장소에 설치하고, 배출덕트가 관통하는 벽부분의 바로 가까이에 화재시 자동으로 폐쇄되는 방화댐퍼를 설치할 것

⑤ 배풍기는 강제배기방식으로 하고, 옥내덕트의 내압이 대기압 이상이 되지 않는 위치에 설치할 것

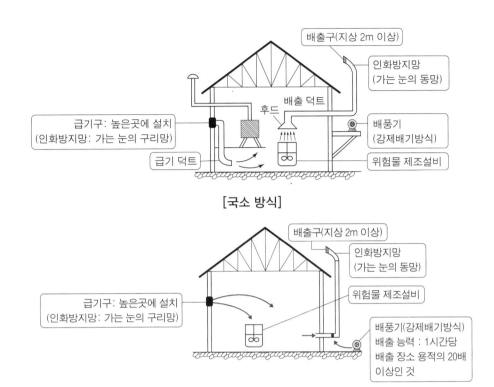

[국소 방식]

[전역 방식]

7. 옥외설비의 바닥(옥외에서 액체위험물을 취급할 경우)★★

① 바닥의 둘레에 높이 0.15m 이상의 턱을 설치할 것

② 바닥의 최저부에 집유설비를 할 것

③ 위험물(온도 20°C의 물 100g에 용해되는 양이 1g 미만인 것에 한함)을 취급하는 설비에 있어서는 당해 위험물이 직접 배수구에 흘러들어가지 않도록 집유설비에 유분리장치를 설치할 것

> ※ 집유설비 : 바닥에 웅덩이를 파서 흘러나온 위험물 등이 고이도록 한 설비
> ※ 유분리장치 : 누출된 물에 녹지 않는 위험물과 물 등의 이물질을 분리하는 장치

8. 기타설비

(1) 압력계 및 안전장치

위험물의 압력이 상승할 우려가 있는 설비에는 압력계 및 안전장치를 설치하여야 한다.

① 자동적으로 압력의 상승을 정지시키는 장치

② 감압측에 안전밸브를 부착한 감압밸브

③ 안전밸브를 병용하는 경보장치

④ 파괴판(위험물의 성질에 따라 안전밸브의 작동이 곤란한 가압설비에 한함)

(2) 정전기 제거설비★★★★

① 접지에 의한 방법

② 공기 중의 상대습도를 70% 이상으로 하는 방법

③ 공기를 이온화하는 방법

(3) 피뢰설비★★

지정수량의 10배 이상의 위험물을 취급하는 제조소(제6류 위험물을 취급하는 위험물제조소를 제외한다)에는 피뢰침을 설치하여야 한다.

9. 위험물 취급탱크의 방유제(지정수량 1/5 미만은 제외)★★★

(1) 위험물 제조소의 옥외에 있는 위험물 취급탱크의 방유제 용량

① 하나의 취급탱크의 방유제의 용량 : 당해 탱크 용량의 50% 이상

② 2기 이상의 취급탱크의 방유제의 용량 : 당해 탱크 중 최대인 탱크 용량의 50%+나머지 탱크 용량 합계의 10%

※ 이 경우 방유제 용량은 당해 방유제의 내용적에서 다음의 것을 뺀 것으로 한다.

• 용량이 최대인 탱크 외의 탱크의 방유제 높이 이하 부분의 용적

• 당해 방유제 내에 있는 모든 탱크의 지반면 이상 부분의 기초의 체적과 간막이둑의 체적

• 당해 방유제 내에 있는 배관등의 체적

(2) 위험물 제조소의 옥내에 설치하는 위험물 취급탱크의 방유턱의 용량

① 하나의 취급탱크의 방유턱의 용량 : 당해탱크 용량 이상

② 2기 이상의 취급탱크의 방유턱의 용량 : 최대탱크 용량 이상

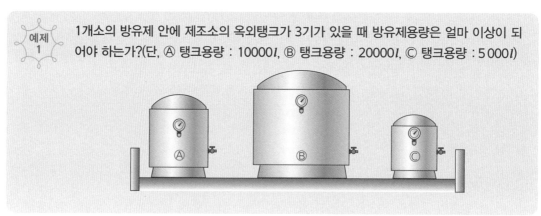

> **예제 1**
> 1개소의 방유제 안에 제조소의 옥외탱크가 3기가 있을 때 방유제용량은 얼마 이상이 되어야 하는가?(단, Ⓐ 탱크용량 : 10000*l*, Ⓑ 탱크용량 : 20000*l*, Ⓒ 탱크용량 : 5000*l*)

풀이   방유제 용량=제일 큰 탱크 용량의 50%+나머지 탱크 용량의 10%

$$=(20000l \times 0.5)+[(10000l+5000l) \times 0.1]=11500l$$

∴ 방유제 용량 : 11500*l* 이상되어야 한다.

정답 | 11500*l*

10. 위험물의 성질에 따른 제조소의 특례

(1) 알킬알루미늄 등을 취급하는 제조소의 특례

알킬알루미늄 등을 취급하는 설비에는 불활성기체를 봉입하는 장치를 갖출 것

※ 알킬알루미늄 등 : 제3류 위험물(금수성물질) 중 알킬알루미늄, 알킬리튬 또는 이 중 어느 하나 이상을 함유한 것

(2) 아세트알데히드 등을 취급하는 제조소의 특례

① 취급하는 설비는 은(Ag), 수은(Hg), 동(Cu), 마그네슘(Mg) 또는 이들의 합금으로 만들지 않을 것

② 취급하는 설비에는 연소성 혼합기체의 생성 시 폭발을 방지하기 위한 불활성기체 또는 수증기를 봉입하는 장치를 갖출 것

※ 아세트알데히드 등 : 제4류 위험물 중 특수인화물의 아세트알데히드, 산화프로필렌 또는 이 중 어느 하나 이상 함유한 것
고인화점 위험물 : 제4류 위험물 중 인화점이 100℃ 이상인 것

(3) 히드록실아민 등을 취급하는 제조소의 특례

① 지정수량 이상 취급하는 제조소는 안전거리를 둘 것

※ 안전거리의 계산식 $D = \dfrac{51.1 \cdot N}{3}$

$\begin{bmatrix} D : \text{거리(m)} \\ N : \text{당해 제조소에서 취급하는 히드록실아민 등의 지정수량의 배수} \end{bmatrix}$

② 히드록실아민 등을 취급하는 설비에는 히드록실아민 등의 **온도** 및 **농도**의 상승에 의한 위험한 반응을 방지하기 위한 조치를 강구할 것

③ 히드록실아민 등을 취급하는 설비에는 **철이온** 등의 혼입에 의한 위험한 반응을 방지하기 위한 조치를 강구할 것

※ 히드록실아민 등 : 제5류 위험물 중 히드록실아민·히드록실아민 염류 또는 이 중 어느 하나 이상을 함유한 것

01 위험물안전관리법령에 따른 안전거리 규제를 받는 위험물 시설이 아닌 것은?

① 제6류 위험물 제조소
② 제1류 위험물 일반취급소
③ 제4류 위험물 옥내 저장소
④ 제5류 위험물 옥외 저장소

02 제조소에서 취급하는 위험물의 최대 수량이 지정수량의 20배인 경우 보유 공지의 너비는 얼마인가?

① 3m 이상
② 5m 이상
③ 10m 이상
④ 20m 이상

해설

위험물 제조소의 보유공지

취급 위험물의 최대수량	공지의 너비
지정수량의 10배 이하	3m 이상
지정수량의 10배 초과	5m 이상

03 위험물 제조소의 배출설비 기준 중 국소방식의 경우 배출 능력은 1시간당 배출 장소 용적의 몇 배 이상으로 해야 하는가?

① 10배
② 20배
③ 30배
④ 40배

해설

배출 능력은 1시간당 배출 장소 용적의 20배 이상인 것으로 하여야 한다. 다만, 전역 방식의 경우에는 바닥 면적 1m² 당 18m³ 이상으로 할 수 있다.

04 위험물 제조소는 문화재보호법에 의한 유형 문화재로부터 몇 m 이상의 안전거리를 두어야 하는가?

① 20m
② 30m
③ 40m
④ 50m

해설

제조소의 안전거리(제6류 위험물은 제외)

건축물	안전거리
사용전압이 7,000V 초과 35,000V 이하	3m 이상
사용전압이 3,500V 초과	5m 이상
주거용	10m 이상
고압가스, 액화석유가스, 도시가스	20m 이상
학교, 병원, 극장, 복지시설	30m 이상
유형문화재, 지정문화재	50m 이상

05 위험물 제조소등의 안전거리의 단축 기준과 관련해서 $H \leq pD^2 + a$인 경우 방화상 유효한 담의 높이는 2m 이상으로 한다. 다음 중 a에 해당되는 것은?

① 인근 건축물의 높이(m)
② 제조소등의 외벽의 높이(m)
③ 제조소등과 공작물과의 거리(m)
④ 제조소등과의 방화상 유효한 담과의 거리(m)

해설

$H \leq pD^2 + a$

$\begin{bmatrix} D : \text{제조소등과 인근 건축물 또는 공작물과의 거리(m)} \\ H : \text{인근 건축물 또는 공작물의 높이(m)} \\ a : \text{제조소등의 외벽의 높이(m)} \\ p : \text{상수} \end{bmatrix}$

 정답 01 ① 02 ② 03 ② 04 ④ 05 ②

06 위험물 제조소 건축물의 구조 기준이 아닌 것은?

① 출입구에는 갑종 방화문 또는 을종 방화문을 설치할 것

② 지붕은 폭발력이 위로 방출될 정도의 가벼운 불연 재료로 덮을 것

③ 벽, 기둥, 바닥, 보, 서까래 및 계단은 불연재료로 하고 연소 우려가 있는 외벽은 개구부가 없는 내화 구조로 할 것

④ 산화성 고체, 가연성 고체 위험물을 취급하는 건축물의 바닥은 위험물이 스며들지 못하는 재료를 사용할 것

해설

액체의 위험물을 취급하는 건축물의 바닥은 위험물이 스며들지 못하는 재료를 사용하고, 적당한 경사를 두어 그 최저부에 집유 설비를 할 것

07 주거용 건축물과 위험물 제조소와의 안전거리를 단축할 수 있는 경우는?

① 제조소가 위험물의 화재 진압을 하는 소방서와 근거리에 있는 경우

② 취급하는 위험물의 최대 수량(지정수량의 배수)이 10배 미만이고 기준에 의한 방화상 유효한 벽을 설치한 경우

③ 위험물을 취급하는 시설이 철근콘크리트 벽일 경우

④ 취급하는 위험물이 단일 품목일 경우

08 위험물 제조소의 환기설비 설치 기준으로 옳지 않은 것은?

① 환기구는 지붕 위 또는 지상 2m 이상의 높이에 설치할 것

② 급기구는 바닥 면적 150㎡ 마다 1개 이상으로 할 것

③ 환기는 자연 배기 방식으로 할 것

④ 급기구는 높은 곳에 설치하고 인화 방지망을 설치할 것

해설

급기구는 낮은 곳에 설치하고, 가는 눈의 구리망 등으로 인화 방지망을 설치한다.

09 히드록실아민을 취급하는 제조소에 두어야 하는 최소한의 안전거리(D)를 구하는 산식으로 옳은 것은? (단, N은 당해 제조소에서 취급하는 히드록실아민의 지정수량 배수를 나타낸다.)

① $D = \dfrac{40 \times N}{3}$ ② $D = \dfrac{51.5 \times N}{3}$

③ $D = \dfrac{55 \times N}{3}$ ④ $D = \dfrac{62.1 \times N}{3}$

10 제조소의 건축물 구조 기준 중 연소의 우려가 있는 외벽은 출입구 외의 개구부가 없는 내화 구조의 벽으로 하여야 한다. 이때 연소의 우려가 있는 외벽은 제조소가 설치된 부지의 경계선에서 몇 m 이내에 있는 외벽을 말하는가? (단, 단층 건물일 경우이다.)

① 3   ② 4

③ 5   ④ 6

해설

• 연소의 우려가 있는 외벽은 다음에 정한 선을 가산점으로 하여 3m (2층 이상의 층은 5m) 이내에 있는 제조소등의 외벽을 말한다.

• 제조소등이 설치된 부지의 경계선, 도로의 중심선, 동일 부지 내의 다른 건축물의 외벽간의 중심선

11 위험물안전관리법령상 제조소의 위치, 구조 및 설비의 기준에 따르면 가연성 증기가 체류할 우려가 있는 건축물은 배출 장소의 용적이 500m³일 때 시간당 배출 능력(국소 방식)을 얼마 이상인 것으로 하여야 하는가?

① 5,000m³   ② 10,000m³

③ 20,000m³   ④ 30,000m³

해설

제조소의 배출능력 : 1시간당 배출장소 용적의 20배 이상

∴ $500\text{m}^3 \times 20 = 10,000\text{m}^3$

1. 옥내저장소의 안전거리

(1) 옥내저장소의 안전거리 : 제조소와 동일하다

(2) 옥내저장소의 안전거리 제외 대상

① 제4석유류 또는 동식물유류의 위험물을 저장 또는 취급하는 옥내저장소로서 그 최대수량이 지정수량의 20배 미만인 것

② 제6류 위험물을 저장 또는 취급하는 옥내저장소

③ 지정수량의 20배(하나의 저장창고의 바닥면적이 $150m^2$ 이하인 경우에는 50배)이하의 위험물을 저장 또는 취급하는 옥내저장소로서 다음의 기준에 적합한 것

- 저장창고의 벽, 기둥, 바닥, 보 및 지붕이 내화구조인 것
- 저장창고의 출입구에 수시로 열 수 있는 자동폐쇄방식의 갑종방화문이 설치되어 있을 것
- 저장창고에 창을 설치하지 아니할 것

2. 옥내저장소의 보유공지

저장 또는 취급하는 위험물의 최대수량	공지의 너비	
	벽, 기둥 및 바닥이 내화구조로 된 건축물	그 밖의 건축물
지정수량의 5배 이하		0.5m 이상
지정수량의 5배 초과 10배 이하	1m 이상	1.5m 이상
지정수량의 10배 초과 20배 이하	2m 이상	3m 이상
지정수량의 20배 초과 50배 이하	3m 이상	5m 이상
지정수량의 50배 초과 200배 이하	5m 이상	10m 이상
지정수량의 200배 초과	10m 이상	15m 이상

※ 단, 지정수량의 20배를 초과하는 옥내저장소와 동일한 부지내에 있는 다른 옥내저장소와의 사이에는 동표에 정하는 공지의 너비의 1/3(당해 수치가 3m 미만인 경우에는 3m)의 공지를 보유할 수 있다.

3. 옥내저장소의 표지 및 게시판

① 표지내용 : '위험물 옥내저장소'

② 그 외의 기준은 위험물제조소와 동일하다.

4. 옥내저장소의 저장창고 기준

(1) 전용으로 하는 독립된 건축물로 할 것

(2) 지면에서 처마 높이는 6m 미만인 단층건물로 하고 그 바닥은 지반면보다 높게 할 것

(3) 제2류 또는 제4류의 위험물만을 저장하는 경우 처마높이를 20m 이하로 할 수 있는 경우

① 벽, 기둥, 보 및 바닥을 내화구조로 할 것

② 출입구에 갑종방화문을 설치할 것

③ 피뢰침을 설치할 것(안전상 지장이 없는 경우에는 제외)

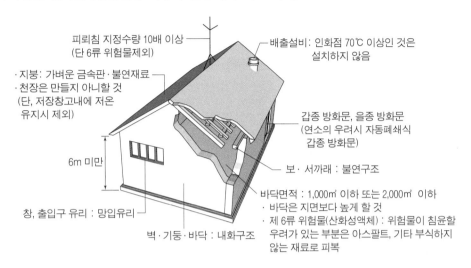

[옥내저장소의 구조]

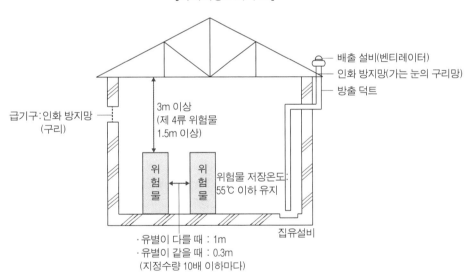

[옥내저장소의 측면도]

(4) 하나의 저장창고의 바닥 면적(2이상 구획된 식은 바닥면적의 합계)★★★

위험물을 저장하는 창고	바닥 면적
① 제1류 위험물 중 아염소산염류, 염소산염류, 과염소산염류, 무기과산화물 그 밖에 지정수량이 50kg인 위험물 ② 제3류 위험물 중 칼륨, 나트륨, 알킬알루미늄, 알킬리튬 그 밖에 지정수량이 10kg인 위험물 및 황린 ③ 제4류 위험물 중 특수인화물, 제1석유류 및 알코올류 ④ 제5류 위험물 중 유기과산화물, 질산에스테르류 그 밖에 지정수량이 10kg인 위험물 ⑤ 제6류 위험물	1000m² 이하
①~⑤ 외의 위험물을 저장하는 창고	2000m² 이하
상기의 전항목에 해당하는 위험물을 내화구조의 격벽으로 완전히 구획된 실에 각각 저장하는 창고(①~⑤의 위험물을 저장하는 실의 면적은 500m²를 초과할 수 없다)	1500m² 이하

(5) 저장창고의 벽·기둥 및 바닥은 내화구조로 하고, 보와 서까래는 불연재료로 할 것
  ① 벽, 기둥, 바닥을 불연재료로 할 수 있는 경우
  - 지정수량의 10배 이하의 위험물의 저장창고
  - 제2류 위험물(인화성 고체는 제외)
  - 제4류 위험물(인화점이 70°C 미만은 제외)만의 저장창고

(6) 저장창고는 지붕을 폭발력이 위로 방출될 정도의 가벼운 불연재료로 하고, 천장을 만들지 말 것
  ① 지붕을 내화구조로 할 수 있는 경우
  - 제2류 위험물(분상의 것과 인화성 고체는 제외)
  - 제6류 위험물만의 저장창고
  ② 천장을 난연재료 또는 불연재료로 설치할 수 있는 경우
  - 제5류 위험물만의 저장창고(당해 저장창고내의 온도를 저온으로 유지하기 위함)

(7) 저장창고의 출입구에는 갑종방화문 또는 을종방화문을 설치하되, 연소의 우려가 있는 외벽에 있는 출입구에는 수시로 열 수 있는 자동폐쇄식의 갑종방화문을 설치할 것
  ※ 저장창고의 창 또는 출입구에 유리를 이용하는 경우에는 망입유리로 할 것

(8) 저장창고의 바닥은 물이 스며 나오거나 스며들지 아니하는 구조로 해야 할 위험물★★
  ① 제1류 위험물 중 알칼리금속의 과산화물
  ② 제2류 위험물 중 철분, 금속분, 마그네슘
  ③ 제3류 위험물 중 금수성물질
  ④ 제4류 위험물

(9) 액상의 위험물의 저장창고의 바닥은 위험물이 스며들지 아니하는 구조로 하고, 적당하게 경사지게 하여 그 최저부에 집유설비를 하여야 한다.

5. 다층 건물의 옥내저장소의 기준

① 저장 가능한 위험물

- 제2류 위험물(인화성 고체는 제외)

- 제4류 위험물(인화점이 70℃ 미만은 제외)

② 층고(바닥으로부터 상층바닥까지의 높이) : 6m 미만으로 한다.

③ 하나의 저장창고의 바닥면적 합계 : 1,000m² 이하로 한다.

④ 2층 이상의 층의 바닥 : 개구부를 두지 아니한다.

6. 복합용도 건축물의 옥내저장소의 기준

① 저장가능한 양 : 지정수량의 20배 이하

② 층고 : 6m 미만

③ 옥내저장소의 용도에 사용되는 부분의 바닥면적 : 75m² 이하로 한다.

7. 지정과산화물의 옥내저장소의 기준

(1) 지정과산화물의 정의

제5류 위험물 중 유기과산화물 또는 이를 함유하는 것으로서 지정수량이 10kg인 것

(2) 지정과산화물 옥내저장소의 보유공지

저장 또는 취급하는 위험물의 최대 수량(지정수량의 배수)	공지의 너비	
	저장창고의 주위에 담 또는 토제를 설치하는 경우	그 외의 경우
지정수량의 5배 이하	3.0m 이상	10m 이상
5배 초과 10배 이하	5.0m 이상	15m 이상
10배 초과 20배 이하	6.5m 이상	20m 이상
20배 초과 40배 이하	8.0m 이상	25m 이상
40배 초과 60배 이하	10.0m 이상	30m 이상
60배 초과 90배 이하	11.5m 이상	35m 이상
90배 초과 150배 이하	13.0m 이상	40m 이상
150배 초과 300배 이하	15.0m 이상	45m 이상
지정수량의 300배 초과	16.5m 이상	50m 이상

※ 2 이상의 지정과산화물 옥내저장소를 동일한 부지 내에 인접하여 설치하는 경우에는 저장소의 상호간 공지의 너비를 $\frac{2}{3}$로 할 수 있다.

(3) 저장창고는 150m² 이내마다 격벽으로 완전히 구획할 것

① 격벽의 두께
- 철근(철골)콘크리트조 : 30cm 이상, 보강콘크리트블록조 : 40cm 이상

② 격벽의 돌출길이
- 저장창고 양측의 외벽으로부터 : 1m 이상, 상부의 지붕으로부터 : 50cm 이상

 참고 위험물 제조소에서 격벽 돌출길이는 양측외벽 또는 상부의 지붕으로부터 50cm 이상

(4) 저장창고 외벽의 두께

철근(철골)콘크리트조 : 20cm 이상, 보강콘크리트블록조 : 30cm 이상

(5) 출입구 : 갑종방화문을 설치할 것

(6) 창 : 바닥면으로부터 2m 이상 높이 설치할 것

(7) 하나의 벽면에 두는 창의 면적합계 : 벽면적의 1/80 이내로 할 것

(8) 하나의 창의 면적 : 0.4m² 이내로 할 것

(9) 저장창고의 지붕 기준

① 중도리 또는 서까래의 간격 : 30cm 이하로 할 것

② 지붕 아래쪽면의 강철제격자의 한변의 길이 : 45cm 이하로 설치할 것

③ 목대 받침대의 크기 : 두께 5cm 이상, 너비 30cm 이상의 것으로 설치할 것

④ 지붕의 아래쪽면에 철망을 쳐서 불연재료의 도리, 보 또는 서까래에 단단히 결합할 것

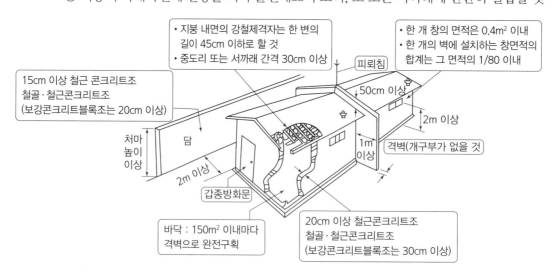

[지정유기과산화물의 지정창고]

8. 담 또는 토제의 기능

※ 담 또는 토제를 대신할 수 있는 경우 : 지정수량 5배 이하인 지정과산화물의 옥내저장창고 외벽의 두께가 철근(철골)콘크리트조로 30cm 이상일 경우(건축물과 저장창고와의 거리 : 10m 이상)

① 담 또는 토제와 저장창고 외벽과의 거리 : 2m 이상(단, 당해 옥내저장소 공지 너비의 1/5을 초과할 수 없다)

② 담 또는 토제의 높이 : 저장창고의 처마 높이 이상으로 할 것

③ 담의 두께
　　• 철근(철골)콘크리트조 : 15cm 이상, 보강콘크리트조 : 20cm 이상

④ 토제의 경사면의 경사도 : 60도 미만

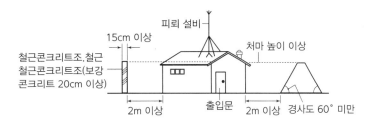

[지정 과산화물의 전체 구조]

01 옥내저장소에서 위험물 용기를 겹쳐 쌓는 경우에 있어서 제4류 위험물 중 제3석유류만을 수납하는 용기를 겹쳐 쌓을 수 있는 높이는 최대 몇m 인가?

① 3

② 4

③ 5

④ 6

해설

옥내저장소에서 위험물을 저장하는 경우(높이 초과금지)
• 기계에 의하여 하역하는 구조로 된 용기만을 겹쳐 쌓는 경우 : 6m 이하
• 제4류 위험물 중 제3석유류, 제4석유류 및 동식물유류를 수납하는 용기만을 겹쳐 쌓는 경우 : 4m 이하
• 그 밖의 경우 : 3m 이하

02 옥내저장소의 안전거리 기준을 적용하지 않을 수 있는 조건으로 틀린 것은?

① 지정수량 20배 미만의 제4석유류를 저장하는 경우

② 제6류 위험물을 저장하는 경우

③ 지정수량 20배 미만의 동식물유류를 저장하는 경우

④ 지정수량의 20배 이하를 저장하는 것으로서 창에 망입 유리를 설치한 것

해설

④ 지정수량의 20배(하나의 저장창고의 바닥면적이 150m² 이하인 경우에는 50배) 이하의 위험물을 저장 또는 취급하는 옥내저장소로서 다음의 기준에 적합한 것
• 저장창고의 벽, 기둥, 바닥, 보 및 지붕이 내화구조인 것
• 저장창고의 출입구에 수시로 열 수 있는 자동폐쇄방식의 갑종방화문이 설치되어 있을 것
• 저장창고에 창을 설치하지 아니할 것

03 옥내저장소 내부에 체류하는 가연성 증기를 지붕 위로 방출시키는 배출설비를 하여야 하는 위험물은?

① 과염소산

② 과망간산칼륨

③ 피리딘

④ 과산화나트륨

해설

• 피리딘(제4류 제1석유류) : 인화성액체(인화점20°C)이므로 가연성 증기를 배출시킬 것
• 저장창고에는 채광, 조명 및 환기의 설비를 갖추어야 하며, 인화점이 70°C 미만인 위험물의 저장창고에는 내부에 체류한 가연성의 증기를 지붕 위로 배출하는 설비를 갖추어야 한다.

04 지정과산화물을 저장하는 옥내저장소의 저장창고를 일정면적마다 구획하는 격벽의 설치기준에 해당하지 않는 것은?

① 저장창고 상부의 지붕으로부터 50cm 이상 돌출하게 하여야 한다.

② 저장창고 양측의 외벽으로부터 1m 이상 돌출하게 하여야 한다.

③ 철근콘크리트조의 경우 두께가 30cm 이상이어야 한다.

④ 바닥면적 250m² 이내마다 완전하게 구획하여야 한다.

해설

④ 바닥면적 150m² 이내마다 완전하게 구획한다.

 정답 01 ② 02 ④ 03 ③ 04 ④

05 옥내저장창고 바닥에 물이 스며들지 아니하는 구조로 해야 할 위험물이 아닌 것은?

① 알칼리금속의 과산화물

② 철분

③ 제4류 위험물

④ 제6류 위험물

해설

바닥에 물이 스며나오거나 스며들지 아니하도록 해야 할 위험물
- 제1류 위험물 중 알칼리금속의 과산화물
- 제2류 위험물 중 철분, 금속분, 마그네슘
- 제3류 위험물 중 금수성 물질
- 제4류 위험물

06 제5류 위험물인 유기과산화물을 저장하는 옥내저장창고의 바닥면적은 얼마 이하로 해야 하는가?

① 500m²

② 1,000m²

③ 1,500m²

④ 2,000m²

해설

제5류 위험물 중 유기과산화물, 질산에스테르류로서 지정수량 10kg인 위험물의 옥내저장소 바닥면적은 1,000m² 이하로 해야 한다.

07 다음은 지정과산화물의 정의이다. (   )에 들어갈 단어가 순서대로 알맞은 것은?

제5류 위험물 중 (   ) 또는 이를 함유한 것으로서 지정수량이 (   )kg인 것

① 유기과산화물, 5

② 유기과산화물, 10

③ 무기과산화물, 5

④ 무기과산화물, 10

08 벽, 기둥, 바닥이 내화구조로 된 옥내저장소에 아세톤이 40,000L의 최대수량이 저장되어 있다면, 옥내저장소의 보유공지는 몇 m 이상으로 해야 하는가?

① 2m

② 3m

③ 5m

④ 10m

해설

- 아세톤 : 제4류 위험물, 제1석유류(수용성), 지정수량 400L
- 지정수량의 배수＝저장량/지정수량＝40,000L/400L ＝100배
- 보유공지(벽, 기둥, 바닥의 내화구조) : 지정수량 100배는 지정수량 50배 초과 200배 이하의 5m에 해당된다.

09 옥내저장소에 저장하는 위험물 중 천장을 설치할 수 있는 위험물은 제 몇 류인가?

① 제1류

② 제3류

③ 제4류

④ 제5류

해설

제5류 위험물만의 저장창고는 창고 내의 온도를 저온으로 유지하기 위하여 난연재료 또는 불연재료로 된 천장을 설치할 수 있다.

10 단층 건물의 옥내저장소의 처마 높이는 지면으로부터 몇 m 미만으로 해야 하는가?

① 4m

② 6m

③ 8m

④ 10m

11 지정과산화물 옥내저장소의 창의 높이는 바닥으로부터 몇 m 이상, 창 하나의 면적은 몇 m² 이내로 해야 하는가?

① 2m 이상, 0.4m² 이내

② 2m 이상, 0.8m² 이내

③ 4m 이상, 0.4m² 이내

④ 4m 이상, 0.8m² 이내

정답 05 ④ 06 ② 07 ② 08 ③ 09 ④ 10 ② 11 ①

Chapter2. 위험물 제조소등의 시설기준 **187**

3 **옥외저장소**

1. 안전거리

위험물 제조소와 동일하다.

2. 옥외저장소의 보유공지

저장 또는 취급하는 위험물의 최대수량	공지의 너비
지정수량의 10배 이하	3m 이상
지정수량의 10배 초과 20배 이하	5m 이상
지정수량의 20배 초과 50배 이하	9m 이상
지정수량의 50배 초과 200배 이하	12m 이상
지정수량의 200배 초과	15m 이상

※ 제4류 위험물 중 제4석유류와 제6류 위험물을 저장 또는 취급하는 보유 공지는 공지너비의 $\frac{1}{3}$ 이상으로 할 수 있다.

3. 옥외저장소의 표지 및 게시판

① 표지내용 : '위험물 옥외저장소'
② 그 외의 기준은 위험물 제조소와 동일하다.

4. 옥외저장소에 저장할 수 있는 위험물

① 제2류 위험물 : 유황, 인화성고체(인화점 0℃ 이상인 것)
② 제4류 위험물 : 제1석유류[인화점 0℃ 이상인 것 : 톨루엔(4℃), 피리딘(20℃)], 제2석유류, 제3석유류, 제4석유류, 알코올류, 동식물유류
③ 제6류 위험물
④ 시·도 조례로 정하는 제2류 또는 제4류 위험물
⑤ 국제해사기구가 채택한 국제해상위험물규칙(IMDG Code)에 적합한 용기에 수납된 위험물

• 옥외저장소의 선반높이 : 6m 초과 금지
• 옥외저장소에 과산화수소 또는 과염소산을 저장할 경우 : 불(난)연성 천막으로 햇빛을 가릴 것

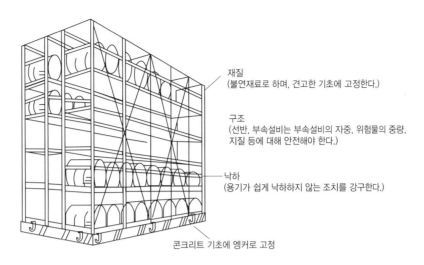

재질
(불연재료로 하며, 견고한 기초에 고정한다.)

구조
(선반, 부속설비는 부속설비의 자중, 위험물의 중량,
지질 등에 대해 안전해야 한다.)

낙하
(용기가 쉽게 낙하하지 않는 조치를 강구한다.)

콘크리트 기초에 엥커로 고정

[선반에 저장하는 옥외저장소]

5. 유황만을 덩어리 상태로 저장 및 취급할 경우

① 하나의 경계표시의 내부면적 : 100m² 이하일 것

② 2 이상의 경계표시를 설치하는 경우 내부의 면적을 합산한 면적 : 1,000m² 이하로 할 것

③ 인접하는 경계표시와의 상호간의 간격 : 보유공지 너비의 1/2 이상(단, 지정수량 200배 이상 : 10m 이상)

④ **경계표시** : 불연재료 구조로 하고 높이는 1.5m 이하로 할 것

⑤ **경계표시의 고정장치** : 천막으로 고정장치를 설치하고 경계표시의 길이 2m마다 1개 이상 설치할 것

⑥ 유황을 저장(취급)하는 장소의 주위 : 배수구와 분리장치를 설치할 것

6. 인화성 고체, 제1석유류 또는 알코올류의 옥외저장소의 특례

① 인화성 고체(인화점이 21℃ 미만인 것), 제1석유류 또는 알코올류를 저장 또는 취급하는 장소에는 적당한 온도로 유지하기 위한 살수설비 등을 설치할 것

② 제1석유류 또는 알코올류를 저장 또는 취급하는 장소의 주위에는 **배수구 및 집유설비**를 설치할 것. 이 경우 **제1석유류**(온도 20℃의 물 100g에 용해되는 양이 1g 미만인 것에 한한다)를 저장 또는 취급하는 장소에 있어서는 집유설비에 **유분리장치**를 설치할 것

01 옥외저장소에서 저장할 수 없는 위험물은?(단, 시,도 조례에서 정하는 위험물 또는 국제해상 위험물규칙에 적합한 용기에 수납된 위험물은 제외한다)

① 과산화수소　　　② 아세톤

③ 에탄올　　　　　④ 유황

해설

② 아세톤 : 제4류 제1석유류로 인화점이 -18℃ 이다.

※ 옥외저장소에 저장할 수 있는 위험물

• 제2류 위험물 중 유황, 인화성고체(인화점이 0℃ 이상인 것에 한함)

• 제4류 위험물 중 제1석유류(인화점이 0℃ 이상인 것에 한함), 제2석유류, 제3석유류, 제4석유류, 알코올류, 동식물유류

• 제6류 위험물

• 시·도 조례로 정하는 제2류 또는 제4류 위험물

• 국제해상위험물규칙(MDG Code)에 적합한 용기에 수납하는 위험물

03 옥외저장소에 덩어리 상태의 유황만을 지반면에 설치한 경계 표시의 안쪽에서 저장할 경우 하나의 경계 표시의 내부 면적은 몇 m^2 이하이어야 하는가?

① 50　　　　　② 100

③ 200　　　　④ 300

해설

덩어리 상태의 유황만을 지반면에 설치한 경계표시의 저장 및 취급할 경우 기준

• 하나의 경계표시의 내부면적 : $100m^2$ 이하

• 2이상의 경계표시를 설치하는 경우에는 각각의 경계 표시 내부의 면적을 합산한 면적 : $1,000m^2$ 이하

• 경계표시 높이 : 1.5m 이하

• 천막고정장치 : 2m 마다 1개 이상 설치

02 톨루엔 40,000L를 저장하는 옥외저장소의 보유공지는 몇 m 이상으로 해야 하는가?

① 5m　　　　　② 9m

③ 12m　　　　④ 15m

해설

• 톨루엔 : 제4류 위험물 제1석유류(비수용성), 지정수량 200L

• 지정수량 배수＝저장량/지정수량＝40,000L/200L ＝200배

• 보유공지 : 지정수량의 50배 초과 200배 이하의 범위에 해당하므로 12m가 필요하다.

04 윤활유 600,000L를 저장하는 옥외저장소의 보유공지는 몇 m 이상으로 해야 하는가?

① 4m　　　　　② 5m

③ 6m　　　　　④ 9m

해설

• 윤활유 : 제4류 위험물 제4석유류, 지정수량 6,000L

• 지정수량 배수＝저장량/지정수량＝600,000L/6,000L ＝100배

• 보유공지 : 지정수량 50배 초과 200배 이하의 범위는 12m가 필요하지만, 제4석유류 또는 제6류 위험물의 저장시 보유공지는 $\frac{1}{3}$로 단축할 수 있으므로, 최소공지너비는 12m×$\frac{1}{3}$＝4m가 된다.

 정답　**01** ②　**02** ③　**03** ②　**04** ①

4 옥외탱크저장소

1. 옥외탱크저장소의 안전거리

위험물 제조소의 안전거리에 준한다.

2. 옥외탱크저장소의 보유공지★★★

저장 또는 취급하는 위험물의 최대 수량	공지의 너비
지정수량의 500배 이하	3m 이상
지정수량의 500배 초과, 1,000배 이하	5m 이상
지정수량의 1,000배 초과, 2,000배 이하	9m 이상
지정수량의 2,000배 초과, 3000배 이하	12m 이상
지정수량의 3,000배 초과, 4,000배 이하	15m 이상
지정수량의 4,000배 초과	당해 탱크의 수평 단면의 최대 지름(횡형인 경우에는 긴변)과 높이 중 큰 것과 같은 거리 이상(단, 30m 초과의 경우에는 30m이상으로, 15m 미만의 경우에는 15m 이상으로 할 것

① 제6류 위험물 외의 옥외저장탱크(지정수량의 4,000배 초과 시 제외)를 동일한 방유제 안에 2개 이상 인접 설치하는 경우 : 보유 공지의 $\frac{1}{3}$ 이상의 너비(단, 최소너비 3m 이상)

② 제6류 위험물의 옥외저장탱크일 경우 : 보유공지의 $\frac{1}{3}$ 이상의 너비(단, 최소너비 1.5m 이상)

③ 제6류 위험물의 옥외저장탱크를 동일구 내에 2개 이상 인접 설치할 경우 : 보유공지의 $\frac{1}{3}$ 이상×$\frac{1}{3}$ 이상(단, 최소너비 1.5m 이상)

④ 옥외저장탱크에 다음 기준에 적합한 물 분무설비로 방호조치 시 : 보유공지의 $\frac{1}{2}$ 이상의 너비(최소 3m 이상)로 할 수 있다.

- 탱크 표면에 방사하는 물의 양 : 원주길이 37L/m 이상
- 수원의 양 : 상기 규정에 의해 20분 이상 방사할 수 있는 양

※ 수원의 양(L)＝원주길이(m)×37(L/min·m)×20(min)

(여기서, 원주길이＝2πr이다.)

예제

옥외저장탱크저장소에 동일구 내에 2개 이상의 옥외저장탱크가 인접하여 제6류 위험물인 과산화수소 750,000kg이 저장되어 있다. 이 옥외탱크저장소에는 보유공지를 몇 m 이상 확보해야 하는가?

풀이 | ① 과산화수소 : 제6류 위험물, 지정수량 300kg
- 지정수량 배수＝저장량/지정수량＝750,000kg/300kg＝2500배

② 공지의 너비 계산 : 제6류 위험물일 때는 규정 공지의 너비×$\frac{1}{3}$이므로 지정수량의 2000배 초과 3000배 이하는 12m 이상

- 공지의 너비 $= 12\text{m} \times \dfrac{1}{3} = 4\text{m}$ 이상

③ 동일구 내에 2개 이상 인접하여 설치하는 경우, 공지의 너비$\times \dfrac{1}{3}$ 이상이므로 $4\text{m} \times \dfrac{1}{3} = 1.33\text{m}$ 이지만, 최소보유공지는 1.5m 이상이 되어야 하므로, 답은 1.5m 이상이 된다.

정답 | 1.5m 이상

3. 옥외탱크저장소의 표지 및 게시판

① 표지내용 : '위험물 옥외탱크저장소'

② 그 외의 기준은 위험물 제조소와 동일하다.

4. 특정 옥외탱크저장소 등

① 특정 옥외저장탱크 : 액체 위험물의 최대수량이 100만L 이상의 옥외저장탱크

② 준특정 옥외저장탱크 : 액체 위험물의 최대수량 50만L 이상 100만L 미만의 옥외저장탱크

※ 압력탱크 : 최대 상용압력인 부압 또는 정압이 5Kpa를 초과하는 탱크

5. 옥외저장탱크의 외부구조 및 설비

① 탱크의 두께 : 3.2mm 이상의 강철판(특정·준특정 옥외저장탱크는 제외)

② 압력탱크수압시험 : 최대 상용압력의 1.5배 압력으로 10분간 실시하여 이상 없을 것(압력탱크 이외의 탱크 : 충수시험)

6. 탱크 통기관 설치기준(제4류 위험물의 옥외탱크에 한함)

(1) 밸브가 없는 통기관

① 직경이 30mm 이상일 것

② 선단은 수평면보다 45도 이상 구부려 빗물 등의 침투방지구조로 할 것

③ 인화점이 38℃ 미만인 위험물만을 저장 또는 취급하는 탱크에 설치하는 통기관에는 화염방지장치를 설치하고, 그 외의 탱크(인화점 38℃ 이상 70℃ 미만)에 설치하는 통기관에는 40메쉬(mesh) 이상의 구리망 또는 동등이상의 성능을 가진 인화방지장치를 설치할 것

(단, 인화점이 70℃ 이상인 위험물만을 해당 위험물의 인화점 미만의 온도로 저장(취급)하는 탱크에 설치하는 통기관에는 인화방지장치를 설치하지 않을 수 있다.)

④ 가연성 증기를 회수하기 위한 밸브를 설치할 경우 통기관의 밸브를 설치할 수 있으며 항상 개방되어 있어야 한다.

- 폐쇄되어 있을 경우 10Kpa 이하의 압력에서 개방되는 구조로 할 것(개방부분의 단면적 : 777.15mm² 이상)

(2) 대기 밸브 부착 통기관

① 5Kpa 이하의 압력차이로 작동할 수 있을 것

② 가는 눈의 구리망 등으로 인화방지장치를 할 것

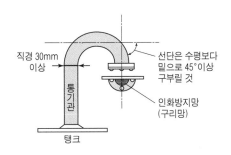

[밸브없는 통기관]

[밸브부착 통기관]

7. 인화점이 21℃ 미만의 위험물인 옥외탱크의 주입구 게시판

① 게시판의 크기 : 한 변의 0.3m 이상, 다른 한 변의 길이는 0.6m 이상인 직사각형
② 게시판의 기재사항 : 옥외저장탱크 주입구, 유별, 품명, 주의사항
③ 게시판의 색상 : 백색 바탕, 흑색 문자
④ 주의사항의 색상 : 백색 바탕, 적색 문자

8. 옥외저장탱크의 펌프설비

① 펌프설비의 주위에는 너비 3m 이상의 공지를 보유할 것
※ 보유 공지 제외 기준
   • 방화상 유효한 격벽으로 설치된 경우
   • 제6류 위험물을 저장, 취급하는 경우
   • 지정수량 10배 이하의 위험물을 저장, 취급하는 경우
② 펌프설비로부터 옥외저장탱크까지의 사이 : 옥외저장탱크의 보유공지 너비의 1/3 이상의 거리를 유지할 것
③ 펌프실의 벽, 기둥, 바닥 및 보 : 불연재료로 할 것
④ 펌프실의 지붕 : 폭발력이 위로 방출될 정도의 가벼운 불연재료로 할 것
⑤ 펌프실 바닥의 주위 : 높이 0.2m 이상의 턱을 만들고 최저부에는 집유설비를 설치할 것
⑥ 펌프실 외의 장소에 설치하는 펌프설비의 바닥 기준
   • 재질 : 콘크리트, 기타 위험물이 스며들지 않는 재료
   • 턱의 높이 : 0.15m 이상
   • 집유설비 : 적당히 경사지게 하여 그 최저부에 설치
   • 유분리장치 : 제4류 위험물을 취급하는 펌프설비에 있어서는 당해 위험물이 직접 배수구에 유입하지 아니하도록 집유설비에 유분리장치를 설치할 것
      ※ 유분리장치는 물에 녹지 않는 비수용성 물질에 설치하여 물과 기름을 분리하는 장치이며 수용성 물질에는 설치할 필요가 없다.

9. 옥외탱크저장소의 방유제(이황화탄소는 제외)

(1) 방유제 : 옥외탱크의 파손 또는 배관의 위험물 누출 사고 시 누출되는 위험물을 담기 위하여 만든 둑을 말한다.

(2) 방유제의 용량(단, 인화성이 없는 액체위험물은 110%를 100%로 본다)

① 탱크가 하나일 경우 : 탱크의 용량의 100% 이상(비인화성액체 : 100%)

② 탱크가 2 이상일 경우 : 탱크 중 용량이 최대인 것의 용량의 110% 이상(비인화성액체 : 100%)

※ 방유제 안에 탱크가 2기 이상일 때의 방유제 용량은 당해 방유제의 내용적에서 다음의 것을 뺀 용적을 말한다.
- 용량이 최대인 탱크 외의 탱크의 방유제 높이 이하 부분의 용적
- 당해 방유제 내에 있는 모든 탱크의 지반면 이상 부분의 기초의 체적
- 칸막이 둑의 체적 및 방유제 내에 있는 배관 등의 체적

(3) 방유제 : 높이 0.5m 이상 3m 이하, 두께 0.2m 이상, 지하매설깊이 1m 이상으로 할 것

(4) 방유제 내의 면적 : 8만m² 이하

(5) 방유제는 철근콘크리트로 할 것

(6) 방유제 내에 설치하는 옥외저장탱크의 수

① 인화점이 70℃ 미만인 위험물 탱크 : 10기 이하

② 모든 탱크의 용량이 20만L 이하이고, 인화점이 70℃ 이상 200℃ 미만(제3석유류) : 20기 이하

③ 인화점이 200℃ 이상 위험물(제4석유류) : 탱크의 수 제한없음

(7) 자동차 통행 확보도로 : 방유제 외면의 1/2 이상은 3m 이상 노면 폭을 확보할 것

(8) 방유제와 옥외저장탱크 옆판과의 유지해야 할 거리(단, 인화점이 200℃ 이상의 위험물은 제외)

① 탱크의 지름이 15m 미만인 경우 : 탱크 높이의 1/3 이상

② 탱크의 지름이 15m 이상인 경우 : 탱크 높이의 1/2 이상

(9) 간막이 둑의 설치기준

① 설치대상 : 방유제 내의 용량이 1,000만L 이상인 옥외저장탱크

② 간막이 둑의 높이 : 0.3m 이상(단, 방유제의 높이보다 0.2m 낮게 할 것)

③ 간막이 둑의 용량 : 탱크 용량의 10% 이상

④ 간막이 둑의 재질 : 흙 또는 철근콘크리트

(10) 계단 또는 경사로의 설치기준

방유제 및 간막이 둑 안팎에는 높이 1m가 넘는 계단 또는 경사로를 약 50m 마다 설치할 것

(11) 방유제에 배수구를 설치하고 방유제 외부에 개폐밸브를 설치할 것(용량이 100만L 이상일 때 : 개폐상황을 확인할 수 있는 장치를 설치할 것)

01 지정수량에 따른 제4류 위험물 옥외탱크저장소 주위의 보유공지 너비의 기준으로 틀린 것은?

① 지정수량의 500배 이하 − 3m 이상
② 지정수량의 500배 초과 1000배 이하 − 5m 이상
③ 지정수량의 1000배 초과 2000배 이하 − 9m 이상
④ 지정수량의 2000배 초과 3000배 이하 − 15m 이상

해설

④ 12m 이상

02 인화점이 섭씨 200°C 미만인 위험물을 저장하기 위하여 높이가 15m 이고 지름이 18m 인 옥외저장탱크를 설치하는 경우 옥외저장탱크와 방유제와의 사이에 유지하여야 하는 거리는?

① 5.0m 이상
② 6.0m 이상
③ 7.5m 이상
④ 9.0m 이상

해설

방유제의 탱크의 옆판(측면)과 이격거리
(단, 인화점이 200°C 미만인 위험물은 제외)

지름이 15m 미만인 경우	탱크 높이의 $\frac{1}{3}$ 이상
지름이 15m 이상인 경우	탱크 높이의 $\frac{1}{2}$ 이상

∴ 이격거리 $= 15m \times \frac{1}{2} = 7.5$

03 특정옥외저장탱크를 원통형으로 설치하고자 한다. 지반면으로부터의 높이가 16m 일 때 이 탱크가 받는 풍하중은 1m²당 얼마 이상으로 계산하여야 하는가? (단, 강풍을 받을 우려가 있는 장소에 설치하는 경우는 제외한다.)

① 0.7640kN
② 1.2348kN
③ 1.6464kN
④ 2.348kN

해설

특정옥외저장탱크의 풍하중 계산방법(1m²당)

$q = 0.588k\sqrt{h}$
- q : 풍하중(단위 : kN/m²)
- k : 풍력계수(원통형탱크 : 0.7, 그 이외의 탱크 : 1.0)
- h : 지반면으로부터 높이(m)

∴ $q = 0.588k\sqrt{h} = 0.588 \times 0.7 \times \sqrt{16} = 1.6464KN$

04 아세톤 최대 150t을 옥외탱크저장소에 저장할 경우 보유 공지의 너비는 몇 m 이상으로 하여야 하는가?(단, 아세톤의 비중은 0.79이다.)

① 3
② 5
③ 9
④ 12

해설

- 아세톤 : 제4류중 제1석유류의 수용성(지정수량400l)
  저장량 $= 150,000kg \times 0.79 = 118,500l$

  지정수량배수 $= \dfrac{저장량}{지정수량} = \dfrac{118,500l}{400l} ≒ 296.25$배
- 옥외탱크저장소의 보유공지가 지정수량 500배 이하 일 때는 3m 이상이다.

정답 01 ④ 02 ③ 03 ③ 04 ①

05 옥외탱크저장소에 연소성 혼합 기체의 생성에 의한 폭발을 방지하기 위하여 불활성의 기체를 봉입하는 장치를 설치하여야 하는 위험물질은?

① $CH_3COC_2H_5$ ② C_5H_5N

③ CH_3CHO ④ $C_6H_5NO_2$

> **해설**
>
> 아세트알데히드(CH_3CHO)
> - Cu, Hg, Mg, Ag 등의 그외 합금으로 된 설비는 아세트알데히드와 이들간에 중합 반응을 일으켜 불분명한 폭발성 물질이 생성된다.
> - 탱크에 저장시 불활성가스 또는 수증기로 봉입하고 냉각장치를 이용하여 비점 이하로 유지할 것

06 인화성 액체 위험물을 저장하는 옥외탱크저장소에 설치하는 방유제의 높이 기준은?

① 0.5m 이상, 1m 이하

② 0.5m 이상, 3m 이하

③ 0.3m 이상, 1m 이하

④ 0.3m 이상, 3m 이하

> **해설**
>
> ② 높이는 0.5m 이상 3.0m 이하(면적 : 800,000m² 이하)

07 이황화탄소를 저장하는 옥외저장탱크의 수조의 벽과 바닥의 두께는 몇 m 이상인가?

① 0.1m   ② 0.2m

③ 0.5m   ④ 1m

> **해설**
>
> 이황화탄소의 옥외저장탱크는 방유제가 필요 없으며 벽과 바닥의 두께가 0.2m 이상인 철근콘크리트의 수조에 넣어서 저장 및 보관한다.

08 옥외저장탱크 용량이 얼마 이상일 경우 각 탱크마다 간막이둑을 설치해야 하는가?

① 500만L   ② 1000만L

③ 1500만L   ④ 2000만L

> **해설**
>
> 옥외탱크용량이 1000만L 이상일 경우 각 탱크마다 간막이둑을 설치한다.

09 옥외저장탱크 펌프설비의 보유공지 너비는 몇 m 이상으로 해야 하는가?

① 2m   ② 3m

③ 4m   ④ 5m

> **해설**
>
> - 옥외저장탱크 펌프설비의 보유공지 너비 : 3m 이상
> - 펌프설비로부터 옥외저장탱크까지의 거리 : 옥외저장탱크 보유공지의 1/3 이상

10 옥외저장탱크의 방유제 면적은 몇 m² 이하로 해야 하는가?

① 6만m² 이하   ② 7만m² 이하

③ 8만m² 이하   ④ 10만m² 이하

> **해설**
>
> 옥외저장탱크의 방유제의 면적은 8만m² 이하로 해야 한다.

11 옥외저장탱크의 방유제 및 간막이둑 안팎의 높이가 1m를 넘을 경우 계단 및 경사로는 몇 m마다 설치해야 하는가?

① 20m   ② 50m

③ 80m   ④ 100m

> **해설**
>
> 방유제 높이가 1m 이상인 경우 방유제 안팎을 출입하기 위해 계단 또는 경사로를 약 50m마다 설치해야 한다.

정답 05 ③   06 ②   07 ②   08 ②   09 ②   10 ③   11 ②

5 옥내탱크저장소

1. 안전거리와 보유 공지 : 없음

2. 옥내탱크저장소의 표지 및 게시판

(1) **표지내용** : '위험물 옥내탱크저장소'

(2) 그 외의 기준은 위험물 제조소와 동일하다.

3. 옥내탱크저장소의 구조(단층 건축물에 설치하는 경우)

(1) 단층건축물에 설치된 탱크 전용실에 설치할 것

(2) 옥내저장탱크와 탱크전용실의 벽 사이 간격 : 0.5m 이상 유지할 것

(3) 옥내저장탱크의 상호간의 간격 : 0.5m 이상 유지할 것

(4) 옥내저장탱크의 용량(동일한 탱크전용실에 2 이상 설치하는 경우에는 각 탱크의 용량의 합계)

(5) 옥내저장탱크의 통기관(압력탱크 제외)

　① 밸브 없는 통기관 : 통기관의 선단은 건축물의 창, 출입구 등의 개구부로부터 1m 이상 떨어진 옥외의 장소에 지면으로부터 4m 이상의 높이로 설치하되, 인화점이 40℃ 미만인 위험물의 탱크에 설치하는 통기관에 있어서는 부지경계선으로부터 1.5m 이상 이격할 것

　※ 기타 통기관의 기준은 옥외저장탱크 통기관의 기준과 동일하다.

　② 대기밸브 부착 통기관 : 5Kpa 이하의 압력 차이로 작동할 수 있을 것

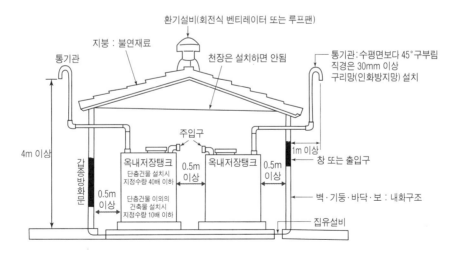

[옥내탱크저장소의 구조]

(6) 탱크 전용실의 구조

① 벽·기둥 및 바닥 : 내화구조

② 보 : 불연재료

③ 지붕 : 불연재료(천장은 설치하지 않을 것)

④ 창 및 출입구 : 갑종(을종)방화문을 설치할 것

　　　단, 연소의 우려가 있는 외벽에 두는 출입구에는 수시로 열 수 있는 자동폐쇄식의 갑종방화문을 설치할 것

4. 탱크전용실을 단층 건축물 외에 설치하는 경우

(1) 저장 및 취급이 가능한 위험물

① 제2류 위험물 중 황화린, 적린 및 덩어리 유황

② 제3류 위험물 중 황린

③ 제4류 위험물 중 인화점이 38℃ 이상인 위험물

④ 제6류 위험물 중 질산

(2) 단층이 아닌 1층 또는 지하층에 설치할 위험물

황화린, 적린 및 덩어리 유황, 황린, 질산의 탱크전용실

※ 단층건축물 : 위험물 전체(제1류~제6류) 저장(취급) 가능함

5. 다층 건축물의 옥내저장탱크의 용량(탱크전용실에 옥내저장탱크를 2 이상 설치하는 경우에는 각 탱크의 용량의 합계)

(1) 1층 이하의 층에 탱크 전용실을 설치할 경우

지정수량 40배 이하(단, 제4석유류 및 동식물유류 외에 제4류 위험물은 20,000L 초과 시 20,000L 이하로 함)

(2) 2층 이상의 층에 탱크전용실을 설치할 경우

지정수량 10배 이하(단, 제4석유류 및 동식물유류 외의 제4류 위험물은 5,000L 초과 시 5,000L 이하로 함)

01 옥내저장탱크와 탱크 전용실의 벽과의 사이 및 옥내저장탱크의 상호 간에는 몇 m 이상의 간격을 유지하여야 하는가?

① 0.3 　　　　　② 0.5

③ 1.0 　　　　　④ 1.5

해설

탱크와 탱크 전용실과의 이격 거리
- 탱크와 탱크 전용실 외벽 : 0.5m 이상
- 탱크와 탱크 상호간 : 0.5m 이상

02 옥내탱크전용실에 설치하는 탱크 상호 간에는 얼마의 간격을 두어야 하는가?

① 0.1m 이상 　　　② 0.3m 이상

③ 0.5m 이상 　　　④ 0.6m 이상

03 옥내탱크저장소 탱크 전용실에 설치하는 탱크의 용량은 지정수량의 몇 배인가?

① 지정수량의 10배 이하

② 지정수량의 20배 이하

③ 지정수량의 30배 이하

④ 지정수량의 40배 이하

해설

탱크 전용실의 탱크 용량 기준
(2기 이상의 탱크 : 각 탱크 용량의 합)
- 지정수량의 40배 이상
- 제4석유류, 동·식물유 외의 탱크 설치 시 20,000*l* 초과할 때는 20,000*l* 이하

04 옥내탱크저장소의 전용실을 단층건축물 외에 설치할 경우 건축물의 1층 또는 지하층에 탱크전용실을 설치하여 보관해야 할 위험물이 아닌 것은?

① 아세톤 　　　　② 덩어리유황

③ 황린 　　　　　④ 질산

해설

단층이 아닌 1층 또는 지하층에 탱크전용실을 설치보관해야 할 위험물
- 제2류 : 황화린, 적린, 덩어리유황
- 제3류 : 황린
- 제6류 : 질산
※ 아세톤은 제4류 위험물이므로 보관할 수 없다.

05 옥외저장탱크의 밸브 없는 통기관의 선단의 높이는 지면으로부터 몇 m 이상으로 해야 하는가?

① 3m 　　　　　② 4m

③ 5m 　　　　　④ 6m

해설

옥외저장탱크의 밸브 없는 통기관 : 통기관의 선단은 건축물의 창, 출입구 등의 개구부로부터 1m 이상 떨어진 옥외의 장소에 지면으로부터 4m 이상의 높이로 설치하되, 인화점이 40℃ 미만인 위험물의 탱크에 설치하는 통기관에 있어서는 부지경계선으로부터 1.5m 이상 이격할 것

06 옥외저장탱크의 강철판의 두께는 몇 mm 이상인가?

① 2.3mm 　　　　② 3.2mm

③ 6mm 　　　　　④ 8mm

해설

옥외저장탱크의 강철판의 두께 : 3.2mm 이상

 정답 01 ② 　02 ③ 　03 ④ 　04 ① 　05 ② 　06 ②

6 지하탱크저장소

1. 안전거리와 보유공지 : 없음

2. 지하탱크저장소의 표지 및 게시판

(1) 표지내용 : '위험물 지하탱크저장소'

(2) 그 외의 기준은 위험물 제조소와 동일하다.

3. 지하탱크저장소의 기준

(1) 지하저장탱크는 지하탱크 전용실에 설치하여야 한다.

단, 제4류 위험물의 지하저장탱크를 탱크전용실에 설치하지 않아도 되는 경우는 아래와 같다.

① 당해 탱크를 지하철, 지하가 또는 지하터널로부터 수평거리 10m 이내의 장소 또는 지하 건축물 내의 장소에 설치하지 아니할 것

② 당해 탱크를 그 수평투영의 세로 및 가로보다 각각 0.6m 이상 크고 두께가 0.3m 이상인 철근 콘크리트조의 뚜껑으로 덮을 것

③ 뚜껑에 걸리는 중량이 직접 당해 탱크에 걸리지 아니하는 구조일 것

④ 당해 탱크를 견고한 기초 위에 고정할 것

⑤ 당해 탱크를 지하의 가장 가까운 벽, 피트, 가스관 등의 시설물 및 대지경계선으로부터 0.6m 이상 떨어진 곳에 매설할 것

(2) 지하저장탱크의 윗부분과 지면과의 깊이 : 0.6m 이상일 것

(3) 지하저장탱크 2 이상 인접해 설치 시 상호간의 간격 : 1m 이상 유지할 것

단, 2 이상의 탱크용량의 합계가 지정수량의 100배 이하 : 0.5m 이상

(4) 지하저장탱크의 강철판의 두께 : 3.2mm 이상

(5) 탱크전용실과 지하의 벽, 피트, 가스관 및 대지경계선과의 간격 : 0.1m 이상 유지할 것

(6) 지하저장탱크와 탱크 전용실의 안쪽과의 사이 간격 : 0.1m 이상 유지할 것

(7) 탱크주위 : 입자지름 5mm 이하의 마른자갈 또는 마른모래로 채울 것

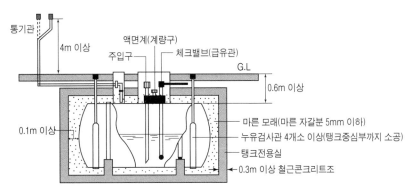

[지하저장탱크 매설도]

4. 지하저장탱크의 수압시험

(압력탱크 : 최대 상용압력이 46.7KPa 이상인 탱크)

탱크의 종류	수압 시험방법	판정기준
압력탱크	최대 상용압력의 1.5배 압력으로 10분간 실시	새거나 변형이 없을 것
압력탱크 외의 탱크	70KPa압력으로 10분간 실시	

※수압시험은 기밀시험과 비파과시험을 동시에 실시하는 방법으로 대신할 수 있다.

5. 지하저장탱크의 통기관 설치기준

(1) 밸브 없는 통기관

① 통기관은 지하저장탱크의 윗부분에 연결할 것

② 설치높이 : 지면으로부터 통기관 선단까지 4m 이상 높게 설치할 것

(2) 대기밸브 부착 통기관

※제4류 중 제1석유류를 저장하는 탱크는 다음의 압력 차이에서 작동하여야 한다.

① 정압 : 0.6KPa 이상 1.5KPa 이하

② 부압 : 1.5KPa 이상 3KPa 이하

6. 지하저장탱크의 배관 및 과충전 방지장치

(1) 지하저장탱크의 배관은 당해 탱크의 윗부분에 설치하여야 한다.

※ 제외대상 : 제2석유류(인화점이 40℃ 이상), 제3석유류, 제4석유류, 동식물유류의 탱크로서 그 직근에 유효한 제어밸브를 설치한 경우

(2) 누유검사관(누설 검사를 하기 위한 관)

① 지하저장탱크에 4개소 이상 설치한다.

② 설치기준

- 이중관으로 할 것(단, 소공이 없는 상부는 단관으로 할 수 있다.)
- 재료는 금속관 또는 경질합성수지관으로 할 것
- 관은 탱크전용실의 바닥 또는 탱크의 기초까지 닿게 할 것
- 관의 밑부분으로부터 탱크의 중심 높이까지의 부분에는 소공이 뚫려 있을 것(단, 지하수위가 높은 장소에 있어서는 지하수위 높이까지의 부분에 소공이 뚫려 있어야 한다)
- 상부는 물이 침투하지 아니하는 구조로 하고, 뚜껑은 검사 시 쉽게 열 수 있도록 할 것

(3) 지하저장탱크의 용량이 90% 찰 때 경보음이 울리는 과충전 방지장치를 설치할 것

7. 인화점이 21℃ 미만의 위험물인 지하저장탱크의 주입구 게시판

① 게시판의 크기 : 한 변이 0.3m 이상, 다른 한 변의 길이는 0.6m 이상인 직사각형

② 게시판의 기재사항 : 지하저장탱크 주입구, 유별, 품명, 주의사항

③ 게시판의 색상 : 백색 바탕, 흑색 문자

④ 주의사항의 색상 : 백색 바탕, 적색 문자

01 위험물안전관리법령에 따른 지하탱크저장소의 지하저장탱크의 기준으로 옳지 않은 것은?

① 탱크의 외면에는 녹 방지를 위한 도장을 하여야 한다.

② 탱크의 강철판 두께는 3.2mm 이상으로 하여야 한다.

③ 압력 탱크는 최대 상용 압력의 1.5배의 압력으로 10분간 수압 시험을 한다.

④ 압력 탱크 외의 것은 50kPa의 압력으로 10분간 수압 시험을 한다.

> 해설
>
> 지하저장탱크는 용량에 따라 압력탱크(최대상용압력이 46.7 kPa 이상인 탱크를 말한다) 외의 탱크에 있어서는 70kPa의 압력으로, 압력탱크에 있어서는 최대상용압력의 1.5배의 압력으로 각각 10분간 수압시험을 실시하여 새거나 변형되지 아니할 것

02 위험물안전관리법에 따른 지하탱크저장소에 관한 설명으로 틀린 것은?

① 안전거리 적용대상이 아니다.

② 보유공지 확보대상이 아니다.

③ 설치 용량의 제한이 없다.

④ 10m 내에 2기 이상을 인접하여 설치할 수 없다.

> 해설
>
> • 지하저장탱크 2 이상 상호간 거리 : 1m 이상
> • 당해 2 이상의 지하저장탱크 용량의 합계가 지정수량의 100배 이하 : 0.5m 이상
> • 지하저장탱크 사이에 탱크 전용실의 벽이나 두께 20cm 이상의 콘크리트구조물이 있을 때 : 거리제한 없음

03 지하 탱크 저장소 탱크 전용실의 안쪽과 지하저장탱크와의 사이는 몇 m 이상의 간격을 유지하여야 하는가?

① 0.1   ② 0.2

③ 0.3   ④ 0.5

04 지하탱크저장소에서 인접한 2개의 지하저장탱크 용량의 합계가 지정수량의 100배일 경우 탱크 상호 간의 최소 거리는?

① 0.1m   ② 0.3m

③ 0.5m   ④ 1m

> 해설
>
> 지하저장탱크를 2 이상 인접해 설치하는 경우에는 그 상호 간에 1m(단, 지정수량이 100배 이하 : 0.5m 이상) 이상의 간격을 유지할 것

05 지하탱크저장소에 관한 사항 중 틀린 것은?

① 지하저장탱크 전용실의 내부에는 입자 지름이 5mm 이하의 마른자갈분 또는 마른모래를 채운다.

② 지하저장탱크에 설치하는 누유검사관은 하나의 탱크에 대하여 4군데 이상 설치해야 한다.

③ 탱크전용실의 벽, 바닥 및 뚜껑의 두께는 0.3m 이상의 철근콘크리트 구조로 해야 한다.

④ 지하저장탱크 용량이 80%가 찰 때 경보음이 울리는 과충전방지장치를 설치해야 한다.

> 해설
>
> 지하저장탱크 용량이 90%가 찰 때 경보음이 울리는 과충전방지장치를 설치할 것

 정답   01 ④   02 ④   03 ①   04 ③   05 ④

7 간이탱크저장소

1. 안전거리 : 없음

2. 보유공지

(1) 옥외에 설치하는 경우 : 공지 너비 1m 이상 둘 것

(2) 전용실 안에 설치하는 경우 : 탱크와 전용실의 벽과의 사이에 0.5m 이상 간격 유지

3. 간이탱크저장소의 표지 및 게시판

(1) 표지내용 : '위험물 간이탱크저장소'

(2) 그 외의 기준은 위험물 제조소와 동일하다.

4. 간이탱크저장소의 설치기준

(1) 하나의 간이탱크저장소에 설치하는 탱크의 수 : 3 이하(단, 동일한 품질의 위험물의 탱크를 2 이상 설치하지 아니할 것)

(2) 간이 저장탱크의 용량 : 600L 이하

(3) 간이 저장탱크의 강철판의 두께 : 3.2mm 이상

(4) 수압시험 : 70Kpa의 압력으로 10분간 실시하여 새거나 변형이 없는 것

5. 간이저장탱크의 통기관 설치기준

(1) 밸브 없는 통기관
　① 통기관의 지름 : 25mm 이상
　② 옥외에 설치하고, 선단의 높이 : 지상 1.5m 이상
　③ 통기관의 선단 : 수평면의 아래로 45℃ 이상 구부려 빗물 등의 침투를 방지할 것
　④ 가는 눈의 구리망 등으로 인화방지 장치를 할 것

(2) 대기밸브부착 통기관
　① 5Kpa 이하의 압력 차이로 작동할 수 있을 것
　② 옥외에 설치하고, 선단의 높이 : 지상 1.5m 이상
　③ 가는 눈의 구리망 등으로 인화 방지장치를 설치할 것

01 위험물 간이탱크저장소의 간이 저장 탱크 수압 시험 기준으로 옳은 것은?

① 50kPa의 압력으로 7분간의 수압 시험

② 70kPa의 압력으로 10분간의 수압 시험

③ 50kPa의 압력으로 10분간의 수압 시험

④ 70kPa의 압력으로 7분간의 수압 시험

해설

탱크의 구조 기준

• 강관의 두께 : 3.2mm 이상

• 하나의 탱크 용량 : 600*l* 이하

• 탱크의 외면 : 녹방지 도장

• 시험방법 : 70kPa 압력으로 10분간 수압 시험을 실시하여 새거나 변형이 없을 것

02 간이탱크저장소의 위치, 구조 및 설비의 기준에서 간이저장탱크 1개의 용량은 몇 *l* 이하이어야 하는가?

① 300

② 600

③ 1000

④ 1200

03 하나의 간이탱크저장소에 설치할 수 있는 간이탱크의 수는?

① 2개 이하

② 3개 이하

③ 4개 이하

④ 5개 이하

해설

하나의 간이탱크저장소에는 3개 이하의 간이탱크를 설치할 수 있다. 단, 동일한 품질의 위험물일 경우 2개 이상 설치하지 아니한다.

04 간이저장탱크의 밸브 없는 통기관의 안지름은 몇 mm 이상으로 해야 하는가?

① 15mm

② 20mm

③ 25mm

④ 30mm

해설

간이저장탱크의 밸브 없는 통기관의 안지름은 25mm 이상, 지상 1.5m 이상의 옥외에 설치할 것

05 옥외에 설치하는 간이탱크저장소의 보유공지는 몇 m 이상으로 해야 하는가?

① 0.5m 이상

② 1m 이상

③ 2m 이상

④ 5m 이상

해설

간이저장탱크의 보유공지

• 옥외에 설치시 : 1m 이상

• 전용실 안에 설치시 : 탱크와 전용실의 벽과의 사이에 0.5m 이상 간격 유지

 정답 01 ④ 02 ② 03 ② 04 ③ 05 ②

8 이동탱크저장소

1. 이동탱크저장소의 상치장소

(1) 옥외에 있는 상치장소 : 화기를 취급하는 장소 또는 인근의 건축물로부터 5m 이상(인근의 건축물이 1층인 경우에는 3m 이상)의 거리를 확보하여야 한다.

(2) 옥내에 있는 상치장소 : 벽·바닥·보·서까래 및 지붕이 내화구조 또는 불연재료로 된 건축물의 1층에 설치하여야 한다.

2. 이동저장탱크의 구조

(1) 이동저장탱크의 강철판의 두께(또는 이와 동등 이상의 강도, 내열성, 내식성이 있는 금속)
  ① 탱크의 본체, 측면 틀, 안전칸막이 : 3.2mm 이상
  ② 방호 틀 : 2.3mm 이상
  ③ 방파판 : 1.6mm 이상

(2) 탱크의 수압시험

(압력탱크 : 최대상용압력이 46.7KPa 이상인 탱크)

탱크의 종류	수압 시험방법	판정기준
압력탱크	최대 상용압력의 1.5배 압력으로 10분간 실시	새거나 변형이 없을 것
압력탱크 외의 탱크	70KPa의 압력으로 10분간 실시	

※ 수압시험은 용접부에 대한 비파괴시험과 기밀시험으로 대신할 수 있다.

(3) 탱크내부의 칸막이 : 4,000L 이하마다 설치할 것

(4) 방파판
  ① 탱크실의 용량 : 2,000L 이상일 경우 설치한다.
  ② 방파판의 개수 : 하나의 구획부분에 2개 이상 설치한다.
  ③ 설치방법 : 이동저장탱크의 진행방향과 평행으로 설치한다.
  ④ 방파판의 단면적 : 하나의 구획된 부분의 수직단면적의 50% 이상으로 한다.(단, 수직단면이 원형 또는 지름이 1m 이하의 타원형의 탱크 : 40% 이상)
  ※ 칸막이와 방파판 : 액체의 출렁임과 쏠림 등을 완화해줌

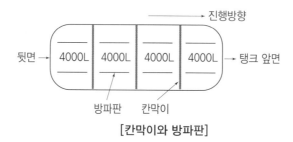

[칸막이와 방파판]

(5) 안전장치의 작동압력

① 사용압력이 20kPa 이하인 탱크 : 20kPa 이상 24kPa 이하의 압력

② 상용압력이 20kPa를 초과하는 탱크 : 상용압력의 1.1배 이하의 압력

(6) 측면틀 : 탱크 전복 시 탱크의 본체 파손 방지

① 탱크 뒷부분의 입면도에 있어서 측면틀의 최외측과 탱크의 최외측을 연결하는 직선의 수평면에 대한 내각이 75° 이상일 것

② 최대수량이 위험물을 저장한 상태에 있을 때의 당해 탱크중량의 중심점과 측면틀의 최외측을 연결하는 직선과 그 중심점을 지나는 직선 중 최외측선과 직각을 이루는 직선과의 내각이 35° 이상이 되도록 할 것

③ 탱크상부의 네 모퉁이에 당해 탱크의 전단 또는 후단으로부터 각각 1m 이내의 위치에 설치할 것

[이동저장탱크 측면틀의 위치]　　　[탱크 후면의 입면도]

(7) 방호틀 : 탱크의 전복 시 맨홀, 주입구, 안전장치 등의 부속장치 파손 방지

• 설치높이 : 방호틀 정상부분은 부속장치보다 50mm 이상 높게 설치한다.

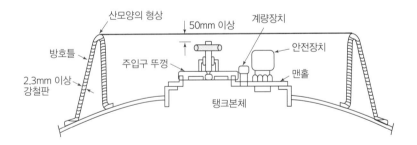

3. 이동탱크저장소의 주입설비 설치기준

① 위험물이 샐 우려가 없고, 화재 예방상 안전한 구조로 할 것

② 주입설비의 길이는 50m 이내로 하고, 그 선단에 정전기 제거장치를 설치할 것

③ 분당 토출량은 200L 이하로 할 것

④ 주입호스는 내경이 23mm 이상이고, 0.3MPa 이상의 압력에 견딜 수 있을 것

4. 이동탱크저장소의 표지 및 경고 표기

(1) 표지판

① 부착위치 : 차량의 전면 상단 및 후면 상단

② 규격 : 60cm 이상×30cm 이상의 직사각형

③ 색상 및 문자 : 흑색 바탕에 황색의 반사도료로 '위험물'이라 표기

(2) 게시판

① 기재내용 : 유별, 품명, 최대수량, 적재중량

② 문자의 크기 : 가로 40mm 이상, 세로 45mm 이상(여러 품명 혼재 시 품명별 문자의 크기 : 20mm×20mm 이상)

(3) UN번호

1) 그림문자의 외부에 표기하는 경우

① 부착위치 : 차량의 후면 및 양측면

② 규격 : 30cm 이상×12cm 이상의 횡형 사각형

③ 색상 및 문자 : 흑색 테두리 선(굵기 1cm)과 오렌지색으로 이루어진 바탕에 UN번호(글자의 높이 6.5cm 이상)를 흑색으로 표기할 것

2) 그림문자의 내부에 표기하는 경우

① 부착위치 : 차량의 후면 및 양측면

② 규격 : 심벌 및 분류·구분의 번호를 가리지 않는 크기의 횡형 사각형

③ 색상 및 문자 : 흰색바탕에 흑색으로 UN번호(글자의 높이 6.5cm 이상)를 표기할 것

(4) 그림 문자

① 부착위치 : 차량의 후면 및 양측면

② 규격 : 25cm 이상×25cm 이상의 마름모꼴

③ 색상 및 문자 : 위험물의 품목별로 해당하는 심벌을 표기하고 그림문자의 하단에 분류 구 분의 번호(글자의 높이 2.5cm 이상)를 표기할 것

차량에 부착할 표지	경고표지 예시(그림문자 및 UN번호)
위 험 물 (부착위치 : 전면 및 후면) 0000 (부착위치 : 후면 및 양측면)	휘 발 유 1203

5. 컨테이너식 이동탱크저장소

강제로 된 상자형태의 틀 안에 이동저장탱크를 수납하여 만든 것으로 차량 등에 옮겨 싣는 구조로 된 것

(1) 강철판의 두께

① 본체·맨홀·주입구의 뚜껑 : 6mm 이상(단, 탱크의 직경 또는 장경이 1.8m 이하 : 5mm 이상)

② 칸막이 : 3.2mm 이상

(2) 컨테이너 체결 금속구 : 걸고리체결 금속구, 모서리체결 금속구, 유(U)자 볼트

① 걸고리체결 금속구, 모서리체결 금속구 : 이동저장탱크 하중의 4배의 전단하중에 견딜 것

② 유(U)자 볼트 : 용량이 6,000L 이하의 이동탱크저장소 차량의 샤시프레임에 체결할 수 있다.

(3) 부속장치와 상자틀의 최외측과의 간격 : 50mm 이상

(4) 표시판

① 크기 : 가로 0.4m 이상, 세로 0.15m 이상

② 색상 : 백색바탕에 흑색문자

③ 표시내용 : 허가청의 명칭 및 완공검사번호

6. 알킬알루미늄 등의 이동탱크저장소

① 탱크, 맨홀, 주입구의 뚜껑의 강철판의 두께 : 10mm 이상

② 수압시험 : 1MPa 이상의 압력으로 10분간 실시하여 새거나 변형이 없을 것

③ 이동저장탱크의 용량 : 1,900L 미만일 것

④ 안전장치 작동압력 : 이동저장탱크의 수압시험의 2/3를 초과하고 4/5를 넘지 않는 범위의 압력

⑤ 이동저장탱크 : 불활성기체 봉입장치를 설치할 것

⑥ 이동저장탱크의 배관 및 밸브 등의 설치위치 : 탱크의 윗부분에 설치

⑦ 이동저장탱크의 외면 색상 : 적색

⑧ 주의사항 색상 및 표시 : 백색 문자를 동판 양측면 및 경판에 표시한다.

7. 이동저장탱크의 외부도장

유별	도장의 색상	비고
제1류	회색	1. 탱크의 앞면과 뒷면을 제외한 면적의 40% 이내의 면적은 다른 유별의 색상 외의 색상으로 도장하는 것이 가능하다. 2. 제4류에 대해서는 도장의 색상 제한이 없으나 적색을 권장한다.
제2류	적색	
제3류	청색	
제5류	황색	
제6류	청색	

8. 접지도선

• 설치대상 : 제4류 위험물 중 특수인화물, 제1석유류, 제2석유류

01 휘발유를 저장하던 이동저장탱크에 탱크의 상부로부터 등유나 경유를 주입할 때 액 표면이 주입관의 선단을 넘는 높이가 될 때까지 그 주입관내의 유속을 몇 m/s 이하로 하여야 하는가?

① 1   ② 2
③ 3   ④ 5

02 이동탱크저장소의 용량이 19000*l*일 때 탱크의 칸막이는 최소 몇 개를 설치해야 하는가?

① 2   ② 3
③ 4   ④ 5

해설

칸막이 : 이동저장탱크는 그 내부에 4,000*l* 이하마다 3.2mm 이상의 강철판으로 설치할 것 (단, 용량이 2000*l* 미만은 제외)

탱크의 칸막이 개수$=\dfrac{19000}{4000}=4.75$ ∴ 5개

03 이동저장탱크에 접지도선을 설치하지 않아도 되는 것은?

① 특수인화물   ② 제1석유류
③ 알코올류   ④ 제2석유류

해설

이동저장탱크에 접지도선을 설치해야 할 위험물은 제4류 위험물 중 특수인화물, 제1석유류, 제2석유류이다.

04 이동저장탱크의 방파판의 두께는 얼마 이상의 강철판으로 해야 하는가?

① 1.6mm 이상   ② 2.3mm 이상
③ 3.2mm 이상   ④ 6mm 이상

해설

방파판의 두께는 1.6mm 이상의 강철판으로 하나의 구획부분에 2개 이상 설치할 것

05 위험물안전관리법령에 따른 이동저장탱크의 구조 기준에 대한 설명으로 틀린 것은?

① 압력 탱크는 최대 상용 압력의 1.5배의 압력으로 10분간 수압 시험을 하여 새지 말 것
② 상용 압력이 20kPa를 초과하는 탱크의 안전장치는 상용 압력의 1.5배 이하의 압력에서 작동할 것
③ 방파판은 두께 1.6mm 이상의 강철판 또는 이와 동등 이상의 강도, 내식성 및 내열성이 있는 금속성의 것으로 할 것
④ 탱크는 두께 3.2mm 이상의 강철판 또는 이와 동등 이상의 강도, 내식성 및 내열성을 갖는 재질로 할 것

해설

안전장치는 상용압력이 20kPa 이하인 탱크에 있어서는 20kPa 이상 24kPa 이하의 압력에서, 상용압력이 20kPa를 초과하는 탱크에 있어서는 상용압력의 1.1배 이하의 압력에서 작동하는 것으로 할 것

06 알루미늄을 저장하는 이동탱크의 용량과 강철판의 탱크 두께는?

① 1000L 미만, 3.2mm 이상
② 1000L 미만, 10mm 이상
③ 1900L 미만, 3.2mm 이상
④ 1900L 미만, 10mm 이상

해설

알루미늄을 저장하는 이동탱크의 용량은 1900L 미만, 이동탱크의 두께는 10mm 이상의 강철판으로 한다.

 정답   01 ①   02 ④   03 ③   04 ①   05 ②   06 ④

9 암반탱크저장소

1. 안전거리 및 보유 공지 : 없음

2. 암반탱크저장소의 표지 및 게시판

(1) 표지내용 : '위험물 암반탱크저장소'

(2) 그 외의 기준은 위험물 제조소와 동일하다.

3. 암반탱크 설치기준

(1) 암반투수 계수가 1초당 10만분의 1m 이하인 천연 암반 내에 설치한다.

(2) 저장위험물의 증기압을 억제할 수 있는 지하수면 하에 설치한다.

4. 암반탱크의 공간용적

탱크 내에 용출하는 7일간의 지하수의 양에 상당하는 용적과 탱크의 내용적의 1/100의 용적 중에서 큰 용적을 공간용적으로 한다.

 예제 다음은 위험물을 저장하는 탱크의 공간용적 산정 기준이다. (　　) 안에 알맞은 수치로 옳은 것은?

> • 위험물을 저장 또는 취급하는 탱크의 공간용적은 탱크의 내용적의 (A) 이상 (B) 이하의 용적으로 한다. 다만, 소화설비(소화약제 방출구를 탱크 안의 윗부분에 설치하는 것에 한한다.)를 설치하는 탱크의 공간용적은 당해 소화설비의 소화약제 방출구 아래의 0.3m 이상 1m 미만 사이의 면으로부터 윗부분의 용적으로 한다.
> • 암반 탱크에 있어서는 당해 탱크 내에 용출하는 (C)일간의 지하수의 양에 상당하는 용적과 당해 탱크의 내용적의 (D)의 용적 중에서 보다 큰 용적을 공간용적으로 한다.

① A : 3/100, B : 10/100, C : 10, D : 1/100

② A : 5/100, B : 5/100,　C : 10, D : 1/100

③ A : 5/100, B : 10/100, C : 7,　 D : 1/100

④ A : 5/100, B : 10/100, C : 10, D : 3/100

| 풀이 |　탱크의 용적 산정기준 : 탱크의 용량＝탱크의 내용적－공간용적

정답 | ③

---

1 주유취급소

1. 주유공지

① **주유공지** : 고정주유설비에서 주유를 받을 자동차 등이 출입할 수 있도록 너비 15m 이상 길이 6m 이상의 콘크리트로 포장한 보유 공지

② **공지의 바닥** : 주위 지면보다 높게 하고 표면을 적당히 경사지게 하며 배수구, 집유설비 및 유분리 장치를 설치할 것

2. 주요취급소의 표지 및 게시판

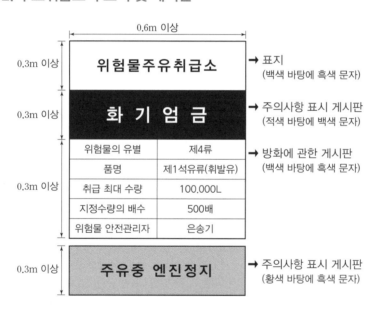

3. 주유취급소의 탱크용량 기준

저장탱크의 종류	탱크의 용량	저장탱크의 종류	탱크의 용량
고정주유설비	50,000L 이하	폐유탱크	2,000L 이하
고정급유설비	50,000L 이하	간이탱크	600L×3기 이하
보일러 전용탱크	10,000L 이하	고속국도의 탱크	60,000L 이하

① **고정 주유설비** : 펌프기기 및 호스기기로 위험물을 자동차 등에 직접 주유하는 설비

② **고정 급유설비** : 펌프기기 및 호스기기로 위험물을 용기 및 이동저장탱크에 주입하는 설비

4. 고정주유설비 및 고정급유설비 기준

(1) 펌프기기의 토출량 : 주유관 선단에서의 최대 토출량

① 제1석유류 : 분당 50L 이하

② 경유 : 분당 180L 이하

③ 등유 : 분당 80L 이하

(2) 이동저장탱크에 주입하기 위한 고정 급유설비의 펌프기기의 최대 토출량 : 분당 300L 이하

구분		1회 연속 주유량의 상한	주유(급유)시간의 상한
셀프용	고정주유설비	휘발유 : 100L 이하 경유 : 200L 이하	4분 이하
	고정급유설비	100L 이하	6분 이하

(3) 주유관의 길이

① 고정주유(급유)설비(선단을 포함) : 5m 이내

② 현수식(천장에 주유관이 매달려 있는 형태) : 지면 위 0.5m의 수평면에 수직으로 내려 만나는 중심으로 반경 3m 이내

※주유관 선단에는 정전기 제거장치를 설치할 것

(4) 고정주유설비 또는 고정급유설비의 설치 기준

① 고정주유설비의 중심선을 기점으로 한 거리

- 도로경계선, 고정급유설비 : 4m 이상
- 부지경계선, 담, 건축물의 벽 : 2m 이상
- 건축물의 벽(개구부가 없는 벽까지) : 1m 이상

② 고정급유설비의 중심선을 기점으로 한 거리

- 도로경계선, 고정주유설비 : 4m 이상
- 부지경계선, 담 : 1m 이상
- 건축물의 벽 : 2m 이상(개구부가 없는 벽 까지 : 1m 이상)

5. 주유급소에 설치할 수 있는 건축물

① 주유 또는 등유, 경유를 옮겨 담기 위한 작업장

② 주유취급소의 업무를 행하기 위한 사무소

③ 자동차 등의 점검 및 간이정비를 위한 작업장

④ 자동차 등의 세정을 위한 작업장

⑤ 주유취급소에 출입하는 사람을 대상으로 한 점포, 휴게음식점 또는 전시장

⑥ 주유취급소의 관계자가 거주하는 주거시설

⑦ 전기자동차용 충전설비

※ ② ,③ ,⑤의 용도에 제공하는 부분의 면적의 합은 1000㎡를 초과할 수 없다.

6. 주유취급소의 건축물 등의 구조

(1) **건축물의 벽·기둥·바닥·보 및 지붕** : 내화구조 또는 불연재료로 할 것

(2) **창 및 출입구** : 방화문 또는 불연재료로 된 문을 설치할 것

(3) **사무실 등의 창 및 출입구의 유리** : 망입유리 또는 강화유리로 할 것(강화유리의 두께 : 창 8mm 이상, 출입구 12mm 이상)

(4) **건축물 중 사무실 그 밖의 화기를 사용하는 곳의 구조는 누설한 가연성의 증기가 건축물 내부에 유입되지 않도록 하는 기준**
    ① 출입구는 건축물의 안에서 밖으로 수시로 개방할 수 있는 자동폐쇄식의 것으로 할 것
    ② 출입구 또는 사이 통로의 문턱의 높이를 15cm 이상으로 할 것
    ③ 높이 1m 이하의 부분에 있는 창 등은 밀폐시킬 것

(5) **주유원간의 대기실은 불연재료로 하고 바닥면적은 2.5m² 이하일 것**

(6) **펌프실의 출입구는 바닥으로부터 0.1m 이상의 턱을 설치할 것**

7. 주유취급소의 담 또는 벽

(1) **담 또는 벽** : 주유취급소의 자동차 등이 출입하는 쪽 외의 부분에 높이 2m 이상의 내화구조 또는 불연재료로 설치할 것

(2) **담 또는 벽에 유리를 부착할 수 있는 기준**
    ① 유리를 부착하는 위치 : 주입구, 고정주유 설비 및 고정급유설비로부터 4m 이상 이격될 것
    ② 유리를 부착하는 방법의 기준
      • 주유취급소 내의 지반면으로부터 70cm를 초과하는 부분에 한하여 유리를 부착할 것
      • 하나의 유리판의 가로의 길이는 2m 이내일 것
      • 유리판의 테두리를 금속제의 구조물에 견고하게 고정하고 해당 구조물을 담 또는 벽에 견고하게 부착할 것
      • 유리의 구조는 접합유리로 하되, 비열차가 30분 이상의 방화 성능이 인정될 것
    ③ 유리를 부착하는 범위 : 전체의 담 또는 벽의 길이의 10분의 2를 초과하지 아니할 것

8. 캐노피의 설치기준

    ① 배관이 캐노피 내부를 통과할 경우 : 1개 이상의 점검구를 설치할 것
    ② 캐노피 외부의 점검이 곤란한 장소에 배관을 설치하는 경우 : 용접이음으로 할 것
    ③ 캐노피 외부의 배관이 일광열의 영향을 받을 우려가 있는 경우 : 단열재로 피복할 것

01 위험물 주유취급소의 주유 및 급유 공지의 바닥에 대한 기준으로 옳지 않은 것은?

① 주위 지면보다 낮게 할 것
② 표면을 적당하게 경사지게 할 것
③ 배수구, 집유설비를 할 것
④ 유분리장치를 할 것

해설

공지의 바닥은 주위 지면보다 높게 하고, 그 표면을 적당하게 경사지게 하여 새어나온 기름 그 밖의 액체가 공지의 외부로 유출되지 아니하도록 배수구, 집유설비 및 유분리장치를 하여야 한다.

02 고정주유설비의 주유관 선단에서 제1석유류의 펌프 기기 최대토출량은 분당 얼마인가?

① 50L 이하
② 80L 이하
③ 150L 이하
④ 180L 이하

해설

① 고정주유설비의 주유관 선단에서 최대토출량
 • 제1석유류 : 분당 50L 이하
 • 경유 : 분당 180L 이하
 • 등유 : 분당 80L 이하
② 주유취급소에서 고정주유설비 및 고정급유설비의 주유관의 길이는 5m 이내로 한다.

03 주유취급소의 주유공지 중 너비와 길이는 얼마 이상인가?

① 너비 10m 이상, 길이 5m 이상
② 너비 10m 이상, 길이 6m 이상
③ 너비 15m 이상, 길이 6m 이상
④ 너비 15m 이상, 길이 10m 이상

04 주유취급소에 다음과 같이 전용 탱크를 설치하였다. 최대로 저장, 취급할 수 있는 용량은 얼마인가? (단, 고속도로 외의 도로면에 설치하는 자동차용 주유 취급소인 경우이다.)

> • 간이 탱크 : 2기
> • 폐유 탱크 등 : 1기
> • 고정 주유 설비 및 급유 설비 접속하는 전용 탱크 : 2기

① 103,200*l*
② 104,600*l*
③ 123,200*l*
④ 124,200*l*

해설

① 간이탱크 2기＝600*l* ×2기＝1,200*l*
② 폐유탱크 등 1기＝2,000*l* ×1기＝2,000*l*
③ 고정주유설비 및 급유설비 접속하는 전용탱크 2기
 ＝50,000*l* ×2기＝100,000*l*
∴ 최대 저장 취급할 수 있는 탱크용량 : ①＋②＋③
 $Q=1,200l+2,000l+100,000l=103,200l$
※ 주유취급소의 저장, 취급 가능한 탱크 용량
• 자동차등에 주유하는 고정주유(급유)설비 : 50,000*l* 이하
• 보일러 전용 탱크 : 10000*l* 이하
• 폐유탱크 : 2000*l* 이하
• 간이저장탱크 : 600*l* 이하
• 고정급유(주유)설비에 접속하는 간이탱크 : 3기 이하

05 주유취급소의 고정주유설비의 중심선을 기점으로 도로경계선까지의 거리는 몇 m 이상인가?

① 1m
② 2m
③ 3m
④ 4m

해설

고정주유설비의 중심선을 기점으로 도로경계선까지는 4m 이상, 부지경계선 및 담 또는 벽까지는 2m 이상, 개구부 없는 벽까지는 1m 이상 거리를 유지할 것

 정답 01 ① 02 ① 03 ③ 04 ① 05 ④

2 판매취급소

1. 제1종 판매취급소

(1) 저장 또는 취급하는 위험물의 수량 : 지정수량의 20배 이하

(2) 설치 : 건축물 1층에 설치할 것

(3) 판매취급소의 건축물의 기준

① 내화구조 및 불연재료로 할 것

② 판매취급소로 사용되는 부분과 다른 부분과의 격벽 : 내화구조로 할 것

③ 보와 천장 : 불연재료로 할 것

④ 창 및 출입구 : 갑종 또는 을종방화문을 설치할 것

(4) 위험물 배합실의 기준

① 바닥면적 : 6m² 이상 15m² 이하

② 벽 : 내화구조 또는 불연재료로 구획할 것

③ 바닥 : 적당한 경사를 두고 집유설비를 할 것

④ 출입구 : 자동폐쇄식의 갑종방화문을 설치할 것

⑤ 출입구 문턱의 높이 : 바닥면으로부터 0.1m 이상

⑥ 내부에 체류한 가연성의 증기 또는 미분을 지붕 위로 방출하는 설비를 할 것

⑦ 바닥은 위험물이 침투하지 아니하는 구조로 하여 적당한 경사를 두고 집유설비를 할 것

2. 제2종 판매취급소

(1) 저장 또는 취급하는 위험물의 수량 : 지정수량의 40배 이하

(2) 판매취급소의 건축물의 기준

① 벽·기둥·바닥 및 보 : 내화구조로 할 것

② 천장 : 불연재료로 할 것

③ 판매취급소로 사용되는 부분과 다른부분과의 격벽 : 내화구조로 할 것

④ 지붕 : 내화구조로 할 것

3 이송취급소

1. 설치장소

(1) 이송취급소는 다음의 장소 외의 장소에 설치할 것

① 철도 및 도로의 터널 안

② 고속국도 및 자동차전용도로의 차도, 길어깨 및 중앙분리대

③ 호수, 저수지 등으로서 수리의 수원이 되는 곳

④ 급경사지역으로서 붕괴의 위험이 있는 지역

> ※ 위의 장소에 이송취급소를 설치할 수 있는 경우
> - 지형상황 등 부득이한 사유가 있고 안전한 필요한 조치를 하는 경우
> - 위 ②, ③의 장소에 횡단하여 설치하는 경우

(2) 배관설치의 기준

1) 지하매설 : 배관을 지하에 매설하는 경우에는 다음 각목의 기준에 의하여야 한다.

① 배관은 그 외면으로부터 안전거리를 둘 것

- 건축물(지하내의 건축물을 제외) : 1.5m 이상
- 지하가 및 터널 : 10m 이상
- 「수도법」에 의한 수도시설 : 300m 이상

② 배관과 다른 공작물과의 거리 : 0.3m 이상 거리를 보유할 것

2) 도로 밑 매설

① 배관의 외면과 도로의 경계까지 안전거리 : 1m 이상 둘 것

② 시가지도로의 노면 아래에 매설 깊이 : 1.5m 이상

③ 시가지 외의 도로의 노면 아래에 매설 깊이 : 1.2m 이상

3) 철도부지 밑 매설

① 배관의 외면과 철도 중심선까지의 거리 : 4m 이상

② 배관의 외면과 용지경계까지의 거리 : 1m 이상

③ 배관의 외면과 지표면과의 매설깊이 : 1.2m 이상

4) 지상설치

① 배관과의 안전거리

- 철도 또는 도로경계선 : 25m 이상
- 종합병원, 병원, 공연장, 영화관 : 45m 이상
- 문화재 : 65m 이상
- 고압가스시설 : 35m 이상
- 주택 : 25m 이상

② 공지너비(공업지역 : 너비의 $\frac{1}{3}$)

배관의 최대상용압력	공지의 너비
0.3MPa 미만	5m 이상
0.3MPa 이상 1MPa 미만	9m 이상
1MPa 이상	15m 이상

2. 기타설비 등

(1) **비파괴시험** : 배관등의 용접부는 비파괴시험을 실시하여 합격하여야 하며, 이 경우 이송기지 내의 지상에 설치된 배관등은 전체 용접부의 20% 이상을 발췌하여 시험할 수 있다.

(2) **내압시험** : 배관등은 최대상용압력의 1.25배 이상의 압력으로 4시간 이상 수압을 가하여 누설 그 밖의 이상이 없을 것.

(3) **압력안전장치** : 배관계에는 배관내의 압력이 최대상용압력을 초과하거나 유격작용 등에 의하여 생긴 압력이 최대상용압력의 1.1배를 초과하지 아니하도록 제어하는 장치(압력안전장치)를 설치할 것

(4) **긴급차단밸브**
① 시가지에 설치하는 경우에는 약 4km의 간격
② 하천, 호수 등을 횡단하여 설치하는 경우에는 횡단하는 부분의 양 끝
③ 해상 또는 해저를 통과하여 설치하는 경우에는 통과하는 부분의 양 끝
④ 산림지역에 설치하는 경우에는 약 10km의 간격
⑤ 도로 또는 철도를 횡단하여 설치한 경우에는 횡단하는 부분의 양 끝

(5) **감진장치** : 배관의 경로에는 안전상 필요한 장소와 25km의 거리마다 감진장치 및 강진계를 설치하여야 한다.

(6) **경보설비**
① 이송기지에는 비상벨장치 및 확성장치를 설치할 것
② 가연성 증기를 발생하는 위험물을 취급하는 펌프실 등에는 가연성 증기 경보설비를 설치할 것

4 **일반취급소**

위험물을 제조 및 생산이외의 목적으로 1일에 지정수량 이상의 위험물을 취급 및 사용하는 장소로서 주유 취급소, 판매 취급소 및 이송취급소 이외의 시설을 말한다.

1. 분무도장작업등의 일반취급소

도장, 인쇄 또는 도포를 위하여 제2류 위험물 또는 제4류 위험물(특수 인화물을 제외)을 취급하는 일반취급소로서 지정수량의 30배 미만의 것

2. 세정작업의 일반취급소

세정을 위하여 위험물(인화점이 40℃ 이상인 제4류 위험물에 한한다)을 취급하는 일반취급소로서 지정수량의 30배 미만의 것

3. 열처리작업 등의 일반취급소

열처리작업 또는 방전가공을 위하여 위험물(인화점이 70℃ 이상인 제4류 위험물에 한한다)을 취급하는 일반취급소로서 지정수량의 30배 미만의 것

4. 보일러등으로 위험물을 소비하는 일반취급소

보일러, 버너 그 밖의 이와 유사한 장치로 위험물(인화점이 38℃ 이상인 제4류 위험물에 한한다)을 소비하는 일반취급소로서 지정수량의 30배 미만의 것

5. 충전하는 일반취급소

이동저장탱크에 액체위험물(알킬알루미늄등, 아세트알데히드등 및 히드록실아민등을 제외)을 주입하는 일반취급소(액체위험물을 용기에 옮겨 담는 취급소를 포함)

6. 옮겨 담는 일반취급소

고정급유설비에 의하여 위험물(인화점이 38℃ 이상인 제4류 위험물에 한한다)을 용기에 옮겨 담거나 4,000ℓ 이하의 이동저장탱크(용량이 2,000ℓ를 넘는 탱크에 있어서는 그 내부를 2,000ℓ 이하마다 구획한 것에 한한다)에 주입하는 일반취급소로서 지정수량의 40배 미만인 것

7. 유압장치등을 설치하는 일반취급소

위험물을 이용한 유압장치 또는 윤활유 순환장치를 설치하는 일반취급소(고인화점 위험물만을 100℃ 미만의 온도로 취급하는 것에 한한다)로서 지정수량의 50배 미만의 것

8. 절삭장치등을 설치하는 일반취급소

절삭유의 위험물을 이용한 절삭장치, 연삭장치 그 밖의 이와 유사한 장치를 설치하는 일반취급

소(고인화점 위험물만을 100°C 미만의 온도로 취급하는 것에 한한다)로서 지정수량의 30배 미만의 것

9. 열매체유 순환장치를 설치하는 일반취급소

위험물 외의 물건을 가열하기 위하여 위험물(고인화점 위험물에 한한다)을 이용한 열매체유 순환장치를 설치하는 일반취급소로서 지정수량의 30배 미만의 것

10. 화학실험의 일반취급소

화학실험을 위하여 위험물을 취급하는 일반취급소로서 지정수량의 30배 미만의 것

01 위험물안전관리법에서 구분한 취급소에 해당되지 않는 것은?

① 주유취급소　　　　② 옥내취급소

③ 이송취급소　　　　④ 판매취급소

해설

① 취급소의 구분
- 주유취급소　　　• 판매취급소
- 이송취급소　　　• 일반취급소

② 판매취급소의 구분
- 제1종 판매취급소 : 지정수량의 20배 이하 취급
- 제2종 판매취급소 : 지정수량의 40배 이하 취급

02 위험물의 취급 중 소비에 관한 기준으로 틀린 것은?

① 열처리 작업은 위험물이 위험한 온도에 이르지 아니하도록 하여 실시하여야 한다.

② 담금질 작업은 위험물이 위험한 온도에 이르지 아니하도록 하여 실시하여야 한다.

③ 분사도장 작업은 방화상 유효한 격벽 등으로 구획한 안전한 장소에서 하여야 한다.

④ 버너를 사용하는 경우에는 버너의 역화를 유지하고 위험물이 넘치지 아니하도록 하여야 한다.

해설

④ 버너를 사용하는 경우에는 버너의 역화를 방지하고 위험물이 넘치지 아니하도록 할 것

03 이송취급소 배관 등의 용접부는 비파괴시험을 실시하여 합격하여야 한다. 이 경우 이송기지 내의 지상에 설치되는 배관 등은 전체 용접부의 몇 % 이상 발췌하여 시험할 수 있는가?

① 10　　　　② 15

③ 20　　　　④ 25

04 다음 중 제1종 판매취급소는 지정수량 몇 배 이하의 위험물을 취급하는가?

① 10배　　　　② 20배

③ 30배　　　　④ 40배

05 판매취급소에서 위험물을 배합하는 실의 기준으로 틀린 것은?

① 내화구조 또는 불연재료로 된 벽으로 구획한다.

② 출입구는 자동폐쇄식 갑종방화문을 설치한다.

③ 내부에 체류한 가연성 증기를 지붕 위로 방출하는 설비를 한다.

④ 바닥에는 경사를 두어 되돌림관을 설치한다.

해설

④ 바닥은 위험물이 침투하지 아니하는 구조로 하여 적당한 경사를 두고 집유설비를 할 것

※ 위험물의 배합실 설치 기준 : ①, ②, ③, ④ 이외에
- 바닥면적은 6m² 이상 15m² 이하일 것
- 출입구 문턱의 높이는 바닥면으로부터 0.1m 이상으로 할 것
- 내부에 체류한 가연성의 증기 또는 가연성의 미분을 지붕위로 방출하는 설비를 할 것

 정답 01 ②　02 ④　03 ③　04 ②　05 ④

06 이송취급소의 배관이 하천을 횡단하는 경우 하천 밑에 매설하는 배관의 외면과 계획하상(계획하상이 최심하상보다 높은 경우에는 최심하상)과의 거리는?

① 1.2m 이상　　② 2.5m 이상
③ 3.0m 이상　　④ 4.0m 이상

해설

하천 또는 수로의 밑에 배관을 매설시 깊이
① 하천을 횡단하는 경우 : 4.0m
② 수로를 횡단하는 경우
　• 하수도 또는 운하 : 2.5m
　• 좁은 수로(용수로 기타 유사한 것은 제외) : 1.2m

07 위험물 판매취급소에 대한 설명 중 틀린 것은?

① 제1종 판매취급소라 함은 저장 또는 취급하는 위험물의 수량이 지정수량의 20배 이하인 판매취급소를 말한다.
② 위험물을 배합하는 실의 바닥 면적은 6m² 이상 15m² 이하이어야 한다.
③ 판매 취급소에서는 도료류 외의 제1석유류를 배합하거나 옮겨 담는 작업을 할 수 없다.
④ 제1종 판매취급소는 건축물의 2층까지만 설치가 가능하다.

해설

④ 제1종 판매취급소는 건축물의 1층에 설치할 것

08 다음 중 제2종 판매취급소는 지정수량 몇 배 이하의 위험물을 취급하는가?

① 10배　　② 20배
③ 30배　　④ 40배

해설

판매취급소의 구분
• 제1종 판매취급소 : 지정수량의 20배 이하 취급
• 제2종 판매취급소 : 지정수량의 40배 이하 취급

09 판매취급소에서 위험물 배합실의 기준으로 잘못된 것은?

① 바닥면적은 6m² 이상 15m² 이하로 할 것
② 바닥은 위험물이 침투하지 않는 구조로 하여 적당한 경사를 두고 집유설비를 할 것
③ 출입구에는 수리로 열 수 있는 자동폐쇄식의 갑종방화문을 설치할 것
④ 출입구 문턱의 높이는 바닥면으로부터 0.2m 이상으로 할 것

해설

출입구 문턱의 높이는 바닥면으로부터 0.1m 이상으로 할 것

정답　06 ④　07 ④　08 ④　09 ④

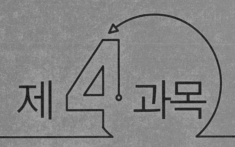

제4과목

기출문제

기출문제 2018년 | 제1회

01 주수에 의한 냉각소화가 효과적인 위험물은?

① CH₃ONO₂
② Al₄C₃
③ Na₂O₂
④ Mg

02 트리에틸알루미늄이 물과 반응하였을 때 발생하는 가스는 무엇인가?

① 메탄
② 에탄
③ 프로판
④ 부탄

03 위험물에 대한 설명으로 옳은 것은?

① 칼륨은 수은과 격렬하게 반응하며 가열하면 청색의 불꽃을 내며 연소하고 전기의 부도체이다.
② 나트륨은 액체 암모니아와 반응하여 수소를 발생하고 공기 중 연소 시 황색 불꽃을 발생한다.
③ 칼슘은 보호액인 물속에 저장하고 알코올과 반응하여 수소를 발생한다.
④ 리튬은 고온의 물과 격렬하게 반응하여 산소를 발생한다.

해설·정답 확인하기

01 ① CH₃ONO₂(질산메틸) : 제5류의 자기반응성물질로서 다량의 물로 주수하며 냉각소화가 효과적이다.
② Al₄C₃(탄화알루미늄) : 제3류의 금수성물질로서 물과 반응하여 가연성인 메탄(CH₄)가스가 발생하므로 건조사 등으로 질식소화가 효과적이다(주수 및 포소화는 엄금).
$$Al_4C_3 + 12H_2O \rightarrow 4Al(OH)_3 + CH_4 \uparrow$$
③ Na₂O₂(과산화나트륨) : 제1류의 무기과산화물로 물과 격렬히 반응하여 산소(O₂↑)를 발생하므로 건조사 등으로 질식소화한다(CO₂는 효과 없음).
$$2Na_2O_2 + 2H_2O \rightarrow 4NaOH + O_2 \uparrow$$
④ Mg(마그네슘) : 제2류의 금수성물질로 물과 반응시 수소(H₂↑)를 발생하므로 마른 모래 등으로 피복소화한다(주수, 포, CO₂, 할로겐화합물은 금함).
$$Mg + 2H_2O \rightarrow Mg(OH)_2 + H_2 \uparrow$$

02 트리에틸알루미늄[(C₂H₅)₃Al, TEA] : 제3류(금수성)
• 물과 반응하여 에탄(C₂H₆↑)가스를 발생한다.
$$(C_2H_5)_3Al + 3H_2O \rightarrow Al(OH)_3 + C_2H_6 \uparrow$$
• 저장시 희석안정제(벤젠, 톨루엔, 헥산 등)를 사용하여 불활성기체(N₂)를 봉입한다.
• 소화시 팽창질석, 팽창진주암을 사용한다(주수소화엄금).

03 ① 칼륨(K)의 불꽃 반응색깔은 노란색이며 전기의 양도체이다.
② 나트륨(Na)은 액체암모니아에 녹아 나트륨아미드(NaNH₂)와 수소(H₂)를 발생한다.
$$2Na + 2NH_3 \rightarrow 2NaNH_2 + H_2 \uparrow$$
③ 칼슘(Ca)은 물 또는 알코올과 반응시 수소(H₂↑)를 발생한다.
$$Ca + 2H_2O \rightarrow Ca(OH)_2 + H_2 \uparrow$$
$$Ca + 2C_2H_5OH \rightarrow (C_2H_5O)_2Ca + H_2 \uparrow$$
④ 리튬(Li)은 고온의 물과 격렬하게 반응하여 수소(H₂↑)를 발생한다.
$$2Li + 2H_2O \rightarrow 2LiOH + H_2 \uparrow$$

정답 01 ① 02 ② 03 ②

04 위험물안전관리법령에 따라 제조소등의 관계인이 화재예방과 재해발생 시 비상조치를 위해 작성하는 예방규정에 관한 설명으로 틀린 것은?

① 제조소의 관계인은 제조소에서 지정수량 5배 위험물을 취급할 때 예방규정을 작성하여야 한다.

② 지정수량의 200배 위험물 저장하는 옥외저장소 관계인은 예방규정을 작성하여 제출하여야 한다.

③ 위험물시설의 운전 또는 조작에 관한 사항, 위험물 취급작업의 기준에 관한 사항은 예방규정에 포함되어야 한다.

④ 제조소등의 예방규정은 산업안전보건법의 규정에 의한 안전보건관리규정과 통합하여 작성할 수 있다.

05 분말의 형태로서 150마이크로미터의 체를 통과하는 것은 50중량퍼센트 이상인 것만 위험물로 취급되는 것은?

① Zn ② Fe
③ Ni ④ Cu

06 그림과 같은 위험물 저장탱크의 내용적은 약 몇 m³ 인가?

 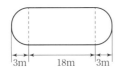

① 4681 ② 5482
③ 6283 ④ 7080

07 표준상태(0℃, 1atm)에서 2kg의 이산화탄소가 모두 기체상태의 소화약제로 방사될 경우 부피는 몇 m³인가?

① 1.018m³ ② 10.18m³
③ 101.8m³ ④ 1018m³

---

04 예방규정을 정해야 하는 제조소등
- 지정수량의 10배 이상의 위험물을 취급하는 제조소
- 지정수량의 100배 이상의 위험물을 저장하는 옥외저장소
- 지정수량의 150배 이상의 위험물을 저장하는 옥내저장소
- 지정수량의 200배 이상의 위험물을 저장하는 옥외탱크저장소
- 암반탱크저장소
- 이송취급소
- 지정수량의 10배 이상의 위험물을 취급하는 일반취급소

05 "금속분"이라 함은 알칼리금속·알칼리토금속·철 및 마그네슘 외의 금속분말을 말하고, 구리분·니켈분 및 150마이크로미터의 체를 통과하는 것이 50중량퍼센트 미만인 것은 제외한다.

06 원형(횡)탱크의 내용적(V)

$$V = \pi r^2 \left(l + \frac{l_1 + l_2}{3} \right)$$

$$= \pi \times 10^2 \times \left(18 + \frac{3+3}{3} \right)$$

$$\fallingdotseq 6283 m^3$$

07 이상기체상태 방정식

$$PV = nRT = \frac{W}{M} RT$$

$$\left[\begin{array}{lll} P : 압력(atm) & n : 몰수\left(\frac{W}{M}\right) & V : 부피(m^3) \\ M : 분자량 & W : 질량(g) & T : 절대온도(273+℃)[K] \\ R : 기체상수 \, 0.082(atm \cdot m^3/kmol \cdot K) \end{array} \right]$$

$$\therefore V = \frac{WRT}{PM}$$

$$= \frac{2kg \times 0.082 atm \cdot m^3/kmol \cdot K \times (273+0)K}{1atm \times 44kg/kmol}$$

$$= 1.018 m^3$$

08 위험물안전관리법령상 다음 (   )에 알맞은 수치를 모두 합한 값은?

> • 과염소산의 지정수량은 (   )kg이다.
> • 과산화수소는 농도가 (   )wt% 미만인 것은 위험물에 해당하지 않는다.
> • 질산은 비중이 (   ) 이상인 것만 위험물로 규정한다.

① 349.36   ② 549.36
③ 337.49   ④ 537.49

09 위험물안전관리법에 의하면 옥외소화전이 6개 있을 경우 수원의 수량은 몇 m³ 이상이어야 하는가?

① 48m³   ② 54m³
③ 60m³   ④ 81m³

10 과산화벤조일 취급 시 주의사항에 대한 설명 중 틀린 것은?

① 수분을 포함하고 있으면 폭발하기 쉽다.
② 가열, 충격, 마찰을 피해야 한다.
③ 저장용기는 차고 어두운 곳에 보관한다.
④ 희석제를 첨가하여 폭발성을 낮출 수 있다.

11 다음은 위험물안전관리법에 따른 이동저장탱크의 구조에 관한 기준이다. (   ) 안에 알맞은 수치는?

> 이동저장탱크는 그 내부에 (A)L 이하마다 (B)mm 이상의 강철판 또는 이와 동등 이상의 강도, 내열성 및 내식성이 있는 금속성의 것으로 칸막이를 설치하여야 한다. 다만, 고체인 위험물을 저장하거나 고체인 위험물을 가열하여 액체상태로 저장하는 경우에는 그러하지 아니하다.

① A : 2,000, B : 1.6
② A : 2,000, B : 3.2
③ A : 4,000, B : 1.6
④ A : 4,000, B : 3.2

---

08 제6류 위험물(산화성액체)
• 과염소산 지정수량 : 300kg
• 과산화수소 농도 : 36wt% 이상
• 질산의 비중 : 1.49 이상
∴ 300＋36＋1.49＝337.49

09 옥외소화전설비 설치기준

수평거리	방사량	방사압력	수원의 양(Q : m³)
40m 이하	450(l/min) 이상	350(kPa) 이상	Q=N(소화전개수 : 최대 4개)×13.5m³ (450l/min×30min)

∴ Q=4×13.5m³＝54m³

10 과산화벤조일[$(C_6H_5CO)_2O_2$] : 제5류(자기반응성물질)
• 백색 분말 또는 결정으로 자체 내에 산소를 함유한 산화성물질이다.
• 발화점이 125℃로 상온에서 비교적 안전하다.
• 물에 녹지 않고 알코올에 약간 녹으며 유기용제에 잘 녹는다.
• 저장용기에 희석제를 첨가하여 폭발위험성을 낮춘다.
• 운반시 30% 이상의 물과 희석제를 첨가시켜 안전하게 수송한다.

11 이동저장탱크는 그 내부에 4,000L 이하마다 3.2mm 이상의 강철판 또는 이와 동등 이상의 강도, 내열성 및 내식성이 있는 금속성의 것으로 칸막이를 설치하여야 한다.

정답   08 ③   09 ②   10 ①   11 ④

12 다음 소화약제 중 수용성 액체의 화재 시 가장 적합한 것은?

① 단백포 소화약제
② 내알코올포 소화약제
③ 합성계면활성제포 소화약제
④ 수성막포 소화약제

13 히드록실아민을 취급하는 제조소에 두어야 하는 최소한의 안전거리(D)를 구하는 식으로 옳은 것은? (단, N은 해당 제조소에서 취급하는 히드록실아민의 지정수량 배수를 나타낸다.)

① $D = \dfrac{51.1 \cdot N}{5}$
② $D = \dfrac{31.1 \cdot N}{3}$
③ $D = 51.1 \cdot \sqrt[3]{N}$
④ $D = 31.1 \cdot \sqrt[3]{N}$

14 제5류 위험물이 아닌 것은 무엇인가?

① 니트로글리세린
② 니트로톨루엔
③ 니트로글리콜
④ 트리니트로톨루엔

15 알코올류 20,000L에 대한 소화설비 설치 시 소요단위는?

① 5
② 10
③ 15
④ 20

16 목조건물의 일반적인 화재현상에 가장 가까운 것은?

① 저온 단시간형
② 저온 장시간형
③ 고온 단시간형
④ 고온 장시간형

17 위험물제소조등에 자동화재탐지설비를 설치하는 경우 해당 건축물, 그 밖의 공작물의 주요한 출입구에서 그 내부 전체를 볼 수 있는 경우에 하나의 경계구역의 면적은 최대 몇 m²까지 할 수 있는가?

① 300m²
② 600m²
③ 1,000m²
④ 1,200m²

---

12 · 내알코올용 포소화약제 : 일반포를 수용성위험물에 방사하면 포약제가 소멸하는 소포성 때문에 사용하지 못한다. 이를 방지하기 위하여 특별히 제조된 포약제이다.
· 내알코올용 포 사용(수용성위험물) : 알코올, 아세톤, 포름산(개미산), 피리딘, 초산 등의 수용성액체화재 시 사용

13 히드록실아민 제조소의 안전거리
$$D = 51.5 \cdot \sqrt[3]{N}$$
$\left[\begin{array}{l} D : 안전거리(m) \\ N : 취급하는 히드록실아민의 지정수량의 배수(지정수량 : 100kg) \end{array}\right]$

14 · 제4류 제3석유류 : 니트로톨루엔($C_6H_4CH_3NO_2$)
⇒ 니트로기($-NO_2$)가 1개 있음
· 제5류 : 니트로글리세린[$C_3H_5(ONO_2)_3$], 니트로글리콜[$C_2H_4(ONO_2)_2$], 트리니트로톨루엔[$C_6H_2CH_3(NO_2)_3$]
⇒ 니트로기($-NO_2$)가 2개 이상 있으므로 폭발성이 있음

15 · 제4류 알코올류의 지정수량 : 400l
· 위험물의 소요1단위 : 지정수량의 10배
∴ 소요단위 $= \dfrac{저장수량}{지정수량 \times 10배} = \dfrac{20,000l}{400l \times 10배} = 5$단위

16 · 목조건물 : 고온으로 타고 단시간에 꺼진다.
· 내화구조건물 : 저온으로 타고 장시간에 꺼진다.

17 자동화재탐지설비의 설치기준
· 경계구역은 건축물이 2 이상의 층에 걸치지 아니하도록 할 것
· 하나의 경계구역의 면적은 500m² 이하이면 당해 경계구역이 2개의 층을 하나의 경계구역으로 할 수 있다.
· 하나의 경계구역의 면적은 600m² 이하로 하고 그 한 변의 길이는 50m(광전식분리형 감지기를 설치할 경우에는 100m) 이하로 할 것
· 하나의 경계구역의 주된 출입구에서 그 내부의 전체를 볼 수 있는 경우에 있어서는 그 면적은 1,000m² 이하로 할 수 있다.
· 자동화재탐지설비에는 비상전원을 설치할 것

정답 12 ② 13 ③ 14 ② 15 ① 16 ③ 17 ③

18 옥외저장탱크 중 압력탱크에 저장하는 디에틸에테르 등의 저장온도는 몇 ℃ 이하이어야 하는가?

① 60℃   ② 40℃

③ 30℃   ④ 15℃

19 주유취급소에서 자동차 등에 위험물을 주유할 때 자동차 등의 원동기를 정지시켜야 하는 위험물의 인화점 기준은 몇 ℃ 미만인가? (단, 연료탱크에 위험물을 주유하는 동안 방출되는 가연성 증기 회수설비가 부착되지 않는 고정주유설비의 경우이다.)

① 20℃   ② 30℃

③ 40℃   ④ 50℃

20 에틸알코올에 관한 설명 중 옳은 것은?

① 인화점은 0℃ 이하이다.

② 비점은 물보다 낮다.

③ 증기밀도는 메틸알코올보다 적다.

④ 수용성이므로 이산화탄소 소화기는 효과가 없다.

21 다음 중 할로겐화합물 소화약제의 주된 소화효과는?

① 부촉매효과

② 희석효과

③ 파괴효과

④ 냉각효과

---

18 알킬알루미늄 등, 아세트알데히드 등 및 디에틸에테르 등의 저장기준

- 이동저장탱크에 알킬알루미늄 등을 저장하는 경우에는 20kPa 이하의 압력으로 불활성의 기체를 봉입하여 둘 것
- 옥외 및 옥내저장탱크 또는 지하저장탱크 중 압력탱크 외의 탱크에 저장할 경우

위험물의 종류	유지온도
산화프로필렌, 디에틸에테르	30℃ 이하
아세트알데히드	15℃ 이하

- 옥외 및 옥내저장탱크 또는 지하저장탱크 중 압력탱크에 저장할 경우

위험물의 종류	유지온도
아세트알데히드 등 또는 디에틸에테르 등	40℃ 이하

- 아세트알데히드 등 또는 디에틸에테르 등을 이동저장탱크에 저장할 경우

위험물의 종류	유지온도
보냉장치가 있는 경우	비점 이하
보냉장치가 없는 경우	40℃ 이하

19 주유취급소에서 자동차 등에 위험물을 주유할 때 자동차 등의 원동기를 정지시켜야 하는 위험물의 인화점 기준은 40℃ 미만이다.

20 메틸알코올(CH_3OH)과 에틸알코올(C_2H_5OH)의 비교성상

구분	메틸알코올(목정)	에틸알코올(주정)
외관	무색 투명한 액체	무색 투명한 액체
독성	있음	없음
액비중	0.8	0.8
증기비중	1.1	1.6
인화점	11℃	13℃
착화점	464℃	423℃
폭발범위	7.3~36%	4.3~19%
수용성	물에 잘 녹음	물에 잘 녹음
소화기	내알코올용포, CO_2	내알코올용포, CO_2

21 할로겐화합물 소화약제 : 가연물의 연소속도를 느리게 하여 연쇄반응을 억제하는 부촉매효과가 있다.
[할로겐족원소 : 불소(F), 염소(Cl), 브롬(Br), 요오드(I)]

22 공기 중에서 산소와 반응하여 과산화물을 생성하는 물질은?

① 디에틸에테르 ② 이황화탄소
③ 에틸알코올 ④ 과산화나트륨

23 위험물안전관리법령에 따라 위험물 운반을 위해 적재하는 경우 제4류 위험물과 혼재가 가능한 액화석유가스 또는 압축천연가스의 용기 내용적은 몇 L 미만인가?

① 120 ② 150
③ 180 ④ 200

24 위험물안전관리법령에 따른 제3류 위험물에 대한 화재예방 또는 소화의 대책으로 틀린 것은?

① 이산화탄소, 할로겐화합물, 분말소화약제를 사용하여 소화한다.
② 칼륨은 석유, 등유 등의 보호액 속에 저장한다.
③ 알킬알루미늄은 헥산, 톨루엔 등 탄화수소용제를 희석제로 사용한다.
④ 알킬알루미늄, 알킬리튬을 저장하는 탱크에는 불활성 가스의 봉입장치를 설치한다.

25 과망간산칼륨의 위험성에 대한 설명으로 틀린 것은?

① 황산과 격렬하게 반응한다.
② 유기물과 혼합 시 위험성이 증가한다.
③ 고온으로 가열하면 분해하여 산소와 수소를 방출한다.
④ 목탄, 황 등 환원성 물질과 격리하여 저장해야 한다.

---

22 디에틸에테르($C_2H_5OC_2H_5$) : 제4류 위험물의 특수인화물(인화성 액체)

① 무색 휘발성이 강한 액체로서 특유한 향과 마취성이 있다.
② 인화점 −45℃, 발화점 180℃, 연소범위 1.9~48%
③ 직사광선에 장시간 노출시 분해되어 과산화물을 생성하므로 갈색병에 보관한다.
  • 과산화물 검출시약 : 디에틸에테르＋KI(10%)용액 ⇨ 황색변화
  • 과산화물 제거시약 : 30%의 황산제일철수용액
  • 과산화물 생성방지 : 40mesh의 구리망을 넣어준다.
④ 저장시 불활성가스를 봉입하고 정전기를 방지하기 위해 소량의 염화칼슘($CaCl_2$)을 넣어둔다.
⑤ 소화시 CO_2로 질식소화한다.

23 위험물안전관리에 관한 세부기준 제149조(위험물과 혼재가 가능한 고압가스)
  • 내용적이 120l 미만의 용기에 충전한 불활성 가스
  • 내용적이 120l 미만의 용기에 충전한 액화석유가스 또는 압축천연가스(제4류 위험물과 혼재하는 경우에 한한다.)

24 1. 제3류 위험물(금수성)의 적응성 있는 소화기
  • 탄산수소염류
  • 마른모래
  • 팽창질석 또는 팽창진주암
2. 제3류 위험물의 공통성질
  • 대부분 무기화합물의 고체이다(단, 알킬알루미늄은 액체).
  • 금수성 물질(황린은 자연발화성)로 물과 반응시 발열 또는 발화하고 가연성가스를 발생한다.
  • 알킬알루미늄, 알킬리튬은 공기 중에서 급격히 산화하고, 물과 접촉시 가연성가스를 발생하여 발화한다.

25 과망간산칼륨($KMnO_4$) : 제1류 위험물(산화성고체)
  • 흑자색의 주상결정으로 물에 녹아 진한 보라색을 나타내고 강한 산화력과 살균력이 있다.
  • 240℃로 가열하면 분해하여 산소($O_2\uparrow$)를 발생한다.

$$2KMnO_4 \xrightarrow[\triangle]{240℃} K_2MnO_4 + MnO_2 + O_2\uparrow$$

  • 알코올, 에테르, 황산 등과 혼촉시 발화 폭발위험성이 있다.
  • 염산과 반응시 염소(Cl_2)를 발생한다.
  • 목탄, 황 등 환원성물질과 접촉시 폭발위험성이 있다.

정답 22 ① 23 ① 24 ① 25 ③

26 위험물안전관리법령상 제2류 위험물 중 지정수량이 500kg인 물질에 의한 화재는?

① A급 화재

② B급 화재

③ C급 화재

④ D급 화재

27 제2석유류에 해당하는 물질로만 짝지어진 것은?

① 등유, 경유

② 등유, 중유

③ 글리세린, 기계유

④ 글리세린, 장뇌유

28 다음 중 분자량이 약 74, 비중이 약 0.71인 물질로서 에탄올 두 분자에서 물이 빠지면서 축합반응이 일어나 생성되는 물질은?

① $C_2H_5OC_2H_5$

② C_2H_5OH

③ C_6H_5Cl

④ CS_2

29 다음 물질 중 물보다 비중이 작은 것으로만 이루어진 것은?

① 에테르, 이황화탄소

② 벤젠, 글리세린

③ 가솔린, 메탄올

④ 글리세린, 아닐린

30 다음 중 물에 녹고 물보다 가벼운 물질로 인화점이 가장 낮은 것은?

① 아세톤

② 이황화탄소

③ 벤젠

④ 산화프로필렌

---

26 제2류 위험물(가연성고체)의 지정수량
- 황화린, 적린, 유황 : 100kg
- 철분, 금속분, 마그네슘 : 500kg
- 인화성고체 : 1000kg

※ 지정수량 500kg의 철분, 금속분, 마그네슘 등은 물과 반응하여 수소($H_2\uparrow$)발생

[화재의 종류]

등급	종류	색상	소화방법
A급	일반화재	백색	냉각소화
B급	유류 및 가스화재	황색	질식소화
C급	전기화재	청색	질식소화
D급	금속화재	무색	피복소화

27
- 제4류 제2석유류 : 등유, 경유, 장뇌유
- 제4류 제3석유류 : 중유, 글리세린
- 제4류 제4석유류 : 기계유

28
- 축합반응 : 두 분자 사이에서 H_2O와 같은 물질이 빠지면서 일어나는 반응
- 에탄올(C_2H_5OH)의 두 분자 사이의 축합반응 : 진한 황산(탈수)을 촉매하에 130℃로 가열하면 물(H_2O) 1분자가 탈수되어 디에틸에테르가 생성된다.

$$C_2H_5OH + C_2H_5OH \xrightarrow[\Delta]{c-H_2SO_4} C_2H_5OC_2H_5 + H_2O$$

(에틸알코올) (에틸알코올)   (디에틸에테르)   (물)

29 제4류 위험물의 액비중

① 에테르 : 0.71, 이황화탄소 : 1.26

② 벤젠 : 0.9, 글리세린 : 1.26

③ 가솔린 : 0.65~0.8, 메탄올 : 0.8

④ 글리세린 : 1.26, 아닐린 : 1.02

30 제4류 위험물의 물성

구분	아세톤	이황화탄소	벤젠	산화프로필렌
화학식	CH_3COCH_3	CS_2	C_6H_6	CH_3CHCH_2O
유별	제1석유류	특수인화물	제1석유류	특수인화물
인화점	-18℃	-30℃	-11℃	-37℃
액비중	0.79	1.26	0.9	0.83
수용성	수용성	비수용성	비수용성	수용성

정답　26 ④　27 ①　28 ①　29 ③　30 ④

31 위험물안전관리법령상 제3류 위험물에 해당하지 않는 것은?

① 적린
② 나트륨
③ 칼륨
④ 황린

32 산화성액체인 질산의 분자식으로 옳은 것은?

① HNO_2
② HNO_3
③ NO_2
④ NO_3

33 |보기|에서 나열한 위험물의 공통 성질을 옳게 설명한 것은?

┌ 보기 ┤
나트륨, 황린, 트리에틸알루미늄

① 상온, 상압에서 고체의 형태를 나타낸다.
② 상온, 상압에서 액체의 형태를 나타낸다.
③ 금수성 물질이다.
④ 자연발화의 위험이 있다.

34 위험물 저장탱크의 공간용적은 탱크 내용적의 얼마 이상, 얼마 이하로 하는가?

① 1/100 이상, 3/100 이하
② 2/100 이상, 5/100 이하
③ 5/100 이상, 10/100 이하
④ 10/100 이상, 20/100 이하

35 위험물안전관리법령상 정기점검 대상인 제조소등의 조건이 아닌 것은?

① 예방규정 작성대상인 제조소 등
② 지하탱크저장소
③ 이동탱크저장소
④ 지정수량 5배의 위험물을 취급하는 옥외탱크를 둔 제조소

31 ① 적린(P) : 제2류 위험물(가연성 고체)
② 나트륨(Na), ③ 칼륨(K) : 제3류 위험물의 금수성, 자연발화성 물질로 석유류(유동파라핀, 등유, 경유)에 저장한다.
④ 황린(P_4) : 제3류 위험물의 자연발화성물질로 발화점이 34℃로 낮고 물에 녹지 않아 물속에 보관한다.

32 질산(HNO_3) : 제6류(산화성액체)
• 무색의 부식성, 흡습성이 강한 발연성액체이다.
• 직사광선에 분해하여 적갈색(황갈색)의 유독한 이산화질소(NO_2)를 발생한다.
$$4HNO_3 \rightarrow 2H_2O + O_2\uparrow + 4NO_2\uparrow$$
• 금속의 부동태 : 진한 질산의 산화력에 의해 금속의 산화피막(Fe_2O_3, NiO, Al_2O_3)을 만들어 내부를 보호하는 현상
[부동태를 만드는 금속 : Fe, Ni, Al 등]
• 크산토프로테인반응(단백질 검출반응) : 단백질에 질산을 가하면 노란색으로 변한다.
• 왕수 = 질산(HNO_3)와 염산(HCl)을 부피비로 1 : 3 비율로 혼합한 산
[왕수에 유일하게 녹는 금속 : 금(Au), 백금(Pt)]
• 소화 시 다량 물로 주수소화, 건조사 등을 사용한다.

33 • 나트륨(Na) : 제3류(금수성, 자연발화성), 고체
• 황린(P_4) : 제3류(자연발화성), 고체
• 트리에틸알루미늄[$(C_2H_5)_3Al$] : 제3류(금수성, 자연발화성), 액체

34
┌─────────────────────────────────┐
│ • 탱크의 용적 산정기준   │
│ • 탱크의 용량 = 탱크의 내용적 − 공간용적 │
└─────────────────────────────────┘

• 일반 탱크의 공간용적 : 탱크의 용적의 5/100 이상 10/100 이하로 한다.
• 소화설비를 설치하는 탱크의 공간용적(탱크 안 윗부분에 설치 시) : 당해 소화설비의 소화약제 방출구 아래의 0.3m 이상 1m 미만사이의 면으로부터 윗부분의 용적으로 한다.
• 암반탱크의 공간용적 : 탱크 내에 용출하는 7일간의 지하수의 양에 상당하는 용적과 당해 탱크의 용적의 1/100의 용적 중에서 보다 큰 용적을 공간용적으로 한다.

35 정기점검 대상 제조소 등
• 예방규정을 정하여야 하는 제조소 등
• 지하탱크저장소
• 이동탱크저장소
• 지하탱크가 있는 제조소, 주유취급소 또는 일반취급소

정답 31 ① 32 ② 33 ④ 34 ③ 35 ④

36 제3석유류 중 도료류, 그 밖의 물품은 가연성 액체량이 얼마 이하인 것은 제외하는가?

① 20중량퍼센트

② 30중량퍼센트

③ 40중량퍼센트

④ 50중량퍼센트

37 공기를 차단하고 황린을 약 몇 ℃로 가열하면 적린이 생성되는가?

① 60   ② 100

③ 150   ④ 260

38 위험물안전관리법령상 고정주유설비는 주유설비의 중심선을 기점으로 하여 도로경계선까지 몇 m 이상의 거리를 유지해야하는가?

① 1m   ② 3m

③ 4m   ④ 6m

39 위험물안전관리법령상 혼재할 수 없는 위험물은? (단, 위험물은 지정수량의 1/10을 초과하는 경우이다.)

① 적린과 황린

② 질산염류와 질산

③ 칼륨과 특수인화물

④ 유기과산화물과 유황

40 칼륨이 에틸알코올과 반응할 때 나타나는 현상은?

① 산소가스를 생성한다.

② 칼륨에틸레이트를 생성한다.

③ 칼륨과 물이 반응할 때와 동일한 생성물이 나온다.

④ 에틸알코올이 산화되어 아세트알데히드를 생성한다.

---

36 제3석유류 : 중유, 클레오소트유, 그 밖에 1기압에서 인화점이 70℃ 이상 200℃ 미만의 것(단, 도료류, 그 밖의 물품은 가연성 액체량이 40중량퍼센트 이하인 것은 제외)

37 • 황린(P_4) : 제3류(자연발화성), 적린(P) : 제2류(가연성고체)

• 황린(P_4) $\xrightarrow[\triangle]{260℃}$ 적린(P)

• 황린(P_4)과 적린(P)은 서로 동소체로서 연소생성물이 동일하다.

[황린과 적린의 비교]

구분	황린(P_4)	적린(P)
외관 및 형상	백색 또는 담황색 고체	암적색 분말
냄새	마늘냄새	없음
자연발화(공기 중)	40~50℃	없음
발화점	약 34℃	약 260℃
CS_2의 용해성	용해	불용
독성	맹독성	없음
저장(보호액)	물속	—
연소생성물	오산화인(P_2O_5)	오산화인(P_2O_5)

38 고정주유설비의 설치기준(중심선을 기점으로 한 거리)

• 도로경계선 : 4m 이상

• 부지경계선, 담 및 건축물의 벽 : 2m(개구부가 없는 벽 : 1m) 이상

39 ① 적린(제2류)과 황린(제3류)

② 질산염류(제1류)와 질산(제6류)

③ 칼륨(제3류)과 특수인화물(제4류)

④ 유기과산화물(제5류)과 유황(제2류)

※ 유별을 달리하는 위험물의 혼재기준(단, 지정수량 $\frac{1}{10}$ 이하는 적용 안됨)

위험물의 구분	제1류	제2류	제3류	제4류	제5류	제6류
제1류		×	×	×	×	○
제2류	×		×	○	○	×
제3류	×	×		○	×	×
제4류	×	○	○		○	×
제5류	×	○	×	○		×
제6류	○	×	×	×	×	

40 칼륨(K) : 제3류(금수성, 자연발화성)

• 물과 반응하여 수소($H_2 \uparrow$)를 발생한다.

$2K + 2H_2O \rightarrow 2KOH + H_2 \uparrow$

（칼륨）　（물）　（수산화칼륨）　（수소）

• 에틸알코올과 반응하여 수소($H_2 \uparrow$)를 발생한다.

$2K + 2C_2H_5OH \rightarrow 2C_2H_5OK + H_2 \uparrow$

（칼륨）　（에틸알코올）（칼륨에틸레이트）（수소）

정답　36 ③　37 ④　38 ③　39 ①　40 ②

41 위험물제조소등에 경보설비를 설치해야 하는 경우가 아닌 것은?

① 이동탱크저장소

② 단층 건물로 처마높이가 6m인 옥내저장소

③ 단층 건물 외의 건축물에 설치된 옥내탱크저장소로서 소화난이도등급 Ⅰ에 해당하는 것

④ 옥내주유취급소

42 위험물 옥내저장소의 피뢰설비는 지정수량의 최소 몇 배 이상 저장창고에 설치하도록 하고 있는가? (단, 제6류 위험물의 저장창고는 제외)

① 10배   ② 15배
③ 20배   ④ 30배

43 분자량이 약 110인 무기과산화물로 물과 접촉하여 발열하는 것은?

① 과산화마그네슘

② 과산화벤젠

③ 과산화칼슘

④ 과산화칼륨

44 염소산칼륨이 고온에서 열분해할 때 생성되는 물질을 옳게 나타낸 것은?

① 물, 산소

② 염화칼륨, 산소

③ 이염화칼륨, 수소

④ 칼륨, 물

45 다음 중 저장하는 위험물의 종류 및 수량을 기준으로 옥내저장소에서 안전거리를 두지 않을 수 있는 경우는?

① 지정수량 20배 이상의 동식물유류

② 지정수량 20배 미만의 특수인화물

③ 지정수량 20배 미만의 제4석유류

④ 지정수량 20배 이상의 제5류 위험물

41 이동탱크저장소는 경보설비를 설치하지 않는다.

> ① 자동화재탐지설비를 설치해야 하는 경우
> • 연면적 500m² 이상인 제조소 및 일반취급소
> • 지정수량의 100배 이상을 취급하는 제조소 및 일반취급소, 옥내저장소
> • 연면적이 150m²를 초과하는 옥내저장소
> • 처마높이가 6m 이상인 단층 건물의 옥내저장소
> • 단층 건물 외의 건축물에 있는 옥내탱크저장소로서 소화난이도등급 I에 해당하는 옥내탱크저장소
> • 옥내주유취급소
> ② 상기 ①항 이외의 것은 지정수량 10배 이상을 취급하는 제조소 등
> • 자동화재탐지설비, 비상경보설비, 확성장치 또는 비상방송설비 중 1종 이상을 설치해야 한다.

42 피뢰설비 설치대상 : 지정수량의 10배 이상의 제조소등(제6류는 제외)

43 과산화칼륨(K_2O_2) : 제1류의 무기과산화물

① 분자량(K_2O_2) : $39 \times 2 + 16 \times 2 = 110$

② 무색 또는 오렌지색분말로 에틸알코올에 용해, 흡습성, 조해성이 강하다.

③ 열분해 및 물과 반응시 발열하며 산소($O_2\uparrow$)를 발생한다.

• 열분해 : $2K_2O_2 \xrightarrow{\quad\triangle\quad} 2K_2O + O_2\uparrow$

• 물과 반응 : $2K_2O_2 + 2H_2O \rightarrow 4KOH + O_2\uparrow$

④ 산과 반응시 과산화수소(H_2O_2)를 생성한다.

$K_2O_2 + 2HCl \rightarrow 2KCl + H_2O_2$

⑤ 소화시 주수소화는 절대엄금, 건조사 등으로 질식 소화한다.(CO_2는 효과 없음)

44 염소산칼륨($KClO_3$) : 제1류(산화성고체)

• 400℃에서 분해시작, 540~560℃에서 열분해하여 염화칼륨(KCl)과 산소(O_2)를 발생시킨다.

$2KClO_3 \xrightarrow{\quad\triangle\quad} 2KCl + 3O_2\uparrow$

45 옥내저장소의 안전거리기준 제외대상

• 지정수량 20배 미만의 제4석유류

• 지정수량 20배 미만의 동식물유류

• 제6류 위험물

정답 41 ①   42 ①   43 ④   44 ②   45 ③

46 제5류 위험물 중 유기과산화물 30kg과 히드록실아민 500kg을 함께 보관하는 경우 지정수량의 몇 배인가?

① 3배 ② 8배
③ 10배 ④ 18배

47 다음 물질 중 물에 대한 용해도가 가장 낮은 것은?

① 아크릴산 ② 아세트알데히드
③ 벤젠 ④ 글리세린

48 다음 물질 중 발화점이 가장 낮은 것은?

① CS_2
② C_6H_6
③ CH_3COCH_3
④ CH_3COOCH_3

49 인화칼슘이 물과 반응하였을 때 발생하는 기체는?

① 수소 ② 산소
③ 포스핀 ④ 포스겐

50 에테르(ether)의 일반식으로 옳은 것은?

① ROR ② RCHO
③ RCOR ④ RCOOH

51 적린과 혼합하여 반응하였을 때 오산화인을 발생하는 것은?

① 물 ② 황린
③ 에틸알코올 ④ 염소산칼륨

---

46 제5류(자기반응성물질)의 지정수량
  • 유기과산화물 : 10kg, 히드록실아민 : 100kg
  ∴ 지정수량 배수
$$= \frac{A품목의 저장수량}{A품목의 지정수량} + \frac{B품목의 저장수량}{B품목의 지정수량} + \cdots$$
$$= \frac{30kg}{10kg} + \frac{500kg}{100kg} = 8배$$

47 제4류 위험물(인화성액체)
  ① 아크릴산($CH_2CHCOOH$) : 제2석유류(수용성)
  ② 아세트알데히드(CH_3CHO) : 특수인화물(수용성)
  ③ 벤젠(C_6H_6) : 제1석유류(비수용성)
  ④ 글리세린[$C_3H_5(OH)_3$] : 제3석유류(수용성)

48 제4류 위험물의 발화점과 인화점

화학식	CS_2	C_6H_6	CH_3COCH_3	CH_3COOCH_3
명칭	이황화탄소	벤젠	아세톤	초산메틸
유별	특수인화물	제1석유류	제1석유류	제1석유류
발화점	100℃	498℃	468℃	502℃
인화점	−30℃	−11℃	−18℃	−10℃

49 인화칼슘(Ca_3P_2, 인화석회) : 제3류(금수성)
  • 물 또는 산과 반응시 가연성, 유독성인 포스핀(PH_3, 인화수소) 가스를 발생한다.
$$Ca_3P_2 + 6H_2O \rightarrow 3Ca(OH)_2 + 2PH_3 \uparrow$$
$$Ca_3P_2 + 6HCl \rightarrow 3CaCl_2 + 2PH_3 \uparrow$$

50 관능기의 종류
  • 알킬기($CnH_{2n+1}-$, R−)
  • 에텔기(−O−)
  • 알데히드기(−CHO)
  • 케톤기(카르보닐기)($>CO$)
  • 카르복실기(−COOH)

51 적린은 염소산칼륨에서 분해시 발생하는 산소와 반응하여 오산화인(P_2O_5)이 생성된다.
  • 염소산칼륨 분해반응식 : $2KClO_3 \rightarrow 2KCl + 3O_2 \uparrow$
  • 적인의 산화반응식 : $4P + 5O_2 \rightarrow 2P_2O_5$(오산화인 : 백색연기)
  ※ 적린(P) : 제2류(가연성고체)
  ※ 염소산칼륨($KClO_3$) : 제1류(산화성고체)

정답 46 ② 47 ③ 48 ① 49 ③ 50 ① 51 ④

52 연소 위험성이 큰 휘발유 등은 배관을 통하여 이송할 경우 안전을 위하여 유속을 느리게 해주는 것이 바람직하다. 이는 배관 내에서 발생할 수 있는 어떤 에너지를 억제하기 위함인가?

① 유도에너지 　　② 분해에너지
③ 정전기에너지 　④ 아크에너지

53 제3종 분말소화약제의 주요성분에 해당하는 것은?

① 인산암모늄 　　② 탄산수소나트륨
③ 탄산수소칼륨 　④ 요소

54 물질의 발화온도가 낮아지는 경우는?

① 발열량이 작을 때
② 산소의 농도가 작을 때
③ 화학적 활성도가 클 때
④ 산소와 친화력이 작을 때

55 유기과산화물의 화재예방상 주의사항으로 틀린 것은?

① 열원으로부터 멀리한다.
② 직사광선을 피해야 한다.
③ 용기의 파손에 의해서 누출되면 위험하므로 장기적으로 점검하여야 한다.
④ 산화제와 격리하고 환원제와 접촉시켜야 한다.

56 위험물안전관리법령상 시·도의 조례가 정하는 바에 따라, 관할소방서장의 승인을 받아 지정수량 이상의 위험물을 임시로 제조소등이 아닌 장소에서 취급할 때 며칠 이내의 기간 동안 취급할 수 있는가?

① 7일 　　② 30일
③ 90일 　④ 180일

52 정전기에너지 : 전기를 통하지 않는 부도체인 유체를 배관을 통하여 빠르게 이송 시 정전기가 발생하기 쉽다. 그러므로 유속을 느리게 하여 정전기에너지를 억제하여야 한다.
　※ 정전기 방지 대책
　　• 접지를 시킨다.
　　• 유속을 1m/s 이하로 한다.
　　• 공기를 이온화한다.
　　• 제진기를 설치한다.
　　• 상대습도를 70% 이상 유지한다.

53 분말소화약제(드라이케미칼)

종별	화학식	품명	색상	적응화재
제1종	$NaHCO_3$	탄산수소나트륨	백색	B, C급
제2종	$KHCO_3$	탄산수소칼륨	담자(회)색	B, C급
제3종	$NH_4H_2PO_4$	인산암모늄	담홍색	A, B, C급
제4종	$KHCO_3$ $+(NH_2)_2CO$	중탄산칼륨 +요소	회(백)색	B, C급

54 물질의 발화온도가 낮아지는 경우
　• 발열량이 클 때
　• 산소의 농도가 클 때
　• 화학적 활성도가 클 때
　• 산소와 친화력이 클 때

55 유기과산화물 주의사항
　• 화기는 절대 엄금하고, 직사광선, 가열, 충격, 마찰 등을 피한다.
　• 저장 시 소량씩 소분하여 저장하고 적당한 습도, 온도를 유지하여 냉암소에 저장한다.
　• 자기반응성이므로 산화제 및 환원제와 접촉을 피한다.
　※ 제5류의 유기과산화물(자기반응성) : 벤조일퍼옥사이드, 아세틸퍼옥사이드, 메틸에틸케톤퍼옥사이드 등

56 시·도의 조례에 의한 위험물 임시저장기간 : 90일 이내

57 특수인화물의 일반적인 성질에 대한 설명으로 가장 거리가 먼 것은?

① 비점이 높다.
② 인화점이 낮다.
③ 연소 하한값이 낮다.
④ 증기압이 높다.

58 위험물안전관리법령상 제2류 위험물 중 철분의 화재에 적응성이 있는 소화설비는?

① 물분무소화설비
② 포소화설비
③ 탄산수소염류분말소화설비
④ 할로겐화합물소화설비

59 제2류 위험물에 속하지 않는 것은?

① 구리분
② 알루미늄분
③ 크롬분
④ 몰리브덴분

60 소화난이도등급 Ⅰ의 옥내탱크저장소(인화점 70℃ 이상의 제4류 위험물만을 저장·취급하는 것)에 설치하여야 하는 소화설비가 아닌 것은?

① 고정식 포소화설비
② 이동식 외의 할로겐화합물소화설비
③ 스프링클러설비
④ 물분무소화설비

57 제4류의 특수인화물
- 지정품목 : 이황화탄소, 디에틸에테르
- 지정수량 : 50l
- 성상 ┌ 1기압에서 발화점 100℃ 이하
       └ 1기압에서 인화점 −20℃ 이하, 비점 40℃ 이하
- 일반적 성질 : ②, ③, ④ 이외에 비점이 낮다.

58 철분(Fe)은 물(수증기)과 반응시 가연성인 수소(H_2↑)기체를 발생하므로 물을 포함한 소화설비는 적응성이 없으며 할로겐원소와 반응시 할로겐화합물을 생성하므로 할로겐화합물소화설비 역시 적응성이 없다.

59
- 구리분(Cu) : 위험물대상에서 제외
- 제2류(가연성고체) : 알루미늄분(Al), 크롬분(Cr), 몰리브덴분(Mo)

60 소화난이도등급 Ⅰ의 제조소등에 설치하여야 하는 소화설비

제조소등의 구분		소화설비
옥내탱크저장소	유황만을 저장·취급하는 것	물분무소화설비
	인화점 70℃ 이상의 제4류 위험물만을 저장·취급하는 것	물분무소화설비, 고정식 포소화설비, 이동식 이외의 불활성가스소화설비, 이동식 이외의 할로겐화합물소화설비 또는 이동식 이외의 분말소화설비
	그 밖의 것	고정식 포소화설비, 이동식 이외의 불활성가스소화설비, 이동식 이외의 할론겐화합물소화설비 또는 이동식 이외의 분말소화설비

01 위험물안전관리법령상 제1류 위험물 중 알칼리금속의 과산화물의 운반용기 외부에 표시하여야 하는 주의사항을 모두 나타낸 것은?

① "화기엄금", "충격주의" 및 "가연물접촉주의"

② "화기·충격주의", "물기엄금" 및 "가연물접촉주의"

③ "화기주의" 및 "물기엄금"

④ "화기엄금" 및 "물기엄금"

02 물과 접촉되었을 때 연소범위의 하한값이 2.5vol%인 가연성가스가 발생하는 것은?

① 금속나트륨   ② 인화칼슘

③ 과산화칼륨   ④ 탄화칼슘

03 다음 중 연소의 3요소를 모두 갖춘 것은?

① 휘발유+공기+수소

② 적린+수소+성냥불

③ 성냥불+황+염소산암모늄

④ 알코올+수소+염소산암모늄

04 이산화탄소 소화기의 장·단점에 대한 설명으로 틀린 것은?

① 밀폐된 공간에서 사용 시 질식으로 인명피해가 발생할 수 있다.

② 전도성이어서 전류가 통하는 장소에서의 사용은 위험하다.

③ 자체의 압력으로 방출할 수가 있다.

④ 소화후 소화약제에 의한 오손이 없다.

해설·정답 확인하기

01

유별	구분	주의사항
제1류 위험물 (산화성고체)	알칼리금속의 과산화물	화기·충격주의, 물기엄금 및 가연물접촉주의
	그 밖의 것	화기·충격주의 및 가연물접촉주의

02 ① $2Na + 2H_2O \rightarrow 2NaOH + H_2 \uparrow$ (수소 : 4~75%)

② $Ca_3P_2 + 6H_2O \rightarrow 3Ca(OH)_2 + 2PH_3$ (포스핀 : 1.6~95%)

③ $2K_2O_2 + 2H_2O \rightarrow 4KOH + O_2 \uparrow$ (조연성가스)

④ $CaC_2 + 2H_2O \rightarrow Ca(OH)_2 + C_2H_2 \uparrow$ (아세틸렌 : 2.5~81%)

03 연소의 3요소 : 가연물, 점화원, 산소공급원

① 휘발유(가연물)+공기(산소공급원)+수소(가연물)

② 적린(가연물)+수소(가연물)+성냥불(점화원)

③ 성냥불(점화원)+황(가연물)+염소산암모늄(산소공급원)

④ 알코올(가연물)+수소(가연물)+염소산암모늄(산소공급원)

04 • 이산화탄소는 비전도성으로 특히 전기화재에 탁월하다.

• 이산화탄소와 할론 소화약제 사용금지(할론 1301, 청정소화약제는 제외) : 지하층, 무창층, 거실 또는 사무실의 바닥면적이 20m² 미만인 곳

정답   01 ②   02 ④   03 ③   04 ②

05 위험물안전관리법령상 위험물의 운반용기 외부에 표시해야 할 사항이 아닌 것은? (단, 용기의 용적은 10L이며 원칙적인 경우에 한 한다.)

① 위험물의 화학명 ② 위험물의 지정수량
③ 위험물의 품명 ④ 위험물의 수량

06 |보기|에서 소화기의 사용방법을 옳게 설명 한 것을 모두 나열한 것은?

┌ 보기 ┐
ㄱ 적응화재에만 사용할 것
ㄴ 불과 최대한 멀리 떨어져서 사용할 것
ㄷ 바람을 마주보고 풍하에서 풍상 방향 으로 사용할 것
ㄹ 양옆으로 비로 쓸 듯이 골고루 사용할 것
└────────┘

① ㄱ, ㄴ ② ㄱ, ㄷ
③ ㄱ, ㄹ ④ ㄱ, ㄷ, ㄹ

07 위험물안전관리법령에 따른 건축물, 그 밖의 공작물 또는 위험물 소요단위의 계산방법의 기준으로 옳은 것은?

① 위험물은 지정수량 100배를 1소요단위 로 할 것
② 저장소의 건축물은 외벽이 내화구조인 것은 연면적 100m²를 1소요단위로 할 것
③ 저장소의 건축물은 외벽이 내화구조가 아닌 것은 연면적 50m²를 1소요단위로 할 것
④ 제조소나 취급소용으로서 옥외공작물인 경우 최대수평투영면적 100m²를 1소요 단위로 할 것

08 다음은 위험물안전관리법령에서 정한 내용 이다. ( ) 안에 알맞은 용어는?

┌────────┐
( )라 함은 고형 알코올, 그 밖에 1기 압에서 인화점이 섭씨 40도 미만인 고체 를 말한다.
└────────┘

① 가연성 고체 ② 산화성 고체
③ 인화성 고체 ④ 자기반응성 고체

05 위험물 운반용기 외부표시 사항
• 위험물의 품명, 위험등급, 화학명 및 수용성('수용성'표시는 제4 류 위험물로서 수용성인 것에 한한다.)
• 위험물의 수량
• 위험물의 주의사항

06 소화기의 사용방법
• 적응화재에만 사용할 것
• 불과 가까이 가서 사용할 것
• 바람을 등지고 풍상에서 풍하의 방향으로 사용할 것
• 양옆으로 비로 쓸 듯이 골고루 사용할 것

07 제조소나 취급소용으로서 옥외 공작물은 외벽이 내화구조의 것으로 간주하므로 최대수평투영면적 100m²를 1소요단위로 할 것
※ 소요 1단위의 산정방법

건축물	내화구조의 외벽	내화구조가 아닌 외벽
제조소 및 취급소	연면적 100m²	연면적 50m²
저장소	연면적 150m²	연면적 75m²
위험물	지정수량의 10배	

08 제2류 위험물 : 인화성 고체라 함은 고형 알코올, 그 밖에 1기압에 서 인화점이 섭씨 40도 미만인 고체를 말한다.

09 요리용기름의 화재시 비누화반응을 일으켜 질식효과와 재발화 방지효과를 나타내는 소화약제는?

① $NaHCO_3$ ② $KHCO_3$
③ $BaCl_2$ ④ $NH_4H_2PO_4$

10 벤젠의 성질에 대한 설명 중 틀린 것은?

① 증기는 유독하다.
② 물에 녹지 않는다.
③ CS_2보다 인화점이 낮다.
④ 독특한 냄새가 있는 액체이다.

11 삼황화린과 오황화린의 공통 연소생성물을 모두 나타낸 것은?

① H_2S, SO_2 ② P_2O_5, H_2S
③ SO_2, P_2O_5 ④ H_2S, SO_2, P_2O_5

12 다음 중 지정수량이 가장 큰 것은?

① 과염소산칼륨 ② 트리니트로톨루엔
③ 황린 ④ 유황

13 위험물제조소 등의 종류가 아닌 것은?

① 간이탱크저장소 ② 일반취급소
③ 이송취급소 ④ 이동판매취급소

14 위험물을 취급함에 있어서 정전기를 유효하게 제거하기 위한 설비를 설치하고자 한다. 위험물안전관리법령상 공기 중의 상대습도를 몇 % 이상 되게 하여야 하는가?

① 50 ② 60
③ 70 ④ 80

15 위험물안전관리법령에 따른 위험물제조소의 안전거리 기준으로 틀린 것은?

① 주택으로부터 10m 이상
② 학교로부터 30m 이상
③ 유형문화재와 기념물 중 지정문화재로부터는 30m 이상
④ 병원으로부터 30m 이상

---

09 식용유화재의 비누화반응
- 기름(지방)과 제1종 분말인 탄산수소나트륨($NaHCO_3$)이 만나면 지방산금속염(비누)가 생성되면서 거품이 일어나는 반응이다.
- 이 거품이 화재면을 덮어 질식효과가 일어나 소화가 이루어지는 현상으로 소화효과가 좋다.

10
- 벤젠(C_6H_6) : 제4류 제1석유류(비수용성), 인화점 $-11℃$
- 이황화탄소(CS_2) : 제4류 특수인화물(비수용성), 인화점 $-30℃$

11
- 삼황화린(P_4S_3)
$$P_4S_3 + 8O_2 \rightarrow 2P_2O_5 + 3SO_2$$
- 오황화린(P_2S_5)
$$2P_2S_5 + 15O_2 \rightarrow 2P_2O_5 + 10SO_2$$

12

구분	과염소산칼륨	트리니트로톨루엔	황린	유황
화학식	$KClO_4$	$C_6H_2CH_3(NO_2)_3$	P_4	S
유별	제1류	제5류	제3류	제2류
지정수량	50kg	200kg	20kg	100kg

13 1. 위험물제조소등의 구분
- 제조소, 일반취급소
- 옥내저장소
- 옥내탱크저장소
- 암반탱크저장소
- 주유취급소
- 옥외탱크저장소
- 옥외저장소
- 이송취급소

2. 판매취급소
- 1종 판매취급소 : 지정수량 20배 이하
- 2종 판매취급소 : 지정수량 40배 이하

14 정전기 방지대책
- 접지를 시킨다.
- 공기를 이온화한다.
- 상대습도를 70% 이상 유지한다.
- 유속을 1m/s 이하로 한다.
- 제진기를 설치한다.

15 제조소의 안전거리(제6류 위험물 제외)

건축물	안전거리
사용전압이 7,000V 초과 35,000V 이하	3m 이상
사용전압이 35,000V 초과	5m 이상
주거용(주택)	10m 이상
고압가스, 액화석유가스, 도시가스	20m 이상
학교, 병원, 극장, 복지시설	30m 이상
유형문화재, 지정문화재	50m 이상

정답 09 ① 10 ③ 11 ④ 12 ② 13 ④ 14 ③ 15 ③

16 화재 시 물을 이용한 냉각소화를 할 경우 오히려 위험성이 증가하는 물질은?

① 질산에틸　　　　② 마그네슘
③ 적린　　　　　　④ 황

17 제2류 위험물에 대한 설명으로 옳지 않은 것은?

① 대부분 물보다 가벼우므로 주수소화는 어려움이 있다.
② 점화원으로부터 멀리하고 가열을 피한다.
③ 금속분은 물과의 접촉을 피한다.
④ 용기 파손으로 인한 위험물의 누설에 주의한다.

18 $CH_3COC_2H_5$의 명칭 및 지정수량을 옳게 나타낸 것은?

① 메틸에틸케톤, 50L
② 메틸에틸케톤, 200L
③ 메틸에틸에테르, 50L
④ 메틸에틸에테르, 200L

19 인화점 200℃ 미만인 위험물을 저장하기 위해 높이 15m이고 지름이 18m이 옥외탱크를 설치할 때 탱크와 방유제와의 거리는 얼마 이상인가?

① 5m　　　　　　② 6m
③ 7.5m　　　　　④ 9m

20 위험물제조소의 환기설비의 기준에서 급기구가 설치된 실의 바닥면적 150m² 마다 1개 이상 설치하는 급기구의 크기는 몇 cm² 이상이어야 하는가? (단, 바닥면적이 150m² 미만인 경우는 제외한다.)

① 200cm²　　　　② 400cm²
③ 600cm²　　　　④ 800cm²

---

16 ① 질산에틸($C_2H_5ONO_2$) : 제5류 – 물에 의한 냉각소화
② 마그네슘(Mg) : 제2류(금수성) – 건조사에 의한 피복소화
　• 마그네슘은 물과 반응시 수소($H_2\uparrow$)가 발생한다.
　　$Mg+2H_2O \rightarrow Mg(OH)_2+H_2\uparrow$
③ 적린(P) : 제2류(가연성고체) – 물에 의한 냉각소화
④ 황(S) : 제2류(가연성고체) – 물에 의한 냉각소화

17 제2류 위험물(가연성고체)은 대부분 물보다 무겁고 주수에 의한 냉각소화를 한다.(금속분은 제외)

18 메틸에틸케톤($CH_3COC_2H_5$, MEK) : 제4류 제1석유류(비수용성) 지정수량 200l

19 옥외탱크저장소의 방유제는 탱크의 옆판으로부터 일정한 거리를 유지할 것 (단, 인화점이 200℃이상인 위험물은 제외)
　• 지름이 15m 미만인 경우 : 탱크 높이의 $\frac{1}{3}$ 이상
　• 지름이 15m 이상인 경우 : 탱크 높이의 $\frac{1}{2}$ 이상
　∴ 지름이 18m(15m 이상)이므로 높이 $15m \times \frac{1}{2} = 7.5m$ 이상의 거리 유지

20 위험물제조소의 급기구 : 바닥면적 150m²마다 1개 이상으로 하고 급기구의 크기는 800cm² 이상으로 할 것

21 위험물안전관리법령상 산화성 액체에 대한 설명으로 옳은 것은?

① 과산화수소는 농도와 밀도가 비례한다.

② 과산화수소는 농도가 높을수록 끓는점이 낮아진다.

③ 질산은 상온에서 불연성이지만 고온으로 가열하면 스스로 발화한다.

④ 질산을 황산과 일정 비율로 혼합하여 왕수를 제조할 수 있다.

22 위험물의 적재방법에 관한 기준으로 틀린 것은?

① 위험물은 규정에 의한 바에 따라 재해를 발생시킬 우려가 있는 물품과 함께 적재하지 아니하여야 한다.

② 적재하는 위험물의 성질에 따라 일광의 직사 또는 빗물의 침투를 방지하기 위하여 유효하게 피복하는 등 규정에서 정하는 기준에 따른 조치를 하여야 한다.

③ 증기발생·폭발에 대비하여 운반용기의 수납구를 옆 또는 아래로 향하게 하여야 한다.

④ 위험물을 수납한 운반용기가 전도·낙하 또는 파손되지 아니하도록 적재하여야 한다.

23 다음 중 1차 알코올에 대한 설명으로 가장 적절한 것은?

① OH기의 수가 하나이다.

② OH기가 결합된 탄소 원자에 붙은 알킬기의 수가 하나이다.

③ 가장 간단한 알코올이다.

④ 탄소의 수가 하나인 알코올이다.

---

21 ② 과산화수소는 농도가 높을수록 끓는점이 높아진다.

③ 질산은 제6류 위험물로서 불연성 물질이며 고온으로 가열해도 발화하지 않고 산소를 발생한다.

④ 질산과 염산을 1 : 3의 부피비로 혼합하여 왕수를 제조할 수 있다.
  • 왕수에 녹는 금속 : 금(Au), 백금(Pt)

22 위험물 운반용기의 수납구는 위로 향하게 하여야 한다.

23 알코올의 분류($R - OH$, $C_nH_{2n+1} - OH$)
  • $-OH$기의 수에 따른 분류

1가 알코올	$-OH$: 1개	CH_3OH(메틸알코올), C_2H_5OH(에틸알코올)
2가 알코올	$-OH$: 2개	$C_2H_4(OH)_2$(에틸렌글리콜)
3가 알코올	$-OH$: 3개	$C_3H_5(OH)_3$(글리세린＝글리세롤)

  • $-OH$기와 결합한 탄소원자에 연결된 알킬기($R-$)의 수에 따른 분류

		(예)
1차 알코올	$R - \overset{\displaystyle H}{\underset{\displaystyle H}{C}} - OH$	$CH_3 - \overset{\displaystyle H}{\underset{\displaystyle H}{C}} - OH$ 에틸알코올
2차 알코올	$R - \overset{\displaystyle H}{\underset{\displaystyle R'}{C}} - OH$	$CH_3 - \overset{\displaystyle H}{\underset{\displaystyle CH_3}{C}} - OH$ SO-프로판올
3차 알코올	$R' - \overset{\displaystyle R}{\underset{\displaystyle R''}{C}} - OH$	$CH_3 - \overset{\displaystyle CH_3}{\underset{\displaystyle CH_3}{C}} - OH$ tert-부탄올 (트리메틸카비놀)

정답 21 ① 22 ③ 23 ②

24 위험물안전관리법령상 예방규정을 정하여야 하는 제조소 등의 관계인은 위험물제조소 등에 대하여 기술기준에 적합한지의 여부를 정기적으로 점검을 하여야 한다. 법적 최소 점검주기에 해당하는 것은? (단, 100만리터 이상의 옥외탱크저장소는 제외한다.)

① 월 1회 이상
② 6개월 1회 이상
③ 연 1회 이상
④ 2년 1회 이상

25 금수성 물질 저장시설에 설치하는 주의사항 게시판의 바탕색과 문자색을 옳게 나타낸 것은?

① 적색바탕에 백색문자
② 백색바탕에 적색문자
③ 청색바탕에 백색문자
④ 백색바탕에 청색문자

26 위험물안전관리법령에서 정한 주유취급소의 고정주유설비 주위에 보유하여야 하는 주유공지의 기준은?

① 너비 10m 이상, 길이 6m 이상
② 너비 15m 이상, 길이 6m 이상
③ 너비 10m 이상, 길이 10m 이상
④ 너비 15m 이상, 길이 10m 이상

27 위험물제조소등에 설치하는 고정식의 포소화설비의 기준에서 포헤드방식의 포헤드는 방호대상품의 표면적 몇 m²당 1개 이상의 헤드를 설치하여야 하는가?

① 5   ② 9
③ 15   ④ 30

28 분자내의 니트로기와 같이 쉽게 산소를 유리할 수 있는 기를 가지고 있는 화합물의 연소형태는?

① 표면연소   ② 분해연소
③ 증발연소   ④ 자기연소

---

24 • 정기점검의 횟수 : 연 1회 이상 실시
• 정기검사의 대상인 제조소 등 : 액체위험물을 저장(취급)하는 100만l 이상의 옥외탱크저장소

25 게시판의 설치기준
• 크기 : 한변의 길이가 0.3m 이상, 다른 한변의 길이가 0.6m 이상
• 기재내용 : 위험물의 유별, 품명, 저장(취급)최대수량, 지정수량의 배수, 안전관리자의 성명(직명)
• 색상 : 백색바탕에 흑색글씨
• 주의사항의 게시판설치(위험물에 따라)

위험물의 종류	주의사항 표시	게시판의 색상
제1류(알칼리금속 과산화물) 제3류(금수성 물질)	물기엄금	청색바탕에 백색문자
제2류(인화성고체는 제외)	화기주의	
제2류(인화성고체) 제3류(자연발화성 물품) 제4류 제5류	화기엄금	적색바탕에 백색문자

26 주유취급소
• 주유공지 : 너비 15m 이상 길이 6m 이상의 콘크리트로 포장한 공지
• 공지의 바닥 : 지면보다 높게, 적당한 기울기, 배수구, 집유설비 및 유분리장치를 설치할 것
• "주유중 엔진정지" : 황색바탕에 흑색문자
• 주유관길이 : 5m이내(현수식 : 반경 3m이내)

27 1. 포헤드방식의 포헤드 설치기준
  • 헤드 : 방호대상물의 표면적 9m²당 1개 이상
  • 방사량 : 방호대상물의 표면적 1m²당 6.5l/min 이상
2. 포워터 스프링클러헤드와 포헤드의 설치기준
  • 포워터 스프링클러 헤드 : 바닥면적 8m²마다 1개 이상
  • 포헤드 : 바닥면적 9m²마다 1개 이상

28 제5류(자기반응성)의 니트로화합물은 니트로기($-NO_2$) 자체에 산소가 함유되어 있어 쉽게 산소를 유리하여 자기연소(내부연소)를 하므로 질식소화는 효과없고 다량의 물로 냉각소화한다.

29 어떤 소화기에 "ABC"라고 표시되어 있다. 다음 중 사용할 수 없는 화재는?

① 금속화재   ② 유류화재

③ 전기화재   ④ 일반화재

30 다음 위험물 중 지정수량이 가장 큰 것은?

① 질산에틸

② 과산화수소

③ 트리니트로톨루엔

④ 피크르산

31 과염소산칼륨과 아염소산나트륨의 공통 성질이 아닌 것은?

① 지정수량이 50kg 이다.

② 열분해시 산소를 방출한다.

③ 강산화성 물질이며 가연성이다.

④ 상온에서 고체의 형태이다.

32 착화점이 232℃에 가장 가까운 위험물은?

① 삼황화린   ② 오황화린

③ 적린   ④ 유황

33 다음 중 산화성 액체 위험물의 화재예방상 가장 주의해야 할 것은?

① 공기와의 접촉을 피한다.

② 0℃ 이하로 냉각시킨다.

③ 가연물과의 접촉을 피한다.

④ 금속용기에 저장한다.

34 이동탱크 저장소에 의한 위험물의 운송시 준수하여야 하는 기준에서 다음 중 어떤 위험물을 운송할 때 위험물 운송자는 위험물 안전카드를 휴대하여야 하는가?

① 특수인화물 및 제1석유류

② 알코올류 및 제2석유류

③ 제3석유류 및 동식물유류

④ 제4석유류

---

29 A : 일반화재, B : 유류화재, C : 전기화재

화재분류	종류	색상	소화방법
A급	일반화재	백색	냉각소화
B급	유류 및 가스화재	황색	질식소화
C급	전기화재	청색	질식소화
D급	금속화재	무색	피복소화

30 위험물의 지정수량

① 질산에틸 : 제5류의 질산에스테르류 − 10kg

② 과산화수소 : 제6류 − 300kg

③ 트리니트로톨루엔, ④ 피크르산 : 제5류의 니트로화합물 − 200kg

31 제1류 위험물(산화성고체)

· 과염소산칼륨($KClO_4$) : 과염소산염류, 지정수량 50kg

$$KClO_4 \xrightarrow[\triangle]{610℃} KCl + 2O_2 \uparrow (산소)$$

· 아염소산나트륨($NaClO_2$) : 아염소산염류, 지정수량 50kg

$$3NaClO_2 \xrightarrow[\triangle]{120℃} 2NaClO + NaCl + 3O_2 \uparrow (산소)$$

32 제2류 위험물의 착화점

구분	삼황화린	오황화린	적린	유황
화학식	P_4S_3	P_2S_5	P	S
착화점	100℃	142℃	260℃	232.2℃

33 제6류(산화성액체)의 주의할 점

· 물, 가연물, 염기 및 산화제(제1류)와의 접촉을 피한다.

· 흡수성이 강하기 때문에 내산성용기를 사용한다.

· 피부접촉 시 다량의 물로 세척하고 증기를 흡입하지 않도록 한다.

· 누출 시 과산화수소는 물로, 다른 물질의 중화제(소다, 중조 등)로 중화시킨다.

· 위험물 제조소등 및 운반용기의 외부에 주의사항은 '가연물 접촉주의'라고 표시한다.

34 위험물 운송자는 위험물 안전카드를 휴대해야 한다.(단, 제4류 위험물은 특수인화물, 제1석유류에 한한다.

35 위험물안전관리법령상 품명이 나머지 셋과 다른 것은?

① 트리니트로톨루엔

② 니트로글리세린

③ 니트로글리콜

④ 셀룰로이드

36 다음 두 물질이 반응할 때 수소를 발생하지 않는 것은?

① 칼륨＋물　　② 탄화칼슘＋물

③ 수소화칼슘＋물　④ 나트륨＋염산

37 스프링클러설비의 장점이 아닌 것은?

① 소화약제가 물이므로 소화약제의 비용이 절감된다.

② 초기 시공비가 적게 든다.

③ 화재 시 사람의 조작 없이 작동이 가능하다.

④ 초기 화재의 진화에 효과적이다.

38 물통 또는 수조를 이용한 소화가 공통적으로 적응성이 있는 위험물은 몇 류 위험물인가?

① 제2류 위험물　② 제3류 위험물

③ 제4류 위험물　④ 제5류 위험물

39 위험물안전관리법령상 마른 모래(삽 1개 포함) 50L의 능력단위는?

① 0.3　　② 0.5

③ 1.0　　④ 1.5

40 디에틸에테르 2,000L와 아세톤 4,000L를 옥내저장소에 저장하고 있다면 총 소요단위는 얼마인가?

① 5단위　　② 6단위

③ 50단위　④ 60단위

---

35 제5류 위험물(자기반응성 물질)

• 트리니트로톨루엔(TNT) : 니트로화합물

• 니트로글리세린, 니트로글리콜, 셀룰로이드 : 질산에스테르류

36 제3류 위험물(자연발화성, 금수성)

① $2K + 2H_2O \rightarrow 2KOH + H_2\uparrow$ (수소)

② $CaC_2 + 2H_2O \rightarrow Ca(OH)_2 + C_2H_2\uparrow$ (아세틸렌)

③ $CaH_2 + 2H_2O \rightarrow Ca(OH)_2 + H_2\uparrow$ (수소)

④ $2Na + 2HCl \rightarrow 2NaCl + H_2\uparrow$ (수소)

37 스프링클러 설비의 장·단점

장점	• 초기 소화에 매우 효과적이다. • 조작이 쉽고 안전하다. • 소화약제가 물로서 경제적이고 복구가 쉽다. • 감지부가 기계적이므로 오동작 오보가 없다. • 화재의 감지·경보·소화가 자동적으로 이루어진다.
단점	• 초기 시설비가 많이 든다. • 시공 및 구조가 복잡하다. • 물로 살수 시 피해가 크다.

38 ① 제2류(철분, 금속분, 마그네슘 등) : 금수성

② 제3류 : 금수성

③ 제4류 : 비수용성(화재면 확대)

④ 제5류 : 다량의 주수소화

39 간이소화용구의 능력단위

소화설비	용량	능력단위
소화전용 물통	$8l$	0.3
수조(소화전용 물통 3개 포함)	$80l$	1.5
수조(소화전용 물통 6개 포함)	$190l$	2.5
마른 모래(삽 1개 포함)	$50l$	0.5
팽창질석 또는 팽창진주암(삽 1개 포함)	$160l$	1.0

40 제4류 위험물의 지정수량

• 지정수량 : 디에틸에테르(제4류 특수인화물) $50l$, 아세톤(제4류 1석유류, 수용성) $400l$

• 위험물의 소요 1단위 : 지정수량의 10배

• 소요단위 $= \dfrac{\text{저장수량}}{\text{지정수량} \times 10} = \dfrac{2,000}{50 \times 10} + \dfrac{4,000}{400 \times 10} = 5$단위

정답　35 ①　36 ②　37 ②　38 ④　39 ②　40 ①

41 다음 중 증기비중이 가장 큰 것은?

① 벤젠   ② 등유

③ 메틸알코올   ④ 디에틸에테르

42 금속분, 목탄, 코크스 등의 연소형태에 해당되는 것은?

① 증발연소   ② 표면연소

③ 분해연소   ④ 자기연소

43 위험물제조소에서 취급하는 제4류 위험물의 최대수량의 합이 지정수량의 15만 배인 사업소에 두어야 할 자체 소방대의 화학소방자동차와 자체소방대원의 수는 각각 얼마로 규정되어 있는가? (단, 상호 응원 협정을 체결할 경우는 제외한다.)

① 1대, 5인   ② 2대, 10인

③ 3대, 15인   ④ 4대, 20인

44 위험물안전관리법령상의 지정수량이 나머지 셋과 다른 하나는?

① 질산에스테르류

② 니트로소화합물

③ 디아조화합물

④ 히드라진유도체

45 옥내저장소에 질산 $600l$ 를 저장하고 있다. 저장하고 있는 질산은 지정수량의 몇 배인가? (단, 질산의 비중은 1.50이다.)

① 1   ② 2

③ 3   ④ 5

41

$$증기비중 = \frac{분자량}{공기의\ 평균\ 분자량(29)}$$

※ 분자량이 클수록 증기비중은 크다.

① 벤젠(C_6H_6)의 분자량 : $12 \times 6 + 1 \times 6 = 78$,

$\frac{78}{29} = 2.69$

② 등유($C_9 \sim C_{18}$) : $12 \times 9 \sim 12 \times 18 = 108 \sim 216$,

$\frac{108}{29} \sim \frac{216}{29} = 3.7 \sim 7.4 (≒ 4 \sim 5)$

③ 메틸알코올(CH_3OH)의 분자량 : $12 + 1 \times 4 + 16 = 32$,

$\frac{32}{29} = 1.1$

④ 디에틸에테르($C_2H_5OC_2H_5$) : $12 \times 4 + 1 \times 10 + 16 = 74$,

$\frac{74}{29} = 2.55$

42 연소의 형태

- 표면연소 : 숯, 목탄, 코크스, 금속분 등
- 분해연소 : 석탄, 종이, 목재, 플라스틱, 중유 등
- 증발연소 : 황, 파라핀(양초), 나프탈렌, 휘발유, 등유 등 제4류 위험물
- 자기연소(내부연소) : 셀룰로오스, 니트로글리세린 등 제5류 위험물
- 확산연소 : 수소, 아세틸렌, LPG, LNG등 가연성기체

43

제조소등에서 취급하는 제4류 위험물의 최대수량의 합	화학 자동차	자체소방 대원의 수
3천배 이상 12만 배 미만인 사업소	1대	5인
12만 배 이상 24만 배 미만	2대	10인
24만 배 이상 48만 배 미만	3대	15인
48만 배 이상인 사업소	4대	20인
옥외탱크저장소의 지정수량이 50만 배 이상인 사업소	2대	10인

44 제5류 위험물의 지정수량

- 질산에스테르류 : 10kg
- 니트로소화합물, 디아조화합물, 히드라진유도체 : 200kg

45 질산(HNO_3) : 제6류(산화성액체), 지정수량 300kg

질산 $600l$ 를 무게로 환산한다(비중 1.5).

$w = 600l \times 1.5kg/l = 900kg$

$\therefore$ 지정수량배수 $= \frac{저장수량}{지정수량} = \frac{900kg}{300kg} = 3배$

정답   **41** ②   **42** ②   **43** ②   **44** ①   **45** ③

46 위험물안전관리법령상 옥외탱크저장소의 위치, 구조 및 설비의 기준에서 간막이 둑을 설치할 경우, 그 용량의 기준으로 옳은 것은?

① 간막이 둑 안에 설치된 탱크의 용량의 110% 이상일 것
② 간막이 둑 안에 설치된 탱크의 용량 이상일 것
③ 간막이 둑 안에 설치된 탱크의 용량의 10% 이상일 것
④ 간막이 둑 안에 설치된 탱크의 간막이 둑 높이 이상 부분의 용량 이상일 것

47 다음 중 물과 반응하여 산소와 열을 발생하는 것은?

① 염소산칼륨   ② 과산화나트륨
③ 금속나트륨   ④ 과산화벤조일

48 위험물제조소의 배출설비의 배출능력은 1시간당 배출장소 용적의 몇 배 이상인 것으로 해야 하는가? (단, 전역방식의 경우는 제외한다.)

① 5배   ② 10배
③ 15배   ④ 20배

49 인화칼슘이 물 또는 염산과 반응하였을 때 공통적으로 생성되는 물질은?

① $CaCl_2$ ② $Ca(OH)_2$
③ PH_3 ④ H_2

50 산화프로필렌에 대한 설명으로 틀린 것은?

① 무색의 휘발성 액체이고, 물에 녹는다.
② 인화점이 상온 이하이므로 가연성 증기 발생을 억제하여 보관해야 한다.
③ 은, 마그네슘 등의 금속과 반응하여 폭발성 혼합물을 생성한다.
④ 증기압이 낮고 연소범위가 좁아서 위험성이 높다.

---

46 옥외저장탱크의 간막이 둑 설치기준
① 용량이 1,000만 이상인 옥외저장탱크의 주위에 설치하는 방유제에는 다음의 규정에 따라 당해 탱크마다 간막이 둑을 설치할 것
  • 간막이 둑의 높이는 0.3m(탱크의 용량의 합계가 2억 l를 넘는 방유제는 1m)이상으로 하되, 방유제의 높이보다 0.2m 이상 낮게 할 것
  • 간막이 둑은 흙 또는 철근콘크리트로 할 것
  • 간막이 둑의 용량은 간막이 둑 안에 설치된 탱크의 용량이 10%이상일 것
② 높이가 1m를 넘는 방유제 및 간막이 둑의 안팎에는 방유제내에 출입하기 위한 계단 또는 경사로를 약 50m마다 설치할 것

47 과산화나트륨(Na_2O_2) : 제1류의 무기과산화물(금수성)
  • 물 또는 이산화탄소와 반응시 산소(O_2)기체를 발생시킨다.
  $$2Na_2O_2 + 2H_2O \rightarrow 4NaOH + O_2 \uparrow$$
  $$2Na_2O_2 + 2CO_2 \rightarrow 2Na_2CO_3 + O_2 \uparrow$$
  • 소화시 주수 및 CO_2는 금물이고 마른 모래 등으로 소화한다.

48 배출능력은 1시간당 배출장소 용적의 20배 이상인 것으로 하여야 한다. 단 전역방식은 바닥면적 1m^2당 18m^3 이상으로 할 수 있다.

49 Ca_3P_2(인화칼슘, 인화석회) : 제3류(금수성 물질)
① 물 또는 산과 반응하여 독성이 강한 인화수소(PH_3, 포스핀)를 발생시킨다.
  • 물과 반응 : $Ca_3P_2 + 6H_2O \rightarrow 3Ca(OH)_2 + 2PH_3 \uparrow$
  • 염산과 반응 : $Ca_3P_2 + 6HCl \rightarrow 3CaCl_2 + 2PH_3 \uparrow$
② 소화시 마른 모래 등으로 질식소화한다.

50 산화프로필렌(CH_3CHCH_2O) : 제4류 특수인화물(인화성액체)
  • 인화점 −37℃, 발화점 465℃, 연소범위 2.5~38.5%
  • 에테르향의 냄새가 나는 휘발성이 강한 액체이다.
  • 물, 벤젠, 에테르, 알코올 등에 잘 녹고 피부접촉 시 화상을 입는다(수용성).
  • 증기압이 20℃에서 45.5mmHg로 매우 높고 연소범위는 2.5~38.5%로 넓어서 위험성이 매우 크다.
  • 소화 : 알코올용포, 다량의 물, CO_2 등으로 질식소화한다.

> 참고 아세트알데히드, 산화프로필렌의 공통사항
> • Cu, Ag, Hg, Mg 및 그 합금 등과는 용기나 설비를 사용하지 말 것(중합반응 시 폭발성 물질 생성)
> • 저장 시 불활성가스(N_2, Ar) 또는 수증기를 봉입하고 냉각장치를 사용하여 비점 이하로 유지할 것

정답 46 ③   47 ②   48 ④   49 ③   50 ④

51 동식물유류의 일반적인 성질로 옳은 것은?

① 자연발화의 위험은 없지만 점화원에 의해 쉽게 인화한다.

② 대부분 비중 값이 물보다 크다.

③ 인화점이 100℃보다 높은 물질이 많다.

④ 요오드값이 50 이하인 건성유는 자연발화위험이 높다.

52 피크르산 제조에 사용되는 물질과 가장 관계가 있는 것은?

① C_6H_6

② $C_6H_5CH_3$

③ $C_3H_5(OH)_3$

④ C_6H_5OH

53 황린과 적린의 공통점으로 옳은 것은?

① 독성

② 발화점

③ 연소생성물

④ CS_2에 대한 용해성

54 아세트알데히드와 아세톤의 공통성질에 대한 설명 중 틀린 것은?

① 증기는 공기보다 무겁다.

② 무색액체로서 인화점이 낮다.

③ 특수인화물로 반응성이 크다.

④ 물에 잘 녹는다.

55 위험물안전관리법령에서 정한 소화설비의 설치기준에 따라 다음 ( )에 알맞은 숫자를 차례대로 나타낸 것은?

> 제조소 등에 전기설비(전기배선, 조명기구 등은 제외한다)가 설치된 경우에는 당해 장소의 면적 ( )m² 마다 소형 수동식 소화기를 ( )개 이상 설치할 것

① 50, 1   ② 50, 2

③ 100, 1   ④ 100, 2

---

51 제4류 위험물 : 동식물유류란 동물의 지육 또는 식물의 종자나 과육으로부터 추출한 것으로 1기압에서 인화점이 250℃ 미만인 것

• 요오드값 : 유지 100g에 부가되는 요오드의 g수이다.

• 요오드값이 클수록 불포화도가 크다.

• 요오드값이 큰 건성유는 불포화도가 크기 때문에 자연발화가 잘 일어난다.

• 요오드값에 따른 분류

  ┌ 건성유(130 이상) : 해바라기기름, 동유, 아마인유, 정어리기름, 들기름 등

  ├ 반건성유(100~130) : 면실유, 참기름, 청어기름, 채종유, 콩기름 등

  └ 불건성유(100 이하) : 올리브유, 동백기름, 피마자유, 야자유, 우지, 돈지 등

52 피크르산[$C_6H_2(NO_2)_3OH$, TNP] : 제5류의 니트로화합물

• 침상결정으로 쓴맛이 있고 독성이 있다.

• 찬물에 불용, 온수, 알코올, 벤젠 등에 잘 녹는다.

• 진한황산 촉매하에 페놀(C_6H_5OH)과 질산을 니트로화 반응시켜 제조한다.

(트리니트로페놀(피크린산))

• 피크린산 금속염(Fe, Cu, Pb 등)은 격렬히 폭발한다.

• 운반시 10~20% 물로 습윤시켜 운반한다.

53 황린(P_4)과 적린(P)은 서로 동소체로서 연소생성물이 동일하다.

※ 황린과 적린의 비교

구분	황린(P_4) : 제3류	적린(P) : 제2류
외관 및 형상	백색 또는 담황색 고체	암적색 분말
냄새	마늘냄새	없음
자연발화(공기중)	40~50℃	약 260℃
CS_2의 용해성	용해	불용
저장(보호액)	물속	-
독성	맹독성	없음
연소생성물	오산화인(P_2O_5)	오산화인(P_2O_5)

54

구분	화학식	유별	증기비중	인화점	수용성
아세트알데히드	CH_3CHO	특수인화물	1.52	-38℃	물에 녹음
아세톤	CH_3COCH_3	제1석유류	2	-18℃	물에 녹음

정답 **51** ③   **52** ④   **53** ③   **54** ③   **55** ③

56 다음의 원통형 종으로 설치된 탱크에서 공간 용적을 내용적의 10%라고 하면 탱크 용량 (허가용량)은 약 몇 m³인가?

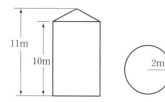

① 113.04m³　　② 124.34m³
③ 129.06m³　　④ 138.16m³

57 다음 중 오존층 파괴지수가 가장 큰 것은?

① Halon 104　　② Halon 1211
③ Halon 1301　　④ Halon 2402

58 알루미늄 분말의 저장방법 중 옳은 것은?

① 에틸알코올 수용액에 넣어 보관한다.
② 밀폐용기에 넣어 건조한 곳에 보관한다.
③ 폴리에틸렌병에 넣어 수분이 많은 곳에 보관한다.
④ 염산 수용액에 넣어 보관한다.

59 20℃의 물 100kg이 100℃ 수증기로 증발하면 최대 몇 kcal의 열량을 흡수할 수 있는가? (단, 물의 증발잠열은 540kcal/kg이다.)

① 540kcal　　② 7,800kcal
③ 62,000kcal　　④ 108,000kcal

60 위험물안전관리법령상 위험물 운송시 제1류 위험물과 혼재 가능한 위험물은? (단, 지정수량의 10배를 초과하는 경우이다)

① 제2류 위험물　　② 제3류 위험물
③ 제5류 위험물　　④ 제6류 위험물

---

55 제조소등의 전기설비의 소화설비
소형수동식소화기 : 바닥면적 100m² 마다 1개 이상 설치

56 원통형(종형)탱크의 내용적(V)

① $V = \pi r^2 l$
　 $= 3.14 \times 2^2 \times 10$ 　$\begin{bmatrix} r : 2m \\ l : 10m \end{bmatrix}$
　 $= 125.6m^3$
② 탱크의 공간용적이 10%이므로
　∴ 탱크의 용량(m³) $= 125.6m^3 \times 0.9 = 113.04m^3$

57 • 오존파괴지수(ODP) $= \dfrac{어떤\ 물질\ 1kg에\ 의해\ 파괴되는\ 오존량}{CFC{-}11\ 1kg에\ 의해\ 파괴되는\ 오존량}$

(CFC−11 : 염화불화탄소[CFCl₃]를 나타냄)
• 오존파괴지수(ODP)
할론 1301 = 14.1 > 할론 2402 = 6.6 > 할론 1211 = 2.4

58 알루미늄(Al)분 : 제2류(가연성, 금수성)
• 양쪽성 원소로서 산, 염기와 반응하여 수소($H_2\uparrow$)기체를 발생한다.
• 은백색 경금속으로 물과 반응시 수소($H_2\uparrow$)를 발생한다.
• 공기 중 부유하면 분진폭발 위험이 있다.
• 저장시 밀폐용기에 밀봉 밀전하여 건조한 곳에 보관한다.

59 • 현열(Q_1) $= G \cdot C \cdot \varDelta t$ 　$\begin{bmatrix} Q_1 : 현열(kcal) \\ Q_2 : 잠열(kcal) \\ G : 질량(kg) \\ C : 물의\ 비열(1kcal/kg \cdot ℃) \\ r : 물의\ 증발잠열(540kcal/kg) \\ \varDelta t : 온도차(t_2 - t_1)℃ \end{bmatrix}$
　　　 $= 100 \times 1 \times (100 - 20)$
　　　 $= 8000kcal$
• 잠열(Q_2) $= G \cdot r$
　　　 $= 100 \times 540$
　　　 $= 54,000kcal$
∴ $Q = Q_1 + Q_2 = 8000 + 54,000$
　　　 $= 62,000kcal$

60 서로 혼재가능 위험물(꼭 암기바람)
• ④와 ②, ③ : 제4류와 제2류, 제4류와 제3류
• ⑤와 ②, ④ : 제5류와 제2류, 제5류와 제4류
• ⑥와 ① : 제6류와 제1류

01 위험물제조소등의 전기설비에 적응성이 있는 소화설비는?

① 봉상수소화기   ② 포소화설비
③ 옥외소화전설비   ④ 물분무소화설비

02 위험물제조소등에 설치하는 불활성가스소화설비의 소화약제 저장용기의 설치장소로 적합하지 않은 것은?

① 방호구역 외의 장소
② 온도가 40℃ 이하이고 온도변화가 적은 장소
③ 빗물이 침투할 우려가 적은 장소
④ 직사일광이 잘 들어오는 장소

03 니트로셀룰로오스의 위험성에 대하여 옳게 설명한 것은?

① 물과 혼합하면 위험성이 감소된다.
② 공기 중에서 산화되지만 자연발화의 위험은 없다.
③ 건조할수록 발화의 위험성이 낮다.
④ 알코올과 반응하여 발화한다.

04 $C_6H_2(NO_2)_3OH$와 CH_3NO_3의 공통성질에 해당하는 것은?

① 니트로화합물이다.
② 인화성과 폭발성이 있는 액체이다.
③ 무색의 방향성 액체이다.
④ 에탄올에 녹는다.

05 유황은 순도가 몇 중량% 이상인 것이 위험물에 해당하는가?

① 40중량%   ② 50중량%
③ 60중량%   ④ 70중량%

---

01 전기설비에 적응성이 있는 소화설비
- 물분무소화설비
- CO_2 소화설비
- 할로겐화합물소화설비
- 분말소화설비

02 불활성가스(CO_2) 저장용기 설치기준
- 방호구역 외의 장소에 설치할 것
- 온도가 40℃ 이하이고 온도변화가 적은 장소에 설치할 것
- 직사일광 및 빗물이 침추할 우려가 적은 장소에 설치할 것
- 저장용기에는 안전장치를 설치할 것
- 저장용기의 외면에 소화약제의 종류와 양, 제조년도 및 제조자를 표시할 것
- 용기 간의 간격은 점검에 지장이 없도록 3cm 이상 간격을 유지할 것

03 니트로셀룰로오스 : 제5류(자기반응성)
- 직사광선, 산, 알칼리에 분해하여 자연발화한다.
- 질화도(질소함유율)가 클수록 분해도, 폭발성이 증가한다.
- 장기간 보관시 자연발화 위험성이 증가하므로 저장, 운반시 물(20%) 또는 알코올(30%)로 습윤시킨다.
- 건조된 상태에서 타격, 마찰 등에 의해 폭발위험성이 있다.
- 강산화제, 유기과산화물류등과 혼촉시 발화폭발한다.

04 1. $C_6H_2(NO_2)_3OH$(피크린산, TNP) : 제5류(니트로화합물)
- 침상의 결정이며 폭발성은 없다.
- 냉수에 약간 녹고 온수, 알코올, 벤젠 등에 잘 녹는다.

2. CH_3NO_3(질산메틸) : 제5류(질산에스테르류)
- 무색투명한 액체로 에탄올에 잘 녹는다.
- 향긋한 냄새가 있고 단맛이 있다.

05 유황(S) : 제2류 위험물(가연성고체)
- 위험물적용범위 : 순도가 60중량% 이상
- 동소체 : 사방황, 단사황, 고무상황

06 제조소에서 다음과 같이 위험물을 취급하고 있는 경우 각 지정수량 배수의 총합은 얼마인가?

> • 브롬산나트륨 300kg
> • 과산화나트륨 150kg
> • 중크롬산나트륨 500kg

① 3.5   ② 4.0
③ 4.5   ④ 5.0

07 알코올류의 일반성질이 아닌 것은?

① 분자량이 증가하면 증기비중이 커진다.
② 알코올은 탄화수소의 수소원자를 −OH 기로 치환한 구조를 가진다.
③ 탄소수가 적은 알코올을 저급 알코올이라고 한다.
④ 3차 알코올에는 −OH기가 3개 있다.

08 다음 위험물 중 비중이 큰 것은 모두 몇 개인가?

> 과염소산, 과산화수소, 질산

① 0개   ② 1개
③ 2개   ④ 3개

09 글리세린은 제 몇 석유류에 해당하는가?

① 제1석유류   ② 제2석유류
③ 제3석유류   ④ 제4석유류

10 지하탱크저장소에 대한 설명으로 옳지 않은 것은?

① 탱크전용실 벽의 두께는 0.3m 이상이어야 한다.
② 지하저장탱크의 윗부분은 지면으로부터 0.6m 이상 아래에 있어야 한다.
③ 지하저장탱크와 탱크전용실 안쪽과의 간격은 0.1m 이상의 간격을 유지한다.
④ 지하저장탱크에는 두께 0.1m 이상의 철근콘크리트조로 된 뚜껑을 설치한다.

06 제1류 위험물(산화성 고체)의 지정수량
• 브롬산나트륨(브롬산염류) : 300kg
• 과산화나트륨(무기과산화물) : 50kg
• 중크롬산나트륨(중크롬산염류) : 1000kg
∴ 지정수량의 배수의 총합

$$= \frac{A품목의\ 저장수량}{A품목의\ 지정수량} + \frac{B품목의\ 저장수량}{B품목의\ 지정수량} + \cdots$$

$$= \frac{300kg}{300kg} + \frac{150kg}{50kg} + \frac{500kg}{1,000kg} = 4.5배$$

07 알코올류 : 제4류의 알코올류(인화성액체)
• 알킬기(R−, CnH_{2n+1}−)와 OH(히드록시기) 결합된 구조이다.
• 알코올분자에 −OH수에 따라 1개(1가 알코올), 2개(2가 알코올) 3개(3가 알코올) 등으로 분류한다.
• 알코올분자에 −OH기와 결합한 탄소원자에 연결된 알킬기(R−)의 수에 따라 1개(1차 알코올), 2개(2차 알코올), 3개(3차 알코올) 등으로 분류한다.

08 제6류 위험물(산화성액체)은 비중이 물보다 무겁고 물에 잘녹는다.(지정수량 300kg)

구분	과염소산	과산화수소	질산
화학식	$HClO_4$	H_2O_2	HNO_3
비중	3.5	1.46	1.49

09 글리세린[$C_3H_5(OH)_3$] : 제4류, 제3석유류(수용성) 지정수량 4000l
• 무색 단맛이 있고 흡습성과 점성이 있는 액체이다.
• 물, 알코올에 잘녹고, 벤젠, 에테르에는 녹지 않는다.
• 독성이 없는 3가 알코올이며 화장품연료에 사용한다.

10 지하탱크 저장소의 기준 : ①, ②, ③이외에
• 탱크전용실은 지하의 가장 가까운 벽, 피트, 가스관 및 대지경계선으로부터 0.1m 이상 떨어진 곳에 설치할 것
• 지하저장탱크를 2 이상 인접해 설치시 상호이격거리 : 1m 이상 (단, 탱크용량의 합계가 지정수량 100배 이하 : 0.5m 이상)
• 탱크 전용실의 구조(철근콘크리트 구조) : 벽, 바닥, 뚜껑의 두께 0.3m 이상

정답   **06** ③   **07** ④   **08** ④   **09** ③   **10** ④

11 위험물 옥외저장탱크의 통기관에 관한 사항으로 옳지 않은 것은?

① 밸브 없는 통기관의 직경은 30mm 이상으로 한다.

② 대기밸브부착 통기관은 항시 열려 있어야 한다.

③ 밸브 없는 통기관의 선단은 수평면보다 45도 이상 구부려 빗물 등의 침투를 막는 구조로 한다.

④ 대기밸브부착 통기관은 5kPa 이하의 압력차이로 작동할 수 있어야 한다.

12 과산화칼륨과 과산화마그네슘이 염산과 반응했을 때 공통으로 나오는 물질의 지정수량은?

① 50l ② 100kg

③ 300kg   ④ 1000l

13 질산과 과염소산의 공통성질에 해당하지 않는 것은?

① 산소를 함유하고 있다.

② 불연성 물질이다.

③ 강산이다.

④ 비점이 상온보다 낮다.

14 다음 중 분말소화약제를 방출시키기 위해 주로 사용되는 가압용 가스는?

① 산소   ② 헬륨

③ 질소   ④ 아르곤

15 주유취급소의 벽(담)에 유리를 부착할 수 있는 기준에 대한 설명으로 옳은 것은?

① 유리 부착 위치는 주입구, 고정주유설비로부터 2m 이상 이격되어야 한다.

② 지반면으로부터 50센티미터를 초과하는 부분에 한하여 설치하여야 한다.

③ 하나의 유리판 가로의 길이는 2m 이내로 한다.

④ 유리의 구조는 기준에 맞는 강화유리로 하여야 한다.

---

11 옥외저장탱크의 통기관 설치 기준(제4류에 한함)

1. 밸브 없는 통기관 : 항상 열려있다.
   - 직경이 30mm 이상일 것
   - 선단은 수평면보다 45도 이상 구부려 빗물 등의 침투방지구조로 할 것
   - 가는눈 구리망 등으로 인화방지장치를 할 것
     [단, 인화점 70℃ 이상의 위험물만을 인화점 미만에서 저장(취급)시 제외]
   - 가연성 증기 회수를 목적으로 밸브를 통기관에 설치할 때 밸브는 개방되어 있어야 하며 닫혔을 경우 10kPa 이하의 압력에서 개방되는 구조로 한다.(개방부분의 단면적 : 777.15mm^2 이상).
2. 대기밸브부착 통기관 : 항상 닫혀있다.
   - 5kPa 이하의 압력차이로 작동할 수 있어야 한다.

12 제1류 위험물의 무기과산화물(금수성)

- 산과 반응시 과산화수소(H_2O_2)를 생성한다.
  $K_2O_2 + 2HCl \rightarrow 2KCl + H_2O_2$(과산화수소)
  $MgO_2 + 2HCl \rightarrow MgCl_2 + H_2O_2$(과산화수소)
- 물과 반응시 산소($O_2\uparrow$)를 발생시킨다.
  $2K_2O_2 + 2H_2O \rightarrow 4KOH + O_2\uparrow$ (산소)
  $MgO_2 + H_2O \rightarrow Mg(OH)_2 + [O]$(활성산소)
∴ 과산화수소(H_2O_2) : 제6류(산화성액체), 지정수량 300kg

13 질산(HNO_3), 과염소산($HClO_4$) : 제6류(산화성액체)의 비점

- 질산 : 86℃
- 과염소산 : 39℃

14 분말소화약제 가압용가스 : 질소(N_2), 이산화탄소(CO_2)

15 담 또는 벽의 일부분에 방화상 유효한 구조의 유리를 부착할 수 있는 기준

- 유리를 부착하는 위치는 주입구, 고정주유설비 및 고정급유설비로부터 4m 이상 이격될 것
- 주유취급소 내의 지반면으로부터 70cm를 초과하는 부분에 한하여 유리를 부착할 것
- 하나의 유리판의 가로의 길이는 2m 이내일 것
- 유리의 구조는 접합유리(두 장의 유리를 두께 0.76mm 이상의 폴리비닐부티랄 필름으로 접합한 구조)로 하되, 비차열 30분 이상의 방사성능이 인정될 것
- 유리를 부착하는 범위는 전체의 담 또는 벽의 길이의 2/10를 초과하지 아니할 것

정답   11 ②   12 ③   13 ④   14 ③   15 ③

16 질산나트륨을 저장하고 있는 옥내저장소(내화구조의 격벽으로 완전히 구획된 실이 2 이상 있는 경우에는 동일한 실)에 함께 저장하는 것이 법적으로 허용되는 것은? (단, 위험물을 유별로 정리하여 서로 1m 이상의 간격을 두는 경우이다.)

① 적린

② 인화성고체

③ 동식물유류

④ 과염소산

17 옥외저장소에서 선반에 저장하는 용기의 높이는 몇 m를 초과할 수 없는가?

① 3m   ② 4m

③ 6m   ④ 7m

18 금속화재에 마른 모래를 피복하여 소화하는 방법은?

① 제거소화   ② 질식소화

③ 냉각소화   ④ 억제소화

19 제3종 분말소화약제의 열분해 시 생성되는 메타인산의 화학식은?

① H_3PO_4 ② HPO_3

③ $H_4P_2O_7$ ④ $CO(NH_2)_2$

---

16 질산나트륨($NaNO_3$) : 제1류 위험물(질산염류)과 저장가능여부

① 적린(제2류) : 저장불가

② 인화성고체(제2류) : 저장불가

③ 동식물유류(제4류) : 저장불가

④ 과염소산(제6류) : 저장가능

※ 법적위험물 저장기준 : 옥내저장소 또는 옥외 저장소에 있어서 유별을 달리하는 위험물을 동일저장소에 저장할 수 없다. 단, 1m이상 간격을 둘 땐 아래 유별을 저장할 수 있다.
- 제1류 위험물(알칼리금속의 과산화물은 제외)과 제5류 위험물을 저장하는 경우
- 제1류 위험물과 제6류 위험물을 저장하는 경우
- 제2류 위험물과 제3류 위험물 중 자연발화성 물품(황린)을 저장하는 경우
- 제2류 위험물 중 인화성고체와 제4류 위험물을 저장하는 경우
- 제3류 위험물 중 알킬알루미늄등과 제4류 위험물(알킬알루미늄 또는 알킬리튬을 함유한 것에 한함)을 저장하는 경우
- 제4류 위험물 중 유기과산화물과 제5류 위험물 중 유기과산화물을 저장하는 경우

17 1. 옥외저장소에서 선반에 저장시 용기의 높이 : 6m 이하
   (단, 옥내저장소에서 선반에 저장시 용기의 높이 : 제한없음)

2. 옥내 또는 옥외저장소에 위험물을 저장할 경우(높이 제한)
   - 기계에 의하여 하역하는 구조로 된 용기 : 6m 이하
   - 제4류 위험물 중 제3석유류, 제4석유류 및 동식물의 용기 : 4m 이하
   - 그 밖의 경우 : 3m 이하

18 · 금속화재(D급)는 마른모래로 덮어서 질식소화시킨다.
· 주수소화는 가연성기체인 수소가 발생하기 때문에 절대엄금한다.

19 분말소화약제의 열분해 반응식

종별	약제명	색상	열분해 반응식
제1종	탄산수소나트륨	백색	$2NaHCO_3$ $\rightarrow Na_2CO_3 + CO_2 + H_2O$
제2종	탄산수소칼륨	담자(회)색	$2KHCO_3$ $\rightarrow K_2CO_3 + CO_2 + H_2O$
제3종	인산암모늄	담홍색	$NH_4H_2PO_4$ $\rightarrow HPO_3 + NH_3 + H_2O$
제4종	중탄산칼륨＋요소	회색	$2KHCO_3 + (NH_2)_2CO$ $\rightarrow K_2CO_3 + 2NH_3 + 2CO_2$

정답 16 ④   17 ③   18 ②   19 ②

20 위험물안전관리법령상 제조소에서 취급하는 제4류 위험물의 최대수량의 합이 지정수량의 12만배 미만인 사업소에 두어야 하는 화학소방자동차 및 소방대원의 수의 기준으로 옳은 것은?

① 1대 – 5인
② 2대 – 10인
③ 3대 – 15인
④ 4대 – 20인

21 다음 위험물 중 착화온도가 가장 높은 것은?

① 이황화탄소
② 디에틸에테르
③ 아세트알데히드
④ 산화프로필렌

22 다음 중 유류저장탱크 화재에서 일어나는 현상으로 거리가 먼 것은?

① 보일오버
② 플래시오버
③ 슬롭오버
④ BELVE

23 다음의 위험물을 위험등급 Ⅰ, Ⅱ, Ⅲ의 순서로 나열한 것으로 맞는 것은?

> 황린, 수소화나트륨, 리튬

① 황린, 수소화나트륨, 리튬
② 황린, 리튬, 수소화나트륨
③ 수소화나트륨, 황린, 리튬
④ 수소화나트륨, 리튬, 황린

24 위험물안전관리법령상 자동화재탐지설비의 설치기준으로 옳지 않은 것은?

① 경계구역은 건축물의 최소 2개 이상의 층에 걸치도록 할 것
② 하나의 경계구역의 면적은 600m² 이하로 할 것
③ 감지기는 지붕 또는 벽의 옥내에 면한 부분에 유효하게 화재의 발생을 감지할 수 있도록 설치할 것
④ 비상전원을 설치할 것

---

20 자체소방대에 두는 화학 소방자동차 및 인원

사업소	지정수량의 양	화학소방 자동차	자체소방 대원의 수
제조소 또는 일반 취급소에서 취급하는 제4류 위험물의 최대수량의 합계	3천 배 이상 12만 배 미만	1대	5인
	12만 배 이상 24만 배 미만	2대	10인
	24만 배 이상 48만 배 미만	3대	15인
	48만 배 이상인 사업소	4대	20인
옥외탱크저장소에 저장하는 제4류 위험물의 최대수량	50만 배 이상인 사업소	2대	10인

21 제4류의 특수인화물의 인화점과 착화점

구분	이황화탄소	디에틸에테르	아세트알데히드	산화프로필렌
화학식	CS_2	$C_2H_5OC_2H_5$	CH_3CHO	CH_3CHCH_2O
인화점	−30℃	−45℃	−39℃	−37℃
착화점	100℃	180℃	185℃	465℃

22 유류 및 가스탱크의 화재발생현상
- 보일오버 : 탱크바닥의 물이 비등하여 부피팽창으로 유류가 넘쳐 연소하는 현상
- 블레비(BLEVE) : 액화가스 저장탱크의 압력상승으로 폭발하는 현상
- 슬롭오버 : 물 방사시 뜨거워진 유료표면에서 비등증발하여 연소유와 함께 분출하는 현상
- 프로스오버 : 탱크 바닥의 물이 비등하여 부피팽창으로 유류가 연소하지 않고 넘치는 현상
※ 플래시오버 : 화재발생시 실내의 온도가 급격히 상승하여 축적된 가연성가스가 일순간 폭발적으로 착화하여 실내전체가 화염에 휩싸이는 현상

23 제3류 위험물(자연발화성, 금수성)의 위험등급 및 지정수량

구분	황린	수산화나트륨	리튬
화학식	P_4	NaH	Li
위험등급	Ⅰ	Ⅲ	Ⅱ
지정수량	20kg	300kg	50kg

24 자동화재 탐지설비의 설치기준
- 경계구역은 건축물이 2개 이상의 층에 걸치지 않을 것 (단, 하나의 경계구역 면적이 500m² 이하일 때는 제외)
- 하나의 경계구역의 면적은 600m² 이하로 하고 한변의 길이가 50m (광전식 분리형 감지기설치 : 100m) 이하로 할 것 (단, 당해 건축물의 주된 출입구에서 그 내부 전체를 볼 수 있는 경우 1000m² 이하로 할 수 있음)
- 감지기는 지붕 또는 옥내는 천장 윗부분에서 유효하게 화재 발생을 감지할 수 있도록 설치할 것
- 비상전원을 설치할 것

정답 20 ① 21 ④ 22 ② 23 ② 24 ①

25 제6류 위험물의 화재에 적응성이 없는 소화
설비는?

① 옥내소화전설비

② 스프링클러설비

③ 포소화설비

④ 불활성가스 소화설비

26 위험물안전관리법령상 소화설비의 적응성에
관한 내용이다. 옳은 것은?

① 마른모래는 대상물 중 제1류~제6류 위
험물에 적응성이 있다.

② 팽창질석은 전기설비를 포함한 모든 대
상물에 적응성이 있다.

③ 분말소화약제는 셀룰로이드류의 화재에
가장 적당하다.

④ 물분무소화설비는 전기설비에 사용할
수 없다.

27 위험물안전관리법령상 위험물의 지정수량으
로 옳지 않은 것은?

① 니트로셀룰로오스 : 10kg

② 히드록실아민 : 100kg

③ 아조벤젠 : 50kg

④ 트리니트로페놀 : 200kg

28 메틸알코올의 증기비중은 약 얼마인가?

① 1.1   ② 0.79

③ 2.1   ④ 0.92

29 다음 중 가연성 물질이 아닌 것은?

① $C_2H_5OC_2H_5$ ② $KClO_4$

③ $C_2H_4(OH)_2$ ④ P_4

30 트리에틸알루미늄의 소화약제로서 다음 중
가장 적당한 것은?

① 마른 모래, 팽창질석

② 물, 수성막포

③ 할로겐화합물, 단백포

④ 이산화탄소, 강화액

25 제6류 위험물(산화성액체)은 불연성이고 강산화제로서 분해하여
산소를 발생하므로 질식소화는 효과가 없으며 물계통의 소화설비
를 사용하여 냉각소화가 효과적이다.

26 • 마른모래(건조사)는 피복 및 질식효과가 있어 모든 위험물에 적
응성이 있다.
• 팽창질석과 팽창진주암은 금수성 물질 화재에 적응성이 있다.
• 분말소화약제는 질식효과가 주목적이므로 제5류의 셀룰로이드
는 자기반응성물질로 효과없고 다량물로 주수하여 냉각소화한다.
• 물분무소화설비는 질식과 냉각효과가 있으므로 전기화재에도
적응성이 있다.

27 제5류 위험물(자기반응성물질)의 지정수량
① 니트로셀룰로오스 : 질산에스테르류 – 10kg
② 히드록실아민 : 100kg
③ 아조벤젠 : 아조화합물 – 200kg
④ 트리니트로페놀(TNP, 피크린산) : 니트로화합물 – 200kg

28 메틸알코올(CH_3OH, 목정) : 제4류 알코올류, 지정수량 400l
• 분자량(CH_3OH)=$12+1\times3+16+1=32$
• 증기비중=$\dfrac{분자량}{공기의 \; 평균 \; 분자량(29)}=\dfrac{32}{29}≒1.1$
• 액비중 0.79, 인화점 11℃, 발화점 464℃, 연소범위 7.3~36%
• 물에 잘 녹는 무색투명한 액체의 1가 알코올로 독성이 있다.

29 ① 디에틸에테르($C_2H_5OC_2H_5$) : 제4류 특수인화물(인화성액체)
② 과염소산칼륨($KClO_4$) : 제1류(산화성고체, 불연성)
③ 에틸렌글리콜[$C_2H_4(OH)_2$] : 제4류 제2석유류(인화성액체)
④ 황린(P_4) : 제3류(자연발화성 물질)

30 트리에틸알루미늄[$(C_2H_5)_3Al$] : 제3류(금수성)
• 물과 반응하여 가연성기체인 에탄(C_2H_6)를 발생시킨다.
$(C_2H_5)_3Al+3H_2O \rightarrow Al(OH)_3+3C_2H_6\uparrow$(에탄)
• 소화제 : 팽창질석 또는 팽창진주암, 건조사

정답 25 ④   26 ①   27 ③   28 ①   29 ②   30 ①

31 위험물안전관리법령상 염소산염류에 대해 적응성이 있는 소화설비는?

① 탄산수소염류 분말 소화설비

② 포 소화설비

③ 불활성가스 소화설비

④ 할로겐화합물 소화설비

32 벤젠에 관한 일반적 성질로 틀린 것은?

① 무색투명한 휘발성 액체로 증기는 마취성과 독성이 있다.

② 불을 붙이면 그을음을 많이 내고 연소한다.

③ 겨울철에는 응고하여 인화의 위험이 없지만, 상온에서는 액체상태로 인화 위험이 높다.

④ 진한황산과 질산으로 니트로화 시키면 니트로벤젠이 된다.

33 이산화탄소 소화약제의 소화작용을 옳게 나열한 것은?

① 질식소화, 부촉매소화

② 부촉매소화, 제거소화

③ 부촉매소화, 냉각소화

④ 질식소화, 냉각소화

34 불활성가스 소화약제 중 IG-541의 구성성분이 아닌 것은?

① N_2

② Ar

③ Ne

④ CO_2

35 질산에틸과 아세톤의 공통적인 성질 및 취급방법으로 옳은 것은?

① 휘발성이 낮기 때문에 마개없는 병에 보관하여도 무방하다.

② 점성이 커서 다른 용기에 옮길 때 가열하여 더운 상태로 옮긴다.

③ 통풍이 잘되는 곳에 보관하고 불꽃 등의 화기를 피하여야 한다.

④ 인화점이 높으나 증기압이 낮으므로 햇빛에 노출된 곳에 저장이 가능하다.

31 제1류 중 염소산염류에 적응성이 있는 소화설비

- 옥내·외 소화전설비
- 스프링클러 설비
- 물분무 소화설비
- 포 소화설비
- 인산염류 분말 소화설비

32 벤젠 : 제4류 1석유류(비수용성)

- 인화점 -11℃, 발화점 498℃, 연소범위 1.4~7.1%, 비점 80℃, 응고점 5.5℃로서 겨울철에 응고된 상태에서도 연소가 가능하다.
- 니트로화반응

$$C_6H_6 + HNO_3 \xrightarrow[\text{탈수}]{c-H_2SO_4} C_6H_5NO_2 + H_2O$$
(벤젠) (질산)   (니트로벤젠) (물)

33 소화약제의 소화효과

- 물(적상, 봉상) : 냉각효과
- 물(무상) : 질식, 냉각, 유화, 희석효과
- 포말 : 질식, 냉각효과
- 이산화탄소 : 질식, 냉각, 피복효과
- 분말, 할로겐화합물 : 질식, 냉각, 부촉매(억제)효과
- 청정소화약제
  ┌ 할로겐화합물 : 질식, 냉각, 부촉매효과
  └ 불활성가스 : 질식, 냉각효과

34 불활성가스 청정소화약제의 성분비율

소화약제명	화학식
IG-01	Ar
IG-100	N_2
IG-541	N_2 : 52%, Ar : 40%, CO_2 : 8%
IG-55	N_2 : 50%, Ar : 50%

35 1. 질산에틸($C_2H_5NO_3$) : 제5류의 질산에스테르류(자기반응성)
- 무색투명한 액체로 물에 녹지 않고 알코올, 에테르에 잘 녹는다.
- 단맛이 있으며 인화점이 10℃로 낮아서 인화의 위험이 크다.
- 에틸알코올(C_2H_5OH)와 질산(HNO_3)를 반응시켜 얻는다.
$$C_2H_5OH + HNO_3 \rightarrow C_2H_5ONO_2 + H_2O$$
2. 아세톤(CH_3COCH_3) : 제4류 제1석유류(인화성액체)
- 인화점 -18℃, 발화점 538℃, 비중 0.79, 연소범위 2.6~12.8%
- 무색 독특한 냄새나는 휘발성액체로 보관 중 황색으로 변색한다.
- 수용성, 알코올, 에테르, 가솔린 등에 잘 녹는다.
- 탈지작용, 요오드포름반응, 아세틸렌 용제에 사용한다.
- 직사광선에 의해 폭발성 과산화물을 생성한다.
- 소화 : 알코올포, 다량의 주수로 희석소화한다.

정답 31 ② 32 ③ 33 ④ 34 ③ 35 ③

36 연소의 종류와 가연물을 틀리게 연결한 것은?

① 표면연소 – 코크스, 금속분

② 자기연소 – 나프탈렌, 양초

③ 증발연소 – 가솔린, 아세톤

④ 분해연소 – 목재, 종이

37 다음 중 발화점이 달라지는 요인으로 가장 거리가 먼 것은?

① 가열속도와 가열시간

② 가열도구와 내구연한

③ 발화를 일으키는 공간의 형태와 크기

④ 가연성가스와 공기의 조성비

38 위험물안전관리법령상 소화난이도등급 I에 해당하는 제조소의 연면적 기준은?

① 1000m² 이상   ② 800m² 이상

③ 600m² 이상   ④ 500m² 이상

39 위험물제조소에서 지정수량 이상의 위험물을 취급하는 건축물(시설)에는 원칙상 최소 몇 m 이상 보유공지를 확보하여야 하는가? (단, 최대수량은 지정수량의 10배이다.)

① 3m 이상   ② 5m 이상

③ 7m 이상   ④ 10m 이상

40 분말소화약제로 사용되지 않은 것은?

① 인산암모늄   ② 탄산수소나트륨

③ 탄산수소칼륨   ④ 과산화나트륨

41 다음 중 제6류 위험물로서 분자량이 약 34인 것은?

① 과산화수소   ② 질산

③ 과염소산   ④ 삼불화브롬

---

36 연소의 형태

• 표면연소 : 숯, 코크스, 목탄, 금속분(Al, Zn, Mg) 등

• 분해연소 : 석탄, 목재, 플라스틱, 종이, 중유 등

• 증발연소 : 유황, 나프탈렌, 파라핀(양초), 휘발유, 아세톤 등의 제4류 위험물

• 자기연소(내부연소) : 니트로셀룰로오스, 니트로글리세린 등의 제5류 위험물

• 확산연소 : 수소, 아세틸렌, LPG, LNG등 가연성기체

38 ① 소화난이도 등급 I에 해당하는 제조소 등

• 연면적 1000m² 이상

• 지정수량 100배 이상

② 소화난이도 등급 II에 해당하는 제조소 등

• 연면적 600m² 이상

• 지정수량 10배 이상

39 위험물 제조소의 보유공지

취급 위험물의 최대수량	공지의 너비
지정수량의 10배 이하	3m 이상
지정수량의 10배 초과	5m 이상

40 ① 인산암모늄($NH_4H_2PO_4$) : 제3종 분말소화약제

② 탄산수소나트륨($NaHCO_3$) : 제1종 분말소화약제

③ 탄산수소칼륨($KHCO_3$) : 제2종 분말소화약제

④ 과산화나트륨(Na_2O_2) : 제1류의 무기과산화물

41 제6류(산화성액체) 지정수량 300kg

① 과산화수소의 분자량 : $H_2O_2 = 1 \times 2 + 16 \times 2 = 34$

② 질산의 분자량 : $HNO_3 = 1 + 14 + 16 \times 3 = 63$

③ 과염소산의 분자량 : $HClO_4 = 1 + 35.5 + 16 \times 4 = 100.5$

④ 삼불화브롬의 분자량 : $BrF_3 = 79.9 + 19 \times 3 = 136.9$

42 옥내저장탱크 내용적이 30,000l일 때 저장 또는 취급허가를 받을 수 있는 최대용량은? (단, 원칙적인 경우에 한한다)

① 27,000l　　② 28,500l

③ 29,000l　　④ 30,000l

43 인화점이 낮은 것부터 높은 순서로 나열된 것은?

① 벤젠 – 톨루엔 – 아세톤

② 벤젠 – 아세톤 – 톨루엔

③ 아세톤 – 벤젠 – 톨루엔

④ 아세톤 – 톨루엔 – 벤젠

44 주유취급소에 다음과 같이 전용탱크를 설치하였다. 최대로 저장, 취급할 수 있는 용량은 얼마인가? (단, 고속도로외의 도로변에 설치하는 자동차용 주유취급소인 경우이다.)

- 간이탱크 : 2기
- 폐유탱크 : 1기
- 고정주유설비 및 급유설비 접속하는 전용탱크 : 2기

① 103,200l　　② 104,600l

③ 124,200l　　④ 154,200l

45 고체연소에 대한 분류로 옳지 않은 것은?

① 혼합연소　　② 증발연소

③ 분해연소　　④ 표면연소

46 경유를 저장하는 옥외저장탱크의 반지름이 2m이고 높이가 12m일 때 탱크옆판으로부터 방유제까지의 거리는 몇 m 이상이어야 하는가?

① 2m　　② 4m

③ 6m　　④ 8m

---

42 ① 저장탱크의 용적 산정기준
- 탱크의 용량＝탱크의 내용적－공간용적
② 탱크의 공간용적 : 5/100~10/100(5%~10%)
- 최대용량＝30000l－(30000l×0.05)＝28,500l
- 최소용량＝30000l－(30000l×0.1)＝27,000l

43 제4류 위험물의 인화점

품명	아세톤	벤젠	톨루엔
화학식	CH_3COCH_3	C_6H_6	$C_6H_5CH_3$
인화점	−18℃	−11.1℃	4℃

44 · 주유취급소의 탱크 용량기준

저장탱크의 종류	탱크의 용량	저장탱크의 종류	탱크 용량
고정주유설비	50,000l 이하	폐유탱크	2,000l 이하
고정급유설비	50,000l 이하	간이탱크	600l×3기 이하
보일러 전용탱크	10,000l 이하	고속국도의 탱크	60,000l 이하

- 용량(Q)＝(간이탱크 2×600l)＋(폐유탱크 1×2000l)
　　　　＋(고정주유(급유)설비 2×50000l)
　　　＝103,200l

45 연소의 형태(상태에 따른 분류)
- 기체의 연소 : 확산연소, 예혼합연소
- 액체의 연소 : 액면연소, 심화연소, 분무연소(액적연소), 증발연소, 분해연소
- 고체연소 : 표면연소(직접연소), 분해연소, 증발연소, 내부연소(자기연소)

46

> **참고**　1. 옥외탱크저장소의 방유제의 용량
> - 탱크 1기 일 때 : 탱크용량×1.1배[110%] (비인화성물질 : 100%)
> - 탱크 2기 이상일 때 : 최대탱크용량×1.1배[110%] (비인화성물질 : 100%)
>
> 2. 탱크옆판과의 거리
>
> | 탱크의 지름 | 탱크 옆판과의 거리 |
> |---|---|
> | 15m 미만 | 탱크 높이의 $\frac{1}{3}$ 이상 |
> | 15m 이상 | 탱크 높이의 $\frac{1}{2}$ 이상 |

① 탱크의 반지름이 2m이므로 탱크의 지름 : 4m, 탱크의 높이 : 12m
② 탱크의 지름이 15m 미만이므로 탱크의 옆판과의 거리는 탱크의 1/3이상

∴ 방유제까지의 거리(L)＝12m×$\frac{1}{3}$＝4m 이상

정답　42 ②　43 ③　44 ①　45 ①　46 ②

47 다음 중 황린이 자연발화하기 쉬운 가장 큰 이유는?

① 끓는점이 낮고 증기의 비중이 작기 때문에

② 산소와 결합력이 강하고 착화온도가 낮기 때문에

③ 녹는점이 낮고 상온에서 액체로 되어있기 때문에

④ 인화점이 낮고 가연성 물질이기 때문에

48 다음 위험물 중 물에 가장 잘 녹는 것은?

① 적린   ② 황

③ 벤젠   ④ 아세톤

49 연면적 1,000m²이고 외벽이 내화구조인 위험물 취급소의 소화설비 소요단위는 얼마인가?

① 5단위   ② 10단위

③ 20단위   ④ 100단위

50 경보설비는 지정수량 몇 배 이상의 위험물을 저장, 취급하는 제조소등에 설치하는가?

① 2배   ② 4배

③ 8배   ④ 10배

51 제4류 위험물을 저장하는 옥외탱크 저장소에 설치하는 방유제의 높이는?

① 0.5m 이상 3m 이하

② 0.3m 이상 3m 이하

③ 0.5m 이상 2m 이하

④ 0.3m 이상 2m 이하

52 연소범위가 약 2.5~38.5vol%로 구리, 은, 마그네슘과 접촉 시 아세틸라이드를 생성하는 물질은?

① 아세트알데히드

② 알킬알루미늄

③ 산화프로필렌

④ 콜로디온

---

47 황린(P_4) : 제3류(자연발화성물질)

• 가연성, 자연발화성 고체로서 맹독성 물질이다.

• 발화점이 34℃로 낮고 산소와 결합력이 강하여 물속에 보관한다.

• 보호액은 pH 9를 유지하여 인화수소(PH_3)의 생성을 방지하기 위해 알칼리제(석회 또는 소다회)로 pH를 조절한다.

48 아세톤(CH_3COCH_3) : 제4류 제1석유류(수용성)

49 소요 1단위의 산정방법

건축물	내화구조의 외벽	내화구조가 아닌 외벽
제조소 및 취급소	연면적 100m²	연면적 50m²
저장소	연면적 150m²	연면적 75m²
위험물	지정수량의 10배	

$$\therefore 소요단위 = \frac{1,000m^2}{100m^2} = 10단위$$

50 지정수량의 10배 이상을 저장·취급하는 제조소등 : 자동화재탐지설비, 비상경보설비, 확성장치 또는 비상방송설비 중 1종 이상의 경보설비를 설치할 것

51 옥외탱크저장소의 방유제 높이 : 0.5m 이상 3m 이하

52 산화프로필렌(CH_3CHOCH_2) : 제4류 특수인화물

• 무색휘발성이 강한 액체로서 물, 유기용제에 잘 녹는다.

• 비점 34℃, 인화점 −37℃, 발화점 465℃, 연소범위 2.5~38.5%

• 반응성이 풍부하여 구리, 은, 마그네슘, 수은 등과 접촉 시 폭발성이 강한 금속아세틸라이드를 생성한다.

• 증기압이 상온에서 45.5mmHg로 매우 높아 위험성이 크다.

정답   47 ②   48 ④   49 ②   50 ④   51 ①   52 ③

53 살충제원료로 사용되기도 하는 암회색물질로 물과 반응하여 포스핀가스를 발생할 위험이 있는 것은?

① 인화아연　　② 수소화나트륨
③ 칼륨　　　　④ 나트륨

54 위험물안전관리법령상 운송책임자의 감독, 지원을 받아 운송하여야 하는 위험물에 해당하는 것은?

① 알킬알루미늄, 산화프로필렌, 알킬리튬
② 알킬알루미늄, 산화프로필렌
③ 알킬알루미늄, 알킬리튬
④ 산화프로필렌, 알킬리튬

55 위험물안전관리법령상 가솔린 운반용기의 외부에 표시하여야 하는 주의사항을 모두 옳게 나타낸 것은?

① 화기엄금 및 충격주의
② 가연물접촉주의
③ 화기엄금
④ 화기주의 및 충격주의

56 액화이산화탄소 1kg을 25℃, 2atm에서 방출되어 모두 기체가 되었다. 방출된 기체상의 이산화탄소 부피는 약 몇 l인가?

① 278　　　　② 556
③ 1111　　　④ 1985

---

53 제3류 위험물(자연발화성, 금수성)의 물과 반응식

① 인화아연(Zn_3P_2) : $Zn_3P_2 + 6H_2O \rightarrow 3Zn(OH)_2 + 2PH_3 \uparrow$ (포스핀)
② 수소화나트륨(NaH) : $NaH + H_2O \rightarrow NaOH + H_2 \uparrow$ (수소)
③ 칼륨(K) : $2K + 2H_2O \rightarrow 2KOH + H_2 \uparrow$ (수소)
④ 나트륨(Na) : $2Na + 2H_2O \rightarrow 2NaOH + H_2 \uparrow$ (수소)

54 운송책임자의 감독 및 지원을 받아 운송하는 위험물

• 알킬알루미늄
• 알킬리튬
• 알킬알루미늄 또는 알킬리튬의 물질을 함유하는 위험물

55 운반용기 외부표시사항
• 위험물의 품명, 위험등급, 화학명 및 수용성(제4류 위험물에 한함)
• 위험물의 수량
• 수납하는 위험물에 따른 주의사항

류별	구분	주의사항
제1류 위험물 (산화성고체)	알칼리금속의 과산화물	화기·충격주의, 물기엄금 및 가연물접촉주의
	그 밖의 것	화기·충격주의 및 가연물접촉주의
제2류 위험물 (가연성고체)	철분·금속분·마그네슘	화기주의 및 물기엄금
	인화성고체	화기엄금
	그 밖의 것	화기주의
제3류 위험물	자연발화성 물질	화기엄금 및 공기접촉엄금
	금수성 물질	물기엄금
제4류 위험물	인화성액체	화기엄금
제5류 위험물	자기반응성 물질	화기엄금 및 충격주의
제6류 위험물	산화성 액체	가연물접촉주의

• 가솔린 : 제4류 위험물(인화성액체), 제1석유류

56 이상기체 상태방정식

$$PV = nRT = \frac{W}{M}RT$$

$$\begin{bmatrix} P : 압력(atm) & M : 분자량 \\ V : 부피(l) & W : 질량(g) \\ n : 몰수\left(\frac{W}{M}\right) & T : 절대온도(273 + ℃)[K] \\ R : 기체상수\ 0.082(atm \cdot l/mol \cdot K) \end{bmatrix}$$

$$V = \frac{WRT}{PM}$$
$$= \frac{1000 \times 0.082 + (273 + 25)}{2 \times 44}$$
$$\fallingdotseq 278 l$$

57 제4류 위험물에 속하지 않는 것은?

① 아세톤　　　　② 실린더유
③ 과산화벤조일　④ 니트로벤젠

58 상온에서 액체인 물질로만 조합된 것은?

① 질산에틸, 니트로글리세린
② 피크린산, 질산메틸
③ 트리니트로톨루엔, 디니트로벤젠
④ 니트로글리콜, 테트릴

59 위험물안전관리법령에 따라 옥내소화전설비를 설치할 때 배관의 설치기준에 대한 설명으로 옳지 않은 것은?

① 배관용 탄소 강관(KS D 3507)을 사용할 수 있다.
② 주 배관의 입상관 구경은 최소 60mm 이상으로 한다.
③ 펌프를 이용한 가압송수장치의 흡수관은 펌프마다 전용으로 설치한다.
④ 원칙적으로 급수배관은 생활용수배관과 같이 사용할 수 없으며 전용배관으로만 사용한다.

60 위험물안전관리법상 설치허가 및 완공검사 절차에 관한 설명으로 틀린 것은?

① 지정수량의 3천배 이상의 위험물을 취급하는 제조소는 한국소방산업기술원으로부터 당해 제조소의 구조·설비에 관한 기술검토를 받아야 한다.
② 50만 리터 이상인 옥외탱크저장소는 한국소방산업기술원으로부터 당해 탱크의 기초·지반 및 탱크본체에 관한 기술검토를 받아야 한다.
③ 지정수량의 1천배 이상의 제4류 위험물을 취급하는 일반 취급소의 완공검사는 한국소방산업기술원이 실시한다.
④ 50만 리터 이상인 옥외탱크저장소의 완공검사는 한국소방산업기술원이 실시한다.

57 ① 아세톤 : 제4류 제1석유류
② 실린더유 : 제4류 제4석유류
③ 과산화벤조일 : 제5류의 유기과산화물
④ 니트로벤젠 : 제4류 제3석유류

58 • 제5류의 질산에스테르류(상온에서 액체)
　: 질산메틸, 질산에틸, 니트로글리세린, 니트로글리콜
• 제5류의 니트로화합물(상온에서 고체)
　: 피크린산, 트리니트로톨루엔, 테트릴, 디니트로벤젠

59 위험물 안전관리에 관한 세부기준 제129조
주배관의 입상관구경은 최소 50mm 이상으로 한다.

60 지정수량의 3천배 이상의 위험물을 취급하는 제조소 또는 일반취급소의 설치 또는 변경에 따른 완공검사는 한국소방산업기술원이 실시한다.

01 알칼리금속의 화재시 소화약제로 가장 적합한 것은?

① 물　　　　　② 마른모래
③ 이산화탄소　④ 할로겐화합물

02 위험장소 중 0종 장소에 대한 설명으로 올바른 것은?

① 정상상태에서 위험 분위기가 장시간 지속적으로 존재하는 장소
② 정상상태에서 위험 분위기가 주기적 또는 간헐적으로 생성될 우려가 있는 장소
③ 이상상태 하에서 위험 분위기가 단시간 동안 생성될 우려가 있는 장소
④ 이상상태 하에서 위험 분위기가 장시간 동안 생성될 우려가 있는 장소

03 위험물의 운반에 관한 기준에서 다음 (　) 안에 알맞은 온도는 몇 ℃인가?

> 적재하는 제5류 위험물 중 (　　)℃ 이하의 온도에서 분해될 우려가 있는 것은 보냉 컨테이너에 수납하는 등 적정한 온도관리를 하여야 한다.

① 40　　　② 50
③ 55　　　④ 60

04 적갈색 고체이며 물과 반응하여 포스핀가스를 발생하는 위험물은?

① 칼슘　　　② 탄화칼슘
③ 금속나트륨　④ 인화칼슘

---

01 알칼리금속에 적응성 있는 소화기
- 탄산수소염류
- 마른모래(건조사)
- 팽창질석 또는 팽창진주암

02 위험장소의 분류
- 0종 장소 : 위험 분위기가 통상상태에서 연속적 또는 장시간 지속적으로 발생할 우려가 있는 장소
- 1종 장소 : 위험 분위기가 통상상태에서 주기적 또는 간헐적으로 발생할 우려가 있는 장소
- 2종 장소 : 이상상태에서 위험 분위기가 단시간에 발생할 우려가 있는 장소

03 적재하는 제5류 위험물 중 55℃ 이하의 온도에서 분해될 우려가 있는 것은 보냉 컨테이너에 수납하는 등 적정한 온도관리를 하여야 한다.

04 제3류 위험물(자연발화성, 금수성)의 물과 반응식
① 칼슘(Ca) : $Ca + 2H_2O \rightarrow Ca(OH)_2 + H_2 \uparrow$ (수소)
② 탄화칼슘(CaC_2) : $CaC_2 + 2H_2O \rightarrow Ca(OH)_2 + C_2H_2 \uparrow$ (아세틸렌)
③ 금속나트륨(Na) : $2Na + 2H_2O \rightarrow 2NaOH + H_2 \uparrow$ (수소)
④ 인화칼슘(Ca_3P_2) : $Ca_3P_2 + 6H_2O \rightarrow 3Ca(OH)_2 + 2PH_3 \uparrow$ (포스핀)

정답 01 ②　02 ①　03 ③　04 ④

05 유황은 순도가 몇 중량퍼센트 이상이어야 위험물에 해당하는가?

① 40

② 60

③ 70

④ 80

06 다음 중 산을 가하면 이산화염소를 발생시키는 물질은?

① 아염소산나트륨

② 브롬산나트륨

③ 옥소산나트륨

④ 중크롬산나트륨

07 화학포 소화기에서 탄산수소나트륨과 황산알루미늄이 반응하여 생성되는 기체의 주성분은?

① CO

② CO_2

③ N_2

④ Ar

08 이황화탄소 기체는 수소 기체보다 20℃, 1기압에서 몇 배 더 무거운가?

① 11

② 22

③ 32

④ 38

09 위험물안전관리법령상 옥외탱크저장소의 위치, 구조 및 설비의 기준에서 간막이 둑을 설치할 경우, 그 용량의 기준으로 옳은 것은?

① 간막이 둑 안에 설치된 탱크의 용량의 110% 이상일 것

② 간막이 둑 안에 설치된 탱크의 용량 이상일 것

③ 간막이 둑 안에 설치된 탱크의 용량의 10% 이상일 것

④ 간막이 둑 안에 설치된 탱크의 간막이 둑 높이 이상 부분의 용량 이상일 것

10 압력수조를 이용한 옥내소화전설비의 가압송수장치에서 압력수조의 최소압력(MPa)은? (단, 소방용 호스의 마찰손실수두압은 3MPa, 배관의 마찰손실 수두압은 1MPa, 낙차의 환산수두압은 1.35MPa이다.)

① 5.35

② 5.70

③ 6.00

④ 6.35

---

05 위험물에 적용되는 순도범위

품명	유황	알코올	과산화수소
순도범위	60wt% 이상	60wt% 이상	36wt% 이상
유별	제2류	제4류	제6류

06 아염소산나트륨($NaClO_2$) : 제1류의 아염소산염류
- 무색의 결정성분말로서 조해성이 있다.
- 산과 접촉시 분해하여 이산화염소(ClO_2)의 유독성가스를 발생한다.

$$3NaClO_2 + 2HCl \rightarrow 3NaCl + 2ClO_2 \uparrow + H_2O_2$$

07 화학포 소화약제(A, B급)
- 외약제(A제) : 탄산수소나트륨($NaHCO_3$), 기포안정제(사포닌, 계면활성제, 소다회, 가수분해단백질)
- 내약제(B제) : 황산 알루미늄[$Al_2(SO_4)_3$]
- 반응식(포핵 : CO_2)

$$6NaHCO_3 + Al_2(SO_4)_3 \cdot 18H_2O$$
$$\rightarrow 3Na_2SO_4 + 2Al(OH)_3 + 6CO_2 \uparrow + 18H_2O$$

08
- 수소(H_2)의 분자량 : $1 \times 2 = 2g$
- 이황화탄소(CS_2)의 분자량 : $12 + 32 \times 2 = 76g$

$$\therefore \frac{\text{이황화탄소 분자량}}{\text{수소 분자량}} = \frac{76}{2} = 38배$$

09 옥외저장탱크의 간막이 둑 설치기준
① 용량이 1,000만 이상인 옥외저장탱크의 주위에 설치하는 방유제에는 다음의 규정에 따라 당해 탱크마다 간막이 둑을 설치할 것
  - 간막이 둑의 높이는 0.3m(탱크의 용량의 합계가 2억 l를 넘는 방유제는 1m)이상으로 하되, 방유제의 높이보다 0.2m 이상 낮게 할 것
  - 간막이 둑은 흙 또는 철근콘크리트로 할 것
  - 간막이 둑의 용량은 간막이 둑 안에 설치된 탱크의 용량이 10%이상일 것
② 높이가 1m를 넘는 방유제 및 간막이 둑의 안팎에는 방유제내에 출입하기 위한 계단 또는 경사로를 약 50m마다 설치할 것

10 옥내소화전설비의 압력수조 압력
$$P = P_1 + P_2 + P_3 + 0.35MPa$$

$\begin{bmatrix} P : \text{필요한 압력(MPa)} \\ P_1 : \text{소방용 호스의 마찰손실 수두압(MPa)} \\ P_2 : \text{배관의 마찰손실 수두압(MPa)} \\ P_3 : \text{낙차의 환산 수두압(MPa)} \end{bmatrix}$

$$\therefore P = P_1 + P_2 + P_3 + 0.35MPa$$
$$= 3 + 1 + 1.35 + 0.35 = 5.70MPa$$

정답 **05** ② **06** ① **07** ② **08** ④ **09** ③ **10** ②

11 할로겐화합물 소화설비가 적응성이 있는 대상물은?

① 제1류 위험물 ② 제3류 위험물
③ 제4류 위험물 ④ 제5류 위험물

12 $C_6H_5CH_3$의 일반적 성질이 아닌 것은?

① 벤젠보다 독성이 매우 강하다.
② 진한질산과 진한황산으로 니트로화하면 TNT가 된다.
③ 비중은 약 0.86이다
④ 물에 녹지 않는다.

13 황화린에 대한 설명 중 옳지 않은 것은?

① 삼황화린은 황색 결정으로 공기 중 약 100℃에서 발화할 수 있다.
② 오황화린은 담황색 결정으로 조해성이 있다.
③ 오황화린은 물과 접촉하여 황화수소를 발생할 위험이 있다.
④ 삼황화린은 차가운 물에도 잘 녹으므로 주의해야 한다.

14 그림과 같이 횡으로 설치한 원형 탱크의 용량은 약 몇 m³인가? (단, 공간용적은 내용적의 10/100이다.)

 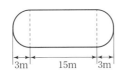

① 1690.3m³ ② 1335.1m³
③ 1268.4m³ ④ 1201.7m³

15 염소산나트륨의 저장 및 취급시 주의할 사항으로 틀린 것은?

① 철제용기에 저장할 수 없다.
② 분해방지를 위해 암모니아를 넣어 저장한다.
③ 조해성이 있으므로 방습에 유의한다.
④ 용기에 밀전(密栓)하여 보관한다.

---

11 할로겐화합물 소화설비에 적용성 있는 대상물 : 전기설비, 제4류 위험물, 인화성고체
[소화효과 : 부촉매(억제)소화, 질식소화]

12 톨루엔[$C_6H_5CH_3$] : 제4류 제1석유류(인화성액체)
• 인화점 4℃, 발화점 552℃, 비중 0.86
• 마취성, 독성이 있는 휘발성 액체이다(독성은 벤젠의 1/10 정도).
• 진한 황산 촉매하에 진한질산과 니트로화 반응시 트리니트로톨루엔(TNT)이 생성된다.

$$C_6H_5CH_3 + 3HNO_3 \xrightarrow[\text{니트로화}]{c-H_2SO_4} C_6H_2CH_3(NO_2)_3 + 3H_2O$$

(톨루엔) (질산) [트리니트로톨루엔(TNT)] (물)

• 증기의 비중($\frac{92}{29} ≒ 3.17$)은 공기보다 무겁다.

13 황화린(황과 인화합물) : 제2류 위험물(가연성고체)
1. 삼황화린(P_4S_3)
   • 황색결정으로 물, 황산, 염산 등에 녹지 않고 이황화탄소(CS_2) 알칼리 등에 잘 녹는다.
   • 발화점은 100℃로 연소시 독성물질인 오산화인(P_2O_5)와 이산화황(SO_2)이 생성된다.
   $$P_4S_3 + O_2 → 2P_2O_5 + 3SO_2↑$$
2. 오황화린(P_2S_5)
   • 담황색 결정으로 알코올, 이황화탄소(CS_2)에 녹고 조해성, 흡습성이 있다.
   • 물, 알칼리와 반응시 독성물질인 황화수소(H_2S)와 인산(H_3PO_4)이 생성된다.
   $$P_2S_5 + 8H_2O → 5H_2S↑ + 2H_3PO_4$$
3. 칠황화린(P_4S_7)
   • 담황색결정으로 조해성이 있으며 이황화탄소(CS_2)에 녹는다.
   • 물과 반응시 황화수소(H_2S)를 발생한다.

14 원형(횡)탱크의 내용적(V)
① $V = \pi r^2 \left(l + \frac{l_1 + l_2}{3} \right) = \pi × 5^2 \left(15 + \frac{3+3}{3} \right) = 1334.5m^3$
② 탱크의 공간용적이 10%이므로 탱크의 용량은 90%가 된다.
∴ 탱크의 용량 = 1334.5m³ × 0.9 = 1201.05m³
(탱크의 용량 = 탱크의 내용적 − 공간용적)

15 염소산나트륨($NaClO_3$) : 제1류의 염소산염류(산화성고체)
• 알코올, 물, 에테르, 글리세린에 잘 녹는다.
• 조해성이 크므로 밀전하여 보관하고 방습에 유의한다.
• 철제를 부식시키므로 철제용기 사용을 금한다.
• 열분해시 산소를 발생한다.
$$2NaClO_3 \xrightarrow[\Delta]{300℃} 2NaCl + 3O_2↑$$
• 산과 반응하여 독성 및 폭발성이 강한 이산화염소(ClO_2)를 발생한다.

정답 11 ③ 12 ① 13 ④ 14 ④ 15 ②

16 다음 ( ) 안에 적합한 숫자를 차례대로 나열한 것은?

> 자연발화성물질 중 알킬알루미늄 등은 운반용기의 내용적의 (   )% 이하의 수납율로 수납하되 50℃의 온도에서 (   )% 이상의 공간용적을 유지하도록 할 것

① 90, 5
② 90, 10
③ 95, 5
④ 95, 10

17 이황화탄소를 화재예방상 물속에 저장하는 이유는?

① 불순물을 물에 용해시키기 위해
② 가연성 증기의 발생을 억제하기 위해
③ 상온에서 수소가스를 발생시키기 때문에
④ 공기와 접촉하면 즉시 폭발하기 때문에

18 분진폭발시 소화방법에 대한 설명으로 틀린 것은?

① 금속분에 대하여는 물을 사용하지 말아야 한다.
② 분진폭발시 직사주수에 의하여 순간적으로 소화하여야 한다.
③ 분진폭발은 보통 단 한번으로 끝나지 않을 수 있으므로 제2차, 3차의 폭발에 대비하여야 한다.
④ 이산화탄소와 할로겐화합물의 소화약제는 금속분에 대하여 적절하지 않다.

19 위험물안전관리법령상 스프링클러헤드는 부착장소의 평상시 최고주위온도가 28℃ 미만인 경우 몇 ℃의 표시온도를 갖는 것을 설치하여야 하는가?

① 58 미만
② 58 이상 79 미만
③ 79 이상 121 미만
④ 121 이상 162 미만

16 ① 위험물 운반용기의 내용적 수납률
  ㉠ 고체 : 내용적의 95% 이하
  ㉡ 액체 : 내용적의 98% 이하
    (55℃에서 누설되지 않도록 공간유지)
  ㉢ 제3류(자연발화성 물질 중 알킬알루미늄 등)
    • 자연발화성물질은 불활성기체를 봉입하여 밀봉할 것(공기와 접촉금지)
    • 내용적의 90% 이하로 하되 50℃에서 5% 이상 공간용적을 유지할 것
  ② 저장탱크의 용량＝탱크의 내용적－탱크의 공간용적
    (저장탱크의 용량범위 : 90~95%)

17 이황화탄소(CS_2) : 제4류 특수인화물(인화성액체)
  • 인화점 －30℃, 발화점 100℃, 연소범위 1.2~44%, 비중 1.26
  • 무색투명한 액체, 불순물 존재 시 황색 및 불쾌한 냄새가 난다.
  • 물보다 무겁고 물에 녹지 않으며 알코올, 벤젠, 에테르 등에 잘 녹는다.
  • 4류 위험물 중 발화점이 100℃로 가장 낮다.
  • 연소시 유독한 아황산가스(SO_2)를 발생한다.
    $CS_2 + 3O_2 \rightarrow CO_2 \uparrow + 2SO_2 \uparrow$
  • 저장시 물속에 보관하여 가연성증기의 발생을 억제시킨다.
  • 소화시 CO_2, 분말소화약제 등으로 질식소화한다.

18 분진폭발 직사주수하면 폭발물질이 비산할 우려가 있어 더욱더 위험을 초래할 수 있으므로 사용을 금하고 안개모양의 물분무주수로 소화시킨다.

19 폐쇄형 스프링클러 헤드의 표시온도

부착장소의 최고주위온도(℃)	표시온도(℃)
28 미만	58 미만
28 이상 39 미만	58 이상 79 미만
39 이상 64 미만	79 이상 121 미만
64 이상 106 미만	121 이상 162 미만
106 이상	162 이상

정답 16 ① 17 ② 18 ② 19 ①

20 대형 수동식소화기의 설치기준을 방호대상물의 각 부분으로부터 하나의 대형 수동식소화기까지의 보행거리 몇 m 이하가 되도록 설치하여야 하는가?

① 10
② 20
③ 30
④ 40

21 위험물제조소등에 설치하는 옥내소화전설비의 설치기준으로 옳은 것은?

① 옥내소화전은 건축물의 층마다 당해 층의 각 부분에서 하나의 호수접속구까지의 수평거리가 25미터 이하가 되도록 설치하여야 한다.

② 당해 층의 모든 옥내소화전(5개 이상인 경우는 5개)를 동시에 사용할 경우 각 노즐선단에서의 방수량은 130L/min 이상이어야 한다.

③ 당해 층의 모든 옥내소화전(5개 이상인 경우는 5개)를 동시에 사용할 경우 각 노즐선단에서의 방수압력은 250kPa 이상이어야 한다.

④ 수원의 수량은 옥내소화전이 가장 많이 설치된 층의 옥내소화전 설치개수(5개 이상인 경우는 5개)에 2.6m³를 곱한 양 이상이 되도록 설치하여야 한다.

22 무취의 결정이며 분자량이 약 122, 녹는점이 약 482℃이고 산화제, 폭약 등에 사용되는 위험물은?

① 염소산바륨
② 과염소산나트륨
③ 아염소산나트륨
④ 과산화바륨

---

20 • 대형 수동식 소화기 : 보행거리 30m 이하당 1개
• 소형 수동식 소화기 : 보행거리 20m 이하당 1개

21 ② 130L/min ⇒ 260L/min
③ 250kPa ⇒ 350kPa
④ 2.6m³ ⇒ 7.8m³
※ 옥내소화전설비 설치기준

수평거리	방사량	방사압력	수원의 양(Q : m³)
25m 이하	260(l/min) 이상	350(kPa) (=350kPa) 이상	Q=N(소화전개수 : 최대 5개)×7.8m³ (260l/min×30min)

22 과염소산나트륨($NaClO_4$) : 제1류(산화성고체)
• 무색 또는 백색분말로 조해성이 있는 불연성 산화제이다.
• 물, 아세톤, 알코올에 잘 녹고 에테르에는 녹지 않는다.
• 400℃에 분해되어 산소(조연성가스)를 발생한다.

$$NaClO_4 \xrightarrow[\triangle]{400℃} NaCl + 2O_2\uparrow$$

• 유기물, 가연성분말, 히드라진 등과 혼합시 가열, 충격, 마찰에 의해 폭발한다.
• 비중 2.5, 융점 482℃, 분해온도 400℃
• 소화시 다량의 물로 주수소화한다.

정답 20 ③ 21 ① 22 ②

23 다음 그림은 옥외저장탱크와 흙방유제를 나타낸 것이다. 탱크의 지름이 10m이고 높이가 15m라고 할 때 방유제는 탱크의 옆판으로부터 몇 m 이상의 거리를 유지하여야 하는가? (단, 인화점 200℃ 미만의 위험물을 저장한다.)

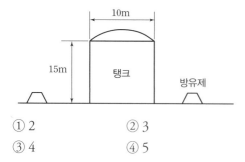

① 2

② 3

③ 4

④ 5

24 분말 소화약제를 종별로 주성분을 바르게 연결한 것은?

① 1종 분말약제 – 탄산수소나트륨

② 2종 분말약제 – 인산암모늄

③ 3종 분말약제 – 탄산수소칼륨

④ 4종 분말약제 – 탄산수소칼륨 + 인산암모늄

25 인화성액체 위험물을 저장 또는 취급하는 옥외탱크 저장소의 방유제내에 용량 10만L와 5만L인 옥외저장탱크 2기를 설치하는 경우에 확보하여야 하는 방유제의 용량은?

① 50000L 이상

② 80000L 이상

③ 110000L 이상

④ 150000L 이상

26 탄화알루미늄 1몰을 물과 반응시킬 때 발생하는 가연성가스의 종류와 양은?

① 에탄, 4몰

② 에탄, 3몰

③ 메탄, 4몰

④ 메탄, 3몰

27 물과 작용하여 메탄과 수소를 발생시키는 것은?

① Al_4C_3

② Mn_3C

③ Na_2C_2

④ MgC_2

---

23 옥외 저장탱크의 방유제[인화성액체 위험물(단, CS_2는 제외)]

① 방유제의 용량(비인화성 물질 : 100%)

• 탱크 1기 일 때 : 탱크용량×1.1[110%] 이상

• 탱크 2기이상일 때 : 최대로 큰 탱크용량×1.1[110%] 이상

② 방유제의 높이 : 0.5m 이상 3m 이하

③ 방유제내의 면적 : 8만m² 이하

④ 방유제내의 옥외저장탱크 수 : 10기 이하

⑤ 방유제와 탱크 옆판과의 유지할 거리

• 탱크지름이 15m 미만 : 탱크높이의 $\frac{1}{3}$ 이상

• 탱크지름이 15m 이상 : 탱크높이의 $\frac{1}{2}$ 이상

탱크옆판과 방유제의 거리(L)는 탱크지름이 10m(15m미만)이므로

∴ L = 탱크높이 × $\frac{1}{3}$ = 15m × $\frac{1}{3}$ = 5m

24 분말 소화약제의 종류

종별	약제명	주성분	색상	적응화재
제1종	탄산수소나트륨	$NaHCO_3$	백색	B, C급
제2종	탄산수소칼륨	$KHCO_3$	담자(회)색	B, C급
제3종	제1인산암모늄	$NH_4H_2PO_4$	담홍색	A, B, C급
제4종	탄산수소칼륨 +요소	$KHCO_3$ +$(NH_2)_2CO$	회색	B, C급

25 23번 해설 참조

방유제의 용량은 탱크 2기 이상일때 : 최대로 큰 탱크 용량×1.1[110%] 이상

∴ 용량(Q) = 100,000L × 1.1 = 110,000L 이상

26 탄화알루미늄(Al_4C_3) : 제3류(금수성물질)

• 물과 반응하여 메탄(CH_4)가스를 발생하며 발열한다.

$\underset{\text{(1몰)}}{Al_4C_3}$ + 12H_2O → 4$Al(OH)_3$ + $\underset{\text{(3몰)}}{3CH_4}$↑(메탄)

• 황색결정 또는 백색분말로 상온, 공기 중에서 안정하다.

• 소화시 마른 모래 등으로 피복소화한다.(주수 및 포는 절대 엄금)

27 탄화망간(Mn_3C) : 제3류(금수성물질)

• 물과 반응시 메탄(CH_4)과 수소(H_2)를 발생한다.

Mn_3C + 6H_2O → 3$Mn(OH)_2$ + CH_4↑ + H_2↑

정답 23 ④ 24 ① 25 ③ 26 ④ 27 ②

28 다음 위험물 중 지정수량이 200kg인 것은?

① 질산　　　　② 피크린산

③ 질산메틸　　④ 과산화벤조일

29 다음 중 B급 화재에 해당하는 것은 무엇인가?

① 유류화재　　② 목재화재

③ 금속분화재　④ 전기화재

30 질산나트륨의 성상으로 옳은 것은?

① 황색결정이다.

② 물에 잘 녹는다.

③ 흑색화약의 원료이다.

④ 상온에서 자연분해한다.

31 위험물안전관리법령상 위험물에 해당하는 것은?

① 황산

② 비중이 1.41인 질산

③ 53마이크로미터의 표준체를 통과하는 것이 50중량%미만인 철의 분말

④ 농도가 40중량% 인 과산화수소

32 그림은 포소화설비의 소화약제 혼합장치이다. 이 혼합방식의 명칭은?

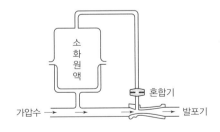

① 라인 프로포셔너

② 펌프 프로포셔너

③ 프레셔 프로포셔너

④ 프레셔사이드 프로포셔너

---

28 ① 질산(HNO_3) : 제6류, 300kg

② 피크린산[$C_6H_2OH(NO_2)_3$] : 제5류의 니트로화합물, 200kg

③ 질산메틸(CH_3ONO_2) : 제5류의 질산에스테르류, 10kg

④ 과산화벤조일[$(C_6H_5CO)_2O_2$] : 제5류의 유기과산화물, 10kg

29 화재등급

• 일반화재(A급) : 종이, 목재, 플라스틱 등

• 유류화재(B급) : 가솔린, 알코올류, 등유 등 제4류 위험물

• 전기화재(C급) : 변전실, 변압기 등

• 금속화재(D급) : 알루미늄, 마그네슘, 나트륨 등

30 질산나트륨($NaNO_3$, 칠레초석) : 제1류(산화성고체)

• 무색 또는 백색 결정으로 조해성이 있다.

• 물, 글리세린에 잘 녹고 알코올에는 녹지 않는다.

• 380℃에서 분해되어 아질산나트륨($NaNO_3$)과 산소($O_2\uparrow$)를 생성한다.

　　$2NaNO_3 \rightarrow 2NaNO_2 + O_2\uparrow$

※ 흑색화약의 원료 : 질산칼륨(75%)＋유황(10%)＋목탄(15%)

31 위험물안전관리법상 위험물 대상기준

• 유황 : 순도가 60중량% 이상인 것을 말한다. 이 경우 순도측정에 있어서 불순물은 활석등 불연성물질과 수분에 한한다.

• 철분 : 철의 분말로서 $53\mu m$의 표준체를 통과하는 것이 50중량% 미만인 것은 제외

• 금속분 : 알칼리금속·알칼리토금속·철 및 마그네슘 외의 금속의 분말을 말하고, 구리분·니켈분 및 $150\mu m$의 체를 통과하는 것이 50중량% 미만인 것은 제외

• 마그네슘은 다음 각목의 1에 해당하는 것은 제외한다.

　㉠ 2mm의 체를 통과하지 아니하는 덩어리 상태의 것

　㉡ 직경 2mm 이상의 막대 모양의 것

• 인화성고체 : 고형알코올 그 밖에 1기압에서 인화점이 섭씨 40도 미만인 고체

• 과산화수소 : 농도가 36중량% 이상인 것

• 질산 : 비중이 1.49 이상인 것

• 알코올류 : $C_1 \sim C_3$인 포화1가 알코올로서 60중량% 이상인 것

32 프레셔 프로포셔너방식(차압혼입방식) : 펌프와 발포기의 중간에 벤츄리관을 설치하여 벤츄리작용과 펌프가압수의 포소화약제 저장탱크에 대한 압력으로 포소화약제를 흡입·혼합하는 방식(가장 많이 사용함)

33 이동탱크저장소에 있어서 구조물 등의 시설을 변경하는 경우 변경허가를 득하여야 하는 경우는?

① 펌프설비를 보수하는 경우
② 동일 사업장 내에서 상치장소의 위치를 이전하는 경우
③ 직경이 200mm인 이동저장탱크의 맨홀을 신설하는 경우
④ 탱크 본체를 절개하여 탱크를 보수하는 경우

34 횡으로 설치한 원통형 위험물 저장탱크의 내용적이 500L일 때 공간용적은 최소 몇 L이어야 하는가? (단, 원칙적인 경우에 한한다)

① 15
② 25
③ 35
④ 50

35 과산화바륨의 성질에 대한 설명 중 틀린 것은?

① 고온에서 열분해하여 산소를 발생한다.
② 황산과 반응하여 과산화수소를 만든다.
③ 비중은 약 4.96이다.
④ 온수와 접촉하면 수소가스를 발생한다.

36 위험물안전관리법령상 이송취급소에 설치하는 경보설비의 기준에 따라 이송기지에 설치하여야 하는 경보설비로만 이루어진 것은?

① 확성장치, 비상벨장치
② 비상방송설비, 비상경보설비
③ 확성장치, 비상방송설비
④ 비상방송설비, 자동화재탐지설비

37 산화열에 의한 발열이 자연발화의 주된 요인으로 작용하는 것은?

① 건성유
② 퇴비
③ 목탄
④ 셀룰로이드

38 일반적으로 알려진 황화린의 3종류에 속하지 않는 것은 무엇인가?

① P_4S_3
② P_2S_5
③ P_4S_7
④ P_2S_9

---

33 이동탱크저장소의 변경허가를 득해야 하는 경우
• 동일 사업장이 아닌 사업장으로 상치장소의 위치를 이전하는 경우
• 탱크의 직경이 250mm 이상인 이동탱크에 맨홀을 신설하는 경우
• 탱크의 본체를 절개하여 보수하는 경우

34 저장탱크의 공간용적 : $\frac{5}{100}$ 이상 $\frac{10}{100}$ 이하(5%~10%)

∴ 최소공간용적 : $500L \times \frac{5}{100} = 25L$

(최대공간용적 : $500L \times \frac{10}{100} = 50L$)

35 과산화바륨(BaO_2) : 제1류의 무기과산화물(산화성고체)
• 냉수에 약간 녹으나 알코올, 에테르, 아세톤에는 녹지 않는다.
• 열분해 및 온수와 반응 시 산소(O_2)를 발생한다.

열분해 : $2BaO_2 \xrightarrow[\triangle]{840℃} 2BaO + O_2 \uparrow$

온수와 반응 : $2BaO_2 + 2H_2O \rightarrow 2Ba(OH)_2 + O_2 \uparrow$

• 산과 반응 시 과산화수소(H_2O_2)를 생성한다.
$BaO_2 + H_2SO_4 \rightarrow BaSO_4 + H_2O_2$
• 탄산가스(CO_2)와 반응 시 탄산염과 산소를 발생한다.
$2BaO_2 + 2CO_2 \rightarrow 2BaCO_3 + O_2 \uparrow$
• 테르밋의 점화제에 사용한다.

> **참고** 무기과산화물
> • 물 또는 CO_2와 반응시 산소($O_2 \uparrow$) 발생
> • 열분해시 산소($O_2 \uparrow$) 발생
> • 산과 반응시 과산화수소(H_2O_2) 생성
> • 소화방법 : 건조사등(질식소화), 주수 및 CO_2는 엄금함

36 이송취급소의 이송기지에 설치해야 하는 경보설비 : 비상벨장치, 확성장치

37 자연발화 형태
• 산화열 : 건성유, 석탄, 원면, 고무분말, 금속분 등
• 분해열 : 셀룰로이드, 질산에스테르류, 니트로셀룰로오스 등
• 흡착열 : 활성탄, 목탄분말 등
• 미생물 : 퇴비, 먼지, 퇴적물, 곡물 등
• 중합열 : 시안화수소, 산화에틸렌 등

38 황화린(제2류)의 3종류 : 삼황화린(P_4S_3), 오황화린(P_2S_5), 칠황화린(P_4S_7)

정답 33 ④ 34 ② 35 ④ 36 ① 37 ① 38 ④

39 이산화탄소소화기 사용 시 줄−톰슨 효과에 의해 생성되는 물질은?

① 포스겐　　　　② 일산화탄소

③ 드라이아이스　　④ 수성가스

40 가연성 고체에 해당하는 물품으로서 위험등급 Ⅱ에 해당하는 것은?

① P_4S_3, P　　　② Mg, CH_3CHO

③ P_4, AlP　　　　④ NaH, Zn

41 위험물안전관리법령상 제1류 위험물의 질산염류가 아닌 것은?

① 질산은　　　　② 질산암모늄

③ 질산섬유소　　④ 질산나트륨

42 위험물안전관리법령에 의한 위험물 운송에 관한규정으로 틀린 것은?

① 이동탱크저장소에 의하여 위험물을 운송하는 자는 당해 위험물을 취급할 수 있는 국가기술자격자 또는 안전교육을 받은 자이어야 한다.

② 안전관리자·탱크시험자·위험물운송자 등 위험물의 안전관리와 관련된 업무를 수행하는 자는 시·도지사가 실시하는 안전교육을 받아야 한다.

③ 운송책임자의 범위, 감독 또는 지원의 방법 등에 관한 구체적인 기준은 행정안전부령으로 정한다.

④ 위험물운송자는 행정안전부령이 정하는 기준을 준수하는 등 당해 위험물의 안전확보를 위해 세심한 주의를 기울여야 한다.

43 주유취급소에 설치하는 "주유중 엔진정지"라는 표시를 한 게시판의 바탕과 문자의 색상을 차례대로 옳게 나타낸 것은?

① 황색, 흑색　　② 흑색, 황색

③ 백색, 흑색　　④ 흑색, 백색

39 줄−톰슨효과(Joule−Thomson효과) : 이산화탄소(CO_2)의 기체를 가는 관의 구멍을 통하여 갑자기 팽창시키면 온도가 급강하하여 고체인 드라이아이스가 만들어지는 현상
(이산화탄소약제 방출시 노즐이 막히는 현상이 일어남)

40 ① P_4S_3(삼황화린) : 제2류, Ⅱ등급, P(적린) : 제2류, Ⅱ등급

② Mg(마그네슘) : 제2류, Ⅲ등급, CH_3CHO(아세트알데히드) : 제4류, Ⅰ등급

③ P_4(황린) : 제3류, Ⅰ등급, AlP(인화알루미늄) : 제3류, Ⅲ등급

④ NaH(수소화나트륨) : 제3류, Ⅲ등급, Zn(아연) : 제2류, Ⅲ등급

41 제1류의 질산염류

• 염의 정의＝금속(NH_4^+)＋산의 음이온

• 질산의 전리식 : $HNO_3 \xrightarrow{전리} H^+ + NO_3^-$
(질산)　　　(수소이온) 질산기(질산의 음이온)

여기에서 질산의 H^+이 금속(NH_4^+)과 치환되어 질산의 음이온(NO_3^-)과 결합하는 화합물이 "질산염"이 된다.

• 질산염류 : 질산은($AgNO_3$), 질산칼륨(KNO_3), 질산나트륨($NaNO_3$), 질산암모늄(NH_4NO_3) 등

42 위험물안전관리법 제28조(안전교육)

안전관리자·탱크시험자·위험물운송자 등 위험물의 안전관리와 관련된 업무를 수행하는 자로서 대통령령이 정하는 자는 해당 업무에 관한 능력의 습득 또는 향상을 위하여 소방청장이 실시하는 교육을 받아야 한다.

43 표지사항의 기준

• 주유중 엔진정지 : 황색바탕에 흑색문자

• 위험물 차량의 표지(색상 및 문자)
: 흑색바탕에 황색의 반사도료로 "위험물"이라고 표시

• 화기엄금 및 화기주의 : 적색바탕에 백색문자

• 물기엄금 : 청색바탕에 백색문자

※ 크기(전부 동일함) : 0.3m 이상×0.6m 이상

정답　39 ③　40 ①　41 ③　42 ②　43 ①

44 고형알코올 2000kg과 철분 1000kg의 각각 지정수량 배수의 총합은 얼마인가?

① 3 　　　　② 4
③ 5 　　　　④ 6

45 클레오소트유에 대한 설명으로 틀린 것은?

① 제3석유류에 속한다.
② 무취이고 증기는 독성이 없다.
③ 상온에서 액체이다.
④ 물보다 무겁고 물에 녹지 않는다.

46 하나의 위험물 저장소에 다음과 같이 2가지 위험물을 저장하고 있다. 지정수량 이상에 해당하는 것은?

① 브롬산칼륨 80kg, 염소산칼륨 40kg
② 질산 100kg, 과산화수소 150kg
③ 질산칼륨 120kg, 중크롬산나트륨 500kg
④ 휘발유 20L, 윤활유 2000L

47 인화점이 100℃보다 낮은 물질은?

① 아닐린 　　　　② 에틸렌글리콜
③ 글리세린 　　　　④ 실린더유

48 위험물을 보관하는 방법에 대한 설명 중 틀린 것은?

① 염소산나트륨 : 철제용기의 사용을 피한다.
② 산화프로필렌 : 저장시 구리용기에 질소 등 불활성기체를 충전한다.
③ 트리에틸 알루미늄 : 용기는 밀봉하고 질소등 불활성기체를 충전한다.
④ 황화린 : 냉암소에 저장한다.

---

44 제2류의 지정수량
- 고형알코올(인화성고체) : 1000kg
- 철분 : 500kg
∴ 지정수량의 배수의 합

$$= \frac{A품목의\ 저장수량}{A품목의\ 지정수량} + \frac{B품목의\ 저장수량}{B품목의\ 지정수량} + \cdots$$

$$= \frac{2,000kg}{1,000kg} + \frac{1,000kg}{500kg} = 4배$$

45 클레오소트유 : 제4류 제3석유류(인화성액체)
- 황색 또는 암갈색의 기름모양의 액체로 증기는 유독하다.
- 콜타르 증류시 얻으며 주성분은 나프탈렌, 안트라센이다.
- 물보다 무겁고 물에 녹지 않으며 유기용제에 잘 녹는다.
- 목재의 방부제에 많이 사용된다.

46 위험물의 지정수량의 배수의 합 : 1 이상인 것
① 브롬산칼륨 : 300kg, 염소산칼륨 : 50kg
- 지정수량의 배수의 합 $= \frac{80}{300} + \frac{40}{50} = 1.07$

② 질산 : 300kg, 과산화수소 : 300kg
- 지정수량의 배수의 합 $= \frac{100}{300} + \frac{150}{300} = 0.83$

③ 질산칼륨 : 300kg, 중크롬산나트륨 : 1000kg
- 지정수량의 배수의 합 $= \frac{120}{300} + \frac{500}{1000} = 0.90$

④ 휘발유 : 200l, 윤활유 : 6000l
- 지정수량의 배수의 합 $= \frac{20}{200} + \frac{2,000}{6,000} = 0.43$

47 제4류 위험물의 인화점

구분	아닐린	에틸렌글리콜	글리세린	실린더유
화학식	$C_6H_5NH_2$	$C_2H_4(OH)_2$	$C_3H_5(OH)_3$	−
류별	제3석유류	제3석유류	제3석유류	제4석유류
인화점	75℃	111℃	160℃	250℃

48 산화프로필렌(CH_3CH_2CHO) : 제4중의 특수인화물(인화성액체)
- 인화점 −37℃, 발화점 465℃, 연소범위 2.5~38.5%
- 에테르향의 냄새가 나는 휘발성이 강한 액체이다.
- 물, 벤젠, 에테르, 알코올 등에 잘 녹고 피부접촉 시 화상을 입는다(수용성).
- 소화 : 알코올용포, 다량의 물, CO_2 등으로 질식소화한다.

> 참고 아세트알데히드, 산화프로필렌의 공통사항
> - Cu, Ag, Hg, Mg 및 그 합금 등과는 용기나 설비를 사용하지 말 것(중합반응 시 폭발성 물질 생성)
> - 저장 시 불활성가스(N_2, Ar) 또는 수증기를 봉입하고 냉각장치를 사용하여 비점 이하로 유지할 것

정답 44 ② 45 ② 46 ① 47 ① 48 ②

49 위험물의 성질에 관한 설명 중 옳은 것은?

① 벤젠과 톨루엔 중 인화온도가 낮은 것은 톨루엔이다.

② 디에틸에테르는 휘발성이 높으며 마취성이 있다.

③ 에틸알코올은 물이 조금이라도 섞이면 불연성 액체가 된다.

④ 휘발유는 전기 양도체이므로 정전기 발생이 위험하다.

50 제3류 위험물인 칼륨의 성질이 아닌 것은?

① 물과 반응하여 수산화물과 수소를 만든다.

② 원자가 전자가 2개로 쉽게 2가의 양이온이 되어 반응한다.

③ 원자량은 약 39이다.

④ 은백색 광택을 가지는 연하고 가벼운 고체로 칼로 쉽게 잘라진다.

51 염소산염류에 대한 설명으로 옳은 것은?

① 염소산칼륨은 환원제이다.

② 염소산나트륨은 조해성이 있다.

③ 염소산 암모늄은 위험물이 아니다.

④ 염소산칼륨은 냉수와 알코올에 잘 녹는다.

52 물의 소화능력을 향상시키고 동절기 또는 한랭지에서도 사용할 수 있도록 탄산칼륨 등의 알칼리금속염을 첨가한 소화약제는?

① 강화액　　　　　② 할로겐화합물

③ 이산화탄소　　　④ 포(Foam)

53 물과 접촉하면 위험성이 증가하므로 주수소화를 할 수 없는 물질은?

① $KClO_3$　　　　② $NaNO_3$

③ Na_2O_2　　　　④ $(C_6H_5CO)_2O_2$

---

49 제4류 위험물(인화성액체)

• 벤젠(인화점 $-11℃$), 톨루엔(인화점 $4℃$) : 제1석유류

• 에틸알코올은 수용성 액체로서 다량의 물이 섞이면 불연성이 된다.

• 휘발유는 전기의 부도체로서 정전기발생에 위험하므로 주의해야 한다.

50 칼륨(K) : 제3류(자연발화성, 금수성물질)

• 물과 반응하여 수산화나트륨(수산화물)과 수소를 발생한다.

　　$2K+2H_2O \rightarrow 2KOH+H_2\uparrow$ (수소)

• 주기율표에서 1족(알칼리금속)에 있는 금속으로 최외각전자(원자가전자)가 1개로 쉽게 1가의 양이온(+1)으로 되어 반응이 활발하다.

• 보호액으로 석유류(유동파라핀, 등유, 경유), 벤젠속에 저장한다.

> **참고**　• 칼륨(K), 나트륨(Na) : 석유류속에 저장
> 　　　　　• 황린(P_4), 이황화탄소(CS_2) : 물속에 저장

51 염소산염류 : 제1류 위험물(산화성고체)

• 염소산칼륨($KClO_3$)

　㉠ 분해시 산소를 발생시켜 다른 물질을 산화시키는 강산화제이다.

　　　$2KClO_3 \xrightarrow{\Delta} 2KCl+3O_2\uparrow$

　㉡ 온수, 글리세린에 잘 녹고 냉수, 알코올에는 잘 녹지 않는다.

• 염소산나트륨($NaClO_3$) : 조해성이 크고 철제를 부식시킨다.

• 염소산암모늄(NH_4ClO_3) : 제1류의 염소산염류이다.

52 강화액 소화약제(A급, 무상방사시 B, C급)

• 물에 탄산칼륨(KCO_3)을 용해시켜 소화능력을 강화시킨 소화약제

• $-17\sim-30℃$에서도 동결하지 않아 한랭지에서도 사용가능하다.

• 강화액 소화약제는 알칼리성(pH=12)을 나타낸다.

53 과산화나트륨(Na_2O_2) : 제1류의 무기과산화물(금수성)

• 물과 격렬히 발열반응하여 산소($O_2\uparrow$)를 발생한다.

　　$2Na_2O_2+2H_2O \rightarrow 4NaOH+O_2\uparrow$

• 열분해시 또는 이산화탄소(CO_2)와 반응하여 산소($O_2\uparrow$)를 발생한다.

　　$2Na_2O_2 \xrightarrow{\Delta} 2Na_2O+O_2\uparrow$

　　$2Na_2O_2+2CO_2 \rightarrow 2Na_2CO_3+O_2\uparrow$

• 산과 반응시 과산화수소(H_2O_2)를 생성한다.

　　$Na_2O_2+2HCl \rightarrow 2NaCl+H_2O_2\uparrow$

• 소화시 주수소화는 절대엄금하고 건조사 등으로 질식소화한다 (CO_2는 효과 없음).

54 수소화칼슘이 물과 반응하였을 때의 생성물은?

① 칼슘과 수소
② 수산화칼슘과 수소
③ 칼슘과 산소
④ 수산화칼슘과 산소

55 에틸알코올의 증기비중은 얼마인가?

① 0.72 ② 0.91
③ 1.13 ④ 1.59

56 착화온도가 낮아지는 원인과 가장 관계가 있는 것은?

① 발열량이 적을 때
② 압력이 높을 때
③ 습도가 높을 때
④ 산소와의 결합력이 나쁠 때

57 위험물제조소등에 자체소방대를 두어야 할 대상의 위험물안전관리법령상 기준으로 옳은 것은? (단, 원칙적인 경우에 한한다.)

① 지정수량 3000배 이상의 위험물을 저장하는 저장소 또는 제조소
② 지정수량 3000배 이상의 위험물을 취급하는 제조소 또는 일반취급소
③ 지정수량 3000배 이상의 제4류 위험물을 저장하는 저장소 또는 제조소
④ 지정수량 3000배 이상의 제4류 위험물을 취급하는 제조소 또는 일반취급소

58 Halon 1301에 해당하는 할로겐화합물의 분자식을 옳게 나타낸 것은?

① CBr_3F ② CF_3Br
③ CH_3Cl ④ CCl_3H

54 수소화칼슘(CaH_2) : 제3류의 금속의 수소화합물(금수성)
- 물과 반응시 수산화칼슘[$Ca(OH)_2$]과 수소($H_2\uparrow$)를 발생한다.
$$CaH_2 + 2H_2O \rightarrow Ca(OH)_2 + 2H_2\uparrow$$
- 소화시 마른 모래 등으로 피복소화(주수 및 포소화는 절대 엄금)

55 에틸알코올(C_2H_5OH) : 제4류 알코올류
- 분자량(C_2H_5OH)＝$12\times2+1\times6+16=46$
- 증기의 비중＝$\dfrac{\text{분자량}}{\text{공기의 평균 분자량(29)}}=\dfrac{46}{29}≒1.59$

56 착화온도가 낮아지는 원인
- 발열량이 클 때
- 압력이 높을 때
- 습도가 낮을 때
- 산화와 친화력이 좋을 때

57 지정수량 3천배 이상의 제4류 위험물을 취급하는 제조소 또는 일반취급소

58 할론소화기 명명법

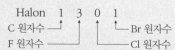

정답 54 ② 55 ④ 56 ② 57 ④ 58 ②

59 용량 50만L 이상의 옥외탱크저장소에 대하여 변경허가를 받고자 할 때 한국소방산업기술원으로부터 탱크의 기초지반 및 탱크본체에 대한 기술검토를 받아야 한다. 다만, 소방청장이 고시하는 부분적인 사항이 변경하는 경우에는 기술검토가 면제되는데 다음 중 기술검토가 면제되는 경우가 아닌 것은?

① 노즐·맨홀을 포함한 동일한 형태의 지붕판의 교체

② 탱크 밑판에 있어서 밑판 표면적의 50% 미만의 육성보수공사

③ 탱크의 옆판 중 최하단 옆판에 있어서 옆판 표면적의 30% 이내의 교체

④ 옆판 중심선의 600mm 이내의 밑판에 있어서 밑판의 원주길이 10% 미만에 해당하는 밑판의 교체

60 제3류 위험물을 취급하는 제조소와 300명 이상의 인원을 수용하는 영화상영관과의 안전거리는 몇 m 이상이어야 하는가?

① 10m   ② 20m
③ 30m   ④ 50m

59 위험물안전관리에 관한 세부기준 제24조(기술검토를 받지 아니하는 변경)

① 옥외저장탱크의 지붕판(노즐·맨홀 등 포함)의 교체(동일한 형태의 것으로 교체하는 경우에 한한다.)

② 옥외저장탱크의 옆판(노즐·맨홀 등을 포함한다)의 교체 중 다음 각목의 어느 하나에 해당하는 경우

ⓐ 최하단 옆판을 교체하는 경우에는 옆판 표면적의 10% 이내의 교체

ⓑ 최하단 외의 옆판을 교체하는 경우에는 옆판 표면적의 30% 이내의 교체

③ 옥외저장탱크의 밑판(옆판의 중심선으로부터 600mm이내의 밑판에 있어서는 당해 밑판의 원주길이의 10% 미만에 해당하는 밑판에 한한다)의 교체

④ 옥외저장탱크의 밑판 또는 옆판(노즐·맨홀 등을 포함한다.)의 정비(밑판 또는 옆판의 표면적의 50% 미만의 겹침보수공사 또는 육성보수공사를 포함한다)

⑤ 옥외탱크저장소의 기초·지반의 정비

⑥ 암반탱크의 내벽의 정비

⑦ 제조소 또는 일반취급소의 구조·설비를 변경하는 경우에 변경에 의한 위험물 취급량의 증가가 지정수량의 3천배 미만인 경우

60 제조소의 안전거리(제6류 위험물 제외)

건축물	안전거리
사용전압이 7,000V 초과 35,000V 이하	3m 이상
사용전압이 35,000V 초과	5m 이상
주거용(주택)	10m 이상
고압가스, 액화석유가스, 도시가스	20m 이상
학교, 병원, 극장, 복지시설	30m 이상
유형문화재, 지정문화재	50m 이상

01 위험물안전관리법상 염소화규소화합물은 제 몇 류 위험물에 해당하는가?

① 제1류　　　　② 제2류
③ 제3류　　　　④ 제5류

01 제3류의 염소화규소화합물 : $SiHCl_3$(삼염화실탄), SiH_4Cl(염화실탄)

02 이산화탄소 소화약제

장점	• 소화약제에 의해 오염·오손이 없다. • 전기절연성이 우수하여 전기화재에 탁월하다. • 저장이 편리하고 수명이 반영구적이다. • 심부화재에 효과적이다.
단점	• 인체에 질식 및 동상 우려가 있다. • 방사시 소음이 크다 • 압력이 고압이므로 주의해야 한다.

02 이산화탄소소화기의 특징에 대한 설명으로 틀린 것은?

① 소화약제에 의한 오손이 거의 없다.
② 약제 방출시 소음이 없다.
③ 전기화재에 유효하다.
④ 장시간 저장해도 물성의 변화가 거의 없다.

03 이황화탄소(CS_2) : 제4류의 특수인화물(인화성액체)
• 인화점 -30℃, 발화점 100℃, 연소범위 1.2~44%, 액비중 1.26
• 증기비중 ($\frac{76}{29}=2.62$)은 공기보다 무거운 무색투명한 액체이다.
• 물보다 무겁고 물에 녹지 않으며 알코올, 벤젠, 에테르 등에 잘 녹는다.
• 휘발성, 인화성, 발화성이 강하고 독성이 있어 증기흡입시 유독하다.
• 연소시 유독가스인 아황산가스를 발생한다.
　$CS_2+3O_2{\rightarrow}CO_2{\uparrow}+2SO_2{\uparrow}$
• 저장시 물속에 보관하여 가연성증기의 발생을 억제시킨다.
• 소화시 CO_2, 분말소화약제, 다량의 포 등을 방사시켜 질식 및 냉각소화한다.

03 이황화탄소의 성질에 대한 설명 중 틀린 것은?

① 연소할 때 주로 황화수소를 발생한다.
② 증기비중은 약 2.6이다.
③ 보호색으로 물을 사용한다.
④ 인화점이 약 -30℃이다.

04 위험물의 위험성 시험방법
• 제1류(산화성고체) : 산화성시험(연소시험), 충격민감성시험(낙구타격 감도시험)
• 제2류(가연성 고체) : 착화 위험성시험(작은 불꽃 착화시험), 인화 위험성시험(인화점 측정시험)
• 제3류(자연발화성, 금수성) : 자연발화성시험, 금수성시험
• 제4류(인화성액체) : 인화점측정 시험방법
• 제5류(자기반응성) : 폭발성시험(열분석시험), 가열분해성시험
• 제6류(산화성액체) : 연소시간 측정시험

04 위험물안전관리에 관한 세부기준에서 정한 위험물의 유별에 따른 위험성 시험방법을 옳게 연결한 것은?

① 제1류 – 가연 분해성 시험
② 제2류 – 작은 불꽃 착화시험
③ 제5류 – 충격 민감성 시험
④ 제6류 – 낙구타격 감도시험

정답　01 ③　02 ②　03 ①　04 ②

05 할로겐화합물 소화약제의 조건으로 옳은 것은?

① 비점이 높을 것
② 기화가 쉬울 것
③ 공기보다 가벼울 것
④ 연소성이 좋을 것

06 과산화수소의 성질에 관한 설명으로 옳지 않은 것은?

① 농도에 따라 위험물에 해당하지 않는 것도 있다.
② 분해방지를 위해 보관 시 안정제를 가할 수 있다.
③ 에테르에 녹지 않으며, 벤젠에 잘 녹는다.
④ 산화제이지만 환원제로서 작용하는 경우도 있다.

07 물과 반응하여 가연성 또는 유독성가스를 발생하지 않는 것은?

① 탄화칼슘
② 인화칼슘
③ 과염소산칼륨
④ 금속나트륨

08 위험물을 저장 또는 취급하는 탱크의 용량 산정 방법에 관한 설명으로 옳은 것은?

① 탱크의 내용적에서 공간용적을 뺀 용적으로 한다.
② 탱크의 공간용적에서 내용적을 뺀 용적으로 한다.
③ 탱크의 공간용적에 내용적을 더한 용적으로 한다.
④ 탱크의 볼록하거나 오목한 부분을 뺀 내용적으로 한다.

09 위험물안전관리법령상 제1석유류에 속하지 않는 것은?

① CH_3COCH_3
② C_6H_6
③ $CH_3COC_2H_5$
④ CH_3COOH

05 할로겐화합물 소화약제 구비조건
- 비점이 낮을 것
- 기화(증기)되기 쉬울 것
- 공기보다 무겁고 불연성일 것
- 전기절연성이 우수할 것
- 증발 잠열이 클 것
- 증발 잔유물이 없을 것
- 공기의 접촉을 차단할 것

06 과산화수소(H_2O_2) : 제6류(산화성액체)
- 36중량% 이상만 위험물에 해당된다.
- 물, 알코올, 에테르 등에 녹고 석유, 벤젠 등에는 녹지 않는다.
- 분해방지 안정제로 인산(H_3PO_4), 요산($C_5H_4N_4O_3$)을 첨가한다.
- 저장용기는 구멍있는 마개를 사용한다.

07
- 과염소산칼륨($KClO_4$) : 제1류 위험물로 물로 냉각소화한다.
- 탄화칼슘, 인화칼슘, 금속나트륨 : 제3류(금수성)로서 물과 반응하여 가연성가스를 발생한다.
  $CaC_2 + 2H_2O \rightarrow Ca(OH)_2 + C_2H_2\uparrow$ (아세틸렌)
  $Ca_3P_2 + 6H_2O \rightarrow 3Ca(OH)_2 + 2PH_3\uparrow$ (포스핀)
  $2Na + 2H_2O \rightarrow 2NaOH + H_2\uparrow$ (수소)

08
- 저장탱크의 용량 = 탱크의 내용적 − 탱크의 공간용적
- 저장탱크의 용량범위 : 내용적의 90~95%

09

구분	화학식	인화점	유별
① 아세톤	CH_3COCH_3	−18℃	제1석유류
② 벤젠	C_6H_6	−11℃	제1석유류
③ 메틸에틸케톤	$CH_3COC_2H_5$	−1℃	제1석유류
④ 아세트산	CH_3COOH	40℃	제2석유류

정답 05 ② 06 ③ 07 ③ 08 ① 09 ④

10 피리딘에 대한 설명 중 틀린 것은?

① 물보다 가벼운 액체이다.

② 인화점은 30℃보다 낮다.

③ 제1석유류이다.

④ 지정수량은 200리터이다.

11 과산화벤조일에 대한 설명으로 틀린 것은?

① 벤조일퍼옥사이드라고도 한다.

② 상온에서 고체이다.

③ 산소를 포함하지 않는 환원성물질이다.

④ 희석제를 첨가하여 폭발성을 낮출 수 있다.

12 위험물제조소 내의 위험물을 취급하는 배관에 대한 설명으로 옳지 않은 것은?

① 배관을 지하에 매설하는 경우 결합부분에는 점검구를 설치하여야 한다.

② 배관을 지하에 매설하는 경우 금속성 배관의 외면에는 부식 방지 조치를 하여야 한다.

③ 최대상용압력의 1.5배 이상의 압력으로 수압시험을 실시하여 이상이 없어야 한다.

④ 지상에 설치하는 경우에는 안전한 구조의 지지물로 지면에 밀착하여 설치하여야 한다.

13 제3종 분말소화약제의 열분해 반응식을 옳게 나타낸 것은?

① $NH_4H_2PO_4 \rightarrow HPO_3 + NH_3 + H_2O$

② $2KNO_3 \rightarrow 2KNO_2 + O_2$

③ $KClO_4 \rightarrow KCl + 2O_2$

④ $2CaHCO_3 \rightarrow 2CaO + H_2CO_3$

---

10 피리딘(C_5H_5N) : 제4류 제1석유류(수용성), 지정수량 400l
- 무색악취가 나는 액체이다.
- 인화점은 20℃, 물에 녹는다.
- 약알칼리성으로 독성이 있다.

11 과산화벤조일[$(C_6H_5CO)_2O_2$] : 제5류(자기반응성)
- 제5류 위험물은 자기 자신이 산소를 많이 가지고 있는 자기반응성(자기연소성)물질이다.
- 저장용기에 희석제로 프탈산디메틸, 프탈산디부틸을 첨가하여 폭발성을 낮춘다.

12 위험물제조소 내의 위험물을 취급하는 배관설치기준(시행규칙 별표4)
① 최대상용압력의 1.5배 이상의 압력으로 수압시험을 실시하여 이상이 없을 것
② 배관을 지상에 설치하는 경우
  ㉠ 지진·풍압·지반침하 및 온도변화에 안전한 구조의 지지물에 설치할 것
  ㉡ 지면에 닿지 아니하도록 할 것
  ㉢ 배관의 외면에 부식방지를 위한 도장을 할 것(단, 불변강관은 제외)
③ 배관을 지하에 매설하는 경우
  ㉠ 외면에는 부식방지를 위하여 도복장·코팅 또는 전기방식 등의 필요한 조치를 할 것
  ㉡ 배관의 접합부분(용접 접합부 제외)에는 위험물의 누설여부를 점검할 수 있는 점검구를 설치할 것
  ㉢ 지면에 미치는 중량이 당해 배관에 미치지 아니하도록 보호할 것
④ 배관에 가열, 보온을 위한 설비를 설치시 화재예방상 안전한 구조로 할 것

13 분말 소화약제 열분해 반응식
- 제1종 : $2NaHCO_3 \rightarrow Na_2CO_3 + H_2O + CO_2$
  (탄산수소나트륨) (탄산나트륨) (물) (이산화탄소)
- 제2종 : $2KHCO_3 \rightarrow K_2CO_3 + H_2O + CO_2$
  (탄산수소칼륨) (탄산칼륨) (물) (이산화탄소)
- 제3종 : $NH_4H_2PO_4 \rightarrow HPO_3 + NH_3 + H_2O$
  (인산암모늄) (메타인산) (암모니아) (물)
- 제4종 : $2KHCO_3 + CO(NH_2)_2 \rightarrow K_2CO_3 + 2NH_3 + 2CO_2$
  (탄산수소칼륨) (요소) (탄산칼륨) (암모니아) (이산화탄소)

정답 10 ④ 11 ③ 12 ④ 13 ①

14 알코올에 관한 설명으로 옳지 않은 것은?

① 1가 알코올은 OH기의 수가 1개인 알코올을 말한다.

② 2차 알코올은 1차 알코올이 산화된 것이다.

③ 2차 알코올이 수소를 잃으면 케톤이 된다.

④ 알데히드가 환원되면 1차 알코올이 된다.

14 1. 알코올의 분류(R − OH, C_nH_{2n+1} − OH)

① − OH기의 수에 따른 분류

1가 알코올	− OH : 1개	CH_3OH(메틸알코올), C_2H_5OH(에틸알코올)
2가 알코올	− OH : 2개	$C_2H_4(OH)_2$(에틸렌글리콜)
3가 알코올	− OH : 3개	$C_3H_5(ON)_3$(글리세린＝글리세롤)

② − OH기와 결합한 탄소원자에 연결된 알킬기(R−)의 수에 따른 분류

		예
1차 알코올	$\begin{matrix} & H \\ & \| \\ R- & C-OH \\ & \| \\ & H \end{matrix}$	$\begin{matrix} & H \\ & \| \\ CH_3- & C-OH \\ & \| \\ & H \end{matrix}$ 에틸알코올
2차 알코올	$\begin{matrix} & H \\ & \| \\ R- & C-OH \\ & \| \\ & R' \end{matrix}$	$\begin{matrix} & H \\ & \| \\ CH_3- & C-OH \\ & \| \\ & CH_3 \end{matrix}$ iSO−프로판올
3차 알코올	$\begin{matrix} & R \\ & \| \\ R'- & C-OH \\ & \| \\ & R'' \end{matrix}$	$\begin{matrix} & CH_3 \\ & \| \\ CH_3- & C-OH \\ & \| \\ & CH_3 \end{matrix}$ tert−부탄올 (트리메틸카비놀)

2. 알코올의 산화반응

① 1차 알코올 $\xrightarrow[\text{[−2H]}]{\text{산화}}$ 알데히드 $\xrightarrow[\text{[+O]}]{\text{산화}}$ 카르복실산

 (R − OH)　　　　　(R − CHO)　　　　　(R − COOH)

예 CH_3OH $\xrightarrow[\text{[−2H]}]{\text{산화}}$ HCHO $\xrightarrow[\text{[+O]}]{\text{산화}}$ HCOOH

 (메틸알코올)　　　(포름알데히드)　　　(포름산)

C_2H_5OH $\xrightarrow[\text{[−2H]}]{\text{산화}}$ CH_3CHO $\xrightarrow[\text{[+O]}]{\text{산화}}$ CH_3COOH

 (에틸알코올)　　　(아세트알데히드)　　　(아세트산)

※ −CHO(알데히드) : 환원성 있음 (은거울반응, 펠링용액 환원시킴)

② 2차 알코올 $\xrightarrow[\text{[−2H]}]{\text{산화}}$ 케톤

$\left[\begin{matrix} & OH \\ & \| \\ R- & C-R' \\ & \| \\ & H \end{matrix} \right]$ $\left[\begin{matrix} & O \\ & \| \\ R- & C-R' \end{matrix} \right]$

예 $\begin{matrix} & OH \\ & \| \\ CH_3- & CH-CH_3 \end{matrix}$ $\xrightarrow[\text{[−2H]}]{\text{산화}}$ $\begin{matrix} & O \\ & \| \\ CH_3- & C-CH_3 \end{matrix}$ $+ H_2O$

 (이소프로필 알코올)　　　　　(아세톤)　　　(물)

정답 **14** ②

15 분말소화약제 중 제1종과 제2종 분말이 각각 열분해될 때 공통으로 생성되는 물질은?

① N_2, CO_2　　　　② N_2, O_2
③ H_2O, CO_2　　　④ H_2O, N_2

16 제6류 위험물 위험성에 대한 설명으로 틀린 것은?

① 질산을 가열할 때 발생하는 적갈색 증기는 무해하지만 가연성이며 폭발성이 강하다.
② 고농도의 과산화수소는 충격, 마찰에 의해서 단독으로도 분해 폭발할 수 있다.
③ 과염소산은 유기물과 접촉 시 발화 또는 폭발할 위험이 있다.
④ 과산화수소는 햇빛에 의해서 분해되며, 촉매(MnO_2)하에서 분해가 촉진된다.

17 물과 접촉하면 위험성이 증가하므로 주수소화를 할 수 없는 물질은?

① $C_6H_2CH_3(NO_2)_3$
② $NaNO_3$
③ $(C_2H_5)_3Al$
④ $(C_6H_5CO)_2O_2$

18 그림과 같은 타원형 위험물 탱크의 내용적을 구하는 식을 옳게 나타낸 것은?

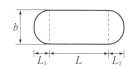

① $\dfrac{\pi ab}{4}\left(L+\dfrac{L_1+L_2}{3}\right)$

② $\dfrac{\pi ab}{4}\left(L+\dfrac{L_1-L_2}{3}\right)$

③ $\pi ab\left(L+\dfrac{L_1+L_2}{3}\right)$

④ πabL_2

---

15 13번 해설 참조

16 제6류 위험물(산화성액체), 지정수량 300kg
• 질산(HNO_3)을 가열시 이산화질소(NO_2)의 적갈색 증기는 인체에 유해한 불연성물질이다.
$$2HNO_3 \rightarrow H_2O + 2NO_2\uparrow + [O]\uparrow$$
• 60중량% 이상의 고농도 과산화수소는 충격, 마찰에 의해서 단독으로도 분해 폭발할 수 있다.
• 과염소산($HClO_4$)은 가열하면 분해폭발하여 산소를 발생시키므로 유기물과 접촉시 발화폭발할 위험이 있다.
$$HClO_4 \xrightarrow{\quad\varDelta\quad} HCl + 2O_2\uparrow$$
• 과산화수소(H_2O_2)는 햇빛에 의해 분해되어 산소를 발생하고 촉매로 MnO_2(이산화망간)하에서는 분해가 더욱더 촉진된다.
$$2H_2O_2 \xrightarrow[\text{촉매}]{MnO_2} 2H_2O + O_2\uparrow$$

17 알킬알루미늄[R - Al] : 제3류 위험물(금수성 물질)
• 알킬기[$C_nH_{2n+1}-$, R-]에 알루미늄(Al)이 결합된 화합물이다.
• 탄소수 $C_{1\sim4}$까지는 자연발화하고 C_5 이상은 연소반응을 하지 않는다.
• 물과 반응시 가연성가스를 발생한다(주수소화 절대엄금).
• 트리메틸알루미늄(TMA)
$$(CH_3)_3Al + 3H_2O \rightarrow Al(OH)_3 + 3CH_4\uparrow (\text{메탄})$$
• 트리에틸알루미늄(TEA)
$$(C_2H_5)_3Al + 3H_2O \rightarrow Al(OH)_3 + 3C_2H_6\uparrow (\text{에탄})$$
• 저장시 희석안정제(벤젠, 톨루엔, 헥산 등)를 사용하여 불활성기체(N_2)를 봉입한다.
• 소화시 팽창질석 또는 팽창진주암을 사용한다(주소소화는 절대 엄금).

18 탱크의 내용적
• 타원형 : $\dfrac{\pi ab}{4}\left(L+\dfrac{L_1+L_2}{3}\right)$

• 원형 : $\pi r^2\left(L+\dfrac{L_1+L_2}{3}\right)$

19 복수의 성상을 가지는 위험물에 대한 품명지정의 기준상 유별의 연결이 틀린 것은?

① 산화성고체의 성상 및 가연성고체의 성상을 가지는 경우 : 가연성고체

② 산화성고체의 성상 및 자기반응성물질의 성상을 가지는 경우 : 자기반응성물질

③ 가연성고체의 성상과 자연발화성물질의 성상 및 금수성 물질의 성상을 가지는 경우 : 자연발화성물질 및 금수성물질

④ 인화성액체의 성상 및 자기 반응성물질의 성상을 가지는 경우 : 인화성액체

20 다음 중 연소속도와 의미가 가장 가까운 것은?

① 기화열의 발생속도

② 환원속도

③ 착화속도

④ 산화속도

21 위험물에 대한 설명으로 옳은 것은?

① 적린은 암적색의 분말로서 조해성이 있는 자연발화성물질이다.

② 황린은 황색의 액체이며 상온에서 자연분해하여 이산화황과 오산화인을 발생한다.

③ 유황은 미황색의 고체 또는 분말이며 많은 이성질체를 갖고 있는 전기 도체이다.

④ 황린은 가연성 물질이며 마늘냄새가 나는 맹독성 물질이다.

22 위험물을 운반용기에 수납하여 적재할 때 차광성 피복으로 가려야 하는 위험물이 아닌 것은?

① 제1류   ② 제2류
③ 제5류   ④ 제6류

---

19 복수의 성상을 가지는 위험물에 대한 품명지정의 기준상 유별

① 산화성고체(1류)＋가연성고체(2류) : 제2류 위험물

② 산화성고체(1류)＋자기반응성물질(5류) : 제5류 위험물

③ 가연성고체(2류)＋자연발화성물질 및 금수성물질(3류) : 제3류 위험물

④ 자연발화성물질 및 금수성물질(3류)＋인화성액체(4류) : 제3류 위험물

⑤ 인화성액체(4류)＋자기반응성물질(5류) : 제5류 위험물

※ 복수성상위험물의 우선순위 : 1류 ＜ 2류 ＜ 4류 ＜ 3류 ＜ 5류

20 연소의 정의 : 물질이 빛 또는 열을 내면서 급격히 산소와 결합하는 산화반응이다. 즉, 연소속도와 산화속도는 같은 의미이다.

21 ① 적린(P) : 제2류(가연성고체)의 암적색분말로서 독성과 조해성은 없다.

② 황화린 : 제2류(가연성고체)이며 삼황화린(P_4S_3), 오황화린(P_2S_5), 칠황화린(P_5S_7)의 3종류가 있으며 분해시 유독한 가연성인 황화수소(H_2S)가스를 발생한다.

• 삼황화린(P_4S_3)은 연소시 유독한 오산화인(P_2O_5)과 아황산가스(SO_2)를 발생한다.

$$P_4S_3 + 8O_2 \rightarrow 2P_2O_5 + 3SO_2 \uparrow$$

• 오황화린(P_2S_4)는 물과 반응시 인산(H_3PO_4)과 황화수소(H_2S)가스를 발생한다.

$$P_2S_5 + 8H_2O \rightarrow 2H_3PO_4 + 5H_2S \uparrow$$

• 칠황화린(P_4S_7)은 더운물에 급격히 분해하여 인산과 황화수소를 발생한다.

③ 유황(S) : 제2류(가연성고체)이며, 미황색 또는 분말로서 사방황, 단사황, 고무상황의 3가지 동소체를 가지고 있으며 전기의 부도체이다.

④ 황린(P_4) : 제3류(자연발화성물질)이며 마늘냄새가 나는 맹독성 물질이다.

• 적린(P)과 동소체로서 연소시 똑같은 오산화인(P_2O_5)이 발생한다.

• 공기 중 자연발화점(40~50℃)이 낮고 물에 녹지 않아 약 알칼리성(PH＝9)인 물속에 저장한다.

22 위험물 적재운반 시 조치해야 할 위험물

차광성의 덮개로 해야 하는 것	방수성의 피복으로 덮어야 하는 것
• 제1류 위험물 • 제3류 위험물 중 자연발화성 물질 • 제4류 위험물 중 특수인화물 • 제5류 위험물 • 제6류 위험물	• 제1류 위험물 중 알칼리금속의 과산화물 • 제2류 위험물 중 철분, 금속분, 마그네슘 • 제3류 위험물 중 금수성물질

정답 19 ④   20 ④   21 ④   22 ②

23 니트로셀룰로오스에 대한 설명으로 옳지 않은 것은?

① 직사일광을 피해서 저장한다.
② 알코올수용액 또는 물로 습윤시켜 저장한다.
③ 질화도가 클수록 위험도가 증가한다.
④ 화재 시에는 질식소화가 효과적이다.

24 위험물제조소 표지의 크기 규격으로 옳은 것은?

① 0.2m × 0.4m
② 0.3m × 0.3m
③ 0.3m × 0.6m
④ 0.6m × 0.2m

25 과염소산과 과산화수소의 공통된 성질이 아닌 것은?

① 비중이 1보다 크다
② 물에 녹지 않는다.
③ 산화제이다.
④ 산소를 포함한다.

26 물질의 자연발화를 방지하기 위한 조치로서 가장 거리가 먼 것은?

① 퇴적할 때 열이 쌓이지 않게 한다.
② 저장실의 온도를 낮춘다.
③ 촉매 역할을 하는 물질과 분리하여 저장한다.
④ 저장실의 습도를 높인다.

27 위험물의 저장 방법에 대한 설명 중 틀린 것은?

① 황린은 산화제와 혼합되지 않게 저장한다.
② 황은 정전기가 축적되지 않도록 저장한다.
③ 적린은 인화성물질로부터 격리 저장한다.
④ 마그네슘분은 분진을 방지하기 위해 약간의 수분을 포함시켜 저장한다.

---

23 니트로셀룰로오스 : 제5류(자기반응성 물질)
① 직사광선 및 산과 접촉 시 분해 및 자연발화한다.
② 저장 및 운반 시 물(20%)이나 알코올(30%)을 습윤시킨다.
③ 질소함유율(질화도)이 클수록 위험도가 증가한다.
④ 화재 시 다량의 물로 냉각소화를 한다.

24 • 위험물제조소의 표지판

크기	한변의 길이가 0.3m 이상, 다른 한변의 길이가 0.6m 이상
색상	백색바탕, 흑색문자

• 게시판

크기	한변의 길이가 0.3m 이상, 다른 한변의 길이가 0.6m 이상
색상	백색바탕, 흑색문자
기재사항	유별, 품명 및 저장, 취급최대수량, 지정수량의 배수, 안전관리자 성명 및 직명
주의사항	• 물기엄금(청색바탕에 백색문자) • 화기주의, 화기엄금(적색바탕에 백색문자)

25 과염소산($HClO_4$)과 과산화수소(H_2O_2)는 제6류 위험물(산화성액체)로 물에 잘 녹는다.

26 자연발화 방지대책
• 직사광선을 피하고 저장실 온도를 낮출 것
• 습도 및 온도를 낮게 유지하여 미생물 활동에 의한 열발생을 낮출 것
• 통풍 및 환기 등을 잘하여 열축적을 방지할 것

27 마그네슘(Mg) : 제1류(금수성물질)
• 온수 또는 산과 반응하여 고열과 함께 수소(H_2)를 발생한다.
  $Mg + 2H_2O \rightarrow Mg(OH)_2 + H_2\uparrow$ (주수소화금지)
  $Mg + 2HCl \rightarrow MgCl_2 + H_2\uparrow$
• CO_2와 반응 시 가연성, 유독성인 CO가스를 발생한다.
  $Mg + CO_2 \rightarrow MgO + CO\uparrow$ (CO_2소화금지)
• 소화 시 건조사 등으로 피복소화한다.

정답 23 ④ 24 ③ 25 ② 26 ④ 27 ④

28 위험물제조소는 문화재보호법에 의한 유형 문화재로부터 몇 m 이상의 안전거리를 두어야 하는가?

① 20m   ② 30m
③ 40m   ④ 50m

29 위험물의 유별 구분이 나머지 셋과 다른 하나는?

① 니트로글리콜   ② 벤젠
③ 아조벤젠   ④ 디니트로벤젠

30 위험물안전관리법령에 의한 안전교육에 대한 설명으로 옳은 것은?

① 제조소등의 관계인은 교육대상자에 대하여 안전교육을 받게 할 의무가 있다.
② 안전관리자, 탱크시험자의 기술인력 및 위험물운송자는 안전교육을 받을 의무가 없다.
③ 탱크시험자의 업무에 대한 강습교육을 받으면 탱크시험자의 기술인력이 될 수 있다.
④ 소방서장은 교육대상자가 교육을 받지 아니한 때에는 그 자격을 정지하거나 취소할 수 있다.

31 다음 중 인화점이 가장 높은 것은?

① 등유   ② 벤젠
③ 아세톤   ④ 아세트알데히드

32 물과 반응하여 아세틸렌을 발생하는 것은?

① NaH   ② Al_4C_3
③ CaC_2 ④ $(C_2H_5)_3Al$

---

28 제조소의 안전거리

건축물	안전거리
사용전압이 7,000V 초과 35,000V 이하	3m 이상
사용전압이 35,000V 초과	5m 이상
주거용	10m 이상
고압가스, 액화석유가스, 도시가스	20m 이상
학교, 병원, 극장, 복지시설	30m 이상
유형문화재, 지정문화재	50m 이상

29 위험물의 유별구분

구분	니트로글리콜	벤젠	아조벤젠	디니트로벤젠
화학식	$C_2H_4(NO_3)_2$	C_6H_6	$(C_6H_5N)_2$	$C_6H_4(NO_2)_2$
유별	제5류	제4류	제5류	제5류

30 위험물안전관리법 제16조 제28조, 시행령 제20조
① 제조소등의 관계인은 교육대상자에 대하여 필요한 안전교육을 받게 하여야 한다.
② 안전교육대상자
  ㉠ 안전관리자로 선임된 자
  ㉡ 탱크시험자의 기술인력으로 종사하는 자
  ㉢ 위험물운송자로 종사하는 자
③ 탱크시험자가 되고자 하는 자는 대통령령이 정하는 기술능력·시설 및 장비를 갖추어 시·도지사에게 등록하여야 한다.
④ 시·도지사, 소방본부장 또는 소방서장은 교육대상자가 교육을 받지 아니한 때에는 그 교육대상자가 교육을 받을 때까지 이 법의 규정에 따라 그 자격으로 행하는 행위를 제한할 수 있다.

31 제4류 위험물의 인화점

구분	등유	벤젠	아세톤	아세트알데히드
유별	제2석유류	제1석유류	제1석유류	특수인화물
인화점	30~60℃	−11℃	−18℃	−39℃

32 제3류(금수성) : 물과 반응시 발생하는 가연성 가스
① NaH(수소화나트륨) : $NaH+H_2O \rightarrow NaOH+H_2\uparrow$(수소)
② Al_4C_3(탄화알루미늄)
  : $Al_4C_3+12H_2O \rightarrow 4Al(OH)_3+3CH_4\uparrow$(메탄)
③ CaC_2(탄화칼슘)
  : $CaC_2+2H_2O \rightarrow Ca(OH)_2+C_2H_2\uparrow$(아세틸렌)
④ $(C_2H_5)_3Al$(트리에틸알루미늄)
  : $(C_2H_5)_3Al+3H_2O \rightarrow Al(OH)_3+3C_2H_6\uparrow$(에탄)
※ 가연성가스의 폭발범위(연소범위)

종류	수소(H_2)	메탄(CH_4)	아세틸렌(C_2H_2)	에탄(C_2H_6)
폭발범위	4~75%	5~15%	2.5~81%	3~12.5%

정답 28 ④ 29 ② 30 ① 31 ① 32 ③

33 다음 중 발화점이 가장 낮은 것은?

① 이황화탄소　　② 산화프로필렌
③ 휘발유　　　　④ 메탄올

34 위험물의 운반에 관한 기준에 따르면 아세톤의 위험등급은 얼마인가?

① 위험등급 Ⅰ　　② 위험등급 Ⅱ
③ 위험등급 Ⅲ　　④ 위험등급 Ⅳ

35 위험물을 적재·운반할 때 방수성 덮개를 하지 않아도 되는 것은?

① 알칼리금속의 과산화물
② 마그네슘
③ 니트로화합물
④ 탄화칼슘

36 아염소산염류 500kg과 질산염류 3000kg을 함께 저장하는 경우 위험물의 소요단위는 얼마인가?

① 2　　　　　② 4
③ 6　　　　　④ 8

37 다음 중 폭발범위가 가장 넓은 물질은?

① 메탄　　　　　② 톨루엔
③ 에틸알코올　　④ 에틸에테르

38 메탄 1g이 완전연소하면 발생되는 이산화탄소는 몇 g인가?

① 1.25　　　　② 2.75
③ 14　　　　　④ 44

39 다음 위험물 품명 중 지정수량이 나머지 셋과 다른 것은?

① 염소산염류
② 질산염류
③ 무기과산화물
④ 과염소산염류

---

33 제4류 위험물(인화성 액체)의 인화점과 발화점

품명	이황화탄소	산화프로필렌	휘발유	메탄올
인화점	−30℃	−37℃	−43~−20℃	11℃
발화점	100℃	465℃	300℃	464℃
류별	특수인화물	특수인화물	제1석유류	알코올류

34 아세톤(CH_3COCH_3) : 제4류 제1석유류(수용성)로 위험등급 Ⅱ에 해당된다.

35 22번 해설 참조
① 알칼리금속의 과산화물 : 제1류, 금수성
② 마그네슘 : 제2류, 금수성
③ 니트로화합물 : 제5류, 자기반응성
④ 탄화칼슘 : 제3류, 금수성

36 제1류 위험물(산화성고체)의 지정수량
- 아염소산염류 : 50kg, 질산염류 : 300kg
- 위험물의 1소요단위 : 지정수량의 10배

지정수량의 배수합

$$= \frac{A품목의 저장수량}{A품목의 지정수량} + \frac{B품목의 저장수량}{B품목의 지정수량} + \cdots$$

$$= \frac{500kg}{50kg} + \frac{3,000kg}{300kg} = 20배$$

$$\therefore 소요단위 = \frac{지정수량의 배수합}{10배} = \frac{20배}{10배} = 2단위$$

37 폭발범위(연소범위)

품명	메탄	톨루엔	에틸알코올	에틸에테르
화학식	CH_4	$C_6H_5CH_3$	C_2H_5OH	$C_2H_5OC_2H_5$
폭발범위	5~15%	1.4~6.7%	4.3~19%	1.9~48%

38 메탄(CH_4)의 완전연소 방정식
$$CH_4 + 2O_2 \rightarrow CO_2 + 2H_2O$$

16g　　　:　　44g
1g　　　　:　　x

$$\therefore x = \frac{1 \times 44}{16} = 2.75g$$

39 제1류 위험물(산화성고체)의 지정수량

위험등급	품명	지정수량
Ⅰ	아염소산염류, 염소산염류, 과염소산염류, 무기과산화물	50kg
Ⅱ	브롬산염류, 질산염류, 요오드산염류	300kg
Ⅲ	과망간산염류, 중크롬산염류	1000kg

정답　33 ①　34 ②　35 ③　36 ①　37 ④　38 ②　39 ②

40 수소화나트륨 240g과 충분한 물이 완전 반응하였을 때 발생하는 수소의 부피는? (단, 표준상태를 가정하여 나트륨의 원자량은 23 이다)

① 22.4l ② 224l
③ 22.4m³   ④ 224m³

41 위험물안전관리법령에 근거하여 자체소방대를 두어야 하는 제독차의 경우 가성소다 및 규조토를 각각 몇 kg 이상 비치하여야 하는가?

① 30   ② 50
③ 60   ④ 100

42 위험물안전관리법령상에 따른 다음에 해당하는 동식물유류의 규제에 관한 설명으로 틀린 것은?

> 행정안전부령이 정하는 용기기준과 수납·저장기준에 따라 수납되어 저장·보관되고 용기의 외부에 물품의 통칭명, 수량 및 화기엄금(화기엄금과 동일한 의미를 갖는 표시를 포함한다)의 표시가 있는 경우

① 위험물에 해당하지 않는다.
② 제조소 등이 아닌 장소에 지정수량 이상 저장할 수 있다.
③ 지정수량 이상을 저장하는 장소도 제조소등 설치허가를 받을 필요가 없다.
④ 화물자동차에 적재하여 운반하는 경우 위험물안전관리법상 운반기준이 적용되지 않는다.

43 할론 1301의 증기 비중은? (단, 불소의 원자량은 19, 브롬의 원자량은 80, 염소의 원자량은 35.5이고 공기의 분자량은 29이다.)

① 2.14   ② 4.15
③ 5.14   ④ 6.15

---

40 수소화나트륨(NaH) : 제3류(금수성물질)

$$NaH + H_2O \rightarrow NaOH + H_2$$

| 24g | : | 22.4l |
| 240g | : | x |

$$\therefore x = \frac{24 \times 22.4}{240} = 224l$$

(NaH의 분자량 = 23 + 1 = 24)

41 화학소방자동차에 갖추어야 하는 소화능력 및 설비의 기준

화학소방 자동차의 구분	소화능력 및 설비의 기준
포수용액 방사차	• 포수용액의 방사능력이 매분 2,000l 이상일 것 • 소화약액탱크 및 소화약액혼합장치를 비치할 것 • 10만l 이상의 포수용액을 방사할 수 있는 양의 소화약제를 비치할 것
분말방사차	• 분말의 방사능력이 매초 35kg이상일 것 • 분말탱크 및 가압용 가스설비를 비치할 것 • 1,400kg 이상의 분말을 비치할 것
할로겐화물 방사차	• 할로겐화물의 방사능력이 매초 40kg 이상일 것 • 할로겐화물탱크 및 가압용 가스설비를 비치할 것 • 1,000kg 이상의 할로겐화물을 비치할 것
이산화탄소 방사차	• 이산화탄소의 방사능력이 매초 40kg이상일 것 • 이산화탄소 저장용기를 비치할 것 • 3,000kg 이상의 이산화탄소를 비치할 것
제독차	• 가성소다 및 규조토를 각각 50kg 이상 비치할 것

42 예문은 시행령 별표1의 "동식물유류"에서 제외대상에 해당된다.

43 Halon 1301(CF_3Br)

• 분자량 : $CF_3Br = 12 + 19 + 3 + 80 = 149$

• 증기비중 $= \dfrac{분자량}{공기의 \ 평균 \ 분자량(29)} = \dfrac{149}{29} = 5.14$

(공기보다 무겁다)

44 정전기의 발생요인에 대한 설명으로 틀린 것은?

① 접촉면적이 클수록 정전기의 발생량은 많아진다.

② 분리속도가 빠를수록 정전기의 발생량은 많아진다.

③ 대전서열에서 먼 위치에 있을수록 정전기의 발생량은 많아진다.

④ 접촉과 분리가 반복됨에 따라 정전기의 발생량은 증가한다.

45 위험물안전관리법령에서 정한 이산화탄소 소화약제의 저장용기 설치기준으로 옳은 것은?

① 저압식 저장용기의 충전비 : 1.0 이상 1.3 이하

② 고압식 저장용기의 충전비 : 1.3 이상 1.7 이하

③ 저압식 저장용기의 충전비 : 1.1 이상 1.4 이하

④ 고압식 저장용기의 충전비 : 1.7 이상 2.1 이하

46 위험물안전관리법령의 규정에 따라 다음과 같이 예방조치를 하여야 하는 위험물은?

- 운반용기의 외부에 "화기엄금" 및 "충격주의"를 표시한다.
- 적재하는 경우 차광성 있는 피복으로 가린다.
- 55℃ 이하에서 분해할 우려가 있는 경우는 보냉 컨테이너에 수납하여 적당한 온도관리를 한다.

① 제1류   ② 제2류
③ 제3류   ④ 제5류

47 경유에 대한 설명으로 틀린 것은?

① 품명은 제3석유류이다.

② 디젤기관의 연료로 사용할 수 있다.

③ 원유액 증류 시 등유와 중유 사이에서 유출된다.

④ K, Na의 보호액으로 사용할 수 있다.

---

44 ④ 접촉과 분리가 반복됨에 따라 정전기 축적이 되지 않기 때문에 발생량은 감소하게 된다.

45 이산화탄소 저장용기의 설치기준
① 저장용기의 충전비

저압식	고압식
1.1~1.4	1.5~1.9

② 저압식 저장용기의 설치기준
- 액면계, 압력계, 파괴판, 방출밸브를 설치할 것
- 2.3MPa 이상의 압력 및 1.9MPa 이하의 압력에서 작동하는 압력경보장치를 설치할 것
- 용기내부의 온도를 −20℃ 이상 −18℃ 이하로 유지할 수 있는 자동냉동기를 설치할 것

46 제5류 위험물(자기반응성 물질)
- 운반용기 외부에는 "화기엄금" 및 "충격주의"를 표시할 것
- 적재하는 경우 차광성있는 피복으로 가릴 것
- 제5류 위험물 중 55℃ 이하의 온도에서 분해 될 우려가 있는 것은 보냉 컨테이너에 수납하는 등 적정한 온도관리를 할 것

47 경유 : 제4류 제2석유류(인화성액체)
- 인화점 50~70℃, 발화점 257℃, 연소범위 1~6%, 끓는점 200~350℃
- 탄소수가 C_{10}~C_{20}가 되는 포화·불포화탄화수소의 혼합물이다.
- 물에 불용, 유기용제에 잘 녹는다.

정답 44 ④   45 ③   46 ④   47 ①

48 과산화칼륨에 의한 화재 시 주수소화가 적합하지 않은 이유로 가장 타당한 것은?

① 산소가스가 발생하기 때문에
② 수소가스가 발생하기 때문에
③ 가연물이 발생하기 때문에
④ 금속칼륨이 발생하기 때문에

49 화재를 잘 일으킬 수 있는 일반적인 경우에 대한 설명 중 틀린 것은?

① 산소와 친화력이 클수록 연소가 잘 된다.
② 온도가 상승하면 연소가 잘 된다.
③ 연소범위가 넓을수록 연소가 잘 된다.
④ 발화점이 높을수록 연소가 잘 된다.

50 다음 중 소화기의 외부표시 사항으로 가장 거리가 먼 것은?

① 유효기간
② 적응화재표시
③ 능력단위
④ 취급상주의사항

51 금속나트륨에 관한 설명으로 옳은 것은?

① 물보다 무겁다.
② 융점이 100℃보다 높다.
③ 물과 격렬히 반응하여 산소를 발생하고 발열한다.
④ 등유는 반응이 일어나지 않아 저장액으로 이용된다.

52 동식물유류에 대한 설명으로 틀린 것은?

① 아마인유는 건성유이다.
② 불포화결합이 적을수록 자연발화의 위험이 커진다.
③ 요오드값이 100 이하인 것을 불건성유라 한다.
④ 건성유는 공기 중 산화중합으로 생긴 고체가 도막을 형성할 수 있다.

---

48 과산화칼륨(K_2O_2) : 제1류의 무기과산화물(금수성)
- 물 또는 이산화탄소와 반응하여 산소(O_2)기체를 발생한다.
  $$2K_2O_2 + 2H_2O \rightarrow 4KOH + O_2 \uparrow \text{(주소소화 엄금)}$$
  $$2K_2O_2 + 2CO_2 \rightarrow 2K_2CO_3 + O_2 \uparrow \text{(}CO_2\text{ 소화금지)}$$
- 산과 반응하여 과산화수소(H_2O_2)를 생성한다.
  $$K_2O_2 + 2HCl \rightarrow 2KCl + H_2O_2$$
- 소화 시 주수 및 CO_2 사용은 엄금하고 건조사 등을 사용한다.

49 가연물이 갖추어야 할 조건
- 산소와 친화력이 클 것
- 발화점이 낮을 것
- 표면적이 넓을 것
- 발열량이 클 것
- 활성화에너지가 적을 것
- 연소범위가 넓을 것
- 열전도도가 작을 것
- 활성이 강할 것

50 소화기의 외부 표시사항
- 소화기의 명칭
- 적응화재표시
- 능력단위
- 사용방법
- 총 중량
- 제조년월일
- 취급시 주의사항
- 제조업체명
- 형식승인번호

51 금속나트륨(Na) : 제3류 위험물(자연발화성, 금수성물질)
- 은백색 경금속으로 물보다 가볍다.(비중 0.97)
- 융점 97.7℃로 연소시 노란색 불꽃반응을 한다.
- 물 또는 알코올과 반응시 수소($H_2 \uparrow$)를 발생한다.
  $$2Na + 2H_2O \rightarrow 2NaOH + H_2 \uparrow \text{(발열반응)}$$
  $$2Na + 2C_2H_5OH \rightarrow 2C_2H_5ONa + H_2 \uparrow$$
- 보호액으로 석유류(유동파라핀, 등유, 경유) 속에 보관한다.
- 소화시 마른 모래 등으로 질식소화한다.(피부접촉시 화상주의)

52 제4류 위험물 : 동식물유류란 동물의 지육 또는 식물의 종자나 과육으로부터 추출한 것으로 1기압에서 인화점이 250℃ 미만인 것
- 요오드값 : 유지 100g에 부가되는 요오드의 g수이다.
- 요오드값이 클수록 불포화도가 크다.
- 요오드값이 큰 건성유는 불포화도가 크기 때문에 자연발화가 잘 일어난다.
- 요오드값에 따른 분류
  - 건성유(130 이상) : 해바라기기름, 동유, 아마인유, 정어리기름, 들기름 등
  - 반건성유(100~130) : 면실유, 참기름, 청어기름, 채종유, 콩기름 등
  - 불건성유(100 이하) : 올리브유, 동백기름, 피마자유, 야자유 등

정답 48 ①   49 ④   50 ①   51 ④   52 ②

53 위험물안전관리법령상 제조소의 위치·구조 및 설비의 기준에 따르면 가연성증기가 체류할 우려가 있는 건축물은 배출장소의 용적이 500m³일 때 시간당 배출능력(국소방식)을 얼마 이상인 것으로 하여야 하는가?

① 5000m³   ② 10000m³

③ 20000m³   ④ 40000m³

54 다음 중 산화성 액체 위험물의 화재예방상 가장 주의해야 할 점은?

① 0℃ 이하로 냉각시킨다.

② 공기와의 접촉을 피한다.

③ 가연물과의 접촉을 피한다.

④ 금속용기에 저장한다.

55 위험등급 나머지 셋과 다른 것은?

① 알칼리토금속

② 아염소산염류

③ 질산에스테르류

④ 제6류 위험물

56 옥내저장소에 관한 위험물안전관리법령의 내용으로 옳지 않은 것은?

① 지정과산화물을 저장하는 옥내저장소의 경우 바닥면적 150m² 이내마다 격벽으로 구획을 하여야 한다.

② 옥내저장소에는 원칙상 안전거리를 두어야 하나, 제6류 위험물을 저장하는 경우에는 안전거리를 두지 않을 수 있다.

③ 아세톤을 처마높이 6m 미만인 단층건물에 저장하는 경우 저장창고의 바닥면적은 1000m² 이하로 하여야 한다.

④ 복합용도의 건축물에 설치하는 옥내저장소는 해당 용도로 사용하는 부분의 바닥면적을 100m² 이하로 하여야 한다.

---

53 배출설비 설치기준

- 배출설비 : 국소방식
- 배출설비 : 배풍기, 배출덕트, 후드 등을 이용하여 강제 배출할 것
- 배출능력 : 1시간당 배출장소 용적의 20배 이상
  (단, 전역방식 : 바닥면적 1m²당 18m³ 이상)
  ∴ 배출능력(Q)＝500m³×20배＝10,000m³/hr

54 산화성액체는 제6류위험물로서 분해하여 산소를 발생하기 때문에 가연물과의 접촉을 피해야 한다.

55

품명	알칼리토금속	아염소산염류	질산에스테르류	제6류 위험물
유별	제3류	제1류	제5류	제6류
위험등급	Ⅱ	Ⅰ	Ⅰ	Ⅰ

56 복합용도 건축물의 옥내저장소의 기준

- 옥내저장소는 벽·기둥·바닥 및 보가 내화구조인 건축물의 1층 또는 2층의 어느 하나의 층에 설치하여야 한다.
- 옥내저장소의 용도에 사용되는 부분의 바닥은 지면보다 높게 설치하고 그 층고를 6m 미만으로 하여야 한다.
- 옥내저장소의 용도에 사용되는 부분의 바닥면적은 75m² 이하로 하여야 한다.

57 다음과 같이 위험물을 저장할 경우 각각의 지정수량 배수의 총합은 얼마인가?

> • 클로로벤젠 : 1,000L
> • 동식물유류 : 5,000L
> • 제4석유류 : 12,000L

① 2.5 ② 3.0
③ 3.5 ④ 4.0

58 메틸알코올의 성질로 옳은 것은?

① 인화점 이하가 되면 밀폐된 상태에서 연소하여 폭발한다.
② 비점은 물보다 높다.
③ 물에 녹기 어렵다.
④ 증기비중이 공기보다 크다.

59 이동탱크저장소에 의한 위험물의 운송시 준수하여야 하는 기준에서 다음 중 어떤 위험물을 운송할 때 위험물운송자는 위험물안전카드를 휴대하여야 하는가?

① 특수인화물 및 제1석유류
② 알코올류 및 제2석유류
③ 제3석유류 및 동식물유류
④ 제4석유류

60 그림과 같은 위험물 저장탱크의 내용적은 약 몇 m³인가?

 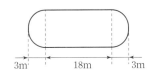

① 4681 ② 5482
③ 6283 ④ 7080

57 • 제4류 위험물의 지정수량 : 클로로벤젠(제2석유류, 비수용성) 1,000l, 동식물유류 10,000l, 제4석유류 6,000l

• 지정수량 배수의 합 = $\dfrac{\text{A품목의 저장수량}}{\text{A품목의 지정수량}} + \dfrac{\text{B품목의 저장수량}}{\text{B품목의 지정수량}}$ $+ \cdots\cdots$

∴ 지정수량 배수의 합 = $\dfrac{1,000}{1,000} + \dfrac{5,000}{10,000} + \dfrac{12,000}{6,000} = 3.5$배

58 메틸알코올(CH_3OH, 목정) : 제4류(알코올류)
• 무색투명한 휘발성액체로서 독성이 있어 흡입 시 실명 또는 사망할 수 있다.
• 물에 잘 녹으며 인화점 11℃, 착화점 464℃, 비점 65℃, 연소범위 7.3~36%이다.
• 액비중 0.791, 증기비중 $\dfrac{32}{29} = 1.1$(공기보다 무겁다)

59 위험물 운송자는 위험물 안전카드를 휴대해야 한다.(단, 제4류 위험물은 특수인화물과 제1석유류에 한한다)

60 원형(횡) 탱크의 내용적(V)
$V = \pi r^2 \left(l + \dfrac{l_1 + l_2}{3} \right)$
$= \pi \times 10^2 \left(18 + \dfrac{3+3}{3} \right)$
$= 6283 m^3$

01 공장창고에 보관되었던 톨루엔이 유출되어 미상의 점화원에 의해 착화되어 화재가 발생하였다면 이 화재의 분류로 옳은 것은?

① A급 화재
② B급 화재
③ C급 화재
④ D급 화재

01 톨루엔($C_6H_5CH_3$) : 제4류 제1석유류(인화성액체)

종류	등급	색상	소화방법
일반화재	A급	백색	냉각소화
유류 및 가스화재	B급	황색	질식소화
전기화재	C급	청색	질식소화
금속화재	D급	무색	피복소화
식용유 화재	F(K)급	—	냉각·질식소화

02 이황화탄소에 대한 설명으로 틀린 것은?

① 순수한 것은 황색을 띠고 냄새가 없다.
② 증기는 유독하며 신경계통에 장애를 준다.
③ 물에 녹지 않는다.
④ 연소시 유독성의 가스를 발생한다.

02 이황화탄소(CS_2) : 제4류 위험물 중 특수인화물
- 인화점 $-30℃$, 발화점 $100℃$, 연소범위 $1.2{\sim}44\%$, 액비중 1.26
- 무색투명한 액체, 불순물 존재 시 황색 및 불쾌한 냄새가 난다.
- 물보다 무겁고, 물에 녹지 않으며 알코올, 벤젠, 에테르 등에 잘 녹는다.
- 제4류 위험물 중 발화점 $100℃$로 가장 낮다.
- 연소 시 유독가스인 아황산가스를 발생한다.
  $CS_2+3O_2 \rightarrow CO_2\uparrow +2SO_2\uparrow$
- 저장 시 물속에 보관하여 가연성증기의 발생을 억제시킨다.
- 소화 : CO_2, 분말소화약제 등으로 질식소화한다.

03 위험물안전관리법상 제3석유류의 액체상태의 판단기준은?

① 1기압과 섭씨 20도에서 액상인 것
② 1기압과 섭씨 25도에서 액상인 것
③ 기압에 무관하게 섭씨 20도에서 액상인 것
④ 기압에 무관하게 섭씨 25도에서 액상인 것

03 "인화성액체"라 함은 액체(제3석유류, 제4석유류 및 동식물유류에 있어서는 1기압과 섭씨 20도에서 액상인 것에 한한다)로서 인화의 위험성이 있는 것을 말한다.

04 제2류 위험물과 산화제를 혼합하여 위험한 이유로 가장 적합한 것은?

① 제2류 위험물이 가연성액체이기 때문에
② 제2류 위험물이 환원제로 작용하기 때문에
③ 제2류 위험물은 자연발화의 위험이 있기 때문에
④ 제2류 위험물은 물 또는 습기를 잘 머금고 있기 때문에

04 제2류 위험물은 가연성고체로서 산소와 결합하여 폭발할 위험성이 큰 환원제이므로 산소를 방출하는 산화제와 혼합하면 위험하기 때문이다.

> 참고
> - 환원제 : 자신은 산화(산소와 결합)되고 다른 물질을 환원시키는 물질
> - 산화제 : 자신은 환원(산소방출)되고 다른 물질을 산화시키는 물질

정답 01 ② 02 ① 03 ① 04 ②

05 위험물의 품명과 지정수량이 잘못 짝지어진 것은?

① 황화린 – 100kg
② 마그네슘 – 500kg
③ 알킬알루미늄 – 10kg
④ 황린 – 10kg

06 위험물안전관리법령상 과산화수소가 제6류 위험물에 해당하는 농도 기준으로 옳은 것은?

① 36wt% 이상
② 36vol% 이상
③ 1.49wt% 이상
④ 1.49vol% 이상

07 니트로셀룰로오스에 관한 설명으로 옳은 것은?

① 용제에는 전혀 녹지 않는다.
② 질화도가 클수록 위험성이 증가한다.
③ 물과 작용하여 수소를 발생한다.
④ 화재발생시 질식소화가 가장 적합하다.

---

05 황린(P_4) : 제3류(자연발화성 물질), 지정수량 20kg
- 백색 또는 담황색의 가연성 및 자연발화성고체(발화점 : 34℃)이다.
- pH 9인 약알칼리성의 물속에 저장한다(CS_2에 잘 녹음).

> **참고** pH 9 이상 강알칼리용액이 되면 가연성, 유독성의 포스핀(PH_3)가스가 발생하여 공기 중 자연발화한다(강알칼리 : KOH수용액).
> $$P_4+3KOH+3H_2O \rightarrow 3KH_2PO_2+PH_3\uparrow$$

- 피부접촉 시 화상을 입고 공기 중 자연발화온도는 40~50℃이다.
- 공기보다 무겁고 마늘냄새가 나는 맹독성물질이다.
- 어두운 곳에서 인광을 내며 황린(P_4)을 260℃로 가열하면 적린(P)이 된다(공기차단).
- 연소 시 오산화인(P_2O_5)의 흰 연기를 내며, 일부는 포스핀(PH_3)가스로 발생한다.
  $$P_4+5O_2 \rightarrow 2P_2O_5$$
- 소화 : 물분무, 포, CO_2, 건조사 등으로 질식소화한다.
  (고압주수소화는 황린을 비산시켜 연소면 확대분산의 위험이 있음)

06 과산화수소(H_2O_2) : 제6류(산화성액체)
- 36중량% 이상만 위험물에 적용된다.
- 알칼리용액에서는 급격히 분해되나 약산성에서는 분해가 잘 안된다. 그러므로, 직사광선을 피하고 분해방지제(안정제)로 인산(H_3PO_4), 요산($C_5H_4N_4O_3$)을 가한다.
- 분해 시 발생되는 산소(O_2)를 방출하기 위해 저장용기의 마개에는 작은 구멍이 있는 것을 사용한다.

07 니트로셀룰로오스[$(C_6H_7O_2(ONO_2)_2)_3$]n : 제5류(자기반응성물질)
- 인화점 13℃, 착화점 180℃, 분해온도 130℃
- 셀룰로오스를 진한질산(3)과 진한황산(1)의 혼합액을 반응시켜 만든 셀룰로오스에스테르이다.
- 맛, 냄새가 없고, 물에 불용, 아세톤, 초산에틸, 초산아밀 등에 잘 녹는다.
- 직사광선, 산·알칼리에 분해하여 자연발화한다.
- 질화도(질소함유율)가 클수록 분해도·폭발성이 증가한다.
- 저장·운반 시 물(20%) 또는 알코올(30%)로 습윤시킨다(건조 시 타격, 마찰 등에 의해 폭발위험성이 있다).
- 130℃에서 분해시작하여 180℃에서는 급격히 연소폭발한다.
  $$2C_{24}H_{29}O_9(ONO_2)_{11}$$
  $$\rightarrow 24CO_2\uparrow+24CO\uparrow+12H_2O+17H_2\uparrow+11N_2\uparrow$$

정답 05 ④ 06 ① 07 ②

08 지정수량의 10배 이상의 위험물을 취급하는 제조소에는 피뢰침을 설치하여야 하지만 제 몇 류 위험물을 취급하는 경우는 이를 제외할 수 있는가?

① 제2류 위험물
② 제4류 위험물
③ 제5류 위험물
④ 제6류 위험물

09 위험물을 보관하는 방법에 대한 설명 중 틀린 것은?

① 염소산나트륨 : 철제 용기의 사용을 피한다.
② 산화프로필렌 : 저장시 구리용기에 질소 등 불활성기체를 충전한다.
③ 트리에틸알루미늄 : 용기는 밀봉하고 질소 등 불활성기체를 충전한다.
④ 황화린 : 냉암소에 저장한다.

10 2몰의 브롬산칼륨이 모두 열분해되어 생긴 산소의 양은 2기압 27℃에서 약 몇 L인가?

① 32.42
② 36.92
③ 41.34
④ 45.64

11 히드록실아민을 취급하는 제조소에 두어야 하는 최소한의 안전거리(D)를 구하는 산식으로 옳은 것은? (단, N은 당해저장소에서 취급하는 히드록실아민의 지정수량 배수를 나타낸다.)

① $D = \dfrac{40 \times N}{3}$
② $D = \dfrac{51.1 \times N}{3}$
③ $D = \dfrac{55 \times N}{3}$
④ $D = \dfrac{62.1 \times N}{3}$

12 적린과 동소체 관계에 있는 위험물은?

① 오황화린
② 인화알루미늄
③ 인화칼슘
④ 황린

---

08 피뢰침 설치대상 : 지정수량 10배 이상의 위험물 취급 제조소 등 (단, 제6류 위험물은 제외)

09 ① 염소산나트륨($NaClO_3$) : 제1류(산화성고체)로 철제용기를 부식한다.
② 산화프로필렌(CH_3CH_2CHO) : 제4류(인화성액체)
 • 구리, 마그네슘, 은, 수은 및 그의 합금 용기 사용을 금한다. (폭발성물질은 금속아세틸라이드를 생성하기 때문에)
 • 저장용기 내에 불연성가스(N_2 등)를 봉입한다.
③ 트리에틸알루미늄[$(C_2H_5)_3Al$] : 제3류(금수성물질)
 • 물과 반응하여 가연성기체인 에탄(C_2H_6)을 발생한다.
  $C_2H_5Al + 3H_2O \rightarrow Al(OH)_3 + 3C_2H_6 \uparrow$(에탄)
 • 저장시 희석안정제(벤젠, 톨루엔, 헥산 등)를 사용하여 불활성 기체(N_2 등)를 봉입한다.
④ 황화린[삼황화린, 오황화린, 칠황화린] : 제2류(가연성고체)
 • 분해시 유독한 황화수소($H_2S\uparrow$)를 발생한다.

10 브롬산칼륨($KBrO_3$) : 제1류(산화성고체)
 • 열분해반응식 : $\underline{2KBrO_3} \rightarrow 2KBr + \underline{3O_2\uparrow}$
  $2mol3 \times 22.4l(0℃, 1atm)$
 이 반응식에서 브롬산칼륨 2mol이 표준상태(0℃, 1atm)에서 분해시 산소(O_2)가 $67.2l(=3 \times 22.4l)$ 발생하므로 2atm, 27℃로 환산하여 부피를 구한다.
 • 보일샤르법칙에 대입하면

$$\frac{P_1V_1}{T_1} = \frac{P_2V_2}{T_2} \quad \begin{bmatrix} P_1 : 1atm & P_2 : 2atm \\ V_1 : 67.2l & V_2 : ? \\ T_1 : (273+0℃)K & T_1 : (273+27)K \end{bmatrix}$$

$$\therefore V_2 = \frac{P_1V_1T_2}{P_2T_1}$$

$$= \frac{1 \times 67.2 \times (273+27)}{2 \times (273+0)} = 36.92l$$

11 히드록실아민 등을 취급하는 제조소의 안전거리

$D = \dfrac{51.1 \cdot N}{3}$

$\begin{bmatrix} D : 거리(m) \\ N : 당해 제조소에서 취급하는 히드록실아민 등의 지정수량의 배수 \end{bmatrix}$

12 동소체 : 한 가지 같은 원소로 되어 있으나 서로 성질이 다른 단체

성분원소	동소체	연소생성물
황(S)	사방황, 단사황, 고무상황	이산화황(SO_2)
탄소(C)	다이아몬드, 흑연, 활성탄	이산화탄소(CO_2)
산소(O)	산소(O_2), 오존(O_3)	–
인(P)	황린(P_4), 적린(P)	오산화인(P_2O_5)

※ 동소체 확인방법 : 연소시 생성물이 동일하다.

13 위험물의 지정수량이 나머지 셋과 다른 하나는?

① NaClO₄   ② MgO₂

③ KNO₃   ④ NH₄ClO₃

14 위험물안전관리법에서 사용하는 용어의 정의 중 틀린 것은?

① "지정수량"은 위험물의 종류별로 위험성을 고려하여 대통령령이 정하는 수량이다.

② "제조소"라 함은 위험물을 제조할 목적으로 지정수량 이상의 위험물을 취급하기 위하여 규정에 따라 허가를 받는 장소이다.

③ "저장소"라 함은 지정수량 이상의 위험물을 저장하기 위한 대통령령이 정하는 장소로서 규정에 따라 허가를 받는 장소를 말한다.

④ "제조소등"이라 함은 제조소, 저장소 및 이동탱크를 말한다.

15 소화기에 "A-2"로 표시되어 있었다면 숫자 "2"가 의미하는 것은 무엇인가?

① 소화기의 제조번호

② 소화기의 소요단위

③ 소화기의 능력단위

④ 소화기의 사용순서

16 지정수량 10배의 위험물을 저장 또는 취급하는 제조소에 있어서 연면적이 최소 몇 m²이면 자동화재탐지설비를 설치해야 하는가?

① 100   ② 300

③ 500   ④ 1000

---

13 제1류 위험물의 지정수량(산화성고체)

① NaClO₄(과염소산나트륨) : 과염소산염류 – 50kg

② MgO₂(과산화마그네슘) : 무기과산화물 – 50kg

③ KNO₃(질산칼륨) : 질산염류 – 300kg

④ NH₄ClO₃(염소산나트륨) : 염소산염류 – 50kg

14 ④ "제조소등"이라 함은 제조소, 저장소 및 취급소를 말한다.

15 소화기의 표시사항

구분	A-2	B-5
적응화재	A급(일반화재)	B급(유류화재)
능력단위	2단위	5단위

16 자동화재탐지설비 설치대상

• 연면적 500m² 이상 제조소 및 일반취급소

• 옥내에서 지정수량의 100배 이상을 저장(취급)하는 제조소, 일반취급소 옥내저장소

17 공정 및 장치에서 분진폭발을 예고하기 위한 조치로서 가장 거리가 먼 것은?

① 플랜트는 공정별로 구분하고 폭발의 파급을 피할 수 있도록 분진취급 공정을 습식으로 한다.

② 분진이 물과 반응하는 경우는 물 대신 휘발성이 적은 유류를 사용하는 것이 좋다.

③ 배관의 연결부위나 기계가동에 의해 분진이 누출될 염려가 있는 곳은 봉인이나 밀폐를 철저히 한다.

④ 가연성분진을 취급하는 장치류는 밀폐하지 말고 분진이 외부로 누출되도록 한다.

18 위험물안전관리법상 제조소등에 대한 긴급 사용정지 명령에 관한 설명으로 옳은 것은?

① 시·도지사는 명령을 할 수 없다.

② 제조소등의 관계인 뿐 아니라 해당시설을 사용하는 자에게도 명령할 수 있다.

③ 제조소등의 관계자에게 위법사유가 없는 경우에도 명령 할 수 있다.

④ 제소소등의 위험물취급설비의 중대한 결함이 발견되거나 사고우려가 인정되는 경우에만 명령할 수 있다.

19 위험물안전관리법령에 의해 위험물을 취급함에 있어서 발생하는 정전기를 유효하게 제거하는 방법으로 옳지 않은 것은?

① 인화방지망 설치

② 접지실시

③ 공기이온화

④ 상대습도를 70% 이상 유지

20 다음 위험물 중 물에 대한 용해도가 가장 낮은 것은?

① 아크릴산

② 아세트알데히드

③ 벤젠

④ 글리세린

17 ④ 가연성분진을 취급하는 장치류는 밀폐하지 말고 분진이 외부로 누출되지 않도록 해야 한다. 누출시 공기 중 산소와 결합하여 분진폭발 우려가 있다.

18 위험물안전관리법 제25조(제조소등에 대한 긴급 사용정지명령 등) 시·도지사, 소방본부장 또는 소방서장은 공공의 안전을 유지하거나 재해의 발생을 방지하기 위하여 긴급한 필요가 있다고 인정하는 때에는 제조소등의 관계인에 대하여 당해 제조소등의 사용을 일시 정지하거나 그 사용을 제한할 것을 명할 수 있다.

19 정전기 방지대책
- 접지를 할 것
- 유속을 1m/s 이하로 유지할 것
- 공기를 이온화할 것
- 제진기를 설치할 것
- 상대습도를 70% 이상 유지할 것

20 제4류 위험물의 수용성과 비수용성

품명	아크릴산	아세트알데히드	벤젠	글리세린
화학식	$CH_2CHCOOH$	CH_3CHO	C_6H_6	$C_3H_5(OH)_3$
유별	제2석유류	특수인화물	제1석유류	제3석유류
용해성	수용성	수용성	비수용성	수용성

정답 17 ④ 18 ③ 19 ① 20 ③

21 위험물의 저장방법에 대한 설명으로 옳은 것은?

① 황화린은 알코올 또는 과산화물 속에 저장하여 보관한다.

② 마그네슘은 건조하면 분진폭발의 위험성이 있으므로 물에 습윤하여 저장한다.

③ 적린은 화재예방을 위해 할로겐 원소와 혼합하여 저장한다.

④ 수소화리튬은 저장용기에 아르곤과 같은 불활성 기체를 봉입한다.

22 다음 괄호 안에 들어갈 알맞은 단어는?

> 보냉장치가 있는 이동저장탱크에 저장하는 아세트알데히드 등 또는 디에틸에테르등의 온도는 당해 위험물의 (   ) 이하로 유지하여야 한다.

① 비점 　　　　② 인화점
③ 융해점 　　　④ 발화점

23 제4류 위험물의 일반적 성질에 대한 설명으로 틀린 것은?

① 발생증기가 가연성이며 공기보다 무거운 물질이 많다.

② 정전기에 의하여도 인화할 수 있다.

③ 상온에서 액체이다.

④ 전기도체이다.

24 제3류 위험물에 해당하는 것은?

① NaH 　　　　② Al
③ Mg 　　　　④ P_4S_3

25 제5류 위험물의 일반적인 성질에 대한 설명 중 틀린 것은?

① 자기연소를 일으키며 연소 속도가 빠르다.

② 무기물이므로 폭발의 위험이 있다.

③ 운반용기 외부에 "화기엄금" 및 "충격주의" 주의사항 표시를 하여야 한다.

④ 강산화제 또는 강산류와 접촉 시 위험성이 증가한다.

---

21 ① 황화린 : 제2류의 가연성고체와 과산화물이 분해시 발생하는 산소와 반응할 경우 자연발화의 위험성이 있다.

② 마그네슘 : 제2류의 금수성물질로 물과 반응하면 수소($H_2\uparrow$)기체를 발생한다.

③ 적린 : 제2류의 가연성고체와 할로겐원소(조연성물질)와 만나면 폭발우려가 있다.

④ 수소화리튬 : 제3류의 금수성물질로 저장용기에 불활성기체(Ar, N_2 등)를 봉입한다.

22 알킬알루미늄 등, 아세트알데히드 등 및 디에틸에테르 등의 저장기준
- 이동저장탱크에 알킬알루미늄 등을 저장하는 경우에는 20kPa 이하의 압력으로 불활성의 기체를 봉입하여 둘 것
- 옥외 및 옥내저장탱크 또는 지하저장탱크 중 압력탱크 외의 탱크에 저장할 경우

위험물의 종류	유지온도
산화프로필렌, 디에틸에테르	30℃ 이하
아세트알데히드	15℃ 이하

- 옥외 및 옥내저장탱크 또는 지하저장탱크 중 압력탱크에 저장할 경우

위험물의 종류	유지온도
아세트알데히드 등 또는 디에틸에테르 등	40℃ 이하

- 아세트알데히드 등 또는 디에틸에테르 등을 이동저장탱크에 저장할 경우

구분	유지 온도
보냉장치가 있는 경우	비점 이하
보냉장치가 없는 경우	40℃ 이하

23 제4류 위험물의 공통성질
- 대부분 인화성액체로서 물보다 가볍고 물에 녹지 않는다.
- 증기의 비중은 공기보다 무겁다(단, HCN 제외).
- 증기와 공기가 조금만 혼합하여도 연소폭발의 위험이 있다.
- 전기의 부도체로서 정전기 축적으로 인화의 위험이 있다.

24
- NaH(수소화나트륨) : 제3류(금수성물질)
- Al(알루미늄), Mg(마그네슘), P_4S_3(삼황화린) : 제2류(가연성 고체)

25 제5류 위험물의 공통성질
- 자체 내에 산소를 함유한 물질이다.
- 가열, 충격, 마찰 등에 의해 폭발하는 자기반응성(내부연소성) 물질이다.
- 유기물이므로 연소 또는 분해속도가 매우 빠른 폭발성물질이다.
- 공기 중 장시간 방치 시 자연발화한다.

정답 　21 ④ 　22 ① 　23 ④ 　24 ① 　25 ②

26 옥외저장탱크 중 압력탱크에 저장하는 디에틸에테르 등의 저장온도는 몇 ℃ 이하이어야 하는가?

① 60℃   ② 40℃
③ 30℃   ④ 15℃

27 제1류 위험물에 해당하지 않는 것은?

① 납의 화합물
② 질산구아니딘
③ 퍼옥소이황산염류
④ 염소화이소시아눌산

28 벤젠을 저장하는 옥외탱크저장소가 액표면적이 45m²인 경우 소화난이도등급은?

① 소화난이도등급 Ⅰ
② 소화난이도등급 Ⅱ
③ 소화난이도등급 Ⅲ
④ 제시된 조건으로 판단할 수 없음

29 위험물안전관리법령상 옥내소화전설비의 비상전원은 몇 분 이상 작동할 수 있어야 하는가?

① 45분   ② 30분
③ 20분   ④ 10분

30 위험물의 화재별 소화방법으로 옳지 않은 것은?

① 황린 – 분무주수에 의한 냉각소화
② 인화칼슘 – 분무주수에 의한 냉각소화
③ 톨루엔 – 포에 의한 질식소화
④ 질산메틸 – 주수에 의한 냉각소화

31 과염소산칼륨의 일반적인 성질에 대한 설명 중 틀린 것은?

① 강한 산화제이다.
② 불연성 물질이다.
③ 과일향이 나는 보라색 결정이다.
④ 가열하여 완전분해시키면 산소를 발생한다.

---

26 22번 해설 참조

27 제5류 위험물(자기반응성물질) 지정수량 200kg
• 금속의 아지드화합물 : 아지드화나트륨(NaN_3), 아지드화납 $[Pb(N_3)_2]$, 아지드화은(AgN_3)
• 질산구아니딘($CH_5N_3HNO_3$)

28 소화난이도등급 Ⅰ에 해당하는 제조소등(시행규칙 별표 17)

옥외 탱크 저장소	액표면적이 40m² 이상인 것(제6류 위험물을 저장하는 것 및 고인화점위험물만을 100℃ 미만의 온도에서 저장하는 것은 제외)
	지반면으로부터 탱크 옆판의 상단까지 높이가 6m 이상인 것(제6류 위험물을 저장하는 것 및 고인화점위험물만을 100℃ 미만의 온도에서 저장하는 것은 제외)
	지중탱크 또는 해상탱크로서 지정수량의 100배 이상인 것(제6류 위험물을 저장하는 것 및 고인화점위험물만을 100℃ 미만의 온도에서 저장하는 것은 제외)
	고체 위험물을 저장하는 것으로서 지정수량의 100배 이상인 것

29 위험물 제조소등의 비상전원
• 소화설비대상 : 옥내·옥외소화전설비, 스프링클러설비
• 종류 : 자가발전설비, 축전지설비
• 비전원의 용량 : 45분 이상 작동 가능할 것

30 인화칼슘(Ca_3P_2, 인화석회) : 제3류(금수성물질)
• 적갈색 괴상의 고체로서 물 또는 약산과 반응시 독성이 강한 포스핀(PH_3, 인화수소)가스를 발생시킨다.
$$Ca_3P_2 + 6H_2O \rightarrow 3Ca(OH)_2 + 2PH_3\uparrow (포스핀)$$
$$Ca_3P_2 + 6HCl \rightarrow 3CaCl_2 + 2PH_3\uparrow (포스핀)$$
• 소화시 주수 및 포소화는 엄금하고 마른모래 등으로 피복소화한다.

31 과염소산칼륨($KClO_4$) : 제1류(산화성고체)
• 무색무취의 사방정계의 백색결정의 강산화제이다.
• 물, 알코올, 에테르에 녹지 않는다.
• 400℃에서 분해시작, 610℃에서 완전분해되어 산소를 방출한다.
$$KClO_4 \xrightarrow[\triangle]{610℃} KCl + 2O_2\uparrow$$
• 진한 황산(c-H_2SO_4)과 접촉시 폭발성가스를 생성하여 위험하다.
• 인(P), 유황(S), 목탄, 금속분, 유기물 등과 혼합시 가열, 충격, 마찰에 의해 폭발한다.

정답   26 ②   27 ②   28 ①   29 ①   30 ②   31 ③

32 과산화바륨의 성질에 대한 설명 중 틀린 것은?

① 고온에서 열분해하여 산소를 발생한다.
② 황산과 반응하여 과산화수소를 만든다.
③ 비중은 약 4.96이다.
④ 온수와 접촉하면 수소가스를 발생한다.

33 지정수량이 200kg인 것은?

① 질산　　　　　② 피크린산
③ 질산메틸　　　④ 과산화벤조일

34 위험물안전관리법령상 위험등급이 나머지 셋과 다른 하나는?

① 알코올류　　　② 제2석유류
③ 제3석유류　　④ 동식물유류

35 연면적이 1000제곱미터이고 지정수량이 80배의 위험물을 취급하며 지반면으로부터 5미터 높이에 위험물 취급설비가 있는 제조소의 소화난이도등급은?

① 소화난이도등급 Ⅰ
② 소화난이도등급 Ⅱ
③ 소화난이도등급 Ⅲ
④ 소화난이도등급 Ⅳ

36 Ca_3P_2, 600kg을 저장하려 한다. 지정수량의 배수는 얼마인가?

① 2배　　　　　② 3배
③ 4배　　　　　④ 5배

37 휘발유에 대한 설명으로 옳지 않은 것은?

① 지정수량은 200리터이다.
② 전기의 불량도체로서 정전기 축적이 용이하다.
③ 원유의 성질·상태·처리방법에 따라 탄화수소의 혼합비율이 다르다.
④ 발화점은 $-43 \sim -20℃$ 이다.

---

32 과산화바륨(BaO_2) : 제1류의 무기과산화물
• 냉수에 약간 녹으나 알코올, 에테르, 아세톤에는 녹지 않는다.
• 열분해 및 온수와 반응시 산소($O_2\uparrow$)를 발생한다.

열분해 : $2BaO_2 \xrightarrow[\triangle]{840℃} 2BaO + O_2\uparrow$

온수와 반응 : $2BaO_2 + 2H_2O \rightarrow 2Ba(OH)_2 + O_2\uparrow$

• 산과 반응시 과산화수소(H_2O_2)를 생성한다.

$BaO_2 + H_2SO_4 \rightarrow BaSO_4 + H_2O_2$

• 테르밋의 점화제로 사용된다.

> **참고** 테르밋 용접 : Al분말 + Fe_2O_3(산화철)분말을 혼합하여
> 3000℃로 가열 용융시켜 용접하는 방법

33 ① 질산(HNO_3) : 제6류 – 300kg
② 피크린산[$C_6H_2OH(NO_2)_3$] : 제5류(니트로화합물) – 200kg
③ 질산메틸(CH_3NO_3) : 제5류(질산에스테르류) – 10kg
④ 과산화벤조일[$(C_6H_5CO)_2O_2$] : 제5류(유기과산화물) – 10kg

34 제4류 위험물(인화성액체)의 위험등급
• 위험 Ⅰ등급 : 특수인화물
• 위험 Ⅱ등급 : 제1석유류, 알코올류
• 위험 Ⅲ등급 : 제2석유류, 제3석유류, 제4석유류, 동식물유류

35 소화난이도등급 Ⅰ에 해당하는 제조소등

제조소 일반 취급소	연면적 1,000㎡ 이상인 것
	지정수량의 100배 이상인 것(고인화점위험물만을 100℃ 미만의 온도에서 취급하는 것 및 제48조의 위험물을 취급하는 것은 제외)
	지반면으로부터 6m 이상의 높이에 위험물 취급설비가 있는 것 (고인화점위험물만을 100℃ 미만의 온도에서 취급하는 것은 제외)
	일반취급소로 사용되는 부분 외의 부분을 갖는 건축물에 설치된 것(내화구조로 개구부 없이 구획 된 것 및 고인화점위험물만을 100℃ 미만의 온도에서 취급하는 것은 제외)

36 Ca_3P_2(인화칼슘, 인화석회) : 제3류(금속의 인화물), 지정수량 300kg

∴ 지정수량의 배수 $= \dfrac{\text{저장수량}}{\text{지정수량}} = \dfrac{600kg}{300kg} = 2$배

37 휘발유(가솔린) : 제4류 제1석유류(비수용성) 지정수량 $200l$
• 인화점 $-43 \sim -20℃$, 발화점 300℃, 연소범위 1.4~7.6%, 증기비중 3~4
• 주성분은 $C_5 \sim C_9$의 포화·불포화탄화수소의 혼합물이다.
• 옥탄가를 높여 연소성 향상을 위해 사에틸납[$(C_2H_5)_4Pb$]을 첨가시켜 오렌지 또는 청색으로 착색한다(노킹현상 억제).
• 소화 : 포(대량일 때), CO_2, 할로겐화합물, 분말 등으로 질식소화한다.

정답 　**32** ④　**33** ②　**34** ①　**35** ①　**36** ①　**37** ④

38 위험물 운반시 동일한 트럭에 제1류 위험물과 함께 적재할 수 있는 유별은? (단, 지정수량의 5배 이상인 경우이다.)

① 제3류 　　　　　② 제4류
③ 제6류 　　　　　④ 없음

39 제4류 위험물 중 제1석유류에 속하는 것은?

① 에틸렌글리콜 　　② 글리세린
③ 아세톤 　　　　　④ n – 부탄올

40 소화난이도 등급 Ⅰ인 옥외탱크저장소에 있어서 제4류 위험물 중 인화점이 섭씨 70도 이상인 것을 저장·취급하는 경우 어느 소화설비를 설치해야 하는가? (단, 지중탱크 또는 해상탱크 외의 것이다.)

① 스프링클러소화설비
② 물분무소화설비
③ 불활성가스소화설비
④ 분말소화설비

41 지정수량의 몇 배 이상의 위험물을 취급하는 제조소에는 화재발생시 이를 알릴 수 있는 경보설비를 설치하여야 하는가?

① 5 　　　　　　　② 10
③ 20 　　　　　　　④ 100

42 고온체의 색깔이 휘적색일 경우의 온도는 약 몇 ℃ 정도인가?

① 500 　　　　　　② 950
③ 1300 　　　　　④ 150

43 다음 중 인화점이 가장 낮은 것은?

① 실린더유 　　　　② 가솔린
③ 벤젠 　　　　　　④ 메틸알코올

38 서로 혼재가능 위험물(꼭 암기 바람)
　• 제1류와 제6류
　• 제4류와 제2류, 제3류
　• 제5류와 제2류, 제4류

39 제4류 위험물(인화성액체)

품명	에틸렌글리콜	글리세린	아세톤	n–부탄올
화학식	$C_2H_4(OH)_2$	$C_3H_5(OH)_3$	CH_3COCH_3	C_4H_9OH
유별	제3석유류	제3석유류	제1석유류	제2석유류

40 소화난이도 등급 Ⅰ의 제조소등에 설치하여야 하는 소화설비

제조소등의 구분			소화설비
옥외탱크저장소	지중탱크 또는 해상탱크 외의 것	유황만을 저장취급하는 것	물분무소화설비
		인화점 70℃ 이상의 제4류 위험물만을 저장·취급하는 것	물분무소화설비 또는 고정식 포소화설비
		그 밖의 것	고정식 포소화설비(포소화설비가 적응성이 없는 경우에는 분말소화설비)
	지중탱크		고정식 포소화설비, 이동식 이외의 불활성가스소화설비 또는 이동식 이외의 할로겐화물소화설비
	해상탱크		고정식 포소화설비, 물분무소화설비, 이동식 이외의 불활성가스소화설비 또는 이동식 이외의 할로겐화물소화설비

41 • 설치대상 : 지정수량의 10배 이상을 저장(취급)하는 것
• 제조소등별로 설치해야 할 경보설비의 종류 : 자동화재탐지설비, 비상경보설비, 확성장치 또는 비상방송설비 중 1종 이상

42 고온체의 색과 온도

색	암적색	적색	황색	휘적색	황적색	백적색	휘백색
온도(℃)	700	850	900	950	1100	1300	1500

43 제4류 위험물의 인화점

구분	실린더유	가솔린	벤젠	메틸알코올
인화점	250℃	−43~−20℃	−11℃	11℃
유별	제4석유류	제1석유류	제1석유류	알코올류

정답　38 ③　39 ③　40 ②　41 ②　42 ②　43 ②

44 질산나트륨 90kg, 유황 70kg, 클로로벤젠 2,000L, 각각의 지정수량의 배수의 총합은?

① 2 　　　　　　② 3
③ 4 　　　　　　④ 5

45 위험물 지하탱크저장소의 탱크전용실 설치 기준으로 틀린 것은?

① 철근콘크리트 구조의 벽은 두께 0.3m 이상으로 한다.
② 지하저장탱크와 탱크전용실의 안쪽과의 사이는 50cm 이상의 간격을 유지한다.
③ 철근콘크리트 구조의 바닥은 두께 0.3m 이상으로 한다.
④ 벽, 바닥 등에 적정한 방수 조치를 강구 한다.

46 'Halon 1301'에서 각 숫자가 나타내는 것을 틀리게 표시한 것은?

① 첫째자리 숫자 '1' – 탄소의 수
② 둘째자리 숫자 '3' – 불소의 수
③ 셋째자리 숫자 '0' – 요오드의 수
④ 넷째자리 숫자 '1' – 브롬의 수

47 연면적 1,000m²이고 외벽이 내화구조인 위험물 취급소의 소화설비 소요단위는 얼마인가?

① 5단위 　　　　② 10단위
③ 20단위 　　　　④ 100단위

48 분말소화약제의 착색 색상으로 옳은 것은?

① $NH_4H_2PO_4$: 담홍색
② $NH_4H_2PO_4$: 백색
③ $KHCO_3$: 담홍색
④ $KHCO_3$: 백색

---

44 · 질산나트륨($NaNO_3$) : 제1류(질산염류), 지정수량 300kg
· 유황(S) : 제2류, 지정수량 100kg
· 클로로벤젠(C_6H_5Cl) : 제4류 제2석유류, 지정수량 1,000l
∴ 지정수량의 배수

$$= \frac{A품목\ 저장수량}{A품목\ 지정수량} + \frac{B품목\ 저장수량}{B품목\ 지정수량} + \cdots$$

$$= \frac{90}{300} + \frac{70}{100} + \frac{2,000}{1,000} = 3배$$

45 지하탱크저장소의 기준
① 탱크전용실은 지하의 가장 가까운 벽, 피트, 가스관 등의 시설물 및 대지경계선으로부터 0.1m 이상 떨어진 곳에 설치하고, 지하 저장탱크와 탱크전용실의 안쪽과의 사이는 0.1m 이상의 간격을 유지하도록 하며, 해당 탱크의 주위에 마른모래 또는 입자지름 5mm 이하의 마른 자갈분을 채워야 한다.
② 지하저장탱크의 윗부분은 지면으로부터 0.6m 이상 아래에 있어야 한다.
③ 지하저장탱크를 2 이상 인접해 설치하는 경우에는 그 상호 간에 1m(해당 2 이상의 지하저장탱크의 용량의 합계가 지정수량의 100배 이하 : 0.5m) 이상의 간격을 유지하여야 한다.
④ 지하저장탱크의 재질은 두께 3.2mm 이상의 강철판으로 할 것
⑤ 탱크전용실의 구조(철근콘크리트구조)
· 벽, 바닥, 뚜껑의 두께 : 0.3m 이상
· 벽, 바닥 및 뚜껑의 재료에 수밀콘크리트를 혼입하거나 벽, 바닥 및 뚜껑의 중간에 아스팔트 층을 만드는 방법으로 적정한 방수조치를 할 것

46 할로겐화합물 소화약제 명명법

Halon　1　3　0　1　[CF_3Br]

탄소(C) 원자수 ┘　　┘└ 브롬(Br) 원자수
불소(F) 원자수 ┘　　└ 염소(Cl) 원자수

47 소요 1단위의 산정방법

건축물	내화구조의 외벽	내화구조가 아닌 외벽
제조소 및 취급소	연면적 100m²	연면적 50m²
저장소	연면적 150m²	연면적 75m²
위험물	지정수량의 10배	

∴ 소요단위 $= \frac{1,000m^2}{100m^2} = 10단위$

48 분말 소화약제

종별	약제명	화학식	색상	적응화재
제1종	탄산수소나트륨	$NaHCO_3$	백색	B, C급
제2종	탄산수소칼륨	$KHCO_3$	담자(회)색	B, C급
제3종	제1인산암모늄	$NH_4H_2PO_4$	담홍색	A, B, C급
제4종	탄산수소칼륨 +요소	$KHCO_3$ +$(NH_2)_2CO$	회색	B, C급

정답 44 ②　45 ②　46 ③　47 ②　48 ①

49 위험물제조소등의 화재예방 등 위험물 안전관리에 관한 직무를 수행하는 위험물안전관리자의 선임시기는?

① 위험물제조소등의 완공검사를 받은 후 즉시
② 위험물제조소등의 허가 신청 전
③ 위험물제조소등의 설치를 마치고 완공검사를 신청하기 전
④ 위험물제조소등에서 위험물을 저장 또는 취급하기 전

50 인화점이 낮은 것부터 높은 순서로 나열된 것은?

① 톨루엔 – 아세톤 – 벤젠
② 아세톤 – 톨루엔 – 벤젠
③ 톨루엔 – 벤젠 – 아세톤
④ 아세톤 – 벤젠 – 톨루엔

51 질산의 수소원자를 알킬기로 치환한 제5류 위험물의 지정수량은?

① 10kg   ② 100kg
③ 200kg   ④ 300kg

52 위험물 옥외저장소에서 지정수량 200배 초과의 위험물을 저장할 경우 보유공지의 너비는 몇 m 이상으로 하여야 하는가? (단, 제4류 위험물과 제6류 위험물이 아닌 경우이다.)

① 0.5   ② 2.5
③ 10   ④ 15

53 주된 연소형태가 표면연소인 것을 옳게 나타낸 것은?

① 중유, 알코올   ② 코크스, 숯
③ 목재, 종이   ④ 석탄, 플라스틱

49 안전관리법 제15조(안전관리자)
- 위험물안전관리자의 선임시기 : 위험물을 저장(취급)하기 전
- 위험물안전관리자 해임 또는 퇴직시 재선임기간 : 30일 이내
- 위험물안전관리자 직무대행기간 : 30일 이내
- 위험물안전관리자 선임신고기간 : 14일 이내에 소방본부장 또는 소방서장에게 신고

50 제4류 위험물의 인화점

품명	아세톤	벤젠	톨루엔
화학식	CH_3COCH_3	C_6H_6	$C_6H_5CH_5$
유별	제1석유류	제1석유류	제1석유류
인화점	$-18°C$	$-11°C$	$4°C$

51
- 질산(HNO_3)의 수소원자를 알킬기($C_nH_{2n+1}-$, $R-$)로 치환된 물질 ⇒ [$R-NO_3$], CH_3NO_3(질산메틸), $C_2H_5NO_2$(질산에틸) 등
- 질산에스테르류 : 질산메틸, 질산에틸, 니트로글리세린, 니트로셀룰로오스
  ∴ 질산에스테르류의 지정수량 : 10kg

52 옥외저장소의 보유공지의 너비

저장 또는 취급하는 위험물의 최대수량	공지의 너비
지정수량의 10배 이하	3m 이상
지정수량의 10배 초과 20배 이하	5m 이상
지정수량의 20배 초과 50배 이하	9m 이상
지정수량의 50배 초과 200배 이하	12m 이상
지정수량의 200배 초과	15m 이상

(다만, 제4류 위험물 중 제4석유류와 제6류 위험물을 저장 또는 취급하는 옥외저장소의 보유공지는 표에 의한 공지의 너비의 3분의 1 이상의 너비로 할 수 있다.)

53 연소의 형태
- 표면연소 : 숯, 코크스, 목탄, 금속분(Al, Zn 등)
- 증발연소 : 파라핀(양초), 황, 나프탈렌, 휘발유, 등유 등의 제4류 위험물
- 분해연소 : 목탄, 종이, 플라스틱, 목재, 중유 등
- 자기연소(내부연소) : 셀룰로이드, 니트로글리세린 등의 제5류 위험물
- 확산연소 : 수소, LPG, LNG등 가연성기체

정답 49 ④   50 ④   51 ①   52 ④   53 ②

54 위험물 제조소에서 화기엄금, 및 화기주의를 표시하는 게시판의 바탕색과 문자색을 옳게 연결한 것은?

① 백색바탕 – 청색문자
② 청색바탕 – 백색문자
③ 적색바탕 – 백색문자
④ 백색바탕 – 적색문자

55 위험물제조소등의 소화설비의 기준에 관한 설명으로 옳은 것은?

① 제조소등 중에서 소화난이도 등급 Ⅰ, Ⅱ 또는 Ⅲ의 어느 것에도 해당하지 않는 것도 있다.
② 옥외탱크저장소의 소화난이도등급을 판단하는 기준 중 탱크의 높이는 기초를 제외한 탱크 측판의 높이를 말한다.
③ 제조소의 소화난이도 등급을 판단하는 기준 중 면적에 관한 기준은 건축물외에 설치된 것에 대해서는 수평 투영면적을 기준으로 한다.
④ 제4류 위험물을 저장·취급하는 제조소 등에도 스프링클러 소화설비가 적응성이 인정되는 경우가 있으며 이는 수원의 수량을 기준으로 판단한다.

56 옥내저장소의 안전거리 기준을 적용하지 않을 수 있는 조건으로 틀린 것은?

① 지정수량의 20배 미만의 제4석유류를 저장하는 경우
② 제6류 위험물을 저장하는 경우
③ 지정수량의 20배 미만의 동식물유류를 저장하는 경우
④ 지정수량의 20배 이하를 저장하는 것으로 창에 망입유리를 설치할 것

54 • 게시판 : 백색바탕 – 흑색문자
• 화기엄금, 화기주의 : 적색바탕 – 백색문자
• 물기엄금 : 청색바탕 – 백색문자
※ 크기 : 한변의 길이가 0.3m 이상, 다른 한변의 길이가 0.6m 이상

55 ② 기초 높이를 제외한 → 지반면으로부터
③ 수평 투영면적 → 연면적
④ 수원의 수량 → 살수밀도

56 옥내저장소의 안전거리 기준 적용예외 대상 위험물
• 제4석유류 또는 동식물유류의 지정수량 20배 미만 저장 취급하는 것
• 제6류 위험물을 저장, 취급하는 옥내 저장소

정답 54 ③ 55 ① 56 ④

57 위험물 안전관리법령에서 정한 위험물의 운반에 관한 설명으로 옳은 것은?

① 위험물을 화물차량으로 운반하면 특별히 규제받지 않는다.

② 승용차량으로 위험물을 운반할 경우에만 운반의 규제를 받는다.

③ 지정수량 이상의 위험물을 운반할 경우에만 운반의 규제를 받는다.

④ 위험물을 운반할 경우 그 양의 다소를 불문하고 운반의 규제를 받는다.

58 옥내저장창고의 바닥을 물이 스며나오거나 스며들지 아니하는 구조로 해야 하는 위험물은?

① 과염소산칼륨

② 니트로셀룰로오스

③ 적린

④ 트리에틸알루미늄

59 탄화칼슘의 취급방법에 대한 설명으로 옳지 않은 것은?

① 물, 습기와의 접촉을 피한다.

② 건조한 장소에 밀봉·밀전하여 보관한다.

③ 습기와 작용하여 다량의 메탄이 발생하므로 저장 중에 메탄가스의 발생 유무를 조사한다.

④ 저장용기에 질소가스 등 불활성 가스를 충전하여 저장한다.

60 비중은 약 2.5이며 무취이고 알코올, 물에 잘 녹고 조해성이 있으며 산과 반응하여 유독한 ClO_2를 발생하는 위험물은?

① 염소산칼륨

② 과염소산암모늄

③ 염소산나트륨

④ 과염소산칼륨

---

57 위험물을 운반할 경우 그 양의 다소를 불문하고 운반의 규제를 받는다.

58 ① 과염소산칼륨 : 제1류(산화성고체)

② 니트로셀룰로오스 : 제5류(자기반응성물질)

③ 적린 : 제2류(가연성고체)

④ 트리에틸알루미늄 : 제3류(자연발화성, 금수성)는 물과 반응 시 가연성가스인 에탄(C_2H_6)을 발생한다(소화 시 : 팽창질석, 팽창진주암 사용).

$(C_2H_5)_3Al + 3H_2O \rightarrow Al(OH)_3 + 3C_2H_6 \uparrow$ (주수소화엄금)

> ※ 옥내저장창고 바닥에 물의 침투를 막는 구조로 해야 할 위험물
> • 제1류 위험물 중 알칼리금속의 과산화물
> • 제2류 위험물 중 철분, 금속분, 마그네슘
> • 제3류 위험물 중 금수성물질
> • 제4류 위험물 : 액상의 위험물의 저장창고의 바닥은 위험물이 스며들지 아니하는 구조로 하고, 적당하게 경사지게 하여 그 최저부에 집유설비를 하여야 한다.

59 탄화칼슘(CaC_2, 카바이트) : 제3류(금수성물질)

• 회백색의 불규칙한 괴상의 고체이다.

• 물과 반응하여 수산화칼슘[$Ca(OH)_2$]과 아세틸렌(C_2H_2)가스를 발생한다.

$CaC_2 + 2H_2O \rightarrow Ca(OH)_2 + C_2H_2 \uparrow$

• 고온(700℃ 이상)에서 질소(N_2)와 반응하여 석회질소($CaCN_2$)를 생성한다(질화반응).

$CaC_2 + N_2 \rightarrow CaCN_2 + C \uparrow$

• 장기보관 시 용기 내에 불연성가스(N_2 등)를 봉입하여 저장한다.

• 소화 : 마른 모래 등으로 피복소화한다(주수 및 포는 절대엄금).

> 참고 아세틸렌(C_2H_2)
> • 폭발범위(연소범위)가 매우 넓다(2.5~81%)
> • 금속(Cu, Ag, Hg)과 반응 시 폭발성인 금속아세틸라이드와 수소(H_2)를 발생한다.
> $C_2H_2 + 2Cu \rightarrow Cu_2C_2$ (동아세틸라이드 : 폭발성) $+ H_2 \uparrow$

60 염소산나트륨($NaClO_3$) : 제1류 위험물(산화성고체)

• 알코올, 물, 에테르, 글리세린에 잘 녹는다.

• 조해성이 크고 철제를 부식시키므로 철제용기는 사용을 금한다.

• 열분해하여 산소를 발생한다.

$2NaClO_3 \xrightarrow[\triangle]{300℃} 2NaCl + 3O_2 \uparrow$

• 산과 반응하여 독성과 폭발성이 강한 이산화염소(ClO_2)를 발생한다.

$2NaClO_3 + 2HCl \rightarrow 2NaCl + 2ClO_2 \uparrow + H_2O_2$

정답 57 ④   58 ④   59 ③   60 ③

01 옥내소화전의 개폐밸브, 호스 접속구는 바닥으로부터 몇 m 이하의 높이에 설치하여야 하는가?

① 0.5m
② 1m
③ 1.5m
④ 1.8m

02 이송취급소의 배관이 하천을 횡단하는 경우 하천 밑에 매설하는 배관의 외면과 계획하상(계획하상이 최심하상보다 높은 경우에는 최심하상)과의 거리는?

① 1.2m 이상
② 2.5m 이상
③ 3.0m 이상
④ 4.0m 이상

03 다음 중 발화점이 달라지는 요인으로 가장 거리가 먼 것은?

① 가연성가스와 공기의 조성비
② 발화를 일으키는 공간의 형태와 크기
③ 가열속도와 가열시간
④ 가열도구의 내구연한

04 가연물이 연소할 때 공기 중의 산소농도를 떨어뜨려 연소를 중단시키는 소화방법은?

① 제거소화
② 질식소화
③ 냉각소화
④ 억제소화

05 위험물 취급소의 건축물은 외벽이 내화구조인 경우 연면적 몇 m²를 1소요단위로 하는가?

① 50
② 100
③ 150
④ 200

해설·정답 확인하기

01 옥내소화전설비의 설치기준
- 개폐밸브, 호스접속구의 높이 : 바닥으로부터 1.5m 이하
- 옥내소화전함이 상부의 벽면에 적색표시등 설치, 표시등의 부착면과 15° 이상의 각도가 되는 방향으로 10m 이상 떨어진 곳에서 식별이 가능할 것
- 비상전원의 용량 : 45분 이상 작동 가능할 것
- 주배관의 입상관의 직경 : 50mm 이상

수평거리	방사량	방사압력	수원의 양(Q : m³)
25m 이하	260(l/min) 이상	0.35MPa 이상	Q=N(소화전개수 : 최대 5개)×7.8m³ (260l/min×30min)

02 시행규칙 별표15(이송취급소의 배관설치 기준)
하천 또는 수로의 밑에 배관을 매설하는 경우에는 배관의 외면과 계획하상(계획하상이 최심하상보다 높은 경우에는 최심하상)과의 거리는 다음의 규정에 의한 거리 이상으로 할 것
① 하천을 횡단하는 경우 : 4.0m
② 수로를 횡단하는 경우
- 하수도(상부가 개방되는 구조로 된 것)또는 운하 : 2.5m
- 수로에 해당되지 아니하는 좁은 수로(용수로는 제외) : 1.2m

04 공기 중의 산소농도 21%를 15% 이하로 떨어뜨리면 질식효과가 나타난다.

05 소요1단위의 산정방법

건축물	내화구조의 외벽	내화구조가 아닌 외벽
제조소 및 취급소	연면적 100m²	연면적 50m²
저장소	연면적 150m²	연면적 75m²
위험물	지정수량의 10배	

정답 01 ③ 02 ④ 03 ④ 04 ② 05 ②

06 인화점이 70℃ 이상인 제4류 위험물을 저장·취급하는 소화난이도 등급 Ⅰ의 옥외탱크저장소(지중탱크 또는 해상탱크 외의 것)에 설치하는 소화설비는?

① 스프링클러 소화설비
② 물분무 소화설비
③ 간이 소화설비
④ 분말 소화설비

07 물을 소화약제로 사용하는 가장 큰 이유는?

① 기화잠열이 크므로
② 부촉매효과가 있으므로
③ 환원성이 있으므로
④ 기화하기 쉬우므로

08 위험물 취급소의 건축물 연면적이 500m²인 경우 소요단위는? (단, 외벽은 내화구조이다.)

① 2단위 ② 5단위
③ 10단위 ④ 50단위

09 다음 중 주수소화를 하면 위험성이 증가하는 것은?

① 과산화칼륨 ② 과망간산칼륨
③ 과염소산칼륨 ④ 브롬산칼륨

10 위험물안전관리법령상 이산화탄소 소화기가 적응성이 있는 위험물은?

① 트리니트로톨루엔
② 과산화나트륨
③ 철분
④ 인화성고체

11 제4류 위험물의 소화방법에 대한 설명 중 틀린 것은?

① 공기차단에 의한 질식소화가 효과적이다.
② 물분무소화도 적응성이 있다.
③ 수용성인 가연성액체의 화재에는 수성막포에 의한 소화가 효과적이다.
④ 비중이 물보다 작은 위험물의 경우 주수소화는 효과가 떨어진다.

---

06 옥외탱크저장소(소화난이도 Ⅰ등급)

제조소등의 구분		소화설비
지중탱크 또는 해상탱크 외의 것	유황만을 저장, 취급하는 것	물분무 소화설비
	인화점 70℃ 이상의 제4류 위험물만을 저장, 취급하는 것	물분무 소화설비 또는 고정식 포 소화설비
	그 밖의 것	고정식 포 소화설비(포 소화설비가 적응성이 없는 경우에는 분말 소화설비)

07 물의 기화잠열이 539kcal/kg로 가장 크다.

08 외벽이 내화구조인 건축물의 1소요단위 : 100m²

$$\therefore \frac{500m^2}{100m^2} = 5단위$$

09 과산화칼륨(K_2O_2) : 제1류(산화성고체)중 무기과산화물
- 물 또는 이산화탄소와 반응시 산소($O_2 \uparrow$)를 발생시킨다.
  $2K_2O_2 + 2H_2O \rightarrow 4KOH + O_2 \uparrow$ (주소소화 엄금)
  $2K_2O_2 + 2CO_2 \rightarrow 2K_2CO_3 + O_2 \uparrow$ (CO_2 소화 효과 없음)
- 산과 반응하여 과산화수소(H_2O_2)를 생성한다.
  $K_2O_2 + 2HCl \rightarrow 2KCl + H_2O_2$

> **참고**
> - 무기과산화물 + ┌ 물(H_2O) ┐ ⇒ 산소($O_2 \uparrow$) 발생
>   └ 이산화탄소(CO_2) ┘
> - 무기과산화물 + 산 ⇒ 과산화수소(H_2O_2) 생성

10 이산화탄소 소화기 적응성 화재 : 전기화재, 제2류(가연성고체, 인화성고체), 제4류(인화성액체)등의 질식효과이다.

11 • 제4류(인화성액체) 중 수용성액체는 내알코올용포를 사용한다.
- 포 소화약제 중 단백포, 수성막포, 합성계면 활성제포는 소포성 때문에 사용하지 못한다.

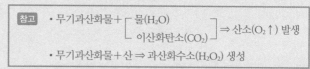

정답 06 ②   07 ①   08 ②   09 ①   10 ④   11 ③

12 위험물안전관리법령상 제5류 위험물 중 질산에스테르류에 해당하는 것은?

① 니트로벤젠
② 니트로셀룰로오스
③ 트리니트로페놀
④ 트리니트로톨루엔

13 위험물안전관리법령에 따른 질산에 대한 설명으로 틀린 것은?

① 지정수량의 300kg이다.
② 위험등급은 I이다.
③ 농도가 36wt% 이상인 것에 한하여 위험물로 간주된다.
④ 운반 시 제1류 위험물과 혼재할 수 있다.

14 황린과 적린의 성질에 대한 설명으로 가장 거리가 먼 것은?

① 황린과 적린은 이황화탄소에 녹는다.
② 황린과 적린은 물에 불용이다.
③ 적린은 황린에 비하여 화학적으로 활성이 작다.
④ 황린과 적린을 각각 연소시키면 P_2O_5이 생성된다.

15 다음 위험물 중 물에 가장 잘 녹는 것은?

① 적린 　　　　② 황
③ 벤젠 　　　　④ 아세톤

16 분말 소화설비에서 분말 소화약제의 가압용 가스로 사용하는 것은?

① CO_2 　　　　② He
③ CCl_4 　　　　④ Cl_2

17 분말소화약제의 착색된 색상으로 틀린 것은?

① $KHCO_3 + (NH_2)_2CO$: 회색
② $NH_4H_2PO_4$: 담홍색
③ $KHCO_3$: 담회색
④ $NaHCO_3$: 황색

---

12 • 니트로벤젠 : 제4류 3석유류
• 니트로셀룰로오스 : 제5류 질산에스테르류
• 트리니트로페놀과 트리니트로톨루엔 : 제5류 니트로화합물

13 질산(HNO_3) : 제6류 위험물(산화성액체)
• 비중 1.49 이상인 것에 한하여 위험물로 간주한다.
• 강산으로 직사광선에 의해 분해시 적갈색의 이산화질소(NO_2)를 발생시킨다.

$$4HNO_3 \rightarrow 2H_2O \rightarrow 4NO_2\uparrow + O_2\uparrow$$

• 단백질과 반응시 노란색으로 변한다(크산토프로테인반응 : 단백질 검출반응).
• 저장시 직사광선을 피하고 갈색병의 냉암소에 보관한다.
※ 과산화수소(H_2O_2) : 농도가 36wt% 이상인 것만 위험물에 해당된다.

14 황린과 적린의 비교

구분	황린(P_4) : 제3류	적린(P) : 제2류
외관 및 형상	백색 또는 담황색 고체	암적색 분말
냄새	마늘냄새	없음
독성	맹독성	없음
공기 중 자연발화	자연발화(40~50℃)	약 260℃
발화점	약 34℃	약 260℃
CS_2에 대한 용해성	녹음	녹지 않음
연소 시 생성물(동소체)	P_2O_5	P_2O_5
저장(보호액)	물속	−
용도	적린제조, 농약	성냥, 화약

15 아세톤(CH_3COCH_3) : 제4류의 제1석유류(수용성)
• 인화점 −18℃, 발화점 538℃, 비중 0.79
• 무색 독특한 냄새나는 휘발성액체로 보관 중 황색으로 변색한다.
• 물, 알코올, 에테르, 가솔린 등에 잘 녹는다.
• 탈지작용, 요오드포름반응, 아세틸렌용제에 사용한다.
• 직사광선에 의해 과산화물을 생성한다.
• 소화 : 알코올포, 다량의 주수로 희석 소화한다.

16 분말소화약제의 가압용 및 축압용가스 : 질소(N_2) 또는 이산화탄소(CO_2)

17

종별	약제명	화학식	색상	적응화재
제1종	탄산수소나트륨	$NaHCO_3$	백색	B, C급
제2종	탄산수소칼륨	$KHCO_3$	담자(회)색	B, C급
제3종	제1인산암모늄	$NH_4H_2PO_4$	담홍색	A, B, C급
제4종	탄산수소칼륨+요소	$KHCO_3$ +$(NH_2)_2CO$	회색	B, C급

18 폭굉유도거리(DID)가 짧아지는 요건에 해당되지 않는 것은?

① 정상 연소속도가 혼합가스일 경우
② 관속에 방해물이 없거나 관경이 큰 경우
③ 압력이 높을 경우
④ 점화원 에너지가 클수록

19 오황화린의 저장 및 취급방법으로 틀린 것은?

① 산화제와의 접촉을 피한다.
② 물속에 밀봉하여 저장한다.
③ 불꽃과의 접근이나 가열을 피한다.
④ 용기의 파손, 위험물의 누출에 유의한다.

20 위험물안전관리법령에 따라 관계인이 예방규정을 정하여야 할 옥외탱크저장소에 저장되는 위험물의 지정수량 배수는?

① 100배 이상
② 150배 이상
③ 200배 이상
④ 250배 이상

21 위험물안전관리법령에서 정한 다음의 소화설비 중 능력단위가 가장 큰 것은?

① 팽창진주암 160L(삽 1개 포함)
② 수조 80L(소화전용 물통 3개 포함)
③ 마른 모래 50L(삽 1개 포함)
④ 팽창질석 160L(삽 1개 포함)

22 물분무소화설비의 방사구역은 몇 m² 이상이어야 하는가? (단, 방호대상물의 표면적이 300m²이다.)

① 100m²   ② 150m²
③ 300m²   ④ 450m²

18 폭굉유도거리(DID)가 짧아지는 경우
• 정상 연소속도가 큰 혼합가스일수록
• 압력이 높을수록
• 관속에 방해물이 있거나 관경이 가늘수록
• 점화원 에너지가 클수록

19 • 황화린(제2류, 가연성고체) : 삼황화린(P_4S_3), 오황화린(P_2S_5), 칠황화린(P_4S_7)
• 오황화린은 물 또는 알칼리반응하여 인산과 유독성기체인 황화수소를 발생한다.

$$P_2S_5 + 8H_2O \rightarrow 2H_3PO_4 + 5H_2S\uparrow$$
(오황화린) (물)   (인산)   (황화수소)

20 예방규정을 정하여야 하는 제조소등
• 지정수량의 10배 이상의 위험물을 취급하는 제조소, 일반취급소
• 지정수량의 100배 이상의 위험물을 저장하는 옥외저장소
• 지정수량의 150배 이상의 위험물을 저장하는 옥내저장소
• 지정수량의 200배 이상의 위험물을 저장하는 옥외탱크저장소
• 암반탱크저장소
• 이송취급소

21 간이 소화용구의 능력단위

소화설비	용량	능력단위
소화전용 물통	8l	0.3
수조(소화전용 물통 3개 포함)	80l	1.5
수조(소화전용 물통 6개 포함)	190l	2.5
마른 모래(삽 1개 포함)	50l	0.5
팽창질석 또는 팽창진주암(삽 1개 포함)	160l	1.0

22 물분무소화설비의 방사고역은 150m² 이상(방호대상물의 바닥면적이 150m² 미만인 경우에는 그 바닥면적)으로 해야 한다.

정답 18 ②   19 ②   20 ③   21 ②   22 ②

23 경유 2,000L, 글리세린 2,000L를 같은 장소에 저장하려고 한다. 지정수량 배수의 합은 얼마인가?

① 2.5   ② 3.0
③ 3.5   ④ 4.0

24 위험물에 대한 설명으로 옳은 것은?

① 칼륨은 수은과 격렬하게 반응하며 가열하면 청색의 불꽃을 내며 연소하고 전기의 부도체이다.
② 나트륨은 액체 암모니아와 반응하여 수소를 발생하고 공기 중 연소 시 황색 불꽃을 발생한다.
③ 칼슘은 보호액인 물속에 저장하고 알코올과 반응하여 수소를 발생한다.
④ 리튬은 고온의 물과 격렬하게 반응하여 산소를 발생한다.

25 과산화나트륨 78g과 물이 반응하여 생성되는 기체의 종류와 생성량을 옳게 나타낸 것은?

① 수소, 1g   ② 산소, 16g
③ 수소, 2g   ④ 산소, 32g

26 금속분의 화재 시 주수해서는 안 되는 이유로 가장 옳은 것은?

① 산소가 발생하기 때문에
② 수소가 발생하기 때문에
③ 질소가 발생하기 때문에
④ 유독가스가 발생하기 때문에

27 과망간산칼륨의 위험성에 대한 설명 중 틀린 것은?

① 진한 황산과 접촉하면 폭발적으로 반응한다.
② 알코올, 에테르, 글리세린 등 유기물과 접촉을 금한다.
③ 가열하면 약 60℃에서 분해하여 수소를 방출한다.
④ 목탄, 황과 접촉 시 충격에 의해 폭발할 위험성이 있다.

---

23 제4류 위험물의 지정수량
• 경유 : 제2석유류(비수용성) — 1000l
• 글리세린 : 제3석유류(수용성) — 4000l
∴ 지정수량 배수의 합

$$= \frac{A품목의\ 저장수량}{A품목의\ 지정수량} + \frac{B품목의\ 저장수량}{B품목의\ 지정수량}$$

$$= \frac{2,000l}{1,000l} + \frac{2,000l}{100kg} = 2.5배$$

24 • 칼륨은 수은과 격렬하게 반응하며 가열하면 보라색의 불꽃을 내며 연소하는 전기의 양도체이다.
• 칼슘은 물 또는 알코올과 반응하여 수소를 발생한다.
$$Ca + 2H_2O \rightarrow Ca(OH)_2 + H_2 \uparrow$$
$$Ca + 2C_2H_5OH \rightarrow (C_2H_5O)_2Ca + H_2 \uparrow$$
• 리튬은 고온의 물과 격렬하게 반응하여 수소를 발생한다.
$$2Li + 2H_2O \rightarrow 2LiOH + H_2 \uparrow$$

※ 금속의 불꽃반응색상

구분	칼륨(K)	나트륨(Na)	칼슘(Ca)	리튬(Li)
불꽃색상	보라색	노란색	주황색	적색

25 과산화나트륨(Na_2O_2) : 제1류의 무기과산화물(산화성고체)
• 물과 반응하여 수산화나트륨(NaOH)과 산소($O_2 \uparrow$)를 발생한다.
$$2Na_2O_2 + 2H_2O \rightarrow 4NaOH + O_2$$
$$2 \times 78g \quad\quad : \quad\quad 32g$$
$$78g \quad\quad : \quad\quad x$$

$$\therefore x = \frac{78 \times 32}{2 \times 78} = 16g(O_2)$$

┌ Na_2O_2의 분자량 : $13 \times 2 + 16 \times 2 = 78$ ┐
└ O_2의 분자량 : $16 \times 2 = 32$ ┘

26 • 금속분(제2류 위험물, 금수성)은 물과 반응시 가연성가스인 수소($H_2 \uparrow$)기체를 발생하기 때문에(수소폭발범위 : 4~75%)
• 소화시 주수소화는 절대엄금하고 건조사 등으로 피복소화한다.

27 과망간산칼륨($KMnO_4$) : 제1류(산화성고체)
• 흑자색 주상결정으로 강한 산화력과 살균력이 있다.
• 물, 알코올에 녹아 진한 보라색을 나타낸다.
• 에테르, 알코올, 글리세린 등 유기물과 접촉시 발화폭발 위험성이 있다.
• 진한 황산과 접촉시 폭발적으로 반응한다.
$$2KMnO_4 + H_2SO_4 \rightarrow K_2SO_4 + 2HMnO_4(폭발적 반응)$$
• 240℃로 가열분해시 산소($O_2 \uparrow$)기체를 발생시킨다.
$$2KMnO_4 \rightarrow K_2MnO_4 + MnO_2 + O_2 \uparrow$$
(과망간산칼륨) (망간산칼륨) (이산화망간) (산소)
• 가연물질인 목탄, 황 등과 접촉시 가열, 충격, 마찰에 의해 폭발할 위험성이 있다.

정답   **23** ①   **24** ②   **25** ②   **26** ②   **27** ③

28 다음 위험물 중 발화점이 가장 낮은 것은?

① 피크린산
② TNT
③ 과산화벤조일
④ 니트로셀룰로오스

29 질산메틸에 대한 설명 중 틀린 것은?

① 액체형태이다.
② 물보다 무겁다.
③ 알코올에 녹는다.
④ 증기는 공기보다 무겁다.

30 다음 중 제4류 위험물의 화재에 적응성이 없는 소화기는?

① 포소화기
② 봉상수 소화기
③ 인산염류 소화기
④ 이산화탄소소화기

31 위험물안전관리법령상 제4류 위험물을 지정수량의 3천배 초과 4천배 이하로 저장하는 옥외탱크 저장소의 보유공지는 얼마인가?

① 6m 이상
② 9m 이상
③ 12m 이상
④ 15m 이상

32 다음은 어떤 화합물의 구조식인가?

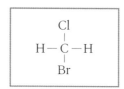

① 할론 1301
② 할론 1201
③ 할론 1011
④ 할론 2402

---

28 제5류 위험물(자기반응성물질)의 발화점

구분	피크린산	TNT	과산화벤조일	니트로셀룰로오스
품명	니트로화합물	니트로화합물	유기과산화물	질산에스테르류
발화점	300℃	300℃	125℃	160~170℃

29 질산메틸(CH_3NO_3) : 제5류의 질산에스테르류
• 무색투명한 액체로서 단맛이 난다.
• 비중 1.2, 비점 66℃, 분자량 77
• 증기비중 = $\dfrac{분자량}{공기의\ 평균\ 분자량(29)} = \dfrac{77}{29} = 2.66$

30 제4류(인화성액체), B급(유류화재)
• 석유류의 비수용성 화재시 봉상주수(옥내, 옥외)나 적상주수(스프링클러설비)하면 석유류의 비중이 물보다 가벼워 물위에 떠서 연소면을 확대할 우려가 있다.
• 적응성있는 소화약제 : 물분무, 포소화약제, 분말, 이산화탄소, 할로겐화합물등의 소화약제

31 옥외탱크저장소의 보유공지

저장 또는 취급하는 위험물의 최대수량	공지의 너비
지정수량의 500배 이하	3m 이상
지정수량의 500배 초과 1,000배 이하	5m 이상
지정수량의 1,000배 초과 2,000배 이하	9m 이상
지정수량의 2,000배 초과 3,000배 이하	12m 이상
지정수량의 3,000배 초과 4,000배 이하	15m 이상
지정수량의 4,000배 초과	당해 탱크의 수평단면의 최대지름(횡형인 경우는 긴변)과 높이 중 큰 것과 같은 거리 이상(단, 30m 초과의 경우 30m 이상으로, 15m 미만의 경우 15m 이상으로 할 것)

32 • 할로겐화합물 소화약제

품명	할론 1301	할론 1201	할론 1011	할론 2402
화학식	CF_3Br	CHF_2Br	CH_2ClBr	$C_2F_4Br_2$

• 할로겐 소화약제 명명법

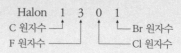

33 다음은 위험물안전관리법령에 따른 판매취급소에 대한 정의이다. ( )에 알맞은 말은?

> 판매취급소라 함은 점포에서 위험물을 용기에 담아 판매하기 위해서 지정수량의 (㉮)배 이하의 위험물을 (㉯)하는 장소

① ㉮ 20 ㉯ 취급 ② ㉮ 40 ㉯ 취급
③ ㉮ 20 ㉯ 저장 ④ ㉮ 40 ㉯ 저장

34 삼황화린의 연소생성물을 옳게 나열한 것은?

① P_2O_5, SO_2 ② P_2O_5, H_2S
③ H_3PO_4, SO_2 ④ H_3PO_4, H_2S

35 다음 중 황 분말과 혼합했을 때 가열 또는 충격에 의해서 폭발할 위험이 가장 높은 것은?

① 질산암모늄 ② 물
③ 이산화탄소 ④ 마른 모래

36 위험물안전관리법령에서 정한 소화설비의 설치기준에 따라 다음 ( )에 알맞은 숫자를 차례대로 나타낸 것은?

> 제조소 등에 전기설비(전기배선, 조명기구등은 제외한다)가 설치된 경우에는 당해 장소의 면적 ( )m² 마다 소형수동기소화기를 ( )개 이상 설치할 것

① 50, 1 ② 50, 2
③ 100, 1 ④ 100, 2

37 위험물안전관리법령상 개방형 스프링클러헤드를 이용한 스프링클러설비에서 수동식 개방밸브를 개방 조작하는 데 필요한 힘은 얼마 이하가 되도록 설치하여야 하는가?

① 5kg ② 10kg
③ 15kg ④ 20kg

---

33 1. 판매취급소의 구분
- 제1종 판매 취급소 : 위험물을 지정수량 20배 이하 취급소
- 제2종 판매 취급소 : 위험물을 지정수량 40배 이하 취급소

2. 위험물 배합실의 기준
- 바닥면적은 6m² 이상 15m² 이하일 것
- 내화구조로 된 벽으로 구획할 것
- 바닥은 위험물이 침투하지 아니하는 구조로 하여 적당한 경사를 두고 집유설비를 할 것
- 출입구에는 수시로 열 수 있는 자동폐쇄식의 갑종방화문을 설치할 것
- 출입구 문턱의 높이는 바닥면으로부터 0.1m 이상으로 할 것
- 내부에 체류한 가연성의 증기 또는 가연성의 미분을 지붕위로 방출하는 설비를 할 것

34 삼황화린(P_4S_3) : 제2류의 황과 인화합물
- 황색의 결정으로 연소시 오산화인(P_2O_5)과 이산화황($SO_2\uparrow$)을 발생한다.
  $$P_4S_3 + O_2 \rightarrow 2P_2O_5 + 3SO_2\uparrow$$
- 물, 염산, 황산에 녹지 않고 질산, 알칼리, 이황화탄소에 녹는다.

35 질산암모늄(NH_4NO_3) : 제1류의 질산염류
- 무색, 무취결정으로 조해성, 흡습성이 강하다.
- 가연성물질인 황 분말, 유기물과 혼합하여 가열하면 폭발할 위험이 있다.
- 가열시 산소(O_2)를 발생하며, 충격을 주면 단독으로 분해 폭발한다.
  $$2NH_4NO_3 \rightarrow 4H_2O + 2N_2\uparrow + O_2\uparrow$$
- 물에 용해시 흡열반응을 하며 열흡수로 인해 한제로 사용한다.
- 혼합화약원료로 사용된다.
  AN-FO폭약의 기폭제＝NH_4NO_3＋경유

36 전기설비의 소화설비
- 제조소 등에 전기설비(전기배선, 조명기구 등은 제외)가 설치된 경우 : 면적 100m² 마다 소형소화기를 1개 이상 설치할 것

36 일제 개방밸브 또는 수동식 개방밸브 설치기준
- 설치높이 : 바닥면으로부터 1.5m 이하
- 설치위치 : 방수구역마다
- 작동압력 : 최고사용압력이하
- 수동식 개방밸브 조작하는 힘 : 15kg 이하
- 2차측 배관부분에는 당해 방수구역에 방수하지 않고 당해밸브의 작동을 시험할 수 있는 장치를 설치할 것

38 제조소의 옥외에 모두 3기의 휘발류 취급탱크를 설치하고 그 주위에 방유제를 설치하고자 한다. 방유제 안에 설치하는 각 취급탱크의 용량이 5만L, 3만L, 2만L 일 때 필요한 방유제의 용량은 몇 L 이상인가?

① 66000 ② 60000
③ 33000 ④ 30000

39 위험물안전관리법령상 주유취급소에서의 위험물 취급기준으로 옳지 않은 것은?

① 자동차에 주유할 때에는 고정주유설비를 이용하여 직접 주유할 것
② 자동차에 경유 위험물을 주유할 때에는 자동차의 원동기를 반드시 정지시킬 것
③ 고정주유설비에는 당해 주유설비에 접속할 전용탱크 또는 간이탱크의 배관외의 것을 통하여서는 위험물을 공급하지 아니할 것
④ 고정주유설비에 접속하는 탱크에 위험물을 주입할 때에는 당해 탱크에 접속된 고정주유설비의 사용을 중지할 것

40 수용성 가연성물질의 화재시 다량의 물을 방사하여 가연물질의 농도를 연소농도 이하가 되도록 하여 소화시키는 것은 무슨 소화원리인가?

① 제거소화 ② 촉매소화
③ 희석소화 ④ 억제소화

41 주유취급소의 직원 외의 자가 출입하는 부분의 면적의 합은 1,000m²를 초과할 수 없다. 여기서 출입하는 부분에 해당하지 않는 것은?

① 주유취급소 업무를 행하기 위한 사무소
② 자동차 등의 점검 및 간이정비를 위한 작업장
③ 자동차 등의 세정을 위한 작업장
④ 주유취급소에 출입하는 사람을 대상으로 한 점포·휴게음식점 또는 전시장

38

> **참고** 위험물 제조소의 옥외에 있는 위험물 취급 탱크의 방유제의 용량
> • 탱크 1기일 때 : 탱크용량×0.5[50%]
> • 탱크 2기 이상일 때 : 최대탱크용량×0.5＋(나머지 탱크 용량 합계×0.1[10%]

옥외에서 취급탱크가 2기 이상이므로

$$\therefore \text{방유제용량} = (50{,}000l \times 0.5) + (30{,}000l \times 0.1)$$
$$+ (20{,}000l \times 0.1)$$
$$= 30{,}000l$$

39 경유 : 제4류 제2석유류로 인화점이 50~70℃로 40℃ 미만의 위험물을 주유할 때 원동기 정지를 시키기 때문에 적용이 안된다.

※ 주유취급소·판매취급소·이송취급소 또는 이동탱크저장의 위험물 취급기준
  ① 자동차 등에 주유할 때에는 고정주유설비를 사용하여 직접 주유할 것
  ② 자동차 등에 인화점 40℃ 미만의 위험물을 주유할 때에는 자동차 등의 원동기를 정지시킬 것
  ③ 고정주유설비 또는 고정급유설비에 접속하는 탱크에 위험물을 주입할 때에는 당해 탱크에 접속된 고정주유설비 또는 고정급유설비의 사용을 중지하고, 자동차 등을 당해 탱크의 주입구에 접근시키지 아니할 것
  ④ 고정주유설비 또는 고정급유설비에는 당해 주유설비에 접속한 전용탱크 또는 간이탱크의 배관외의 것을 통하여서는 위험물을 공급하지 아니할 것
  ⑤ 주유원 간이대기실 내에서는 화기를 사용하지 아니할 것

40 • 제거소화 : 가연성물질을 제거시켜 소화하는 방법
• 억제소화(부촉매소화) : 연소반응에서 연쇄반응속도를 느리게 하는 방법(할로겐화합물 소화약제)
• 희석소화 : 수용성 가연성물질의 농도를 다량의 물로서 희석시켜 연소농도 이하로 하여 소화하는 방법(수용성 인화성 액체에 적용)
• 냉각소화 : 물의 증발잠열을 이용하여 가연성물질의 발화점 이하로 냉각시키는 소화방법
  (물의 증발잠열 : 539kcal/kg)
• 질식소화 : 공기중에 산소농도 21%를 15% 이하로 감소시켜 소화하는 방법
  (질식소화시 산소농도 : 10~15%)
• 피복소화 : 가연물의 주위를 마른 모래 등으로 덮어 공기와 접촉을 차단시키는 방법

41 주유취급소의 직원 외의 자가 출입하는 다음의 부분의 면적의 합은 1,000m²를 초과할 수 없다.
• 주유취급소 업무를 행하기 위한 사무소
• 자동차 등의 점검 및 간이정비를 위한 작업장
• 주유취급소에 출입하는 사람을 대상으로 한 점포·휴게음식점 또는 전시장

정답 38 ④ 39 ② 40 ③ 41 ③

42 다음과 같이 횡으로 설치한 원통형 위험물탱크에 대하여 탱크의 용량을 구하면 약 몇 m³인가? (단, 공간용적은 탱크 내용적의 100분의 5로 한다.)

 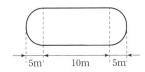

① 52.4m³   ② 261.6m³

③ 994.8m³   ④ 1047.5m³

43 지하탱크저장소에서 인접한 2개의 지하저장탱크 용량의 합계가 지정수량의 100배일 경우 탱크 상호간의 최소거리는?

① 0.1m   ② 0.3m

③ 0.5m   ④ 1m

44 다음 중 이동저장탱크에 저장할 때 접지도선을 설치해야 하는 위험물의 품명이 아닌 것은?

① 특수인화물   ② 제1석유류

③ 알코올류   ④ 제2석유류

45 전기불꽃에 의한 에너지식을 바르게 나타낸 것은 무엇인가? (단, E는 전기불꽃에너지, C는 전기용량, Q는 전기량, V는 방전전압이다.

① $E=\frac{1}{2}QV$ ② $E=\frac{1}{2}QV^2$

③ $E=\frac{1}{2}CV$ ④ $E=\frac{1}{2}VQ^2$

46 다음 물질 중에서 위험물안전관리법상 위험물의 범위에 포함되는 것은?

① 농도가 40중량%인 과산화수소 350kg

② 비중이 1.40인 질산 350kg

③ 직경 2.5mm의 막대모양인 마그네슘 500kg

④ 순도가 55중량%인 유황 50kg

---

42 원형(횡)탱크의 내용적(V)

- 내용적(V)$=\pi \times r^2 \times \left(l+\dfrac{l_1+l_2}{3}\right)$

$$=\pi \times 5^2 \times \left(10+\dfrac{5+5}{3}\right)$$

$$=1047.19m^3$$

- 탱크 공간용적이 5%이므로 탱크의 용량은 95%이다.

∴ 탱크의 용량$=1047.19m^3 \times 0.95=994.84m^3$

(탱크의 용량=탱크의 내용적−공간용적)

43 지하탱크 저장소(탱크의 상호간의 거리)

- 지하탱크를 2개 이상 인접해 설치시 : 1m 이상
- 지하탱크 2개의 탱크 용량 합계가 지정수량의 100배 이하 : 0.5m 이상

44 이동탱크 저장소에 저장할 때 접지도선을 설치해야 하는 위험물 : 제4류 중 특수인화물, 제1석유류, 제2석유류

45 전기불꽃에너지의 공식

$E=\dfrac{1}{2}QV=\dfrac{1}{2}CV^2$

46 ① 과산화수소(H_2O_2) : 제6류(산화성액체)

- 법규정상=농도는 36중량% 이상, 지정수량 300kg 이상이므로 위험물에 해당됨

② 질산(HNO_3) : 제6류(산화성액체)

- 법규정상=비중 1.49 이상, 지정수량 300kg 이상이므로 비중이 1.40으로 위험물에 해당 안됨

③ 마그네슘(Mg) : 제2류(가연성고체)

- 법규정상=직경이 2mm 이상의 막대모양은 위험물에서 제외 대상이므로 직경이 2.5mm의 막대모양은 위험물에 해당 안됨

④ 유황(S) : 제2류(가연성고체)

- 법규정상=유황은 순도가 60 중량% 이상, 지정수량 100kg이므로 위험물에 해당 안됨

정답   42 ③   43 ③   44 ③   45 ①   46 ①

47 판매취급소의 배합실에서 배합하거나 옮겨 담는 작업을 하면 안 되는 위험물은?

① 도료류　　　② 염소산염류

③ 유황　　　　④ 황화인

48 위험물제조소에서 지정수량 이상의 위험물을 취급하는 건축물(시설)에는 원칙상 최소 몇 m 이상의 보유공지를 확보하여야 하는가? (단, 최대수량은 지정수량의 10배이다.)

① 1m　　　　② 3m

③ 5m　　　　④ 7m

49 질산의 비중이 1.5일 때 1소요단위는 몇 L 인가?

① 150L　　　② 200L

③ 1,500L　　④ 2,000L

50 다음 중 분진 폭발의 위험성이 가장 작은 것은?

① 석탄분　　　② 시멘트

③ 설탕　　　　④ 커피

51 위험등급이 나머지 셋과 다른 것은?

① 알칼리토금속

② 아염소산염류

③ 질산에스테르

④ 제6류 위험물

---

47 판매취급소의 배합실에서 배합하거나 옮겨 담는 작업을 할 수 있는 위험물
- 도료류
- 제1류 위험물중 염소산염류
- 유황
- 인화점이 38℃ 이상인 제4류 위험물

48 위험물제조소의 보유공지

지정수량의 배수	공지의 너비
지정수량의 10배 이하	3m 이상
지정수량의 10배 초과	5m 이상

49 질산(HNO_3) : 제6류(산화성액체), 지정수량 300kg

- 액체의 밀도 $= \dfrac{질량(kg)}{부피(l)}$

- 액체의 비중 $= \dfrac{어떤\ 물질의\ 밀도(kg/l)}{물의\ 밀도(kg/l)}$

  ∴ 비중의 단위는 없지만 밀도의 단위와 동일하다.

- 위험물의 1소요단위 : 지정수량의 10배 = 300kg × 10배 = 3000kg을 부피로 환산하려면 비중 1.5로 나누어 부피(l)를 구한다.

  ∴ 부피(l) $= \dfrac{3,000kg}{1.5kg/l} = 2,000l$

50
- 분진 폭발을 일으키지 않는 물질(불연성물질) : 시멘트(생석회, CaO)분말, 석회석 분말, 대리석 분말, 탄산칼슘($CaCO_3$)분말
- 분진 폭발을 일으키는 물질(가연성물질) : 석탄분, 곡물류분진, 종이분진, 나무분진, 금속분말, 섬유류분진, 플라스틱분진

51

품명	알칼리토금속	아염소산염류	질산에스테르	제6류 위험물
유별	제3류	제1류	제5류	−
성질	금수성	산화성고체	자기반응성물질	산화성액체
지정수량	50kg	50kg	10kg	300kg
위험등급	II	I	I	I

정답 47 ④　48 ②　49 ④　50 ②　51 ①

52 위험물저장탱크 중 부상지붕구조로 탱크의 직경이 53m 이상 60m 미만인 경우 고정식 포소화설비의 포방출구 종류 및 수량으로 옳은 것은?

① Ⅰ형 8개 이상
② Ⅱ형 8개 이상
③ Ⅲ형 8개 이상
④ 특형 10개 이상

53 탄화칼슘과 물이 반응하였을 때 발생하는 가연성 가스의 연소범위에 가장 가까운 것은?

① 2.1~9.5vol%
② 2.5~81vol%
③ 4.1~74.2vol%
④ 15.0~28vol%

54 위험물의 유별에 따른 성질과 해당 품명의 예가 잘못 연결된 것은?

① 제1류 : 산화성 고체 – 무기과산화물
② 제2류 : 가연성 고체 – 금속분
③ 제3류 : 자연발화성 물질 및 금수성 물질 – 황화린
④ 제5류 : 자기반응성 물질 – 히드록실아민염류

55 위험물안전관리법상 위험물의 운반에 관한 기준에 따르면 지정수량 얼마 이하의 위험물에 대하여는 '유별을 달리하는 위험물의 혼재 기준'을 적용하지 아니하여도 되는가?

① 1/2
② 1/3
③ 1/5
④ 1/10

---

52 탱크에 설치하는 포소화설비의 고정식 포방출구의 종류

탱크지붕의 종류	포방출구 형태	포주입 방법
고정지붕구조의 탱크 (CRT)	Ⅰ형 방출구	상부포 주입법
	Ⅱ형 방출구	
	Ⅲ형 방추구	저부포 주입법
	Ⅳ형 방출구	
부상지붕구조의 탱크 (FRT)	특형 방출구	상부포 주입법

- 고정지붕구조의 탱크(CRT : Cone, Roof Tank) : Ⅰ, Ⅱ, Ⅲ, Ⅳ형 방출구
- 부상지붕구조의 탱크(FRT : Floating Roof Tank) : 특형방출구
- 상부포주입법 : 고정포 방출구를 탱크 옆판의 상부에 설치하여 액표면상에 포를 방출하는 방법
- 저부포주입법 : 탱크의 액면하에 설치된 포방출구로부터 포를 탱크 내에 주입하는 방법

53 탄화칼슘(CaC_2, 카바이트) : 제3류(금수성)
- 회백색의 불규칙한 괴상의 고체이다.
- 물과 반응하여 수산화칼슘[$Ca(OH)_2$]과 아세틸렌(C_2H_2)가스를 발생한다.
  $$CaC_2 + 2H_2O \rightarrow Ca(OH)_2 + C_2H_2\uparrow$$
- 고온에서 질소(N_2)와 반응하여 석회질소($CaCN_2$)를 생성한다(질화반응).
  $$CaC_2 + N_2 \rightarrow CaCN_2 + C$$
- 장기 보관시 용기 내에 불연성가스(N_2 등)을 봉입하여 저장한다.
- 소화 : 마른 모래 등으로 피복소화한다(주수 및 포는 절대 엄금).

> **참고** 아세틸렌(C_2H_2)
> - 폭발범위가 매우 넓다(2.5~81%)
> - 금속(Cu, Ag, Hg)과 반응시 폭발성인 금속아세틸라이드와 수소($H_2\uparrow$)를 발생한다.
> $$C_2H_2 + 2Cu \rightarrow Cu_2C_2(동아세틸라이드 : 폭발성) + H_2\uparrow$$

54 황화린 : 제2류 위험물(가연성 고체)
- 황화인의 종류 : 삼황화린(P_4S_3), 오황화린(P_2S_5), 칠황화린(P_4S_7)
- 분해시 유독한 가연성인 황화수소(H_2S)가스를 발생한다.

55 지정수량 1/10 이하의 위험물은 유별을 달리하는 위험물의 혼재 기준에 적용을 받지 않는다.
※ 서로 혼재 가능한 위험물
- ④와 ②, ③ : 제4류와 제2류, 제4류와 제3류
- ⑤와 ②, ④ : 제5류와 제2류, 제5류와 제4류
- ⑥와 ① : 제6류와 제1류

정답 52 ④ 53 ② 54 ③ 55 ④

56 제3류 위험물에 해당하는 것은?

① 염소화규소화합물
② 금속의 아지화합물
③ 질산구아니딘
④ 할로겐간화합물

57 위험물안전관리법령에 따른 제4류 위험물 중 제1석유류에 해당하지 않는 것은?

① 등유   ② 벤젠
③ 메틸에틸케톤   ④ 톨루엔

58 물과 접촉시 발생되는 가스의 종류가 나머지 셋과 다른 하나는?

① 나트륨   ② 수소화칼슘
③ 인화칼슘   ④ 수소화나트륨

59 이황화탄소를 화재예방상 물속에 저장하는 이유는?

① 불순물을 물에 용해시키기 위해
② 가연성 증기의 발생을 억제하기 위해
③ 상온에서 수소가스를 발생시키기 때문에
④ 공기와 접촉하면 즉시 폭발하기 때문에

60 아세톤의 물리적 특성으로 틀린 것은?

① 무색, 투명한 액체로서 독특한 자극성의 냄새를 가진다.
② 물에 잘 녹으며 에테르, 알코올에도 녹는다.
③ 화재 시 대량 주수소화로 희석소화가 가능하다.
④ 증기는 공기보다 가볍다.

---

56 ① 염소화규소화합물 : 제3류 위험물(자연발화성, 금수성)
② 금속의 아지화합물, ③ 질산구아니딘 : 제5류 위험물(자기반응성)
④ 할로겐간화합물 : 제6류위험물(산화성액체)

57 제4류 위험물의 인화점과 유별

구분	등유	벤젠	메틸에틸케톤	톨루엔
인화점	30~60℃	−18℃	−1℃	4℃
유별	제2석유류	제1석유류	제1석유류	제1석유류

58 제3류 위험물(금수성물질)

① $2Na + 2H_2O \rightarrow 2NaOH + H_2\uparrow$ (수소 : 가연성)
② $CaH_2 + 2H_2O \rightarrow Ca(OH)_2 + 2H_2\uparrow$ (수소 : 가연성)
③ $Ca_3P_2 + 6H_2O \rightarrow 3Ca(OH)_2 + 2PH_3\uparrow$ (인화수소 : 독성, 가연성)
④ $NaH + H_2O \rightarrow NaOH + H_2\uparrow$ (수소 : 가연성)

59 이황화탄소(CS_2) : 제4류 위험물의 특수인화물
• 무색투명한 액체로서 물에 녹지 않고 벤젠, 알코올, 에테르 등에 녹는다.
• 발화점 100℃, 액비중 1.26으로 물보다 무거워 가연성증기의 발생을 억제하기 위해 물속에 저장한다.
• 연소 시 독성이 강한 아황산가스(SO_2)를 발생한다.
    $CS_2 + 3O_2 \rightarrow CO_2 + 2SO_2$

60 아세톤(CH_3COCH_3) : 제4류 제1석유류(수용성)
• 분자량 $= 12 + 1 \times 3 + 12 + 16 + 12 + 1 \times 3 = 58$

• 증기비중 $= \dfrac{분자량}{공기의 \ 평균 \ 분자량(29)}$

    $= \dfrac{58}{29} = 2$ (공기보다 무겁다)

• 증기밀도 $= \dfrac{분자량}{22.4l} = \dfrac{58g}{22.4l} = 2.58g/l$

정답   56 ①   57 ①   58 ③   59 ②   60 ④

01 인화점이 상온 이상인 위험물은?

① 중유
② 아세트알데히드
③ 아세톤
④ 이황화탄소

02 휘발유에 대한 설명으로 틀린 것은?

① 위험등급은 Ⅰ등급이다.
② 증기는 공기보다 무거워 낮은 곳에 체류한다.
③ 내장용기가 없는 외장 플라스틱용기에 적재할 수 있는 최대용적은 20L이다.
④ 이동탱크저장소로 운송하는 경우 위험물운송자는 위험물안전카드를 휴대하여야 한다.

03 HNO_3에 대한 설명으로 틀린 것은?

① Al, Fe은 진한 질산에서 부동태를 생성하여 녹지 않는다.
② 질산과 염산을 3 : 1의 비율로 제조한 것을 왕수라 한다.
③ 부식성이 강하고 흡습성이 있다.
④ 직사광선에서 분해하여 NO_2를 발생한다.

04 과산화리튬의 화재현장에서 주수소화가 불가능한 이유는?

① 수소가 발생하기 때문에
② 산소가 발생하기 때문에
③ 이산화탄소가 발생하기 때문에
④ 일산화탄소가 발생하기 때문에

해설·정답 확인하기

01 • 상온이란 보통 20℃ 전후를 의미한다.
※ 제4류 위험물의 인화점

품명	중유	아세트알데히드	아세톤	이황화탄소
유별	제3석유류	특수인화물	제1석유류	특수인화물
인화점	60~150℃	−39℃	−18℃	−30℃

02 휘발유(가솔린) : 제4류의 제1석유류, 위험등급 Ⅱ등급
• 증기비중 3~4로 공기보다 무겁다.
• 이동탱크 저장소로 운송시 제4류 위험물 중 특수인화물과 제1석유류는 위험물 안전카드를 휴대하여야 한다.

03 HNO_3(질산) : 제6류 위험물(산화성액체)
[위험물 적용대상 : 비중이 1.49 이상인 것]
• 흡습성, 자극성, 부식성이 강한 발연성액체이다.
• 강산으로 직사광선에 의해 분해 시 적갈색의 이산화질소(NO_2)를 발생시킨다.
　　$4HNO_3 → 2H_2O + 4NO_2↑ + O_2↑$
• 질산은 단백질과 반응시 노란색으로 변한다(크산토프로테인반응 : 단백질검출 반응).
• 왕수에 녹는 금속은 금(Au)과 백금(Pt)이다.
　(왕수 = 염산(3) + 질산(1) 혼합액)
• 진한질산은 금속과 반응 시 산화피막을 형성하는 부동태를 만든다.
　(부동태를 만드는 금속 : Fe, Ni, Al, Cr, Co)
• 진한질산은 물과 접촉시 심하게 발열하고 가열시 NO_2(적갈색)가 발생한다.
• 저장 시 직사광선을 피하고 갈색병의 냉암소에 보관한다.
• 소화 : 마른모래, CO_2 등을 사용하고 소량일 경우 다량의 물로 희석소화한다.
　(물로 소화 시 발열, 비산할 위험이 있으므로 주의한다)

04 과산화리튬(LiO_2) : 제1류의 무기과산화물(산화성고체)
• 물과 격렬히 반응하여 산소($O_2↑$)를 발생시키며 폭발위험성이 있다.
　　$2LiO_2 + 2H_2O → 4LiOH + O_2↑$
• 소화시 주수소화는 절대엄금하고 마른모래 등으로 질식소화한다(CO_2는 효과 없음).

정답 01 ① 02 ① 03 ② 04 ②

05 알루미늄 분말 화재 시 주수하여서는 안되는 가장 큰 이유는?

① 수소가 발생하여 연소가 확대되기 때문에
② 유독가스가 발생하여 연소가 확대되기 때문에
③ 산소의 발생으로 연소가 확대되기 때문에
④ 분말의 독성이 강하기 때문에

06 다음 중 지정수량이 나머지 셋과 다른 물질은?

① 황화린
② 적린
③ 칼슘
④ 유황

07 다음에서 설명하고 있는 위험물은?

- 지정수량이 20kg이고, 백색 또는 담황색 고체이다.
- 비중은 1.82이고, 융점은 44℃이다.
- 비점은 280℃이고, 증기비중은 4.3이다.

① 적린
② 황린
③ 유황
④ 마그네슘

---

05 알루미늄(Al)분말 : 제2류(가연성고체)
- 수증기와 반응하여 수소(H_2)를 발생한다.
  $$2Al+6H_2O \rightarrow 2Al(OH)_3+3H_2\uparrow$$
- 은백색의 경금속으로 연소 시 많은 열을 발생한다.
- 공기 중에서 부식방지하는 산화피막을 형성하여, 내부를 보호한다(부동태).

> 참고 · 부동태를 만드는 금속 : Fe, Ni, Al 등
> · 부동태를 만드는 산 : 진한황산, 진한질산

- 분진폭발 위험이 있으며, 수분 및 할로겐 원소(F, Cl, Br, I)와 접촉 시 자연발화의 위험이 있다.
- 산, 알칼리와 반응 시 수소(H_2)를 발생하는 양쪽성원소이다.

> 참고 양쪽성원소 : Al, Zn, Sn, Pb(알아주나)

- 테르밋(Al분말+Fe_2O_3)용접에 사용된다(점화제 : BaO_2).
- 소화 : 주수소화는 절대엄금, 마른모래 등으로 피복소화한다.

06 제2류 위험물의 지정수량

성질	품명	지정수량
가연성 고체	황화인, 적린, 유황	100kg
	철분, 금속분, 마그네슘	500kg
	인화성 고체	1,000kg

※ 칼슘(Ca) : 제3류 위험물 지정수량 50kg

07 황린(P_4) : 제3류(자연발화성 물질), 지정수량 20kg
- 비중 1.82, 융점 44.1℃, 비점 280℃, 증기비중 4.3(124/29=4.3)
- 백색 또는 담황색의 가연성 및 자연발화성고체(발화점 : 34℃)이다.
- pH 9인 약알칼리성의 물속에 저장한다(CS_2에 잘 녹음).

> 참고 pH 9 이상 강알칼리용액이 되면 가연성, 유독성의 포스핀(PH_3)가스가 발생하여 공기 중 자연발화한다(강알칼리 : KOH수용액).
> $$P_4+3KOH+3H_2O \rightarrow 3KH_2PO_2+PH_3\uparrow$$

- 피부접촉 시 화상을 입고 공기 중 자연발화온도는 40~50℃이다.
- 공기보다 무겁고 마늘냄새가 나는 맹독성물질이다.
- 어두운 곳에서 인광을 내며 황린(P_4)을 260℃로 가열하면 적린(P)이 된다(공기차단).
- 연소 시 오산화인(P_2O_5)의 흰 연기를 내며, 일부는 포스핀(PH_3)가스로 발생한다.
  $$P_4+5O_2 \rightarrow 2P_2O_5$$
- 소화 : 물분무, 포, CO_2, 건조사 등으로 질식소화한다.
  (고압주수소화는 황린을 비산시켜 연소면 확대분산의 위험이 있음)

정답 05 ① 06 ③ 07 ②

08 다음의 원통형 종으로 설치된 탱크에서 공간 용적을 내용적의 10%라고 하면 탱크 용량 (허가용량)은 약 몇 m³인가?

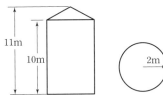

① 113.04m³   ② 124.34m³
③ 129.06m³   ④ 138.16m³

09 다음은 위험물안전관리법에 따른 이동저장 탱크의 구조에 관한 기준이다. (   ) 안에 알 맞은 수치는?

> 이동저장탱크는 그 내부에 (A)L 이하 마다 (B)mm 이상의 강철판 또는 이와 동등 이상의 강도, 내열성 및 내식성이 있는 금속성의 것으로 칸막이를 설치하 여야 한다. 다만, 고체인 위험물을 저장 하거나 고체인 위험물을 가열하여 액체 상태로 저장하는 경우에는 그러하지 아 니하다.

① A : 2,000, B : 1.6
② A : 2,000, B : 3.2
③ A : 4,000, B : 1.6
④ A : 4,000, B : 3.2

10 경유 2,000L, 글리세린 2,000L를 같은 장소 에 저장하려고 한다. 지정수량 배수의 합은 얼마인가?

① 2.5   ② 3.0
③ 3.5   ④ 4.0

11 과산화벤조일(벤조일퍼옥사이드)에 대한 설 명 중 틀린 것은?

① 환원성 물질과 격리하여 저장한다.
② 물에 녹지 않으나 유기용매에 녹는다.
③ 희석제로 묽은 질산을 사용한다.
④ 결정성의 분말형태이다.

08 원형(종)탱크의 내용적(V)

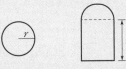

- 내용적(V) $= \pi r^2 l = \pi \times 2^2 \times 10 = 125.66 m^3$
- 탱크의 공간용적이 10%이므로 용량은 90%이다.
  ∴ 탱크의 용량 $= 125.66 m^3 \times 0.9 = 113.09 m^3$
  (탱크의 용량=탱크의 내용적－공간용적)

09 이동저장탱크는 그 내부에 4,000L 이하마다 3.2mm 이상의 강철 판 또는 이와 동등 이상의 강도, 내열성 및 내식성이 있는 금속성의 것으로 칸막이를 설치하여야 한다.

10 제4류 위험물(인화성액체)의 지정수량
- 경유 : 제2석유류(비수용성) – 1000l,
  글리세린 : 제3석유류(수용성) – 4000l
- 지정수량 배수의 합
  $= \dfrac{A품목의\ 저장수량}{A품목의\ 지정수량} + \dfrac{B품목의\ 저장수량}{B품목의\ 지정수량} + \cdots$
  $= \dfrac{2,000l}{1,000l} + \dfrac{2,000l}{4,000l} = 2.5배$

11 과산화벤조일$[(C_6H_5CO)_2O_2]$: 제5류 중 유기과산화물(자기반응성 물질)
- 무색무취의 백색분말 또는 결정이다.
- 물에 불용, 알코올에는 약간 녹으며 유기용제(에테르, 벤젠 등) 에는 잘 녹는다.
- 희석제(DMP, DBP)와 물을 사용하여 폭발성을 낮출 수 있다.
- 운반할 경우 30% 이상의 물과 희석제를 첨가하여 안전하게 수 송한다.
※ 희석제 : 프탈산디메틸(DMP), 프탈산디부틸(DBP)

정답 08 ①   09 ④   10 ①   11 ③

12 다음 위험물에 관한 내용으로 잘못된 것은?

① H_2O_2 : 직사광선을 차단하고 찬 곳에 저장한다.

② MgO_2 : 습기의 존재하에서 산소를 발생하므로 특히 방습에 주의한다.

③ $NaNO_3$: 조해성이 있으므로 습기에 주의한다.

④ K_2O_2 : 물과 반응하지 않으므로 물속에 저장한다.

13 위험물안전관리법령에 따른 위험물의 운송에 관한 설명 중 틀린 것은?

① 알킬리튬과 알킬알루미늄 또는 이 중 어느 하나 이상을 함유한 것은 운송책임자의 감독·지원을 받아야 한다.

② 이동탱크저장소에 의하여 위험물을 운송할 때의 운송책임자에는 법정의 교육을 이수하고 관련 업무에 2년 이상 경력이 있는 자도 포함된다.

③ 서울에서 부산까지 금속의 인화물 300kg을 1명의 운전자가 휴식 없이 운송해도 규정위반이 아니다.

④ 운송책임자의 감독 또는 지원 방법에는 동승하는 방법과 별도의 사무실에서 대기하면서 규정된 사항을 이행하는 방법이 있다.

14 다음의 위험물을 위험등급 Ⅰ, Ⅱ, Ⅲ의 순서로 나열한 것으로 맞는 것은?

> 황린, 수소화나트륨, 리튬

① 황린, 수소화나트륨, 리튬
② 황린, 리튬, 수소화나트륨
③ 수소화나트륨, 황린, 리튬
④ 수소화나트륨, 리튬, 황린

15 제2류 위험물 중 지정수량이 500kg인 물질에 의한 화재는?

① A급   ② B급
③ C급   ④ D급

---

12 과산화칼륨(K_2O_2) : 제1류의 무기과산화물(금수성)

$$2K_2O_2 + 2H_2O \rightarrow 4KOH + 2H_2O + O_2\uparrow (발열)$$

13 1. 운송책임자의 감독·지원을 받아 운송하는 위험물
　　① 알킬알루미늄
　　② 알킬리튬
　　③ 알킬알루미늄 또는 알킬리튬의 물질을 함유하는 위험물
　2. 위험물의 운송 시에 준수하여야 하는 기준
　　① 위험물운송자는 운송의 개시 전에 이동저장탱크의 배출밸브 등의 밸브와 폐쇄장치, 맨홀 및 주입구의 뚜껑, 소화기 등의 점검을 충분히 실시할 것
　　② 위험물운송자는 장거리(고속국도에서는 340km 이상, 그 밖의 도로는 200km 이상)에 걸치는 운송을 하는 때에는 2명 이상의 운전자로 할 것. 다만, 다음에 해당하는 경우에는 그러하지 아니하다.
　　　㉠ 운송책임자를 동승시킨 경우
　　　㉡ 운송하는 위험물이 제2류 위험물·제3류 위험물(칼슘 또는 알루미늄의 탄화물과 이것만을 함유한 것) 또는 제4류 위험물(특수인화물을 제외)인 경우
　　　㉢ 운송 도중에 2시간 이내마다 20분 이상씩 휴식하는 경우
　　③ 제4류 위험물 중 특수인화물 및 제1석유류를 운송하게 하는 자는 위험물 안전카드를 휴대하게 할 것

14 제3류 위험물의 위험등급 및 지정수량

품명	황린(P_4)	리튬(Li)	수소화나트륨(NaH)
위험등급	Ⅰ	Ⅱ	Ⅲ
지정수량	20kg	50kg	300kg

15 • 제2류 위험물의 지정수량

성질	품명	지정 수량
가연성고체	황화린, 적린, 유황	100kg
	철분, 금속분, 마그네슘	500kg
	인화성 고체	1,000kg

• 철분, 금속분, 마그네슘 등은 금속화재이므로 D급화재이다.

16 |보기|에서 나열한 위험물의 공통 성질을 옳게 설명한 것은?

┌ 보기 ┐
나트륨, 황린, 트리에틸알루미늄
└────────────────────┘

① 상온, 상압에서 고체의 형태를 나타낸다.
② 상온, 상압에서 액체의 형태를 나타낸다.
③ 금수성 물질이다.
④ 자연발화의 위험이 있다.

17 다음 반응식과 같이 벤젠 1kg이 연소할 때 발생되는 CO_2의 양은 약 몇 m^3인가? (단, 27℃, 750mmHg 기준이다.)

$$C_6H_6 + 7.5O_2 \rightarrow 6CO_2 + 3H_2O$$

① 0.72　　　　② 1.22
③ 1.92　　　　④ 2.42

18 과염소산암모늄에 대한 설명으로 옳은 것은?

① 물에 용해되지 않는다.
② 청녹색의 침상결정이다.
③ 130℃에서 분해하기 시작하여 CO_2가스를 방출한다.
④ 아세톤, 알코올에 용해된다.

19 제3류 위험물 중 금수성물질에 적응성이 있는 소화설비는?

① 할로겐화합물소화설비
② 포소화설비
③ 불활성가스소화설비
④ 탄산수소염류등 분말소화설비

20 옥외저장소에 덩어리 상태의 유황만을 지반면에 설치할 경계표시의 안쪽에서 저장할 경우 하나의 경계표시의 내부면적은 몇 m^2 이하이어야 하는가?

① 75　　　　　② 100
③ 150　　　　④ 300

---

16 • 나트륨(Na) : 제3류(자연발화성, 금수성) – 상온상압에서 고체상태
• 황린(P_4) : 제3류(자연발화성) – 상온상압에서 고체상태
• 트리에틸알루미늄[(C_2H_5)$_3$Al] : 제3류(자연발화성, 금수성) – 상온상압에서 액체상태

17 • 벤젠(C_6H_6)의 완전연소반응식

$$C_6H_6 + 7.5O_2 \rightarrow 6CO_2 + 3H_2O$$

78kg ← : 6×22.4m^3
1kg : x

$$CO_2(x) = \frac{1 \times 6 \times 22.4}{78} = 1.72m^3 \ (0℃, 1atm)$$

이 반응식에서 벤젠 1kg 연소시 0℃, 1atm(표준상태)에서 1.72m^3의 CO_2가 발생하므로 27℃ 750mmHg로 환산하여 부피를 구한다.
• 보일샤르법칙에 대입하면

$$\frac{P_1V_1}{T_1} = \frac{P_2V_2}{T_2}$$

$\begin{bmatrix} P_1 : 1atm = 760mmHg & P_2 : 750mmHg \\ V_1 : 1.72m^3 & V_2 : ? \\ V_1 : (273+0℃)K & T_2 : (273+27℃)K \end{bmatrix}$

$$\therefore V_2 = \frac{P_1V_1T_2}{P_2T_1}$$

$$= \frac{760 \times 1.72 \times (273+27)}{750 \times (273+0)} = 1.92m^3$$

18 과염소산암모늄(NH_4ClO_4) : 제1류(산화성고체)
• 무색결정 또는 백색분말로 조해성이 있는 불연성의 산화제이다.
• 물, 알코올, 아세톤에는 잘 녹고 에테르에는 녹지 않는다.
• 130℃에서 분해하기 시작하여 약 300℃ 부근에서 급격히 분해 폭발한다.

$$2NH_4ClO_4 \rightarrow N_2\uparrow + Cl_2\uparrow + 2O_2\uparrow + 4H_2O$$

• 강산, 가연물, 산화성 물질 등과 혼합시 폭발의 위험성이 있다.

19 금수성 위험물질에 적응성 있는 소화기
• 탄산수소염류
• 마른 모래
• 팽창질석 또는 팽창진주암

20 옥외저장소 중 덩어리 상태의 유황을 저장 또는 취급하는 경우
• 하나의 경계표시의 내부면적 : 100m^2 이하일 것
• 2 이상의 경계표시를 설치하는 경우 각각 경계표시 내부의 면적을 합산한 면적 : 1,000m^2 이하로 할 것
• 경계표시 : 불연재료 구조로 하고 높이는 1.5m 이하로 할 것
• 경계표시의 고정장치 : 천막으로 고정장치를 설치하고 경계표시의 길이 2m마다 1개 이상 설치할 것

정답　16 ④　17 ③　18 ④　19 ④　20 ②

21 위험물의 유별과 성질을 잘못 연결한 것은?

① 제2류 – 가연성고체

② 제3류 – 자연발화성 및 금수성물질

③ 제5류 – 자기반응성물질

④ 제6류 – 산화성고체

22 금속나트륨과 금속칼륨의 공통적인 성질에 대한 설명으로 옳은 것은?

① 불연성 고체이다.

② 물과 반응하여 산소를 발생한다.

③ 은백색의 매우 단단한 금속이다.

④ 물보다 가벼운 금속이다.

23 위험물 저장탱크의 내용적이 300L일 때 탱크에 저장하는 위험물의 용량의 범위로 적합한 것은? (단, 원칙적인 경우에 한한다.)

① 240~270L　　② 270~285L

③ 290~295L　　④ 295~298L

24 위험물안전관리법령상 산화성액체에 해당하지 않는 것은?

① 과염소산

② 과산화수소

③ 과염소산나트륨

④ 질산

25 위험물안전관리법령상 제4류 위험물 운반용기의 외부에 표시하여야 하는 주의사항을 모두 옳게 나타낸 것은?

① 화기엄금 및 충격주의

② 가연물접촉주의

③ 화기엄금

④ 화기주의 및 충격주의

---

21 위험물의 유별과 성질

- 제1류 위험물 : 산화성고체
- 제2류 위험물 : 가연성고체
- 제3류 위험물 : 자연발화성 및 금수성물질
- 제4류 위험물 : 인화성액체
- 제5류 위험물 : 자기반응성 물질
- 제6류 위험물 : 산화성 액체

22 금속나트륨(Na)과 금속칼륨(K) : 제3류(자연발화성 및 금수성물질)

- 은백색의 경금속으로 물보다 가볍다.[비중 : $Na(0.97)$, $K(0.86)$]
- 물과 반응하여 가연성기체인 수소($H_2\uparrow$)를 발생시킨다.

$$2Na + 2H_2O \rightarrow 2NaOH + H_2\uparrow$$
$$2K + 2H_2O \rightarrow 2KOH + H_2\uparrow$$

- 알코올과 반응하여 수소($H_2\uparrow$)기체를 발생시킨다.

$$2Na + 2C_2H_5OH \rightarrow 2C_2H_5ONa + H_2\uparrow$$
$$2K + 2C_2H_5OH \rightarrow 2C_2H_5OK + H_2\uparrow$$

- 저장 시 석유(유동파라핀, 등유, 경유)속에 저장한다.
  ※ 황린(P_4), 이황화탄소(CS_2) : 물속에 저장

23 - 저장탱크의 용량＝탱크의 내용적－탱크의 공간용적

- 저장탱크의 공간용적＝$\frac{5}{100} \sim \frac{10}{100}(5\sim10\%)$

- 탱크의 용량범위 : 내용적의 90~95%
  ∴ $Q = (300l \times 90\%) \sim (300l \times 95\%) = 270 \sim 285l$

24 제6류 위험물(산화성액체, 지정수량 300kg)
과염소산($HClO_4$), 과산화수소(H_2O_2), 질산(HNO_3)
※ 과염소산나트륨($NaClO_4$) : 제1류 위험물(산화성고체)

25

유별	구분	주의사항
제1류 위험물 (산화성고체)	알칼리금속의 무기과산화물	"화기·충격주의" "물기엄금" "가연물접촉주의"
	그 밖의 것	"화기·충격주의" "가연물접촉주의"
제2류 위험물 (가연성고체)	철분, 금속분, 마그네슘	"화기주의" "물기엄금"
	인화성고체	"화기엄금"
	그 밖의 것	"화기주의"
제3류 위험물	자연발화성물질	"화기엄금" "공기접촉엄금"
	금수성물질	"물기엄금"
제4류 위험물	인화성액체	"화기엄금"
제5류 위험물	자기반응성물질	"화기엄금" 및 "충격주의"
제6류 위험물	산화성액체	"가연물접촉주의"

정답 21 ④　22 ④　23 ②　24 ③　25 ③

26 위험물안전관리법령에서 정하는 위험등급 II 에 해당하지 않는 것은?

① 제1류 위험물 중 질산염류
② 제2류 위험물 중 적린
③ 제3류 위험물 중 유기금속화합물
④ 제4류 위험물 중 제2석유류

27 위험물안전관리법령상 정기점검 대상인 제 조소등의 조건이 아닌 것은?

① 예방규정 작성대상인 제조소 등
② 지하탱크저장소
③ 이동탱크저장소
④ 지정수량 5배의 위험물을 취급하는 옥외 탱크를 둔 제조소

28 $CH_3COC_2H_5$의 명칭 및 지정수량을 옳게 나 타낸 것은?

① 메틸에틸케톤, 50L
② 메틸에틸케톤, 200L
③ 메틸에틸에테르, 50L
④ 메틸에틸에테르, 200L

29 다음은 위험물을 저장하는 탱크의 공간용적 산정기준이다. (   )에 알맞은 수치로 옳은 것 은?

> 암반탱크에 있어서는 당해 탱크 내에 용 출하는 (   )일간의 지하수의 양에 상 당하는 용적과 당해 탱크의 내용적의 (   )의 용적 중에서 보다 큰 용적을 공 간용적으로 한다.

① 7, 1/100   ② 7, 5/100
③ 10, 1/100   ④ 10, 5/100

---

26 위험물의 등급 구분

위험등급	해당 위험물의 종류
위험등급 I	① 제1류 위험물 중 아염소산염류, 염소산염류, 과염소산염류, 무기과산화물, 그 밖에 지정수량이 50kg인 위험물 ② 제3류 위험물 중 칼륨, 나트륨, 알킬알루미늄, 알킬리튬, 황린, 그 밖에 지정수량이 10kg 또는 20kg인 위험물 ③ 제4류 위험물 중 특수인화물 ④ 제5류 위험물 중 유기과산화물, 질산에스테르류, 그 밖에 지정수량이 10kg인 위험물 ⑤ 제6류 위험물
위험등급 II	① 제1류 위험물 중 브롬산염류, 질산염류, 요오드산염류, 그 밖에 지정수량이 300kg인 위험물 ② 제2류 위험물 중 황화린, 적린, 유황 그 밖에 지정수량이 100kg인 위험물 ③ 제3류 위험물 중 알칼리금속(칼륨, 나트륨 제외) 및 알칼리토금속, 유기금속화합물(알킬알루미늄 및 알킬리튬은 제외) 그 밖에 지정수량이 50kg인 위험물 ④ 제4류 위험물 중 제1석유류, 알코올류 ⑤ 제5류 위험물 중 위험등급 I위험물 외의 것
위험등급 III	위험등급 I, II이외의 위험물

27 정기점검 대상 제조소 등
• 예방규정을 정하여야 하는 제조소 등
• 지하탱크저장소   • 이동탱크저장소
• 지하탱크가 있는 제조소   • 주유취급소 또는 일반취급소

28 메틸에틸케톤(MEK, $CH_3COC_2H_5$) : 제4류 제1석유류(비수용성) 지정수량 200l
• 인화점 $-1°C$, 발화점 $516°C$, 분자량 72
• 무색 휘발성액체로 물, 알코올, 에테르 등에 잘 녹는다.
• 증기도 마취성, 탈지작용을 일으킨다.
• 소화 : 알코올포, 물 분무주수 등의 질식소화한다.
※ 법규정상 수용성이지만 비수용성으로 분류한다.

29

> • 탱크의 용적 산정기준
> • 탱크의 용량=탱크의 내용적-공간용적

• 일반 탱크의 공간용적 : 탱크의 용적의 5/100 이상 10/100 이 하로 한다.
• 소화설비를 설치하는 탱크의 공간용적(탱크 안 윗부분에 설치 시) : 당해 소화설비의 소화약제 방출구 아래의 0.3m 이상 1m 미만사이의 면으로부터 윗부분의 용적으로 한다.
• 암반탱크의 공간용적 : 탱크 내에 용출하는 7일간의 지하수의 양 에 상당하는 용적과 당해 탱크의 용적의 1/100의 용적 중에서 보 다 큰 용적을 공간용적으로 한다.

정답 26 ④   27 ④   28 ②   29 ①

2019년 제4회 **319**

30 위험물안전관리법령상 위험물제조소등에서 전기설비가 있는 곳에 적응하는 소화설비는?

① 옥내소화전설비

② 스프링클러설비

③ 포소화설비

④ 할로겐화합물소화설비

31 과산화수소의 성질에 대한 설명 중 틀린 것은?

① 알칼리성 용액에 의해 분해될 수 있다.

② 산화제로 사용할 수 있다.

③ 농도가 높을수록 안정하다.

④ 열, 햇빛에 의해 분해될 수 있다.

32 위험물안전관리법령상 옥내저장소의 안전거리를 두지 않을 수 있는 경우는?

① 지정수량 20배 이상의 동식물유류

② 지정수량 20배 미만의 특수인화물

③ 지정수량 20배 미만의 제4석유류

④ 지정수량 20배 이상의 제5류 위험물

33 인화칼슘이 물과 반응하였을 때 발생하는 기체는?

① 수소　　　　② 산소

③ 포스핀　　　④ 포스겐

34 위험물안전관리법령상 위험물 저장소 건축물은 외벽이 내화구조인 것은 연면적 얼마를 1소요단위로 하는가?

① $50m^2$　　　② $75m^2$

③ $100m^2$　　　④ $150m^2$

---

30 • 전기설비에 화재시 물이 포함되어 있는 소화설비는 사용이 불가하다. 단, 물분무소화설비는 적응성이 있다.

• 전기설비에 적응성 있는 소화설비 : 물분무, 이산화탄소, 할로겐화합물, 인산염류분말소화설비

31 과산화수소(H_2O_2) : 제6류(산화성액체), 농도가 36wt% 이상만 적용

• 강산화제로 분해 시 발생기 산소[O_2]는 산화력이 강하다.

> **참고** 발생기산소[O_2]의 산화력
> • 표백, 살균작용을 한다.
> • 산화력 검출반응 : 요오드칼륨(KI) 전분지 → 보라색으로 변색

• 강산화제이지만 환원제로도 사용한다.

• 일반 시판품은 30~40%의 수용액으로 분해하기 쉽다. (분해안정제 : 인산(H_3PO_4), 요산($C_5H_4N_4O_3$)을 첨가)

• 과산화수소 3%의 수용액을 옥시풀(소독약)로 사용한다.

• 고농도의 60% 이상은 충격마찰에 의해 단독으로 분해 폭발위험이 있다.

• 히드라진(N_2H_4)과 접촉 시 분해하여 발화폭발한다.

$$2H_2O_2 + N_2H_4 \rightarrow 4H_2O + N_2 \uparrow$$

• 저장용기의 마개에는 작은 구멍이 있는 것을 사용한다. (이유 : 분해 시 발생하는 산소를 방출시켜 폭발을 방지하기 위하여)

• 소화 : 다량의 물로 주수소화한다.

32 옥내저장소의 안전거리 제외 대상

① 제4석유류 또는 동식물유류의 위험물을 저장 또는 취급하는 옥내저장소로서 지정수량의 20배 미만인 것

② 제6류 위험물을 저장 또는 취급하는 옥내저장소

③ 지정수량의 20배(하나의 저장창고의 바닥면적이 $150m^2$ 이하인 경우에는 50배) 이하의 위험물을 저장 또는 취급하는 옥내저장소로서 다음의 기준에 적합한 것

• 저장창고의 벽, 기둥, 바닥, 보 및 지붕이 내화구조일 것

• 저장창고의 출입구에 수시로 열 수 있는 자동폐쇄방식의 갑종방화문이 설치되어 있을 것

• 저장창고에 창을 설치하지 아니할 것

33 인화칼슘(Ca_3P_2, 인화석회) : 제3류(금수성)

• 물 또는 산과 반응시 가연성, 유독성인 포스핀(PH_3, 인화수소) 가스를 발생한다.

$$Ca_3P_2 + 6H_2O \rightarrow 3Ca(OH)_2 + 2PH_3 \uparrow$$

$$Ca_3P_2 + 6HCl \rightarrow 3CaCl_2 + 2PH_3 \uparrow$$

34 소요1단위의 산정방법

건축물	내화구조의 외벽	내화구조가 아닌 외벽
제조소 및 취급소	연면적 $100m^2$	연면적 $50m^2$
저장소	연면적 $150m^2$	연면적 $75m^2$
위험물	지정수량의 10배	

정답 30 ④　31 ③　32 ③　33 ③　34 ④

320　제4과목 기출문제

35 위험물안전관리법령상 전역방출방식 또는 국소방출방식의 불활성가스 소화설비 저장용기의 설치기준으로 틀린 것은?

① 온도가 40℃ 이하이고 온도 변화가 적은 장소에 설치할 것
② 저장용기의 외면에 소화약제의 종류와 양, 제조년도 및 제조자를 표시할 것
③ 직사일광 및 빗물이 침투할 우려가 적은 장소에 설치할 것
④ 방호구역 내의 장소에 설치할 것

36 질식효과를 위해 포의 성질로서 갖추어야 할 조건으로 가장 거리가 먼 것은?

① 기화성이 좋을 것
② 부착성이 있을 것
③ 유동성이 좋을 것
④ 바람 등에 견디고 응집성과 안정성이 있을 것

37 위험물안전관리법령상 제4류 위험물의 위험등급에 대한 설명으로 옳은 것은?

① 특수인화물은 위험등급 Ⅰ, 알코올류는 위험등급 Ⅱ이다.
② 특수인화물과 제1석유류는 위험등급 Ⅰ이다.
③ 특수인화물은 위험등급 Ⅰ, 그 외에는 위험등급 Ⅱ이다.
④ 제2석유류는 위험등급 Ⅱ이다.

38 다음 중 제4종 분말 소화약제의 주성분으로 옳은 것은?

① 탄산수소칼륨과 요소의 반응생성물
② 탄산수소칼륨과 인산염의 반응생성물
③ 탄산수소나트륨과 요소의 반응생성물
④ 탄산수소나트륨과 인산염의 반응생성물

35 불활성가스(CO_2) 소화설비 저장용기는 방호구역 외의 장소에 설치할 것

36 포가 기화성이 좋을 경우 기화가 빨리 되기 때문에 화재면에 질식효과를 기대하기 어렵다.

37 제4류 위험물(인화성액체)

위험등급	품명
Ⅰ	특수인화물
Ⅱ	제1석유류, 알코올류
Ⅲ	제2석유류, 제3석유류, 제4석유류, 동식물유류

38

종별	약제명	화학식	색상	적응화재
제1종	탄산수소나트륨	$NaHCO_3$	백색	B, C급
제2종	탄산수소칼륨	$KHCO_3$	담자(회)색	B, C급
제3종	제1인산암모늄	$NH_4H_2PO_4$	담홍색	A, B, C급
제4종	탄산수소칼륨 +요소	$KHCO_3$ $+(NH_2)_2CO$	회색	B, C급

39 제4류 위험물의 저장 및 취급 시 화재예방 및 주의사항에 대한 일반적인 설명으로 틀린 것은?

① 증기의 누출에 유의할 것

② 증기는 낮은 곳에 체류하기 쉬우므로 조심할 것

③ 전도성이 좋은 석유류는 정전기 발생에 유의할 것

④ 서늘하고 통풍이 양호한 곳에 저장할 것

40 위험물안전관리법령상 옥외소화전설비에서 옥외소화전함은 옥외소화전으로부터 보행거리 몇 m 이하의 장소에 설치하여야 하는가?

① 5m 이내   ② 10m 이내

③ 20m 이내   ④ 40m 이내

41 인화성액체의 화재를 나타내는 것은?

① A급 화재   ② B급 화재

③ C급 화재   ④ D급 화재

42 황이 연소할 때 발생하는 가스는?

① H_2S ② SO_2

③ CO_2 ④ H_2O

43 위험물안전관리법령에서 정의한 특수인화물의 조건으로 옳은 것은?

① 1기압에서 발화점이 100℃ 이상인 것 또는 인화점이 영하 10℃ 이하이고 비점이 40℃ 이하인 것

② 1기압에서 발화점이 100℃ 이하인 것 또는 인화점이 영하 20℃ 이하이고 비점이 40℃ 이하인 것

③ 1기압에서 발화점이 200℃ 이상인 것 또는 인화점이 영하 10℃ 이하이고 비점이 40℃ 이하인 것

④ 1기압에서 발화점이 200℃ 이상인 것 또는 인화점이 영하 20℃ 이하이고 비점이 40℃ 이하인 것

---

39 제4류 위험물 취급 시 주의사항

• 증기 및 액체의 누출에 유의할 것

• 증기는 공기보다 무거워 낮은 곳에 체류하기 쉬우므로 조심할 것

• 부도체이므로 정전기 발생에 주의할 것

• 온도가 낮은 서늘하고 통풍이 양호한 곳에 저장할 것

• 화기 및 점화원은 절대로 금할 것

40 옥외소화전설비의 기준

• 옥외소화전의 호스접속구의 상호 수평거리 : 40m 이하

• 옥외소화전 설치높이 : 1.5m 이하

• 옥외소화전과 소화전함 거리 : 보행거리 5m 이하

41 제4류 위험물(인화성액체)의 화재는 유류화재이다.

화재분류	종류	색상	소화방법
A급	일반화재	백색	냉각소화
B급	유류 및 가스화재	황색	질식소화
C급	전기화재	청색	질식소화
D급	금속화재	무색	피복소화

42 유황(S) : 제2류 위험물(가연성고체)

• 동소체 : 사방황, 단사황, 고무상황

• 공기중에서 연소 시 푸른 불꽃을 내며 유독성인 아황산가스(SO_2)를 발생한다.

$$S+O_2 \rightarrow SO_2$$

43 제4류 위험물의 정의(1기압에서)

• 특수인화물 : 발화점 100℃ 이하, 인화점 −20℃ 이하이고 비점 40℃ 이하

• 제1석유류 : 인화점 21℃ 미만

• 제2석유류 : 인화점 21℃ 이상 70℃ 미만

• 제3석유류 : 인화점 70℃ 이상 200℃ 미만

• 제4석유류 : 인화점 200℃ 이상 250℃ 미만

• 동식물유류 : 인화점 250℃ 미만

정답   **39** ③   **40** ①   **41** ②   **42** ②   **43** ②

44 염소산칼륨의 성질이 아닌 것은?

① 황산과 반응하여 이산화염소를 발생한다.
② 상온에서 고체이다.
③ 알코올보다는 글리세린에 더 잘 녹는다.
④ 환원력이 강하다.

45 트리에틸알루미늄의 소화약제로서 다음 중 가장 적당한 것은?

① 마른 모래, 팽창질석
② 물, 수성막포
③ 할로겐화합물, 단백포
④ 이산화탄소, 강화액

46 다음 중 스프링클러 설비의 소화작용으로 가장 거리가 먼 것은?

① 질식작용　　　② 희석작용
③ 냉각작용　　　④ 억제작용

47 다음 중 요오드값이 가장 낮은 것은?

① 해바라기유　　② 오동유
③ 아마인유　　　④ 낙화생유

48 다음 중 위험물안전관리법령상 위험물제조소와의 안전거리가 가장 먼 것은?

① 「고등교육법」에서 정하는 학교
② 「의료법」에 따른 병원급 의료기관
③ 「고압가스 안전관리법」에 의하여 허가를 받은 고압가스제조시설
④ 「문화재보호법」에 의한 유형문화재와 기념물 중 지정문화재

---

44 염소산칼륨($KClO_3$) : 제1류(산화성고체)
- 무색분말의 산화력이 강한 고체이다.
- 온수, 글리세린에 잘 녹는다.
- 냉수, 알코올에는 잘 녹지 않는다.
- 황산과 반응 시 이산화염소(ClO_2)를 발생한다.
$$4KClO_3 + 4H_2SO_4 \rightarrow 4KHSO_4 + 4ClO_2 + O_2 + 2H_2O + 열$$

45 트리에틸알루미늄[$(C_2H_5)_3Al$] : 제3류(금수성)
- 물과 반응시 가연성가스인 에탄(C_2H_6)을 발생한다(주수소화 절대엄금).
$$(C_2H_5)_3Al + 3H_2O \rightarrow Al(OH)_3 + 3C_2H_6 \uparrow$$
- 저장 시 희석제(벤젠, 톨루엔, 헥산 등)를 사용하여 불활성기체(N_2)를 봉입한다.
- 소화 시 팽창질석 또는 팽창진주암, 마른 모래 등을 사용한다.

46 스프링클러설비의 소화작용
- 냉각작용　　　　　　・질식작용
- 희석작용　　　　　　・유화(에멀젼)작용

※ 억제(부촉매)작용 : 할로겐화합물 소화약제로 소화시 가연물 연소반응에서 연쇄반응을 억제(느리게)하는 작용

47 동식물유류 : 제4류 위험물로 1기압에서 인화점이 250℃ 미만인 것
- 요오드값이 큰 건성유는 불포화도가 크기 때문에 자연발화가 잘 일어난다.
- 요오드값에 따른 분류
　┌ 건성유(130 이상) : 해바라기기름, 동유, 아마인유, 정어리기름, 들기름 등
　├ 반건성유(100~130) : 면실유, 참기름, 청어기름, 채종유, 콩기름 등
　└ 불건성유(100 이하) : 올리브유, 동백기름, 피마자유, 야자유, 땅콩기름, 낙화생유 등

48 제조소의 안전거리(제6류 위험물은 제외)

건축물	안전거리
사용전압이 7,000V 초과 35,000V 이하	3m 이상
사용전압이 35,000V 초과	5m 이상
주거용(주택)	10m 이상
고압가스, 액화석유가스, 도시가스	20m 이상
학교, 병원, 극장, 복지시설	30m 이상
유형문화재, 지정문화재	50m 이상

정답　44 ④　45 ①　46 ④　47 ④　48 ④

49 위험물안전관리법령상 에틸렌글리콜과 혼재하여 운반할 수 없는 위험물은? (단, 지정수량의 10배일 경우이다.)

① 유황
② 과망간산나트륨
③ 알루미늄분
④ 트리니트로톨루엔

50 니트로글리세린에 관한 설명으로 틀린 것은 어느 것인가?

① 상온에서 액체상태이다.
② 물에는 잘 녹지만 유기용매에는 녹지 않는다.
③ 충격 및 마찰에 민감하므로 주의해야 한다.
④ 다이너마이트의 원료로 쓰인다.

51 옥외저장소에서 저장 또는 취급할 수 있는 위험물이 아닌 것은? (단, 국제해상위험물규칙에 적합한 용기에 수납된 위험물의 경우는 제외한다.)

① 제2류 위험물 중 유황
② 제1류 위험물 중 과염소산염류
③ 제6류 위험물
④ 제2류 위험물 중 인화점이 $10℃$인 인화성 고체

52 위험물제조소 등에 옥내소화전설비를 설치할 때 옥내소화전이 가장 많이 설치된 층의 소화전의 개수가 4개일 때 확보하여야 할 수원의 수량은?

① $10.4m^3$
② $20.8m^3$
③ $31.2m^3$
④ $41.6m^3$

---

49 에틸렌글리콜$[C_2H_4(OH)_2]$: 제4류 제2석유류(제2가알코올)
① 유황(S) : 제2류
② 과망간산나트륨$(NaMnO_4)$: 제1류
③ 알루미늄(Al)분 : 제2류
④ 트리니트로톨루엔$[C_6H_2CH_3(NO_2)_3]$: 제5류

※ 유별을 달리하는 위험물의 혼재기준

위험물의 구분	제1류	제2류	제3류	제4류	제5류	제6류
제1류		×	×	×	×	○
제2류	×		×	○	○	×
제3류	×	×		○	×	×
제4류	×	○	○		○	×
제5류	×	○	×	○		×
제6류	○	×	×	×	×	

> ※ 서로 혼재가능 위험물(꼭 암기 바람)
> • ④와 ②, ③ : 제4류와 제2류, 제4류와 제3류
> • ⑤와 ②, ④ : 제5류와 제2류, 제5류와 제4류
> • ⑥와 ① : 제6류와 제1류

50 니트로글리세린$[C_3H_5(ONO_2)_3, NG]$: 제5류(자기반응성물질)
• 무색, 단맛이 나는 액체(상온)이나 겨울철에는 동결한다.
• 가열, 마찰, 충격에 민감하여 폭발하기 쉽다.
• 규조토에 흡수시켜 폭약인 다이나마이트를 제조한다.
• 물에 불용, 알코올, 에테르, 아세톤 등 유기용매에 잘 녹는다.
• 강산류, 강산화제와 혼촉 시 분해가 촉진되어 발화폭발한다.
• $50℃$ 이하에서 안정하나 $222℃$에서는 분해폭발한다.
$$4C_3H_5(ONO_2)_3 \rightarrow 12CO_2\uparrow +10H_2O\uparrow +6N_2\uparrow +O_2\uparrow$$
• 가열, 충격, 마찰 등에 민감하므로 폭발방지를 위해 다공성물질(규조토, 톱밥, 전분 등)에 흡수시켜 보관한다.
• 수송 시 액체상태는 위험하므로 다공성물질에 흡수시켜 운반한다.

51 옥외저장소에 저장할 수 있는 위험물
• 제2류 위험물 : 유황, 인화성고체(인화점 $0℃$ 이상)
• 제4류 위험물 : 제1석유류(인화점 $0℃$ 이상), 제2석유류, 제3석유류, 제4석유류, 알코올류, 동식물유류
• 제6류 위험물

52 옥내소화전설비의 수원의 양(Q : m^3)
$Q=N($소화전 개수 : 최대 5개$)\times 7.8m^3=4\times7.8m^3=31.2m^3$
※ 옥내소화전설비 설치기준

수평거리	방사량	방사압력	수원의 양(Q : m^3)
25m 이하	260(l/min) 이상	350(kPa) 이상	Q=N(소화전개수 : 최대 5개)×7.8m^3 (260l/min×30min)

정답 49 ② 50 ② 51 ② 52 ③

53 위험물안전관리법령상 위험물의 운반에 관한 기준에 따라 차광성이 있는 피복으로 가리는 조치를 하여야 하는 위험물에 해당하지 않는 것은?

① 특수인화물 　　② 제1석유류
③ 제1류 위험물 　　④ 제6류 위험물

54 니트로셀룰로오스의 안전한 저장 및 운반에 대한 설명으로 옳은 것은?

① 습도가 높으면 위험하므로 건조한 상태로 취급한다.
② 아닐린과 혼합한다.
③ 산을 첨가하여 중화시킨다.
④ 알코올 수용액으로 습면시킨다.

55 수성막포 소화약제를 수용성 알코올 화재 시 사용하면 소화효과가 떨어지는 가장 큰 이유는?

① 유독가스가 발생하므로
② 화염의 온도가 높으므로
③ 알코올은 포와 반응하여 가연성 가스를 발생하므로
④ 알코올은 소포성을 가지므로

56 할로겐화합물 소화약제를 구성하는 할로겐 원소가 아닌 것은?

① 불소(F) 　　② 염소(Cl)
③ 브롬(Br) 　　④ 네온(Ne)

57 위험물의 화재위험에 관한 제반조건을 설명한 것으로 옳은 것은?

① 인화점이 높을수록, 연소범위가 넓을수록 위험하다.
② 인화점이 낮을수록, 연소범위가 좁을수록 위험하다.
③ 인화점이 높을수록, 연소범위가 좁을수록 위험하다.
④ 인화점이 낮을수록, 연소범위가 넓을수록 위험하다.

---

53 위험물 적재 운반 시 조치해야 할 위험물

차광성 덮개를 해야 하는 것	방수성 피복으로 덮어야 하는 것
• 제1류 위험물	• 제1류 위험물 중 알칼리금속의 과산화물
• 제3류 위험물 중 자연발화성물질	• 제2류 위험물 중 철분, 금속분, 마그네슘
• 제4류 위험물 중 특수인화물	
• 제5류 위험물	
• 제6류 위험물	• 제3류 위험물 중 금수성물질

54 니트로셀룰로오스[$C_6H_7O_2(ONO_2)_3$]n : 제5류(자기반응성물질)
• 셀룰로오스에 진한황산과 진한질산을 혼합반응시켜 제조한 것이다.
• 저장 및 운반 시 물(20%) 또는 알코올(30%)로 습윤시킨다.
• 가열, 마찰, 충격에 의해 격렬히 폭발연소한다.
• 질화도(질소함유량)가 클수록 폭발성이 크다.
• 소화 시 다량의 물로 냉각소화한다.

55 • 알코올용 포 소화약제 : 일반포를 수용성위험물에 방사하면 포약제가 소멸하는 소포성 때문에 사용하지 못한다. 이를 방지하기 위하여 특별히 제조된 포 약제가 알코올용포 소화약제이다.
• 알코올용포 사용위험물(수용성위험물) : 알코올, 아세톤, 피리딘, 초산, 포름산(개미산) 등의 수용성액체화재 시 사용한다.

56 할로겐화합물 소화약제를 구성하는 할로겐원소는 7족 원소의 F(불소), Cl(염소), Br(브롬), I(요오드)를 메탄이나 에탄에 치환된 화합물을 말한다. 네온(Ne)은 0족 원소로 포함되지 않는다.

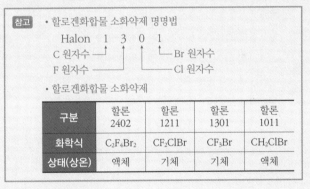

구분	할론 2402	할론 1211	할론 1301	할론 1011
화학식	$C_2F_4Br_2$	CF_2ClBr	CF_3Br	CH_2ClBr
상태(상온)	액체	기체	기체	액체

57 위험물의 회재위험성이 증가하는 조건
• 온도, 압력, 산소농도, 연소열, 증기압 : 높을수록
• 인화점, 착화점, 비점, 비중 : 낮을수록
• 연소범위(폭발범위) : 넓을수록

58 지정과산화물 옥내저장소의 저장창고 출입구 및 창의 설치기준으로 틀린 것은?

① 창은 바닥면으로부터 2m 이상의 높이에 설치한다.

② 하나의 창의 면적을 0.4m² 이내로 한다.

③ 하나의 벽면에 두는 창의 면적의 합계를 해당 벽면의 면적의 80분의 1이 초과되도록한다.

④ 출입구에는 갑종방화문을 설치한다.

59 소화기 속에 압축되어 있는 이산화탄소 1.1kg을 표준상태에서 분사하였다. 이산화탄소의 부피는 몇 m³이 되는가?

① 0.56　　　　② 5.6

③ 11.2　　　　④ 24.6

60 산화프로필렌의 성상에 대한 설명 중 틀린 것은?

① 청색의 휘발성이 강한 액체이다.

② 인화점이 낮은 인화성 액체이다.

③ 물에 잘 녹는다.

④ 에테르향의 냄새를 가진다.

---

58 지정과산화물 옥내저장소의 기준

- 저장창고는 150m²이내마다 격벽으로 완전히 구획할 것
- 출입구는 갑종방화문을 설치할 것
- 창은 바닥면으로부터 2m 이상 높이 설치할 것
- 하나의 벽면에 두는 창의 면적합계는 벽면적의 1/80 이내로 할 것
- 하나의 창의 면적은 0.4m² 이내로 할 것

> **참고**
> - 소규모 옥내저장소 : 지정수량 50배 이하, 처마높이가 6m 미만인 것
> - 다층 건물의 옥내저장소 : 하나의 창고 면적합계가 1,000m² 이하인 것
> - 복합용도 건축물의 옥내저장소 : 층고가 6m미만으로 바닥면적이 75m² 이하인 것
> - 지정과산화물 : 제5류 위험물 중 유기과산화물 또는 이를 함유한 것으로 지정수량이 100kg인 것

59
- 이상기체 상태방정식

$$PV = nRT = \frac{W}{M}RT$$

$$\begin{bmatrix} P : 압력(atm) & V : 부피(m^3) \\ n : mol수\left(\frac{W}{M}\right) & W : 무게(kg) \\ M : 분자량 & T : 절대온도(273+℃)[K] \\ R : 기체상수\ 0.082(m^3·atm/kg-mol·K) \end{bmatrix}$$

- 표준상태 : 0℃, 1기압, CO₂ 분자량 : 44

$$\therefore V = \frac{WRT}{PM}$$

$$= \frac{1.1 \times 0.082 + (273+0)}{1 \times 44}$$

$$\fallingdotseq 0.56m^3$$

60 산화프로필렌(CH_3CHCH_2O) : 제4류 특수인화물(인화성액체)

- 인화점 −37℃, 발화점 465℃, 연소범위 2.5~38.5%
- 에테르향의 냄새가 나는 무색의 휘발성이 강한 액체이다.
- 물, 벤젠, 에테르, 알코올 등에 잘 녹고 피부접촉 시 화상을 입는다(수용성).
- 소화 : 알코올용포, 다량의 물, CO₂ 등으로 질식소화한다.

> **참고** 아세트알데히드, 산화프로필렌의 공통사항
> - Cu, Ag, Hg, Mg 및 그 합금 등과는 용기나 설비를 사용하지 말 것(중합반응 시 폭발성 물질 생성)
> - 저장 시 불활성가스(N_2, Ar) 또는 수증기를 봉입하고 냉각장치를 사용하여 비점이하로 유지할 것

정답 58 ③　 59 ①　 60 ①

01 주된 연소형태가 증발연소인 것은?

① 나트륨
② 코크스
③ 양초
④ 니트로셀룰로오스

02 불활성가스 소화약제 중 "IG-55"의 성분 및 그 비율을 옳게 나타낸 것은? (단, 용량비 기준이다.)

① 질소 : 이산화탄소＝55 : 45
② 질소 : 이산화탄소＝50 : 50
③ 질소 : 아르곤＝55 : 45
④ 질소 : 아르곤＝50 : 50

03 A, B, C급 화재에 모두 적응성이 있는 소화약제는?

① 제1종 분말소화약제
② 제2종 분말소화약제
③ 제3종 분말소화약제
④ 제4종 분말소화약제

04 위험물안전관리법령상 물분무 소화설비가 적응성이 있는 위험물은?

① 알칼리금속과산화물
② 금속분·마그네슘
③ 금수성물질
④ 인화성고체

해설·정답 확인하기

01 연소형태
- 표면연소 : 숯, 코크스, 목탄, 금속분 등
- 분해연소 : 석탄, 목재, 플라스틱, 종이, 중유 등
- 증발연소 : 유황, 나프탈렌, 파라핀(양초), 휘발유 등의 제4류 위험물
- 자기연소(내부연소) : 니트로셀룰로오스, 니트로글리세린 등의 제5류 위험물
- 확산연소 : 수소, 아세틸렌, LPG, LNG 등 가연성기체

02 불활성가스 청정소화약제의 성분비율

소화약제명	화학식
IG-01	Ar : 100%
IG-100	N_2 : 100%
IG-541	N_2 : 52%, Ar : 40%, CO_2 : 8%
IG-55	N_2 : 50%, Ar : 50%

03 분말 소화약제(드라이케미컬)

종별	화학식	품명	색상	적응화재
제1종	$NaHCO_3$	탄산수소나트륨	백색	B, C급
제2종	$KHCO_3$	탄산수소칼륨	담자(회)색	B, C급
제3종	$NH_4H_2PO_4$	인산암모늄	담홍색	A, B, C급
제4종	$KHCO_3$ $+(NH_2)_2CO$	중탄산칼륨 +요소	회(백)색	B, C급

정답 01 ③ 02 ④ 03 ③ 04 ④

05

제2류 위험물 중 지정수량이 500kg인 물질에 의한 화재는?

① A급 화재
② B급 화재
③ C급 화재
④ D급 화재

06

소화난이도등급 Ⅱ의 옥내탱크저장소에는 대형수동식소화기 및 소형수동식소화기를 각각 몇 개 이상 설치하여야 하는가?

① 4
② 3
③ 2
④ 1

07

옥내저장소에 관한 위험물안전관리법령의 내용으로 옳지 않은 것은?

① 지정과산화물을 저장하는 옥내저장소의 경우 바닥면적 150㎡ 이내마다 격벽으로 구획을 하여야 한다.
② 옥내저장소에는 원칙상 안전거리를 두어야 하나, 제6류 위험물을 저장하는 경우에는 안전거리를 두지 않을 수 있다.
③ 아세톤을 처마높이 6m 미만인 단층건물에 저장하는 경우 저장창고의 바닥면적은 1000㎡ 이하로 하여야 한다.
④ 복합용도의 건축물에 설치하는 옥내저장소는 해당 용도로 사용하는 부분의 바닥면적을 100㎡ 이하로 하여야 한다.

08

포소화제의 조건에 해당되지 않는 것은?

① 부착성이 있을 것
② 쉽게 분해하여 증발될 것
③ 바람에 견디어 응집성을 가질 것
④ 유동성이 있을 것

04

대상물의 구분 소화설비의 구분	건축물·그 밖의 공작물	전기설비	제1류 위험물 알칼리금속과산화물등	그 밖의 것	제2류 위험물 철분·금속분·마그네슘등	인화성고체	그 밖의 것	제3류 위험물 금수성물품	그 밖의 것	제4류 위험물	제5류 위험물	제6류 위험물
물분무소화설비	○	○		○	○	○	○		○	○	○	○
포 소화설비	○			○			○		○	○	○	○
불활성가스소화설비		○				○				○		
할로겐화합물소화설비		○				○				○		
분말소화기 인산염류 등	○	○		○		○	○			○		○
분말소화기 탄산수소염류 등		○	○		○	○		○		○		
분말소화기 그 밖의 것			○		○			○				

05 제2류 중 철분, 금속분, 마그네슘의 금속화재인 D급 화재에 해당한다.

성질	위험등급	품명	지정수량
산화성 고체	Ⅱ	황화린(P_4S_3, P_2S_5, P_4S_7) 적린(P) 황(S)	100kg
	Ⅲ	철분(Fe) 금속분(Al, Zn) 마그네슘(Mg)	500kg
		인화성고체(고형알코올)	1,000kg

06 소화난이도등급 Ⅱ의 옥외·옥내탱크저장소 : 대형수동식소화기 및 소형수동식소화기 등을 각각 1개 이상 설치할 것

07 ④ 복합용도의 건축물에 설치하는 옥내저장소는 해당 용도로 사용하는 부분의 바닥면적을 75㎡ 이하로 하여야 한다.

08 포소화약제의 구비조건 : ①, ③, ④ 이외에
• 독성이 적을 것
• 포의 소포성이 적을 것
• 유류의 표면에 잘 분산되고 접착성이 좋을 것
※ 포소화약제는 화재면을 덮어서 질식 및 냉각해야 하므로 쉽게 분해되지 않아야 한다.

 정답 05 ④ 06 ④ 07 ④ 08 ②

09 위험물 "황린, 인화칼슘, 리튬"을 위험등급
Ⅰ, 위험등급Ⅱ, 위험등급Ⅲ의 순서로 옳게
나열한 것은?

① 황린, 인화칼슘, 리튬
② 황린, 리튬, 인화칼슘
③ 인화칼슘, 황린, 리튬
④ 인화칼슘, 리튬, 황린

10 위험물 관련 신고 및 선임에 관한 사항으로
옳지 않은 것은?

① 제조소의 위치·구조 변경 없이 위험물
의 품명 변경 시는 변경하고자 하는 날
의 14일 이전까지 신고하여야 한다.
② 제조소 설치자의 지위를 승계한 자는 승
계한 날로부터 30일 이내에 신고하여야
한다.
③ 위험물안전관리자가 퇴직한 경우는 퇴직
일로부터 14일 이내에 신고하여야 한다.
④ 위험물안전관리자가 퇴직한 경우는 퇴직
일로부터 30일 이내에 선임하여야 한다.

11 다음 중 위험물제조소등에 설치하는 경보설
비에 해당하는 것은?

① 피난사다리   ② 확성장치
③ 완강기   ④ 구조대

12 제6류 위험물의 위험성에 대한 설명으로 틀
린 것은?

① 질산을 가열할 때 발생하는 적갈색 증기
는 무해하지만 가연성이며 폭발성이 강
하다.
② 고농도의 과산화수소는 충격, 마찰에 의
해서 단독으로도 분해, 폭발할 수 있다.
③ 과염소산은 유기물과 접촉 시 발화 또는
폭발할 위험이 있다.
④ 과산화수소는 햇빛에 의해서 분해되며,
촉매(MnO_2) 하에서 분해가 촉진된다.

---

09 제3류 위험물(자연발화성 및 금수성물질)의 위험등급

품명	황린(P_4)	리튬(Li)	인화칼슘(Ca_3P_2)
위험등급	Ⅰ	Ⅱ	Ⅲ
지정수량	20kg	50kg	300kg

10 제조소 등의 위치·구조 또는 설비의 변경 없이 당해 제조소 등에서
저장하거나 취급하는 위험물의 품명·수량 또는 지정수량의 배수
를 변경하고자 하는 자는 변경하고자 하는 날의 1일 전까지 행정안
전부령이 정하는 바에 따라 시·도지사에게 신고하여야 한다.

11 ①, ③, ④는 피난설비에 해당한다.

12 제6류 위험물(산화성 액체), 지정수량 300kg, 위험등급 Ⅰ
1. 질산(HNO_3) : 비중이 1.49 이상인 것
   • 가열 분해 시 유독성인 이산화질소(NO_2)의 적갈색 증기가 발
   생한다.
   $$4HNO_3 \rightarrow 2H_2O + 4NO_2\uparrow + O_2\uparrow$$
   • 흡습성, 자극성, 부식성이 강한 발연성 액체이다.
2. 과산화수소(H_2O_2) : 농도가 36중량% 이상인 것
   • 강산화제로서 촉매로 이산화망간(MnO_2)을 사용 시 분해가 촉
   진되어 산소의 발생이 증가한다.
   $$2H_2O_2 \xrightarrow[\text{촉매}]{MnO_2} 2H_2O + O_2\uparrow$$
   • 고농도의 60% 이상은 충격, 마찰에 의해 단독으로 분해폭발
   위험이 있다.
   • 분해 안정제로 인산(H_3PO_4), 요산($C_5H_4N_4O_3$)을 첨가한다.
   • 저장용기의 마개에는 작은 구멍이 있는 것을 사용한다.
3. 과염소산($HClO_4$)
   • 불연성으로 자극성, 산화성이 크고 공기 중 분해 시 연기를 발
   생한다.
   • 가열 시 분해폭발하여 유독성인 HCl을 발생시킨다.
   $$HClO_4 \xrightarrow{\triangle} HCl + 2O_2$$
   • 산화력이 강한 강산으로 종이, 나무 조각, 유기물 등과 접촉 시
   발화, 연소폭발위험이 있다.

13 연소의 3요소를 모두 갖춘 것은?

① 휘발유＋공기＋수소

② 적린＋수소＋성냥불

③ 성냥불＋황＋염소산암모늄

④ 알코올＋수소＋염소산암모늄

14 제조소의 옥외에 모두 3기의 휘발유 취급탱크를 설치하고 그 주위에 방유제를 설치하고자 한다. 방유제 안에 설치하는 각 취급탱크의 용량이 5만L, 3만L, 2만L일 때 필요한 방유제의 용량은 몇 L 이상인가?

① 66,000

② 60,000

③ 33,000

④ 30,000

15 위험물안전관리법령상 제조소에서 취급하는 제4류 위험물의 최대수량의 합이 지정수량의 12만배 미만인 사업소에 두어야 하는 화학소방자동차 및 자체소방대원의 수의 기준으로 옳은 것은?

① 1대 – 5인

② 2대 – 10인

③ 3대 – 15인

④ 4대 – 20인

16 산화성고체 위험물에 속하지 않는 것은?

① Na_2O_2

② $HClO_4$

③ NH_4ClO_4

④ $KClO_3$

13 • 성냥불(점화원)

• 황(가연물) : $S+O_2 \rightarrow SO_2$

• 염소산암모늄(산소공급원) :
$2NH_4ClO_3 \rightarrow N_2+Cl_2+4H_2O+O_2\uparrow$

※ 연소의 3요소 : 가연물, 점화원, 산소공급원

14 위험물의 방유제, 방유턱의 용량

1. 위험물 제조소의 옥외에 있는 위험물 취급 탱크의 방유제의 용량
   • 탱크 1기일 때 : 탱크 용량×0.5 [50%]
   • 탱크 2기 이상일 때 : 최대 탱크 용량×0.5＋(나머지 탱크 용량 합계×0.1 [10%])

2. 위험물 제조소의 옥내에 있는 위험물 취급 탱크의 방유턱의 용량
   • 탱크 1기일 때 : 탱크 용량 이상
   • 탱크 2기 이상일 때 : 최대 탱크 용량 이상

3. 위험물 옥외탱크저장소의 방유제의 용량
   • 탱크 1기일 때 : 탱크 용량×1.1 [110%]
     (비인화성물질 : 100%)
   • 탱크 2기 이상일 때 : 최대 탱크 용량×1.1 [110%]
     (비인화성물질 : 100%)

※ 제조소의 옥외에서 취급 탱크가 2기 이상이므로
   $=(50,000L×0.5)+(30,000L×0.1)+(20,000L×0.1)$
   $=30,000L$

15 자체소방대에 두는 화학소방자동차 및 인원

제조소등에서 취급하는 제4류 위험물의 최대수량의 합	화학소방 자동차	자체소방 대원의 수
지정수량의 3천배 이상 12만배 미만인 사업소	1대	5인
12만배 이상 24만배 미만	2대	10인
24만배 이상 48만배 미만	3대	15인
48만배 이상인 사업소	4대	20인
옥외탱크저장소의 지정수량이 50만배 이상인 사업소	2대	10인

16 • 제1류(산화성고체) : Na_2O_2(과산화나트륨), NH_4ClO_4(과염소산암모늄), $KClO_3$(염소산칼륨)

• 제6류(산화성액체) : $HClO_4$(과염소산)

17 위험물제조소등에 설치하는 옥내소화전설비의 설치기준으로 옳은 것은?

① 옥내소화전은 건축물의 층마다 당해 층의 각 부분에서 하나의 호스접속구까지의 수평거리가 25m 이하가 되도록 설치하여야 한다.

② 당해 층의 모든 옥내소화전(5개 이상인 경우는 5개)을 동시에 사용할 경우 각 노즐선단에서의 방수량은 130L/min 이상이어야 한다.

③ 당해 층의 모든 옥내소화전(5개 이상인 경우는 5개)을 동시에 사용할 경우 각 노즐선단에서의 방수압력은 250kPa 이상이어야 한다.

④ 수원의 수량은 옥내소화전이 가장 많이 설치된 층의 옥내소화전 설치개수(5개 이상인 경우는 5개)에 2.6m³를 곱한 양 이상이 되도록 설치하여야 한다.

18 분자량이 가장 큰 위험물은?

① 과염소산　　② 과산화수소
③ 질산　　　　④ 히드라진

19 위험물제조소 등에서 위험물안전관리법상 안전거리 규제 대상이 아닌 것은?

① 제6류 위험물을 취급하는 제조소를 제외한 모든 제조소
② 주유취급소
③ 옥외저장소
④ 옥외탱크저장소

20 위험물안전관리법령에 따라 기계에 의하여 하역하는 구조로 된 운반용기의 외부에 행하는 표시내용에 해당하지 않는 것은?(단, 국제해상위험물규칙에 정한 기준 또는 소방방재청장이 정하여 고시하는 기준에 적합한 표시를 한 경우는 제외한다.)

① 운반용기의 제조년월
② 제조자의 명칭
③ 겹쳐쌓기 시험하중
④ 용기의 유효기간

---

17 ② 방수량은 260L/min 이상
③ 방수압력은 360kPa 이상
④ 수원의 수량은 설치개수(최대 5개)에 7.8m³를 곱한 양 이상

※ 옥내소화전설비 설치기준

수평거리	방사량	방사압력	수원의 양(Q:m³)
25m 이하	260(l/min) 이상	360(kPa) 이상	Q＝N(소화전개수 : 최대 5개)×7.8m³ (260L/min×30min)

18 ① 과염소산($HClO_4$) : $1×1+35.5×1+16×4=100.5$
② 과산화수소(H_2O_2) : $1×2+16×2=34$
③ 질산(HNO_3) : $1×1+14×1+16×3=63$
④ 히드라진(N_2H_4) : $14×2+1×4=28+4=32$

19 위험물안전관리법령상 안전거리 규제 대상이 아닌 것
옥내탱크저장소, 지하탱크저장소, 이동탱크저장소, 간이탱크저장소, 판매취급소, 암반탱크저장소, 주유취급소

20 기계에 의하여 하역하는 구조로 된 운반 용기의 외부에 행하는 표시내용은 다음과 같다.
• 운반용기의 제조년월 및 제조자의 명칭
• 겹쳐쌓기 시험하중
• 운반용기의 종류에 따라 다음의 규정에 의한 중량
┌ 플렉서블 외의 운반용기: 최대총중량(최대수용중량의 위험물을 수납하였을 경우의 운반용기의 전중량을 말한다.)
└ 플렉서블 운반용기: 최대수용중량

정답　17 ①　18 ①　19 ②　20 ④

21 각각 지정수량의 10배인 위험물을 운반할 경우 제5류 위험물과 혼재 가능한 위험물에 해당하는 것은?

① 제1류 위험물
② 제2류 위험물
③ 제3류 위험물
④ 제6류 위험물

22 제1류 위험물 중 흑색화약의 원료로 사용되는 것은?

① KNO_3 ② $NaNO_3$
③ BaO_2 ④ NH_4NO_3

23 위험물안전관리법령상 압력수조를 이용한 옥내소화전설비의 가압송수장치에서 압력수조의 최소압력(MPa)은?(단, 소방용 호스의 마찰손실수두압은 3MPa, 배관의 마찰손실수두압은 1MPa, 낙차의 환산수두압은 1.35MPa이다.)

① 5.35MPa
② 5.70MPa
③ 6.00MPa
④ 6.35MPa

24 위험물의 유별에 따른 성질과 해당 품명의 예가 잘못 연결된 것은?

① 제1류 : 산화성 고체 – 무기과산화물
② 제2류 : 가연성 고체 – 금속분
③ 제3류 : 자연발화성 물질 및 금수성 물질 – 황화린
④ 제5류 : 자기반응성 물질 – 히드록실아민염류

25 다음은 P_2S_5와 물의 화학반응이다. ( )에 알맞은 숫자를 차례대로 나열한 것은?

$$P_2S_5 + (\ )H_2O \rightarrow (\ )H_2S + (\ )H_3PO_4$$

① 2, 8, 5   ② 2, 5, 8
③ 8, 5, 2   ④ 8, 2, 5

---

21 유별을 달리하는 위험물의 혼재기준

위험물의 구분	제1류	제2류	제3류	제4류	제5류	제6류
제1류		×	×	×	×	○
제2류	×		×	○	○	×
제3류	×	×		○	×	×
제4류	×	○	○		○	×
제5류	×	○	×	○		×
제6류	○	×	×	×	×	

※ 이 표는 지정수량의 $\frac{1}{10}$ 이하의 위험물은 적용하지 않음

※ 서로 혼재가 가능한 위험물(꼭 암기할 것)
· ④와 ②, ③   · ⑤와 ②, ④   · ⑥과 ①

22 질산칼륨(KNO_3) : 제1류(산화성고체), 지정수량 300kg
· 무색·무취의 결정 또는 분말로 산화성이 있다.
· 물, 글리세린 등에 잘 녹고 알코올에는 녹지 않는다.
· 흑색화약(질산칼륨+유황+목탄)의 원료로 사용된다.
 $2KNO_3 + 3C + S \rightarrow K_2S + 3CO_2 + N_2$
· 용융분해하여 산소를 발생한다.
 $2KNO_3 \xrightarrow[\triangle]{400℃} 2KNO_2 + O_2\uparrow$
· 강산화제이므로 유기물, 강산, 황린, 유황 등과 혼촉발화의 위험성이 있다.

23 옥내소화전설비의 압력수조를 이용한 가압송수장치의 압력수조의 압력
$P = P_1 + P_2 + P_3 + 0.35MPa$

$$\begin{bmatrix} P : 필요한\ 압력(MPa) \\ P_1 : 소방용\ 호스의\ 마찰손실수두압(MPa) \\ P_2 : 배관의\ 마찰손실수두압(MPa) \\ P_3 : 낙차의\ 환산수두압(MPa) \end{bmatrix}$$

$\therefore P = 3 + 1 + 1.35 + 0.35 = 5.70MPa$

24 황화린 : 제2류(가연성 고체), 지정수량 100kg
· 종류: 삼황화린(P_4S_3), 오황화린(P_2S_5), 칠황화린(P_4S_7)
· 연소 및 물과의 반응식
 $P_4S_3 + 8O_2 \rightarrow 2P_2O_5 + 3SO_2\uparrow$
 $P_2S_5 + 8H_2O \rightarrow 5H_2S + 2H_3PO_4$

25 오황화린(P_2S_5) : 제2류(가연성고체), 지정수량 100kg
· 담황색 결정으로 조해성이 있어 수분 흡수 시 분해한다.
· 알코올, 이황화탄소(CS_2)에 잘 녹는다.
· 물, 알칼리와 반응 시 유독한 인산(H_3PO_4)과 황화수소(H_2S) 가스를 발생한다.
 $P_2S_5 + 8H_2O \rightarrow 5H_2S + 2H_3PO_4$

정답   21 ②   22 ①   23 ②   24 ③   25 ③

26 질산암모늄에 대한 설명으로 옳은 것은?

① 물에 녹을 때 발열반응을 한다.

② 가열하면 폭발적으로 분해하여 산소와 암모니아를 생성한다.

③ 소화방법으로 질식소화가 좋다.

④ 단독으로도 급격한 가열, 충격으로 분해·폭발할 수 있다.

27 복수의 성상을 가지는 위험물에 대한 품명지정의 기준상 유별의 연결이 틀린 것은?

① 산화성고체의 성상 및 가연성고체의 성상을 가지는 경우 : 가연성고체

② 산화성고체의 성상 및 자기반응성물질의 성상을 가지는 경우 : 자기반응성물질

③ 가연성고체의 성상과 자연발화성물질의 성상 및 금수성 물질의 성상을 가지는 경우 : 자연발화성 물질 및 금수성물질

④ 인화성액체의 성상 및 자기반응성물질의 성상을 가지는 경우 : 인화성액체

28 가연물에 따른 화재의 종류 및 표시색의 연결이 옳은 것은?

① 폴리에틸렌 – 유류화재 – 백색

② 석탄 – 일반화재 – 청색

③ 시너 – 유류화재 – 청색

④ 나무 – 일반화재 – 백색

29 옥외저장소에서 선반에 저장하는 용기의 높이는 몇 m를 초과할 수 없는가?

① 3m ② 4m

③ 6m ④ 7m

---

26 질산암모늄(NH_4NO_3) : 제1류(산화성고체), 지정수량 300kg
- 무색, 무취의 결정으로 조해성, 흡수성이 강하다.
- 물에 용해 시 흡열 반응하므로 열의 흡수로 인해 한제로 사용한다.
- 가열시 산소(O_2)를 발생하며, 충격을 주면 단독 분해폭발한다.
  $2NH_4NO_3 \rightarrow 4H_2O + 2N_2 + O_2 \uparrow$
- 소화 시 다량의 물로 주수하여 냉각소화한다.

27 복수의 성상을 가지는 위험물에 대한 품명지정의 기준상 유별
- 산화성고체(1류) + 가연성고체(2류) → 제2류 위험물
- 산화성고체(1류) + 자기반응성물질(5류) → 제5류 위험물
- 가연성고체(2류) + 자연발화성물질 및 금수성물질(3류) → 제3류 위험물
- 자연발화성물질 및 금수성물질(3류) + 인화성액체(4류) → 제3류 위험물
- 인화성액체(4류) + 자기반응성물질(5류) → 제5류 위험물

※ 복수성상물품의 유별 우선 순위: 제1류〈제2류〈제4류〈제3류〈제5류

28

화재분류	종류	색상	소화방법	가연물
A급	일반화재	백색	냉각소화	나무, 석탄, 플라스틱 등
B급	유류 및 가스화재	황색	질식소화	석유류, LPG, LNG 등
C급	전기화재	청색	질식소화	변전실, 전산실 등
D급	금속화재	무색	피복소화	마그네슘, 철, 나트륨 등

29 옥내·옥외저장소에서 위험물 용기를 쌓는 높이 제한 규정
- 기계에 의하여 하역하는 구조로 된 용기만을 겹쳐 쌓는 경우(선반에 저장된 경우 포함) : 6m
- 제4류 위험물 중 제3석유류, 제4석유류 및 동식물유류를 수납하는 용기만을 겹쳐 쌓는 경우 : 4m
- 그 밖의 경우: 3m

정답 **26** ④ **27** ④ **28** ④ **29** ③

30 위험물안전관리법령상 제4류 위험물 운반용기의 외부에 표시해야 하는 사항이 아닌 것은?

① 규정에 의한 주의사항

② 위험물의 품명 및 위험등급

③ 위험물의 관리자 및 지정수량

④ 위험물의 화학명

31 두 가지 물질이 반응할 때 수소가 발생하지 않는 것은?

① 리튬 + 염산

② 탄화칼슘 + 물

③ 수소화칼슘 + 물

④ 루비듐 + 물

32 위험물안전관리법령상 위험물의 지정수량으로 옳지 않은 것은?

① 니트로셀룰로오스 : 10kg

② 히드록실아민 : 100kg

③ 아조벤젠 : 50kg

④ 트리니트로페놀 : 200kg

---

30 위험물 운반용기의 외부 표시 사항

- 위험물의 품명, 위험등급, 화학명 및 수용성(제4류 위험물의 수용성인 것에 한함)
- 위험물의 수량
- 위험물에 따른 주의사항

유별	구분	주의사항
제1류 위험물 (산화성고체)	알칼리금속의 무기과산화물	화기 · 충격주의 물기엄금 가연물접촉주의
	그 밖의 것	화기 · 충격주의 가연물접촉주의
제2류 위험물 (가연성고체)	철분, 금속분, 마그네슘	화기주의 물기엄금
	인화성고체	화기엄금
	그 밖의 것	화기주의
제3류 위험물	자연발화성물질	화기엄금 공기접촉엄금
	금수성물질	물기엄금
제4류 위험물	인화성액체	화기엄금
제5류 위험물	자기반응성물질	화기엄금 충격주의
제6류 위험물	산화성액체	가연물접촉주의

31 탄화칼슘(CaC_2, 카바이트) : 제3류(금수성), 지정수량 300kg

- 물과 반응 시 아세틸렌(C_2H_2)가스가 발생한다.

$CaC_2 + 2H_2O \rightarrow Ca(OH)_2 + C_2H_2 \uparrow$ (폭발범위 : 2.5~81%)

- 질소와 고온(700℃ 이상)에서 반응 시 석회질소($CaCN_2$)를 생성한다.

$CaC_2 + N_2 \rightarrow CaCN_2 + C$

- 소화 : 물, 포, 이산화탄소를 절대 엄금하고 마른 모래 등으로 피복소화한다.

32 제5류 위험물의 종류 및 지정수량

성질	위험등급	품명	지정수량
자기 반응성 물질	I	유기과산화물[과산화벤조일 등]	10kg
		질산에스테르류[니트로셀룰로오스, 질산에틸 등]	
	II	니트로화합물[TNT, 피크린산 등]	200kg
		니트로소화합물[파라니트로소 벤젠]	
		아조화합물[아조벤젠 등]	
		디아조화합물[디아조 디니트로페놀]	
		히드라진 유도체[디메틸 히드라진]	
		히드록실아민[NH_2OH]	100kg
		히드록실아민염류[황산히드록실아민]	

33 다음 중 연소에 필요한 산소의 공급원을 단절하는 것은?

① 제거작용
② 질식작용
③ 희석작용
④ 억제작용

34 다음 위험물 중 물과 반응하여 산소를 내는 것은?

① 과산화칼륨
② 과염소산칼륨
③ 염소산칼륨
④ 아염소산칼륨

35 디에틸에테르의 성질 및 저장·취급할 때의 주의사항으로 틀린 것은?

① 장시간 공기와 접촉하면 과산화물이 생성되어 폭발 위험이 있다.
② 연소 범위는 가솔린보다 좁지만 발화점이 낮아 위험하다.
③ 정전기 생성 방지를 위해 약간의 $CaCl_2$를 넣어준다.
④ 이산화탄소 소화기는 적응성이 있다.

36 Mg, Na의 화재에 이산화탄소 소화기를 사용하였다. 화재현장에서 발생되는 현상은?

① 이산화탄소가 부착면을 만들어 질식소화 된다.
② 이산화탄소가 방출되어 냉각소화 된다.
③ 이산화탄소가 Mg, Na과 반응하여 화재가 확대 된다.
④ 부촉매효과에 의해 소화된다.

---

33 소화작용
- 제거작용 : 연소할 때 필요한 가연성 물질은 없애주는 소화방법
- 질식작용 : 공기 중의 산소의 농도를 21%에서 15% 이하로 낮추어 산소공급을 차단시켜 연소를 중단시키는 소화방법
- 희석작용 : 수용성인 가연성 물질의 화재 시 다량의 물을 방사하여 가연물의 농도를 연소 범위의 하한계 이하로 희석하여 소화하는 방법
- 억제(부촉매)작용 : 가연성 물질이 연속적으로 연소 시 연쇄 반응을 느리게 하여 억제·방해 또는 차단시켜 소화하는 방법
- 냉각작용 : 연소 물체로부터 열을 빼앗아 발화점 이하로 온도를 낮추는 방법

34 과산화칼륨(K_2O_2) : 제1류(산화성고체) 중 무기과산화물, 지정수량 50kg
- 열분해 시 : $2K_2O_2 \rightarrow 2K_2O + O_2\uparrow$ (산소)
- 물과 반응 시 : $2K_2O_2 + 2H_2O \rightarrow 4KOH + O_2\uparrow$ (산소)
- 염산과 반응 시 : $K_2O_2 + 2HCl \rightarrow 2KCl + H_2O_2$ (과산화수소)
- CO_2와 반응 시 : $2K_2O_2 + 2CO_2 \rightarrow 2K_2CO_3 + O_2\uparrow$ (산소)

> **참고** 무기(알칼리금속)과산화물
> - 물과 접촉 시 산소(O_2)발생 (주수소화 절대 엄금)
> - 열분해 시 산소(O_2)발생 (유기물 접촉 금함)
> - 산과 반응 시 과산화수소(H_2O_2) 생성
> - 소화방법: 건조사 등(피복 및 질식소화), CO_2 소화 금지

35 디에틸에테르($C_2H_5OC_2H_5$) : 제4류 특수인화물
- 인화점 −45℃, 발화점 180℃, 연소범위 1.9~48%
- ※ 가솔린 : 인화점 −43~−20℃, 착화점 300℃, 연소범위 1.4~7.6%
- 직사광선에 장시간 노출 시 과산화물 생성(갈색병에 보관) 방지 위해 구리망을 넣어둔다.
- ※ 과산화물의 검출 : 요오드화 칼륨(KI) 10% 용액 → 황색변화
- 정전기 발생 주의할 것(생성방지제: $CaCl_2$)

36 1. 마그네슘(Mg) : 제2류 위험물(금수성), 지정수량 500kg
- 산 또는 수증기와 반응 시 수소(H_2)기체를 발생한다.
  $Mg + 2HCl \rightarrow MgCl_2 + H_2\uparrow$
  $Mg + 2H_2O \rightarrow Mg(OH)_2 + H_2\uparrow$
- 이산화탄소(CO_2)와 폭발적으로 반응한다.
  $2Mg + CO_2 \rightarrow 2MgO + C$
2. 나트륨(Na) : 제3류 위험물(자연발화성, 금수성), 지정수량 10kg
- 은백색 경금속으로 연소 시 노란색 불꽃을 낸다.
- 물 또는 알코올과 반응 시 수소(H_2)기체를 발생, 자연 발화한다.
  $2Na + 2H_2O \rightarrow 2NaOH + H_2\uparrow$
  $2Na + 2C_2H_5OH \rightarrow 2C_2H_5ONa + H_2\uparrow$
- 이산화탄소(CO_2)와 폭발적으로 반응한다.
  $4Na + 3CO_2 \rightarrow 2Na_2CO_3 + C$

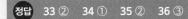
정답 33 ② 34 ① 35 ② 36 ③

37 에틸알코올의 증기비중은 약 얼마인가?

① 0.72   ② 0.91

③ 1.13   ④ 1.59

38 연소 시 발생하는 가스를 옳게 나타낸 것은?

① 황린 — 황산가스

② 황 — 무수인산가스

③ 적린 — 아황산가스

④ 삼황화사인(삼황화인) — 아황산가스

39 다음과 같은 반응에서 5m³의 탄산가스를 만들기 위해 필요한 탄산수소나트륨의 양은 약 몇 kg인가? (단, 표준상태이고, 나트륨의 원자량은 23이다.)

$$2NaHCO_3 \rightarrow Na_2CO_3 + CO_2 + H_2O$$

① 18.75   ② 37.5

③ 56.25   ④ 75

40 다음 중 할로겐화합물 소화약제의 가장 주된 소화효과에 해당하는 것은?

① 제거효과   ② 억제효과

③ 냉각효과   ④ 질식효과

41 휘발유를 저장하던 이동저장탱크에 탱크의 상부로부터 등유나 경유를 주입할 때 액표면이 주입관의 선단을 넘는 높이가 될 때까지 그 주입관 내의 유속을 몇 m/s 이하로 해야 하는 가?

① 1m/s   ② 2m/s

③ 3m/s   ④ 5m/s

42 물과 반응하여 산소를 발생하는 것은?

① $KClO_3$ ② Na_2O_2

③ $KClO_4$ ④ CaC_2

---

37 에틸알코올(C_2H_5OH) : 제4류 중 알코올류, 지정수량 400L

① 인화점 13℃, 발화점 423℃, 연소범위 4.3~19%

② 에틸알코올(C_2H_5OH) 분자량 : $12 \times 2 + 1 \times 5 + 16 + 1 = 46$

③ 증기비중 $= \dfrac{분자량}{공기의\ 평균분자량(29)} = \dfrac{46}{29} ≒ 1.585$

38 연소반응식

① 황린(P_4) : $P_4 + 5O_2 \rightarrow 2P_2O_5$(오산화인)

② 황(S) : $S + O_2 \rightarrow SO_2$(무수황산가스, 아황산가스)

③ 적린(P) : $4P + 5O_2 \rightarrow 2P_2O_5$(오산화인)

④ 삼황화인(P_4S_3) : $P_4S_3 + 8O_2 \rightarrow 2P_2O_5 + 3SO_2\uparrow$ (아황산가스)

39 제1종 분말소화약제($NaHCO_3$)

$NaHCO_3$ 분자량 : $23 + 1 + 12 + 16 \times 3 = 84$

$2NaHCO_3 \rightarrow Na_2CO_3 + CO_2 + H_2O$

$2 \times 84kg$: $1 \times 22.4m^3$

    x : $5m^3$

$x = \dfrac{2 \times 84 \times 5}{1 \times 22.4} = 37.5m^3$

40 할로겐화합물 소화약제의 소화효과

- 부촉매(억제)효과 : 주된 소화효과
- 질식효과
- 냉각효과

41
- 이동식저장탱크에 위험물(휘발유, 등유, 경유)을 교체 주입하고자 할 때 정전기 방지 조치를 위해 유속을 1m/s 이하로 할 것
- 이동저장탱크에 위험물 주입 시 인화점이 40℃ 미만인 위험물일 때는 원동기를 정지시킬 것

42 ① $KClO_3$, ③ $KClO_4$: 제1류(산화성고체)로 물과 반응하지 않음

② Na_2O_2 : 제1류(금수성물질)

    $2Na_2O_2 + 2H_2O \rightarrow 4NaOH + O_2\uparrow$(산소)

④ CaC_2 : 제3류(금수성물질)

    $CaC_2 + 2H_2O \rightarrow Ca(OH)_2 + C_2H_2\uparrow$(아세틸렌)

정답   37 ④   38 ④   39 ②   40 ②   41 ①   42 ②

43 위험물안전관리법령에 따른 위험물제조소의 안전거리 기준으로 틀린 것은?

① 주택으로부터 10m 이상

② 학교로부터 30m 이상

③ 유형문화재와 기념물 중 지정문화재로 부터는 30m이상

④ 병원으로부터 30m 이상

44 염소산칼륨의 성질에 대한 설명 중 옳지 않은 것은?

① 비중은 약 2.3으로 물보다 무겁다.

② 강산과의 접촉은 위험하다.

③ 열분해하면 산소와 염화칼륨이 생성된다.

④ 냉수에도 매우 잘 녹는다.

45 과산화벤조일과 과염소산의 지정수량 합은?

① 310kg   ② 350kg

③ 400kg   ④ 500kg

46 특수인화물이 아닌 것은?

① 아세트알데히드   ② 에테르

③ 이황화탄소   ④ 콜로디온

47 분진폭발의 원인물질로 작용할 위험성이 가장 낮은 것은?

① 마그네슘분말   ② 밀가루

③ 담배분말   ④ 시멘트분말

48 다음 중 독성이 있고, 제2석유류에 속하는 것은?

① CH_3CHO

② C_6H_6

③ $C_6H_5 = CHCH_2$

④ $C_6H_5NH_2$

43

건축물	안전거리
사용전압이 7,000V 초과 35,000V 이하	3m 이상
사용전압이 35,000V 초과	5m 이상
주거용(주택)	10m 이상
고압가스, 액화석유가스, 도시가스	20m 이상
학교, 병원, 극장, 복지시설	30m 이상
유형문화재, 지정문화재	50m 이상

44 염소산칼륨($KClO_3$) : 제1류(산화성고체)
- 무색, 백색분말로 산화력이 강하다.
- 열분해 반응식 : $2KClO_3 \rightarrow 2KCl + 3O_2\uparrow$
- 온수, 글리세린에 잘 녹고 냉수, 알코올에는 녹지 않는다.

45
- 과산화벤조일 : 제5류의 유기과산화물, 지정수량 10kg
- 과염소산 : 제6류 위험물, 지정수량 300kg
  ∴ 지정수량의 합＝10＋300＝310kg

46 제4류 특수인화물(인화성액체)
- 조건 1atm에서 발화점 100℃ 이하, 인화점 −20℃ 이하, 비점 40℃ 이하
- 품목 : 이황화탄소, 디에틸에테르, 아세트알데히드, 산화프로필렌 등
※ 콜로디온 : 제4류 제1석유류

47
- 분진폭발을 일으키는 물질 : 밀가루, 금속 분말가루, 곡물가루, 섬유분진, 종이분진, 플라스틱분진, 담배분진 등
- 분진폭발이 없는 물질(불연성물질) : 생석회, 시멘트분말, 석회석분말 등

48 제4류 위험물(인화성 액체)

품명	아세트알데히드	벤젠	스티렌	아닐린
화학식	CH_3CHO	C_6H_6	$C_6H_5CHCH_2$	$C_6H_5NH_2$
유별	특수인화물	제1석유류	제2석유류	제3석유류
인화점	−39℃	−11℃	32℃	75℃

49 지정과산화물 옥내저장소의 저장창고 출입구 및 창의 설치기준으로 틀린 것은?

① 창은 바닥면으로부터 2m 이상의 높이에 설치한다.

② 하나의 창의 면적을 0.4m² 이내로 한다.

③ 하나의 벽면에 두는 창의 면적의 합계를 해당 벽면의 면적의 80분의 1이 초과되도록 한다.

④ 출입구에는 갑종방화문을 설치한다.

50 벤젠에 대한 설명으로 틀린 것은?

① 물보다 비중값이 작지만, 증기비중값은 공기보다 크다.

② 공명구조를 가지고 있는 포화탄화수소이다.

③ 연소 시 검은 연기가 심하게 발생한다.

④ 겨울철에 응고된 고체 상태에서도 인화의 위험이 있다.

51 위험물 이동저장탱크의 외부도장 색으로 적합하지 않은 것은?

① 제2류 - 적색   ② 제3류 - 청색
③ 제5류 - 황색   ④ 제6류 - 회색

52 처마의 높이가 6m 이상인 단층 건물에 설치된 옥내저장소의 소화설비로 고려될 수 없는 것은?

① 고정식 포소화설비

② 옥내소화전설비

③ 고정식 이산화탄소 소화설비

④ 고정식 분말소화설비

53 화학적으로 알코올을 분류할 때 3가 알코올에 해당하는 것은?

① 에탄올   ② 메탄올
③ 에틸렌글리콜   ④ 글리세린

---

49 지정과산화물 옥내저장소의 저장창고의 기준
- 저장창고는 150m² 이내마다 격벽으로 완전하게 구획할 것
- 저장창고 외벽은 두께 20cm 이상의 철근콘크리트조 또는 두께 30cm 이상의 보강콘크리트블록조로 할 것
- 저장창고의 창은 바닥으로부터 2m 이상 높게 하되, 하나의 벽면에 두는 창의 면적의 합계를 해당 벽면의 면적의 $\frac{1}{80}$ 이내로 하고, 하나의 창의 면적을 0.4m² 이내로 한다.
- 출입구에는 갑종방화문을 설치할 것

50 벤젠(C_6H_6) : 제4류 제1석유류(인화성액체), 지정수량 200L
- 무색투명한 방향성을 갖는 액체이다.
- 비중 0.9(증기비중 2.8), 인화점 −11℃, 착화점 562℃, 융점 5.5℃, 연소범위 1.4~7.1%
- 공명구조의 π 결합을 하고 있는 불포화탄화수소로서 부가반응보다 치환반응이 더 잘 일어난다.

51 이동저장탱크의 외부도장 색상

유별	제1류	제2류	제3류	제4류	제5류	제6류
색상	회색	적색	청색	적색권장(제한없음)	황색	청색

52

제조소등의 구분		소화설비
옥내저장소	처마 높이가 6m 이상인 단층 건물 또는 다른 용도의 부분이 있는 건축물에 설치한 옥내저장소	스프링클러설비 또는 이동식 외의 물분무등 소화설비
	그 밖의 것	옥외소화전설비, 스프링클러설비, 이동식 외의 물분무등 소화설비 또는 이동식 포소화설비(포소화전을 옥외에 설치하는 것에 한한다.)

※ 물분무등 소화설비 : 물분무, 미분무, 포, CO_2, 할로겐화합물, 청정소화약제, 분말, 강화액 소화설비

53 알코올 한 분자 내에 − OH(히드록시기) 수에 따른 분류
- 1가 알코올(− OH : 1개) : 메탄올(CH_3OH), 에탄올(C_2H_5OH)
- 2가 알코올(− OH : 2개) : 에틸렌글리콜[$C_2H_4(OH)_2$]
- 3가 알코올(− OH : 3개) : 글리세린[$C_3H_5(OH)_3$]
※ 제4류 알코올류 : 1분자를 구성하는 탄소수가 C_1~C_3 인 포화 1가 알코올(변성알코올 포함)

정답 49 ③ 50 ② 51 ④ 52 ② 53 ④

54 산화프로필렌의 성상에 대한 설명 중 틀린 것은?

① 청색의 휘발성이 강한 액체이다.
② 인화점이 낮은 인화성 액체이다.
③ 물에 잘 녹는다.
④ 에테르향의 냄새를 가진다.

55 위험물 제조소의 경우 연면적이 최소 몇 m² 이면 자동화재탐지설비를 설치해야 하는가?(단, 원칙적인 경우에 한한다.)

① 300   ② 100
③ 500   ④ 1,000

56 위험물안전관리법에서 정의하는 "제조소등"에 해당되지 않는 것은?

① 취급소   ② 판매소
③ 저장소   ④ 제조소

57 옥외저장시설에서 지정수량 200배 초과의 위험물을 저장할 경우 보유공지의 너비는 몇 m 이상으로 하는가? (단, 제4류 위험물과 제6류 위험물은 제외한다.)

① 0.5m   ② 2.5m
③ 10m   ④ 15m

58 위험물에 대한 소화방법 중 금수성물질의 질식소화 방법이 있다. 이때 사용되는 모래에 대한 설명 중 틀린 것은?

① 모래는 가연물을 함유하지 않아야 한다.
② 모래저장 시 주변에 삽, 양동이 등의 부속기구를 상비하여야 한다.
③ 모래는 약간 젖은 모래가 좋다.
④ 모래 취급의 편리성을 위해 모래주머니에 담아둔다.

---

54 산화프로필렌(CH_3CHCH_2O) : 제4류 특수인화물(인화성액체)
- 인화점 −37℃, 발화점 465℃, 연소범위 2.5~38.5%
- 에테르향의 냄새가 나는 무색의 휘발성이 강한 액체이다.
- 물, 벤젠, 에테르, 알코올 등에 잘 녹고 피부접촉 시 화상을 입는다(수용성).
- 소화 : 알코올용 포, 다량의 물, CO_2 등으로 질식 소화한다.

55 ① 자동화재탐지설비를 설치해야 하는 경우
- 연면적 500m² 이상인 제조소 및 일반취급소
- 지정수량의 100배 이상을 취급하는 제조소 및 일반취급소, 옥내저장소
- 연면적이 150m²를 초과하는 옥내저장소
- 처마높이가 6m 이상인 단층 건물의 옥내저장소
- 단층 건물 외의 건축물에 있는 옥내탱크저장소로서 소화난이도등급 I에 해당하는 옥내탱크저장소
- 옥내주유취급소
② 상기 ①항 이외의 것 : 지정수량 10배 이상을 취급하는 제조소 등은 자동화재탐지설비, 비상경보설비, 확성장치 또는 비상방송설비 중 1종 이상을 설치해야 한다.

56 위험물안전관리법 제2조 6항
"제조소등"이라 함은 제조소, 저장소 및 취급소를 말한다.

57 옥외저장소 보유공지의 너비

저장 또는 취급하는 위험물의 최대수량	공지의 너비
지정수량의 10배 이하	3m 이상
지정수량의 10배 초과 20배 이하	5m 이상
지정수량의 20배 초과 50배 이하	9m 이상
지정수량의 50배 초과 200배 이하	12m 이상
지정수량의 200배 초과	15m 이상

※ 단, 제4류 위험물 중 제4석유류와 제6류 위험물을 저장 또는 취급하는 보유공지는 공지 너비의 $\frac{1}{3}$ 이상으로 할 수 있다.

58 금수성물질에 젖은 모래를 사용 시 물과 반응하여 발열 또는 발화하고, 가연성가스를 발생하기 때문에 마른모래(건조사)를 사용하여야 한다.

정답 54 ①   55 ③   56 ②   57 ④   58 ③

59 가연성 액체의 연소형태를 옳게 설명한 것은?

① 증발성이 낮은 액체일수록 연소가 쉽고 연소 속도는 빠르다.

② 연소범위하한보다 낮은 범위에서도 점화원이 있으면 연소한다.

③ 가연성 액체의 증발연소는 액면에서 발생하는 증기가 공기와 혼합하여 연소하기 시작한다.

④ 가연성 증기의 농도가 연소범위 상한보다 높으면 연소의 위험이 높다.

60 위험물안전관리법령에 따른 이동저장탱크 구조의 기준에 대한 설명으로 틀린 것은?

① 압력탱크는 최대 상용압력의 1.5배의 압력으로 10분간 수압시험을 하여 새지 말 것

② 상용압력이 20kPa를 초과하는 탱크의 안전장치는 상용압력의 1.5배 이하의 압력에서 작동할 것

③ 탱크는 두께 3.2mm 이상의 강철판 또는 이와 동등이상의 강도·내산성 및 내열성을 갖는 재료로 할 것

④ 방파판은 두께 1.6mm 이상의 강철판 또는 이와 동등 이상의 강도, 내산성 및 내열성이 있는 금속성의 것으로 할 것

59 가연성 액체의 연소형태

• 액체 자체가 타는 것이 아니라 발생되는 증기가 공기와 혼합하였을 때 연소하기 시작한다.

• 증발성이 큰 액체일수록 연소가 쉽고 연소속도가 빠르다.

• 연소범위는 하한보다 낮거나 상한보다 높을 때는 연소하지 않으며, 연소범위 안에서만 연소한다.

60 1. 이동저장탱크의 수압시험(압력탱크 : 최대 상용압력이 46.7kPa 이상인 탱크)

탱크의 종류	수압 시험 방법	판정기준
압력탱크	최대상용압력의 1.5배 압력으로 10분간 실시	새거나 변형이 없을 것
압력탱크 외의 탱크	70kPa 압력으로 10분간 실시	

※ 수압시험은 기밀시험과 비파괴시험을 동시에 실시하는 방법으로 대신할 수 있다.

2. 이동저장탱크의 안전장치의 작동압력
• 상용압력이 20kPa 이하인 탱크 : 20kPa 이상 24kPa 이하
• 상용압력이 20kPa 초과인 탱크 : 상용압력×1.1배 이하

3. 이동저장탱크의 강철판의 두께
• 탱크의 본체, 측면틀, 안전 칸막이 : 3.2mm 이상
• 방호틀 : 2.3mm 이상
• 방파판 : 1.6mm 이상

정답 59 ③ 60 ②

01 위험물안전관리법령상 소화설비의 기준에서 불활성가스 소화설비가 적응성이 있는 대상물은?

① 제3류 위험물의 금수성물질
② 알칼리금속의 과산화물
③ 철분
④ 인화성고체

02 다음 중 정전기 제거 방법으로 가장 거리가 먼 것은?

① 접지를 한다.
② 공기를 이온화 한다.
③ 제진기를 설치한다.
④ 습도를 낮춘다.

03 클레오소트유에 대한 설명으로 틀린 것은?

① 물보다 무겁고 물에 녹지 않는다.
② 무취이고 증기는 독성이 없다.
③ 제3석유류에 속한다.
④ 상온에서 액체이다.

04 제3종 분말소화약제의 열분해 반응식을 옳게 나타낸 것은?

① $2KNO_3 \rightarrow 2KNO_2 + O_2$
② $2CaHCO_3 \rightarrow 2CaO + H_2CO_3$
③ $2KClO_3 \rightarrow KCl + 3O_2$
④ $NH_4H_2PO_4 \rightarrow HPO_3 + NH_3 + H_2O$

01 불활성가스 소화설비의 적응성
· 전기설비
· 인화성고체
· 제4류 위험물

02 정전기 방지법
· 접지를 한다.
· 공기를 이온화 한다.
· 제진기를 설치한다.
· 상대습도를 70% 이상으로 한다.
· 유속을 1m/s 이하로 유지한다.

03 클레오소트유 : 제4류(인화성액체) 제3석유류 비수용성, 지정수량 2000L
· 황갈색의 기름모양의 액체로 독특한 냄새가 난다.
· 물보다 무겁고(비중 1.02~1.05) 물에 녹지 않는다.
· 금속에 대하여 부식성이 있고 증기는 유독하다.
· 목재의 방부재·살충제에 사용된다.

04 ① $2KNO_3$, ③ $2KClO_3$ – 제1류 위험물의 열분해 반응식
② $2CaHCO_3$ – 위험물이 아님

정답 01 ④ 02 ④ 03 ② 04 ④

05 제5류 위험물의 화재예방상 유의사항 및 화재시 소화방법에 관한 설명으로 옳지 않은 것은?

① 대량의 주수에 의한 소화가 좋다.
② 화재초기에는 질식소화가 효과적이다.
③ 일부 물질의 경우 운반 또는 저장 시 안정제를 사용해야 한다.
④ 가연물과 산소공급원이 같이 있는 상태이므로 점화원의 방지에 유의하여야 한다.

06 다음 (   ) 안에 들어갈 수치를 순서대로 올바르게 나열한 것은? (단, 제4류 위험물에 적응성을 갖기 위한 살수밀도기준을 적용하는 경우는 제외한다.)

> 위험물제조소등에 설치하는 폐쇄형 헤드의 스프링클러설비는 30개의 헤드(헤드 설치수가 30 미만의 경우는 당해 설치 개수)를 동시에 사용할 경우 각 선단의 방사 압력이(   )kPa 이상이고 방수량이 1분당 (   )L 이상이어야 한다.

① 100, 80　　　　② 120, 80
③ 100, 100　　　④ 120, 100

07 위험물안전관리법령상 제3류 위험물 중 금수성 물질의 제조소에 설치하는 주의사항 게시판의 바탕색과 문자색을 옳게 나타낸 것은?

① 청색바탕에 황색문자
② 황색바탕에 청색문자
③ 청색바탕에 백색문자
④ 백색바탕에 청색문자

08 다음 소화약제의 분해반응 완결 시 (   ) 안에 옳은 것은?

$$2NaHCO_3 \rightarrow Na_2O + H_2O + (\quad)$$

① $6CO_2$　　　　② $6NaOH$
③ $6CO$　　　　　④ $2CO_2$

---

05 제5류 위험물은 자기반응성 물질로서 물질자체 내에 산소를 함유하고 있어 질식소화는 효과가 없고 다량의 물로 주수하여 냉각소화를 한다.

06 스프링클러설비 설치기준

수평거리	방사량	방사압력	수원의 양(Q:m³)
1.7m 이하	80(L/min) 이상	100(kPa) 이상	Q=N(헤드수 : 최대 30개)×2.4m³ (80L/min×30min)

07 주의사항 표시 게시판

위험물의 종류	주의사항 표시	게시판의 색상	크기
제1류 중 알칼리금속과산화물 제3류 중 금수성물질	물기엄금	청색바탕에 백색문자	0.3m×0.6m (이상)
제2류(인화성고체는 제외)	화기주의		
제2류(인화성고체) 제3류(자연발화성물품) 제4류 제5류	화기엄금	적색바탕에 백색문자	

08 분말 소화약제 열분해 반응식

종류	주성분	화학식	색상	적응화재	열분해 반응식
제1종	탄산수소나트륨 (중탄산나트륨)	$NaHCO_3$	백색	B, C급	1차(270℃) : $2NaHCO_3$ $\rightarrow Na_2CO_3 + CO_2 + H_2O$ 2차(850℃) : $2NaHCO_3$ $\rightarrow Na_2O + 2CO_2 + H_2O$
제2종	탄산수소칼륨 (중탄산칼륨)	$KHCO_3$	담자 (회)색	B, C급	1차(190℃) : $2KHCO_3$ $\rightarrow K_2CO_3 + CO_2 + H_2O$ 2차(590℃) : $2KHCO_3$ $\rightarrow K_2O + 2CO_2 + H_2O$
제3종	제1인산암모늄	$NH_4H_2PO_4$	담홍색	A, B, C급	$NH_4H_2PO_4$ $\rightarrow HPO_3 + NH_3 + H_2O$
제4종	탄산수소칼륨+ 요소	$KHCO_3 + (NH_2)_2CO$	회색	B, C급	$2KHCO_3 + (NH_2)_2CO$ $\rightarrow K_2CO_3 + 2NH_3 + 2CO_2$

정답　05 ②　06 ①　07 ③　08 ④

09 아세톤에 관한 설명 중 틀린 것은?

① 겨울철에도 인화의 위험성이 있다.

② 무색 휘발성이 강한 액체이다.

③ 조해성이 있으며 물과 반응 시 발열한다.

④ 증기는 공기보다 무거우며 액체는 물보다 가볍다.

10 다음 중 위험물과 그 보호액이 잘못 짝지어진 것은?

① 칼륨 – 에탄올

② 나트륨 – 유동 파라핀

③ 황린 – 물

④ 이황화탄소 – 물

11 15℃의 기름 100g에 8,000J의 열량을 주면 기름의 온도는 몇 ℃가 되겠는가? (단, 기름의 비열은 2J/g·℃이다.)

① 25   ② 45

③ 50   ④ 55

12 분말소화약제와 함께 트윈에이젠트 시스템 (Twin agent system)으로 사용할 수 있는 포소화약제는?

① 합성계면활성제 포소화약제

② 불화단백 포소화약제

③ 수성막 포소화약제

④ 단백 포소화약제

13 위험물제조소의 기준에 있어서 위험물을 취급하는 건축물의 구조로 적당하지 않은 것은?

① 벽, 기둥, 바닥, 보, 서까래는 불연 재료로 하여야 한다.

② 연소의 우려가 있는 외벽은 내화구조의 벽으로 하여야 한다.

③ 출입구는 연소의 우려가 있는 외벽에 설치하는 경우 을종 방화문을 설치하여야 한다.

④ 지붕은 폭발력이 위로 방출될 정도의 가벼운 불연 재료로 덮는다.

---

09 아세톤(CH_3COCH_3) : 제4류 제1석유류(수용성), 지정수량 400L

• 인화점 −18℃, 발화점 548℃, 비중 0.79, 연소범위 2.6~12.8%

• 분자량 58, 증기비중 = 58/공기의 평균 분자량(29) = 58/29 = 2.0

• 무색 독특한 냄새가 나는 휘발성액체로 보관 중 황색으로 변색한다.

• 탈지작용, 요오드포름반응, 아세틸렌용제에 사용한다.

• 직사광선에 의해 폭발성 과산화물을 생성한다.

※ 조해성 : 고체가 공기 중 수분을 흡수하여 스스로 녹는 현상

10 1. 보호액

• 칼륨, 나트륨 : 석유류(등유, 경유, 유동파라핀) 속에 보관한다.

• 황린, 이황화탄소 : 물속에 보관한다.

2. K + C_2H_5OH → C_2H_5OK + $H_2\uparrow$

(칼륨)   (에탄올)   (칼륨 에틸레이트) (수소)

11 $Q = mc\Delta t = mc(t_2 - t_1)$

$$\left[\begin{array}{l} Q : 열량(J) \\ m : 질량(g) \\ c : 비열(J/g \cdot ℃) \\ \Delta t : 온도차(t_2 - t_1)(℃) \end{array}\right]$$

• $\Delta t = \dfrac{Q}{m \cdot c}$

$= \dfrac{8000}{2 \times 100} = 40℃$

• $\Delta t = (t_2 - t_1)$

$40℃ = (t_2 - 15℃)$

∴ $t_2 = 40 + 15 = 55℃$

12 수성막 포소화약제(AFFF, 일명 Ligh warer)

• 포소화약제 중 가장 우수한 약제로 대형 유류화재에 탁월한 소화능력이 있다.

• 각종 시설물 및 연소물을 부식시키지 않고 피해를 최소화하며 특히 분말 소화약제와 병용 사용 시(분말소화약제+수성막 포) 소화효과는 한층 더 증가하여 두 배로 된다.

13 제조소의 건축물 구조기준

• 지하층이 없도록 한다.

• 벽, 기둥, 바닥, 보, 서까래 및 계단은 불연 재료로 하고, 연소의 우려가 있는 외벽은 개구부가 없는 내화구조의 벽으로 하여야 한다.

• 지붕은 폭발력이 위로 방출될 정도의 가벼운 불연 재료로 덮어야 한다.

• 출입구와 비상구는 갑종 방화문 또는 을종 방화문을 설치하며, 연소의 우려가 있는 외벽에 설치하는 출입구에는 수시로 열 수 있는 자동 폐쇄식의 갑종 방화문을 사용한다.

• 위험물을 취급하는 건축물의 창 및 출입구에 유리를 이용하는 경우에는 망입 유리로 한다.

• 액체의 위험물을 취급하는 건축물의 바닥은 위험물이 스며들지 못하는 재료를 사용하고, 적당한 경사를 두어 그 최저부에 집유설비를 한다.

정답 **09** ③ **10** ① **11** ④ **12** ③ **13** ③

14 메탄올에 대한 설명으로 옳지 않은 것은?

① 휘발성이 강하다.

② 인화점은 약 11℃이다.

③ 술의 원료로 사용한다.

④ 최종 산화물은 의산(포름산)이다.

15 그림의 시험 장치는 제 몇 위험물의 위험성 판정을 위한 것인가?(단, 고체물질의 위험성 판정이다.)

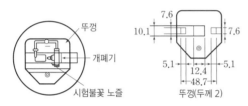

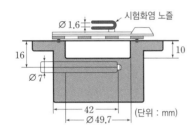

① 제1류　　② 제2류

③ 제3류　　④ 제4류

16 제6류 위험물 중 분자량이 약 63인 것은?

① 과산화수소　　② 질산

③ 과염소산　　④ 삼불화브롬

17 제4류 위험물을 취급하는 수량이 지정수량의 30만 배인 일반취급소의 사업장에서 자체 소방대를 설치하여야 한다. 이때 전체 화학소방차 중 포수용액을 방사하는 화학소방차는 몇 대 이상 두어야 하는가?

① 3

② 2

③ 1

④ 필수적인 것은 아니다.

14 메탄올(CH_3OH, 목정) 제4류 중 알코올류, 지정수량 400L

- 인화점 11℃, 발화점 464℃, 연소범위 7.3~36%
- 무색투명한 휘발성이 강한 액체이다.
- 물, 유기용매에 잘 녹고 독성이 강하며 마시면 실명 또는 사망한다.
- 메탄올의 산화반응(산화 : [+O]또는 [−H])

$$CH_3OH \xrightarrow{\text{산화[−2H]}} HCHO \xrightarrow{\text{산화[+O]}} HCOOH$$
(메탄올)　　　　(포름알데히드)　　　　(포름산)

※ 술의 원료 : 에탄올(C_2H_5OH, 주정)을 사용한다.

15 위험물 안전관리에 관한 세부기준 제9조

16 제6류 위험물(산화성 액체)의 분자량

① 과산화수소(H_2O_2)=$1 \times 2 + 16 \times 2 = 34$

② 질산(HNO_3)=$1 + 14 + 16 \times 3 = 63$

③ 과염소산($HClO_4$)=$1 + 35.5 + 16 \times 4 = 100.5$

④ 삼불화브롬(BrF_3)=$80 + 19 \times 3 = 137$

17 자체소방대에 두는 화학소방자동차 및 인원
(제조소, 일반취급소에 취급하는 제4류 위험물의 최대 수량의 합)

사업소의 구분	화학소방 자동차	자체소방 대원의 수
지정수량의 3천 배 이상 12만 배 미만	1대	5인
12만 배 이상 24만 배 미만	2대	10인
24만 배 이상 48만 배 미만	3대	15인
지정수량의 48만 배 이상	4대	20인
옥외탱크저장소의 지정수량의 50만 배 이상인 사업소	2대	10인

※ 화학소방차 중 포수용액을 방사하는 화학소방차는 규정대수$\times \dfrac{2}{3}$ 이상이므로 3대$\times \dfrac{2}{3} = 2$대 이상

18 화학포의 소화약제인 탄산수소나트륨 6몰과 반응하여 생성되는 이산화탄소는 표준상태에서 몇 L인가?

① 22.4
② 44.8
③ 89.6
④ 134.4

19 0.99atm, 55℃에서 이산화탄소의 밀도는 약 몇 g/L 인가?

① 0.02
② 1.62
③ 9.65
④ 12.65

20 소화기의 사용방법에 대한 설명으로 가장 옳은 것은?

① 소화기는 화재초기에만 효과가 있다.
② 소화기는 대형소화설비의 대용으로 사용할 수 있다.
③ 소화기는 어떠한 소화에도 만능으로 사용할 수 있다.
④ 소화기는 구조와 성능, 취급법을 명시하지 않아도 된다.

21 다음 과산화벤조일의 지정수량은 얼마인가?

① 50L
② 100kg
③ 1000L
④ 10kg

22 다음 분말은 모두 150마이크로미터의 체를 통과하는 것이 50중량퍼센트 이상이 된다. 이들 분말 중 위험물 안전관리법령상 품명이 "금속분"으로 분류되는 것은?

① 니켈분
② 알루미늄분
③ 철분
④ 구리분

---

18 화학포 소화약제(A, B급)
- 외약제(A제) : 탄산수소나트륨(NaHCO₃), 기포안정제(사포닝, 계면활성제, 소다회, 가스분해단백질)
- 외내약제(B제) : 황산알루미늄[Al₂(SO₄)₃]
- 외반응식(포핵 : CO₂)

$6NaHCO_3 + Al_2(SO_4)_3 \cdot 18H_2O$
$\rightarrow 3Na_2SO_4 + 2Al(OH)_3 + 6CO_2\uparrow + 18H_2O$

이 반응식에서 탄산수소나트륨(NaHCO₃) 6몰이 반응 시 이산화탄소(CO₂) 6몰이 발생하였으므로

∴ CO₂ : 6몰×22.4L/몰＝134.4L

19 이상기체 상태방정식

- $PV = nRT = \dfrac{W}{M}RT$

- $PM = \dfrac{W}{V}RT \ [밀도(\rho) = \dfrac{W}{V}(g/l)]$

- $PM = \rho RT$

∴ 밀도 $\rho(g/l) = \dfrac{PM}{RT}$

$$= \frac{0.99 \times 44}{0.082 \times (273 + 55)}$$
$$= 1.619g/l$$

P : 압력(atm)	V : 체적(l)
T[K] : 절대온도(273+t℃)	
R : 기체상수=0.082(atm·l/mol·K)	
n : 몰수, n=$\dfrac{W}{M}=\dfrac{질량}{분자량(g)}$	

20 소화기는 초기화재에만 효과가 있고, 화재가 확대된 후에는 효과가 거의 없으며 모든 화재에 유효한 만능 소화기는 없다.

21 과산화벤조일[(C₆H₅CO)₂O₂] : 제5류 중 유기과산화물, 지정수량 10kg
- 무색무취의 백색분말 또는 결정이다.
- 물에 불용, 알코올에는 약간 녹으며 유기용제(에테르, 벤젠 등)에는 잘 녹는다.
- 희석제(DMP, DBP)와 물을 사용하여 폭발성을 낮출 수 있다.
- 운반할 경우 30% 이상의 물과 희석제를 첨가하여 안전하게 수송한다.
※ 희석제 : 프탈산디메틸(DMP), 프탈산디부틸(DBP)

22
- 금속분류(Al, Zn, Sb, Ti 등) : 제2류(가연성고체), 지정수량 500kg
- "금속분"이라 함은 알칼리금속·알칼리토류금속·철 및 마그네슘 외의 금속의 분말을 말하고, 구리분·니켈분 및 150마이크로미터의 체를 통과하는 것이 50중량퍼센트 미만인 것을 제외한다.

정답 18 ④ 19 ② 20 ① 21 ④ 22 ②

23 위험물 안전관리법령에서 정한 아세트알데히드 등을 취급하는 제조소의 특례에 따라 다음 (   )에 해당되지 않는 것은?

> 아세트알데히드 등을 취급하는 설비는 (   ), (   ), 동, (   ) 또는 이들을 성분으로 하는 합금으로 만들지 아니할 것

① 마그네슘   ② 수은
③ 금   ④ 은

24 다음 위험물 중 착화온도가 가장 높은 것은?

① 디에틸에테르   ② 아세트알데히드
③ 산화프로필렌   ④ 이황화탄소

25 옥외탱크저장소의 제4류 위험물의 저장탱크에 설치하는 통기관에 관한 설명으로 틀린 것은?

① 밸브 없는 통기관은 직경 30mm 미만으로 하고 선단은 수평면보다 45도 이상 구부려 빗물 등의 침투를 막는 구조로 한다.
② 제4류 위험물을 저장하는 압력탱크 외의 탱크는 밸브가 없는 통기관 또는 대기밸브 부착 통기관을 설치하여야 한다.
③ 인화점 70℃ 이상의 위험물만을 해당 위험물의 인화점 미만의 온도로 저장 또는 취급하는 탱크에 설치하는 통기관에는 인화 방지 장치를 설치하지 않아도 된다.
④ 옥외저장탱크 중 압력탱크란 탱크의 최대 상용압력의 부압 또는 정압이 5kPa 등을 초과하는 탱크를 말한다.

26 건축물 외벽이 내화구조이며 연면적 300㎡인 위험물 옥내저장소의 건축물에 대하여 소화설비의 소화능력 단위는 최소한 몇 단위 이상이 되어야 하는가?

① 4단위   ② 3단위
③ 1단위   ④ 2단위

---

23 아세트알데히드, 산화프로필렌의 공통사항
• 구리(동, Cu), 은(Ag), 수은(Hg), 마그네슘(Mg) 또는 이들을 성분으로 하는 합금 등으로 용기나 취급하는 설비를 사용하지 말 것(중합 반응 시 폭발성 물질 생성)
• 저장 시 불활성 가스(N_2, Ar) 또는 수증기를 봉입하고 냉각장치를 사용하여 비점 이하로 유지할 것

24 제4류 중 특수인화물의 물성, 지정수량 50L

품명	디에틸에테르	아세트알데히드	산화프로필렌	이황화탄소
화학식	$C_2H_5O_2H_5$	CH_3CHO	CH_3CHCH_2O	CS_2
액비중	0.72	0.78	0.83	1.26
인화점	−45℃	−39℃	−37℃	−30℃
착화점	180℃	185℃	465℃	100℃

25 밸브 없는 통기관과 밸브부착 통기관

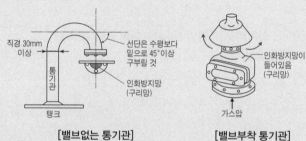

[밸브없는 통기관]   [밸브부착 통기관]

26 소요1단위의 산정방법

건축물	내화구조의 외벽	내화구조가 아닌 외벽
제조소 및 취급소	연면적 100㎡	연면적 50㎡
저장소	연면적 150㎡	연면적 75㎡
위험물	지정수량의 10배	

※ 소요단위 : 소화설비의 설치대상이 되는 건축물의 규모 또는 위험물의 양의 기준단위

※ 소요단위(소화능력단위) $= \dfrac{300㎡}{150㎡} = 2$단위

27 위험물안전관리법령상 탄산수소염류의 분말 소화기가 적응성을 갖는 위험물이 아닌 것은?

① 아세톤
② 과염소산
③ 톨루엔
④ 철분

28 피크린산의 성질에 대한 설명 중 틀린 것은?

① 황색의 액체이다.
② 쓴 맛이 있으며 독성이 있다.
③ 납과 반응하여 예민하고 폭발 위험이 있는 물질을 형성한다.
④ 아세톤에 녹는다.

29 옥내 주유취급소의 소화난이도는 몇 등급인가?

① Ⅰ
② Ⅱ
③ Ⅲ
④ Ⅳ

30 다음 ( ) 안에 알맞은 수치를 차례대로 옳게 나열한 것은?

> 위험물 암반탱크의 공간용적은 당해 탱크 내에 용출하는 ( )일 간의 지하수 양에 상당하는 용적과 당해 탱크 내용적의 100분의 ( )의 용적의 용적 중에서 큰 용적을 공간용적으로 한다.

① 7, 5
② 7, 1
③ 1, 5
④ 1, 1

27
- 아세톤, 톨루엔 : 제4류 위험물(인화성 액체)
- 과염소산 : 제6류 위험물(산화성 액체)
- 철분 : 제2류 위험물(가연성 고체)

※ 탄산수소염류의 분말 소화기는 제6류에는 적응성이 없으며 인산염류의 분말소화기는 제6류에 적응성이 있다.

대상물의 구분 소화설비의 구분		건축물·그 밖의 공작물	전기설비	제1류 위험물 알칼리금속과 산화물 등	제1류 위험물 그 밖의 것	제2류 위험물 철분·금속분·마그네슘 등	제2류 위험물 인화성 고체	제2류 위험물 그 밖의 것	제3류 위험물 금수성 물품	제3류 위험물 그 밖의 것	제4류 위험물	제5류 위험물	제6류 위험물
대형·소형 수동식 소화기	봉상수(棒狀水)소화기	○			○		○	○		○		○	○
	무상수(霧狀水)소화기	○	○		○		○	○		○		○	○
	봉상강화액 소화기	○			○		○	○		○		○	○
	무상강화액 소화기	○	○		○		○	○		○	○	○	○
	포 소화기	○			○		○	○		○	○	○	○
	이산화탄소 소화기		○				○				○		△
	할로겐화합물 소화기		○				○				○		
분말 소화기	인산염류 소화기	○	○		○		○	○			○		○
	탄산수소 염류 소화기		○	○		○	○		○		○		
	그 밖의 것			○		○			○				

28 피크린산[$C_6H_2(NO_2)_3OH$] : 제5류의 니트로화합물(자기반응성), 지정수량 200kg
- 황색의 침상결정으로 쓴 맛과 독성이 있다.
- 충격, 마찰에 둔감하고 자연발화위험이 없이 안정하다.
- 인화점 150℃, 발화점 300℃, 녹는점 122℃, 끓는점 255℃이다.
- 냉수에는 거의 녹지 않으나 온수, 알코올, 벤젠, 아세톤 등에 잘 녹는다.
- 황, 가솔린, 알코올 등 유기물과 혼합 시 마찰 충격에 의해 격렬하게 폭발한다.
- 금속(Fe, Cu, Pb 등)과 반응하여 생성된 피크린산 금속염은 매우 예민하여 격렬히 폭발한다.(Al과 Sn은 제외)
- 페놀에 진한황산(탈수작용)과 질산을 반응시켜 생성한다.

$$C_6H_5OH + 3HNO_3 \xrightarrow[\text{니트로화반응}]{c-H_2SO_4} C_6H_2(NO_2)_3OH + 3H_2O$$
(페놀)　　(질산)　　　　　　　　　(피크린산)　　　(물)

29
- 이송취급소 : 소화난이도 Ⅰ 등급
- 옥내 주유취급소, 제2종 판매취급소 : 소화난이도 Ⅱ등급

정답 27 ② 28 ① 29 ② 30 ②

31 축압식 소화기의 압력계의 지침이 녹색을 가리키고 있을 때 이 소화기의 상태는?

① 과충전된 상태

② 정상상태

③ 압력이 미달된 상태

④ 이상고온 상태

32 적린과 혼합하여 반응하였을 때 오산화인을 발생하는 것은?

① 물

② 황린

③ 에틸알코올

④ 염소산칼륨

33 물질의 발화온도가 낮아지는 경우는?

① 발열량이 작을 때

② 산소의 농도가 작을 때

③ 화학적 활성도가 클 때

④ 산소와 친화력이 작을 때

34 제3석유류 중 도료류, 그 밖의 물품은 가연성 액체량이 얼마 이하인 것은 제외하는가?

① 20중량퍼센트   ② 30중량퍼센트

③ 40중량퍼센트   ④ 50중량퍼센트

35 위험물제조소등에 설치하는 고정식의 포소화설비의 기준에서 포헤드 방식의 포헤드는 방호대상품의 표면적 몇 m^2당 1개 이상의 헤드를 설치하여야 하는가?

① 5   ② 9

③ 15   ④ 30

36 위험물제소조등에 자동화재탐지설비를 설치하는 경우 해당 건축물, 그 밖의 공작물의 주요한 출입구에서 그 내부 전체를 볼 수 있는 경우에 하나의 경계구역의 면적은 최대 몇 m^2까지 할 수 있는가?

① $300m^2$ ② $600m^2$

③ $1,000m^2$ ④ $1,200m^2$

---

30 저장탱크의 용적 산정 기준

탱크의 용량=탱크의 내용적 − 공간용적

• 일반 탱크의 공간용적 : 탱크 용적의 $\frac{5}{100}$ 이상 $\frac{10}{100}$ 이하로 한다.

• 소화설비를 설치하는 탱크의 공간용적(탱크 안 윗부분에 설치 시) : 당해 소화설비의 소화약제 방출구 아래의 0.3m 이상 1m 미만 사이의 면으로부터 윗부분의 용적으로 한다.

• 암반탱크의 공간용적 : 탱크 내에 용출하는 7일간의 지하수의 양에 상당하는 용적과 당해탱크의 내용적의 $\frac{1}{100}$의 용적 중에서 보다 큰 용적을 공간용적으로 한다.

31 축압식 분말소화기의 압력계 표시

• 녹색 : 정상상태(0.70~0.98 MPa)

• 적색 : 과충전상태(0.98 MPa 초과)

• 노란색 : 충전압력 부족 상태(0.70 MPa 미만)

32 • 적린(P) : 제2류(가연성고체)

• 염소산칼륨($KClO_3$) : 제1류(산화성고체)

• 적린은 염소산칼륨에서 분해 시 발생하는 산소와 반응하여 오산화인(P_2O_5)을 생성한다.

• 염소산칼륨 분해반응식 : $2KClO_3 → 2KCl + 3O_2↑$

• 적린의 산화반응식 : $4P + 5O_2 → 2P_2O_5$(오산화인 : 백색연기)

33 물질의 발화온도가 낮아지는 경우

• 발열량이 클 때

• 산소의 농도가 클 때

• 화학적 활성도가 클 때

• 산소와 친화력이 높을 때

34 제3석유류

중유, 클레오소트유, 그 밖에 1기압에서 인화점이 70℃ 이상 200℃ 미만의 것(단, 도료류, 그 밖의 물품은 가연성 액체량이 40중량퍼센트 이하인 것은 제외)

35 포헤드 방식의 포헤드 설치기준

• 헤드 : 방호대상물의 표면적 $9m^2$당 1개 이상

• 방사량 : 방호대상물의 표면적 $1m^2$당 6.5L/min 이상

※ 포워터 스프링클러헤드와 포헤드의 설치기준

• 포워터 스프링클러헤드 : 바닥면적 $8m^2$마다 1개 이상

• 포헤드 : 바닥면적 $9m^2$마다 1개 이상

36 자동화재탐지설비의 설치기준

하나의 경계구역의 주된 출입구에서 그 내부의 전체를 볼 수 있는 경우에 있어서는 그 면적은 1,000m^2 이하로 할 수 있다.

정답 **31** ②   **32** ④   **33** ③   **34** ③   **35** ②   **36** ③

37 다음 중 소화약제가 아닌 것은?

① CF_2ClBr ② CHF_2Br_4

③ CF_3Br ④ $C_2F_4Br_2$

38 위험물안전관리법령상에서 정한 경보설비가 아닌 것은?

① 비상경보설비

② 자동화재탐지설비

③ 비상방송설비

④ 비상조명설비

39 다음 설명에 해당되는 위험물은 어느 것인가?

> • 지정수량은 20kg이고 백색 또는 담황색 고체이다.
> • 비중은 약 1.82, 융점은 약 44℃, 발화점은 34℃이다.
> • 비점은 약 280℃, 증기비중은 약 4.3이다.

① 황린   ② 유황

③ 마그네슘   ④ 적린

40 위험물안전관리법령상 품명이 나머지 셋과 다른 것은?

① 트리니트로톨루엔

② 니트로글리세린

③ 니트로글리콜

④ 셀룰로이드

41 과염소산칼륨과 아염소산나트륨의 공통 성질이 아닌 것은?

① 지정수량이 50kg이다.

② 열분해 시 산소를 방출한다.

③ 강산화성 물질이며 가연성이다.

④ 상온에서 고체의 형태이다.

---

37 • 할로겐 화합물 소화약제 명명법

Halon   1   0   1   1

C 원자수 ┘   └ Br 원자수

F 원자수 ──────────── Cl 원자수

• 할로겐화합물 소화약제

구분 \ 종류	할론 2402	할론 1211	할론 1301	할론 1011	할론 1001
화학식	$C_2F_4Br_2$	CF_2ClBr	CF_3Br	CH_2ClBr	CH_3Br

38 위험물 안전관리 법령상 정한 경보설비 4가지

• 비상경보설비   • 자동화재탐지설비

• 비상방송설비   • 확성장치

39 황린(백린, P_4) : 제3류(자연발화성 물질), 지정수량 20kg

분자량	124	융점	44℃	비점	280℃
발화점	34℃	비중	1.82	증기비중	4.3(124/29)

• 백색 또는 담황색의 가연성 및 자연발화성고체(발화점 : 34℃)이며 적린(P)과 동소체이다.

• pH=9인 약알칼리성의 물속에 저장한다.(CS$_2$에 잘 녹음)

> 참고 pH=9 이상 강알칼리용액이 되면 가연성, 유독성의 포스핀(PH_3)가스가 발생하여 공기 중 자연발화한다(강알칼리 : KOH 수용액).
> $P_4 + 3KOH + 3H_2O \rightarrow 3KH_2PO_2 + PH_3 \uparrow$ (포스핀, 인화수소)

• 피부접촉 시 화상을 입고 공기 중 자연발화온도는 40~50℃이다.

• 공기보다 무겁고 마늘냄새가 나는 맹독성물질이다.

• 어두운 곳에서 인광을 내며 황린(P_4)을 260℃로 가열하면 적인(P)이 된다.(공기차단)

• 연소 시 오산화인(P_2O_5)의 흰 연기를 내며, 일부는 포스핀(PH_3)가스로 발생한다.

$P_4 + 5O_2 \rightarrow 2P_2O_5$

• 소화 : 물분무, 포, CO_2, 건조사 등으로 질식소화한다.
(고압주수소화는 황린을 비산시켜 연소면 확대분산의 위험이 있음)

40 제5류 위험물(자기반응성 물질)

① 트리니트로톨루엔(TNT) : 니트로화합물

② 니트로글리세린 ③ 니트로글리콜 ④ 셀룰로이드 : 질산에스테르류

41 제1류 위험물(산화성고체), 불연성

• 과염소산칼륨($KClO_4$) : 과염소산염류, 지정수량 50kg

$KClO_4 \xrightarrow{610℃} KCl + 2O_2 \uparrow$ (산소)

• 아염소산나트륨($NaClO_2$) : 아염소산염류, 지정수량 50kg

$3NaClO_2 \xrightarrow{120℃} 2NaClO + NaCl + 2O_2 \uparrow$ (산소)

정답   37 ②   38 ④   39 ①   40 ①   41 ③

42 위험물안전관리법령에서 정한 소화설비의 설치기준에 따라 다음 ( )에 알맞은 숫자를 차례대로 나타낸 것은?

> 제조소 등에 전기설비(전기배선, 조명기구 등은 제외)가 설치된 경우에는 당해 장소의 면적 (   )m² 마다 소형 수동식 소화기를 (   )개 이상 설치할 것

① 50, 1 　　　　　② 50, 2
③ 100, 1 　　　　　④ 100, 2

43 경유를 저장하는 옥외저장탱크의 반지름이 2m이고 높이가 12m일 때 탱크 옆판으로부터 방유제까지의 거리는 몇 m 이상이어야 하는가?

① 2m 　　　　　② 4m
③ 6m 　　　　　④ 8m

44 이동탱크저장소에 의한 위험물의 운송 시 준수해야 하는 기준에서 위험물 운송자는 어떤 위험물을 운송할 때 위험물안전카드를 휴대해야 하는가?

① 특수인화물 및 제1석유류
② 알코올류 및 제2석유류
③ 제3석유류 및 동식물유류
④ 제4석유류

45 다음과 같은 원통형 종으로 설치된 탱크에서 공간용적을 내용적의 10%라고 하면 탱크 용량(허가용량)은 약 m³인가?

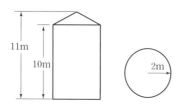

① 113.04m³ 　　　　② 123.34m³
③ 129.06m³ 　　　　④ 138.16m³

---

42 제조소등의 전기설비의 소화설비
소형수동식소화기 : 바닥면적 100m² 마다 1개 이상 설치

43 • 탱크의 반지름이 2m이므로 탱크의 지름은 4m, 탱크의 높이는 12m
• 탱크의 지름이 15m 미만이므로 탱크의 옆판과의 거리는 탱크의 $\frac{1}{3}$ 이상

∴ 방유제까지의 거리(L) = 12m × $\frac{1}{3}$ = 4m 이상

> **참고**　1. 옥외탱크저장소의 방유제의 용량
> 　　• 탱크 1기 일 때 : 탱크용량×1.1배[110%]
> 　　 (비인화성물질 : 100%)
> 　　• 탱크 2기 이상일 때 : 최대탱크용량×1.1배[110%]
> 　　 (비인화성물질 : 100%)
> 　　2. 탱크옆판과의 거리
>
> | 탱크의 지름 | 탱크 옆판과의 거리 |
> |---|---|
> | 15m 미만 | 탱크 높이의 $\frac{1}{3}$ 이상 |
> | 15m 이상 | 탱크 높이의 $\frac{1}{2}$ 이상 |

44 위험물 운송자가 위험물 안전카드를 휴대해야 하는 위험물 : 모든 위험물(제1류~제6류)[단, 제4류는 특수인화물, 제1석유류에 한함]

45 원통형(종형) 탱크의 내용적(V)

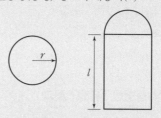

• V = $\pi r^2 l$
　 = 3.14 × 2² × 10 　　[r : 2m
　 = 125.6m³ 　　　　　 l : 10m]

• 탱크의 공간용적이 10%이므로 탱크의 용량은 90%이다.
　∴ 탱크의 용량(m³) = 125.6m³ × 0.9 = 113.04m³

46 분말소화약제로 사용되지 않는 것은?

① 인산암모늄
② 탄산수소나트륨
③ 탄산수소칼륨
④ 과산화나트륨

47 제4류 위험물을 저장하는 옥외탱크저장소에 설치하는 방유제의 높이는?

① 0.5m 이상 3m 이하
② 0.3m 이상 3m 이하
③ 0.5m 이상 2m 이하
④ 0.3m 이상 2m 이하

48 위험장소 중 0종 장소에 대한 설명으로 올바른 것은?

① 정상 상태에서 위험 분위기가 장시간 지속적으로 존재하는 장소
② 정상 상태에서 위험 분위기가 주기적 또는 간헐적으로 생성될 우려가 있는 장소
③ 이상 상태 하에서 위험 분위기가 단시간 동안 생성될 우려가 있는 장소
④ 이상 상태 하에서 위험 분위기가 장시간 동안 생성될 우려가 있는 장소

49 상온에서 액체인 물질로만 조합된 것은?

① 질산에틸, 니트로글리세린
② 피크린산, 질산메틸
③ 트리니트로톨루엔, 디니트로벤젠
④ 니트로글리콜, 테트릴

50 다음 물질을 과산화수소와 혼합했을 때 위험성이 가장 낮은 것은?

① 산화제이수은
② 물
③ 이산화망간
④ 탄소분말

46
① 인산암모늄($NH_4H_2PO_4$) : 제3종 분말소화약제
② 탄산수소나트륨($NaHCO_3$) : 제1종 분말소화약제
③ 탄산수소칼륨($KHCO_3$) : 제2종 분말소화약제
④ 과산화나트륨(Na_2O_2) : 제1류의 무기과산화물

47 옥외탱크저장소의 방유제(이황화탄소는 제외)
1. 방유제의 용량(단, 인화성이 없는 위험물은 110%를 100%로 봄)
   • 탱크가 1개일 때 : 탱크 용량의 110% 이상
   • 탱크가 2개 이상일 때 : 탱크 중 용량이 최대인 것의 용량의 110% 이상
2. 방유제의 두께는 0.2m 이상, 높이는 0.5m 이상 3m 이하, 지하의 매설 깊이 1m 이상
3. 방유제의 면적은 80,000m² 이하
4. 방유제와 옥외 저장탱크 옆판과의 유지해야 할 거리
   • 탱크 지름 15m 미만 : 탱크 높이의 $\frac{1}{3}$ 이상
   • 탱크 지름 15m 이상 : 탱크 높이의 $\frac{1}{2}$ 이상

48 위험장소의 분류
• 0종 장소 : 위험 분위기가 통상 상태에서 연속적 또는 장시간 지속적으로 발생할 우려가 있는 장소
• 1종 장소 : 위험 분위기가 통상 상태에서 주기적 또는 간헐적으로 발생할 우려가 있는 장소
• 2종 장소 : 이상상태에서 위험 분위기가 단시간에 발생할 우려가 있는 장소

49
• 제5류의 질산에스테르류(상온에서 액체) : 질산메틸, 질산에틸, 니트로글리세린, 니트로글리콜
• 제5류의 니트로화합물(상온에서 고체) : 피크린산, 트리니트로톨루엔, 테트릴, 디니트로벤젠

50 과산화수소(H_2O_2) : 제6류(산화성 액체), 지정수량 300kg
• 위험물 적용 대상은 농도가 36중량% 이상인 것
• 강산화제로 분해 시 산화력이 강한 산소(O_2)를 발생시킨다. (정촉매 : MnO_2)
$2H_2O_2 \rightarrow 2H_2O + O_2 \uparrow$
• 과산화수소 3% 수용액을 소독약인 옥시풀로 사용된다.
• 히드라진(N_2H_4)과 접촉 시 분해하여 발화 촉발한다.
$2H_2O_2 + N_2H_4 \rightarrow 4H_2O + N_2 \uparrow$
• 고농도의 60% 이상은 충격, 마찰에 의해 단독으로 분해폭발위험이 있다.
• 일반시판품은 30~40%의 수용액으로 분해하기 쉽다.
• 알칼리용액에서는 급격히 분해되나 약산성에서는 분해가 잘 안된다. 그러므로 직사광선을 피하고 분해방지제(안정제)로 인산(H_3PO_4), 요산($C_5H_4N_4O_3$)을 첨가한다.
• 분해 시 발생되는 산소를 방출하기 위하여 용기에 작은 구멍이 있는 마개를 사용한다.

정답 46 ④ 47 ① 48 ① 49 ① 50 ②

51 다음 중 B급 화재와 관련 있는 가연물은?

① 아세톤
② 칼슘
③ 목재
④ 플라스틱

52 금속분의 연소 시 주수소화하면 위험한 이유를 옳게 설명한 것은?

① 물에 녹아 산이 된다.
② 물과 작용하여 수소가스를 발생한다.
③ 물과 작용하여 산소가스를 발생한다.
④ 물과 작용하여 유독가스를 발생한다.

53 위험물을 적재·운반할 때 방수성 덮개를 하지 않아도 되는 것은?

① 알칼리금속의 과산화물
② 마그네슘
③ 니트로화합물
④ 탄화칼슘

54 다음 중 C급 화재에 가장 적응성이 있는 소화설비는?

① 봉상강화액 소화기
② 포 소화기
③ 이산화탄소 소화기
④ 스프링클러설비

55 분말소화설비에서 분말소화약제의 가압용 가스로 사용하는 것은?

① CO_2
② He
③ CCl_4
④ Cl_2

---

51 ① 아세톤 – 유류화재
② 칼슘 – 금속화재
③ 목재, ④ 플라스틱 – 일반화재

화재분류	종류	색상	소화방법	가연물
A급	일반화재	백색	냉각소화	목재, 플라스틱, 섬유
B급	유류 및 가스화재	황색	질식소화	석유류(아세톤, 가솔린), LPG, LNG
C급	전기화재	청색	질식소화	변전실, 전산실
D급	금속화재	무색	피복소화	Na, K, Ca, Mg, Zn 등

52 • 제2류 중 금속분(Al, Zn 등)은 물과 작용하여 수소(H_2)가스를 발생한다.
$$2Al+6H_2O \rightarrow 2Al(OH)_3+3H_2\uparrow$$
$$Zn+2H_2O \rightarrow Zn(OH)_2+H_2\uparrow$$
• 제1류 중 무기과산화물(Na_2O_2, K_2O_2 등)은 물과 작용하여 산소(O_2)가스를 발생한다.
$$2Na_2O_2+2H_2O \rightarrow 4NaOH+O_2\uparrow$$
$$2K_2O_2+2H_2O \rightarrow 4KOH+O_2\uparrow$$

53 ① 알칼리금속의 과산화물 : 제1류, 금수성
② 마그네슘 : 제2류, 금수성
③ 니트로화합물 : 제5류, 자기반응성
④ 탄화칼슘 : 제3류, 금수성
※ 위험물 적재운반 시 조치해야 할 위험물

차광성의 덮개로 해야 하는 것	방수성의 피복으로 덮어야 하는 것
• 제1류 위험물 • 제3류 위험물 중 자연발화성 물질 • 제4류 위험물 중 특수인화물 • 제5류 위험물 • 제6류 위험물	• 제1류 위험물 중 알칼리금속의 과산화물 • 제2류 위험물 중 철분, 금속분, 마그네슘 • 제3류 위험물 중 금수성물질

54 ① 봉상강화액 소화기 : 일반화재(A급)
② 포 소화기 : 일반화재(A급), 유류화재(B급)
③ 이산화탄소 소화기 : 유류화재(B급), 전기화재(C급)
④ 스프링클러설비 : 일반화재(A급)

55 분말 소화약제의 가압용 및 축압용 가스
질소(N_2) 또는 이산화탄소(CO_2)

정답 51 ① 52 ② 53 ③ 54 ③ 55 ①

56 위험물 옥외저장소에서 지정수량 200배 초과의 위험물을 저장할 경우 보유공지의 너비는 몇 m 이상으로 하여야 하는가? (단, 제4류 위험물과 제6류 위험물이 아닌 경우이다.)

① 0.5m

② 2.5m

③ 10m

④ 15m

57 옥내소화전의 개폐밸브, 호스 접속구는 바닥으로부터 몇 m 이하의 높이에 설치하여야 하는가?

① 0.5m

② 1m

③ 1.5m

④ 1.8m

58 물분무소화설비의 방사구역은 몇 ㎡ 이상이어야 하는가? (단, 방호대상물의 표면적이 300㎡이다.)

① 100m²

② 150m²

③ 300m²

④ 450m²

59 이동저장탱크에 저장할 때 접지도선을 설치해야 하는 위험물의 품명이 아닌 것은?

① 특수인화물

② 제1석유류

③ 알코올류

④ 제2석유류

60 경유 2,000L, 글리세린 2,000L를 같은 장소에 저장하려 한다. 지정수량의 배수의 합은?

① 2.5

② 3.0

③ 3.5

④ 4.0

---

56 옥외저장소의 보유공지의 너비

저장 또는 취급하는 위험물의 최대수량	공지의 너비
지정수량의 10배 이하	3m 이상
지정수량의 10배 초과 20배 이하	5m 이상
지정수량의 20배 초과 50배 이하	9m 이상
지정수량의 50배 초과 200배 이하	12m 이상
지정수량의 200배 초과	15m 이상

※ 다만, 제4류 위험물 중 제4석유류와 제6류 위험물을 저장 또는 취급하는 옥외저장소의 보유공지는 표에 의한 공지의 너비의 3분의 1 이상의 너비로 할 수 있다.

57 옥내소화전 설비의 설치기준
- 개폐밸브, 호스 접속구의 높이 : 바닥으로부터 1m 이하
- 옥내소화전함이 상부의 벽면에 적색표시등 설치, 표시등의 부착면과 15° 이상의 각도가 되는 방향으로 10m 이상 떨어진 곳에서 식별이 가능할 것
- 비상전원의 용량 : 45분 이상 작동 가능할 것
- 주배관의 입상관의 직경 : 50mm 이상

수평거리	방사량	방사압력	수원의 양(Q:m³)
25m 이하	260(l/min) 이상	350(kPa) 이상	Q＝N(소화전개수 : 최대 5개)×7.8m³ (260L/min×30min)

58 물분무소화설비의 방사구역은 150m² 이상(방호대상물의 바닥 면적이 150m² 미만인 경우에는 그 바닥 면적)으로 해야 한다.

59 이동탱크저장소에 저장할 때 접지도선을 설치해야 하는 위험물 제4류 중 특수인화물, 제1석유류, 제2석유류

60 제4류 위험물의 지정수량
- 경유 : 제2석유류(비수용성) － 1,000L
- 글리세린 : 제3석유류(수용성) － 4,000L

∴ 지정수량의 배수의 합

$$= \frac{A품목의 저장수량}{A품목의 지정수량} + \frac{B품목의 저장수량}{B품목의 지정수량} + \cdots$$

$$= \frac{2,000L}{1,000L} + \frac{2,000L}{4,000L} = 2.5배$$

정답 56 ④ 57 ② 58 ② 59 ③ 60 ①

해설·정답 확인하기

01 제2종 분말소화약제의 화학식과 색상이 옳게 연결된 것은?

① $NaHCO_3$ – 담회색
② $NaHCO_3$ – 백색
③ $KHCO_3$ – 담회색
④ $KHCO_3$ – 백색

02 다음 제거소화 방법 중 잘못된 것은?

① 유전 화재 시 다량의 물을 이용하였다.
② 가스 화재 시 밸브 및 콕을 잠갔다.
③ 산불 화재 시 벌목을 하였다.
④ 촛불을 바람으로 불어 가연성 증기를 날려 보냈다.

03 가연성 액체의 연소형태를 옳게 설명한 것은?

① 증발성이 낮은 액체일수록 연소가 쉽고 연소속도는 빠르다.
② 연소범위하한보다 낮은 범위에서도 점화원이 있으면 연소한다.
③ 가연성 액체의 증발 연소는 액면에서 발생하는 증기가 공기와 혼합하여 연소하기 시작한다.
④ 가연성 증기의 농도가 연소범위 상한보다 높으면 연소의 위험이 높다.

04 옥내저장탱크 내용적이 30,000*l*일 때 저장 또는 취급허가를 받을 수 있는 최대용량은?(단, 원칙적인 경우에 한한다)

① 27,000*l*　　② 28,500*l*
③ 29,000*l*　　④ 30,000*l*

---

01 분말소화약제

종류	주성분	화학식	색상	적응 화재	열분해 반응식
제1종	탄산수소나트륨 (중탄산나트륨)	$NaHCO_3$	백색	B, C급	1차(270℃) : $2NaHCO_3$ $\rightarrow Na_2CO_3+CO_2+H_2O$ 2차(850℃) : $2NaHCO_3$ $\rightarrow Na_2O+2CO_2+H_2O$
제2종	탄산수소칼륨 (중탄산칼륨)	$KHCO_3$	담자 (회)색	B, C급	1차(190℃) : $2KHCO_3$ $\rightarrow K_2CO_3+CO_2+H_2O$ 2차(590℃) : $2KHCO_3$ $\rightarrow K_2O+2CO_2+H_2O$
제3종	제1인산암모늄	$NH_4H_2PO_4$	담홍색	A, B, C급	$NH_4H_2PO_4$ $\rightarrow HPO_3+NH_3+H_2O$
제4종	탄산수소칼륨+ 요소	$KHCO_3+$ $(NH_2)_2CO$	회색	B, C급	$2KHCO_3+(NH_2)_2CO$ $\rightarrow K_2CO_3+2NH_3+2CO_2$

※ 제1종 또는 제2종 분말소화약제의 열분해반응식에서 몇 차 또는 열분해온도가 주어지지 않을 경우에는 제1차 반응식을 쓰면 된다.

02 • 제거소화 방법 : 연소할 때 필요한 가연성 물질을 없애주는 소화방법
• 유전 화재 시 폭약을 사용하여 폭풍에 의하여 가연성 증기를 날려 보내 소화시킨다.

03 가연성 액체의 연소형태
• 액체 자체가 타는 것이 아니라 발생되는 증기가 공기와 혼합하였을 때 연소하기 시작한다.
• 증발성이 큰 액체일수록 연소가 쉽고 연소속도가 빠르다.
• 연소범위는 하한보다 낮거나 상한보다 높을 때는 연소하지 않으며, 연소범위 안에서만 연소한다.

04 • 저장탱크의 용적 산정기준
탱크의 용량=탱크의 내용적－공간용적
• 탱크의 공간용적 : $\frac{5}{100} \sim \frac{10}{100}$(5%~10%)

┌최대용량=30,000*l*－(30,000*l*×0.05)=28,500*l*
└최소용량=30,000*l*－(30,000*l*×0.1)=27,000*l*

정답 01 ③　02 ①　03 ③　04 ②

05 위험물의 운반 시 혼재가 가능한 것은?(단, 지정수량 10배의 위험물인 경우이다.)

① 제4류 위험물과 제5류 위험물
② 제1류 위험물과 제2류 위험물
③ 제3류 위험물과 제6류 위험물
④ 제2류 위험물과 제3류 위험물

06 탄화수소에서 탄소의 수가 증가할수록 나타내는 현상들로 옳게 짝지어 놓은 것은?

> ㉠ 연소속도가 늦어진다.
> ㉡ 발화온도가 낮아진다.
> ㉢ 발열량이 커진다.
> ㉣ 연소범위가 넓어진다.

① ㉠
② ㉠, ㉡
③ ㉠, ㉡, ㉢
④ ㉡, ㉢, ㉣

07 위험물안전관리법령상 스프링클러헤드는 부착장소에서 평상 시 최고온도가 28℃ 미만인 경우 표시온도(℃)를 얼마의 것을 설치하여야 하는가?

① 58℃ 미만
② 58℃ 이상 79℃ 미만
③ 79℃ 이상 121℃ 미만
④ 121℃ 이상 162℃ 미만

08 다음 중 위험물과 그 보호액이 잘못 짝지어진 것은?

① 칼륨 – 에탄올
② 나트륨 – 유동파라핀
③ 황린 – 물
④ 이황화탄소 – 물

09 위험물안전관리법령상 알코올류에 해당하는 것은?

① 알릴알코올(CH_2CHCH_2OH)
② 에틸알코올(CH_3CH_2OH)
③ 부틸알코올(C_4H_9OH)
④ 에틸렌글리콜[$C_2H_4(OH)_2$]

---

05 유별을 달리하는 위험물의 혼재기준

위험물의 구분	제1류	제2류	제3류	제4류	제5류	제6류
제1류		×	×	×	×	○
제2류	×		×	○	○	×
제3류	×	×		○	×	×
제4류	×	○	○		○	×
제5류	×	○	×	○		×
제6류	○	×	×	×	×	

(이 표는 지정수량의 1/10 이하의 위험물은 적용하지 않음)
※ 서로 혼재·운반이 가능한 위험물(꼭 암기할 것)
　• ④와 ②, ③　　　• ⑤와 ②, ④　　　• ⑥과 ①

06 탄화수소에 탄소수(분자량)가 증가할수록
• 증가하는 것 : 인화점, 비점, 증기비중, 융점, 발열량, 밀도, 이성질체 등
• 감소하는 것 : 연소속도, 연소범위, 발화점, 수용성 등

07 폐쇄형 스프링클러 헤드의 표시온도

부착장소의 최고 주위온도(℃)	표시온도(℃)
28 미만	58 미만
28 이상 39 미만	58 이상 79 미만
39 이상 64 미만	79 이상 121 미만
64 이상 106 미만	121 이상 162 미만
106 이상	162 이상

08 1. 보호액
　• 칼륨, 나트륨 : 석유류(등유, 경유, 유동파라핀) 속에 보관한다.
　• 황린, 이황화탄소 : 물속에 보관한다.
2. 칼륨은 에틸알코올과 반응하여 수소(H_2) 기체를 발생한다.
$$K + C_2H_5OH \rightarrow C_2H_5OK + H_2\uparrow$$
(칼륨) (에탄올)　　(칼륨에틸레이트) (수소)

09 제4류 위험물 중 "알코올류"라 함은 1분자를 구성하는 탄소원자수가 $C_1 \sim C_3$인 포화 1가 알코올(변성 알코올을 포함)을 말한다.
• 종류 : 메틸알코올(CH_3OH), 에틸알코올(CH_3CH_2OH), 프로필알코올(CH_3CH_2CHOH), 이소프로필알코올[$(CH_3)_2CHOH$]
• 알릴알코올(CH_2CHCH_2OH) : C=C–C–OH [불포화결합 (이중결합)]
• 에틸렌글리콜[$C_2H_4(OH)_2$] : –OH(히드록시기)가 2개로서 2가 알코올이다.

정답　05 ①　06 ③　07 ①　08 ①　09 ②

10 다음 중 제2류 위험물의 일반적인 취급 및 소화방법에 대한 설명으로 옳은 것은?

① 비교적 낮은 온도에서 착화되기 쉬우므로 고온체와 접촉시킨다.
② 인화성 액체(4류)와 혼합을 피하고 산화성 물질(1류, 6류)과 혼합하여 저장한다.
③ 금속분, 철분, 마그네슘, 황화린은 물에 의한 냉각소화가 적당하다.
④ 저장용기를 밀봉하고 위험물의 누출을 방지하여 통풍이 잘되는 냉암소에 저장한다.

11 물이 소화제로 쓰이는 이유 중 거리가 먼 것은?

① 구입이 용이하다.
② 취급이 간편하다.
③ 제거소화가 잘된다.
④ 기화잠열이 크다.

12 제3종 분말소화약제의 열분해 반응식을 옳게 나타낸 것은?

① $2KNO_3 \rightarrow 2KNO_2 + O_2$
② $2CaHCO_3 \rightarrow 2CaO + H_2CO_3$
③ $2KClO_3 \rightarrow KCl + 3O_2$
④ $NH_4H_2PO_4 \rightarrow HPO_3 + NH_3 + N_2O$

13 위험물안전관리법에서 정의하는 "제조소등"에 해당되지 않는 것은?

① 취급소   ② 판매소
③ 저장소   ④ 제조소

14 다음 중 적린과 유황의 공통되는 일반적인 성질이 아닌 것은?

① 비중이 1보다 크다.
② 연소하기 쉽다.
③ 산화되기 쉽다.
④ 물에 잘 녹는다.

10 제2류 위험물의 저장 및 취급 시 유의사항
· 가연성 고체로서 낮은 온도에서 착화하기 쉬우므로 화기(점화원), 고온체와 접촉을 피한다.
· 제2류는 제4류(인화성 액체) 또는 제5류(자기반응성 물질)와의 혼합은 가능하고, 제1류(산화성 고체) 또는 제6류(산화성 액체)와의 혼합은 피해야 한다.
· 금속분(Al, Zn), 철분(Fe), 마그네슘(Mg) 등은 물 또는 산과 접촉 시 가연성인 수소(H_2)기체를 발생하고 황화린은 물과 접촉 시 가연성 및 독성인 황화수소(H_2S)기체를 발생시킨다. 그러므로 마른모래(건조사)에 의한 피복소화가 좋다.
· 저장용기는 밀봉, 밀전하여 통풍이 잘되는 냉암소에 저장한다.

11 물소화약제의 장·단점
1. 장점
· 구입이 용이하며 가격이 저렴하다.
· 인체에 무해하고 취급이 간편하다.
· 냉각효과가 우수하며 무상주수일 때는 질식·유화효과가 있다.
· 장기보존이 가능하고 다른약제와 혼합하여 사용할 수 있다.
2. 단점
· 동절기의 경우 0℃ 이하의 온도에서는 동파 및 응고현상으로 소화효과가 적다.
· 물은 전기의 도체이며 방사 후 2차 피해가 우려된다.
· 전기화재(C급), 금속화재(D급)에는 소화효과가 없다.
· 유류화재(B급) 시 물보다 가벼운 물질일 경우 연소면 확대의 우려가 있다.

12 ① $2KNO_3$, ③ $2KClO_3$ – 제1류 위험물의 열분해 반응식
② $2CaHCO_3$ – 위험물이 아님
※ 문제 1번 해설 참고

13 위험물 안전관리법 제2조 6항
"제조소등"이라함은 제조소, 저장소 및 취급소를 말한다.

14 1. 적린(P) : 제2류(가연성고체), 지정수량 100kg
· 원자량 31, 비중 2.2인 암적색 분말로서 독성은 없다.
· 황린(P_4)의 동소체로서 브롬화인(PBr_3)에 녹고 물, CS_2, 에테르에는 녹지 않는다.
· 연소 시 오산화린(P_2O_5)의 흰 연기를 낸다.
$4P + 5O_2 \rightarrow 2P_2O_5$
2. 유황(S) : 제2류(가연성고체), 지정수량 100kg
· 황색의 결정 또는 분말로서 사방황, 단사황, 고무상황 등의 동소체가 있다.
· 비중은 1.92~2.07로서 물에 녹지 않고 이황화탄소(단, 고무상황 제외)에는 잘 녹는다.
· 연소 시 유독성인 아황산가스(SO_2)를 발생한다.
$S + O_2 \rightarrow SO_2$

정답   10 ④   11 ③   12 ④   13 ②   14 ④

15 시·도의 조례가 정하는 바에 따라 관할 소방서장의 승인을 받아 지정수량 이상의 위험물 제조소 등이 아닌 장소에서 임시로 저장 또는 취급하는 기간은 최대 며칠 이내인가?

① 60
② 90
③ 30
④ 120

16 다음 중 발화점이 가장 낮은 물질은?

① 아세톤
② 메틸알코올
③ 아세트산
④ 등유

17 제4류 위험물의 품명 중 지정수량이 6,000L인 것은?

① 제4석유류
② 제3석유류 비수용성 액체
③ 동식물유류
④ 제3석유류 수용성 액체

18 다음 중 제1류 위험물에 해당되지 않는 것은?

① 과염소산 암모늄
② 염소산칼륨
③ 과산화바륨
④ 질산구아니딘

---

15 위험물안전관리법 제5조 2항
시·도의 조례가 정하는 바에 따라 관할 소방서장의 승인을 받아 지정수량 이상의 위험물을 90일 이내의 기간동안 임시로 저장 또는 취급할 수 있다.

16 제4류 위험물의 물성

품명	아세톤	메틸알코올	아세트산	등유
유별	제1석유류	알코올류	제2석유류	제2석유류
수용성여부	수용성	수용성	수용성	비수용성
지정수량	400L	400L	2,000L	1,000L
인화점	−18℃	11℃	40℃	30~60℃
발화점	538℃	464℃	427℃	254℃

17 제4류 위험물의 종류 및 지정수량

성질	위험등급	품명		지정수량	지정품목	기타조건 (1기압에서)
인화성액체	I	특수인화물		50l	이황화탄소, 디에틸에테르	• 발화점이 100℃ 이하 • 인화점 −20℃ 이하 & 비점 40℃ 이하
		제1석유류	비수용성	200l	아세톤	인화점 21℃ 미만
			수용성	400l	휘발유	
	II	알코올류		400l		• 탄소의 원자수가 C_1~C_3까지인 포화 1가 알코올(변성알코올포함) • 메틸알코올[CH_3OH], 에틸알코올[C_2H_5OH], 프로필알코올[$(CH_3)_2CHOH$]
		제2석유류	비수용성	1000l	등유, 경유	인화점 21℃ 이상 70℃ 미만
			수용성	2000l		
		제3석유류	비수용성	2000l	중유, 클레오소트유	인화점 70℃ 이상 200℃ 미만
			수용성	4000l		
	III	제4석유류		6000l	기어유, 실린더유	인화점 200℃ 이상 250℃ 미만인 것
		동식물유류		10000l		동물의 지육 또는 식물의 종자나 과육으로부터 추출한 것으로 1기압에서 인화점이 250℃ 미만인 것

18 질산구아니딘[$HNO_3 \cdot C(NH)(NH_2)_2$] : 제5류 위험물(자기반응성 물질), 지정수량 200kg

정답 15 ② 16 ④ 17 ① 18 ④

19 메탄 1g이 완전 연소하면 발생되는 이산화탄소는 몇 g인가?

① 44

② 1.25

③ 2.75

④ 14

20 다음 제5류 위험물이 아닌 것은?

① 클로로벤젠

② 과산화벤조일

③ 아조벤젠

④ 염산히드라진

21 다음 중 위험물 안전관리법령상 위험물 제조소와의 안전거리가 가장 먼 것은?

① 「고등교육법」에서 정하는 학교

② 「의료법」에 따른 병원급 의료기관

③ 「고압가스 안전관리법」에 의하여 허가를 받은 고압가스 제조시설

④ 「문화재보호법」에 의한 유형문화재와 기념물 중 지정 문화재

22 무색무취의 백색결정이며 분자량이 약 122, 녹는점이 약 482℃인 강산화성 물질로 화약 제조, 로켓추진제 등의 용도로 사용되는 위험물은?

① 과산화바륨

② 과염소산나트륨

③ 아염소산나트륨

④ 염소산바륨

---

19 • 메탄(CH_4)의 분자량 : $12+1 \times 4 = 16g$
• 이산화탄소(CO_2)의 분자량 : $12+16 \times 2 = 44g$
• 메탄(CH_4)의 완전연소반응식

$$\underline{CH_4} + 2O_2 \rightarrow \underline{CO_2} + 2H_2O$$

$$16g \qquad : \qquad 44g$$
$$1g \qquad : \qquad x$$

$$\therefore \ x = \frac{1 \times 44}{16} = 2.75$$

20 클로로벤젠(C_6H_5Cl) : 제4류 제2석유류(비수용성), 지정수량 1,000l

21 제조소의 안전거리(제6류 위험물 제외)

건축물	안전거리
사용전압이 7,000V 초과 35,000V 이하	3m 이상
사용전압이 35,000V 초과	5m 이상
주거용(주택)	10m 이상
고압가스, 액화석유가스, 도시가스	20m 이상
학교, 병원, 극장, 복지시설	30m 이상
유형문화재, 지정문화재	50m 이상

22 과염소산나트륨($NaClO_4$) : 제1류(산화성고체), 지정수량 50kg
• 무색무취의 백색결정으로 조해성이 있는 불연성인 산화제이다.
• 과염소산나트륨($NaClO_4$) 분자량 : $23+35.5+16 \times 4 = 122.5$, 녹는점 482℃, 비중 2.5
• 400℃에서 분해하여 산소를 발생한다.(정촉매 MnO_2 사용 시 분해온도 130℃)
$$NaClO_4 \rightarrow NaCl + 2O_2 \uparrow$$

23 위험물안전관리법령상 제4류 위험물과 제6류 위험물에 모두 적응성이 있는 소화설비는?

① 인산염류 분말소화설비
② 할로겐화합물 소화설비
③ 탄산수소 염류 분말소화설비
④ 불활성가스 소화설비

24 위험물안전관리법령상 염소화규소화합물은 제 몇 류 위험물에 해당하는가?

① 제5류
② 제3류
③ 제2류
④ 제1류

25 알칼리금속은 화재예방상 다음 중 어떤기(원자단)를 가지고 있는 물질과 접촉을 금해야 하는가?

① —O—
② —OH
③ —COO—
④ —NO₂

26 유류저장탱크화재에서 일어나는 현상으로 거리가 먼 것은?

① 보일오버
② 플래시오버
③ 슬롭오버
④ BLEVE

---

23 소화설비의 적응성

대상물의 구분 / 소화설비의 구분	건축물·그 밖의 공작물	전기설비	제1류 위험물 알칼리금속과 산화물 등	제1류 위험물 그 밖의 것	제2류 위험물 철분·금속분·마그네슘 등	제2류 위험물 인화성고체	제2류 위험물 그 밖의 것	제3류 위험물 금수성물품	제3류 위험물 그 밖의 것	제4류 위험물	제5류 위험물	제6류 위험물
옥내소화전 또는 옥외소화전설비	○			○		○	○		○		○	○
스프링클러설비	○			○		○	○		○	△	○	○
물분무소화설비	○	○		○		○	○		○	○	○	○
포 소화설비	○			○		○	○		○	○	○	○
불활성가스 소화설비		○				○				○		
할로겐화합물 소화설비		○				○				○		
분말소화설비 인산염류 등	○	○		○		○	○			○		○
분말소화설비 탄산수소염류 등		○	○		○	○		○		○		
분말소화설비 그 밖의 것			○		○			○				

24 염소화규소화합물 : 제3류(자연발화성 및 금수성 물질) 중 행정안전부령이 정하는 것

25 알칼리금속(K, Na 등) : 제3류(자연발화성 및 금수성 물질), 지정수량 10kg
- —OH(히드록시기)와 —COOH(카르복실기)의 반응성

$$\left.\begin{array}{l} \text{물}(H_2O) : H-OH \\ \text{알코올} : R-OH \\ \text{카르복실산} : R-COOH \end{array}\right\} + \left[\begin{array}{l} Na \\ K \end{array}\right]$$

→ 수소($H_2\uparrow$) 발생(가연성 가스)
- $2Na + 2H_2O \rightarrow 2NaOH + H_2\uparrow$
- $2Na + 2C_2H_5OH \rightarrow 2C_2H_5ONa + H_2\uparrow$
  (에틸알코올)　(나트륨 에틸레이트)
- $2K + 2CH_3COOH \rightarrow 2CH_3COOK + H_2\uparrow$
  (초산)　(초산칼륨)

26 유류 및 가스탱크의 화재발생현상
- 보일오버 : 탱크바닥의 물이 비등하여 부피팽창으로 유류가 넘쳐 연소하는 현상

정답 23 ①　24 ②　25 ②　26 ②

27 질산나트륨의 성상으로 옳은 것은?

① 황색 결정이다.
② 물에 잘 녹는다.
③ 흑색화약의 원료이다.
④ 상온에서 자연분해한다.

28 위험물안전관리법령상 위험물에 해당하는 것은?

① 황산
② 비중이 1.41인 질산
③ 53마이크로미터의 표준체를 통과하는 것이 50중량%미만인 철의 분말
④ 농도가 40중량% 인 과산화수소

29 하나의 위험물 저장소에 다음과 같이 2가지 위험물을 저장하고 있다. 지정수량 이상에 해당하는 것은?

① 브롬산칼륨 80kg, 염소산칼륨 40kg
② 질산 100kg, 과산화수소 150kg
③ 질산칼륨 120kg, 중크롬산나트륨 500kg
④ 휘발유 20L, 윤활유 2000L

30 위험물안전관리법령상 운송책임자의 감독·지원을 받아 운송하여야 하는 위험물은?

① 과산화수소
② 경유
③ 가솔린
④ 알킬리튬

• 블레비(BLEVE) : 액화가스 저장탱크의 압력상승으로 폭발하는 현상
• 슬롭오버 : 물 방사 시 뜨거워진 유류표면에서 비등 증발하여 연소유와 함께 분출하는 현상
• 프로스오버 : 탱크 바닥의 물이 비등하여 부피 팽창으로 유류가 연소하지 않고 넘치는 현상
※ 플래시오버 : 화재발생 시 실내의 온도가 급격히 상승하여 축적된 가연성가스가 일순간 폭발적으로 착화하여 실내 전체가 화염에 휩싸이는 현상

27 질산나트륨($NaNO_3$, 칠레초석) : 제1류(산화성고체)
• 무색 또는 백색 결정으로 조해성이 있다.
• 물, 글리세린에 잘 녹고, 알코올에는 녹지 않는다.
• 380℃에서 분해되어 아질산나트륨($NaNO_2$)과 산소(O_2↑)를 발생한다.
$$2NaNO_3 \rightarrow 2NaNO_2 + O_2\uparrow$$
※ 흑색화약의 원료: 질산칼륨(75%)＋유황(10%)＋목탄(15%)

28 위험물안전관리법상 위험물 대상기준
• 유황 : 순도가 60중량% 이상인 것을 말한다. 이 경우 순도측정에 있어서 불순물은 활석 등 불연성물질과 수분에 한한다.
• 철분 : 철의 분말로서 53μm의 표준체를 통과하는 것이 50중량% 미만인 것은 제외한다.
• 금속분 : 알칼리금속·알칼리토금속·철 및 마그네슘 외의 금속의 분말을 말하고, 구리분·니켈분 및 150μm의 체를 통과하는 것이 50중량% 미만인 것은 제외한다.
• 마그네슘은 다음 각목의 1에 해당하는 것은 제외한다.
　┌ 2mm의 체를 통과하지 아니하는 덩어리 상태의 것
　└ 직경 2mm 이상의 막대 모양의 것
• 인화성고체 : 고형 알코올 그 밖에 1기압에서 인화점이 섭씨 40도 미만인 고체
• 과산화수소 : 농도가 36중량% 이상인 것
• 질산 : 비중이 1.49 이상인 것
• 알코올류 : $C_1 \sim C_3$인 포화1가 알코올로서 60중량% 이상인 것

29 위험물의 지정수량의 배수의 합 : 1 이상인 것
① 브롬산칼륨 : 300kg, 염소산칼륨 : 50kg
　• 지정수량의 배수의 합 $= \dfrac{80}{300} + \dfrac{40}{50} = 1.07$
② 질산 : 300kg, 과산화수소 : 300kg
　• 지정수량의 배수의 합 $= \dfrac{100}{300} + \dfrac{150}{300} = 0.83$
③ 질산칼륨 : 300kg, 중크롬산나트륨 : 1000kg
　• 지정수량의 배수의 합 $= \dfrac{120}{300} + \dfrac{500}{1000} = 0.90$

30 위험물안전관리법령상 알킬알루미늄, 알킬리튬은 운송책임자의 감독·지원을 받아 운송하여야 한다.

27 ②　28 ④　29 ①　30 ④

31 대형수동식소화기의 설치기준은 방호대상물의 각 부분으로부터 하나의 대형수동식소화기까지의 보행거리가 몇 m 이하가 되도록 설치하여야 하는가?

① 5
② 10
③ 20
④ 30

32 위험물안전관리법상 설치허가 및 완공검사 절차에 관한 설명으로 틀린 것은?

① 지정수량의 3천배 이상의 위험물을 취급하는 제조소는 한국 소방산업기술원으로부터 당해 제조소의 구조·설비에 관한 기술검토를 받아야 한다.
② 50만 리터 이상인 옥외탱크저장소는 한국 소방산업기술원으로부터 당해 탱크의 기초·지반 및 탱크본체에 관한 기술검토를 받아야 한다.
③ 지정수량의 1천배 이상의 제4류 위험물을 취급하는 일반 취급소의 완공검사는 한국 소방산업기술원이 실시한다.
④ 50만 리터 이상인 옥외탱크저장소의 완공검사는 한국 소방산업기술원이 실시한다.

33 용량 50만L 이상의 옥외탱크저장소에 대하여 변경허가를 받고자 할 때 한국 소방산업기술원으로부터 탱크의 기초지반 및 탱크본체에 대한 기술검토를 받아야 한다. 다만, 소방청장이 고시하는 부분적인 사항이 변경하는 경우에는 기술검토가 면제되는데 다음 중 기술검토가 면제되는 경우가 아닌 것은?

① 노즐·맨홀을 포함한 동일한 형태의 지붕 판의 교체
② 탱크 밑판에 있어서 밑판 표면적의 50% 미만의 육성보수공사
③ 탱크의 옆판 중 최하단 옆판에 있어서 옆판 표면적의 30% 이내의 교체
④ 옆판 중심선의 600mm 이내의 밑판에 있어서 밑판의 원주길이 10% 미만에 해당하는 밑판의 교체

31 • 소화기는 초기화재에만 효과가 있다.
• 보행거리 : 소형 소화기의 20m 이내, 대형 소화기 30m 이내에 설치할 것
• 소화기구 설치 높이 : 바닥으로부터 1.5m 이내에 설치할 것
• 소화능력단위에 따른 소화기의 분류
┌ 소형소화기 : 소화능력단위 1단위 이상 대형소화기의 능력단위 미만
└ 대형소화기 : 소화능력단위 ┌ A급 : 10단위 이상
　　　　　　　　　　　　　└ B급 : 20단위 이상

32 지정수량의 3천배 이상의 위험물을 취급하는 제조소 또는 일반취급소의 설치 또는 변경에 따른 완공검사는 한국 소방산업기술원이 실시한다.

33 위험물안전관리에 관한 세부기준 제24조
① 옥외저장탱크의 지붕판(노즐·맨홀 등 포함)의 교체(동일한 형태의 것으로 교체하는 경우에 한함)
② 옥외저장탱크의 옆판(노즐·맨홀 등을 포함)의 교체 중 다음 각 목의 어느 하나에 해당하는 경우
　• 최하단 옆판을 교체하는 경우에는 옆판 표면적의 10% 이내의 교체
　• 최하단 외의 옆판을 교체하는 경우에는 옆판 표면적의 30% 이내의 교체
③ 옥외저장탱크의 밑판(옆판의 중심선으로부터 600mm이내의 밑판에 있어서는 당해 밑판 원주길이의 10% 미만에 해당하는 밑판에 한한다)의 교체
④ 옥외저장탱크의 밑판 또는 옆판(노즐·맨홀 등을 포함)의 정비(밑판 또는 옆판의 표면적의 50% 미만의 겹침 보수공사 또는 육성보수공사를 포함)
⑤ 옥외탱크저장소의 기초·지반의 정비
⑥ 암반탱크의 내벽의 정비
⑦ 제조소 또는 일반취급소의 구조·설비를 변경하는 경우에 변경에 의한 위험물 취급량의 증가가 지정수량의 3천배 미만인 경우

정답 **31** ④ **32** ③ **33** ③

34 위험물저장탱크 중 부상지붕구조로 탱크의 직경이 53m 이상 60m 미만인 경우 고정식 포소화설비의 포방출구 종류 및 수량으로 옳은 것은?

① Ⅰ형 8개 이상
② Ⅱ형 8개 이상
③ Ⅲ형 8개 이상
④ 특형 10개 이상

35 다음 중 제4류 위험물의 화재에 적응성이 없는 소화기는?

① 포소화기
② 봉상수 소화기
③ 인산염류 소화기
④ 이산화탄소소화기

36 고온체의 색깔이 휘적색일 경우의 온도는 약 몇 ℃ 정도인가?

① 500℃
② 950℃
③ 1,300℃
④ 1,500℃

37 제4류 위험물 중 제1석유류에 속하는 것은?

① 에틸렌글리콜
② 글리세린
③ 아세톤
④ n-부탄올

38 2몰의 브롬산칼륨이 모두 열분해되어 생긴 산소의 양은 2기압 27℃에서 약 몇 L인가?

① 32.42L
② 36.92L
③ 41.34L
④ 45.64L

---

34 탱크에 설치하는 포소화설비의 고정식 포방출구의 종류

탱크지붕의 종류	포방출구 형태	포주입 방법
고정지붕구조의 탱크(CRT)	Ⅰ형 방출구	상부포 주입법
	Ⅱ형 방출구	
	Ⅲ형 방추구	저부포 주입법
	Ⅳ형 방추구	
부상지붕구조의 탱크(FRT)	특형 방출구	상부포 주입법

- 고정지붕구조의 탱크(CRT : Cone, Roof Tank) : Ⅰ, Ⅱ, Ⅲ, Ⅳ형 방출구
- 부상지붕구조의 탱크(FRT : Floating Roof Tank) : 특형방출구
- 상부포주입법 : 고정포 방출구를 탱크 옆판의 상부에 설치하여 액표면 상에 포를 방출하는 방법
- 저부포주입법 : 탱크의 액면하에 설치된 포방출구로부터 포를 탱크 내에 주입하는 방법

35 제4류(인화성액체), B급(유류화재)
- 석유류의 비수용성 화재 시 봉상주수(옥내, 옥외)나 적상주수(스프링클러설비)하면 석유류의 비중이 물보다 가벼워 물위에 떠서 연소면을 확대할 우려가 있다.
- 적응성 있는 소화약제 : 물 분무, 포 소화약제, 분말, 이산화탄소, 할로겐화합물 등의 소화약제

36 고온체의 색과 온도

색	암적색	적색	황색	휘적색	황적색	백적색	휘백색
온도(℃)	700	850	900	950	1,100	1,300	1,500

37 제4류 위험물(인화성액체)

품명	에틸렌클리콜	글리세린	아세톤	n-부탄올
화학식	$C_2H_4(OH)_2$	$C_3H_5(OH)_3$	CH_3COCH_3	C_4H_9OH
유별	제3석유류	제3석유류	제1석유류	제2석유류

38 브롬산칼륨($KBrO_3$) : 제1류(산화성고체)
- 열분해반응식 : $2KBrO_3 \rightarrow 2KBr + 3O_2\uparrow$
  2mol $3 \times 22.4l$(0℃, 1atm)

이 반응식에서 브롬산칼륨 2mol이 표준상태(0℃, 1atm)에서 분해 시 산소(O_2)가 67.2l(＝$3 \times 22.4l$) 발생하므로 2atm, 27℃로 환산하여 부피를 구한다.

- 보일샤를법칙에 대입하면

$$\frac{P_1V_1}{T_1} = \frac{P_2V_2}{T_2} \quad \begin{bmatrix} P_1 : 1\text{atm} & P_2 : 2\text{atm} \\ V_1 : 67.2l & V_2 : ? \\ T_1 : (273+0℃)\text{K} & T_1 : (273+27)\text{K} \end{bmatrix}$$

$$\therefore V_2 = \frac{P_1V_1T_2}{P_2T_1}$$

$$= \frac{1 \times 67.2 \times (273+27)}{2 \times (273+0)} = 36.92l$$

정답   34 ④   35 ②   36 ②   37 ③   38 ②

39 과산화바륨의 성질에 대한 설명 중 틀린 것은?

① 고온에서 열분해하여 산소를 발생한다.
② 황산과 반응하여 과산화수소를 만든다.
③ 비중은 약 4.96이다.
④ 온수와 접촉하면 수소가스를 발생한다.

40 다음 위험물 중 물에 대한 용해도가 가장 낮은 것은?

① 아크릴산
② 아세트알데히드
③ 벤젠
④ 글리세린

41 트리니트로톨루엔의 작용기에 해당하는 것은?

① $-NO$
② $-NO_2$
③ $-NO_3$
④ $-NO_4$

42 동식물유류에 대한 설명으로 틀린 것은?

① 아마인유는 건성유이다.
② 불포화결합이 적을수록 자연발화의 위험이 커진다.
③ 요오드값이 100 이하인 것을 불건성유라고 한다.
④ 건성유는 공기 중 산화중합으로 생긴 고체가 도막을 형성할 수 있다.

43 위험물의 품명과 지정수량이 잘못 짝지어진 것은?

① 황화린 – 100kg
② 마그네슘 – 500kg
③ 알킬알루미늄 – 10kg
④ 황린 – 10kg

39 과산화바륨(BaO_2) : 제1류의 무기과산화물(산화성고체)
• 냉수에 약간 녹으나 알코올, 에테르, 아세톤에는 녹지 않는다.
• 열분해 및 온수와 반응 시 산소(O_2)를 발생한다.

열분해 : $2BaO_2 \xrightarrow[\Delta]{840℃} 2BaO + O_2\uparrow$

온수와 반응 : $2BaO_2 + 2H_2O \rightarrow 2Ba(OH)_2 + O_2\uparrow$

• 산화 반응 시 과산화수소(H_2O_2)를 생성한다.
$BaO_2 + H_2SO_4 \rightarrow BaSO_4 + H_2O_2$
• 탄산가스(CO_2)와 반응 시 탄산염과 산소를 발생한다.
$2BaO_2 + 2CO_2 \rightarrow 2BaCO_3 + O_2\uparrow$
• 테르밋의 점화제로 사용된다.

40 제4류 위험물의 수용성과 비수용성

품명	아크릴산	아세트알데히드	벤젠	글리세린
화학식	$CH_2CHCOOH$	CH_3CHO	C_6H_6	$C_3H_5(OH)_3$
유별	제2석유류	특수인화물	제1석유류	제3석유류
용해성	수용성	수용성	비수용성	수용성

41 트리니트로톨루엔[$C_6H_2CH_3(NO_2)_3$, TNT] : 제5류(자기반응성), 지정수량 200kg
진한 황산(탈수작용)을 촉매하에 톨루엔과 질산을 반응시켜 니트로화 반응하여 얻는다.

(톨루엔) (질산) (TNT) (물)

42 제4류 위험물 : 동식물유류란 동물의 지육 또는 식물의 종자나 과육으로부터 추출한 것으로 1기압에서 인화점이 250℃ 미만인 것
• 요오드값 : 유지 100g에 부가되는 요오드의 g수이다.
• 요오드값이 클수록 불포화도가 크다.
• 요오드값이 큰 건성유는 불포화도가 크기 때문에 자연발화가 잘 일어난다.
• 요오드값에 따른 분류
– 건성유(130 이상) : 해바라기유, 동유, 아마인유, 정어리기름, 들기름 등
– 반건성유(100~130) : 면실유, 참기름, 청어기름, 채종유, 콩기름 등
– 불건성유(100 이하) : 올리브유, 동백기름, 피마자유, 야자유 등

43 황린(P_4) : 제3류(자연발화성 물질), 지정수량 20kg
• 백색 또는 담황색의 가연성 및 자연발화성 고체(발화점 : 34℃)이며 적린(P)과 동소체이다.
• pH=9인 약알칼리성의 물속에 저장한다.(CS_2에 잘 녹음)

정답 **39** ④ **40** ③ **41** ② **42** ② **43** ④

44 할론 1301의 증기 비중은? (단, 불소의 원자량은 19, 브롬의 원자량은 80, 염소의 원자량은 35.5이고 공기의 분자량은 29이다.)

① 2.14   ② 4.15
③ 5.14   ④ 6.15

45 산화성 액체 위험물의 화재예방상 가장 주의해야 할 것은?

① 0℃ 이하로 냉각시킨다.
② 공기와의 접촉을 피한다.
③ 가연물과의 접촉을 피한다.
④ 금속용기에 저장한다.

46 아세톤의 물리적 특성으로 틀린 것은?

① 무색, 투명한 액체로서 독특한 자극성의 냄새를 가진다.
② 물에 잘 녹으며 에테르, 알코올에도 녹는다.
③ 화재 시 대량 주수소화로 희석소화가 가능하다.
④ 증기는 공기보다 가볍다.

47 다음 중 제4류 위험물에 해당하는 것은?

① $Pb(N_3)_2$ ② CH_3ONO_2
③ N_2H_4 ④ NH_2OH

48 위험물제조소에서 지정수량 이상의 위험물을 취급하는 건축물(시설)에는 원칙상 최소 몇 m 이상 보유공지를 확보하여야 하는가?(단, 최대수량은 지정수량의 10배이다.)

① 3m 이상   ② 5m 이상
③ 7m 이상   ④ 10m 이상

> 참고   pH=9 이상 강알칼리용액이 되면 가연성, 유독성의 포스핀(PH_3)가스가 발생하여 공기 중 자연발화한다(강알칼리 : KOH 수용액).
>
> $P_4+3KOH+3H_2O \rightarrow 3KH_2PO_2+PH_3\uparrow$ (포스핀, 인화수소)

- 피부 접촉 시 화상을 입고 공기 중 자연발화온도는 40~50℃이다.
- 공기보다 무겁고 마늘냄새가 나는 맹독성물질이다.
- 어두운 곳에서 인광을 내며 황린(P_4)을 260℃로 가열하면 적린(P)이 된다(공기차단).
- 연소 시 오산화인(P_2O_5)의 흰 연기를 내며, 일부는 포스핀(PH_3)가스로 발생한다.

  $P_4+5O_2 \rightarrow 2P_2O_5$
- 소화 : 물 분무, 포, CO_2, 건조사 등으로 질식 소화한다.
  (고압주수소화는 황린을 비산시켜 연소면 확대분산의 위험이 있음)

44 Halon 1301(CF_3Br)
- 분자량 : $CF_3Br=12+19+3+80=149$
- 증기비중 $=\dfrac{\text{분자량}}{\text{공기의 평균 분자량}(29)}$

  $=\dfrac{149}{29}=5.14$(공기보다 무겁다)

45 산화성 액체는 제6류 위험물로서 분해하여 산소를 발생하기 때문에 가연물과의 접촉을 피해야 한다.

46 아세톤(CH_3COCH_3) : 제4류 제1석유류(수용성)
- 분자량 $=12+1\times3+12+16+12+1\times3=58$
- 증기비중 $=\dfrac{\text{분자량}}{\text{공기의 평균 분자량}(29)}$

  $=\dfrac{58}{29}=2$(공기보다 무겁다)

- 증기밀도 $=\dfrac{\text{분자량}}{22.4l}=\dfrac{58g}{22.4l}=2.58g/l$

47 N_2H_4(히드라진) : 제4류 제2석유류
※ 제5류 : $Pb(N_3)_2$(아지화납), CH_3ONO_2(질산메틸), NH_2OH(히드록실아민)

48 위험물제조소의 보유공지

취급하는 위험물의 최대수량	공지의 너비
지정수량의 10배 이하	3m 이상
지정수량의 10배 초과	5m 이상

정답   **44** ③   **45** ③   **46** ④   **47** ③   **48** ①

49 위험물안전관리법령상 옥내저장소 저장창고의 바닥은 물이 스며 나오거나 스며들지 아니하는 구조로 하여야 한다. 다음 중 반드시 이 구조로 하지 않아도 되는 위험물은?

① 제1류 위험물 중 알칼리금속의 과산화물
② 제4류 위험물
③ 제5류 위험물
④ 제2류 위험물 중 철분

50 다음은 위험물안전관리법에 따른 이동저장탱크의 구조에 관한 기준이다. A, B에 알맞은 수치는?

이동저장탱크는 그 내부에 (A)L 이하마다 (B)mm 이상의 강철판 또는 이와 동등 이상의 강도, 내열성 및 내식성이 있는 금속성의 것으로 칸막이를 설치하여야 한다. 다만, 고체인 위험물을 저장하거나 고체인 위험물을 가열하여 액체 상태로 저장하는 경우에는 그러하지 아니하다.

① A : 2,000, B : 1.6
② A : 2,000, B : 3.2
③ A : 4,000, B : 1.6
④ A : 4,000, B : 3.2

51 이황화탄소를 화재 예방상 물속에 저장하는 이유는?

① 불순물을 물에 용해시키기 위해
② 가연성 증기의 발생을 억제하기 위해
③ 상온에서 수소가스를 발생시키기 때문에
④ 공기와 접촉하면 즉시 폭발하기 때문에

52 다음과 같은 위험물의 공통 성질을 옳게 설명한 것은?

나트륨, 황린, 트리에틸알루미늄

① 상온, 상압에서 고체의 형태를 나타낸다.
② 상온, 상압에서 액체의 형태를 나타낸다.
③ 금수성 물질이다.
④ 자연발화의 위험이 있다.

---

49 옥내저장창고의 바닥에 물이 스며나오거나 스며들지 않는 구조로 하는 위험물
- 제1류 위험물 중 알칼리금속의 과산화물 또는 이를 함유하는 것
- 제2류 위험물 중 철분·금속분·마그네슘 또는 이 중 어느 하나 이상을 함유하는 것
- 제3류 위험물 중 금수성 물질
- 제4류 위험물

50 이동저장탱크는 그 내부에 4,000L 이하마다 3.2m 이상의 강철판 또는 이와 동등 이상의 강도, 내열성 및 내식성이 있는 금속성의 것으로 칸막이를 설치해야 한다.

51 이황화탄소(CS_2) : 제4류 특수인화물(인화성액체)
- 무색투명한 액체로서 물에 녹지 않고 알코올, 벤젠, 에테르 등에 녹는다.
- 발화점 100℃, 액비중 1.26으로 물보다 무거워 가연성 증기의 발생을 억제하기 위해 물 속에 저장한다.
- 연소 시 독성이 강한 아황산가스(SO_2)를 발생한다.
  $CS_2 + 3O_2 \rightarrow CO_2 + 2SO_2$

52
- 나트륨(Na) : 제3류(자연발화성, 금수성) – 상온상압에서 고체상태
- 황린(P_4) : 제2류(자연발화성) – 상온상압에서 고체상태
- 트리에틸알루미늄[$(C_2H_5)_3Al$] : 제3류(자연발화성, 금수성) – 상온상압에서 액체상태

정답 **49** ③ **50** ④ **51** ② **52** ④

53 휘발유에 대한 설명으로 틀린 것은?

① 위험등급은 Ⅰ등급이다.
② 증기는 공기보다 무거워 낮은 곳에 체류하기 쉽다.
③ 내장 용기가 없는 외장 플라스틱 용기에 적재할 수 있는 최대 용적은 20L이다.
④ 이동탱크저장소로 운송하는 경우 위험물운송자는 위험물안전카드를 휴대하여야 한다.

54 제조소에서 다음과 같이 위험물을 취급하고 있는 경우 각 지정수량 배수의 총합은 얼마인가?

> • 브롬산나트륨 300kg
> • 과산화나트륨 150kg
> • 중크롬산나트륨 500kg

① 3.5   ② 4.0
③ 4.5   ④ 5.0

55 정기점검대상 제조소등에 해당하지 않는 것은?

① 이동탱크저장소
② 지정수량 120배의 위험물을 저장하는 옥외저장소
③ 지정수량 120배의 위험물을 저장하는 옥내저장소
④ 이송취급소

56 위험물안전관리법령에 명기된 위험물의 운반용기 재질이 아닌 것은?

① 고무류   ② 유리
③ 도자기   ④ 종이

57 과염소산암모늄에 대한 설명으로 옳은 것은?

① 물에 용해되지 않는다.
② 청녹색의 침상결정이다.
③ 130℃에서 분해하기 시작하여 CO_2가스를 방출한다.
④ 아세톤, 알코올에 용해된다.

---

53 휘발유(가솔린) : 제4류 제1석유류, 위험등급 Ⅱ
• 증기비중 3~4로 공기보다 무겁다.
• 이동탱크 저장소로 운송 시 위험물안전카드를 휴대해야 한다.(단, 제4류는 특수인화물, 제1석유류에 한함)

54 제1류 위험물(산화성 고체)의 지정수량
• 브롬산나트륨(브롬산염류) : 300kg
• 과산화나트륨(무기과산화물) : 50kg
• 중크롬산나트륨(중크롬산염류) : 1000kg
  ∴ 지정수량의 배수의 총합

$$= \frac{\text{A품목의 저장수량}}{\text{A품목의 지정수량}} + \frac{\text{B품목의 저장수량}}{\text{B품목의 지정수량}} + \cdots$$

$$= \frac{300kg}{300kg} + \frac{150kg}{50kg} + \frac{500kg}{1,000kg} = 4.5배$$

55 정기점검대상인 제조소등
• 예방규정을 정하여야 하는 제조소등
• 지정수량의 10배 이상의 위험물을 취급하는 제조소
• 지정수량의 100배 이상의 위험물을 저장하는 옥외저장소
• 지정수량의 150배 이상의 위험물을 저장하는 옥내저장소
• 지정수량의 200배 이상을 저장하는 옥외탱크 저장소
• 암반탱크저장소
• 이송취급소
• 지정수량의 10배 이상의 위험물을 취급하는 일반취급소
• 지하탱크취급소
• 이동탱크저장소
• 제조소(지하매설탱크)·주유취급소 또는 일반취급소

56 운반용기 재질
금속판, 강판, 유리, 나무, 플라스틱, 양철판, 짚, 알루미늄판, 종이, 섬유판, 삼, 합성섬유, 고무류

57 과염소산암모늄(NH_4ClO_4) : 제1류(산화성고체)
• 무색결정 또는 백색분말로 조해성이 있는 불연성의 산화제이다.
• 물, 알코올, 아세톤에는 잘 녹고 에테르에는 녹지 않는다.
• 130℃에서 분해하기 시작하여 약 300℃ 부근에서 급격히 분해 폭발한다.
  $$2NH_4ClO_4 \rightarrow N_2\uparrow + Cl_2\uparrow + 2O_2\uparrow + 4H_2O$$
• 강산, 가연물, 산화성 물질 등과 혼합 시 폭발의 위험성이 있다.

정답 53 ① 54 ③ 55 ③ 56 ③ 57 ④

58 위험물의 화재위험에 관한 제반조건을 설명한 것으로 옳은 것은?

① 인화점이 높을수록, 연소범위가 넓을수록 위험하다.

② 인화점이 낮을수록, 연소범위가 좁을수록 위험하다.

③ 인화점이 높을수록, 연소범위가 좁을수록 위험하다.

④ 인화점이 낮을수록, 연소범위가 넓을수록 위험하다.

59 옥내저장소에 제3류 위험물인 황린을 저장하면서 위험물안전관리법령에 의한 최소한의 보유공지로 3m를 옥내저장소 주위에 확보하였다. 이 옥내저장소에 저장하고 있는 황린의 수량은? (단, 옥내저장소의 구조는 벽·기둥 및 바닥이 내화구조로 되어 있고 그 외의 다른 사항은 고려하지 않는다.)

① 100kg 초과 500kg 이하

② 400kg 초과 1,000kg 이하

③ 500kg 초과 5,000kg 이하

④ 1,000kg 초과 40,000kg 이하

60 폭굉유도거리(DID)가 짧아지는 경우는?

① 정상연소속도가 작은 혼합가스일수록 짧아진다.

② 압력이 높을수록 짧아진다.

③ 관 지름이 넓을수록 짧아진다.

④ 점화원 에너지가 약할수록 짧아진다.

58 위험물의 화재위험성이 증가하는 조건

- 온도, 압력, 산소농도, 연소열, 증기압 : 높을수록
- 인화점, 착화점, 비점, 비중 : 낮을수록
- 연소범위(폭발범위) : 넓을수록

59 옥내저장소의 보유 공지

저장 또는 취급하는 위험물의 최대수량	공지의 너비	
	벽·기둥 및 바닥이 내화구조로 된 건축물	그 밖의 건축물
지정수량의 5배 이하	−	0.5m 이상
지정수량의 5배 초과 10배 이하	1m 이상	1.5m 이상
지정수량의 10배 초과 20배 이하	2m 이상	3m 이상
지정수량의 20배 초과 50배 이하	3m 이상	5m 이상
지정수량의 50배 초과 200배 이하	5m 이상	10m 이상
지정수량의 200배 초과	10m 이상	15m 이상

- 황린(P_4) : 제3류, 지정수량 20kg
- 보유 공지 3m 이상 : 지정수량의 20배 초과 50배 이하
- ∴ 지정수량 20배 : 20kg×20배=400kg 초과

  지정수량 50배 : 20kg×50배=1000kg 이하

60 폭굉 유도 거리가 짧아지는 경우

- 정상연소 속도가 큰 혼합가스일수록
- 관 속에 방해물이 있거나 관경이 가늘수록
- 압력이 높을수록
- 점화원 에너지가 강할수록

※ 폭굉유도거리(DID) : 관속에 폭굉 가스가 존재할 때 최초의 완만한 연소가 결렬한 폭굉으로 발전할 때까지의 거리

정답 58 ④   59 ②   60 ①

기출문제 | 2020년 | 제4회

해설·정답 확인하기

01 제3종 분말소화약제의 소화효과로 거리가 먼 것은?

① 냉각효과
② 질식효과
③ 부촉매효과
④ 제거효과

02 다음 중 분말소화약제의 주성분이 아닌 것은?

① 탄산수소나트륨
② 인산암모늄
③ 탄산수소칼륨
④ 탄산나트륨

03 위험물안전관리에 관한 세부기준에 따르면 불활성가스 소화설비 저장용기는 온도가 몇 ℃ 이하인 장소에 설치하여야 하는가?

① 35℃
② 40℃
③ 45℃
④ 50℃

04 수소화나트륨 240g과 충분한 물이 완전 반응하였을 때 발생하는 수소의 부피는? (단, 표준상태를 가정하여 나트륨의 원자량은 23이다)

① 22.4L
② 224L
③ 22.4m³
④ 224m³

---

01 제3종 분말소화약제(제1인산암모늄, $NH_4H_2PO_4$) : 담홍색
 1. 열분해 반응식 : $NH_4H_2PO_4 \rightarrow NH_3 + H_2O + HPO_3$
    (제1인산암모늄) (암모니아) (수증기) (메타인산)
 2. 소화효과 : 질식, 냉각, 부촉매, 방진, 차단효과 등
   • 흡열반응에 의한 냉각효과
   • 암모니아(NH_3)와 수증기(H_2O)에 의한 질식효과
   • 메탄인산(HPO_3)에 의한 방진작용
   • 유리된 암모늄(NH_4^+)에 의한 부촉매 효과
   • 공중의 분말 운무에 의한 열방사의 차단효과

02 분말소화약제 열분해 반응식

종류	주성분	화학식	색상	적응화재	열분해 반응식
제1종	탄산수소나트륨 (중탄산나트륨)	$NaHCO_3$	백색	B, C급	1차(270℃) : $2NaHCO_3$ $\rightarrow Na_2CO_3 + CO_2 + H_2O$ 2차(850℃) : $2NaHCO_3$ $\rightarrow Na_2O + 2CO_2 + H_2O$
제2종	탄산수소칼륨 (중탄산칼륨)	$KHCO_3$	담자(회)색	B, C급	1차(190℃) : $2KHCO_3$ $\rightarrow K_2CO_3 + CO_2 + H_2O$ 2차(590℃) : $2KHCO_3$ $\rightarrow K_2O + 2CO_2 + H_2O$
제3종	제1인산암모늄	$NH_4H_2PO_4$	담홍색	A, B, C급	$NH_4H_2PO_4$ $\rightarrow HPO_3 + NH_3 + H_2O$
제4종	탄산수소칼륨 +요소	$KHCO_3 +$ $(NH_2)_2CO$	회색	B, C급	$2KHCO_3 + (NH_2)_2CO$ $\rightarrow K_2CO_3 + 2NH_3 + 2CO_2$

03 이산화탄소(CO_2) 저장용기 설치기준
   • 방호구역 외의 장소에 설치할 것
   • 온도가 40℃ 이하이고 온도 변화가 적은 장소에 설치할 것
   • 직사일광 및 빗물이 침투할 우려가 적은 장소에 설치할 것
   • 저장용기에는 안전장치를 설치할 것

04 수산화나트륨(NaH) : 제3류(금수성물질)
   $NaH + H_2O \rightarrow NaOH + H_2$
   24g : 22.4l
   240g : x
   ∴ $x = \dfrac{240 \times 22.4}{24} = 224l$
   (NaH의 분자량=23+1=24)

정답 01 ④   02 ④   03 ②   04 ②

05 메탄올에 대한 설명으로 옳지 않은 것은?

① 휘발성이 강하다.

② 인화점은 약 11℃이다.

③ 술의 원료로 사용한다.

④ 최종 산화물은 의산(포름산)이다.

06 스프링클러헤드의 설치방법에 대한 설명으로 옳지 않은 것은?

① 개방형헤드는 원칙적으로 반사판으로부터 하방으로 0.45m, 수평방향으로 0.3m 공간을 보유할 것

② 폐쇄형헤드는 가연성물질 수납부분에 설치 시 반사판으로부터 하방으로 0.9m, 수평방향으로 0.4m의 공간을 확보할 것

③ 폐쇄형헤드 중 개구부에 설치하는 것은 당해 개구부의 상단으로부터 0.15m 이내의 벽면에 설치할 것

④ 폐쇄형헤드 설치 시 급배기용 덕트의 긴 변의 길이가 1.2m를 초과하는 것이 있는 경우에는 당해 덕트의 윗부분에도 헤드를 설치할 것

07 위험물안전관리법령에서 정한 알킬알루미늄 등을 저장 또는 취급하는 이동탱크저장소에 비치해야 하는 물품이 아닌 것은?

① 방호복 　　② 고무장갑
③ 비상조명등 　④ 휴대용 확성기

08 소화전용 물통 3개를 포함한 수조 80L의 능력단위는?

① 0.3 　　② 0.5
③ 1.0 　　④ 1.5

09 위험물안전관리법령상 제조소의 위치·구조 및 설비의 기준에 따르면 가연성증기가 체류할 우려가 있는 건축물은 배출장소의 용적이 500m³일 때 시간당 배출능력(국소방식)을 얼마 이상인 것으로 하여야 하는가?

① 5,000m³ 　　② 10,000m³
③ 20,000m³ 　　④ 40,000m³

---

05 메탄올(CH_3OH, 목정) : 제4류 중 알코올류, 지정수량 400L

• 인화점 11℃, 발화점 464℃, 연소범위 7.3~36%

• 무색투명한 휘발성이 강한 액체이다.

• 물, 유기용매에 잘 녹고, 독성이 강하여 마시면 실명 또는 사망한다.

• 메탄올의 산화반응(산화 : [+O] 또는 [−H])

$$CH_3OH \xrightarrow{\text{산화}[-2H]} HCHO \xrightarrow{\text{산화}[+O]} HCOOH$$
$$\text{(메탄올)} \qquad \text{(포름알데히드)} \qquad \text{(포름산)}$$

※ 술의 원료 : 에탄올(C_2H_5OH, 주정)을 사용한다.

06 ④ 폐쇄형헤드 설치 시 급배기용 덕트의 긴 변의 길이가 1.2m를 초과하는 것이 있는 경우에는 당해 덕트의 아래면에도 스프링클러헤드를 설치할 것

07 알킬알루미늄 등을 저장(취급)하는 이동탱크 저장소에 비치해야 하는 것

• 긴급시의 연락처

• 응급조치에 관하여 필요한 사항을 기재한 서류

• 방호복

• 고무장갑

• 밸브 등을 죄는 결합공구 및 휴대용 확성기

08 간이소화용구의 능력단위

소화약제	용량	능력단위
소화전용 물통	8l	0.3
수조(소화전용 물통 3개 포함)	80l	1.5
수조(소화전용 물통 6개 포함)	190l	2.5
마른 모래(삽 1개 포함)	50l	0.5
팽창질석 또는 팽창진주암(삽 1개 포함)	160l	1.0

09 배출설비 설치기준

• 배출설비는 국소방식으로 할 것

• 배풍기, 배출덕트, 후드 등을 이용하여 강제 배출 할 것

• 배출능력은 1시간당 배출장소 용적의 20배 이상으로 할 것 (단, 전역방식 : 바닥면적 1m³당 18m³ 이상)

• 급기구는 높은 곳에 설치하고, 인화방지망(가는눈 구리망)을 설치할 것

• 배출구는 지상 2m 이상 높이 설치할 것

※ 배출능력(Q) = 500m³ × 20 = 10,000m³/hr

---

10 위험물 운반에 관한 기준에 따라 다음의 (A)와 (B)에 적합한 것은?

> 액체 위험물은 운반용기의 내용적의 (A) 이하의 수납율로 수납하되, (B)의 온도에서 누설되지 않도록 충분한 공간 용적을 유지하여야 한다.

① A : 98%, B : 40℃
② A : 95%, B : 55℃
③ A : 98%, B : 55℃
④ A : 95%, B : 40℃

11 옥내소화전 설비의 비상전원은 몇 분 이상 작동할 수 있어야 하는가?

① 45분
② 30분
③ 20분
④ 10분

12 지하탱크저장소에서 인접한 2개의 지하저장탱크 용량의 합계가 지정수량의 100배일 경우 탱크 상호간의 최소거리는?

① 0.1m
② 0.3m
③ 0.5m
④ 1m

13 인화점이 상온 이상인 위험물은?

① 중유
② 아세트알데히드
③ 아세톤
④ 이황화탄소

---

10 운반용기 적재 방법
① 고체 위험물 : 내용적의 95% 이하 수납율
② 액체 위험물
 • 내용적의 98% 이하 수납율
 • 55℃에서 누설되지 않고 충분한 공간용적 유지할 것
③ 제3류 위험물의 운반용기 수납기준
 • 자연발화성 물질 : 불활성기체 밀봉
 • 자연발화성물질 이외 : 보호액 밀봉 도는 불활성 기체 밀봉
 • 알킬알루미늄 등 ┌ 운반용기 내용적의 90% 이하 수납
             └ 50℃에서 5% 이상 공간용간 유지
④ 운반용기 겹쳐 쌓는 높이 제한 : 3m

11 제조소등 소화설비의 설치기준(비상전원: 45분)

소화설비	수평거리	방사량	방사압력	수원의 양(Q : m³)
옥내소화전	25m 이하	260 (L/min) 이상	350(kPa) 이상	$Q=N$(소화전 개수 : 최대 5개) $\times 7.8m^3$ (260L/min × 30min)
옥외소화전	40m 이하	450 (L/min) 이상	350(kPa) 이상	$Q=N$(소화전 개수 : 최소 2개, 최대 4개) $\times 13.5m^3$ (450L/min × 30min)
스프링클러	1.7m 이하	80 (L/min) 이상	100(kPa) 이상	$Q=N$(헤드수 : 최대 30개) $\times 2.4m^3$ (80L/min × 30min)
물분무	–	20 (L/m²·min) 이상	350(kPa) 이상	$Q=N$(바닥면적 m²) $\times 0.6m^3/m^2$ (20L/m²·min × 30min)

12 • 지하저장탱크의 윗부분은 지면으로부터 0.6m 이상 아래에 있을 것
• 지하저장탱크를 2 이상 인접해 설치하는 경우에는 그 상호 간에 1m(당해 2 이상의 지하저장탱크의 용량의 합계가 지정수량의 100배 이하인 때에는 0.5m) 이상의 간격을 유지할 것
• 탱크전용실은 지하의 가장 가까운 벽, 피트, 가스관 등의 시설물 및 대지경계선으로부터 0.1m 이상 떨어진 곳에 설치할 것
• 지하저장탱크의 액체위험물 누설검사의 관은 4개소 이상 설치할 것
• 지하저장탱크의 용량이 90% 찰 때 경보음이 울리는 과충전 방지 장치를 설치할 것

13 제4류 위험물(상온 : 약 20℃)

품명	중유	아세트알데히드	아세톤	이황화탄소
유별	제3석유류	특수인화물	제1석유류	특수인화물
인화점	60~150℃	−39℃	−18℃	−30℃
착화점	254~405℃	175℃	468℃	100℃

정답　**10** ③　**11** ①　**12** ③　**13** ①

14 아세톤의 위험도를 구하면 얼마인가? (단, 아세톤의 연소범위 : 2~13중량%)

① 0.846
② 1.23
③ 5.5
④ 7.5

15 요오드(아이오딘)산아연의 성질에 관한 설명으로 가장 거리가 먼 것은?

① 결정성 분말이다.
② 유기물과 혼합 시 연소 위험이 있다.
③ 환원력이 강하다.
④ 제1류 위험물이다.

16 전기화재의 급수와 표시 색상을 옳게 나타낸 것은?

① C급 – 백색
② D급 – 백색
③ C급 – 청색
④ D급 – 청색

17 제4류 위험물의 옥외저장탱크에 대기밸브부착 통기관을 설치할 때 몇 kPa 이하의 압력 차이로 작동하여야 하는가?

① 5kPa 이하
② 10kPa 이하
③ 15kPa 이하
④ 20kPa 이하

18 과산화벤조일의 일반적인 성질로 옳은 것은?

① 비중은 약 0.33이다.
② 무미무취의 고체이다.
③ 물에는 잘 녹지만 디에틸에테르에는 녹지 않는다.
④ 녹는점은 약 300℃이다.

---

14 아세톤의 위험도(H)

$$H = \frac{U-L}{L} = \frac{(13-2)}{2} = 5.5 \quad \begin{bmatrix} H : 위험도 \\ U : 연소상한 \\ L : 연소하한 \end{bmatrix}$$

15 요오드산아연($ZnIO_3$)
제1류(산화성고체)의 강산화제로서 산화력이 강한 물질이다.

16

화재의 분류	종류	색상	소화방법
A급	일반화재	백색	냉각소화
B급	유류 및 가스화재	황색	질식소화
C급	전기화재	청색	질식소화
D급	금속화재	무색	피복소화

17 옥외탱크 저장소
1. 밸브 없는 통기관 설치기준
  • 직경은 30mm 이상일 것
  • 선단은 수평면보다 45° 이상 구부려 빗물 등의 침투를 막는 구조로 할 것
  • 인화방지망(장치) 설치기준
    – 인화점이 38℃ 미만인 위험물의 탱크는 화염장지장치를 설치할 것
    – 그 외의 탱크(인화점이 38℃ 이상 70℃ 미만)는 40메쉬 이상의 구리망을 설치할 것
  • 가연성증기를 회수하기 위하여 밸브를 통기관에 설치 시 당해 통기관의 밸브는 위험물을 주입하는 경우를 제외하고는 항상 개방되어 있는 구조로 하며, 폐쇄 시 10kPa 이하의 압력에서 개방되는 구조로 할 것(개방된 부분의 유효단면적 : 777.15mm² 이상일 것)
2. 대기밸브부착 통기관
  • 5kPa 이하의 압력 차에서 작동할 수 있는 것

18 과산화벤조일[$(C_6H_5CO)_2O_2$, 벤조일퍼옥사이드(BPO)] : 제5류(자기반응성물질)
  • 무색무취의 백색 분말 또는 결정이다.(비중 : 1.33, 발화점 : 125℃, 녹는점 : 103~105℃)
  • 물에 불용, 유기용제(에테르, 벤젠 등)에 잘 녹는다.
  • 희석제와 물을 사용하여 폭발성을 낮출 수 있다. [희석제 : 프탈산디메틸(DMP), 프탈산디부틸(DBP)]
  • 운반할 경우 30% 이상의 물과 희석제를 첨가하여 안전하게 수송한다.
  • 저장온도는 40℃ 이하에서 직사광선을 피하고 냉암소에 보관한다.

정답 **14** ③ **15** ③ **16** ③ **17** ① **18** ②

19 인화점이 21℃ 미만인 액체위험물의 옥외저장탱크 주입구에 설치하는 "옥외저장탱크 주입구"라고 표시한 게시판의 바탕 및 문자 색을 옳게 나타낸 것은?

① 백색바탕 – 적색문자

② 적색바탕 – 백색문자

③ 백색바탕 – 흑색문자

④ 흑색바탕 – 백색문자

20 아염소산염류 500kg과 질산염류 3000kg을 함께 저장하는 경우 위험물의 소요단위는 얼마인가?

① 2   ② 4

③ 6   ④ 8

21 이송취급소의 교체밸브, 제어밸브 등의 설치기준으로 틀린 것은?

① 밸브는 원칙적으로 이송기지 또는 전용부지 내에 설치할 것

② 밸브는 그 개폐 상태를 설치장소에 쉽게 확인할 수 있도록 할 것

③ 밸브는 지하에 설치하는 경우에는 점검상자 안에 설치할 것

④ 밸브는 해당 밸브의 관리에 관계하는 자가 아니면 수동으로만 개폐할 수 있도록 할 것

22 폭발의 종류에 따른 물질이 잘못된 것은?

① 분해폭발 – 아세틸렌, 산화에틸렌

② 분진폭발 – 금속분, 밀가루

③ 중합폭발 – 시안화수소, 염화비닐

④ 산화폭발 – 히드라진, 과산화수소

23 위험물을 보관하는 방법에 대한 설명 중 잘못된 것은?

① 황화린 : 냉암소에 저장한다.

② 염소산나트륨 : 철제용기의 사용을 피한다.

③ 산화프로필렌 : 저장 시 구리 용기에 질소 등 불활성 기체를 충전한다.

④ 트리에틸알루미늄 : 용기는 밀봉하고 질소 등 불활성 기체를 충전한다.

19 인화점이 21℃ 미만인 위험물의 옥외저장탱크의 주입구(제4류 위험물)

- 게시판의 크기 : 0.3m 이상 × 0.6m 이상
- 게시판의 기재사항 : 옥외저장탱크 주입구, 위험물의 유별과 품명, 주의사항
- 게시판의 색상 : 백색바탕에 흑색문자
- 주의사항의 색상 : 백색바탕에 적색문자(화기 엄금)

20
- 아염소산염류 : 제1류 위험물, 지정수량 50kg
- 질산염류 : 제1류 위험물, 지정수량 300kg
- 위험물의 1소요단위 : 지정수량의 10배

$$\therefore \text{소요단위} = \frac{500kg}{50kg \times 10} + \frac{3,000kg}{300kg \times 10} = 2단위$$

21 이송취급소의 교체밸브, 제어밸브 등의 설치기준

- 밸브는 원칙적으로 이송기지 또는 전용부지 내에 설치할 것
- 밸브는 그 개폐 상태가 당해 밸브의 설치장소에서 쉽게 확인할 수 있도록 할 것
- 밸브를 지하에 설치하는 경우에는 점검상자 안에 설치할 것
- 밸브는 당해 밸브의 관리에 관계하는 자가 아니면 수동으로 개폐할 수 없도록 할 것

22 폭발의 종류

- 분해폭발 : 아세틸렌, 과산화물(H_2O_2 등), 폭약, 히드라진
- 분진폭발 : 밀가루, 담뱃가루, 석탄가루, 먼지, 전분, 금속분류
- 중합폭발 : 염화비닐, 시안화수소
- 분해·중합폭발 : 산화에틸렌
- 산화폭발 : 압축가스(H_2), 액화가스(LPG, LNG)
- 압력폭발 : 고압가스 용기폭발, 보일러폭발

23 1. 아세트알데히드, 산화프로필렌의 공통사항
- 구리(동, Cu), 은(Ag), 수은(Hg), 마그네슘(Mg) 또는 이들을 성분으로 하는 합금 등으로 용기나 취급하는 설비를 사용하지 말 것(중합 반응 시 폭발성 물질 생성)
- 저장 시 불활성 가스(N_2, Ar) 또는 수증기를 봉입하고 냉각장치를 사용하여 비점이하로 유지할 것
2. 알킬알루미늄(트리에틸알루미늄 등)을 이동저장탱크에 저장하는 경우
- 이동저장탱크에 알킬알루미늄 등을 저장하는 경우에는 20kPa 이하의 압력으로 불활성 기체를 봉입하여 둘 것
- 이동저장탱크로부터 알킬알루미늄 등을 꺼낼 때에는 동시에 200kPa 이하의 압력으로 불활성 기체를 봉입할 것
3. 염소산나트륨은 철제용기를 부식시키므로 사용을 금한다.

정답 **19** ③   **20** ①   **21** ④   **22** ④   **23** ③

24 위험물안전관리법령상 스프링클러 설비가 제4류 위험물에 대하여 적응성을 갖는 경우는?

① 방사밀도(살수밀도)가 살수 기준 면적에 따른 기준 이상인 경우
② 연기가 증발할 우려가 없는 경우
③ 수용성 위험물인 경우
④ 지하층인 경우

25 지정수량이 50kg인 것은?

① 칼륨
② 리튬
③ 나트륨
④ 알킬알루미늄

26 이황화탄소를 화재예방상 물속에 저장하는 이유는?

① 불순물을 물에 용해시키기 위해
② 가연성 증기의 발생을 억제하기 위해
③ 상온에서 수소가스를 발생시키기 때문에
④ 공기와 접촉하면 즉시 폭발하기 때문에

27 다음 중 KMnO₄와 혼합할 때 위험한 물질이 아닌 것은?

① CH_3OH
② H_2O
③ H_2SO_4
④ $C_2H_5OC_2H_5$

---

24 제4류 위험물 취급 장소에 스프링클러설비를 설치 시 1분당 방사밀도

살수기준 면적(m²)	방사밀도($l/m^2 \cdot$분)		비고
	인화점 38℃ 미만	인화점 38℃ 이상	
279 미만	16.3 이상	12.2 이상	살수기준면적은 내화구조의 벽 및 바닥으로 구획된 하나의 실의 바닥면적을 말한다. 다만, 하나의 실의 바닥면적이 465m² 이상인 경우의 살수기준면적은 465m²로 한다.
279 이상 372 미만	15.5 이상	11.8 이상	
372 이상 465 미만	13.9 이상	9.8 이상	
465 이상	12.2 이상	8.1 이상	

25 리튬(Li) : 알칼리금속, 지정수량 50kg

[3류 위험물의 종류와 지정수량]

성질	위험등급	품명	지정수량
자연발화성 및 금수성물질	I	칼륨[K]	10kg
		나트륨[Na]	
		알킬알루미늄[(C₂H₅)₃Al 등]	
		알킬리튬[C₂H₅Li 등]	
	II	황린[P₄]	20kg
		알칼리금속(K, Na 제외) 및 알칼리토금속[Mg 제외]	50kg
		유기금속화합물[Te(C₂H₅)₂ 등](알킬알루미늄, 알킬리튬 제외)	
	III	금속의 수소화물[LiH 등]	300kg
		금속의 인화물[Ca₃P₂ 등]	
		칼슘 또는 알루미늄의 탄화물[CaC₂ 등]	

26 이황화탄소(CS_2) : 제4류 특수인화물(인화성액체), 지정수량 50L
- 인화점 -30℃, 발화점 100℃, 연소범위 1.2~44%, 액비중 1.26
- 증기비중$\left(\dfrac{76}{29}=2.62\right)$은 공기보다 무거운 무색투명한 액체이다.
- 물보다 무겁고 물에 녹지 않으며 알코올, 벤젠, 에테르 등에 잘 녹는다.
- 휘발성, 인화성, 발화성이 강하고 독성이 있어 증기 흡입 시 유독하다.
- 연소 시 유독한 아황산가스(SO_2)를 발생한다.
  $CS_2 + 3O_2 \rightarrow CO_2 \uparrow + 2SO_2 \uparrow$
- 저장 시 물속에 보관하여 가연성증기의 발생을 억제시킨다.
- 소화 시 CO_2, 분말소화약제, 다량의 포 등을 방사시켜 질식 및 냉각 소화한다.

정답 24 ①   25 ②   26 ②   27 ②

28 제3류 위험물인 인화칼슘(Ca_3P_2)의 소화방법으로 적당하지 않은 것은?

① 물
② CO_2
③ 건조석회
④ 금속화재용 분말소화약제

29 위험물의 품명, 수량 또는 지정수량 배수의 변경신고에 대한 설명으로 옳은 것은?

① 허가청과 협의하여 설치한 군용위험물시설의 경우에도 적용된다.
② 변경신고는 변경한 날로부터 7일 이내에 완공검사필증을 첨부하여 신고하여야 한다.
③ 위험물의 품명이나 수량의 변경을 위해 제조소 등의 위치, 구조 또는 설비를 변경하는 경우에 신고한다.
④ 위험물의 품명, 수량 및 지정수량의 배수를 모두 변경할 때에는 신고를 할 수 없고 허가를 신청하여야 한다.

30 벤조일퍼옥사이드, 피크린산, 히드록실아민이 각각 200kg 있을 경우 지정수량의 배수의 합은 얼마인가?

① 22
② 23
③ 24
④ 25

31 다음 중 산화반응이 일어날 가능성이 가장 큰 화합물은?

① 아르곤
② 질소
③ 일산화탄소
④ 이산화탄소

27 과망간산칼륨($KMnO_4$) : 제1류 중 과망간산염류(산화성고체), 지정수량 1,000kg

- 흑자색의 주상결정으로 물에 녹아서 진한 보라색을 나타내고 강한 산화력과 살균력이 있다.
- 240℃로 가열 시 분해하여 산소를 발생한다.

$$2KMnO_4 \xrightarrow[\varDelta]{240℃} K_2MnO_4 + MnO_2 + O_2\uparrow$$
　(과망간산칼륨)　　　(망간산칼륨)　(이산화망간)　(산소)

- 진한 황산, 알코올류, 에테르, 글리세린, 유기물, 가연물 등과 혼촉시 발화 및 폭발의 위험성이 있다.
- 소화 : 다량의 주수소화 또는 마른 모래

28 인화칼슘(Ca_3P_2, 인화석회) : 제3류 (금수성 물질), 지정수량 300kg

- 적갈색의 괴상의 고체이다.
- 물 또는 묽은 산과 반응 시 가연성 및 독성인 인화수소(PH_3, 포스핀)가스를 발생한다.

$$Ca_3P_2+6H_2O \rightarrow 3Ca(OH)_2+2PH_3\uparrow$$
$$Ca_3P_2+6HCl \rightarrow 3CaCl_2+2PH_3\uparrow$$

- 소화 : 주수 및 포 소화약제는 절대 엄금하고 마른 모래, 건조 석회 등으로 피복 소화한다.

29 ・제6조(위험물시설의 설치 및 변경 등)
제조소등의 위치·구조 또는 설비의 변경 없이 당해 제조소등에서 저장하거나 취급하는 위험물의 품명·수량 또는 지정수량의 배수를 변경하고자 하는 자는 변경하고자 하는 날의 1일 전까지 행정안전부령이 정하는 바에 따라 시·도지사에게 신고해야 한다.
・제7조(군용위험물시설의 설치 및 변경에 대한 특례)
군사목적 또는 군부대 시설을 위한 제조소등을 설치하거나 그 위치·구조 또는 설비를 변경하고자 하는 군부대의 장은 대통령령이 정하는 바에 따라 미리 제조소등의 소재지를 관할하는 시·도지사와 협의해야 한다.

30 제5류 위험물(자기반응성 물질)의 지정수량

- 벤조일퍼옥사이드(유기과산화물) : 10kg
- 피크린산(니트로화합물) : 200kg
- 히드록실아민 : 100kg

∴ 지정수량의 배수$=\dfrac{저장수량}{지정수량}=\dfrac{200}{10}+\dfrac{200}{200}+\dfrac{200}{100}=23$배

31 산화 반응이 일어날 가능성이 없는 물질

- 주기율표상 O족 원소(불활성 기체) : He(헬륨), Ne(네온), Ar(아르곤), Kr(크립톤), Xe(크세논), Rn(라돈)
- 이미 산화반응이 완결된 산화물 : CO_2, H_2O, Al_2O_3 등
- 질소 또는 질소산화물(산소와 반응 시 흡열 반응을 하는 물질)

※ $CO+\dfrac{1}{2}O_2 \rightarrow CO_2+68kcal$

정답 28 ① 29 ① 30 ② 31 ③

32 연소 시 아황산가스를 발생하는 것은?

① 황
② 적린
③ 황린
④ 인화칼슘

33 가솔린의 연소범위에 가장 가까운 것은?

① 1.4~7.6%
② 2.0~23.0%
③ 1.8~36.5%
④ 1.0~50.0%

34 고정식의 포 소화설비의 기준에서 포헤드 방식의 포헤드는 방호대상물의 표면적 몇 m^2 당 1개 이상의 헤드를 설치하여야 하는가?

① 3
② 9
③ 15
④ 30

35 디에틸에테르의 저장 시 소량의 염화칼슘을 넣어 주는 목적은?

① 정전기 발생 방지
② 과산화물 생성 방지
③ 저장용기의 부식방지
④ 동결 방지

36 제4류 위험물의 일반적 성질이 아닌 것은?

① 대부분 유기화합물이다.
② 전기의 양도체로서 정전기 축적이 용이하다.
③ 발생증기는 가연성이며 증기비중은 공기보다 무거운 것이 대부분이다.
④ 모두 인화성 액체이다.

32 유황(S) : 제2류 위험물(가연성고체), 지정수량 : 100kg
- 동소체로 사방황, 단사황, 고무상황이 있다.
- 물에 녹지 않고 고무상황을 제외하고 이황화탄소에 잘 녹는 황색 고체이다.
- 공기 중에서 연소 시 푸른 빛을 내며 유독한 아황산가스를 발생한다.
  $S + O_2 \rightarrow SO_2\uparrow$
- 공기 중에서 분말상태로는 분진 폭발 위험성이 있다.
- 환원성이 강한 물질로서 산화성 물질과 접속 시 마찰, 충격에 의해 발화폭발 위험성이 있다.
- 전기의 부도체로서 정전기 발생에 유의해야 한다.
- 소화 시 다량의 물로 주수 소화한다.

33 가솔린(휘발유) : 제4류 제1석유류(비수용성), 지정수량 200L
- 주성분 : C_5H_{12}~C_9H_{20}, 인화점 -43~$-20℃$, 증기비중 3~4
- 발화점 300℃, 연소범위 1.4~7.6%

34 포헤드방식의 포헤드 설치기준
- 방호대상물의 표면적 9m^2 당 1개 이상의 헤드를 설치 할 것
- 방호대상물의 표면적 1m^2 당의 방사량은 6.5L/min 이상의 비율로 계산한 양
- 방사구역은 100m^2 이상(방호대상물의 표면적이 100m^2 미만 당해 표면적)으로 할 것

35 디에틸에테르($C_2H_5OC_2H_5$) : 제4류 위험물의 특수인화물(인화성 액체), 지정수량 50L
- 무색, 휘발성이 강한 액체로서 특유한 향과 마취성이 있다.
- 인화점 $-45℃$, 발화점 180℃, 연소범위 1.9~48%
- 직사광선에 장시간 노출 시 과산화물을 생성하므로 갈색 병에 보관한다.
  - 과산화물 검출시약 : 디에틸에테르+KI(10%)용액 → 황색변화
  - 과산화물 제거시약 : 30%의 황산제일철수용액
  - 과산화물 생성방지 : 40mesh의 구리망을 넣어준다.
- 저장 시 불활성가스를 봉합하고 정전기를 방지하기 위해 소량의 염화칼슘($CaCl_2$)을 넣어둔다.
- 소화 시 CO_2로 질식 소화한다.

36 제4류 위험물의 일반적인 성질
- 대부분 유기화합물의 인화성 액체로서 물보다 가볍고 물에 녹지 않는다.
- 가연성 증기로서 비중은 공기보다 무겁다.(단, HCN은 제외)
- 증기와 공기가 조금만 혼합하여도 연소 폭발의 위험이 있다.
- 전기의 부도체로서 정전기 축적으로 인화의 위험이 있다.

정답 **32** ① **33** ① **34** ② **35** ① **36** ②

37 탄화칼슘이 물과 반응했을 때 생성되는 것은?

① 산화칼슘＋아세틸렌
② 수산화칼슘＋아세틸렌
③ 산화칼슘＋메탄
④ 수산화칼슘＋메탄

38 소화효과를 증대시키기 위하여 분말소화약제와 병용하여 사용할 수 있는 것은?

① 단백포
② 알코올형포
③ 합성계면활성제포
④ 수성막포

39 제조소등의 소화설비 설치 시 소요단위 산정에 관한 내용으로 다음 (　) 안에 알맞은 수치를 차례대로 나열한 것은?

> 제조소 또는 취급소의 건축물은 외벽이 내화구조인 것은 연면적 (　　)m²를 1소요단위로 하며, 외벽이 내화구조가 아닌 것은 연면적(　　)m²를 1소요단위로 한다.

① 200, 100
② 150, 100
③ 150, 50
④ 100, 50

40 옥외탱크저장소의 방유제 내에 화재가 발생한 경우의 소화 활동으로 적당하지 않은 것은?

① 탱크 화재로 번지는 것을 방지하는 데 중점을 둔다.
② 포에 의하여 덮어진 부분은 포의 막이 파괴되지 않도록 한다.
③ 방유제가 큰 경우에는 방유제 내의 화재를 제압한 후 탱크화재의 방어에 임한다.
④ 포를 방사할 때는 방유제에서부터 가운데 쪽으로 포를 흘러 보내듯이 방사하는 것이 원칙이다.

---

37 탄화칼슘(CaC_2, 카바이트) : 제3류(금수성물질), 지정수량 300g
• 회백색의 불규칙한 괴상의 고체이다.
• 물과 반응하여 수산화칼슘[$Ca(OH)_2$]과 아세틸렌(C_2H_2)가스를 발생한다.
$$CaC_2 + 2H_2O \rightarrow Ca(OH)_2 + C_2H_2 \uparrow$$
• 아세틸렌(C_2H_2) 가스의 폭발범위 2.5~81%로 매우 넓어 위험성이 크다.
• 고온(700℃)에서 질소와 반응하여 석회질소($CaCN_2$)를 생성한다(질화작용).
$$CaC_2 + N_2 \rightarrow CaCN_2 + C$$
• 장기보존 시 용기 내에 불연성가스(N_2 등)를 봉입하여 저장한다.
• 소화 : 마른 모래 등으로 피복 소화한다(주수 및 포는 절대엄금).

38 수성막포(AFFF) 소화약제
• 주성분은 불소계 계면활성제의 포 소화약제로서 상품명은 라이트 워터(light water)라고 한다.
• 분말소화약제와 병용해서 사용하여 소화 효과를 증대시킨다.
• 포소화약제 중 소화력이 가장 우수하고 특히 유류 화재용으로 가장 뛰어난 포약제이다.

39 소요1단위의 선정방법

건축물	내화구조의 외벽	내화구조가 아닌 외벽
제조소 및 취급소	연면적 100m²	연면적 50m²
저장소	연면적 150m²	연면적 75m²
위험물	지정수량의 10배	

※ 소요단위 : 소화설비의 설치대상이 되는 건축물의 규모 또는 위험물의 양의 기준단위

40 ④ 포를 방사할 때는 방유제 내 중심으로부터 바깥쪽으로 방사하는 것이 원칙이다.

41 수납하는 위험물에 따라 위험물의 운반용기 외부에 표시하는 주의사항이 잘못된 것은?

① 제1류 위험물 중 알칼리금속의과산화물 : 화기·충격주의, 물기 엄금, 가연물접촉주의
② 제4류 위험물 : 화기엄금
③ 제3류 위험물 중 자연발화성 물질 : 화기엄금, 공기접촉엄금
④ 제2류 위험물 중 철분 : 화기엄금

42 물과 접촉하면 발열하면서 산소를 방출하는 것은?

① 과산화칼륨
② 염소산암모늄
③ 염소산칼륨
④ 과망간산칼륨

43 벤젠, 톨루엔의 공통된 성상이 아닌 것은?

① 비수용성의 무색 액체이다.
② 인화점은 0℃ 이하이다.
③ 액체의 비중은 1보다 작다.
④ 증기의 비중은 1보다 크다.

44 다음 중 과산화수소의 저장용기로 가장 적합한 것은?

① 뚜껑에 작은 구멍을 뚫은 갈색 용기
② 뚜껑을 밀전한 투명 용기
③ 구리로 만든 용기
④ 요오드화칼륨을 첨가한 종이 용기

---

41 위험물 운반 용기의 외부 표시 사항
- 위험물의 품명, 위험등급, 화학명 및 수용성(제4류 위험물의 수용성인 것에 한함)
- 위험물의 수량
- 위험물에 따른 주의사항

유별	구분	주의사항
제1류 위험물 (산화성고체)	알칼리금속의 과산화물	"화기·충격주의" "물기엄금" "가연물접촉주의"
	그 밖의 것	"화기·충격주의" "가연물접촉주의"
제2류 위험물 (가연성고체)	철분, 금속분, 마그네슘	"화기주의" "물기엄금"
	인화성고체	"화기엄금"
	그 밖의 것	"화기주의"
제3류 위험물	자연발화성물질	"화기엄금" "공기접촉엄금"
	금수성물질	"물기엄금"
제4류 위험물	인화성액체	"화기엄금"
제5류 위험물	자기반응성물질	"화기엄금" 및 "충격주의"
제6류 위험물	산화성액체	"가연물접촉주의"

42 과산화칼륨(K_2O_2) : 제1류(산화성고체)중 무기과산화물, 지정수량 50kg
- 물 또는 이산화탄소와 반응 시 산소(O_2)를 발생시킨다.
$$2K_2O_2 + 2H_2O \rightarrow 4KOH + O_2 \uparrow$$
$$2K_2O_2 + 2CO_2 \rightarrow 2K_2CO_3 + O_2 \uparrow$$
- 산과 반응하여 과산화수소(H_2O_2)를 생성한다.
$$K_2O_2 + H_2SO_4 \rightarrow K_2SO_4 + H_2O_2$$

> **참고** 무기과산화물
> - 물과 접촉 시 산소 발생(주수소화 절대엄금)
> - 열분해 시 산소 발생(유기물 접촉금함)
> - 소화방법 : 건조사 등(질식소화)

43 제4류 위험물(인화성액체)의 물성

구분	화학식	유별	인화점	증기비중	액비중
벤젠	C_6H_6	제1석유류	−11℃	2.8	0.9
톨루엔	$C_6H_5CH_3$	제1석유류	4℃	3.17	0.871

44 과산화수소(H_2O_2) : 제6류(산화성액체), 지정수량 300kg
※ 위험물 : 농도가 36중량% 이상인 것
- 강산화제로서 촉매로 이산화망간(MnO_2)을 사용 시 분해가 촉진되어 산소의 발생이 증가한다.
$$2H_2O \xrightarrow[\text{촉매}]{MnO_2} 2H_2O + O_2 \uparrow$$

정답 **41** ④ **42** ① **43** ② **44** ①

45 $HO-CH_2CH_2-OH$의 지정수량은 몇 L인가?

① 1,000

② 2,000

③ 4,000

④ 6,000

46 위험물의 운반에 관한 기준에서 다음 위험물 중 혼재 가능한 것끼리 연결된 것은?

① 제1류 - 제6류

② 제2류 - 제3류

③ 제3류 - 제5류

④ 제5류 - 제1류

47 위험물 판매취급소에 대한 설명 중 틀린 것은?

① 제1종 판매취급소라 함은 저장 또는 취급하는 위험물의 수량이 지정수량의 20배 이하인 판매취급소를 말한다.

② 위험물을 배합하는 실의 바닥면적은 $6m^2$ 이상 $15m^2$ 이하이어야 한다.

③ 판매취급소에서는 도료류 외의 제1석유류를 배합하거나 옮겨 담는 작업을 할 수 있다.

④ 제1종 판매취급소는 건축물의 2층까지만 설치가 가능하다.

• 강산화제이지만 환원제로도 사용한다.

• 일반 시판품은 30~40%의 수용액으로 분해하기 쉽다.

※ 분해안정제 : 인산(H_3PO_4), 요산($C_5H_4N_4O_3$) 첨가

• 과산화수소 3%의 수용액을 옥시풀(소독약)로 사용한다.

• 고농도의 60% 이상은 충격마찰에 의한 단독으로 분해 폭발위험이 있다.

• 히드라진(N_2H_4)과 접촉 시 분해하여 발화폭발 한다.

$2H_2O_2 + N_2H_4 \rightarrow 4H_2O + H_2\uparrow$

• 저장용기의 마개에는 작은 구멍이 있는 것을 사용한다.(이유: 분해 시 발생하는 산소를 방출시켜 폭발을 방지하기 위하여)

• 소화 : 다량의 물로 주수소화 한다.

45 에틸렌글리콜[$C_2H_4(OH)_2$] : 제4류 제3석유류(수용성), 지정수량 4,000L

• 무색, 단맛이 있고 흡수성과 점성이 있는 액체이다.

• 물, 알코올, 아세톤에 잘 녹고, 에테르, 벤젠, CS_2에는 녹지 않는다.

• 독성이 있는 2가 알코올이며, 부동액에 사용한다.

46 유별을 달리하는 위험물의 혼재기준

위험물의 구분	제1류	제2류	제3류	제4류	제5류	제6류
제1류		×	×	×	×	○
제2류	×		×	○	○	×
제3류	×	×		○	×	×
제4류	×	○	○		○	×
제5류	×	○	×	○		×
제6류	○	×	×	×	×	

(이 표는 지정수량의 $\frac{1}{10}$ 이하의 위험물은 적용하지 않음)

※ 서로 혼재·운반이 가능한 위험물(꼭 암기할 것)

• ④와 ②, ③   • ⑤와 ②, ④   • ⑥과 ①

47 위험물 판매취급소의 기준

1. 제1종 판매취급소(지정수량 20배 이하)

• 설치 : 건축물 1층에 설치할 것

• 위험물 배합실의 기준

– 바닥면적은 $6m^2$ 이상 $15m^2$ 이하일 것

– 내화구조로 된 벽으로 구획할 것

– 바닥은 위험물이 침투하지 아니하는 구조로 하여 적당한 경사를 두고 집유설비를 할 것

– 출입구에는 수시로 열 수 있는 자동폐쇄식의 갑종방화문을 설치할 것

– 출입구 문턱의 높이는 바닥면으로부터 0.1m 이상으로 할 것

– 내부에 체류한 가연성의 증기 또는 가연성의 미분을 지붕 위로 방출하는 설비를 할 것

 정답 45 ③   46 ①   47 ④

48 낮은 온도에서도 잘 얼지 않는 다이너마이트를 제조하기 위해 니트로글리세린의 일부를 대체하여 첨가하는 물질은?

① 니트로셀룰로오스
② 니트로글리콜
③ 트리니트로톨루엔
④ 디니트로벤젠

49 트리에틸알루미늄의 안전관리에 관한 설명 중 틀린 것은?

① 물과의 접촉을 피한다.
② 냉암소에 저장한다.
③ 화재발생 시 팽창질석을 사용한다.
④ I_2 또는 Cl_2 가스의 분위기에서 저장한다.

50 분자 내의 니트로기와 같이 쉽게 산소를 유리할 수 있는 기를 가지고 있는 화합물의 연소 형태는?

① 표면연소
② 분해연소
③ 증발연소
④ 자기연소

51 이송취급소의 배관이 하천을 횡단하는 경우 하천 밑에 매설하는 배관의 외면과 계획하상(계획하상이 최소하상보다 높은 경우에는 최심하상)과의 거리는?

① 1.2m 이상
② 2.5m 이상
③ 3.0m 이상
④ 4.0m 이상

---

2. 제2종 판매취급소(지정수량 40배 이하)
   • 배합실에서 배합작업을 할 수 있는 위험물
     – 도료류
     – 제1류 위험물 중 염소산염류 및 염소산염류만을 함유한 것
     – 유황 또는 인화점이 38℃ 이상인 제4류 위험물

48 니트로글리콜[$C_2H_4(ONO_2)_2$] : 제5류 중 질산에스테르류, 지정수량 10kg
   • 담황색의 기름상 액체로 폭발성이 있다.
   • 에틸렌글리콜을 니트로화 반응을 시켜 만들어 진다.
   • 물에 녹지 않고 알코올, 아세톤, 벤젠 등에 잘 녹는다.
   • 20% 정도 니트로글리세린과 혼합 시 -20℃에서 얼지 않아 겨울철 다이너마이트 제조의 첨가물로 사용된다.
   • 급격히 가압, 가열하면 폭발한다.
   $C_2H_4(ONO_2)_2 \rightarrow 2CO_2 + 2H_2O + N_2$

49 알킬알루미늄(R–Al) : 제3류(자연발화성, 금수성), 지정수량 10kg
   • 알킬기($C_nH_{2n+1}-$, R–)에 알루미늄(Al)이 결합된 화합물이다.
   • 탄소수 $C_{1\sim4}$까지는 자연발화하고, C_5 이상은 점화하지 않으면 연소반응하지 않는다.
   • 물과 반응 시 가연성가스를 발생한다.(주수소화 절대엄금)
   트리메틸알루미늄[TMA, $(CH_3)_3Al$]
   $(CH_3)_3Al + 3H_2O \rightarrow Al(OH)_3 + 3CH_4\uparrow$(메탄)
   트리에틸알루미늄[TEA, $(C_2H_5)_3Al$]
   $(C_2H_5)_3Al + 3H_2O \rightarrow Al(OH)_3 + 3C_2H_6\uparrow$(에탄)
   • 저장 시 희석안정제(벤젠, 톨루엔, 헥산 등)를 사용하여 불활성 기체(N_2)를 봉입한다.
   • 소화 : 팽창질석 또는 팽창진주암을 사용한다.(주수소화는 절대엄금)
   ※ 트리에틸알루미늄의 자연발화성 물질과 I_2, Cl_2 등의 조연성(지연성) 물질이 같이 저장하면 폭발의 위험성이 있다.

50 제5류 위험물은 자기자체에 가연물과 산소를 함유하고 있어 열, 충격, 마찰 등에 의해 분해하여 자기연소(내부연소)를 하는 자기반응성 물질이다.

51 위험물 안전관리법 시행규칙 별표15
   이송취급소의 배관이 하천을 횡단하는 경우 하천 밑에 매설하는 배관의 외면과 계획하상(계획하상이 최소하상보다 높은 경우에는 최심하상)과의 거리는 4.0m 이상으로 한다.

정답 48 ② 49 ④ 50 ④ 51 ④

52 서로 접촉하였을 때 발화하기 쉬운 물질을 연결한 것은?

① 무수크롬산과 아세트산
② 금속나트륨과 석유
③ 니트로셀룰로오스와 알코올
④ 과산화수소와 물

53 액체연료의 연소형태가 아닌 것은?

① 확산연소
② 증발연소
③ 액면연소
④ 분무연소

54 위험물을 유별로 정리하여 상호 1m 이상의 간격을 유지하는 경우에도 동일한 옥내저장소에 저장할 수 없는 것은?

① 제1류 위험물(알칼리금속의 과산화물 또는 이를 함유한 것을 제외한다)과 제5류 위험물
② 제1류 위험물과 제6류 위험물
③ 제1류 위험물과 제3류 위험물 중 황린
④ 인화성 고체를 제외한 제2류 위험물과 제4류 위험물

55 위험물제조소에 설치하는 안전장치 중 위험물의 성질에 따라 안전밸브의 작동이 곤란한 가압설비에 한하여 설치하는 것은?

① 파괴판
② 안전밸브를 병용하는 경보장치
③ 감압측 안전밸브를 부착한 감압밸브
④ 연성계

---

52 삼산화크롬(무수산크롬산 CrO_3) : 제1류(산화성고체), 지정수량 300kg
- 물, 유기용매, 황산에 잘 녹으며 독성이 강하다.
- 융점(196℃) 이상으로 가열 시 분해하여 산소(O_2)를 발생하고 산화크롬(Cr_2O_3)이 녹색으로 변한다.

$$4CrO_3 \xrightarrow[\Delta]{250℃} 2Cr_2O_3 + 3O_2\uparrow$$

- 물과 접촉 시 발열하여 착화 위험이 있다.
- 아세트산, 알코올, 아세톤, 에테르 등과 접촉 시 발화한다.

53
- 기체의 연소 : 확산연소, 예혼합연소
- 액체의 연소 : 증발연소, 액면(액적)연소, 분해연소, 등심(심화)연소
- 고체의 연소 : 표면연소, 분해연소, 증발연소, 내부(자기)연소

54 옥내저장소 또는 옥외 저장소에 있어서 유별을 달리하는 위험물을 동일 저장소에 저장할 수 없다. 단, 1m 이상 간격을 둘 땐 아래 유별을 저장할 수 있다.
- 제1류 위험물(알칼리금속의 과산화물은 제외)과 제5류 위험물을 저장하는 경우
- 제1류 위험물과 제6류 위험물을 저장하는 경우
- 제1류 위험물과 제3류 위험물 중 자연발화성 물품(황린)을 저장하는 경우
- 제2류 위험물 중 인화성고체와 제4류 위험물을 저장하는 경우
- 제3류 위험물 중 알킬알루미늄 등과 제4류 위험물(알킬알루미늄 또는 알킬리튬을 함유한 것에 한함)을 저장하는 경우
- 제4류 위험물 중 유기과산화물과 제5류 위험물 중 유기과산화물을 저장하는 경우

55 압력계 및 안전장치 : 위험물을 가압하는 설비 또는 그 취급하는 위험물의 압력이 상승할 우려가 있는 설비에는 압력계 및 다음 각목의 1에 해당하는 안전장치를 설치하여야 한다.
- 자동적으로 압력의 상승을 정지시키는 장치
- 감압 측에 안전밸브를 부착한 감압밸브
- 안전밸브를 병용하는 경보장치
- 파괴판(위험물의 성질에 따라 안전밸브의 작동이 곤란한 가압설비에 한한다.)

정답 52 ① 53 ① 54 ④ 55 ①

56 분말의 형태로서 150마이크로미터의 체를 통과하는 것이 50중량% 이상인 것만 위험물로 취급되는 것은?

① Fe ② Sn
③ Ni ③ Cu

57 이산화탄소 소화기 사용 중 소화기 방출구에서 생길 수 있는 물질은?

① 포스겐 ② 일산화탄소
③ 드라이아이스 ④ 수소가스

58 다음과 같이 횡으로 설치한 원형 탱크의 용량은 약 몇 m³인가? (단, 공간용적은 내용적의 $\frac{10}{100}$이다.)

 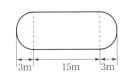

① 1690.3m³ ② 1335.1m³
③ 1268.4m³ ④ 1201.7m³

59 위험물제조소등에 자체소방대를 두어야 할 대상으로 옳은 것은?

① 지정수량 300배 이상의 제4류 위험물을 취급하는 저장소
② 지정수량 300배 이상의 제4류 위험물을 취급하는 제조소
③ 지정수량 3000배 이상의 제4류 위험물을 취급하는 저장소
④ 지정수량 3000배 이상의 제4류 위험물을 취급하는 제조소

60 분말 소화약제로 사용되는 탄산수소칼륨(중탄산칼륨)의 착색 색상은?

① 백색 ② 담황색
③ 청색 ④ 담회색

---

56 위험물 적용 기준
① 과산화수소(H_2O_2) : 제6류(산화성액체)
　• 농도 36중량% 이상의 것
② 질산(HNO_3) : 제6류(산화성액체)
　• 비중 1.49 이상의 것
③ 마그네슘(Mg) : 제2류(가연성고체)
　• 제외대상 : 2mm의 체를 통과하지 못하는 덩어리와 직경이 2mm 이상의 막대모양의 것
④ 철분(Fe) : 제2류(가연성고체)
　• 제외대상 : 철의 분말로서 53μm의 표준체를 통과하는 것이 50중량% 미만인 것은 제외
⑤ 금속분 : 제2류(가연성고체)
　• 알칼리 금속, 알칼리토금속, 철 및 마그네슘 외의 금속의 분말을 말한다.
　• 제외대상 : 구리분, 니켈분 및 150μm의 체를 통과하는 것이 50중량% 미만인 것
⑥ 유황(S) : 제2류(가연성고체)
　• 순도 60중량% 이상의 것(단, 불순물은 활석, 불연성물질, 수분에 한함)

57 이산화탄소 소화기 사용 중 소화기 방출구에 고체 이산화탄소인 드라이아이스가 생성되어 방출구를 폐쇄시킬 우려가 있다.
　※ 줄-톰슨효과(Joule-Thomson효과) : 이산화탄소의 기체를 가는 구멍을 통하여 갑자기 팽창시키면 온도가 급강하여 고체인 드라이아이스가 만들어지는 현상

58 원형(횡) 탱크의 내용적(V)
　• $V = \pi r^2 \left(l + \frac{l_1 + l_2}{3} \right) = \pi \times 5^2 \times \left(15 + \frac{3+3}{3} \right) = 1335.18m^3$
　• 탱크의 공간용적이 10%이므로 탱크의 용량은 90%가 된다.
　∴ 탱크의 용량 = $1335.18m^3 \times 0.9 = 1201.662m^3 = 1201.7m^3$
　　(탱크의 용량 = 탱크의 내용적 - 공간용적)

59 자체소방대를 설치하여야 하는 사업소
지정수량 3천배 이상의 제4류 위험물을 취급하는 제조소 또는 일반취급소(단, 보일러로 위험물을 소비하는 일반 취급소 등 일반 취급소를 제외)

60

종별	약제명	화학식	색상	적응화재
제1종	탄산수소나트륨	$NaHCO_3$	백색	B, C급
제2종	탄산수소칼륨	$KHCO_3$	담자(회)색	B, C급
제3종	제1인산암모늄	$NH_4H_2PO_4$	담홍색	A, B, C급
제4종	탄산수소칼륨+요소	$KHCO_3$+$(NH_2)_2CO$	회색	B, C급

정답 56 ② 57 ③ 58 ④ 59 ④ 60 ④

01 대형수동식소화기의 설치기준은 방호대상물의 각 부분으로부터 하나의 대형수동식소화기의 보행거리가 몇 m 이하가 되도록 설치하여야 하는가?

① 10   ② 20
③ 30   ④ 40

01 소화기의 능력단위 및 보행거리

구분	소형수동식소화기	대형수동식소화기
능력단위	1단위 이상 대형수동식소화기 능력단위 미만	• A급 10단위 이상 • B급 20단위 이상
보행거리	20m 이내	30m 이내

02 제5류 위험물에 대한 설명으로 틀린 것은?

① 대부분 물질 자체에 산소를 함유하고 있다.
② 대표적 성질이 자기반응성 물질이다.
③ 가열, 충격, 마찰로 위험성이 증가하므로 주의한다.
④ 불연성이지만 가연물과 혼합은 위험하므로 주의한다.

02 제5류 위험물 : 자체적으로 산소와 가연성 물질을 함께 가지고 있는 자기반응성 물질로 가열, 충격, 마찰에 의하여 폭발위험성이 매우 높으므로 주의해야 한다.

03 분말소화약제

종류	주성분	화학식	색상	적응화재	열분해 반응식
제1종	탄산수소나트륨 (중탄산나트륨)	$NaHCO_3$	백색	B, C급	$2NaHCO_3$ $\rightarrow Na_2CO_3 + CO_2 + H_2O$
제2종	탄산수소칼륨 (중탄산칼륨)	$KHCO_3$	담자 (회)색	B, C급	$2KHCO_3$ $\rightarrow K_2CO_3 + CO_2 + H_2O$
제3종	제1인산암모늄	$NH_4H_2PO_4$	담홍색	A, B, C급	$NH_4H_2PO_4$ $\rightarrow HPO_3 + NH_3 + H_2O$
제4종	탄산수소칼륨+요소	$KHCO_3 + (NH_2)_2CO$	회색	B, C급	$2KHCO_3 + (NH_2)_2CO$ $\rightarrow K_2CO_3 + 2NH_3 + 2CO_2$

※ 분말소화약제의 소화효과 : 제1종 < 제2종 < 제3종 < 제4종

03 분말소화약제 중 제1종과 제2종 분말이 각각 열분해될 때 공통적으로 생성되는 물질은?

① N_2, CO_2 ② N_2, O_2
③ H_2O, CO_2 ④ H_2O, N_2

04 ① $(C_2H_5)_3Al$(트리에틸알루미늄) : 제3류(금수성) – 팽창질석, 팽창진주암
② $C_2H_5OC_2H_5$(디에틸에테르) : 제4류(비수용성) – CO_2, 포 등 질식소화
③ $C_6H_2(NO_2)_3OH$(피크린산) : 제5류(자기반응성) – 수조(다량의 물로 냉각소화)
④ $C_6H_4(CH_3)_2$(크실렌) : 제4류(비수용성) – CO_2, 포 등 질식소화
※크실렌에 물을 사용하면 화재면을 확대할 위험성이 있다.

04 위험물의 화재 발생 시 사용하는 소화설비(약제)를 연결한 것이다. 소화 효과가 가장 떨어지는 것은?

① $(C_2H_5)_3Al$ – 팽창질석
② $C_2H_5OC_2H_5$ – CO_2
③ $C_6H_2(NO_2)_3OH$ – 수조
④ $C_6H_4(CH_3)_2$ – 수조

05 주택, 학교 등의 보호대상물과의 사이에 안전거리를 두지 않아도 되는 위험물 시설은?

① 옥내저장소
② 주유취급소
③ 일반취급소
④ 옥외탱크저장소

06 위험물제조소등의 스프링클러설비의 기준에 있어 개방형 스프링클러헤드는 스프링클러헤드의 반사판으로부터 하방과 수평방향으로 각각 몇 m의 공간을 보유하여야 하는가?

① 하방 0.3m, 수평방향 0.45m
② 하방 0.3m, 수평방향 0.3m
③ 하방 0.45m, 수평방향 0.45m
④ 하방 0.45m, 수평방향 0.3m

07 알코올류 12,000L, 동식물유류 400,000L의 소화설비 설치 시 소요단위는 몇 단위인가?

① 3
② 4
③ 7
④ 9

08 염소산칼륨에 대한 설명으로 옳은 것은?

① 흑색 분말이다.
② 비중은 4.32이다.
③ 글리세린과 에테르에 잘 녹는다.
④ 가열에 의해 분해하여 산소를 방출한다.

09 다음 위험물 중 물과 반응하여 연소범위가 약 2.5~81%인 위험한 가스를 발생시키는 것은?

① Na
② P
③ CaC$_2$
④ Na$_2$O$_2$

---

05 안전거리 규제대상
- 제조소(제6류는 제외)
- 일반취급소
- 옥내저장소
- 옥외탱크저장소
- 옥외저장소

06 개방형 스프링클러헤드는 헤드의 반사판으로부터 하방 0.45m, 수평방향 0.3m의 공간을 보유하여야 한다.

07 • 제4류 위험물의 지정수량 : 알코올류 400l, 동식물유류 10,000l
- 위험물의 1소요단위 = 지정수량의 10배

$$소요단위 = \frac{저장수량}{지정수량 \times 10}$$

$$= \frac{12,000}{400 \times 10} + \frac{400,000}{10,000 \times 10} = 7단위$$

08 염소산칼륨(KClO$_3$) : 제1류 중 염소산염류, 지정수량 50kg
- 비중 2.34, 무색 또는 백색분말의 산화성 고체이다.
- 온수 또는 글리세린에 잘 녹고 냉수, 알코올에는 잘 녹지 않는다.
- 400℃에서 분해 시작, 540~560℃에서 과염소산을 생성하고 다시 분해하여 염화칼륨과 산소를 방출한다.

$$2KClO_3 \xrightarrow{\Delta} 2KCl + 3O_2\uparrow$$

- 가연물 또는 유기물 등과 접촉 충격 시 폭발위험이 있다.

09 탄화칼슘(CaC$_2$, 카바이트) : 제3류(금수성)
- 물과 반응하여 수산화칼슘[Ca(OH)$_2$]과 아세틸렌(C$_2$H$_2$)기체를 발생한다.

$$CaC_2 + 2H_2O \rightarrow Ca(OH)_2 + C_2H_2\uparrow$$

- 아세틸렌(C$_2$H$_2$)의 폭발범위는 2.5~81%로 매우 넓어서 폭발위험성이 크다.

$$H = \frac{U-L}{L} \ [H : 위험도, \ U : 폭발상한치, \ L : 폭발하한치]$$

$$= \frac{81-2.5}{2.5} = 31.4(위험도)$$

- 소화 시 주수소화는 절대엄금하고 마른 모래 등으로 피복소화한다.

10 저장할 때 상부에 물을 덮어서 저장하는 것은?

① 디에틸에테르
② 아세트알데히드
③ 산화프로필렌
④ 이황화탄소

11 자기반응성 물질에 해당하는 물질은?

① 과산화칼륨
② 벤조일퍼옥사이드
③ 트리에틸알루미늄
④ 메틸에틸케톤

12 위험물제조소등에 설치하는 이산화탄소 소화설비의 기준으로 틀린 것은?

① 저장용기의 충전비는 고압식에 있어서는 1.5 이상 1.9 이하, 저압식에 있어서는 1.1 이상 1.4 이하로 한다.
② 저압식 저장용기에는 2.3MPa 이상 및 1.9MPa 이하의 압력에서 작동하는 압력경보장치를 설치한다.
③ 저압식 저장용기에는 용기 내부의 온도를 −20℃ 이상 −18℃ 이하로 유지할 수 있는 자동 냉동기를 설치한다.
④ 기동용 가스용기는 20MPa 이상의 압력에 견딜 수 있는 것이어야 한다.

13 금속칼륨에 화재가 발생할 경우 사용할 수 없는 소화약제는?

① 이산화탄소
② 건조사
③ 팽창질석
④ 탄산수소염류

---

10 이황화탄소(CS_2) : 제4류(특수인화물)
• 발화점 100℃, 액비중 1.26으로 물보다 무겁고 물에 녹지 않아 가연성 증기의 발생을 방지하기 위해서 물속에 저장한다.

11 ① 과산화칼륨(K_2O_2) : 제1류(산화성 고체) 중 무기과산화물
② 벤조일퍼옥사이드(BPO)[$(C_6H_5CO)_2O_2$] : 제5류(자기반응성 물질) 중 유기과산화물
③ 트리에틸알루미늄[$(C_2H_5)_3Al$] : 제3류(자연발화성 및 금수성) 중 알킬알루미늄
④ 메틸에틸케톤[$CH_3COC_2H_5$] : 제4류(인화성 액체) 중 제1석유류

12 기동용 가스용기 설치기준
• 기동용 가스용기는 25MPa 이상의 압력에 견딜 수 있는 것
• 기동용 가스용기의 내용적은 1ℓ 이상으로 하고 당해 용기에 저장하는 이산화탄소의 양은 0.6kg 이상으로 하되 그 충전비는 1.5 이상일 것
• 안전장치 및 용기밸브를 설치할 것

13 칼륨(K) : 제3류(자연발화성 및 금수성), 지정수량 10kg
• 은백색의 무른 경금속(비중 0.86)이다.
• 물 또는 알코올과 반응하여 수소(H_2)기체를 발생시킨다.
$$2K + 2H_2O \rightarrow 2KOH + H_2 \uparrow$$
$$2K + 2C_2H_5OH \rightarrow 2C_2H_5OK + H_2 \uparrow$$
• CO_2와 폭발적으로 반응한다(CO_2 소화금지)
$$4K + CO_2 \rightarrow 4K_2CO_3 + C$$
• 보호액으로 석유(파라핀, 등유, 경유) 등에 저장한다.

정답 10 ④　11 ②　12 ④　13 ①

14 식용유 화재 시 제1종 분말소화약제를 이용하여 화재의 제어가 가능하다. 이때의 소화원리에 가장 가까운 것은?

① 촉매효과에 의한 질식소화
② 비누화 반응에 의한 질식소화
③ 요오드화에 의한 냉각소화
④ 가수분해 반응에 의한 냉각소화

15 금속칼륨의 일반적인 성질에 대한 설명으로 틀린 것은?

① 칼로 자를 수 있는 무른 금속이다.
② 에탄올과 반응하여 조연성 기체(산소)를 발생한다.
③ 물과 반응하여 가연성 기체를 발생한다.
④ 물보다 가벼운 은백색의 금속이다.

16 과망간산칼륨에 대한 설명으로 옳은 것은?

① 물에 잘 녹는 흑자색의 결정이다.
② 에탄올, 아세톤에 녹지 않는다.
③ 물에 녹았을 때는 진한 노란색을 띤다.
④ 강알칼리와 반응하여 수소를 방출하며 폭발한다.

17 제2류 위험물의 취급상 주의사항에 대한 설명으로 옳지 않은 것은?

① 적린은 공기 중에 방치하면 자연발화 한다.
② 유황은 정전기가 발생하지 않도록 주의해야 한다.
③ 마그네슘의 화재 시 물, 이산화탄소 소화약제 등은 사용할 수 없다.
④ 삼황화린은 100℃ 이상 가열하면 발화할 위험이 있다.

---

14 제1종 분말소화약제($NaHCO_3$) : 식용유(지방) 화재 시 가연물질인 식용유(지방)와 제1종 분말소화약제의 Na^+이온이 비누화 반응을 하여 비누거품을 일으켜 이 거품이 화재면을 덮어 질식소화 효과를 일으킨다.

15 문제 13번 해설 참조
② 에탄올과 반응하여 가연성 기체인 수소를 발생한다.

$$2K + 2C_2H_5OH \rightarrow 2C_2H_5OK + H_2\uparrow (수소)$$

16 과망간산칼륨($KMnO_4$) : 제1류(산화성 고체), 지정수량 1,000kg
• 흑자색 주상결정으로 물에 녹아 진한보라색을 나타낸다.
• 강한 산화력과 살균력이 있으며 황산, 에테르, 글리세린, 알코올과 접촉 시 폭발의 위험성이 있다.
• 240℃에서 열분해하여 산소를 방출한다.

$$\underset{(과망간산칼륨)}{2KMnO_4} \xrightarrow{\Delta} \underset{(망간산칼륨)}{K_2MnO_4} + \underset{(이산화망간)}{MnO_2} + \underset{(산소)}{O_2\uparrow}$$

• 염산과 반응 시 염소(Cl_2)를 발생시킨다.

17 ① 적린(P) : 제2류 위험물로 자연발화하지 않는다.
　※ 황린(P_4) : 제3류 위험물로 자연발화성 물질이며 발화점이 34℃로 공기 중 40~50℃에서 자연발화한다(물속에 보관함).
② 유황(S) : 가연성 고체이므로 정전기 불꽃에 주의해야 한다.
③ 마그네슘(Mg) : 금수성의 가연성 고체이므로 물과 반응 시 수소(H_2)를 발생하고, CO_2와 반응 시 가연성 물질[C]와 유독성 가스[CO]가 발생한다.

$$Mg + 2H_2O \rightarrow Mg(OH)_2 + H_2\uparrow$$
$$2Mg + CO_2 \rightarrow 2MgO + C$$
$$Mg + CO_2 \rightarrow MgO + CO\uparrow$$

④ 삼황화린(P_4S_3) : 공기 중 약 100℃ 이상 가열하면 발화 및 연소한다.

$$P_4S_3 + 8O_2 \rightarrow 2P_2O_5 + 3SO_2\uparrow$$

정답 14 ② 15 ② 16 ① 17 ①

18 위험물안전관리법의 규정상 운반차량에 혼재해서 적재할 수 없는 것은? (단, 지정수량의 10배인 경우이다.)

① 염소화규소화합물 – 특수인화물
② 고형알코올 – 니트로화합물
③ 염소산염류 – 질산
④ 질산구아니딘 – 황린

19 이동탱크저장소의 위험물 운송에 있어서 운송책임자의 감독·지원을 받아 운송하여야 하는 위험물의 종류에 해당하는 것은?

① 칼륨
② 알킬알루미늄
③ 질산에스테르류
④ 아염소산염류

20 오황화린이 물과 반응하였을 때 생성된 가스를 연소시키면 발생하는 독성이 있는 가스는?

① 이산화질소
② 포스핀
③ 염화수소
④ 이산화황

21 제2류 위험물 중 지정수량이 잘못 연결된 것은?

① 유황 – 100kg
② 철분 – 500kg
③ 금속분 – 500kg
④ 인화성 고체 – 500kg

22 과산화바륨의 취급에 대한 설명 중 틀린 것은?

① 직사광선을 피하고, 냉암소에 둔다.
② 유기물, 산 등의 접촉을 피한다.
③ 피부와 직접적인 접촉을 피한다.
④ 화재 시 주수소화가 가장 효과적이다.

---

18 ① 염소화규소화합물(제3류)＋특수인화물(제4류) : 혼재가능
② 고형알코올(제2류)＋니트로화합물(제5류) : 혼재가능
③ 염소산염류(제1류)＋질산(제6류) : 혼재가능
④ 질산구아니딘(제5류)＋황린(제3류) : 혼재불가
※ 서로 혼재 운반 가능한 위험물(꼭 암기할 것)
 • ④ 와 ② ,③＝4류와 2류, 4류와 3류
 • ⑤와 ② ,④＝5류와 2류, 5류와 4류
 • ⑥와 ①＝6류와 1류

19 운송책임자의 감독·지원을 받아 운송하는 위험물
 • 알킬알루미늄
 • 알킬리튬
 • 알킬알루미늄 또는 알킬리튬의 물질을 함유하는 위험물

20 오황화린(P_2S_5) : 제2류(가연성 고체), 지정수량 100kg
 • 담황색 결정으로 조해성이 있어 수분 흡수 시 분해한다.
 • 알코올, 이황화탄소(CS_2)에 잘 녹는다.
 • 물, 알칼리와 반응 시 인산(H_3PO_4)과 황화수소(H_2S)가스를 발생한다.
$$P_2S_5 + 8H_2O \rightarrow 2H_3PO_4 + 5H_2S \uparrow$$
$$2H_2S + 3O_2 \rightarrow 2H_2O + 2SO_2 \uparrow (\text{이산화황})$$
 ④ 연소 시 오산화인과 이산화황이 생성된다.
$$2P_2S_5 + 15O_2 \rightarrow 2P_2O_5 + 10SO_2 \uparrow$$

21 제2류 위험물의 지정수량

성질	품명	지정수량
가연성 고체	황화린, 적린, 유황	100kg
	철분, 금속분, 마그네슘	500kg
	인화성 고체	1,000kg

22 과산화바륨(BaO_2) : 제1류의 무기과산화물(산화성 고체), 지정수량 50kg
 • 냉수에 약간 녹으나 알코올, 에테르, 아세톤에는 녹지 않는다.
 • 열분해 및 온수와 반응 시 산소(O_2)를 발생한다.
$$\text{열분해} : 2BaO_2 \xrightarrow[\Delta]{840℃} 2BaO + O_2 \uparrow$$
$$\text{온수와 반응} : 2BaO_2 + 2H_2O \rightarrow 2Ba(OH)_2 + O_2 \uparrow$$
(주수소화금지)
 • 산화 반응 시 과산화수소(H_2O_2)를 생성한다.
$$BaO_2 + H_2SO_4 \rightarrow BaSO_4 + H_2O_2$$
 • 탄산가스(CO_2)와 반응 시 탄산염과 산소를 발생한다.
$$2BaO_2 + 2CO_2 \rightarrow 2BaCO_3 + O_2 \uparrow (CO_2 \text{ 소화금지})$$
 • 테르밋의 점화제에 사용한다.

정답 18 ④ 19 ② 20 ④ 21 ④ 22 ④

23 화재 시 이산화탄소를 방출하여 산소의 농도를 12.5%로 낮추어 소화하려면 공기 중의 이산화탄소의 농도를 약 몇 vol%로 해야 하는가?

① 30.7 ② 32.8
③ 40.5 ④ 68.0

24 위험물안전관리법령상 간이탱크저장소에 대한 설명 중 틀린 것은?

① 간이저장탱크의 용량은 600리터 이하여야 한다.
② 하나의 간이탱크저장소에 설치하는 간이저장탱크는 5개 이하여야 한다.
③ 간이저장탱크는 두께 3.2mm 이상의 강판으로 흠이 없도록 제작하여야 한다.
④ 간이저장탱크는 70kPa의 압력으로 10분간의 수압시험을 실시하여 새거나 변형되지 않아야 한다.

25 그림과 같이 횡으로 설치한 원형 탱크의 용량은 약 몇 m³인가? (단, 공간용적은 내용적의 10/100이다.)

 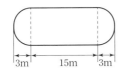

① 1690.9 ② 1335.1
③ 1268.4 ④ 1201.7

26 위험물 판매취급소에 대한 설명 중 틀린 것은?

① 제1종 판매취급소라 함은 저장 또는 취급하는 위험물의 수량이 지정수량의 20배 이하인 판매취급소를 말한다.
② 위험물을 배합하는 실의 바닥면적은 6m² 이상 15m² 이하이어야 한다.
③ 판매취급소에서는 도료류 외의 제1석유류를 배합하거나 옮겨 담는 작업을 할 수 있다.
④ 제1종 판매취급소는 건축물의 2층까지만 설치가 가능하다.

23 이산화탄소의 농도 산출 공식

$$CO_2(\%) : \frac{21 - O_2(\%)}{21} \times 100$$

$O_2 = 12.5\%$일 때

$$\therefore CO_2(\%) = \frac{21 - 12.5}{21} \times 100 = 40.5\%$$

24 간이탱크저장소의 구조 및 설비기준 : ①, ③, ④ 항 이외에
- 하나의 간이탱크저장소에 설치하는 간이저장탱크는 그 수를 3 이하로 하고, 동일한 품질의 위험물의 간이저장탱크를 2 이상 설치하지 아니하여야 한다.
- 간이저장탱크는 옥외에 설치하는 경우에는 그 탱크의 주위에 너비 1m 이상의 공지를 두고, 전용실 안에 설치하는 경우에는 탱크와 전용실의 벽과의 사이에 0.5m 이상의 간격을 유지하여야 한다.

25 원형(횡) 탱크의 내용적(V)
- $V = \pi r^2 \left(l + \frac{l_1 + l_2}{3} \right) = \pi \times 5^2 \times \left(15 + \frac{3+3}{3} \right) = 1335.18m^3$
- 탱크의 공간용적이 10%이므로 탱크의 용량은 90%가 된다.
∴ 탱크의 용량 = 1335.18m³ × 0.9 = 1201.662m³ ≒ 1201.7m³
(탱크의 용량 = 탱크의 내용적 - 공간용적)

26 1. 판매취급소의 구분
- 제1종 판매취급소 : 지정수량 20배 이하
- 제2종 판매취급소 : 지정수량 40배 이하
2. 제1종 판매취급소
- 설치 : 건축물 1층에 설치할 것
- 위험물 배합실의 기준
  - 바닥면적은 6m² 이상 15m² 이하일 것
  - 내화구조로 된 벽으로 구획할 것
  - 바닥은 위험물이 침투하지 아니하는 구조로 하여 적당한 경사를 두고 집유설비를 할 것
  - 출입구에는 수시로 열 수 있는 자동폐쇄식의 갑종방화문을 설치할 것
  - 출입구 문턱의 높이는 바닥면으로부터 0.1m 이상으로 할 것
  - 내부에 체류한 가연성의 증기 또는 가연성의 미분을 지붕 위로 방출하는 설비를 할 것

정답 **23** ③ **24** ② **25** ④ **26** ④

27 8L 용량의 소화전용 물통의 능력단위는?

① 0.3   ② 0.5
③ 1.0   ④ 1.5

28 위험물안전관리법령상 다음 (   )에 알맞은 수치를 모두 합한 값은?

> • 과염소산의 지정수량은 (   )kg이다.
> • 과산화수소는 농도가 (   )wt% 미만인 것은 위험물에 해당하지 않는다.
> • 질산은 비중이 (   ) 이상인 것만 위험물로 규정한다.

① 349.36   ② 549.36
③ 337.49   ④ 537.49

29 니트로글리세린에 관한 설명으로 틀린 것은 어느 것인가?

① 상온에서 액체상태이다.
② 물에는 잘 녹지만 유기용매에는 녹지 않는다.
③ 충격 및 마찰에 민감하므로 주의해야 한다.
④ 다이너마이트의 원료로 쓰인다.

30 위험물제조소등에 설치하여야 하는 자동화재탐지설비의 설치기준에 대한 설명 중 틀린 것은?

① 자동화재탐지설비의 경계구역은 건축물 그 밖의 공작물의 2 이상의 층에 걸치지 아니하도록 할 것
② 하나의 경계구역의 면적은 500m² 이하로 하고 그 한 변의 길이는 50m 이하로 할 것
③ 자동화재탐지설비의 감지기는 지붕 또는 벽의 옥내에 면한 부분에 유효하게 화재의 발생을 감지할 수 있도록 설치할 것
④ 자동화재탐지설비에는 비상전원을 설치할 것

---

27 간이 소화용구의 능력단위

소화설비	용량	능력단위
소화전용 물통	8*l*	0.3
수조(소화전용 물통 3개 포함)	80*l*	1.5
수조(소화전용 물통 6개 포함)	190*l*	2.5
마른 모래(삽 1개 포함)	50*l*	0.5
팽창질석 또는 팽창진주암(삽 1개 포함)	160*l*	1.0

28 $(300)+(36)+(1.49)=337.49$
[제6류 위험물(산화성 액체)]

성질	품명	위험물 적용기준	지정수량
산화성 액체	과염소산($HClO_4$)	–	300kg
	과산화수소(H_2O_2)	순도 36wt% 이상	
	질산(HNO_3)	비중 1.49 이상	

29 니트로글리세린[$C_3H_5(ONO_2)_3$, NG] : 제5류, 지정수량 10kg
• 무색, 단맛이 나는 액체(상온)이나 겨울철에는 동결한다.
• 가열, 마찰, 충격에 민감하여 폭발하기 쉽다.
• 규조토에 흡수시켜 폭약인 다이나마이트를 제조한다.
• 물에 불용, 알코올, 에테르, 아세톤 등 유기용매에 잘 녹는다.
• 강산류, 강산화제와 혼촉 시 분해가 촉진되어 발화폭발한다.
• 50℃ 이하에서 안정하나 222℃에서는 분해폭발한다.
$4C_3H_5(ONO_2)_3 \rightarrow 12CO_2\uparrow +6N_2\uparrow +O_2\uparrow +10H_2O$
• 가열, 충격, 마찰 등에 민감하므로 폭발방지를 위해 다공성물질(규조토, 톱밥, 전분 등)에 흡수시켜 보관한다.
• 수송 시 액체상태는 위험하므로 다공성물질에 흡수시켜 운반한다.

30 자동화재탐지설비의 설치기준
• 자동화재탐지설비의 경계구역은 건축물 그 밖의 공작물의 2 이상의 층에 걸치지 아니하도록 할 것. 다만, 하나의 경계구역의 면적이 500m² 이하이면서 당해 경계구역이 두 개의 층에 걸치는 경우이거나 계단·경사로·승강기의 승강로 그 밖에 이와 유사한 장소에 연기감지기를 설치하는 경우에는 그러하지 아니하다.
• 하나의 경계구역의 면적은 600m² 이하로 하고 그 한변의 길이는 50m(광전식분리형 감지기를 설치할 경우에는 100m) 이하로 할 것. 다만, 당해 건축물 그 밖의 공작물의 주요한 출입구에서 그 내부의 전체를 볼 수 있는 경우에 있어서는 그 면적을 1,000m² 이하로 할 수 있다.
• 자동화재탐지설비의 감지기는 지붕 또는 벽의 옥내에 면한 부분에 유효하게 화재의 발생을 감지할 수 있도록 설치할 것
• 자동화재탐지설비에는 비상전원을 설치할 것

정답 **27** ①   **28** ③   **29** ②   **30** ②

31 금속화재에 마른모래를 피복하여 소화하는 방법은?

① 제거소화
② 질식소화
③ 냉각소화
④ 억제소화

32 주된 연소형태가 증발연소인 것은?

① 나트륨
② 코크스
③ 양초
④ 니트로셀룰로오스

33 메틸알코올 8,000리터에 대한 소화능력으로 삽을 포함한 마른모래를 몇 리터 설치하여야 하는가?

① 100
② 200
③ 300
④ 400

34 다음 위험물 중 착화온도가 가장 높은 것은?

① 이황화탄소
② 디에틸에테르
③ 아세트알데히드
④ 산화프로필렌

35 다음 중 공기포소화약제가 아닌 것은?

① 단백포소화약제
② 합성계면활성제포소화약제
③ 화학포소화약제
④ 수성막포소화약제

---

31 금속화재(D급) : 마른모래 등으로 질식소화한다.
• 주수소화 시 수소($H_2\uparrow$) 기체 발생으로 절대엄금한다.

32 연소의 형태
• 표면연소 : 숯, 목탄, 코크스, 금속분 등
• 분해연소 : 석탄, 종이, 목재, 플라스틱, 중유 등
• 증발연소 : 황, 파라핀(양초), 나프탈렌, 휘발유, 등유 등 제4류 위험물
• 자기연소(내부연소) : 니트로셀룰로오스, 니트로글리세린 등 제5류 위험물
• 확산연소 : 수소, 아세틸렌, LPG, LNG 등 가연성 기체

33 • 메틸알코올 : 제4류 알코올류, 지정수량 400l
• 위험물의 소요1단위 : 지정수량의 10배

$$소요단위 = \frac{저장수량}{지정수량 \times 10} = \frac{8,000}{400 \times 10} = 2단위$$

• 마른모래는 50l이 0.5단위이므로

50l : 0.5단위
x : 2단위

$$\therefore x = \frac{50 \times 2}{0.5} = 200l \text{가 된다.}$$

※ 27번 해설 참조

34 제4류(특수인화물)의 인화점과 착화온도

화학식	이황화탄소	디에틸에테르	아세트알데히드	산화프로필렌
화학식	CS_2	$C_2H_5OC_2H_5$	CH_3CHO	CH_3CHCH_2O
인화점(℃)	−30	−45	−39	−37
착화온도(℃)	100	180	185	465

35 포소화약제의 종류
• 화학포소화약제 : 외약제(A제 : $NaHCO_3$ 수용액)와 내약제(B제 : $Al_2(SO_4)_3$ 수용액)의 화학반응에 의해 생성된 이산화탄소(CO_2)를 이용하여 포를 발생시킨다.

$6NaHCO_3$ + $Al_2(SO_4)_3$ + $18H_2O$
(탄산수소나트륨) (황산알루미늄) (물)

→ $3Na_2SO_4$ + $2Al(OH)_3$ + $6CO_2\uparrow$ + $18H_2O$
(황산나트륨) (수산화알루미늄) (이산화탄소) (물)

• 공기포(기계포)소화약제 : 발포기의 기계적 수단으로 공기의 거품을 만들어 내는 형식이다.
(단백포, 불화단백포, 합성계면활성제포, 수성막포, 알코올포)

정답 31 ② 32 ③ 33 ② 34 ④ 35 ③

36 다음의 분말은 모두 150마이크로미터의 체를 통과하는 것이 50중량퍼센트 이상이 된다. 이들 분말 중 위험물안전관리법령상 품명이 "금속분"으로 분류되는 것은?

① 철분　　　　　② 구리분
③ 알루미늄분　　④ 니켈분

37 니트로화합물, 니트로소화합물, 질산에스테르류, 히드록실아민을 각각 50킬로그램씩 저장하고 있을 때 지정수량의 배수가 가장 큰 것은?

① 니트로화합물
② 니트로소화합물
③ 질산에스테르류
④ 히드록실아민

38 단층건물에 설치하는 옥내탱크저장소의 탱크전용실에 비수용성의 제2석유류 위험물을 저장하는 탱크 1개를 설치할 경우, 설치할 수 있는 탱크의 최대용량은?

① 10,000l　　② 20,000l
③ 40,000l　　④ 80,000l

39 착화온도가 낮아지는 원인과 가장 관계가 있는 것은?

① 발열량이 적을 때
② 압력이 높을 때
③ 습도가 높을 때
④ 산소와의 결합력이 나쁠 때

40 유류저장탱크 화재에서 일어나는 현상으로 거리가 먼 것은?

① 보일오버
② 플래시오버
③ 슬롭오버
④ BLEVE

36 "금속분"이라 함은 알칼리금속·알칼리토류금속·철 및 마그네슘 외의 금속의 분말을 말하고, 구리분·니켈분 및 150마이크로미터의 체를 통과하는 것이 50중량퍼센트 미만인 것은 제외한다.

37 제5류 위험물의 지정수량의 배수 = $\dfrac{\text{저장수량}}{\text{지정수량}}$

① 니트로화합물 = $\dfrac{50\text{kg}}{200\text{kg}}$ = 0.25

② 니트로소화합물 = $\dfrac{50\text{kg}}{200\text{kg}}$ = 0.25

③ 질산에스테르류 = $\dfrac{50\text{kg}}{10\text{kg}}$ = 5

④ 히드록실아민 = $\dfrac{50\text{kg}}{100\text{kg}}$ = 0.5

38 옥내저장탱크의 탱크전용실의 용량(2기 이상 설치 시 탱크 용량합계)
1. 1층 이하의 층일 경우
   · 지정수량 40배 이하(단, 20,000l 초과 시 20,000l로 함)
     : 제2석유류(인화점 38℃ 이상), 제3석유류, 알코올류
   · 지정수량 40배 이하 : 제4석유류, 동식물유류
2. 2층 이상의 층일 경우
   · 지정수량 10배 이하(단, 5,000l 초과시 5,000l로 함)
     : 제2석유류(인화점 38℃ 이상), 제3석유류, 알코올류
   · 지정수량 10배 이하 : 제4석유류, 동식물유류

39 착화온도가 낮아지는 원인
· 발열량이 클 때
· 압력이 높을 때
· 습도가 낮을 때
· 산화와 친화력이 좋을 때

40 유류 및 가스탱크의 화재발생현상
· 보일오버 : 탱크바닥의 물이 비등하여 부피팽창으로 유류가 넘쳐 연소하는 현상
· 블레비(BLEVE) : 액화가스 저장탱크의 압력상승으로 폭발하는 현상
· 슬롭오버 : 물 방사 시 뜨거워진 유류표면에서 비등 증발하여 연소유와 함께 분출하는 현상
· 프로스오버 : 탱크 바닥의 물이 비등하여 부피 팽창으로 유류가 연소하지 않고 넘치는 현상
※ 플래시오버 : 화재발생 시 실내의 온도가 급격히 상승하여 축적된 가연성 가스가 일순간 폭발적으로 착화하여 실내 전체가 화염에 휩싸이는 현상

41 위험물안전관리법령상 위험물제조소의 옥외에 있는 하나의 액체위험물 취급탱크 주위에 설치하는 방유제의 용량은 해당 탱크용량의 몇 % 이상으로 하여야 하는가?

① 10%　　　② 50%
③ 100%　　④ 110%

42 초산에스테르류의 분자량이 증가할수록 달라지는 설명 중 옳지 않은 것은?

① 이성질체가 줄어든다
② 인화점이 높아진다
③ 수용성이 감소된다
④ 증기비중이 커진다

43 인화칼슘이 물과 반응하였을 때 발생하는 가스는?

① 수소　　　② 포스겐
③ 포스핀　　④ 아세틸렌

44 다음과 같은 반응에서 5m³의 탄산가스를 만들기 위해 필요한 탄산수소나트륨의 양은 약 몇 kg인가? (단, 표준상태이고 나트륨의 원자량은 23이다.)

$$2NaHCO_3 \rightarrow Na_2CO_3 + CO_2 + H_2O$$

① 18.75　　② 37.5
③ 56.25　　④ 75

45 위험물안전관리법령상 제3류 위험물 중 금수성 물질의 제조소에 설치하는 주의사항 게시판의 바탕색과 문자색을 옳게 나타낸 것은?

① 청색바탕에 황색문자
② 황색바탕에 청색문자
③ 청색바탕에 백색문자
④ 백색바탕에 청색문자

---

41 위험물제조소의 옥외에 있는 위험물 취급탱크의 방유제의 용량
- 탱크 1기일 때 : 탱크용량×0.5[50%]
- 탱크 2기일 때 : 최대탱크용량×0.5
　　　　　　　　+(나머지 탱크용량합계×0.1[10%])

42 초산에스테르류에서 분자량이 증가할수록
- 이성질체수가 많아진다
- 인화점이 높아진다
- 비점이 높아진다
- 증기비중이 커진다
- 점도가 커진다
- 수용성이 감소한다
- 착화온도가 낮아진다
- 연소범위가 좁아진다
- 휘발성이 감소한다
- 비중이 작아진다

43 인화칼슘(Ca_3P_2, 인화석회) : 제3류(금수성 물질)
- 적갈색의 괴상의 고체이다.
- 물 또는 묽은산과 반응하여 가연성, 맹독성인 포스핀(PH_3 : 인화수소)가스를 발생한다.
　　$Ca_3P_2 + 6H_2O \rightarrow 3Ca(OH)_2 + 2PH_3\uparrow$
　　$Ca_3P_2 + 6HCl \rightarrow 3CaCl_2 + 2PH_3\uparrow$
- 소화 시 주수 및 포소화는 엄금하고 건조사 등으로 피복소화한다.

44 제1종 분말소화약제($NaHCO_3$) 분해반응식
$$2NaHCO_3 \rightarrow Na_2CO_3 + CO_2 + H_2O$$
$$2 \times 84kg \quad : \quad 22.4m^3$$
$$x \quad\quad : \quad 5m^3$$
$$x = \frac{2 \times 84 \times 5}{22.4} = 37.5kg$$

45 주의사항 표시 게시판

위험물의 종류	주의사항 표시	게시판의 색상	크기
제1류 중 알칼리금속과산화물 제3류 중 금수성물질	물기엄금	청색바탕에 백색문자	
제2류(인화성고체는 제외)	화기주의		0.3m×0.6m (이상)
제2류(인화성고체) 제3류(자연발화성물품) 제4류 제5류	화기엄금	적색바탕에 백색문자	

정답 41 ②　42 ①　43 ③　44 ②　45 ③

46 지정과산화물 옥내저장소의 저장창고 출입구 및 창의 설치기준으로 틀린 것은?

① 창은 바닥면으로부터 2m 이상의 높이에 설치한다.
② 하나의 창의 면적을 0.4m² 이내로 한다.
③ 하나의 벽면에 두는 창의 면적의 합계를 해당 벽면의 면적의 80분의 1이 초과되도록 한다.
④ 출입구에는 갑종방화문을 설치한다.

47 위험물을 보관하는 방법에 대한 설명 중 틀린 것은?

① 염소산나트륨 : 철제 용기의 사용을 피한다.
② 산화프로필렌 : 저장 시 구리용기에 질소 등 불활성기체를 충전한다.
③ 트리에틸알루미늄 : 용기는 밀봉하고 질소 등 불활성기체를 충전한다.
④ 황화린 : 냉암소에 저장한다.

48 히드록실아민을 취급하는 제조소에 두어야 하는 최소한의 안전거리(D)를 구하는 산식으로 옳은 것은? (단, N은 당해저장소에서 취급하는 히드록실아민의 지정수량 배수를 나타낸다.)

① $D = \dfrac{40 \times N}{3}$ ② $D = \dfrac{51.1 \times N}{3}$

③ $D = \dfrac{55 \times N}{3}$ ④ $D = \dfrac{62.1 \times N}{3}$

49 이동탱크저장소에 의한 위험물의 운송 시 준수하여야 하는 기준에서 다음 중 어떤 위험물을 운송할 때 위험물운송자는 위험물안전카드를 휴대하여야 하는가?

① 특수인화물 및 제1석유류
② 알코올류 및 제2석유류
③ 제3석유류 및 동식물유류
④ 제4석유류

46 지정과산화물 옥내저장소의 기준
- 저장창고는 150m² 이내마다 격벽으로 완전하게 구획할 것
- 저장창고 외벽은 두께 20cm 이상의 철근콘크리트조 또는 두께 30cm 이상의 보강콘크리트블록조로 할 것
- 저장창고의 창은 바닥으로부터 2m 이상 높게 하되, 하나의 벽면에 두는 창의 면적의 합계를 해당 벽면의 면적의 1/80 이내로 하고, 하나의 창의 면적을 0.4m² 이내로 한다.
- 출입구에는 갑종방화문을 설치할 것

47 ① 염소산나트륨($NaClO_3$) : 제1류(산화성 고체)로 철근 용기를 부식한다.
② 산화프로필렌(CH_3CH_2CHO) : 제4류(인화성 액체)
- 구리, 마그네슘, 은, 수은 및 그의 합금 용기 사용을 금한다. (폭발성 물질은 금속아세틸라이드를 생성하기 때문에)
- 저장용기 내에 불연성가스(N_2 등)를 봉입한다.
③ 트리에틸알루미늄[$(C_2H_5)_3Al$] : 제3류(금수성 물질)
- 물과 반응하여 가연성 기체인 에탄(C_2H_6)을 발생한다.
  $C_2H_5Al + 3H_2O \rightarrow Al(OH)_3 + 3C_2H_6 \uparrow$ (에탄)
- 저장 시 희석안정제(벤젠, 톨루엔, 헥산 등)를 사용하여 불활성기체(N_2 등)를 봉입한다.
④ 황화린[삼황화린, 오황화린, 칠황화린] : 제2류(가연성 고체)
- 분해 시 유독한 황화수소($H_2S \uparrow$)를 발생한다.

48 히드록실아민 등을 취급하는 제조소의 안전거리

$$D = \frac{51.1 \cdot N}{3}$$

$$\left[\begin{array}{l} D : 거리(m) \\ N : 당해 제조소에서 취급하는 히드록실아민 등의 지정수량의 배수 \end{array} \right]$$

49 위험물(제4류 중 특수인화물, 제1석유류에 한함)을 운송하게 하는 자는 위험물 안전카드를 위험물의 운송자로 하여금 휴대하게 할것

50 소화기 속에 압축되어 있는 이산화탄소 1.1kg을 표준상태에서 분사하였다. 이산화탄소의 부피는 몇 m³이 되는가?

① 0.56   ② 5.6
③ 11.2   ④ 24.6

51 위험물안전관리법령에서 정의한 특수인화물의 조건으로 옳은 것은?

① 1기압에서 발화점이 100℃ 이상인 것 또는 인화점이 영하 10℃ 이하이고 비점이 40℃ 이하인 것

② 1기압에서 발화점이 100℃ 이하인 것 또는 인화점이 영하 20℃ 이하이고 비점이 40℃ 이하인 것

③ 1기압에서 발화점이 200℃ 이상인 것 또는 인화점이 영하 10℃ 이하이고 비점이 40℃ 이하인 것

④ 1기압에서 발화점이 200℃ 이상인 것 또는 인화점이 영하 20℃ 이하이고 비점이 40℃ 이하인 것

52 메틸알코올의 성질로 옳은 것은?

① 인화점 이하가 되면 밀폐된 상태에서 연소하여 폭발한다.
② 비점은 물보다 높다.
③ 물에 녹기 어렵다.
④ 증기비중이 공기보다 크다.

53 Halon 1301의 화학식에서 불소의 원자의 수는?

① 0   ② 1
③ 2   ④ 3

---

50 · 이상기체 상태방정식

$$PV = nRT = \frac{W}{M}RT$$

$$\left[\begin{array}{ll} P : \text{압력(atm)} & V : \text{부피(m}^3) \\ n : \text{mol수}\left(\dfrac{W}{M}\right) & W : \text{무게(kg)} \\ M : \text{분자량} & T : \text{절대온도}(273+t℃)[K] \\ R : \text{기체상수 } 0.082(\text{m}^3 \cdot \text{atm/kg}-\text{mol}\cdot \text{K}) \end{array}\right]$$

· 표준상태 : 0℃, 1기압, CO_2 분자량 : 44

$$\therefore V = \frac{WRT}{PM}$$

$$= \frac{1.1 \times 0.082 + (273+0)}{1 \times 44}$$

$$\fallingdotseq 0.56\text{m}^3$$

51 제4류 위험물의 정의(1기압에서)
· 특수인화물 : 발화점 100℃ 이하, 인화점 −20℃ 이하이고 비점 40℃ 이하
· 제1석유류 : 인화점 21℃ 미만
· 제2석유류 : 인화점 21℃ 이상 70℃ 미만
· 제3석유류 : 인화점 70℃ 이상 200℃ 미만
· 제4석유류 : 인화점 200℃ 이상 250℃ 미만
· 동식물유류 : 인화점 250℃ 미만

52 메틸알코올(CH_3OH, 목정) : 제4류(알코올류), 지정수량 400*l*
· 무색투명한 휘발성 액체로서 독성이 있어 흡입 시 실명 또는 사망할 수 있다.
· 물에 잘 녹으며 인화점 11℃, 착화점 464℃, 비점 65℃, 연소범위 7.3~36%이다.
· 액비중 0.791, 증기비중 $= \dfrac{32}{29} = 1.1$(공기보다 무겁다)

53 · 할로겐 화합물 소화약제 명명법

Halon   1   3   0   1
C 원자수 ──   └── Br 원자수
F 원자수 ──   └── Cl 원자수

· 할로겐화합물 소화약제

종류 구분	할론 2402	할론 1211	할론 1301	할론 1011	할론 1001
화학식	$C_2F_4Br_2$	CF_2ClBr	CF_3Br	CH_2ClBr	CH_3Br

54 폭굉유도거리(DID)가 짧아지는 경우는?

① 정상연소속도가 작은 혼합가스일수록 짧아진다.

② 압력이 높을수록 짧아진다.

③ 관 지름이 넓을수록 짧아진다.

④ 점화원 에너지가 약할수록 짧아진다.

55 산화프로필렌의 성상에 대한 설명 중 틀린 것은?

① 청색의 휘발성이 강한 액체이다.

② 인화점이 낮은 인화성 액체이다.

③ 물에 잘 녹는다.

④ 에테르향의 냄새를 가진다.

56 위험물 이동저장탱크의 외부도장 색으로 적합하지 않은 것은?

① 제2류 – 적색

② 제3류 – 청색

③ 제5류 – 황색

④ 제6류 – 회색

57 니트로셀룰로오스의 자연발화는 일반적으로 무엇에 기인한 것인가?

① 산화열

② 중합열

③ 흡착열

④ 분해열

---

54 폭굉유도 거리가 짧아지는 경우

- 정상연소속도가 큰 혼합가스일수록
- 관 속에 방해물이 있거나 관경이 가늘수록
- 압력이 높을수록
- 점화원 에너지가 강할수록

※ 폭굉유도거리(DID) : 관속에 폭굉가스가 존재할 때 최초의 완만한 연소가 결렬한 폭굉으로 발전할 때까지의 거리

55 산화프로필렌(CH_3CH_2CHO) : 제4류의 특수인화물(인화성 액체)

- 인화점 $-37°C$, 발화점 $465°C$, 연소범위 2.5~38.5%
- 무색의 에테르향의 냄새가 나는 휘발성이 강한 액체이다.
- 물, 벤젠, 에테르, 알코올 등에 잘 녹고 피부접촉 시 화상을 입는다(수용성).
- 소화 : 알코올용포, 다량의 물, CO_2 등으로 질식소화한다.

> **참고** 아세트알데히드, 산화프로필렌의 공통사항
> - Cu, Ag, Hg, Mg 및 그 합금 등과는 용기나 설비를 사용하지 말 것(중합반응 시 폭발성 물질 생성)
> - 저장 시 불활성가스(N_2, Ar) 또는 수증기를 봉입하고 냉각장치를 사용하여 비점 이하로 유지할 것

56 이동저장탱크의 외부도장 색상

유별	제1류	제2류	제3류	제4류	제5류	제6류
색상	회색	적색	청색	적색권장 (제한없음)	황색	청색

57 자연발화형태

- 산화열 : 건성유, 석탄, 원면, 고무분말, 금속분 등
- 분해열 : 셀룰로이드, 니트로셀룰로오스, 질산에스테르류 등의 제5류 위험물
- 흡착열 : 활성탄, 목탄분말 등
- 미생물 : 퇴비, 먼지, 퇴적물, 곡물 등
- 중합열 : 시안화수소, 산화에틸렌 등

58 수소화칼슘이 물과 반응하였을 때의 생성물은?

① 칼슘과 수소
② 수산화칼슘과 수소
③ 칼슘과 산소
④ 수산화칼슘과 산소

59 위험물의 성질에 관한 설명 중 옳은 것은?

① 벤젠과 톨루엔 중 인화온도가 낮은 것은 톨루엔이다.
② 디에틸에테르는 휘발성이 높으며 마취성이 있다.
③ 에틸알코올은 물이 조금이라도 섞이면 불연성 액체가 된다.
④ 휘발유는 전기 양도체이므로 정전기 발생이 위험하다.

60 위험물제조소등에 설치하는 고정식의 포소화설비의 기준에서 포헤드방식의 포헤드는 방호대상품의 표면적 몇 m²당 1개 이상의 헤드를 설치하여야 하는가?

① 5
② 9
③ 15
④ 30

58 수소화칼슘(CaH_2) : 제3류의 금속의 수소화합물(금수성)
• 물과 반응시 수산화칼슘[$Ca(OH)_2$]과 수소($H_2\uparrow$)를 발생한다.
$$CaH_2 + 2H_2O \rightarrow Ca(OH)_2 + 2H_2\uparrow$$
• 소화시 마른 모래 등으로 피복소화(주수 및 포소화는 절대 엄금)

59 제4류 위험물(인화성 액체)
• 벤젠(인화점 −11℃), 톨루엔(인화점 4℃) : 제1석유류
• 에틸알코올은 수용성 액체로서 다량의 물이 섞이면 불연성이 된다.
• 휘발유는 전기의 부도체로서 정전기 발생에 위험하므로 주의해야 한다.

60 1. 포헤드방식의 포헤드 설치기준
• 헤드 : 방호대상물의 표면적 9m²당 1개 이상
• 방사량 : 방호대상물의 표면적 1m²당 6.5l/min 이상
2. 포워터 스프링클러헤드와 포헤드의 설치기준
• 포워터 스프링클러 헤드 : 바닥면적 8m²마다 1개 이상
• 포헤드 : 바닥면적 9m²마다 1개 이상

정답 58 ② 59 ② 60 ②

01 취급하는 제4류 위험물의 수량이 지정수량의 30만 배인 일반취급소가 있는 사업장에 자체소방대를 설치함에 있어서 전체 화학소방차 중 포수용액을 방사하는 화학소방차는 몇 대 이상 두어야 하는가?

① 3
② 2
③ 1
④ 필수적인 것이 아니다

02 클레오소트유에 대한 설명으로 틀린 것은?

① 물보다 가볍고 물에 녹지 않는다.
② 독특한 냄새가 나고 증기는 독성이 있다.
③ 제3석유류에 속한다.
④ 상온에서 액체이다.

03 수성막포소화약제에 사용되는 계면활성제는?

① 염화단백포 계면활성제
② 산소계 계면활성제
③ 황산계 계면활성제
④ 불소계 계면활성제

04 위험물안전관리법령상 주유취급소 중 건축물의 2층을 휴게음식점의 용도로 사용하는 것에 있어 해당 건축물의 2층으로부터 직접 주유취급소의 부지 밖으로 통하는 출입구와 해당 출입구로 통하는 통로·계단에 설치해야 하는 것은?

① 비상경보설비   ② 유도등
③ 비상조명등   ④ 확성장치

01

제조소 또는 취급소에서 취급하는 제4류 위험물의 최대수량의 합	화학 자동차	자체소방 대원의 수
지정수량의 3천배 이상 12만 배 미만인 사업소	1대	5인
12만 배 이상 24만 배 미만	2대	10인
24만 배 이상 48만 배 미만	3대	15인
48만 배 이상인 사업소	4대	20인
옥외탱크저장소의 지정수량이 50만 배 이상인 사업소	2대	10인

※ 포말을 방사하는 화학소방차의 대수 : 규정 대수의 $\frac{2}{3}$ 이상으로 할 수 있다.

∴ 포수용액 화학소방차 대수 : 3대$\times\frac{2}{3}$=2대

02 클레오소트유(타르유) : 제4류 중 제3석유류(비수용성), 지정수량 2,000l

• 황색 또는 암갈색의 기름모양의 액체로 증기는 유독하다.
• 콜타르 증류 시 얻으며 주성분은 나프탈렌, 안트라센이다.
• 물보다 무겁고 물에 녹지 않으며 유기용제에 잘 녹는다.
• 목재의 방부제에 많이 사용된다.

03 수성막포소화약제(AFFF) : 질식, 냉각효과

• 주성분은 불소계 계면활성제이다.
• 포소화약제 중 가장 우수한 약제로 유류화재에 탁월한 성능이 있다.
• 분말소화약제와 병행 사용 시 소화효과가 두 배로 증가한다.
• 일명 라이트 워터(Light water)라고 하며 저발포용으로 3%와 6%가 있다.

정답 01 ②   02 ①   03 ④   04 ②

05 메틸리튬과 물의 반응생성물로 옳은 것은?

① 메탄, 수소화리튬
② 메탄, 수산화리튬
③ 에탄, 수소화리튬
④ 에탄, 수산화리튬

06 질산암모늄에 대한 설명으로 옳은 것은?

① 물에 녹을 때 발열반응을 한다.
② 가열하면 폭발적으로 분해하여 산소와 암모니아를 생산한다.
③ 소화방법으로 질식소화가 좋다.
④ 단독으로 급격한 가열, 충격으로 분해·폭발할 수 있다.

07 옥외저장탱크 중 압력탱크에 저장하는 디에틸에테르 등의 저장온도는 몇 ℃ 이하여야 하는가?

① 60℃
② 40℃
③ 30℃
④ 15℃

08 주유취급소의 고정주유설비에서 펌프기기의 주유관 선단에서 최대토출량으로 틀린 것은?

① 휘발유는 분당 50리터 이하
② 경유는 분당 180리터 이하
③ 등유는 분당 80리터 이하
④ 제1석유류(휘발유 제외)는 분당 100리터 이하

09 위험물 옥내저장소의 피뢰설비는 지정수량의 최소 몇 배 이상 저장창고에 설치하도록 하고 있는가?

① 10배
② 15배
③ 20배
④ 30배

---

05 메틸리튬(CH_3Li) : 제3류의 알킬리튬($R-Li$)(금수성 물질), 지정수량 10kg
물과 반응하면 수산화리튬($LiOH$)과 메탄(CH_4)을 생성한다.
$$CH_3Li + H_2O \rightarrow LiOH + CH_4 \uparrow$$

06 질산암모늄(NH_4NO_3) : 제1류(산화성 고체), 지정수량 300kg
- 무색, 무취의 결정으로 조해성, 흡수성이 강하다.
- 물에 용해 시 흡열 반응하므로 열의 흡수로 인해 한제로 사용한다.
- 가열 시 산소(O_2)를 발생하며, 충격을 주면 단독 분해폭발한다.
$$2NH_4NO_3 \rightarrow 4H_2O + 2N_2 + O_2 \uparrow$$
- 소화 시 다량의 물로 주수하여 냉각소화한다.

07
- 옥외 및 옥내저장탱크 또는 지하저장탱크의 저장유지온도

위험물의 종류	압력탱크 외의 탱크	위험물의 종류	압력탱크
산화프로필렌, 디에틸에테르 등	30℃ 이하	아세트알데히드 등, 디에틸에테르 등	40℃ 이하
아세트알데히드	15℃ 이하		

- 이동저장탱크의 저장유지온도

위험물의 종류	보냉장치가 있는 경우	보냉장치가 없는 경우
아세트알데히드 등, 디에틸에테르 등	비점 이하	40℃ 이하

08 주유취급소의 고정주유설비 등의 펌프의 최대토출량
- 제1석유류 : 50l/min 이하
- 경유 : 180l/min 이하
- 등유 : 80l/min 이하
- 이동저장탱크 : 300l/min 이하

09 피뢰설비 설치대상
지정수량의 10배 이상의 제조소등(제6류는 제외)

정답 05 ② 06 ④ 07 ② 08 ④ 09 ①

10 무색의 액체로 융점이 −112℃이고 물과 접촉하면 심하게 발열하는 제6류 위험물은 무엇인가?

① 과산화수소　　② 과염소산
③ 질산　　　　　④ 오불화요오드

11 화학적으로 알코올을 분류할 때 3가 알코올에 해당하는 것은?

① 에탄올　　　　② 메탄올
③ 에틸렌글리콜　④ 글리세린

12 위험물안전관리법령상 제3류 위험물에 해당하지 않는 것은?

① 적린　　　　　② 나트륨
③ 칼륨　　　　　④ 황린

13 다음은 P_2S_5와 물의 화학반응이다. (　)에 알맞은 숫자를 차례대로 나열한 것은?

$$P_2S_5 + (\quad)H_2O \rightarrow (\quad)H_2S + (\quad)H_3PO_4$$

① 2, 8, 5　　　　② 2, 5, 8
③ 8, 5, 2　　　　④ 8, 2, 5

14 옥내저장소에 제3류 위험물인 황린을 저장하면서 위험물안전관리법령에 의한 최소한의 보유공지로 3m를 옥내저장소 주위에 확보하였다. 이 옥내저장소에 저장하고 있는 황린의 수량은? (단, 옥내저장소의 구조는 벽·기둥 및 바닥이 내화구조로 되어 있고 그 외의 다른 사항은 고려하지 않는다.)

① 100kg 초과 500kg 이하
② 400kg 초과 1,000kg 이하
③ 500kg 초과 5,000kg 이하
④ 1,000kg 초과 40,000kg 이하

---

10 과염소산($HClO_4$) : 제6류(산화성 액체)
- 무색액체로 흡수성, 휘발성이 강한 강산이다.
- 물과 접촉 시 심하게 발열한다.
- 불연성이지만 자극성, 산화성이 크고 분해 시 연기를 발생한다.
- 비중 1.7, 융점 −112℃로 가열시 분해 폭발하여 HCl과 O_2를 발생한다.

$$HClO_4 \xrightarrow{\quad\Delta\quad} HCl + 2O_2 \uparrow$$

- 소화 시 마른 모래·다량의 물분무를 사용한다.

11 알코올 한 분자 내에 −OH(히드록시기)수에 따른 분류
- 1가 알코올(−OH : 1개) : 메탄올(CH_3OH), 에탄올(C_2H_5OH)
- 2가 알코올(−OH : 2개) : 에틸렌글리콜[$C_2H_4(OH)_2$]
- 3가 알코올(−OH : 3개) : 글리세린[$C_3H_5(OH)_3$]
※ 제4류 알코올류 : 1분자를 구성하는 탄소수가 C_1~C_3인 포화 1가 알코올(변성알코올 포함)

12 ① 적린(P) : 제2류 위험물(가연성 고체)
② 나트륨(Na), ③ 칼륨(K) : 제3류 위험물의 금수성, 자연발화성 물질로 석유류(유동파라핀, 등유, 경유)에 저장한다.
④ 황린(P_4) : 제3류 위험물의 자연발화성 물질로 발화점 34℃로 낮고 물에 녹지 않아 물속에 보관한다.

13 오황화린(P_2S_5) : 제2류(가연성 고체), 지정수량 100kg
- 담황색 결정으로 조해성이 있어 수분 흡수 시 분해한다.
- 알코올, 이황화탄소(CS_2)에 잘 녹는다.
- 물, 알칼리와 반응 시 유독한 인산(H_3PO_4)과 황화수소(H_2S) 가스를 발생한다.

$$P_2S_5 + 8H_2O \rightarrow 5H_2S + 2H_3PO_4$$

14 옥내저장소의 보유 공지

저장 또는 취급하는 위험물의 최대수량	공지의 너비	
	벽·기둥 및 바닥이 내화구조로 된 건축물	그 밖의 건축물
지정수량의 5배 이하	−	0.5m 이상
지정수량의 5배 초과 10배 이하	1m 이상	1.5m 이상
지정수량의 10배 초과 20배 이하	2m 이상	3m 이상
지정수량의 20배 초과 50배 이하	3m 이상	5m 이상
지정수량의 50배 초과 200배 이하	5m 이상	10m 이상
지정수량의 200배 초과	10m 이상	15m 이상

- 황린(P_4) : 제3류, 지정수량 20kg
- 보유 공지 3m 이상 : 지정수량의 20배 초과 50배 이하
  - 지정수량 20배 : 20kg × 20배 = 400kg 초과
  - 지정수량 50배 : 20kg × 50배 = 1,000kg 이하

정답　10 ②　11 ④　12 ①　13 ③　14 ②

15 제5류 위험물이 아닌 것은?

① 니트로글리세린　② 니트로톨루엔
③ 니트로글리콜　　④ 트리니트로톨루엔

16 가연성 고체 위험물의 화재에 대한 설명으로 틀린 것은?

① 적린과 유황은 물에 의한 냉각소화를 한다.
② 금속분, 철분, 마그네슘이 연소하고 있을 때에는 주수해서는 안 된다.
③ 금속분, 철분, 마그네슘, 황화린은 마른 모래, 팽창질석 등으로 소화를 한다.
④ 금속분, 철분, 마그네슘의 연소 시에는 수소와 유독가스가 발생하므로 충분한 안전거리를 확보해야 한다.

17 다음은 위험물안전관리법령에서 정한 내용이다. ( ) 안에 알맞은 용어는?

> ( )이라 함은 고형 알코올 그 밖에 1기압에서 인화점이 섭씨 40도 미만인 고체를 말한다.

① 가연성 고체
② 산화성 고체
③ 인화성 고체
④ 자기반응성 고체

18 0.99atm, 55℃에서 이산화탄소의 밀도는 약 몇 g/L 인가?

① 0.02　　　　② 1.62
③ 9.65　　　　④ 12.65

19 가연물이 되기 쉬운 조건이 아닌 것은?

① 산소와 친화력이 클 것
② 열전도율이 클 것
③ 발열량이 클 것
④ 활성화에너지가 작을 것

---

15 • 제4류 제3석유류 : 니트로톨루엔($C_6H_4CH_3NO_2$) → 니트로기($-NO_2$)가 1개 있음
• 제5류 : 니트로글리세린[$C_3H_5(ONO_2)_3$], 니트로글리콜[$C_2H_4(ONO_2)_2$], 트리니트로톨루엔[$C_6H_2CH_3(NO_2)_3$]
※ 니트로기($-NO_2$)가 2개 이상 있으므로 폭발성이 있는 제5류 위험물이다.

16 제2류(가연성 고체) 중 금속분, 철분, 마그네슘 등은 물과 반응하여 가연성 기체인 수소(H_2)를 발생하므로 주수소화는 절대 엄금한다.
$$2Fe + 3H_2O \rightarrow Fe_2O_3 + 3H_2\uparrow$$
$$Mg + 2H_2O \rightarrow Mg(OH)_2 + H_2\uparrow$$

17 제2류 위험물의 인화성 고체 : 고형 알코올 그 밖에 1기압에서 인화점이 40℃ 미만인 고체

18 이상기체 상태방정식

$$PV = nRT = \frac{W}{M}RT, \quad \frac{W}{V}(g/l) = \frac{PM}{RT}$$

$$\begin{bmatrix} P : 압력(atm) & V : 부피(l) \\ n : 몰수\left(\frac{W}{M}\right) & W : 질량(g) \\ M : 분자량 & T : 절대온도(273+℃)[K] \\ R : 기체상수\,0.082(atm \cdot l/mol \cdot K) \end{bmatrix}$$

$$\therefore 밀도\ \rho(g/l) = \frac{PM}{RT} = \frac{0.99 \times 44}{0.082 \times (273+55)}$$
$$= 1.62g/l$$

※ CO_2의 분자량 : $12 + 16 \times 2 = 44$

19 가연물이 되기 쉬운 조건 : ①, ③, ④ 이외에
• 열전도율이 작을 것(열축적)
• 표면적이 클 것
• 연쇄반응을 일으킬 것

20 인화성 액체의 화재를 나타내는 것은?

① A급 화재　　　　② B급 화재

③ C급 화재　　　　④ D급 화재

21 다음 고온체의 색상을 낮은 온도부터 나열한 것으로 옳은 것은?

① 암적색<황적색<백적색<휘적색

② 휘적색<백적색<황적색<암적색

③ 휘적색<암적색<황적색<백적색

④ 암적색<휘적색<황적색<백적색

22 다음은 위험물안전관리법에 따른 이동저장탱크의 구조에 관한 기준이다. (　) 안에 알맞은 수치는?

> 이동저장탱크는 그 내부에 (　A　)L 이하마다 (　B　)mm 이상의 강철판 또는 이와 동등 이상의 강도, 내열성 및 내식성이 있는 금속성의 것으로 칸막이를 설치하여야 한다. 다만, 고체인 위험물을 저장하거나 고체인 위험물을 가열하여 액체상태로 저장하는 경우에는 그러하지 아니하다.

① A : 2,000, B : 1.6

② A : 2,000, B : 3.2

③ A : 4,000, B : 1.6

④ A : 4,000, B : 3.2

23 위험물안전관리법령상 제2류 위험물 중 지정수량이 500kg인 물질에 의한 화재는?

① A급 화재　　　　② B급 화재

③ C급 화재　　　　④ D급 화재

24 과산화벤조일(벤조일퍼옥사이드)에 대한 설명 중 틀린 것은?

① 환원성 물질과 격리하여 저장한다.

② 물에 녹지 않으나 유기용매에 녹는다.

③ 희석제로 묽은 질산을 사용한다.

④ 결정성의 분말형태이다.

---

20 제4류 위험물(인화성 액체)의 화재는 유류화재이다.

화재분류	종류	색상	소화방법
A급	일반화재	백색	냉각소화
B급	유류 및 가스화재	황색	질식소화
C급	전기화재	청색	질식소화
D급	금속화재	무색	피복소화

21 고온체의 색깔과 온도

불꽃의 온도	불꽃의 색깔	불꽃의 온도	불꽃의 색깔
500℃	적열	1,100℃	황적색
700℃	암적색	1,300℃	백적색
850℃	적색	1,500℃	휘백색
950℃	휘적색		

※ 온도가 낮을수록 어두운색을 띠고 높을수록 밝은색을 띠게 된다.

22 이동저장탱크는 그 내부에 4,000L 이하마다 3.2mm 이상의 강철판 또는 이와 동등 이상의 강도, 내열성 및 내식성이 있는 금속성의 것으로 칸막이를 설치하여야 한다.

23 제2류 위험물의 지정수량

성질	품명	지정수량
가연성 고체	황화린, 적린, 유황	100kg
	철분, 금속분, 마그네슘	500kg
	인화성 고체	1,000kg

※ 지정수량 500kg인 철분, 금속분, 마그네슘 등은 물과 반응하여 수소($H_2\uparrow$) 기체를 발생(금속화재)

24 과산화벤조일[$(C_6H_5CO)_2O_2$] : 제5류 중 유기과산화물(자기반응성 물질), 지정수량 10kg

- 무색무취의 백색분말 또는 결정이다.
- 물에 불용, 알코올에는 약간 녹으며 유기용제(에테르, 벤젠 등)에는 잘 녹는다.
- 희석제(DMP, DBP)와 물을 사용하여 폭발성을 낮출 수 있다.
- 운반할 경우 30% 이상의 물과 희석제를 첨가하여 안전하게 수송한다.

※ 희석제 : 프탈산디메틸(DMP), 프탈산디부틸(DBP)

※ 주로 환원성 물질은 산소와 연소반응을 잘 일으키는 가연성 물질이고, 제5류 위험물은 자체적으로 산소를 가지고 있는 산화성 물질이므로 서로 혼합하여 저장 시 발화·폭발할 위험성이 있으므로 격리저장해야 한다.

정답　20 ②　21 ④　22 ④　23 ④　24 ③

25 위험물을 운반용기에 수납하여 적재할 때 차광성 피복으로 가려야 하는 위험물이 아닌 것은?

① 제1류　　　　② 제2류
③ 제5류　　　　④ 제6류

26 소화전용 물통 3개를 포함한 수조 80L의 능력단위는?

① 0.3　　　　② 0.5
③ 1.0　　　　④ 1.5

27 에틸알코올의 증기비중은 약 얼마인가?

① 0.72　　　　② 0.91
③ 1.13　　　　④ 1.59

28 다음 중 소화약제 강화액의 주성분에 해당하는 것은?

① K_2CO_3　　　　② K_2O_2
③ CaO_2　　　　④ $KBrO_3$

29 적린과 동소체 관계에 있는 위험물은?

① 오황화린
② 인화알루미늄
③ 인화칼슘
④ 황린

30 다음 중 지방족 탄화수소가 아닌 것은?

① 톨루엔
② 아세트알데히드
③ 아세톤
④ 디에틸에테르

---

25 위험물 적재운반 시 조치해야 할 위험물

차광성의 덮개로 해야 하는 것	방수성의 피복으로 덮어야 하는 것
• 제1류 위험물 • 제3류 위험물 중 자연발화성 물질 • 제4류 위험물 중 특수인화물 • 제5류 위험물 • 제6류 위험물	• 제1류 위험물 중 알칼리금속의 과산화물 • 제2류 위험물 중 철분, 금속분, 마그네슘 • 제3류 위험물 중 금수성물질

26 간이소화용구의 능력단위

소화약제	용량	능력단위
소화전용 물통	$8l$	0.3
수조(소화전용 물통 3개 포함)	$80l$	1.5
수조(소화전용 물통 6개 포함)	$190l$	2.5
마른 모래(삽 1개 포함)	$50l$	0.5
팽창질석 또는 팽창진주암(삽 1개 포함)	$160l$	1.0

27 에틸알코올(주정, C_2H_5OH)
- 분자량 : $C_2H_5OH = 12 \times 2 + 1 \times 5 + 16 + 1 = 46$
- 증기비중 = $\dfrac{분자량}{공기의\ 평균\ 분자량(29)} = \dfrac{46}{29} ≒ 1.585$

28
- 강화액 소화약제 : 물에 탄산칼륨(K_2CO_3)을 용해시켜 소화성능을 강화시킨 소화약제로서 $-30℃$에서도 동결하지 않아 보온 필요 없이 한냉지에서도 사용이 가능하다.
- 소화원리(A급, 무상방사 시 B, C급), 압력원 CO_2
  $H_2SO_4 + K_2CO_3 → K_2SO_4 + H_2O + CO_2↑$

29 동소체 : 한 가지 같은 원소로 되어 있으나 서로 성질이 다른 단체

성분원소	동소체	연소생성물
황(S)	사방황, 단사황, 고무상황	이산화황(SO_2)
탄소(C)	다이아몬드, 흑연, 활성탄	이산화탄소(CO_2)
산소(O)	산소(O_2), 오존(O_3)	–
인(P)	황린(P_4), 적린(P)	오산화인(P_2O_5)

※ 동소체 확인방법 : 연소 시 생성물이 동일하다.

30
- 지방족 탄화수소 : 탄소화 수소원자들이 사슬모양으로 결합된 유기화합물로 수소의 일부 또는 전부가 다른 관능기(작용기)로 치환된 화합물이다.(에테르, 알코올류, 카르복실산, 케톤 등)
- 방향족 탄화수소 : 고리모양 탄화수소 중 벤젠핵을 가지고 있는 벤젠의 유도체를 말한다.(톨루엔, 크레졸, 니트로벤젠, 페놀 등)

정답 25 ②　26 ④　27 ④　28 ①　29 ④　30 ①

31 탄화칼슘은 물과 반응 시 위험성이 증가하는 물질이다. 주수소화 시 물과 반응하면 어떤 가스가 발생하는가?

① 수소   ② 메탄
③ 에탄   ④ 아세틸렌

32 물과 친화력이 있는 수용성 용매의 화재에 보통의 포소화약제를 사용하면 포가 파괴되기 때문에 소화효과를 잃게 된다. 이와 같은 단점을 보완한 소화약제로 가연성인 수용성 용매의 화재에 유효한 효과를 가지고 있는 것은?

① 알코올형 포소화약제
② 단백 포소화약제
③ 합성계면활성제 포소화약제
④ 수성막 포소화약제

33 다음 중 가솔린의 연소범위(vol%)에 가장 가까운 것은?

① 1.4~7.6
② 8.3~11.4
③ 12.5~19.7
④ 22.3~32.8

34 위험물안전관리법령상 옥외탱크저장소의 기준에 따라 다음의 인화성 액체위험물을 저장하는 옥외저장탱크 1~4호를 동일의 방유제 내에 설치하는 경우 방유제에 필요한 최소용량으로서 옳은 것은? (단, 암반탱크 또는 특수액체위험물 탱크의 경우는 제외한다.)

> • 1호 탱크 – 등유 1,500kL
> • 2호 탱크 – 가솔린 1,000kL
> • 3호 탱크 – 경유 500kL
> • 4호 탱크 – 중유 250kL

① 1,650kL   ② 1,500kL
③ 500kL   ④ 250kL

---

31 탄화칼슘(CaC_2, 카바이트) : 제3류(금수성)
• 회백색의 불규칙한 괴상의 고체이다.
• 물과 반응하여 수산화칼슘[$Ca(OH)_2$]과 아세틸렌(C_2H_2)가스를 발생한다.

$$CaC_2 + 2H_2O \rightarrow Ca(OH)_2 + C_2H_2 \uparrow$$

• 아세틸렌(C_2H_2)가스의 폭발범위 2.5~81%로 매우 넓어 위험성이 크다.
• 소화 시 마른모래 등으로 피복소화한다(주수 및 포는 절대 엄금).

32 • 알코올형 포소화약제 : 일반포를 수용성 위험물에 방사하면 포약제가 소멸하는 소포성 때문에 사용하지 못한다. 이를 방지하기 위하여 특별히 제조된 포 약제이다.
• 알코올형 포 사용(수용성 위험물) : 알코올, 아세톤, 초산 등

33 가솔린(휘발유) : 제4류 제1석유류(인화성 액체)
• 순수한 것은 무색투명한 휘발성 액체로서 물에 녹지 않고 유기용제에 잘녹는다.
• 주성분은 C_5~C_9의 포화, 불포화탄화수소의 혼합물로 주로 옥탄(C_8H_{18})을 말하며, 비전도성이므로 정전기 축적에 주의해야 한다.
• 인화점 -43~-20℃, 발화점 300℃, 연소범위 1.4~7.6%, 증기비중 3~4

34 옥외탱크저장소의 방유제의 용량
• 탱크 1기일 때 : 탱크용량×1.1[110%]
  (비인화성 물질 : 100%)
• 탱크 2기 이상일 때 : 최대탱크용량×1.1[110%]
  (비인화성 물질 : 100%)
∴ 탱크 2기 이상이므로,
  방유제 용량=최대탱크용량×1.1
  =1,500kL×1.1=1,650kL

35 인화점이 21℃ 미만인 액체위험물의 옥외저장탱크 주입구에 설치하는 "옥외저장탱크 주입구"라고 표시한 게시판의 바탕 및 문자 색을 옳게 나타낸 것은?

① 백색바탕 – 적색문자
② 적색바탕 – 백색문자
③ 백색바탕 – 흑색문자
④ 흑색바탕 – 백색문자

36 위험물안전관리법령상 옥내저장소 저장창고의 바닥은 물이 스며나오거나 스며들지 아니하는 구조로 하여야 한다. 다음 중 반드시 이 구조로 하지 않아도 되는 위험물은?

① 제1류 위험물 중 알칼리금속의 과산화물
② 제4류 위험물
③ 제5류 위험물
④ 제2류 위험물 중 철분

37 다음 중 인화점이 가장 높은 것은?

① 등유
② 벤젠
③ 아세톤
④ 아세트알데히드

38 포소화약제의 성분 물질로 틀린 것은?

① NaHCO₃   ② 카제인
③ Al₂(SO₄)₃   ④ Na₂CO₃

39 위험물의 자연발화를 방지하는 방법으로 가장 거리가 먼 것은?

① 통풍을 잘 시킬 것
② 저장실의 온도를 낮출 것
③ 습도가 높은 곳에 저장할 것
④ 정촉매 작용을 하는 물질과의 접촉을 피할 것

---

35 게시판
- 크기 : 한변의 길이가 0.3m 이상, 다른 한변의 길이가 0.6m 이상
- 색상 : 백색바탕에 흑색문자[주의사항(화기엄금) : 적색문자]
- 게시판
 – "옥외저장탱크주입구"라고 표시할 것
 – 위험물의 유별, 품명, 주의사항 등을 표시할 것

36 옥내저장창고의 바닥에 물이 스며나오거나 스며들지 않는 구조로 하는 위험물
- 제1류 위험물 중 알칼리금속의 과산화물 또는 이를 함유하는 것
- 제2류 위험물 중 철분·금속분·마그네슘 또는 이 중 어느 하나 이상을 함유하는 것
- 제3류 위험물 중 금수성 물질
- 제4류 위험물

37 제4류 위험물(인화성 액체)의 인화점

구별	등유	벤젠	아세톤	아세트알데히드
유별	제2석유류	제1석유류	제1석유류	특수인화물
인화점	30~60℃	−11℃	−18℃	−39℃

※ 인화점 낮은 순위 : 특수인화물 〉제1석유류 〉알코올류 〉제2석유류 〉제3석유류 〉제4석유류 〉동식물유류

38 화학포소화약제
- 외약제(A제) : 탄산수소나트륨[NaHCO₃]
- 내약제(B제) : 황산알루미늄[Al₂(SO₄)₃]
- 안정제 : 카제인, 사포닌, 계면활성제 등
  $$6NaHCO_3 + Al_2(SO_4)_3 + 18H_2O$$
  $$\rightarrow 2Na_2SO_4 + 2Al(OH)_3 + 6CO_2\uparrow + 18H_2O$$

39 1. 자연발화의 조건
- 주위의 온도가 높을 것
- 표면적이 넓을 것
- 열전도율이 작을 것
- 발열량이 클 것
2. 자연발화 방지대책
- 직사광선을 피하고 저장실 온도를 낮출 것
- 습도 및 온도를 낮게 유지하여 미생물 활동에 의한 열발생을 낮출 것
- 통풍 및 환기 등을 잘하여 열축적을 방지할 것

정답 35 ③   36 ③   37 ①   38 ④   39 ③

40 염소산칼륨 20kg와 아염소산나트륨 10kg을 과염소산과 함께 저장하는 경우 지정수량 1배로 저장하려면 과염소산은 얼마나 저장할 수 있는가?

① 20kg

② 40kg

③ 80kg

④ 120kg

41 다음 위험물 중 물보다 가벼운 것은?

① 메틸에틸케톤

② 니트로벤젠

③ 에틸렌글리콜

④ 글리세린

42 연소의 3요소인 산소의 공급원이 될 수 없는 것은?

① H_2O_2

② KNO_3

③ HNO_3

④ CO_2

43 다음 소화약제의 분해반응 완결 시 ( ) 안에 옳은 것은?

$$2NaHCO_3 \rightarrow Na_2O + H_2O + (\quad)$$

① $6CO_2$

② $6NaOH$

③ $6CO$

④ $2CO_2$

---

40 1. 각 위험물의 지정수량
   - 염소산칼륨(제1류, 염소산염류) : 50kg
   - 아염소산나트륨(제1류, 아염소산염류) : 50kg
   - 과염소산(제6류) : 300kg

2. 지정수량 배수 $= \dfrac{\text{저장수량}}{\text{지정수량}} = \dfrac{20}{50} + \dfrac{10}{50} + \dfrac{x}{300} = 1$

   $0.4 + 0.2 + \dfrac{x}{300} = 1$

   $\therefore x = 120kg$

41 제4류 위험물(인화성 액체)의 비중

구분	메틸에틸케톤	니트로벤젠	에틸렌글리콜	글리세린
화학식	$CH_3COC_2H_5$	$C_6H_5NO_2$	$C_2H_4(OH)_2$	$C_3H_5(OH)_3$
류별	제1석유류	제3석유류	제3석유류	제3석유류
비중	0.81	1.2	1.1	1.26

42 연소의 3요소 : 가연물, 점화원, 산소공급원

① 과산화수소(H_2O_2) : 제6류(산화성 액체)

   분해 : $2H_2O_2 \rightarrow 2H_2O + O_2 \uparrow$ (산소)

② 질산칼륨(KNO_3) : 제1류(산화성 고체)

   분해 : $2KNO_3 \rightarrow 2KNO_2 + O_2 \uparrow$ (산소)

③ 질산(HNO_3) : 제6류(산화성 액체)

   $4HNO_3 \rightarrow 2H_2O + 4NO_2 + O_2 \uparrow$ (산소)

④ 이산화탄소(CO_2) : 산화반응이 완결된 물질로 불연성 기체이다.

43 분말소화약제 열분해 반응식

종류	주성분	화학식	색상	적응화재	열분해 반응식
제1종	탄산수소나트륨 (중탄산나트륨)	$NaHCO_3$	백색	B, C급	1차(270℃) : $2NaHCO_3$ $\rightarrow Na_2CO_3 + CO_2 + H_2O$ 2차(850℃) : $2NaHCO_3$ $\rightarrow Na_2O + 2CO_2 + H_2O$
제2종	탄산수소칼륨 (중탄산칼륨)	$KHCO_3$	담자(회)색	B, C급	1차(190℃) : $2KHCO_3$ $\rightarrow K_2CO_3 + CO_2 + H_2O$ 2차(590℃) : $2KHCO_3$ $\rightarrow K_2O + 2CO_2 + H_2O$
제3종	제1인산암모늄	$NH_4H_2PO_4$	담홍색	A, B, C급	$NH_4H_2PO_4$ $\rightarrow HPO_3 + NH_3 + H_2O$
제4종	탄산수소칼륨+요소	$KHCO_3 + (NH_2)_2CO$	회색	B, C급	$2KHCO_3 + (NH_2)_2CO$ $\rightarrow K_2CO_3 + 2NH_3 + 2CO_2$

※ 제1종 및 제2종 분말소화약제 열분해반응식에서 제 몇차 또는 분해온도가 주어지지 않을 경우에는 제1차 열분해반응식을 쓰면 된다.

정답 **40** ④ **41** ① **42** ④ **43** ④

44 인화성 고체와 질산에 공통적으로 적응성이 있는 소화설비는?

① 불활성가스 소화설비
② 할로겐화합물 소화설비
③ 탄산수소염류 분말소화설비
④ 포소화설비

45 위험물의 화재 발생 시 사용 가능한 소화약제를 틀리게 연결한 것은?

① 질산암모늄 – H_2O
② 마그네슘 – CO_2
③ 트리에틸알루미늄 – 팽창질석
④ 니트로글리세린 – H_2O

46 위험물제조소의 배출설비 기준 중 국소방식의 경우 배출능력은 1시간당 배출장소 용적의 몇 배 이상으로 해야 하는가?

① 10배 　　　　② 20배
③ 30배 　　　　④ 40배

47 황린에 공기를 차단하고 약 몇 ℃로 가열하면 적린이 되는가?

① 250℃ 　　　　② 120℃
③ 44℃ 　　　　④ 34℃

48 염소산칼륨의 성질에 대한 설명 중 옳지 않은 것은?

① 비중은 약 2.3으로 물보다 무겁다.
② 강산과의 접촉은 위험하다.
③ 열분해하면 산소와 염화칼륨이 생성된다.
④ 냉수에도 매우 잘 녹는다.

49 건성유에 속하지 않는 것은?

① 동유 　　　　② 야자유
③ 아마인유 　　　　④ 들기름

44 인화성 고체(제2류)는 모든 소화설비에, 질산(제6류)은 물을 주성분으로 하는 소화설비에 적응성이 있으므로 포소화설비 또는 인산염류 분말소화설비가 있다.

45 ① 질산암모늄(NH_4NO_3) : 제1류(질산염류)로 다량주수(H_2O)소화한다.
② 마그네슘(Mg) : 제2류(금수성)로 주수 및 CO_2소화는 금하고, 마른모래 등으로 피복소화한다.
　• 물과 반응식 : $Mg+2H_2O \rightarrow Mg(OH)_2+H_2\uparrow$(수소 발생)
　• CO_2와 반응식 : $2Mg+2CO_2 \rightarrow 2MgO+C$(가연성인 C 생성)
　　　　　　$Mg+CO_2 \rightarrow MgO+CO\uparrow$
　　　　　　　　　(가연성, 유독성인 CO 발생)
③ 트리에틸알루미늄[(C_2H_5)$_3$Al] : 제3류(금수성)로 마른모래, 팽창질석, 팽창진주암으로 질식소화한다.
④ 니트로글리세린[$C_3H_5(ONO_2)_3$] : 제5류(자기반응성)로 다량의 물로 주수소화한다.

46 제조소의 국소방식 배출설비의 배출능력은 1시간당 배출장소 용적의 20배 이상으로 할 것(단, 전역방식 : 바닥면적 18m³/m² 이상으로 할 것)

47 • 황린(P_4 : 제3류)과 적린(P : 제2류)은 동소체이다.
• 연소 시 오산화인(P_2O_5)의 흰연기를 발생한다.
• P_4(황린) $\underset{냉각}{\overset{250℃}{\rightleftharpoons}}$ P(적린)
• 황린(P_4)은 인화수소(PH_3)의 생성을 방지하기 위해 약알칼리성인 pH=9를 넘지 않는 물속에 보관한다.

48 염소산칼륨($KClO_3$) : 제1류(산화성 고체), 지정수량 50kg
• 무색, 백색분말로 산화력이 강하다.
• 열분해 반응식 : $2KClO_3 \rightarrow 2KCl+3O_2\uparrow$
• 온수, 글리세린에 잘 녹고 냉수, 알코올에는 녹지 않는다.

49 요오드값에 따른 분류
┌ 건성유(130 이상) : 해바라기유, 동유, 아마인유, 정어리기름, 들기름 등
├ 반건성유(100~130) : 면실유(목화씨유), 참기름, 청어기름, 채종유, 콩기름 등
└ 불건성유(100 이하) : 피마자유, 동백기름, 올리브유, 야자유, 땅콩기름(낙화생유) 등

50 탄화알루미늄이 물과 반응하여 생기는 현상이 아닌 것은?

① 산소가 발생한다.
② 수산화알루미늄이 생성된다.
③ 열이 발생한다.
④ 메탄가스가 발생한다.

51 분말소화약제인 탄산수소나트륨 1kg이 방사되었을 때 발생하는 이산화탄소의 양은 약 몇 L인가? (단, 표준상태를 기준한다.)

① 66.6   ② 133.3
③ 266.6   ④ 344.8

52 트리니트로톨루엔에 대한 설명으로 틀린 것은?

① 햇빛을 받으면 다갈색으로 변한다.
② 벤젠, 아세톤 등에 잘 녹는다.
③ 건조사 또는 팽창질석만 소화설비로 사용할 수 있다.
④ 폭약의 원료로 사용될 수 있다.

53 제3종 분말소화약제를 화재면에 방출 시 부착성이 좋은 막을 형성하여 연소에 필요한 산소의 유입을 차단하기 때문에 연소를 중단시킬 수 있다. 그러한 막을 구성하는 물질은?

① H_3PO_4 ② PO_4
③ HPO_3 ④ P_2O_5

54 위험물저장소 건축물의 외벽이 내화구조인 것은 연면적 얼마를 1소요단위로 하는가?

① $50m^2$ ② $75m^2$
③ $100m^2$ ④ $150m^2$

55 다음 중 나트륨의 보호액으로 가장 적합한 것은?

① 메탄올   ② 수은
③ 물   ④ 유동파라핀

---

50 탄화알루미늄(Al_4C_3) : 제3류(금수성), 지정수량 300kg
- 물과 반응 시 수산화알루미늄과 메탄가스를 발생하며 발열 폭발한다.

$$Al_4C_3 + 12H_2O \rightarrow 4Al(OH)_3 + 3CH_4 + 360kcal$$
(탄화알루미늄)   (물)   (수산화알루미늄)   (메탄)

51 · 탄산수소나트륨($NaHCO_3$)의 열분해 반응식

$$\underline{2NaHCO_3} \rightarrow Na_2CO_3 + \underline{CO_2} + H_2O$$
$$2 \times 84g \quad : \quad 1 \times 22.4l$$
$$1000g(1kg) \quad : \quad x$$

$$x = \frac{1000 \times 1 \times 22.4}{2 \times 84} = 133.33l$$

- 탄산수소나트륨($NaHCO_3$)분자량 = $23 + 1 + 12 + 16 \times 3 = 84$
- 아보가드로법칙 : 모든 기체 1mol은 표준상태(0℃, 1atm)에서 22.4l의 부피를 갖고 그 속에 분자 개수는 6×10^{23}개를 갖는다.

52 트리니트로톨루엔[$C_6H_2CH_3(NO_2)_3$] : 제5류 중 니트로화합물
- 강력한 폭약에 사용되는 TNT이다.
- 제5류 위험물은 자기반응성 물질로 건조사나 팽창질석의 질식소화는 효과가 없으며 다량의 물로 주수소화에 의한 냉각소화가 효과적이다.

53 제3종 분말소화제[$NH_4H_2PO_4$ 인산암모늄(A, B, C급)] : 열분해 시 발생하는 메타인산(HPO_3)은 방진효과(산소와 접촉차단)의 부착성이 좋아 질식소화에 효과적이고, A급 화재에도 적응성이 있다.

$$NH_4H_2PO_4 \rightarrow NH_3 + H_2O + HPO_3$$

54 소요 1단위의 산정방법

건축물	내화구조의 외벽	내화구조가 아닌 외벽
제조소 및 취급소	연면적 100m²	연면적 50m²
저장소	연면적 150m²	연면적 75m²
위험물	지정수량의 10배	

※ 소요단위 : 소화설비의 설치대상이 되는 건축물의 규모 또는 위험물의 양의 기준단위

55 나트륨(Na) : 제3류 위험물(금수성)

- 칼륨(K), 나트륨(Na) : 석유(유동파라핀, 등유, 경유)나 벤젠 속에 저장
- 황린(제3류), 이황화탄소(제4류 특수인화물) : 물속에 저장

정답   50 ①   51 ②   52 ③   53 ③   54 ④   55 ④

56 다음 중 일반적인 연소의 형태가 나머지 셋과 다른 하나는?

① 유황
② 나프탈렌
③ 양초
④ 코크스

57 위험물을 저장 또는 취급하는 탱크의 용량 산정 방법에 관한 설명으로 옳은 것은?

① 탱크의 내용적에서 공간용적을 뺀 용적으로 한다.
② 탱크의 공간용적에서 내용적을 뺀 용적으로 한다.
③ 탱크의 공간용적에 내용적을 더한 용적으로 한다.
④ 탱크의 볼록하거나 오목한 부분을 뺀 내용적으로 한다.

58 다음 중 물과 반응하여 산소와 열을 발생하는 것은?

① 염소산칼륨
② 과산화나트륨
③ 금속나트륨
④ 과산화벤조일

59 트리에틸알루미늄이 물과 접촉하면 폭발적으로 반응한다. 이때 발생되는 기체는?

① 메탄
② 에탄
③ 산소
④ 수소

60 무색 또는 옅은 청색의 액체로 농도가 36wt% 이상인 것을 위험물로 간주하는 것은?

① 과산화수소
② 과염소산
③ 질산
④ 초산

---

56 연소의 형태
- 표면연소 : 숯, 코크스, 목탄, 금속분(Al, Zn 등)
- 증발연소 : 파라핀(양초), 황, 나프탈렌, 휘발유, 등유 등의 제4류 위험물
- 분해연소 : 목탄, 종이, 플라스틱, 목재, 중유 등
- 자기연소(내부연소) : 셀룰로이드, 니트로글리세린 등의 제5류 위험물
- 확산연소 : 수소, LPG, LNG 등 가연성 기체

57
- 저장탱크의 용량＝탱크의 내용적－탱크의 공간용적
- 저장탱크의 용량범위 : 내용적의 90~95%

58 과산화나트륨(Na_2O_2) : 제1류의 무기과산화물(금수성)
- 물 또는 이산화탄소와 반응시 산소(O_2)기체를 발생시킨다.
$$2Na_2O_2 + 2H_2O \rightarrow 4NaOH + O_2 \uparrow$$
$$2Na_2O_2 + 2CO_2 \rightarrow 2Na_2CO_3 + O_2 \uparrow$$
- 소화시 주수 및 CO_2는 금물이고 마른 모래 등으로 소화한다.

59 트리에틸알루미늄[($C_2H_5)_3Al$] : 제3류(자연발화성 및 금수성)
- 물과 접촉 시 폭발적으로 반응하여 에탄(C_2H_6)을 발생시킨다.
$$(C_2H_5)_3Al + 3H_2O \rightarrow Al(OH)_3 + 3C_2H_6 \uparrow$$
- 소화제 : 팽창질석, 팽창진주암, 건조사 등

60 과산화수소(H_2O_2) : 제6류(산화성액체), 지정수량 300kg
- 36중량% 이상만 위험물에 적용된다.
- 알칼리용액에서는 급격히 분해되나 약산성에서는 분해가 잘 안 된다. 그러므로, 직사광선을 피하고 분해방지제(안정제)로 인산(H_3PO_4), 요산($C_5H_4N_4O_3$)을 가한다.
- 분해 시 발생되는 산소(O_2)를 방출하기 위해 저장용기의 마개에는 작은 구멍이 있는 것을 사용한다.
- 고농도의 60% 이상은 충격·마찰에 의해 단독 분해폭발한다.

01 오황화린이 물과 작용해서 발생하는 유독성 기체는?

① 아황산가스   ② 포스겐

③ 황화수소   ④ 인화수소

02 인화점 70도 이상의 제4류 위험물을 저장하는 암반탱크저장소에 설치해야 하는 소화설비들로만 이루어진 것은? (단, 소화난이도등급 Ⅰ에 해당한다.)

① 물분무 소화설비 또는 고정식 포 소화설비

② 이산화탄소 소화설비 또는 물분무 소화설비

③ 할로겐화합물 소화설비 또는 이산화탄소 소화설비

④ 고정식 포 소화설비 또는 할로겐화합물 소화설비

03 이황화탄소 저장 시 물속에 저장하는 이유로 가장 옳은 것은?

① 공기 중 수소와 접촉하여 산화되는 것을 방지하기 위하여

② 공기와 접촉 시 환원하기 때문에

③ 가연성 증기 발생을 억제하기 위해서

④ 불순물을 제거하기 위하여

04 전기화재의 급수와 표시 색상을 옳게 나타낸 것은?

① C급 – 백색   ② D급 – 백색

③ C급 – 청색   ④ D급 – 청색

해설·정답 확인하기

01 황화린(제2류) : 삼황화린(P_4S_3), 오황화린(P_2S_5), 칠황화린(P_4S_7)
- 오황화린(P_2S_5)은 물, 알칼리와 반응하여 인산(H_3PO_4)과 황화수소(H_2S)의 유독성기체를 발생한다.

$$P_2S_5 + 8H_2O \rightarrow 2H_3PO_4 + 5H_2S\uparrow$$

02 소화난이도등급 Ⅰ의 암반탱크저장소에 설치해야 하는 소화설비

	유황만을 저장취급하는 것	물분무 소화설비
암반 탱크 저장소	인화점 70℃ 이상의 제4류 위험물만을 저장 취급하는 것	물분무 소화설비 또는 고정식 포 소화설비
	그 밖의 것	고정식 포 소화설비(포 소화설비가 적응성이 없는 경우에는 분말 소화설비)

03 이황화탄소(CS_2) : 제4류(인화성 액체, 특수인화물)
발화점 100℃, 액비중이 1.26으로 물보다 무겁고 물에 녹지 않아 가연성 증기의 발생을 방지하기 위해서 물속(수조)에 저장한다.

04

화재의 분류	종류	색상	소화방법
A급	일반화재	백색	냉각소화
B급	유류화재	황색	질식소화
C급	전기화재	청색	질식소화
D급	금속화재	무색	피복소화

정답 01 ③   02 ①   03 ③   04 ③

05 질식소화효과를 주로 이용하는 소화기는?

① 포소화기
② 강화액소화기
③ 수(물)소화기
④ 할로겐화합물소화기

06 폭발 시 연소파의 전파속도 범위에 가장 가까운 것은?

① 0.1~10m/s
② 100~1,000m/s
③ 2,000~3,500m/s
④ 5,000~10,000m/s

07 위험물안전관리법령상 위험물제조소등에서 전기설비가 있는 곳에 적응하는 소화설비는?

① 옥내소화전설비
② 스프링클러설비
③ 포소화설비
④ 할로겐화합물소화설비

08 산화제와 환원제를 연소의 4요소와 연관지어 연결한 것으로 옳은 것은?

① 산화제 – 산소공급원,
　환원제 – 가연물
② 산화제 – 가연물,
　환원제 – 산소공급원
③ 산화제 – 연쇄반응,
　환원제 – 점화원
④ 산화제 – 점화원,
　환원제 – 가연물

09 Halon 1301 소화약제에 대한 설명으로 틀린 것은?

① 저장용기에 액체상으로 충전한다.
② 화학식은 CF_3Br이다.
③ 비점이 낮아서 기화가 용이하다.
④ 공기보다 가볍다.

---

05 소화효과
① 포소화기 : 질식, 냉각효과
② 강화액, ③ 수(물)소화기 : 냉각효과
④ 할로겐화합물 : 부촉매(억제)효과

06 • 연소파 전파속도 : 0.1~10m/sec
• 폭굉 전파속도 : 1,000~3,500m/sec

07 전기화재(B급) 적응 소화설비
• 할로겐화합물 소화설비
• CO_2가스 소화설비
• 청정소화약제 소화설비
• 분말 소화설비
※ 물을 사용하는 소화설비는 전기설비를 손상시킬 우려가 있어 적합하지 않다.

08 1. 산화제
• 자신은 환원되고 다른 물질을 산화시키기 쉬운 물질
• 산소를 함유하고 있는 물질로서 산소 또는 발생기 산소를 내기 쉬우므로 산소공급원이 된다.
2. 환원제
• 자신은 산화되고 다른 물질을 환원시키기 쉬운 물질
• 자신이 산화가 잘된다는 것은 산소와 화합(결합)력이 매우 잘 되므로 연소가 잘되는 가연물이 된다.

09 Halon 1301(CF_3Br)
• 분자량 : $12+19×3+80=149$
• 증기비중 $= \dfrac{분자량}{29(공기의\ 평균\ 분자량)}$

$\qquad = \dfrac{149}{29} = 5.14$(공기보다 무겁다)

정답 05 ①　06 ①　07 ④　08 ①　09 ④

10 화재 발생 시 물을 이용한 소화가 효과적인 물질은?

① 트리메틸알루미늄
② 황린
③ 나트륨
④ 인화칼슘

11 위험물안전관리법령에 따른 제3류 위험물에 대한 화재예방 또는 소화의 대책으로 틀린 것은?

① 이산화탄소, 할로겐화합물, 분말소화약제를 사용하여 소화한다.
② 칼륨은 석유, 등유 등의 보호액 속에 저장한다.
③ 알킬알루미늄은 헥산, 톨루엔 등 탄화수소용제를 희석제로 사용한다.
④ 알킬알루미늄, 알킬리튬을 저장하는 탱크에는 불활성 가스의 봉입장치를 설치한다.

12 니트로셀룰로오스의 자연발화는 일반적으로 무엇에 기인한 것인가?

① 산화열
② 중합열
③ 흡착열
④ 분해열

13 옥내저장소에서 지정유기과산화물의 저장창고의 창 하나의 면적은 얼마 이내인가?

① 0.2m² 이내
② 0.4m² 이내
③ 0.6m² 이내
④ 0.8m² 이내

---

10 ① 트리메틸알루미늄[TMA, $(CH_3)_3Al$] : 제3류(금수성)
• $(CH_3)_3Al + 3H_2O \rightarrow Al(OH)_3 + 3CH_4\uparrow$(메탄)
• 소화 : 주수소화는 절대엄금, 팽창질석과 팽창진주암을 사용한다.
② 황린(P_4) : 제3류(자연발화성)
• 물에 녹지 않고 발화점(34℃)이 낮아 물속에 보관한다.
• 소화 : 다량의 물로 주수소화한다.
③ 나트륨(Na) : 제3류(자연발화성, 금수성)
• 화학적으로 활성도가 큰 금속으로 물과 반응 시 수소를 발생한다.
$2Na + H_2O \rightarrow 2NaOH + H_2\uparrow$(발열반응)
• 보호액 : 석유(유동파라핀, 등유, 경유)나 벤젠 속에 보관한다.
• 소화 : 마른 모래 등으로 질식소화한다.
④ 인화칼슘(Ca_3P_2) : 제3류(금수성)
• 물과 반응하여 가연성, 맹독성인 인화수소(PH_3 : 포스핀)를 발생한다.
$Ca_3P_2 + 6H_2O \rightarrow 3Ca(OH)_2 + 2PH_3\uparrow$
• 소화 : 마른 모래 등으로 피복소화(주수 및 포 소화약제는 절대엄금) 한다.

11 제3류 위험물(자연발화성, 금수성 물질)
• 적응성 있는 소화기 : 탄산수소소염류, 건조사, 팽창질석 또는 팽창진주암 등
• 적응성 없는 소화기 : 주수소화, CO_2, 할로겐화합물, 분말 소화약제 등

12 니트로셀룰로오스 : 제5류(자기반응성 물질)
※ 자연발화의 형태에 의한 분류
• 산화열 : 건성유, 원면, 석탄, 금속분, 기름걸레 등
• 분해열 : 셀룰로이드, 니트로셀룰로오스 등 제5류 위험물
• 흡착열 : 탄소분말(유연탄, 목탄), 활성탄 등
• 미생물열 : 퇴비, 먼지, 곡물, 퇴적물 등

13 지정과산화물 옥내저장소의 저장창고 기준
• 저장창고는 150m² 이내마다 격벽으로 완전하게 구획할 것
 － 격벽두께 : 철근콘크리트는 30cm 이상, 콘크리트블록조는 40cm 이상
 － 격벽의 돌출 : 저장창고 양측 외벽으로부터 1m 이상, 상부지붕으로부터 50cm 이상
• 저장창고 외벽의 두께 : 철근콘크리트는 20cm 이상, 콘크리트블록은 30cm 이상
• 저장창고 창의 높이 : 바닥으로부터 2m 이상, 하나의 창 면적 0.4m² 이내, 하나의 벽면 창의 면적의 합계는 벽 면적의 1/80 이내
※ 지정과산화물 : 제5류 중 유기과산화물 또는 이를 함유한 것으로서 지정수량이 10kg인 것

정답 10 ② 11 ① 12 ④ 13 ②

14 위험물안전관리법령상 옥내주유취급소의 소화난이도 등급은?

① I
② II
③ III
④ IV

15 다음 중 지정수량이 가장 작은 위험물은?

① 니트로글리세린
② 과산화수소
③ 트리니트로톨루엔
④ 피크린산

16 소화난이도등급 I에 해당하는 위험물제조소등이 아닌 것은? (단, 원칙적인 경우에 한하며 다른 조건은 고려하지 않는다.)

① 모든 이송취급소
② 연면적 600m²의 제조소
③ 지정수량의 150배인 옥내저장소
④ 액 표면적이 40m²인 옥외탱크저장소

17 위험물안전관리법상 위험물의 범위에 포함되는 물질은?

① 농도가 40중량퍼센트인 과산화수소 350kg
② 비중이 1.40인 질산 350kg
③ 직경 2.5mm의 막대 모양인 마그네슘 500kg
④ 순도가 55중량퍼센트인 유황 50kg

18 비스코스레이온 원료로서 비중이 약 1.3, 인화점이 약 −30℃이고, 연소 시 유독한 아황산가스를 발생시키는 위험물은?

① 황린
② 이황화탄소
③ 테레핀유
④ 장뇌유

---

14 주유취급소의 소화난이도등급
- 옥내주유취급소, 제2종 판매취급소 : 소화난이도등급 II
- 옥내주유취급소 외의 것 : 소화난이도등급 III

15 위험물의 지정수량
- 니트로글리세린[$C_3H_5(ONO_2)_3$] : 제5류(질산에스테르류) – 10kg
- 과산화수소(H_2O_2) : 제6류(산화성 액체) – 300kg
- 트리니트로톨루엔[$C_6H_2CH_3(NO_2)_3$, TNT] : 제5류(니트로화합물) – 200kg
- 피크린산[$C_6H_2OH(NO_2)_3$, TNP] 제5류(니트로화합물) – 200kg

16 소화난이도등급 I에 해당하는 제조소등의 연면적은 1,000m² 이상이며, 연면적이 600m²인 것은 II등급에 해당된다.

17 위험물 적용기준
① 과산화수소(H_2O_2) : 농도 36중량% 이상인 것
② 질산(HNO_3) : 비중 1.49 이상인 것
③ 마그네슘(Mg) : 2mm의 체를 통과하지 못하는 덩어리와 직경이 2mm 이상의 막대모양의 것은 제외한다.
④ 유황(S) : 순도 60중량% 이상의 것

18 이황화탄소(CS_2) : 제4류의 특수인화물, 지정수량 50L
- 인화점 30℃, 발화점 100℃, 연소범위 1.2~44%, 비중 1.26
- 휘발성, 인화성이 강하고 독성이 있으며, 연소 시 유독한 아황산가스를 발생한다.
  $CS_2 + 3O_2 \rightarrow CO_2\uparrow + 2SO_2\uparrow$ (아황산가스)
- 물보다 무겁고 물에 녹지 않으므로 가연성 증기 발생을 억제하기 위하여 물속에 저장한다.(옥외저장탱크에서 탱크전용실 수조의 철근콘크리트 바닥, 벽 두께 : 0.2m 이상)

정답 14 ② 15 ① 16 ② 17 ① 18 ②

19 충격이나 마찰에 민감하고 가수분해반응을 일으키는 단점을 가지고 있어 이를 개선하여 다이너마이트를 발명하는 데 주원료로 사용한 위험물은?

① 셀룰로이드
② 니트로글리세린
③ 트리니트로톨루엔
④ 트리니트로페놀

20 위험물저장소에서 다음과 같이 제3류 위험물을 저장하고 있는 경우 지정수량의 몇 배가 보관되어 있는가?

> • 칼륨 : 20kg
> • 황린 : 40kg
> • 칼슘의 탄화물 : 300kg

① 4   ② 5
③ 6   ④ 7

21 위험물안전관리법령상 자동화재탐지설비의 경계구역 하나의 면적은 몇 m² 이하이어야 하는가? (단, 원칙적인 경우에 한한다.)

① 250   ② 300
③ 400   ④ 600

22 제3류 위험물에 해당하는 것은?

① 유황   ② 적린
③ 황린   ④ 삼황화린

23 황분말과 혼합하였을 때 가열 또는 충격에 의해서 폭발할 위험이 가장 높은 것은?

① 질산암모늄   ② 물
③ 이산화탄소   ④ 마른모래

---

19 니트로글리세린[$C_3H_5(ONO_2)_3$] : 제5류(자기반응성)
• 상온에서 무색 액체지만 겨울에는 동결한다.
• 가열, 마찰, 충격에 민감하여 폭발하기 쉽다.
• 규조토와 니트로글리세린을 혼합시켜 다이너마이트를 제조한다.

20 제3류(금수성, 자연발화성)의 지정수량
• 칼륨(K) 10kg, 황린(P_4) 20kg, 칼슘의 탄화물 300kg
• 지정수량 배수의 합

$$= \frac{A품목\ 저장수량}{A품목\ 지정수량} + \frac{B품목\ 저장수량}{B품목\ 지정수량} + \cdots\cdots$$

$$= \frac{20kg}{10kg} + \frac{40kg}{20kg} + \frac{300kg}{300kg} = 5배$$

21 자동화재탐지설비의 설치기준
• 하나의 경계구역은 건축물이 2개 이상의 층에 걸치지 않을 것 (단, 하나의 경계구역 면적이 500m² 이하 또는 계단, 승강로에 연기감지기 설치 시 제외)
• 하나의 경계구역 면적은 600m² 이하로 하고, 한 변의 길이가 50m(광전식 분리형 감지기 설치 : 100m) 이하로 할 것(단, 당해 소방대상물의 주된 출입구에서 그 내부 전체를 볼 수 있는 경우 1,000m² 이하로 할 수 있음)
• 자동화재탐지설비의 감지기는 지붕 또는 옥내는 천장 윗부분에서 유효하게 화재 발생을 감지할 수 있도록 설치할 것
• 자동화재탐지설비에는 비상전원을 설치할 것

22 • 제2류(가연성 고체) : 유황, 적린, 삼황화린
• 제3류(자연발화성 물질) : 황린

23 황(제2류, 가연성 고체)와 질산암모늄(제1류, 산화성 고체)의 위험물이 서로 혼합하여 화약 원료에 사용되므로 연소 및 폭발 위험성이 매우 커진다.

24 유별을 달리하는 위험물을 운반할 때 혼재할 수 있는 것은?(단, 지정수량의 1/10을 넘는 양을 운반하는 경우이다.)

① 제1류와 제3류
② 제2류와 제4류
③ 제3류와 제5류
④ 제4류와 제6류

25 제2석유류에 해당하는 물질로만 짝지어진 것은?

① 등유, 경유
② 등유, 중유
③ 글리세린, 기계유
④ 글리세린, 장뇌유

26 위험물제조소등의 용도폐지 신고에 대한 설명으로 옳지 않은 것은?

① 용도폐지 후 30일 이내에 신고하여야 한다.
② 완공검사필증을 첨부한 용도폐지 신고서를 제출하는 방법으로 신고한다.
③ 전자문서로 된 용도폐지 신고서를 제출하는 경우에도 완공검사필증을 제출하여야 한다.
④ 신고의무의 주체는 해당 제조소등의 관계인이다.

27 위험물의 저장 및 취급방법에 대한 설명으로 틀린 것은?

① 적린은 화기와 멀리하고 가열, 충격이 가해지지 않도록 한다.
② 이황화탄소는 발화점이 낮으므로 물속에 저장한다.
③ 마그네슘은 산화제와 혼합되지 않도록 취급한다.
④ 알루미늄분은 분진폭발의 위험이 있으므로 분무주수하여 저장한다.

24 서로 혼재 운반이 가능한 위험물(꼭 암기할 것)
- ④와 ②, ③ : 4류와 2류, 4류와 3류
- ⑤와 ②, ④ : 5류와 2류, 5류와 4류
- ⑥과 ① : 6류와 1류

25 제4류 위험물(인화성 액체)
- 제2석유류(1기압에서 인화점이 21℃ 이상 70℃ 미만) : 등유, 경유, 장뇌유
- 제3석유류 : 중유, 글리세린
- 제4석유류 : 기계유

26 위험물안전관리법 제11조(제조소등의 폐지)
제조소등의 관계인(소유자·점유자 또는 관리자)은 당해 제조소등의 용도를 폐지한 때에는 행정부령이 정하는 바에 따라 제조소등의 용도를 폐지한 날로부터 14일 이내에 시·도지사에게 신고해야 한다.

27 알루미늄분(Al) : 제2류(가연성 고체)
- 은백색의 경금속으로 연소 시 많은 열을 발생한다.
- 분진폭발의 위험이 있으며 수분 및 할로겐원소와 접촉 시 자연발화의 위험이 있다.
- 테르밋(Al 분말+Fe_2O_3) 용접에 사용된다(점화제 : BaO_2).
- 수증기(H_2O)와 반응하여 수소($H_2\uparrow$)를 발생한다.
   $2Al+6H_2O \rightarrow 2Al(OH)_3+3H_2\uparrow$
- 주수소화는 절대엄금, 마른 모래 등으로 피복소화한다.

28 액화 이산화탄소 1kg이 25℃, 2atm의 공기 중으로 방출되었을 때 방출된 기체상태의 이산화탄소의 부피는 약 몇 L가 되는가?

① 278　　　　　② 556
③ 1,111　　　　④ 1,985

29 가연성 액체의 연소형태를 옳게 설명한 것은?

① 증발성이 낮은 액체일수록 연소가 쉽고 연소 속도가 빠르다.
② 연소범위 하한보다 낮은 범위에서도 점화원이 있으면 연소한다.
③ 가연성 액체의 증발연소는 액면에서 발생하는 증기가 공기와 혼합하여 연소하기 시작한다.
④ 가연성 증기의 농도가 연소범위 상한보다 높으면 연소의 위험이 높다.

30 1몰의 이황화탄소와 고온의 물이 반응하여 생성되는 독성기체물질의 부피는 표준상태에서 얼마인가?

① 22.4l　　　② 44.8l
③ 67.2l　　　④ 134.4l

31 위험물안전관리법령상 분말소화설비의 기준에서 규정한 전역방출방식 또는 국소방출방식 분말소화설비의 가압용 또는 축압용 가스에 해당하는 것은?

① 네온가스　　② 아르곤가스
③ 수소가스　　④ 이산화탄소가스

32 제3종 분말소화약제의 열분해 반응식을 옳게 나타낸 것은?

① $NH_4H_2PO_4 \rightarrow HPO_3 + NH_3 + H_2O$
② $2KNO_3 \rightarrow 2KNO_2 + O_2$
③ $KClO_4 \rightarrow KCl + 2O_2$
④ $2CaHCO_3 \rightarrow 2CaO + H_2CO_3$

---

28 이상기체상태방정식

$$PV = nRT = \frac{W}{M}RT$$

$$V = \frac{WRT}{PM}$$

$$= \frac{1000 \times 0.082 \times (273+25)}{2 \times 44}$$

$$= 277.68L$$

| P : 압력(atm)　　　　V : 부피(l) |
| n : 몰수$\left(=\frac{W}{M}=\frac{질량(g)}{분자량}\right)$ |
| R : 기체상수(0.082atm·l/mol·K) |
| T(K) : 절대온도(273+t℃) |

29 가연성 액체의 연소형태
• 액체 자체가 타는 것이 아니라 발생되는 증기가 공기와 혼합하였을 때 연소하기 시작한다.
• 증발성이 큰 액체일수록 연소가 쉽고 연소속도가 빠르다.
• 연소범위는 하한보다 낮거나 상한보다 높을 때는 연소하지 않으며 연소범위 안에서만 연소한다.

30 이황화탄소(CS_2) : 제4류의 특수인화물(인화성 액체)
• 이황화탄소와 고온의 물과의 반응식
　　$CS_2 + 2H_2O \rightarrow CO_2 + 2H_2S$
　　1mol　　　　:　　　2×22.4L
∴ 독성가스 : 황화수소(H_2S) 2×22.4L=44.8L

31 분말소화설비의 가압용 및 축압용 가스 : 질소(N_2), 이산화탄소(CO_2)

32 분말소화약제의 열분해반응식

종별	약제명	색상	적응화재	열분해 반응식
제1종	탄산수소나트륨 ($NaHCO_3$)	백색	B, C급	$2NaHCO_3$ $\rightarrow Na_2CO_3 + CO_2 + H_2O$
제2종	탄산수소칼륨 ($KHCO_3$)	담자(회)색	B, C급	$2KHCO_3$ $\rightarrow K_2CO_3 + CO_2 + H_2O$
제3종	제1인산 암모늄 ($NH_4H_2PO_4$)	담홍색	A, B, C급	$NH_4H_2PO_4$ $\rightarrow HPO_3 + NH_3 + H_2O$
제4종	탄산수소칼륨 +요소 [$KHCO_3$ +$(NH_2)_2CO$]	회색	B, C급	$2KHCO_3 + (NH_2)_2CO$ $\rightarrow K_2CO_3 + 2NH_3 + 2CO_2$

28 ①　**29** ③　**30** ②　**31** ④　**32** ①

33 위험물안전관리법령에 따른 스프링클러헤드의 설치방법에 대한 설명으로 옳지 않은 것은?

① 개방형 헤드는 반사판으로부터 하방으로 0.45m, 수평방향으로 0.3m 공간을 보유할 것

② 폐쇄형 헤드는 가연성 물질 수납부분에 설치 시 반사판으로부터 하방으로 0.9m, 수평방향으로 0.4m의 공간을 확보할 것

③ 폐쇄형 헤드 중 개구부에 설치하는 것은 해당 개구부의 상단으로부터 높이 0.15m 이내의 벽면에 설치할 것

④ 폐쇄형 헤드 설치 시 급배기용 덕트의 긴 변의 길이가 1.2m를 초과하는 것이 있는 경우에는 해당 덕트의 윗부분에만 헤드를 설치할 것

34 흑색화약의 원료로 사용되는 위험물의 유별을 옳게 나타낸 것은?

① 제1류, 제2류
② 제1류, 제4류
③ 제2류, 제4류
④ 제4류, 제5류

35 아염소산염류 500kg과 질산염류 3,000kg을 함께 저장하는 경우 위험물의 소요단위는 얼마인가?

① 2
② 4
③ 6
④ 8

36 과산화칼륨과 과산화마그네슘이 염산과 각각 반응했을 때 공통으로 나오는 물질의 지정수량은?

① 50L
② 100kg
③ 300kg
④ 1000L

---

33 ④ 급배기용 덕트 등의 긴 변의 길이가 1.2m를 초과하는 것이 있는 경우에는 당해 덕트등의 아랫면에도 스프링클러헤드를 설치할 것

34 • 흑색화약＝질산칼륨(75%)＋유황(10%)＋목탄(15%) 등을 혼합하여 제조한다.
• $2KNO_3 + 3C + S \rightarrow K_2S + 3CO_2 + N_2$
• 질산칼륨(KNO_3) : 제1류(산화성 고체)
• 유황(S) : 제2류(가연성 고체)

35 • 위험물의 소요 1단위 : 지정수량의 10배
• 제1류 위험물(산화성 고체)의 지정수량 : 아염소산염류 50kg, 질산염류 300kg

• 지정수량의 배수의 합＝$\dfrac{500kg}{50kg} + \dfrac{3,000kg}{300kg} = 20$배

∴ 소요단위＝$\dfrac{지정수량의 \ 배수의 \ 합}{10} = \dfrac{20}{10} = 2$단위

36 과산화칼륨(K_2O_2), 과산화마그네슘(MgO_2) : 제1류(무기과산화물)
• 무기과산화물＋산 → 과산화수소(H_2O_2) 생성
　$K_2O_2 + 2HCl \rightarrow 2KCl + H_2O_2$
　$MgO_2 + 2HCl \rightarrow MgCl_2 + H_2O_2$
• 공통으로 생성된 과산화수소(H_2O_2)는 제6류 위험물로 지정수량 300kg이다.

37 질산이 직사일광에 노출될 때 어떻게 되는가?

① 분해되지는 않으나 붉은색으로 변한다.
② 분해되지는 않으나 녹색으로 변한다.
③ 분해되어 질소를 발생한다.
④ 분해되어 이산화질소를 발생한다.

38 위험물안전관리법령상 제6류 위험물에 해당하는 것은?

① 아세톤
② 질산염류
③ 적린
④ 할로겐간화합물

39 과산화나트륨 78g과 물이 반응하여 생성되는 기체의 종류와 생성량을 옳게 나타낸 것은?

① 수소, 1g   ② 산소, 16g
③ 수소, 2g   ④ 산소, 32g

40 지정수량 20배의 알코올류를 저장하는 옥외탱크저장소의 경우 펌프실 외의 장소에 설치하는 펌프설비의 기준으로 옳지 않은 것은?

① 펌프설비 주위에는 3m 이상의 공지를 보유한다.
② 펌프설비 그 직하의 지반면 주위에 높이 0.15m 이상의 턱을 만든다.
③ 펌프설비 그 직하의 지반면의 최저부에는 집유설비를 만든다.
④ 집유설비에는 위험물이 배수구에 유입되지 않도록 유분리장치를 만든다.

---

37 질산(HNO_3) : 제6류(산화성 액체)
- 질산은 산화력이 강한 산성으로서 직사광선에 분해하여 황갈색의 유독성인 이산화질소($NO_2\uparrow$)를 발생시킨다.

$$4HNO_3 \rightarrow 2H_2O + 4NO_2\uparrow + O_2\uparrow$$

- 보관 시 갈색병에 넣어 통풍이 양호한 냉암소에 보관한다.

38 ① 아세톤 : 제4류
② 질산염류 : 제1류
③ 적린 : 제2류
④ 할로겐간화합물 : 제6류
※제6류 위험물(산화성 액체)

종류	위험등급	품명	지정수량
산화성 액체	I	• 과염소산($HClO_4$) • 과산화수소(H_2O_2):순도 36wt% 이상 • 질산(HNO_3):비중 1.49 이상 • 할로겐간 화합물(BrF_3, BrF_5, IF_5 등)	300kg

39 과산화나트륨(Na_2O_2) : 제1류의 무기과산화물(금수성)

$$2Na_2O_2 + 2H_2O \rightarrow 4NaOH + O_2\uparrow$$

$2 \times 78g$: $32g$
$78g$: x

$$\therefore x = \frac{78 \times 32}{2 \times 78} = 16g(O_2량)$$

(Na_2O_2분자량 : $23 \times 2 + 16 \times 2 = 78$)

40 펌프실의 바닥의 주위에는 높이 0.2m 이상의 턱을 만들고 바닥은 콘크리트 등 위험물이 스며들지 아니하는 재료로 적당히 경사지게 하여 그 최저부에는 집유설비를 설치할 것

정답 37 ④   38 ④   39 ②   40 ②

41 물이 소화약제로 쓰이는 이유로 가장 거리가 먼 것은?

① 쉽게 구할 수 있다.
② 제거소화가 잘 된다.
③ 취급이 간편하다.
④ 기화잠열이 크다.

42 위험물안전관리법에서 정한 정전기를 유효하게 제거할 수 있는 방법에 해당하지 않는 것은?

① 위험물 이송 시 배관 내 유속을 빠르게 하는 방법
② 공기를 이온화 하는 방법
③ 접지에 의한 방법
④ 공기 중의 상대 습도를 70% 이상으로 하는 방법

43 칼륨이 에틸알코올과 반응할 때 나타나는 현상은?

① 산소가스를 생성한다.
② 칼륨에틸레이트를 생성한다.
③ 칼륨과 물이 반응할 때와 동일한 생성물이 나온다.
④ 에틸알코올이 산화되어 아세트알데히드를 생성한다.

44 니트로셀룰로오스의 저장·취급방법으로 틀린 것은?

① 직사광선을 피해 저장한다.
② 되도록 장기간 보관하여 안정화된 후에 사용한다.
③ 유기과산화물류, 강산화제와의 접촉을 피한다.
④ 건조 상태에 이르면 위험하므로 습한 상태를 유지한다.

41 물이 소화약제로 사용되는 이유(냉각소화)
- 물의 기화잠열(539kcal/kg)과 비열(1kcal/kg·℃)이 크다.
- 쉽게 구할 수 있고 취급이 간편하다.
- 펌프, 호스 등으로 이송이 용이하고 경제적이다.

42 정전기 제거 방법 : ②, ③, ④항 이외에
- 유속을 1m/s 이하로 유지할 것
- 제진기를 설치할 것

43 알칼리금속(K, Na)＋알코올 → 수소(H_2↑)기체 발생
- $2K + 2C_2H_5OH \rightarrow 2C_2H_5OK$(칼륨에틸레이트)$+ H_2$↑
- $2Na + 2C_2H_5OH \rightarrow 2C_2H_5ONa$(나트륨에틸레이트)$+ H_2$↑

44 니트로셀룰로오스[$C_6H_7O_2(ONO_2)_3$]n : 제5류(자기반응성)
- 직사광선, 산, 알칼리에 분해하여 자연발화한다.
- 질화도(질소함유물)가 클수록 분해도, 폭발성이 증가한다.
- 장기간 보관 시 자연발화 위험성이 증가하므로 저장, 운반 시 물(20%) 또는 알코올(30%)로 습윤시킨다.
- 건조된 상태에서 타격, 마찰 등에 의해 폭발 위험성이 있다.
- 강산화제, 유기과산화물류 등과 혼촉 시 발화폭발한다.

45 이황화탄소의 옥외탱크저장소에서 탱크전용실(수조)은 물이 새지 않는 철근콘크리트 구조로 만들어야 한다. 이때 수조의 벽, 바닥의 두께는 얼마 이상으로 해야 하는가?

① 0.1m   ② 0.2m
③ 0.5m   ④ 1m

46 위험물안전관리법령에서 정한 '물분무등 소화설비'의 종류에 속하지 않는 것은?

① 스크링클러설비
② 포소화설비
③ 분말소화설비
④ 불활성가스소화설비

47 위험물안전관리법령에서 정한 특수인화물의 발화점 기준으로 옳은 것은?

① 1기압에서 100℃ 이하
② 0기압에서 100℃ 이하
③ 1기압에서 25℃ 이하
④ 0기압에서 25℃ 이하

48 다음 아세톤의 완전연소반응식에서 ( ) 안에 알맞은 계수를 차례대로 옳게 나타낸 것은?

$$CH_3COCH_3 + (\ )O_2 \rightarrow (\ )CO_2 + 3H_2O$$

① 3, 4   ② 4, 3
③ 6, 3   ④ 3, 6

49 트리니트로톨루엔의 작용기에 해당하는 것은?

① $-NO$ ② $-NO_2$
③ $-NO_3$ ④ $-NO_4$

---

45 이황화탄소(CS_2) : 제4류 특수인화물의 인화성 액체로 물보다 무겁고 물에 녹지 않으므로 가연성 증기 발생을 억제하기 위하여 물속(수조)에 저장한다.

※ 탱크 전용실(수조)의 구조
• 재질 : 철근콘크리트(바닥은 물이 새지 않는 구조)
• 벽·바닥의 두께 : 0.2m 이상

46 물분무 등 소화설비 : 물분무소화설비, 포소화설비, 분말소화설비, 할로겐화합물소화설비, 불활성가스소화설비

47 제4류 위험물 중 특수인화물의 정의
• 1기압에서 발화점이 100℃ 이하
• 1기압에서 인화점이 -20℃ 이하이고, 비점이 40℃ 이하
• 지정품목 : 이황화탄소, 디에틸에테르
• 지정수량 : 50l

48 아세톤(CH_3COCH_3)의 완전연소반응식
$$CH_3COCH_3 + 4O_2 \rightarrow 3CO_2 + 3H_2O$$

49 트리니트로톨루엔[$C_6H_2CH_3(NO_2)_3$, TNT] : 제5류(자기반응성), 지정수량 200kg
• 진한황산(탈수작용) 촉매하에 톨루엔과 질산을 반응시켜 니트로화 반응하여 얻는다.

(톨루엔)   (질산)   (TNT)   (물)

정답 45 ②   46 ①   47 ①   48 ②   49 ②

50 다음 중 착화점에 대한 설명으로 가장 옳은 것은?

① 연소가 지속될 수 있는 최저 온도
② 점화원과 접촉했을 때 발화하는 최저 온도
③ 외부의 점화원 없이 발화하는 최저 온도
④ 액체 가연물에서 증기가 발생할 때의 온도

51 위험물안전관리법령상 취급소에 해당되지 않는 것은?

① 주유취급소
② 옥내취급소
③ 이송취급소
④ 판매취급소

52 다음 중 일반적으로 자연발화의 위험성이 가장 낮은 장소는?

① 온도 및 습도가 높은 장소
② 습도 및 온도가 낮은 장소
③ 습도는 높고, 온도는 낮은 장소
④ 습도는 낮고, 온도는 높은 장소

53 염소산칼륨과 염소산나트륨의 성질에 대한 설명 중 옳지 않은 것은?

① 융점 이상 가열하면 산소를 방출한다.
② 유황, 목탄, 유기물 등과의 혼합은 연소의 우려가 있다.
③ 무색이나 백색의 분말로 물에 녹지 않는다.
④ 산과 반응하거나 중금속의 혼합은 폭발의 위험이 있다.

50 • 연소점 : 연소가 지속될 수 있는 최저 온도
• 인화점 : 점화원과 접촉했을 때 발화하는 최저 온도
• 발화점(착화점) : 외부의 점화원 없이 발화하는 최저 온도
• 포화온도 : 액체 가연물에서 증기가 발생할 때의 온도

51 취급소의 구분
• 주유취급소
• 판매취급소
• 이송취급소
• 일반취급소

52 자연발화 방지대책
• 직사광선을 피하고 저장실 온도를 낮출 것
• 습도 및 온도를 낮게 유지하여 미생물활동에 의한 열발생을 낮출 것
• 통풍 및 환기 등을 잘하여 열축적을 방지할 것

53 ① 가열 시 산소를 방출한다.
$$2KClO_3 \xrightarrow{\Delta} 2KCl + 3O_2 \uparrow (산소)$$
$$2NaClO_3 \xrightarrow{\Delta} 2NaCl + 3O_2 \uparrow (산소)$$
② 제1류 위험물은 산화성 고체이므로 가연물(유황, 목탄), 유기물과 혼합 시 연소 우려가 있다.
③ 염소산칼륨 : 냉수, 알코올에 잘 녹지 않으나 온수 및 글리세린에 잘 녹는다.
• 염소산나트륨 : 물, 알코올, 글리세린에 잘 녹는다.
④ 산과 반응하여 독성과 폭발성이 강한 이산화염소(ClO_2)를 발생한다.
$$6KClO_3 + 3H_2SO_4 \rightarrow 3K_2SO_4 + 2HClO_4 + 4ClO_2 \uparrow + 2H_2O$$
$$2NaClO_3 + 2HCl \rightarrow 2NaCl + 2ClO_2 \uparrow + H_2O_2$$

정답 50 ③ 51 ② 52 ② 53 ③

54 다음에서 나열한 위험물의 공통성질을 옳게 설명한 것은?

> 나트륨, 황린, 트리에틸알루미늄

① 상온, 상압에서 고체의 형태를 나타낸다.
② 상온, 상압에서 액체의 형태를 나타낸다.
③ 금수성 물질이다.
④ 자연발화의 위험이 있다.

55 다음은 위험물탱크의 공간용적에 관한 내용이다. 괄호 안에 들어갈 숫자를 차례대로 나열한 것은? (단, 소화설비를 설치하는 경우와 암반탱크는 제외한다.)

> 탱크 공간용적은 내용적의 $\dfrac{(\ \ )}{100} \sim \dfrac{(\ \ )}{100}$ (으)로 할 수 있다.

① 5, 10
② 5, 15
③ 10, 15
④ 10, 20

56 위험물안전관리법령에서 정한 소화설비의 설치 기준에 따라 다음 괄호 안에 알맞은 숫자를 차례대로 나타낸 것은?

> 제조소등에 전기설비(전기배선, 조명기구 등은 제외)가 설치된 경우에는 당해 장소의 면적 (　　)m^2마다 소형수동식 소화기를 (　　)개 이상 설치할 것

① 50, 1
② 50, 2
③ 100, 1
④ 100, 2

57 그림의 원통형 종으로 설치된 탱크에서 공간용적을 내용적의 10%라고 하면 탱크용량(허가용량)은 약 얼마인가?

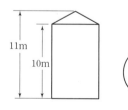

① 113.04
② 124.34
③ 129.06
④ 138.16

---

54 제3류 위험물(자연발화성 및 금수성 물질)

분류	나트륨	황린	트리에틸알루미늄
화학식	Na	P_4	$(C_2H_5)_3Al$
금수성	있음	없음	있음
자연발화성	있음	있음	있음

55 저장탱크의 용량＝탱크의 내용적－탱크의 공간용적
- 탱크의 용량범위 : 90~95%
- 탱크의 공간용적 : 내용적의 $\dfrac{5}{100} \sim \dfrac{10}{100}$(5~10%)

56 제조소등의 전기설비의 소화설비
- 소형수동식소화기 : 바닥면적 100m^2마다 1개 이상 설치

57 원통형(종형) 탱크의 내용적(V)

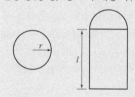

- $V = \pi r^2 l$
  $= 3.14 \times 2^2 \times 10$　　$\begin{bmatrix} r : 2m \\ l : 10m \end{bmatrix}$
  $= 125.6m^3$
- 탱크의 공간용적이 10%이므로,
  ∴ 탱크의 용량(m^3)＝$125.6m^3 \times 0.9 = 113.04m^3$

58 글리세린은 제 몇 석유류에 해당하는가?

① 제1석유류
② 제2석유류
③ 제3석유류
④ 제4석유류

59 위험물안전관리법령에 따른 옥외소화전설비의 설치기준에 대해 괄호 안에 알맞은 수치를 차례대로 나타낸 것은?

옥외소화전설비는 모든 옥외소화전(설치개수가 4개 이상인 경우는 4개의 옥외소화전)을 동시에 사용할 경우에 각 노즐선단의 방수압력이 (　　)kPa 이상이고, 방수량이 1분당 (　　)L 이상의 성능이 되도록 할 것

① 350, 260
② 300, 260
③ 350, 450
④ 300, 450

60 비중은 0.86이고 은백색의 무른 경금속으로 보라색 불꽃을 내면서 연소하는 제3류 위험물은?

① 칼슘
② 나트륨
③ 칼륨
④ 리튬

58 글리세린[$C_3H_5(OH)_3$] : 제4류, 제3석유류(수용성), 지정수량 4,000l
- 무색, 단맛이 있고 흡습성과 점성이 있는 액체이다.
- 물, 알코올에 잘 녹고, 벤젠, 에테르에는 녹지 않는다.
- 독성이 없는 3가 알코올이며 화장품연료에 사용한다.

59 옥외소화전설비 설치기준

수평거리	방사량	방사압력	수원의 양(Q : m^3)
40m 이하	450(L/min) 이상	350(kPa) 이상	Q=N(소화전 개수 : 최소 2개, 최대 4개) ×13.5m^3(450L/min×30min)

60 칼륨(K) : 제3류(자연발화성 및 금수성), 지정수량 10kg
- 은백색 경금속으로 비중 0.86, 융점 63.7℃, 비점 774℃이다.
- 흡습성, 조해성이 있고 물 또는 알코올에 반응하여 수소(H_2↑)를 발생시킨다.
  $2K+2H_2O \rightarrow 2KOH+H_2\uparrow$ (주수소화 절대엄금)
  $2K+2C_2H_5OH \rightarrow 2C_2H_5OK+H_2\uparrow$
- 보호액으로 석유(유동파라핀, 등유, 경유)나 벤젠 속에 보관한다.
- 가열 시 보라색 불꽃을 내면서 연소한다.
  $4K+O_2 \rightarrow 2K_2O$
- 소화 시 마른 모래(건조사) 등으로 질식소화한다.

※ 불꽃반응 색상

종류	칼륨(K)	나트륨(Na)	리튬(Li)	칼슘(Ca)
불꽃 색상	보라색	노란색	적색	주홍색

정답　**58** ③　**59** ③　**60** ③

기출문제 2021년 │ 제4회

---

01 위험물안전관리법령상 운반차량에 혼재해서 적재할 수 없는 것은? (단, 각각의 지정수량은 10배인 경우이다.)

① 염소화규소화합물 – 특수인화물
② 고형 알코올 – 니트로화합물
③ 염소산염류 – 질산
④ 질산구아니딘 – 황린

02 정기점검 대상 제조소등에 해당하지 않는 것은?

① 이동탱크저장소
② 지정수량 120배의 위험물을 저장하는 옥외저장소
③ 지정수량 120배의 위험물을 저장하는 옥내저장소
④ 이송취급소

03 위험물의 인화점에 대한 설명으로 옳은 것은?

① 톨루엔이 벤젠보다 낮다.
② 피리딘이 톨루엔보다 낮다.
③ 벤젠이 아세톤보다 낮다.
④ 아세톤이 피리딘보다 낮다.

04 다음 중 산화성 고체 위험물에 속하지 않는 것은?

① Na_2O_2 ② $HClO_4$
③ NH_4ClO_4 ④ $KClO_3$

해설·정답 확인하기

01 ① 염소화규소화합물(제3류) – 특수인화물(제4류)
② 고형 알코올(제2류) – 니트로화합물(제5류)
③ 염소산염류(제1류) – 질산(제6류)
④ 질산구아니딘(제5류) – 황린(제3류)
※ 서로 혼재 운반이 가능한 위험물(꼭 암기할 것)
· ④와 ②, ③ : 4류와 2류, 4류와 3류
· ⑤와 ②, ④ : 5류와 2류, 5류와 4류
· ⑥과 ① : 6류와 1류

02 정기점검 대상인 제조소등
· 지정수량의 10배 이상의 위험물을 취급하는 제조소
· 지정수량의 100배 이상의 위험물을 저장하는 옥외저장소
· 지정수량의 150배 이상의 위험물을 저장하는 옥내저장소
· 지정수량의 200배 이상을 위험물을 저장하는 옥외탱크저장소
· 암반탱크저장소
· 이송취급소
· 지정수량의 10배 이상의 위험물 취급하는 일반취급소
· 지하탱크저장소
· 이동탱크저장소
· 위험물을 취급하는 탱크로서 지하에 매설된 탱크가 있는 제조소·주유취급소 또는 일반취급소

03 제4류 제1석유류의 인화점

품명	아세톤	벤젠	톨루엔	피리딘
화학식	CH_3COCH_3	C_6H_6	$C_6H_5CH_3$	C_5H_5N
인화점	$-18℃$	$-11℃$	$4℃$	$20℃$

04 · 제1류(산화성 고체) : 과산화나트륨(Na_2O_2), 과염소산암모늄(NH_4ClO_4), 염소산칼륨($KClO_3$)
· 제6류(산화성 액체) : 과염소산($HClO_4$)

정답   01 ④   02 ③   03 ④   04 ②

05 위험물안전관리법령상 위험물을 유별로 정리하여 저장하면서 서로 1m 이상의 간격을 두면 동일한 옥내저장소에 저장할 수 있는 경우는?

① 제1류 위험물과 제3류 위험물 중 금수성 물질을 저장하는 경우

② 제1류 위험물과 제4류 위험물을 저장하는 경우

③ 제1류 위험물과 제6류 위험물을 저장하는 경우

④ 제2류 위험물 중 금속분과 제4류 위험물 중 동식물유류를 저장하는 경우

06 다음 중 제4류 위험물의 화재 시 물을 이용한 소화를 시도하기 전에 고려해야 하는 위험물의 성질로 가장 옳은 것은?

① 수용성, 비중

② 증기비중, 끓는점

③ 색상, 발화점

④ 분해온도, 녹는점

07 폭발의 종류에 따른 물질이 잘못된 것은?

① 분해폭발 - 아세틸렌, 산화에틸렌

② 분진폭발 - 금속분, 밀가루

③ 중합폭발 - 시안화수소, 염화비닐

④ 산화폭발 - 히드라진, 과산화수소

08 소화약제로서 물의 단점인 동결현상을 방지하기 위하여 주로 사용되는 물질은?

① 에틸알코올

② 글리세린

③ 탄산칼슘

④ 에틸렌글리콜

05
- 제1류 위험물(알칼리금속의 과산화물 또는 이를 함유한 것을 제외)과 제5류 위험물을 저장하는 경우
- 제1류 위험물과 제6류 위험물을 저장하는 경우
- 제1류 위험물과 제3류 위험물 중 자연발화성 물질(황린 또는 이를 함유한 것에 한함)을 저장하는 경우
- 제2류 위험물 중 인화성 고체와 제4류 위험물을 저장하는 경우
- 제3류 위험물 중 알킬알루미늄 등과 제4류 위험물(알킬알루미늄 또는 알킬리튬을 함유한 것에 한함)을 저장하는 경우
- 제4류 위험물과 제5류 위험물 중 유기과산화물 또는 이를 함유한 것을 저장하는 경우

06 제4류 위험물(인화성 액체) - 유류화재(B급화재)
- 대체적으로 비수용성 유류화재로서 봉상주수를 할 경우 비중이 물보다 가벼워 연소면을 확대할 우려가 있다.
- 수용성 : 알코올포, 주수소화도 가능하다.
- 일반적으로 포소화약제, 물분무 등이 적합하다.

07 폭발의 종류
- 분해폭발 : 아세틸렌, 산화에틸렌, 과산화물, TNT
- 분진폭발 : 밀가루, 담뱃가루, 석탄가루, 먼지, 전분, 금속분류
- 중합폭발 : 염화비닐, 시안화수소
- 분해ㆍ중합폭발 : 산화에틸렌
- 산화폭발 : 압축가스(수소), 액화가스(LPG, LNG)

08 에틸렌글리콜[$C_2H_4(ON)_2$] : 제4류 제3석유류
- 무색, 단맛이 나는 액체로서 독성이 있고 흡습성이 있다.
- 물, 알코올, 아세톤에 잘 녹고 에테르, 벤젠, CS_2에는 녹지 않는다.
- 독성이 있는 2가 알코올이며, 물과 혼합하여 부동액에 사용한다.

정답 05 ③ 06 ① 07 ④ 08 ④

09 혼합물인 위험물이 복수의 성상을 가지는 경우에 적용하는 품명에 관한 설명으로 틀린 것은?

① 산화성 고체의 성상 및 가연성 고체의 성상을 가지는 경우 : 산화성 고체의 품명
② 산화성 고체의 성상 및 자기반응성 물질의 성상을 가지는 경우 : 자기반응성 물질의 품명
③ 가연성 고체의 성상과 자연발화성 물질의 성상 및 금수성 물질의 성상을 가지는 경우 : 자연발화성 물질 및 금수성 물질의 품명
④ 인화성 액체의 성상 및 자기반응성 물질의 성상을 가지는 경우 : 자기반응성 물질의 품명

10 다음 중 연소의 3요소를 모두 갖춘 것은?

① 휘발유＋공기＋수소
② 적린＋수소＋성냥불
③ 성냥불＋황＋염소산암모늄
④ 알코올＋수소＋염소산암모늄

11 셀룰로이드에 대한 설명으로 옳은 것은?

① 질소가 함유된 무기물이다.
② 질소가 함유된 유기물이다.
③ 유기의 염화물이다.
④ 무기의 염화물이다.

12 과염소산암모늄에 대한 설명으로 옳은 것은?

① 물에 용해되지 않는다.
② 청녹색의 침상결정이다.
③ 130℃에서 분해하기 시작하여 CO_2 가스를 방출한다.
④ 아세톤, 알코올에 용해된다.

09 위험물이 2가지 이상의 성상을 가지는 복수성상품일 경우 유별 분류기준
• 산화성 고체(1류)＋가연성 고체(2류) → 제2류
• 산화성 고체(1류)＋자기반응성 물질(5류) → 제5류
• 가연성 고체(2류)＋자기발화성 및 금수성 물질(3류) → 제3류
• 자연발화성 및 금수성 물질(3류)＋인화성 액체(4류) → 제3류
• 인화성 액체(4류)＋자기반응성 물질(5류) → 제5류
※ 복수성상 유별 우선순위 : 제1류〈제2류〈제4류〈제3류〈제5류

10 ③ 성냥불(점화원)＋황(가연물)＋염소산암모늄(NH_4ClO_3)(산소)
※ 연소의 3요소와 4요소
• 연소의 3요소 : 가연물＋산소＋점화원
• 연소의 4요소 : 가연물＋산소＋점화원＋연쇄반응

11 셀룰로이드 : 제5류의 질산에스테르류, 지정수량 10kg
• 무색 또는 황색의 반투명 고체로서 질소를 함유한 유기화합물이다.
• 가소제로서 니트로셀룰로오스(75%)와 장뇌(25%)로 만들어진 일종의 합성플라스틱이다.
• 물에 녹지 않고 알코올, 아세톤, 니트로벤젠에 잘 녹는다.
• 습도와 온도가 높을 경우 자연발화 위험이 있다.

12 과염소산암모늄(NH_4ClO_4) : 제1류(산화성 고체)
• 무색 무취의 결정 또는 백색 분말로 조해성이 있다.
• 물, 알코올, 아세톤에 잘 녹고 에테르에는 녹지 않는다.
• 130℃에서 분해시작, 300℃에서 급격히 분해된다.
$$2NH_4ClO_4 → N_2\uparrow + Cl_2\uparrow + 2O_2\uparrow 4H_2O$$

13 메틸알코올의 증기 비중은 얼마인가?

① 0.9　　　　　② 1.1

③ 1.59　　　　 ④ 1.84

14 인화칼슘이 물과 반응 시 발생하는 가스는?

① 수소　　　　② 산소

③ 포스겐　　　④ 포스핀

15 위험물안전관리법령상 사업소의 관계인이 자체소방대를 설치하여야 할 제조소등의 기준으로 옳은 것은?

① 제4류 위험물을 지정수량의 3천배 이상 취급하는 제조소 또는 일반취급소

② 제4류 위험물을 지정수량의 5천배 이상 취급하는 제조소 또는 일반취급소

③ 제4류 위험물 중 특수인화물을 지정수량의 3천배 이상 취급하는 제조소 또는 일반취급소

④ 제4류 위험물 중 특수인화물을 지정수량의 5천배 이상 취급하는 제조소 또는 일반취급소

16 위험물안전관리법령에서 정한 메틸알코올의 지정수량을 kg 단위로 환산하면 얼마인가? (단, 메틸알코올의 비중은 0.8이다.)

① 200　　　　 ② 320

③ 400　　　　 ④ 460

17 다음 중 공기 중의 산소농도를 한계산소량 이하로 낮추어 연소를 중지시키는 소화방법은 어느 것인가?

① 냉각소화

② 제거소화

③ 억제소화

④ 질식소화

---

13 메틸알코올(CH_3OH) : 제4류 중 알코올류, 지정수량 400l

• 분자량(CH_3OH)=12+1×3+16+1=32

• 증기(기체)의 비중= $\dfrac{\text{분자량}}{\text{공기의 평균 분자량(29)}} = \dfrac{32}{29} \fallingdotseq 1.10$

14 인화칼슘(Ca_3P_2, 인화석회) : 제3류(금수성)

• 적갈색의 괴상의 고체이다.

• 물 또는 약산과 반응하여 가연성이자 맹독성인 인화수소(PH_3, 포스핀)가스를 발생한다.

　　$Ca_3P_2 + 6H_2O \rightarrow 3Ca(OH)_2 + 2PH_3 \uparrow$ (포스핀)

　　$Ca_3P_2 + 6HCl \rightarrow 3CaCl_2 + 2PH_3 \uparrow$ (포스핀)

• 소화 시 주수 및 포 소화약제는 절대 금하고 마른 모래 등으로 피복 및 질식소화한다.

15 자체소방대를 설치하여야 하는 사업소

• 지정수량 3천배 이상의 제4류 위험물을 취급하는 제조소 또는 일반취급소(단, 보일러로 위험물을 소비하는 일반취급소등 일반취급소를 제외)

• 지정수량 50만 배 이상의 제4류 위험물을 저장하는 옥외탱크 저장소

16 메틸알코올(CH_3OH) : 제4류의 알코올류, 지정수량 400l

∴ 400l×0.8kg/l=320kg

17 ① 냉각소화 : 가연성 물질을 발화점 이하로 온도를 냉각시키는 방법

　　• 물소화약제

② 제거소화 : 가연성 물질을 제거시키는 방법

　　• 촛불을 입김으로 제거

　　• 가스밸브에 의한 가스 차단

　　• 유전화재시 폭풍으로 화염 제거

③ 억제소화(부촉매효과) : 연쇄반응을 속도를 억제(느리게)시키는 방법

　　• 할로겐화합물 소화약제

④ 질식소화 : 산소농도를 21%에서 15% 이하로 감소시키는 방법

　　• 분말소화약제, CO_2소화약제 등

정답　13 ②　14 ④　15 ①　16 ②　17 ④

18 위험물안전관리법령상 제4류 위험물에 적응성이 있는 소화기가 아닌 것은?

① 이산화탄소소화기
② 봉상강화액소화기
③ 포소화기
④ 인산염류분말소화기

19 다음 중 탄산칼륨을 물에 용해시킨 강화액 소화약제의 pH에 가장 가까운 값은?

① 1
② 4
③ 7
④ 12

20 다음 반응식과 같이 벤젠 1kg이 연소할 때 발생되는 CO_2의 양은 약 몇 m^3인가? (단, 27℃, 750mmHg 기준이다.)

$$C_6H_6 + 7.5O_2 \rightarrow 6CO_2 + 3H_2O$$

① 0.72
② 1.22
③ 1.92
④ 2.42

21 제4류 위험물의 화재예방 및 취급방법으로 옳지 않은 것은?

① 이황화탄소는 물속에 저장한다.
② 아세톤은 일광에 의해 분해될 수 있으므로 갈색병에 보관한다.
③ 초산은 내산성 용기에 저장하여야 한다.
④ 건성유는 다공성 가연물과 함께 보관한다.

---

18 제4류 위험물에 적응성 있는 소화기
• 무상강화액소화기
• 포소화기
• 이산화탄소소화기
• 분말소화기
• 할로겐화합물소화기

19 강화액 소화약제＝물＋탄산칼륨(K_2CO_3)
• 물에 탄산칼륨을 혼합하여 물의 어는점을 낮추어 $-17 \sim -30$℃의 추운지방에서도 사용 가능하다.
• 무상방사 시 A, B, C급 화재에도 적응성이 있다.
• 강화액 소화약제는 pH＝12의 알칼리성을 나타낸다.

20 • 벤젠(C_6H_6) 분자량＝$12 \times 6 + 1 \times 6 = 78$g/mol
• $C_6H_6 + 7.5O_2 \rightarrow 6CO_2 + 3H_2O$
  78kg ⟵ : $6 \times 22.4m^3$
  1kg : x

$$x = \frac{1 \times 6 \times 22.4}{78} = 1.72m^3 \text{ (표준상태 : 0℃, 1기압)}$$

• 0℃, 1기압＝760mmHg, $1.72m^3$을 27℃, 750mmHg으로 환산하면,

보일샤르 법칙 : $\dfrac{PV}{T} = \dfrac{P'V'}{T'}$ 을 이용하여

$$\frac{760 \times 1.72}{(273+0)} = \frac{750 \times V'}{(273+27)}$$

$$\therefore V' = \frac{760 \times 1.7 \times 300}{273 \times 750} = 1.92m^3$$

21 ① 이황화탄소는 가연성 증기 발생을 억제하기 위해 물속에 저장한다.
② 아세톤은 일광에 의해 과산화물을 생성할 우려가 있으므로 갈색병에 보관한다.
③ 초산은 산성에 강한 내산성 용기에 저장하여야 한다.
④ 건성유는 요오드값이 130 이상으로 불포화도가 크기 때문에 가연물과 함께 보관하면 자연발화가 잘 일어나므로 안된다.

22 위험물안전관리법령상 위험물의 탱크 내용적 및 공간용적에 관한 기준으로 틀린 것은?

① 위험물을 저장 또는 취급하는 탱크의 용량은 해당 탱크의 내용적에서 공간용적을 뺀 용적으로 한다.

② 탱크의 공간용적은 탱크의 내용적의 100분의 5 이상 100분의 10 이하의 용적으로 한다.

③ 소화설비(소화약제 방출구를 탱크 안의 윗부분에 설치하는 것에 한한다)를 설치하는 탱크의 공간용적은 해당 소화설비의 소화약제 방출구 아래의 0.3m 이상 1m 미만 사이의 면으로부터 윗부분의 용적으로 한다.

④ 암반탱크에 있어서는 해당 탱크 내에 용출하는 30일간의 지하수의 양에 상당하는 용적과 해당 탱크의 내용적의 100분의 1의 용적 중에서 보다 큰 용적을 공간용적으로 한다.

23 다음 물질 중 과염소산칼륨과 혼합하였을 때 발화폭발의 위험이 가장 높은 것은?

① 석면　　　　　② 금
③ 유리　　　　　④ 목탄

24 위험물안전관리법령상 연면적이 350m²인 저장소의 건축물 외벽이 내화구조인 경우 이 저장소의 소요단위는?

① 2　　　　　② 3
③ 5　　　　　④ 6

25 위험물안전관리법령상 알코올류에 해당하는 것은?

① 알릴알코올(CH_2CHCH_2OH)

② 에틸알코올(CH_3CH_2OH)

③ 부틸알코올(C_4H_9OH)

④ 에틸렌글리콜($C_2H_4(OH)_2$)

---

22 탱크의 내용적 및 공간용적

• 탱크의 공간용적은 탱크의 내용적의 $\frac{5}{100}$ 이상 $\frac{10}{100}$ 이하의 용적으로 한다. 다만, 소화설비(소화약제 방출구를 탱크 안의 윗부분에 설치하는 것에 한한다)를 설치하는 탱크의 공간용적은 당해 소화설비의 소화약제방출구 아래의 0.3m 이상 1m 미만 사이의 면으로부터 윗부분의 용적으로 한다.

• 암반탱크에 있어서는 당해 탱크내에 용출하는 7일간의 지하수의 양에 상당하는 용적과 당해 탱크의 내용적의 $\frac{1}{100}$의 용적 중에서 보다 큰 용적을 공간용적으로 한다.

23 과염소산칼륨($KClO_4$) : 제1류(산화성 고체), 지정수량 50kg
• 백색결정 및 분말로 물에 녹기 어렵고 알코올, 에테르에 녹지 않는다.
• 진한황산과 접촉 시 폭발의 위험이 있다.
• 유황, 목탄(탄소), 유기물등과 혼합 시 가열, 충격, 마찰에 의하여 폭발한다.
• 400℃에서 분해가 시작되어 610℃에서 완전 분해하여 산소를 발생한다.
• $KClO_4 \rightarrow KCl$(염화칼륨)$+2O_2\uparrow$(산소)

24 소요1단위의 산정방법

건축물	내화구조의 외벽	내화구조가 아닌 외벽
제조소 및 취급소	연면적 100m²	연면적 50m²
저장소	연면적 150m²	연면적 75m²
위험물	지정수량의 10배	

∴ 소요단위 = $\frac{350m^2}{150m^2}$ = 3단위

25 "알코올류"라 함은 1분자를 구성하는 탄소원자수가 C_1~C_3인 포화 1가 알코올(변성알코올을 포함)을 말한다(단, 60wt% 미만은 제외).
[CH_3OH(메틸알코올), C_2H_5OH(에틸알코올), C_3H_7OH(프로필알코올)]

26 메탄올에 대한 설명으로 옳지 않은 것은?

① 휘발성이 강하다.
② 인화점은 약 11℃이다.
③ 술의 원료로 사용한다.
④ 최종 산화물은 의산(포름산)이다.

27 이동저장탱크에 알킬알루미늄을 저장하는 경우에 불활성 기체를 봉입하는데 이때의 압력은 몇 kPa 이하이어야 하는가?

① 10   ② 20
③ 30   ④ 40

28 위험물안전관리법령상 지하탱크저장소의 위치·구조 및 설비의 기준에 따라 다음 (   )에 들어갈 수치로 옳은 것은?

> 탱크전용실은 지하의 가장 가까운 벽·피트·가스관 등의 시설물 및 대지경계선으로부터 (①)m 이상 떨어진 곳에 설치하고, 지하저장탱크와 탱크전용실의 안쪽과의 사이는 (②)m 이상의 간격을 유지하도록 하며, 당해 탱크의 주위에 마른 모래 또는 습기 등에 의하여 응고되지 아니하는 입자지름 (③)mm 이하의 마른 자갈분을 채워야 한다.

① ① : 0.1, ② : 0.1, ③ :5
② ① : 0.1, ② : 0.3, ③ : 5
③ ① : 0.1, ② : 0.1, ③ : 10
④ ① : 0.1, ② : 0.3, ③ : 10

---

26 메탄올(CH_3OH, 목정) : 제4류 중 알코올류, 지정수량 400*l*
• 무색투명한 휘발성 액체로서 독성이 있어 흡입 시 실명 또는 사망할 수 있다.
• 물에 잘 녹으며 인화점 11℃, 착화점 464℃, 연소범위 7.3~36%, 비점 65℃이다.
• 메탄올을 산화하면 포름알데히드가 되며 다시 산화하면 의산(포름산)이 된다.

$$CH_3OH \underset{\text{환원}[+2H]}{\overset{\text{산화}[-2H]}{\rightleftarrows}} H \cdot CHO \underset{\text{환원}[-O]}{\overset{\text{산화}[+O]}{\rightleftarrows}} H \cdot COOH$$

　(메탄올)　　　　(포름알데히드)　　　　(포름산)

27 알킬알루미늄 등, 아세트알데히드 등 및 디에틸에테르 등의 저장기준
1. 옥외 및 옥내저장탱크 또는 지하저장탱크의 저장유지온도

위험물의 종류	압력탱크 외의 탱크	위험물의 종류	압력탱크
산화프로필렌, 디에틸에테르 등	30℃ 이하	아세트알데히드 등 디에틸에테르 등	40℃ 이하
아세트알데히드	15℃ 이하		

2. 이동저장탱크의 저장유지온도

위험물의 종류	보냉장치가 있는 경우	보냉장치가 없는 경우
아세트알데히드 등 디에틸에테르 등	비점 이하	40℃ 이하

• 이동저장탱크에 알킬알루미늄 등을 저장하는 경우에는 20kpa 이하의 압력으로 불활성의 기체를 봉입하여 둘 것(※ 꺼낼 때는 200kpa 이하의 압력)
• 이동저장탱크에 아세트알데히드 등을 저장하는 경우에는 항상 불활성의 기체를 봉입하여 둘 것(※ 꺼낼 때는 100kpa 이하의 압력)

28 지하탱크저장소의 기준 : 탱크전용실은 지하의 가장 가까운 벽·피트·가스관 등의 시설물 및 대지경계선으로부터 0.1m 이상 떨어진 곳에 설치하고, 지하저장탱크와 탱크전용실의 안쪽과의 사이는 0.1m 이상의 간격을 유지하도록 하며, 당해 탱크의 주위에 마른 모래 또는 습기 등에 의하여 응고되지 아니하는 입자지름 5mm 이하의 마른 자갈분을 채워야 한다.

정답　26 ③　27 ②　28 ①

29 위험물안전관리법령상 위험등급의 종류가 나머지 셋과 다른 하나는?

① 제1류 위험물 중 중크롬산염류
② 제2류 위험물 중 인화성 고체
③ 제3류 위험물 중 금속의 인화물
④ 제4류 위험물 중 알코올류

30 위험물안전관리법령에 명시된 아세트알데히드의 옥외저장탱크에 필요한 설비가 아닌 것은?

① 보냉장치
② 냉각장치
③ 동합금 배관
④ 불활성 기체를 봉입하는 장치

31 위험물의 성질에 따라 강화된 기준을 적용하는 지정과산화물을 저장하는 옥내저장소에서 지정과산화물에 대한 설명으로 옳은 것은?

① 지정과산화물이란 제5류 위험물 중 유기과산화물 또는 이를 함유한 것으로서 지정수량이 10kg인 것을 말한다.
② 지정과산화물에는 제4류 위험물에 해당하는 것도 포함된다.
③ 지정과산화물이란 유기과산화물과 알킬알루미늄을 말한다.
④ 지정과산화물이란 유기과산화물 중 소방방재청 고시로 지정한 물질을 말한다.

32 위험물안전관리법령상 옥내탱크저장소의 기준에서 옥내저장탱크 상호간에는 몇 m 이상의 간격을 유지하여야 하는가?

① 0.3   ② 0.5
③ 0.7   ④ 1.0

29
- 위험등급Ⅱ : 제4류 중 알코올류, 지정수량 400L
- 위험등급Ⅲ : ┌ 제1류 중 중크롬산염류, 지정수량 1,000kg ┐
            │ 제2류 중 인화성 고체, 지정수량 1,000kg │
            └ 제3류 중 금속의 인화물, 지정수량 300kg ┘

[위험물의 등급분류]

위험등급	위험물의 분류
위험등급 Ⅰ	• 제1류 위험물 중 아염소산염류, 염소산염류, 과염소산염류, 무기과산화물, 그 밖에 지정수량이 50kg인 위험물 • 제3류 위험물 중 칼륨, 나트륨, 알킬알루미늄, 알킬리튬, 그 밖에 지정수량이 10kg인 위험물 및 황린 • 제4류 위험물 중 특수인화물 • 제5류 위험물 중 유기과산화물, 질산에스테르류, 그 밖에 지정수량이 10kg인 위험물 • 제6류 위험물
위험등급 Ⅱ	• 제1류 위험물 중 브롬산염류, 질산염류, 요오드산염류, 그 밖에 지정수량이 300kg인 위험물 • 제2류 위험물 중 황화린, 적린, 유황 그 밖에 지정수량이 100kg인 위험물 • 제3류 위험물 중 알칼리금속(칼륨, 나트륨 제외) 및 알칼리토금속, 유기금속 화합물(알킬알루미늄 및 알킬리튬은 제외) 그 밖에 지정수량이 50kg인 위험물 • 제4류 위험물 중 제1석유류, 알코올류 • 제5류 위험물 중 위험등급Ⅰ 위험물 외의 것
위험등급 Ⅲ	위험등급 Ⅰ, Ⅱ 이외의 위험물

30 아세트알데히드, 산화프로필렌의 옥외저장탱크 저장소 필요설비
- 보냉장치
- 불연성가스 봉입장치
- 수증기 봉입장치
- 냉각장치

단, 구리(동), 수은, 은, 마그네슘 및 이들을 함유한 합금을 사용 시 금속아세틸라이드의 폭발성 물질을 생성하기 때문에 사용을 금한다.

31 제5류 위험물 중 유기과산화물 또는 이를 함유하는 것으로서 지정수량이 10kg인 것

32 옥내저장탱크의 탱크 이격거리
- 탱크상호간의 거리 : 0.5m 이상
- 탱크와 탱크전용실의 벽과의 거리 : 0.5m 이상

정답   29 ④   30 ③   31 ①   32 ②

33 위험물안전관리법령상 옥외저장탱크 중 압력탱크 외의 탱크에 통기관을 설치하여야 할 때 밸브 없는 통기관인 경우 통기관의 직경은 몇 mm 이상으로 하여야 하는가?

① 10　　　　　　② 15
③ 20　　　　　　④ 30

34 휘발유에 대한 설명으로 옳은 것은?

① 가연성 증기를 발생하기 쉬우므로 주의한다.
② 발생된 증기는 공기보다 가벼워서 주변으로 확산하기 쉽다.
③ 전기를 잘 통하는 도체이므로 정전기를 발생시키지 않도록 조치한다.
④ 인화점이 상온보다 높으므로 여름철에 각별한 주의가 필요하다.

35 중크롬산칼륨에 대한 설명으로 틀린 것은?

① 열분해하여 산소를 발생한다.
② 물과 알코올에 잘 녹는다.
③ 등적색의 결정으로 쓴맛이 있다.
④ 산화제, 의약품 등에 사용된다.

36 위험물의 운반에 관한 기준에서 다음 (　)에 알맞은 온도는 몇 ℃인가?

> 적재하는 제5류 위험물 중 (　　)℃ 이하의 온도에서 분해될 우려가 있는 것은 보냉컨테이너에 수납하는 등 적정한 온도관리를 유지하여야 한다.

① 40　　　　　　② 50
③ 55　　　　　　④ 60

---

33 옥외저장탱크 통기관 설치기준(제4류 위험물에 한함)
1. 밸브없는 통기관
　• 직경은 30mm 이상일 것
　• 선단은 수평면보다 45도 이상 구부려 빗물 등의 침투를 막는 구조로 할 것
　• 인화방지망(장치) 설치기준
　　– 인화점이 38℃ 미만인 위험물만의 탱크는 화염방지장치를 설치할 것
　　– 그 외의 위험물 탱크(인화점이 38℃ 이상 70℃ 미만)는 40메쉬 이상의 구리망을 설치할 것
2. 대기밸브부착 통기관
　• 5Kpa 이하의 압력차이로 작동할 수 있을 것
　• 가는눈의 구리망 등으로 인화방지장치를 할 것

34 휘발유(가솔린) : 제4류 중 제1석유류(인화성 액체), 지정수량 200l
　• 휘발성이 강하여 가연성 증기의 발생이 쉬우므로 주의할 것
　• 발생된 증기는 공기보다 무거워서 바닥에 체류하기 쉬우므로 화기에 주의할 것
　• 전기는 통하지 않는 부도체이므로 정전기를 발생시키지 않도록 주의할 것
　• 인화점(−20~−43℃)이 상온(20℃)보다 낮으므로 여름철에 각별한 주의가 필요하다.

35 중크롬산칼륨($K_2Cr_2O_7$) : 제1류 중크롬산염류, 지정수량 1,000kg
　• 등적색 결정으로 쓴맛, 금속성맛, 독성이 있다.
　• 흡습성이 있어 물에 잘 녹고 알코올에는 녹지 않는다.
　• 500℃에서 열분해하여 산소(O_2)를 발생시킨다.
$$4K_2Cr_2O_7 \xrightarrow{\Delta} 4K_2CrO_4 + 2Cr_2O_3 + 3O_2 \uparrow$$
(중크롬산칼륨)　　　(크롬산칼륨) (산화크롬) (산소)
　• 산화제, 분석시약, 의약품 등에 사용된다.

36 제5류 위험물 중 55℃ 이하의 온도에서 분해될 우려가 있는 것은 보냉 컨테이너에 수납하는 등 적정한 온도관리를 할 것

37 위험물안전관리법령에 따른 이동저장탱크 구조의 기준에 대한 설명으로 틀린 것은?

① 압력탱크는 최대 상용압력의 1.5배의 압력으로 10분간 수압시험을 하여 새지 말 것

② 상용압력이 20kPa를 초과하는 탱크의 안전장치는 상용압력의 1.5배 이하의 압력에서 작동할 것

③ 방파판은 두께 1.6mm 이상의 강철판 또는 이와 동등 이상의 강도, 내식성 및 내열성이 있는 금속성의 것으로 할 것

④ 탱크는 두께 3.2mm 이상의 강철판 또는 이와 동등이상의 강도, 내식성 및 내열성을 갖는 재료로 할 것

38 시·도의 조례가 정하는 바에 따라 관할 소방서장의 승인을 받아 지정수량 이상의 위험물 제조소등이 아닌 장소에서 임시로 저장 또는 취급하는 기간은 최대 며칠 이내인가?

① 30

② 60

③ 90

④ 120

39 위험물안전관리법령상 배출설비를 설치하여야 하는 옥내저장소의 기준에 해당하는 것은?

① 가연성 증기가 액화할 우려가 있는 장소

② 모든 장소의 옥내저장소

③ 가연성 미분이 체류할 우려가 있는 장소

④ 인화점이 70℃ 미만인 위험물의 옥내저장소

---

37 이동저장탱크의 구조

1. 탱크는 두께 3.2mm 이상의 강철판(※ 방호틀 : 2.3mm 이상)
2. 탱크의 수압시험(최대상용압력이 46.7kPa 이상인 탱크)

탱크의 종류	수압 시험 방법	판정기준
압력탱크	최대상용압력의 1.5배 압력으로 10분간 실시	새거나 변형이 없을 것
압력탱크 외의 탱크	70kPa 압력으로 10분간 실시	

※ 수압시험은 기밀시험과 비파괴시험을 동시에 실시하는 방법으로 대신할 수 있다.

---

3. 탱크의 내부칸막이 : 4,000L 이하마다 3.2mm 이상 강철판 사용
(1) 칸막이로 구획된 각 부분마다 맨홀, 안전장치 및 방파판을 설치할 것(단, 용량이 2,000L 미만일 경우에는 방파판 설치 제외)
  ① 안전장치의 작동압력
    • 상용압력이 20KPa 이하인 탱크 : 20KPa 이상 24KPa 이하
    • 상용압력이 20KPa 초과인 탱크 : 상용압력×1.1배 이하
  ② 방파판 : 액체의 출렁임, 쏠림 등을 완화
    • 두께 : 1.6mm 이상 강철판
    • 하나의 구획부분에 설치하는 각 방파판의 면적 합계는 수직단면적의 50% 이상으로 할 것(단, 수직단면이 원형 또는 지름이 1m 이하의 타원형인 경우 40% 이상)

38 위험물 임시저장 및 취급은 시·도의 조례에 따라 관할 소방서장의 승인을 받아 90일 이내 임시저장, 취급할 수 있다.

39 옥내저장소의 위치·구조 및 설비의 기준 : 저장창고에는 규정에 준하여 채광, 조명 및 환기의 설비를 갖추어야 하고, 인화점이 70℃ 미만인 위험물의 저장창고에 있어서는 내부에 체류한 가연성의 증기를 지붕 위로 배출하는 설비를 갖추어야 한다.

40 질산의 수소원자를 알킬기로 치환한 제5류 위험물의 지정수량은?

① 10kg   ② 100kg
③ 200kg   ④ 300kg

41 유기과산화물의 화재 예방상 주의사항으로 틀린 것은?

① 직사광선을 피하고 냉암소에 저장한다.
② 불꽃, 불티 등의 화기 및 열원으로부터 멀리 한다.
③ 산화제와 접촉하지 않도록 주의한다.
④ 대형화재 시 분말소화기를 이용한 질식 소화가 유효하다.

42 내용적이 20,000L인 옥내저장탱크에 대하여 저장 또는 취급의 허가를 받을 수 있는 최대용량은? (단, 원칙적인 경우에 한한다.)

① 18,000L   ② 19,000L
③ 19,400L   ④ 20,000L

43 위험물의 성질에 대한 설명 중 틀린 것은?

① 황린은 공기 중에서 산화할 수 있다.
② 적린은 $KClO_3$와 혼합하면 위험하다.
③ 황은 물에 매우 잘 녹는다.
④ 황화린은 가연성 고체이다.

44 과산화수소와 산화프로필렌의 공통점으로 옳은 것은?

① 특수인화물이다.
② 분해시 질소를 발생한다.
③ 끓는점이 100℃ 이하이다.
④ 수용액 상태에서도 자연발화 위험이 있다.

---

40 제5류 위험물 중 질산에스테르류, 지정수량 10kg
- 질산의 에스테르화 반응 : 질산의 수소원자를 알킬기(C_nH_{2n+1})로 치환 물질

$$\boxed{H}NO_3 + R-\boxed{OH} \xrightarrow{c-H_2SO_4} R \cdot NO_3 + H_2O$$

$$HNO_3 + CH_3OH \rightarrow CH_3NO_3 + H_2O$$
(질산)   (메틸알코올)   (질산메틸)   (물)

$$HNO_3 + C_2H_5OH \rightarrow C_2H_5NO_3 + H_2O$$
(질산)   (에틸알코올)   (질산에틸)   (물)

- 질산에스테르류 : 질산메틸, 질산에틸, 니트로글리세린, 니트로셀룰로오스

41 유기과산화물 : 제5류(자기반응성 물질), 지정수량 10kg
- 제5류 위험물은 자체 내에 가연성 물질과 산소를 함유하고 있기 때문에 질식소화는 효과가 없고 다량의 주수하여 냉각소화가 유효하다.

42 저장탱크의 용량＝저장탱크 내용적－저장탱크의 공간용적
- 공간용적 : 탱크의 내용적의 $\frac{5}{100} \sim \frac{10}{100}$ (5~10%)
- ∴ 탱크의 최대용량＝탱크 내용적－탱크 공간용적(5%)
  ＝20,000L－(20,000×0.05)
  ＝19,000L
- ※ 탱크의 최소용량＝탱크 내용적－탱크 공간용적(10%)
  ＝20,000L－(20,000×0.1)
  ＝18,000L

43 ① 황린(P_4)은 공기 중 산화하여 오산화린(P_2O_5)이 된다.
  $P_4 + 5O_2 \rightarrow 2P_2O_5$
② 적린(P)은 가연성 고체이고 염소산칼륨($KClO_3$)은 산화성 고체(산소공급원)이므로 혼합 시 위험하다.
③ 황은 가연성 고체로서 물에 녹지 않고 CS_2에 녹는다.
④ 황화린은 삼황화린(P_4S_3), 오황화린(P_2S_5), 칠황화린(P_4S_7)의 3종류가 있는 가연성 고체이다.

44
- 과산화수소(H_2O_2) : 제6류(산화성 고체), 끓는점 80.2℃
- 산화프로필렌(CH_3CHCH_2O) : 제4류(인화성 액체) 중 특수인화물, 끓는점 34℃

정답 40 ①   41 ④   42 ②   43 ③   44 ③

45 위험물이 물과 반응하여 발생하는 가스를 잘 못 연결한 것은?

① 탄화알루미늄 – 메탄
② 탄화칼슘 – 아세틸렌
③ 인화알루미늄 – 에탄
④ 수소화칼슘 – 수소

46 지정수량의 몇 배 이상의 위험물을 취급하는 제조소에는 화재발생 시 이를 알릴 수 있는 경보설비를 설치하여야 하는가?

① 5   ② 10
③ 20   ④ 100

47 다음 위험물 중 물보다 가벼운 것은?

① 메틸에틸케톤
② 니트로벤젠
③ 에틸렌글리콜
④ 글리세린

48 옥내저장소에 질산 600L를 저장하고 있다. 저장하고 있는 질산은 지정수량의 몇 배인 가? (단, 질산의 비중은 1.50이다.)

① 1   ② 2
③ 3   ④ 5

49 다음 중 분자량이 약 74, 비중이 약 0.71인 물질로서 에탄올 두 분자에서 물이 빠지면서 축합반응이 일어나 생성되는 물질은?

① $C_2H_5OC_2H_5$
② C_2H_5OH
③ C_6H_5Cl
④ CS_2

---

45 제3류 위험물(금수성 물질)과 물의 반응식
① 탄화알루미늄 : $Al_4C_3 + 12H_2O \rightarrow 4Al(OH)_3 + 3CH_4 \uparrow$ (메탄)
② 탄화칼슘 : $CaC_2 + 2H_2O \rightarrow Ca(OH)_2 + C_2H_2 \uparrow$ (아세틸렌)
③ 인화알루미늄 : $Alp + 3H_2O \rightarrow Al(OH)_3 + PH_3 \uparrow$ (포스핀)
④ 수소화칼슘 : $CaH_2 + 2H_2O \rightarrow Ca(OH)_2 + 2H_2 \uparrow$ (수소)

46
• 위험물제조소 화재발생 시 이를 알릴 수 있는 경보설비 설치 대상은 지정수량 10배 이상이다.
• 제조소등별로 설치하는 경보설비 : 자동화재탐지설비, 비상경보 설비, 확성장치 또는 비상방송설비

47 제4류 위험물(인화성 액체)의 비중

구분	메틸에틸케톤	니트로벤젠	에틸렌글리콜	글리세린
화학식	$CH_3COC_2H_5$	$C_6H_5NO_2$	$C_2H_4(OH)_2$	$C_3H_5(OH)_3$
류별	제1석유류	제3석유류	제3석유류	제3석유류
비중	0.81	1.2	1.1	1.26

48 질산(HNO_3) : 제6류(산화성 액체), 지정수량 300kg
• 질산 600l를 무게로 환산시키면,
  무게 = 부피 × 비중(밀도) = 600l × 1.5 = 900kg
• 지정수량 배수 = $\dfrac{저장수량}{지정수량} = \dfrac{900kg}{300kg} = 3배$

49 디에틸에테르($C_2H_5OC_2H_5$) : 제4류 중 특수인화물, 지정수량 50L
• 제조반응식
$$C_2H_5OH + C_2H_5OH \xrightarrow[\Delta]{C-H_2SO_4} C_2H_5OC_2H_5 + H_2O$$
(에틸알코올) (에틸알코올)   (디에틸에테르) (물)
※ 에탄올의 축합반응 : 에탄올에 진한황산(소량)을 가하여 130℃로 가열 시키면 에탄올 2분자에서 물 1분자가 진한황산에 의하여 탈수되고, 에 테르가 생성되는 반응이다. 즉, 이와 같이 2분자에서 물 분자가 떨어져 나가면서 다른 분자가 생성되는 반응을 축합반응이라고 한다.

50 경유를 저장하는 옥외저장탱크의 반지름이 8m이고 높이가 12m일 때 탱크 옆판으로부터 방유제까지의 거리는 몇 m 이상이어야 하는가?

① 3 　　　　　② 5
③ 6 　　　　　④ 7

51 물과 작용하여 메탄과 수소를 발생시키는 것은?

① K_2C_2 　　　　② Mn_3C
③ Na_2C_2 　　　　④ MgC_2

52 다음 위험물 중 특수인화물이 아닌 것은?

① 메틸에틸케톤퍼옥사이드
② 산화프로필렌
③ 아세트알데히드
④ 이황화탄소

53 아세트알데히드와 아세톤의 공통성질에 대한 설명 중 틀린 것은?

① 증기는 공기보다 무겁다.
② 무색 액체로서 인화점이 낮다.
③ 물에 잘 녹는다.
④ 특수인화물로 반응성이 크다.

54 위험물에 대한 설명으로 옳은 것은?

① 적린은 암적색의 분말로서 조해성이 있는 자연발화성 물질이다.
② 황화린은 황색의 액체이며 상온에서 자연분해하여 이산화황과 오산화인을 발생한다.
③ 유황은 미황색의 고체 또는 분말이며 많은 이성질체를 갖고 있는 전기 도체이다.
④ 황린은 가연성 물질이며 마늘냄새가 나는 맹독성 물질이다.

---

50 옥외저장탱크의 방유제

탱크의 지름	탱크의 옆판으로부터 거리
15m 미만	탱크 높이의 3분의 1 이상
15m 이상	탱크 높이의 2분의 1 이상

- 탱크의 반지름이 8m이면, 지름 16m, 탱크의 높이 12m
- 탱크의 지름이 15m 이상이므로, 탱크의 옆판으로부터 거리
  = 탱크의 높이×1/2 이상
  = 12m×1/2=6m 이상

51 금속의 탄화물 : 제3류(금수성), 카바이트류의 물과의 반응식
① $K_2C_2 + 2H_2O \rightarrow 2KOH + C_2H_2 \uparrow$ (아세틸렌)
② $Mn_3C + 6H_2O \rightarrow 3Mn(OH)_2 + CH_4 \uparrow$ (메탄) $+ H_2 \uparrow$ (수소)
③ $Na_2C_2 + 2H_2O \rightarrow 2NaOH + C_2H_2 \uparrow$ (아세틸렌)
④ $MgC_2 + 2H_2O \rightarrow Mg(OH)_2 + C_2H_2 \uparrow$ (아세틸렌)

52 • 제5류 중 유기과산화물 : 메틸에틸케톤퍼옥사이드
• 제4류 중 특수인화물 : 이황화탄소, 아세트알데히드, 산화프로필렌, 디에틸에테르

53 1. 제4류 위험물(인화성 액체)의 물성

구분	유별	인화점	수용성	증기비중
아세트알데히드	특수인화물	$-38℃$	물에 녹음	1.52
아세톤	제1석유류	$-18℃$	물에 녹음	2

2. 증기비중 $= \dfrac{분자량}{공기의 \ 평균 \ 분자량(29)}$

- 아세트알데히드(CH_3CHO)분자량 $= 12×2 + 1×4 + 16 = 44$,
  증기비중 $= \dfrac{44}{29} = 1.52$
- 아세톤(CH_3COCH_3)분자량 $= 12×3 + 1×6 + 16 = 58$,
  증기비중 $= \dfrac{58}{29} = 2$

54 ① 적린(P) : 제2류(가연성 고체)의 암적색 분말로서 조해성과 자연발화성은 없다.
② 황화린(P_4S_3, P_2S_5, P_4S_7) : 제2류(가연성 황색고체), 자연발화 연소 시 이산화황과 오산화린을 발생한다.
③ 유황(S) : 제2류(가연성 미황색고체)이며, 사방황, 단사황, 고무상황의 3가지 이성질체를 갖고 있는 전기의 부도체이다.
④ 황린(P_4) : 제3류(자연발화성)의 가연성 물질이며 연소 시 오산화린(P_2O_5)을 발생시키고 마늘냄새가 나는 맹독성 물질로서 물 속에 보관한다.

정답 50 ③ 51 ② 52 ① 53 ④ 54 ④

55 인화성 액체 위험물을 저장 또는 취급하는 옥외탱크저장소의 방유제 내에 용량 10만L와 5만L인 옥외저장탱크 2기를 설치하는 경우에 확보하여야 하는 방유제의 용량은?

① 50,000L 이상   ② 80,000L 이상
③ 110,000L 이상   ④ 150,000L 이상

56 위험물제조소등에 설치하는 이산화탄소 소화설비의 소화약제 저장용기 설치장소로 적합하지 않은 곳은?

① 방호구역 외의 장소
② 온도가 40도 이하이고 온도변화가 적은 장소
③ 빗물이 침투할 우려가 적은 장소
④ 직사일광이 잘 들어오는 장소

57 액체위험물을 운반용기에 수납할 때 내용적의 몇 % 이하의 수납률로 수납하여야 하는가?

① 95   ② 96
③ 97   ④ 98

58 과산화수소의 운반용기 외부에 표시하여야 하는 주의사항은?

① 화기주의   ② 충격주의
③ 물기엄금   ④ 가연물접촉주의

59 분진폭발의 위험이 가장 낮은 물질은?

① 마그네슘 가루   ② 아연가루
③ 밀가루   ④ 시멘트가루

60 위험물안전관리법령상 옥내소화전설비의 설치기준에서 옥내소화전은 제조소등의 건축물의 층마다 해당층의 각 부분에서 하나의 호스접속구까지의 수평거리가 몇 m 이하가 되도록 설치하여야 하는가?

① 5   ② 10
③ 15   ④ 25

---

55 방유제 용량 비교(액체 위험물)

구분	위험물 제조소의 취급탱크		옥외저장탱크
	옥외에 설치시	옥내에 설치시	
하나의 탱크의 방유제 용량	탱크용량의 50% 이상	탱크 용량 이상	• 인화성 있는 탱크 : 탱크용량의 110% 이상 • 인화성 없는 탱크 : 탱크용량의 100% 이상
2개 이상의 탱크의 방유제 용량	최대탱크 용량의 50%+나머지 탱크 용량의 합의 10% 이상	최대 탱크 용량 이상	• 인화성 있는 탱크 : 최대용량탱크의 110% 이상 • 인화성 없는 탱크 : 최대용량탱크의 100% 이상

※ 옥외저장탱크의 2개 이상의 인화성 액체 탱크 : 최대용량탱크의 110% 이상

∴ $100,000 \times 1.1(110\%) = 110,000 l$ 이상

56 ④ 직사일광이 잘 들어오지 않는 장소에 설치할 것

57 위험물 운반용기의 내용적 수납률
• 고체 : 내용적의 95% 이하
• 액체 : 내용적의 98% 이하
• 제3류 위험물(자연발화성 물질 중 알킬알루미늄 등) : 내용적의 90% 이하로 하되 50℃에서 5% 이상의 공간용적을 유지할 것

58 과산화수소(H_2O_2) : 제6류(산화성 액체)
• 운반용기 외부 표시 주의사항 : 가연물접촉주의

59 • 분진폭발 위험성이 있는 물질(가연성 물질) : 금속분말가루, 곡물가루, 석탄분진, 목재분진, 섬유분진, 종이분진 등
• 분진폭발 위험성이 없는 물질(불연성 물질) : 시멘트가루, 석회석분말, 수산화칼슘가루 등

60 옥내소화전설비 설치기준

수평 거리	방사량	방사압력	수원의 양(Q : m³)
25m 이하	260(L/min) 이상	350(kPa) 이상	Q=N(소화전개수 : 최대 5개)×7.8m³ (260L/min×30min)

   55 ③   56 ④   57 ④   58 ④   59 ④   60 ④

01 알칼리금속의 화재 시 소화약제로 가장 적합한 것은?

① 물
② 마른모래
③ 이산화탄소
④ 할로겐화합물

02 트리니트로페놀에 대한 설명으로 옳은 것은?

① 알코올, 벤젠 등에 잘 녹는다.
② 구리 용기에 넣어 보관한다.
③ 무색투명한 액체이다.
④ 발화방지를 위해 휘발유에 저장한다.

03 위험물안전관리법령상 피난설비에 해당하는 것은?

① 자동화재탐지설비
② 비상방송설비
③ 자동식 사이렌설비
④ 유도등

04 제조소의 옥외에 모두 3기의 휘발유 취급탱크를 설치하고 그 주위에 방유제를 설치하고자 한다. 방유제 안에 설치하는 각 취급탱크의 용량이 6만L, 2만L, 1만L일 때 필요한 방유제의 용량은 몇 L인가?

① 66,000
② 60,000
③ 33,000
④ 30,000

---

01 알칼리금속(금수성)에 적응성이 있는 소화기
- 탄산수소염류
- 마른모래
- 팽창질석 또는 팽창진주암

02 피크린산[$C_6H_2(NO_2)_3OH$] : 제5류의 니트로화합물(자기반응성), 지정수량 200kg
- 황색의 침상결정으로 쓴맛과 독성이 있다.
- 충격, 마찰에 둔감하고 자연발화위험이 없이 안정하다.
- 인화점 150℃, 발화점 300℃, 녹는점 122℃, 끓는점 255℃이다.
- 냉수에는 거의 녹지 않으나 온수, 알코올, 벤젠 등에 잘 녹는다.
- 황, 가솔린, 알코올 등 유기물과 혼합 시 마찰 충격에 의해 격렬하게 폭발한다.
- 피크린산금속염(Fe, Cu, Pb 등)은 격렬히 폭발한다.

03 피난설비
- 피난기구
- 인명구조기구
- 유도표시 및 유도등
- 비상조명등 및 휴대용 비상조명등

04 방유제 용량 비교(액체위험물)

구분	위험물 제조소의 취급탱크		옥외탱크저장소
	옥외 설치 시	옥내 설치 시 (방유턱 용량)	
하나의 탱크의 방유제 용량	탱크용량의 50% 이상	탱크 용량 이상	• 인화성 있는 탱크 : 탱크 용량의 110% 이상 • 인화성 없는 탱크 : 탱크 용량의 100% 이상
2개 이상의 탱크의 방유제 용량	최대 탱크 용량의 50%+나머지 탱크 용량의 합의 10% 이상	최대 탱크 용량 이상	• 인화성 있는 탱크 : 최대 탱크 용량의 110% 이상 • 인화성 없는 탱크 : 최대 탱크 용량의 100% 이상

∴ 제조소의 취급탱크 2개 이상일 때 방유제 용량
= 최대 탱크 용량의 50%+나머지 탱크 용량의 합의 10%
= 60,000L × 0.5 + [(20,000L + 10,000L) × 0.1]
= 30,000L + 3,000L
= 33,000L

정답 01 ② 02 ① 03 ④ 04 ③

05 다음 위험물 중 발화점이 가장 낮은 것은?

① 황
② 삼황화린
③ 황린
④ 아세톤

06 다음 중 분자량이 74, 비중이 0.72인 물질로서 에탄올 두 분자에서 물이 빠지면서 축합반응이 일어나 생성되는 물질은?

① CS_2
② $C_2H_5OC_2H_5$
③ C_2H_5OH
④ C_6H_5Cl

07 옥내소화전 설비를 설치하였을 때 그 대상으로 옳지 않은 것은?

① 제2류 위험물 중 인화성 고체
② 제3류 위험물 중 금수성 물질
③ 제5류 위험물
④ 제6류 위험물

08 이동저장탱크에 알킬알루미늄을 저장하는 경우 불활성 기체를 봉입하는데 이때의 압력은 몇 kPa 이하이어야 하는가?

① 10   ② 20
③ 30   ④ 40

---

05 위험물의 물성

분류	황(S)	삼황화린(P_4S_3)	황린(P_4)	아세톤(CH_3COCH_3)
류별	제2류	제2류	제3류	제4류 제1석유류(수용성)
발화점	232℃	100℃	34℃	538℃
지정수량	100kg	100kg	20kg	400L

06 디에틸에테르($C_2H_5OC_2H_5$) : 제4류 중 특수인화물, 지정수량 50L
- 무색, 휘발성이 강한 액체로서 특유한 향과 마취성이 있다.
- 분자량 74, 비중 0.72, 인화점 −45℃, 발화점 180℃, 연소범위 1.9~48%
- 직사광선에 장시간 노출 시 과산화물을 생성하므로 갈색병에 보관한다.
- 제조법 : 두 분자의 에탄올에 진한황산(탈수) 촉매하에 축합반응에 의해 생성된다.

$$2C_2H_5OH \xrightarrow[130℃]{c-H_2SO_4} C_2H_5OC_2H_5 + H_2O$$

- 저장 시 불활성 가스를 봉합하고 정전기를 방지하기 위해 소량의 염화칼슘($CaCl_2$)을 넣어 둔다

07
- 옥내소화전 설비의 소화약제인 물과 반응하여 제1류 중 알칼리금속의 과산화물은 산소(O_2)를 발생하고, 제2류 중 금수성 물질인 철분, 금속분, 마그네슘은 수소(H_2)를 발생하고, 제3류 중 금수성 물질은 여러 가지 가연성 기체(H_2, C_2H_2, PH_3 등)를 발생하므로 적응성이 없다.
- 옥내소화전 설비의 적응성이 있는 것 : 제1류(알칼리금속의 과산화물 제외), 제2류(철분, 금속분, 마그네슘 제외), 제3류(금수성 물질 제외), 제5류, 제6류

08 알킬알루미늄등, 아세트알데히드등 및 디에틸에테르등의 저장기준
1. 옥외 및 옥내저장탱크 또는 지하저장탱크의 저장유지온도

위험물의 종류	압력탱크 외의 탱크	위험물의 종류	압력탱크
산화프로필렌, 디에틸에테르 등	30℃ 이하	아세트알데히드 등 디에틸에테르 등	40℃ 이하
아세트알데히드	15℃ 이하		

2. 이동저장탱크의 저장유지온도

위험물의 종류	보냉장치가 있는 경우	보냉장치가 없는 경우
아세트알데히드 등 디에틸에테르 등	비점 이하	40℃ 이하

- 이동저장탱크에 알킬알루미늄등을 저장하는 경우에는 20kpa 이하의 압력으로 불활성의 기체를 봉입하여 둘 것
 ※ 꺼낼 때는 200kPa 이하의 압력
- 이동저장탱크에 아세트알데히드등을 저장하는 경우에는 항상 불활성 기체를 봉입하여 둘 것
 ※ 꺼낼 때는 100kPa 이하의 압력

정답　05 ③　06 ②　07 ②　08 ②

09 옥외탱크저장소의 제4류 위험물의 저장탱크에 설치하는 통기관에 관한 설명으로 틀린 것은?

① 밸브 없는 통기관의 인화방지장치 설치기준에서 인화점이 38℃ 미만인 위험물만의 탱크에는 화염방지장치를 설치한다.

② 밸브 없는 통기관은 직경을 30mm 미만으로 하고, 선단은 수평면보다 45도 이상 구부려 빗물 등의 침투를 막는 구조로 한다.

③ 인화점 70℃ 이상의 위험물만을 해당 위험물의 인화점 미만의 온도로 저장 또는 취급하는 탱크에 설치하는 통기관에는 인화방지장치를 설치하지 않아도 된다.

④ 옥외저장탱크 중 압력탱크란 탱크의 최대상용압력이 부압 또는 정압 5kPa를 초과하는 탱크를 말한다.

10 제5류 위험물의 운반용기의 외부에 표시하여야 하는 주의사항은?

① 물기주의 및 화기주의
② 물기엄금 및 화기엄금
③ 화기주의 및 충격엄금
④ 화기엄금 및 충격주의

11 다음 물질 중 과산화나트륨과 혼합되었을 때 수산화나트륨과 산소를 발생하는 것은?

① 온수
② 일산화탄소
③ 이산화탄소
④ 초산

---

09 탱크 통기관 설치기준(제4류 위험물의 옥외저장탱크에 한함)
1. 밸브 없는 통기관
   • 직경은 30mm 이상일 것
   • 선단은 수평면보다 45도 이상 구부려 빗물 등의 침투를 막는 구조로 할 것
   • 인화방지망(장치) 설치기준(단, 인화점 70℃ 이상의 위험물만을 해당 위험물의 인화점 미만의 온도로 저장 또는 취급하는 탱크에 설치하는 통기관은 제외) : 인화점이 38℃ 미만인 위험물만의 탱크는 화염방지장치를 설치하고, 그 외의 위험물탱크는 40mesh 이상의 구리망을 설치할 것
2. 대기 밸브 부착 통기관
   • 5kPa 이하의 압력 차이로 작동할 수 있을 것
   • 가는 눈의 구리망 등으로 인화방지장치를 설치할 것

10 위험물 운반용기의 외부표시사항
   • 위험물의 품명, 위험등급, 화학명 및 수용성(제4류 위험물의 수용성인 것에 한함)
   • 위험물의 수량
   • 위험물에 따른 주의사항

류별	구분	표시사항
제1류 위험물 (산화성고체)	알칼리금속의 과산화물	화기·충격주의, 물기엄금 및 가연물접촉주의
	그 밖의 것	화기·충격주의 및 가연물접촉주의
제2류 위험물 (가연성고체)	철분, 금속분, 마그네슘	화기주의 및 물기엄금
	인화성 고체	화기엄금
	그 밖의 것	화기주의
제3류 위험물	자연발화성 물질	화기엄금 및 공기접촉엄금
	금수성 물질	물기엄금
제4류 위험물	인화성 액체	화기엄금
제5류 위험물	자기반응성 물질	화기엄금 및 충격주의
제6류 위험물	산화성 액체	가연물접촉주의

11 과산화나트륨(Na_2O_2) : 제1류 중 무기과산화물, 지정수량 50kg
   • 물과 반응하여 수산화나트륨과 산소를 발생한다.
   $$2Na_2O_2 + 2H_2O \rightarrow 4NaOH + O_2\uparrow$$
   • 탄산가스와 반응하여 산소를 발생한다.
   $$2Na_2O_2 + 2CO_2 \rightarrow 2Na_2CO_3 + O_2\uparrow$$
   • 열분해시 산화나트륨과 산소를 발생한다.
   $$2Na_2O_2 \rightarrow 2Na_2O + O_2\uparrow$$
   • 산과 반응하여 과산화수소를 발생한다.
   $$Na_2O_2 + 2CH_3COOH \rightarrow 2CH_3COONa + H_2O_2\uparrow$$

정답 09 ② 10 ④ 11 ①

12 다음 중 정전기 제거방법으로 가장 거리가 먼 것은?

① 접지를 한다.
② 공기를 이온화한다.
③ 제진기를 설치한다.
④ 습도를 낮춘다.

13 수소화나트륨 240g과 충분한 물이 완전반응 하였을 때 발생하는 수소의 부피는? (단, 표준상태이며 나트륨의 원자량은 23이다)

① 22.4L
② 224L
③ 22.4m^3
④ 224m^3

14 과염소산암모늄이 300℃에서 분해되었을 때 주요 생성물이 아닌 것은?

① NO_2
② Cl_2
③ O_2
④ N_2

15 일반적으로 폭굉파의 전파속도는 어느 정도 인가?

① 0.1~10m/s
② 100~350m/s
③ 1,000~3,500m/s
④ 10,000~35,000m/s

16 위험물안전관리법령상 소화설비의 구분에서 "물분무등 소화설비"의 종류에 해당되지 않는 것은?

① 스프링클러 설비
② 할로겐화합물 소화설비
③ 이산화탄소 소화설비
④ 분말 소화설비

17 분말소화약제의 분류가 옳게 연결된 것은?

① 제1종 분말약제 : $KHCO_3$
② 제2종 분말약제 : $KHCO_3+(NH_2)_2CO$
③ 제3종 분말약제 : $NH_4H_2PO_4$
④ 제4종 분말약제 : $NaHCO_3$

---

12 정전기 방지법
• 접지를 한다.
• 공기를 이온화한다.
• 제진기를 설치한다.
• 상대습도를 70% 이상으로 한다.
• 유속을 1m/s 이하로 유지한다.

13 • 수소화나트륨(NaH)의 분자량 : 23(Na)+1(H)=24g/mol
• 수소화나트륨과 물과의 반응식(표준상태 : 0℃, 1atm)

$$NaH + H_2O \rightarrow NaOH + H_2$$

24g : 22.4L
240g : x

$$\therefore x = \frac{240 \times 22.4}{24} = 224L$$

14 과염소산암모늄(NH_4ClO_4) : 제1류 중 과염소산염류, 지정수량 50kg
• 무색결정 또는 백색분말로 조해성이 있는 불연성 산화제이다.
• 물, 알코올, 아세톤에는 잘 녹으나 에테르에는 녹지 않는다.
• 약 300℃에서 분해시 다량의 가스를 발생하며 분해폭발한다.

$$NH_4ClO_4 \rightarrow N_2+Cl_2+2O_2+4H_2O$$

15 • 정상연소속도 : 0.1~10m/s
• 폭굉연소속도 : 1,000~3,500m/s

16 물분무등 소화설비의 종류
• 물분무소화설비
• 할로겐화합물소화설비
• 이산화탄소소화설비
• 포소화설비
• 분말소화설비

17 분말소화약제

종류	주성분	화학식	색상	적응화재	열분해 반응식
제1종	탄산수소나트륨 (중탄산나트륨)	$NaHCO_3$	백색	B, C급	$2NaHCO_3$ $\rightarrow Na_2CO_3+CO_2+H_2O$
제2종	탄산수소칼륨 (중탄산칼륨)	$KHCO_3$	담자 (회)색	B, C급	$2KHCO_3$ $\rightarrow K_2CO_3+CO_2+H_2O$
제3종	제1인산암모늄	$NH_4H_2PO_4$	담홍색	A, B, C급	$NH_4H_2PO_4$ $\rightarrow HPO_3+NH_3+H_2O$
제4종	탄산수소칼륨 +요소	$KHCO_3+$ $(NH_2)_2CO$	회색	B, C급	$2KHCO_3+(NH_2)_2CO$ $\rightarrow K_2CO_3+2NH_3+2CO_2$

정답 **12** ④ **13** ② **14** ① **15** ③ **16** ① **17** ③

18 황의 화재예방 및 소화방법에 대한 설명 중 틀린 것은?

① 산화제와 혼합하여 저장한다.

② 정전기가 축적되는 것을 방지한다.

③ 화재시 분무주수하여 소화할 수 있다.

④ 화재시 유독가스가 발생하므로 보호장구를 착용하고 소화한다.

19 위험물을 저장할 때 필요한 보호물질을 옳게 연결한 것은?

① 황린 – 석유

② 금속칼륨 – 에탄올

③ 이황화탄소 – 물

④ 금속나트륨 – 산소

20 과산화수소가 녹지 않는 것은?

① 물　　　　　② 벤젠

③ 에테르　　　④ 알코올

21 물분무소화설비의 설치기준으로 적합하지 않은 것은?

① 고압의 전기설비가 있는 장소에는 당해 전기설비와 분무헤드 및 배관과 사이에 전기절연을 위하여 필요한 공간을 보유한다.

② 스트레이너 및 일제개방밸브는 제어밸브의 하류측 부근에 스트레이너, 일제개방밸브의 순으로 설치한다.

③ 물분무소화설비에 2 이상의 방사구역을 두는 경우에는 화재를 유효하게 소화할 수 있도록 인접하는 방사구역이 상호 중복되도록 한다.

④ 수원의 수위가 수평회전식 펌프보다 낮은 위치에 있는 가압송수장치의 물올림장치는 타설비와 겸용하여 설치한다.

---

18 황(S) : 제2류(가연성 고체), 지정수량 100kg
- 가연성이며 환원성 고체로서 산화제와 접촉은 위험성이 있어 피해야 한다.
- 황은 가연물이고, 정전기는 점화원이 되기 때문에 정전기 축적을 방지해야 한다.
- 물에 녹지 않고, 이황화탄소(CS_2)에 잘 녹으며 전기의 부도체이다.
- 연소 시 유독한 아황산가스(SO_2)를 발생한다.
  $$S + O_2 \rightarrow SO_2$$
- 소화 시 다량의 물로 주수소화 또는 질식소화한다.

19 위험물 저장 시 보호액
- 금속칼륨, 나트륨 : 석유류(등유, 경유, 유동파라핀) 속에 저장
- 이황화탄소 : 물 속에 저장
- 황린 : pH=9의 물 속에 저장

20 과산화수소(H_2O_2) : 제6류(산화성 액체), 지정수량 300kg
- 점성 있는 무색 또는 청색의 액체로 물, 알코올, 에테르에 잘 녹고 석유나 벤젠에는 녹지 않는다.
- 36중량% 이상만 위험물에 적용된다.
- 알칼리용액에서는 급격히 분해되나 약산성에서는 분해가 잘 안 된다. 그러므로 직사광선을 피하고 분해방지제(안정제)로 인산(H_3PO_4), 요산($C_5H_4N_4O_3$)을 가한다.
- 히드라진(N_2H_2)과 접촉시 발화폭발한다.
  $$2H_2O_2 + N_2H_4 \rightarrow 4H_2O + N_2$$
- 분해 시 발생되는 산소(O_2)를 방출하기 위해 저장용기의 마개에는 작은 구멍이 있는 것을 사용하여 갈색병에 저장한다.

21 물올림장치에는 전용의 탱크를 설치한다.

22 위험물안전관리법에서 정의하는 다음 용어는 무엇인가?

> 인화성 또는 발화성 등의 성질을 가지는 것으로서 대통령령이 정하는 물품을 말한다.

① 위험물
② 인화성 물질
③ 자연발화성 물질
④ 가연물

23 제5류 위험물인 트리니트로톨루엔 분해 시 주생성물에 해당하지 않는 것은?

① CO
② H_2
③ N_2
④ NH_3

24 위험물안전관리법령에서 규정하고 있는 옥내소화전설비의 설치기준에 관한 내용 중 옳은 것은?

① 제조소등 건축물의 층마다 당해 층의 각 부분에서 하나의 호스접속구까지의 수평거리가 25m 이하가 되도록 설치한다.
② 수원의 수량은 옥내소화전이 가장 많이 설치된 층의 옥내소화전 설치개수(설치개수가 5개 이상인 경우는 5개)에 18.6m³를 곱한 양 이상이 되도록 설치한다.
③ 옥내소화전설비는 각 층을 기준으로 하여 당해 층의 모든 옥내소화전(설치개수가 5개 이상인 경우는 5개의 옥내소화전)을 동시에 사용할 경우에 각 노출선단의 방수압력이 170kPa 이상의 성능이 되도록 한다.
④ 옥내소화전설비는 각층을 기준으로 하여 당해 층의 모든 옥내소화전(설치개수가 5개 이상인 경우는 5개의 옥내소화전)을 동시에 사용할 경우에 각 노즐선단의 방수량이 1분당 130L 이상의 성능이 되도록 한다.

22 위험물안전관리법 제2조(정의) : "위험물"이라 함은 인화성 또는 발화성 등의 성질을 가지는 것으로서 대통령령이 정하는 물품을 말한다.

23 트리니트로톨루엔[$C_6H_2CH_3(NO_2)_3$, TNT] : 제5류(자기반응성), 니트로화합물, 지정수량 200kg
- 담황색의 주상결정으로 폭발력이 강하여 폭약에 사용한다.
- 분해 폭발 시 질소, 일산화탄소, 수소기체가 발생한다.
  $$2C_6H_2CH_3(NO_2)_3 \rightarrow 2C + 12CO + 3N_2\uparrow + 5H_2\uparrow$$
- 진한 황산 촉매하에 톨루엔과 질산을 니트로화 반응시켜 만든다.
  $$C_6H_5CH_3 + 3HNO_3 \xrightarrow[\text{탈수}]{c-H_2SO_4} C_6H_2CH_3(NO_2)_3 + 3H_2O$$

24 ② 18.6m³ → 7.8m³
③ 170kPa → 350kPa
④ 130L → 260L

25 탄화알루미늄이 물과 반응하여 폭발의 위험이 있는 것은 어떤 가스가 발생하기 때문인가?

① 수소
② 메탄
③ 아세틸렌
④ 암모니아

26 제6류 위험물을 저장하는 제조소등에 적응성이 없는 소화설비는?

① 옥외소화전설비
② 탄산수소염류 분말 소화설비
③ 스프링클러설비
④ 포 소화설비

27 소화난이도등급 Ⅰ에 해당하는 위험물제조소 등이 아닌 것은? (단, 원칙적인 경우에 한하며 다른 조건은 고려하지 않는다.)

① 모든 이송취급소
② 연면적 600m²의 제조소
③ 지정수량의 150배인 옥내저장소
④ 액 표면적이 40m²인 옥외탱크저장소

28 비중은 0.86이고 은백색의 무른 경금속으로 보라색 불꽃을 내면서 연소하는 제3류 위험물은?

① 칼슘
② 나트륨
③ 칼륨
④ 리튬

29 과산화벤조일의 일반적인 성질로 옳은 것은?

① 비중은 약 0.33이다.
② 무미, 무취의 고체이다.
③ 물에는 잘 녹지만 디에틸에테르에는 녹지 않는다.
④ 녹는점은 약 300도이다.

---

25 탄화알루미늄(Al_4C_3) : 제3류(금수성물질), 지정수량 300kg
- 물과 반응하여 가연성가스인 메탄(CH_4)을 생성하며 발열반응한다.
$$Al_4C_3 + 12H_2O \rightarrow 4Al(OH)_3 + 3CH_4 \uparrow$$
- 주수소화는 절대 금하고 마른 모래 등으로 피복소화한다.

26 제6류 위험물의 경우 수계의 소화설비는 적응성이 있고, 탄산수소염류 분말 소화설비는 적응성이 없다.

27 소화난이도등급 Ⅰ에 해당하는 제조소등의 연면적은 1,000m² 이상이며, 연면적이 600m²인 것은 Ⅱ등급에 해당된다.

28 칼륨(K) : 제3류(금수성물질), 지정수량 10kg
- 은백색 경금속으로 비중 0.86, 융점 63.7℃, 비점 774℃이다.
- 흡습성, 조해성이 있고 물 또는 알코올에 반응하여 수소($H_2 \uparrow$)를 발생시킨다.
$$2K + 2H_2O \rightarrow 2KOH + H_2 \uparrow \ (주수소화 \ 절대엄금)$$
$$2K + 2C_2H_5OH \rightarrow 2C_2H_5OK + H_2 \uparrow$$
- 보호액으로 석유(유동파라핀, 등유, 경유)나 벤젠 속에 보관한다.
- 가열 시 보라색 불꽃을 내면서 연소한다.
$$4K + O_2 \rightarrow 2K_2O$$
- 소화 시 마른 모래(건조사) 등으로 질식소화한다.

※ 불꽃반응 색상

종류	칼륨(K)	나트륨(Na)	리튬(Li)	칼슘(Ca)
불꽃 색상	보라색	노란색	적색	주홍색

29 과산화벤조일[$(C_6H_5CO)_2O_2$, 벤조일퍼옥사이드(BPO)] : 제5류(자기반응성물질), 지정수량 10kg
- 무색무취의 백색 분말 또는 결정이다(비중 : 1.33, 발화점 : 125℃, 녹는점 : 103~105℃).
- 물에 불용, 유기용제(에테르, 벤젠 등)에 잘 녹는다.
- 희석제와 물을 사용하여 폭발성을 낮출 수 있다[희석제 : 프탈산디메틸(DMP), 프탈산디부틸(DBP)].
- 운반할 경우 30% 이상의 물과 희석제를 첨가하여 안전하게 수송한다.
- 저장온도는 40℃ 이하에서 직사광선을 피하고 냉암소에 보관한다.

정답 25 ② 26 ② 27 ② 28 ③ 29 ②

30 다음은 위험물안전관리법령에 따른 이동탱크장소에 대한 기준이다. 괄호 안에 알맞은 수치를 차례대로 나열한 것은?

> 이동저장탱크는 그 내부에 (　　　)L 이하마다 (　　　)mm 이상의 강철판 또는 이와 동등이상의 강도·내열성 및 내식성이 있는 금속성의 것으로 칸막이를 해야 한다.

① 2,500, 3.2　　　② 2,500, 4.8
③ 4,000, 3.2　　　④ 4,000, 4.8

31 황화린에 대한 설명 중 옳지 않은 것은?

① 삼황화린은 황색 결정으로 공기 중 약 100℃에서 발화할 수 있다.
② 오황화린은 담황색 결정으로 조해성이 있다.
③ 오황화린은 물과 접촉하여 유독성 가스를 발생할 위험이 있다.
④ 삼황화린은 연소하여 황화수소 가스를 발생할 위험이 있다.

32 벤젠 증기의 비중에 가장 가까운 값은?

① 0.7　　　② 0.9
③ 2.7　　　④ 3.9

33 위험물 제조소등에서 위험물안전관리법령상 안전거리 규제 대상이 아닌 것은?

① 제6류 위험물을 취급하는 제조소를 제외한 모든 제조소
② 주유취급소
③ 옥외저장소
④ 옥외탱크저장소

---

30 이동저장탱크의 구조
- 탱크는 두께 3.2mm 이상의 강철판
- 탱크의 내부칸막이 : 4,000L 이하마다 3.2mm 이상 강철판 사용

31 황화린 : 제2류 위험물, 지정수량 100kg
1. 삼황화린(P_4S_3)
   - 발화점 100℃, 황색결정으로 조해성은 없다.
   - 질산, 알칼리, 이황화탄소(CS_2)에 녹고 물, 염산, 황산에는 녹지 않는다.
   - 자연발화하고 연소 시 유독한 오산화인과 아황산가스를 발생한다.
     $$P_4S_3 + 8O_2 \rightarrow 2P_2O_5 + 3SO_2 \uparrow$$
2. 오황화린(P_2S_5)
   - 발화점 142℃, 담황색 결정으로 조해성이 있어 수분 흡수 시 분해한다.
   - 알코올, 이황화탄소(CS_2)에 잘 녹는다.
   - 물, 알칼리와 반응 시 인산(H_3PO_4)과 황화수소(H_2S)가스를 발생한다.
     $$P_2S_5 + 8H_2O \rightarrow 5H_2S + 2H_3PO_4$$
3. 칠황화린(P_4S_7)
   - 발화점 250℃, 담황색 결정으로 조해성이 있어 수분 흡수 시 분해한다.
   - 이황화탄소(CS_2)에 약간 녹고 냉수에는 서서히 더운물에는 급격히 분해하여 유독한 황화수소와 인산을 발생한다.

32 벤젠(C_6H_6) : 제4류 제1석유류(비수용성), 지정수량 200L
- 무색투명한 방향성을 갖은 휘발성이 강한 액체이다.
- 인화점 −11℃, 착화점 562℃, 끓은점 80℃, 융점 5.5℃
- 증기는 마취성과 독성이 있고 정전기에 유의할 것
- 물에 녹지 않고 알코올, 에네르, 아세톤에 잘 녹는다.
- 증기의 비중 = $\dfrac{분자량}{공기의 \ 평균분자량(29)}$
  $= \dfrac{87}{29} = 2.7$

  [벤젠(C_6H_6)의 분자량 : $12 \times 6 + 1 \times 6 = 78$]
- ※ 증기는 공기보다 무거워 낮은 곳에 체류하기 쉬우므로 환기를 잘 시켜야 한다.

33 안전거리 규제 대상 제조소(제6류 취급 제조소는 제외) : 옥내저장소, 옥외저장소, 옥외탱크저장소, 일반취급소 등

정답 30 ③　31 ④　32 ③　33 ②

34 영화 20℃ 이하의 겨울철이나 한냉지에서 사용하기에 적합한 소화기는?

① 분무주수소화기
② 봉상주수소화기
③ 물주수소화기
④ 강화액소화기

35 다음 중 지정수량이 가장 작은 위험물은?

① 니트로글리세린
② 과산화수소
③ 트리니트로톨루엔
④ 피크르산

36 위험물을 유별로 정리하여 상호 1m 이상의 간격을 유지하는 경우에도 동일한 옥내저장소에 저장할 수 없는 것은?

① 제1류 위험물(알칼리금속의 과산화물 또는 이를 함유한 것을 제외한다)과 제5류 위험물
② 제1류 위험물과 제6류 위험물
③ 제1류 위험물과 제3류 위험물 중 황린
④ 인화성 고체를 제외한 제2류 위험물과 제4류 위험물

37 위험물안전관리법령상 자동화재탐지설비의 경계구역 하나의 면적은 몇 m² 이하이어야 하는가? (단, 원칙적인 경우에 한한다.)

① 250   ② 300
③ 400   ④ 600

38 다음은 위험물안전관리법령에 따른 제2종 판매취급소에 대한 정의이다. ㉮, ㉯에 알맞은 말은?

> 제2종 판매취급소라 함은 점포에서 위험물을 용기에 담아 판매하기 위하여 지정수량의 (㉮)배 이하의 위험물을 (㉯)하는 장소

① ㉮ 20, ㉯ 취급   ② ㉮ 40, ㉯ 취급
③ ㉮ 20, ㉯ 저장   ④ ㉮ 40, ㉯ 저장

---

34 강화액 소화약제[물+탄산칼륨(K_2CO_3)]
- −30℃의 한냉지에서도 사용 가능(−30~−25℃)
- 소화원리(A급, 무상방사 시 B, C급), 압력원 CO_2
  $H_2SO_4 + K_2CO_3 \rightarrow K_2SO_4 + H_2O + CO_2 \uparrow$
  (A급 : 목재, 종이 등의 탈수, 탈화방지작용으로 재연방지효과도 있음)
- 소화약제 pH=12(알칼리성)

35 위험물의 지정수량
- 니트로글리세린[$C_3H_5(ONO_2)_3$] : 제5류(질산에스테르류) – 10kg
- 과산화수소(H_2O_2) : 제6류(산화성액체) – 300kg
- 트리니트로톨루엔[$C_6H_2CH_3(NO_2)_3$, TNT] : 제5류(니트로화합물) – 200kg
- 피크르산[$C_6H_2OH(NO_2)_3$, TNP] 제5류(니트로화합물) – 200kg

36 유별로 정리하여 서로 1m 이상 간격을 두는 경우에 저장 가능한 경우
- 제1류 위험물(알칼리금속의 과산화물 또는 이를 함유한 것을 제외)과 제5류 위험물을 저장하는 경우
- 제1류 위험물과 제6류 위험물을 저장하는 경우
- 제1류 위험물과 제3류 위험물 중 자연발화성물질(황린 또는 이를 함유한 것에 한한다)을 저장하는 경우
- 제2류 위험물 중 인화성고체와 제4류 위험물을 저장하는 경우
- 제3류 위험물 중 알킬알루미늄등과 제4류 위험물(알킬알루미늄 또는 알킬리튬을 함유한 것에 한한다)을 저장하는 경우
- 제4류 위험물 중 유기과산화물 또는 이를 함유하는 것과 제5류 위험물 중 유기과산화물 또는 이를 함유한 것을 저장하는 경우

37 자동화재탐지설비의 설치기준
- 하나의 경계구역은 건축물이 2개 이상의 층에 걸치지 않을 것(단, 하나의 경계구역 면적이 500m² 이하 또는 계단, 승강로에 연기감지기 설치 시 제외)
- 하나의 경계구역 면적은 600m² 이하로 하고, 한 변의 길이가 50m(광전식 분리형 감지기 설치 : 100m) 이하로 할 것(단, 당해 소방대상물의 주된 출입구에서 그 내부 전체를 볼 수 있는 경우 1,000m² 이하로 할 수 있음)
- 자동화재탐지설비의 감지기는 지붕 또는 옥내는 천장 윗부분에서 유효하게 화재 발생을 감지할 수 있도록 설치할 것
- 자동화재탐지설비에는 비상전원을 설치할 것

38
- 제1종 판매취급소 : 지정수량의 20배 이하
- 제2종 판매취급소 : 지정수량의 40배 이하

정답 34 ④   35 ①   36 ④   37 ④   38 ②

39 1종 판매취급소에 설치하는 위험물 배합실의 기준으로 틀린 것은?

① 바닥면적은 $6m^2$ 이상 $15m^2$ 이하일 것
② 내화구조 또는 불연재료로 된 벽으로 구획할 것
③ 출입구는 수시로 열 수 있는 자동폐쇄식의 갑종방화문으로 설치할 것
④ 출입구 문턱의 높이는 바닥면으로부터 0.2m 이상일 것

40 규조토에 흡수시켜 다이너마이트를 제조할 때 사용되는 위험물은?

① 디니트로톨루엔
② 질산에틸
③ 니트로글리세린
④ 니트로셀룰로오스

41 위험물안전관리법령에서 정한 지정수량이 500kg인 것은?

① 황화린   ② 금속분
③ 인화성 고체   ④ 유황

42 액체위험물을 운반용기에 수납할 때 내용적의 몇 % 이하의 수납률로 수납하여야 하는가?

① 95   ② 96
③ 97   ④ 98

43 위험물제조소의 안전거리 기준으로 틀린 것은?

① 초중등교육법 및 고등교육법에 의한 학교 — 20m 이상
② 의료법에 의한 병원급 의료기관 — 30m 이상
③ 문화재보호법 규정에 의한 지정문화재 — 50m 이상
④ 사용전압이 35,000V를 초과하는 특고압가공전선 — 5m 이상

39 위험물 배합실 설치기준 : ①, ②, ③ 이외에
• 출입구 문턱의 높이는 바닥면으로부터 0.1m 이상일 것
• 바닥은 위험물이 침투하지 않는 구조로 하여 적당한 경사를 두고 집유설비를 할 것
• 내부에 체류한 가연성의 증기 또는 가연성의 미분을 지붕 위로 방출하는 설비를 할 것

40 니트로글리세린[$C_3H_5(ONO_2)_3$] : 제5류(자기반응성물질)
• 상온에서는 무색, 투명한 기름상의 액체(공업용 : 담황색)이지만 겨울철에는 동결할 우려가 있다.
• 가열, 마찰, 충격에 민감하여 폭발하기 쉽다.
• 물에 녹지 않고 알코올, 에테르, 아세톤 등에 잘 녹는다.
• 규조토에 흡수시켜 폭약인 다이나마이트를 제조한다.
• 분해반응식
$$4C_3H_5(ONO_2)_3 \rightarrow 12CO_2\uparrow + 6N_2\uparrow + O_2\uparrow + 10H_2O$$

41 제2류 위험물의 지정수량

성질	위험등급	품명	지정수량
가연성 고체	II	1. 황화린(P_4S_3, P_2S_5, P_4S_7) 2. 적린(P) 3. 유황(S)	100kg
	III	4. 철분(Fe) 5. 금속분(Al, Zn) 6. 마그네슘(Mg)	500kg
		7. 인화성고체(고형알코올)	1,000kg

42 위험물 운반용기의 내용적 수납률
• 고체 : 내용적의 95% 이하
• 액체 : 내용적의 98% 이하
• 제3류 위험물(자연발화성물질 중 알킬알루미늄 등) : 내용적의 90% 이하로 하되 50℃에서 5% 이상의 공간용적을 유지할 것

• 저장탱크의 용량=탱크의 내용적−탱크의 공간용적
• 저장탱크의 용량범위 : 90~95%

43 제조소의 안전거리(제6류 위험물 제외)

건축물	안전거리
사용전압이 7,000V 초과 35,000V 이하	3m 이상
사용전압이 35,000V 초과	5m 이상
주거용(주택)	10m 이상
고압가스, 액화석유가스, 도시가스	20m 이상
학교, 병원, 극장, 복지시설	30m 이상
유형문화재, 지정문화재	50m 이상

정답 **39** ④ **40** ③ **41** ② **42** ④ **43** ①

44 제조소등의 소화설비 설치 시 소요단위 산정에 관한 내용으로 괄호 안에 알맞은 수치를 차례대로 나열한 것은?

> 제조소 또는 취급소의 건축물은 외벽이 내화구조인 것은 연면적(　　　)m²를 1소요단위로 하며, 외벽이 내화구조가 아닌 것은 연면적(　　　)m²를 1소요단위로 한다.

① 200, 100　　　② 150, 100
③ 150, 50　　　④ 100, 50

45 아세트알데히드의 저장, 취급시 주의사항으로 틀린 것은?

① 강산화제와의 접촉을 피한다.
② 취급설비에는 구리합금의 사용을 피한다.
③ 수용성이기 때문에 화재 시 물로 희석소화가 가능하다.
④ 옥외저장탱크에 저장 시 조연성가스를 주입한다.

46 다음 중 자연발화의 위험성이 가장 큰 물질은?

① 아마인유　　　② 야자유
③ 올리브유　　　④ 피마자유

47 운반을 위하여 위험물을 적재하는 경우에 차광성이 있는 피복으로 가려주어야 하는 것은?

① 특수인화물　　　② 제1석유류
③ 알코올류　　　④ 동식물유류

---

44 소요 1단위의 산정 방법

건축물	내화구조의 외벽	내화구조가 아닌 외벽
제조소 및 취급소	연면적 100m²	연면적 50m²
저장소	연면적 150m²	연면적 75m²
위험물	지정수량의 10배	

※ 위험물의 소요단위 = $\dfrac{\text{저장(취급)수량}}{\text{지정수량} \times 10}$

45 아세트알데히드(CH_3CHO) : 제4류의 특수인화물, 지정수량 50L
• 인화점 −39℃, 발화점 185℃, 연소범위 4.1~57%
• 휘발성, 인화성이 강하고 과일냄새가 나는 무색액체이다.
• 물, 에테르, 에탄올에 잘 녹는다(수용성).
• 환원성 물질로 강산화제와 접촉을 피해야 하며 은거울반응, 펠링반응, 요오드포름반응 등을 한다.

> **참고**
> 아세트알데히드, 산화프로필렌의 공통사항
> • Cu, Ag, Hg, Mg 및 그 합금 등과는 용기나 설비를 사용하지 말 것 (중합반응 시 폭발성 물질 생성)
> • 저장 시 불활성가스(N_2, Ar) 또는 수증기를 봉입하고 냉각장치를 사용하여 비점 이하로 유지할 것

46 동식물유류 : 제4류 위험물로 1기압에서 인화점이 250℃ 미만인 것
• 요오드값이 큰 건성유는 불포화도가 크기 때문에 자연발화의 위험성이 크다.
• 요오드값 : 유지 100g에 부가(첨가)되는 요오드의 g수
• 요오드값에 따른 분류
　┌ 건성유(130 이상) : 해바라기기름, 동유, 아마인유, 정어리기름, 들기름 등
　├ 반건성유(100~130) : 면실유, 참기름, 청어기름, 채종유, 콩기름 등
　└ 불건성유(100 이하) : 올리브유, 동백기름, 피마자유, 야자유, 땅콩기름 등

47 적재위험물 성질에 따른 분류

차광성의 덮개를 해야 하는 것	방수성의 피복으로 덮어야 하는 것
• 제1류 위험물 • 제3류 위험물 중 자연발화성물질 • 제4류 위험물 중 특수인화물 • 제5류 위험물 • 제6류 위험물	• 제1류 위험물 중 알칼리금속의 과산화물 • 제2류 위험물 중 철분, 금속분, 마그네슘 • 제3류 위험물 중 금수성물질

※ 제5류 위험물 중 55℃ 이하의 온도에서 분해될 우려가 있는 것은 보냉컨테이너에 수납하는 등 적정한 온도 관리를 한다.
※ 위험물 적재 운반시 차광성 및 방수성 피복을 전부 해야 하는 위험물
• 제1류 위험물 중 알칼리금속의 과산화물 : K_2O_2, Na_2O_2 등
• 제3류 위험물 중 자연발화성 및 금수성 물질 : K, Na, R−Al, R−Li 등

정답 **44** ④　**45** ④　**46** ①　**47** ①

48 옥내탱크저장소 중 탱크전용실을 단층건물 외의 건축물에 설치하는 경우 탱크전용실을 건축물 1층 또는 지하층에만 설치하여야 하는 위험물이 아닌 것은?

① 제2류 위험물 중 덩어리 유황
② 제3류 위험물 중 황린
③ 제4류 위험물 중 인화점이 38℃ 이상인 위험물
④ 제6류 위험물 중 질산

49 소화전용 물통 3개를 포함한 수조 80L의 능력단위는?

① 0.3　　　② 0.5
③ 1.0　　　④ 1.5

50 탄화칼슘과 물이 반응하였을 때 발생하는 가연성 가스의 연소범위에 가장 가까운 것은?

① 2.1~9.5%
② 2.5~81%
③ 4.1~74.2%
④ 15.0~28%

51 위험물안전관리법상 위험물의 범위에 포함되는 물질은?

① 농도가 40중량퍼센트인 과산화수소 350kg
② 비중이 1.40인 질산 350kg
③ 직경 2.5mm의 막대 모양인 마그네슘 500kg
④ 순도가 55중량퍼센트인 유황 50kg

52 다음 중 제3류 위험물이 아닌 것은?

① 황린　　　② 나트륨
③ 칼륨　　　④ 마그네슘

---

48 • 옥내저장탱크를 탱크 전용실인 1층 또는 지하층에 설치할 경우
　: 황화린, 적린, 덩어리유황, 황린, 질산
• 옥내저장탱크를 탱크전용실인 단층 건축물 이외에 설치할 경우
　: 황화린, 적린, 덩어리유황, 황린, 질산, 제4류 중 인화점이 38℃ 이상인 것

49 간이소화용구의 능력단위

소화약제	용량	능력단위
소화전용 물통	8L	0.3
수조(소화전용 물통 3개 포함)	80L	1.5
수조(소화전용 물통 6개 포함)	190L	2.5
마른 모래(삽 1개 포함)	50L	0.5
팽창질석 또는 팽창진주암(삽 1개 포함)	160L	1.0

50 탄화칼슘(CaC_2, 카바이트) : 제3류(금수성), 지정수량 300kg
• 물과 반응하여 수산화칼슘[$Ca(OH)_2$]과 아세틸렌(C_2H_2)가스를 발생한다.
$$CaC_2 + 2H_2O \rightarrow Ca(OH)_2 + C_2H_2\uparrow$$
• 아세틸렌(C_2H_2)가스의 폭발범위 2.5~81%로 매우 넓어 위험성이 크다.
$$C_2H_2 + 2.5O_2 \rightarrow 2CO_2 + H_2O$$

51 위험물의 범위기준
① 과산화수소(H_2O_2) : 제6류(산화성액체)
　• 농도 36중량% 이상의 것
② 질산(HNO_3) : 제6류(산화성액체)
　• 비중 1.49 이상의 것
③ 마그네슘(Mg) : 제2류(가연성고체)
　• 제외 대상 : 2mm의 체를 통과하지 못하는 덩어리와 직경이 2mm 이상의 막대모양의 것
④ 유황(S) : 제2류(가연성고체)
　• 순도 60중량% 이상의 것

52 마그네슘(Mg) : 제2류(가연성 고체, 금수성), 지정수량 500kg
• 은백색의 경금속으로 공기중 분진폭발 및 자연발화 위험이 있다.
물과의 반응식 : $Mg + 2H_2O \rightarrow Mg(OH)_2 + H_2\uparrow$
염산과의 반응식 : $Mg + 2HCl \rightarrow MgCl_2 + H_2\uparrow$
이산화탄소와의 반응식 : $2Mg + CO_2 \rightarrow 2MgO + C$
연소반응식 : $2Mg + O_2 \rightarrow 2MgO$

• 주수소화, CO_2 소화 엄금, 마른모래, 탄산수소염류 등으로 질식소화한다.

정답　48 ③　49 ④　50 ②　51 ①　52 ④

53 위험물안전관리법령상 위험물의 운반에 관한 기준에 따르면 알코올류의 위험등급은 얼마인가?

① 위험등급 Ⅰ
② 위험등급 Ⅱ
③ 위험등급 Ⅲ
④ 위험등급 Ⅳ

54 소화기 속에 압축되어 있는 이산화탄소 1.1kg을 표준 상태에서 분사했다. 이산화탄소의 부피는 몇 m³가 되는가?

① 0.56
② 5.6
③ 11.2
④ 24.6

55 지하탱크저장소에 대한 설명으로 옳지 않은 것은?

① 탱크전용실 벽의 두께는 0.3m 이상이어야 한다.
② 지하저장탱크의 윗부분은 지면으로부터 0.6m 이상 아래에 있어야 한다.
③ 지하저장탱크와 탱크전용실 안쪽과의 간격은 0.1m 이상의 간격을 유지한다.
④ 지하저장탱크에는 두게 0.1m 이상의 철근콘크리트조로 된 뚜껑을 설치한다.

56 자연발화의 방지방법 중 가장 거리가 먼 것은?

① 습도를 높게 유지할 것
② 퇴적 및 수납 시 열축적이 없을 것
③ 저장실의 온도를 낮출 것
④ 통풍을 잘 시킬 것

57 위험물안전관리법령상 스프링클러헤드는 부착장소에서 평상시 최고온도가 28℃ 미만인 경우 표시온도를 얼마의 것을 설치하여야 하는가?

① 58℃ 미만
② 58℃ 이상 79℃ 미만
③ 79℃ 이상 121℃ 미만
④ 121℃ 이상 162℃ 미만

---

53 제4류 위험물의 위험등급

위험등급	품명
Ⅰ	특수인화물
Ⅱ	제1석유류, 알코올류
Ⅲ	제2석유류, 제3석유류, 제4석유류, 동식물유류

54 이상기체 상태방정식

$$PV = nRT = \frac{W}{M}RT$$

$$\therefore V = \frac{WRT}{PT} = \frac{1100 \times 0.082 \times (273 + 0)}{1 \times 44}$$
$$= 559L = 0.56m^3$$

$$\left[\begin{array}{ll} P : 압력(atm) & V : 부피(L) \\ n : 몰수\left(\frac{W}{M}\right) & M : 분자량 \\ W : 질량(g) & T : 절대온도(273 + ℃)[K] \\ R : 기체상수\ 0.082(atm \cdot m^3/mol \cdot K) \end{array}\right]$$

※ CO_2 분자량 : $12 + 16 \times 2 = 44$
표준 상태 : 0℃ · 1atm

55 지하탱크저장소 시설기준 : ①, ②, ③ 이외에
• 탱크전용실은 시설물 및 대지경계선으로부터 0.1m 이상 떨어진 곳에 설치할 것
• 탱크전용실 벽 · 바닥 및 뚜껑의 두께는 0.3m 이상일 것
• 탱크의 주위에 입자지름 5mm 이하의 마른 자갈분을 채울 것
• 지하저장탱크를 2 이상 인접해 설치하는 경우에는 그 상호간에 1m 이상의 간격을 유지
• 지하저장탱크의 재질은 두께 3.2mm 이상의 강철판으로 할 것

56 자연발화방지법 : ②, ③, ④ 이외에
• 저장실 온도를 낮출 것
• 물질의 표면적을 최소화 할 것

57 폐쇄형 스프링클러헤드의 표시온도

부착장소의 최고 주위온도(℃)	표시온도(℃)
28 미만	58 미만
28 이상 39 미만	58 이상 79 미만
39 이상 64 미만	79 이상 121 미만
64 이상 106 미만	121 이상 162 미만
106 이상	162 이상

정답 53 ② 54 ① 55 ④ 56 ① 57 ①

58 옥외저장시설에서 지정수량 200배 초과의 위험물을 저장할 경우 보유공지의 너비는 몇 m 이상으로 하는가? (단, 제4류 위험물과 제6류 위험물은 제외한다)

① 0.5m

② 2.5m

③ 10m

④ 15m

59 다음 제거소화 방법 중 잘못된 것은?

① 유전화재시 다량의 물을 이용하였다.

② 가스화재시 밸브 및 콕을 잠갔다.

③ 산불화재시 벌목을 하였다.

④ 촛불을 바람으로 불어 가연성 증기를 날려보냈다.

60 알칼리금속은 화재예방상 다음 중 어떤기(원자단)을 가지고 있는 물질과 접촉을 금해야 하는가?

① −O−

② −OH

③ −COO−

④ −NO₂

---

58 옥외저장소 보유공지의 너비

저장 또는 취급하는 위험물의 최대수량	공지의 너비
지정수량의 10배 이하	3m 이상
지정수량의 10배 초과 20배 이하	5m 이상
지정수량의 20배 초과 50배 이하	9m 이상
지정수량의 50배 초과 200배 이하	12m 이상
지정수량의 200배 초과	15m 이상

※ 단, 제4류 위험물 중 제4석유류와 제6류 위험물을 저장 또는 취급하는 보유공지는 공지너비의 $\frac{1}{3}$ 이상으로 할 수 있다. 의 너비

59 • 제거소화방법 : 연소할 때 필요한 가연성 물질을 없애주는 소화방법

※ 유전화재시 폭약을 사용하여 폭풍에 의하여 가연성 증기를 날려보내 소화시킨다.

60 알칼리금속(K, Na 등) : 제3류(자연발화성 및 금수성 물질), 지정수량 10kg

• −OH(히드록시기)와 −COOH(카르복실기)의 반응성

$$\left[\begin{array}{l} \text{물(H}_2\text{O)} : H-OH \\ \text{알코올} : R-OH \\ \text{카르복실산} : R-COOH \end{array}\right] + \left[\begin{array}{l} Na \\ K \end{array}\right] \rightarrow \text{수소(H}_2\uparrow\text{) 발생 (가연성 가스)}$$

• $2Na + 2H_2O \rightarrow 2NaOH + H_2\uparrow$

• $Na + C_2H_5OH \rightarrow C_2H_5ONa + H_2\uparrow$

• $K + CH_3COOH \rightarrow CH_3COOK + H_2\uparrow$

※ ① −O− : 에테르기

② −OH : 히드록시기(수산기)

③ −COO− : 에스테르기

④ −NO₂ : 니트로기

01 대형수동식소화기의 설치기준은 방호대상물의 각 부분으로부터 하나의 대형 수동식소화기까지의 보행거리가 몇 m 이하가 되도록 설치하여야 하는가?

① 5   ② 10

③ 20   ④ 30

01 • 소화기는 초기화재에만 효과가 있다.
- 보행거리 : 소형소화기 20m 이내, 대형소화기 30m 이내에 설치할 것
- 소화기구 설치높이 : 바닥으로부터 1.5m 이내에 설치할 것
- 소화능력단위에 따른 소화기의 분류
  - 소형소화기 : 소화능력단위 1단위 이상 대형소화기의 능력단위 미만
  - 대형소화기 : 소화능력단위 ─ A급 10단위 이상
    └ B급 20단위 이상

02 소화기의 사용방법에 대한 설명으로 가장 옳은 것은?

① 소화기는 화재초기에만 효과가 있다.

② 소화기는 대형소화설비의 대용으로 사용할 수 있다.

③ 소화기는 어떠한 소화에도 만능으로 사용할 수 있다.

④ 소화기는 구조와 성능, 취급법을 명시하지 않아도 된다.

02 소화기는 초기화재에만 효과가 있고 화재가 확대된 후에는 효과가 거의 없으며 모든 화재에 유효한 만능소화기는 없다.

03 다음 중 자연발화의 조건으로 거리가 먼 것은?

① 표면적이 넓을 것

② 열전도율이 클 것

③ 발열량이 클 것

④ 주위의 온도가 높을 것

03 자연발화의 조건 : ①, ③, ④항 이외에 열전도율이 낮을 것

04 제3류 위험물인 인화칼슘(Ca_3P_2)의 소화방법으로 적당하지 않은 것은?

① 물

② CO_2

③ 건조석회

④ 금속화재용 분말소화약제

04 인화칼슘(Ca_3P_2, 인화석회) : 제3류(금수성), 지정수량 300kg
- 적갈색의 괴상의 고체이다.
- 물 또는 산과 반응시 가연성, 유독성인 포스핀(PH_3, 인화수소) 가스를 발생한다.
$$Ca_3P_2 + 6H_2O \rightarrow 3Ca(OH)_2 + 2PH_3 \uparrow$$
$$Ca_3P_2 + 6HCl \rightarrow 3CaCl_2 + 2PH_3 \uparrow$$
- 소화 : 주수 및 포소화약제는 절대엄금하고 마른모래, 건조석회 등으로 피복소화한다.

05 화학포의 소화약제인 탄산수소나트륨 6몰과 반응하여 생성되는 이산화탄소는 표준상태에서 몇 L인가?

① 22.4   ② 44.8
③ 89.6   ④ 134.4

06 스프링클러헤드의 설치방법에 대한 설명으로 옳지 않은 것은?

① 개방형헤드는 원칙적으로 반사판으로부터 하방으로 0.45m, 수평방향으로 0.3m 공간을 보유할 것
② 폐쇄형헤드는 가연성 물질 수납부분에 설치 시 반사판으로부터 하방으로 0.9m, 수평방향으로 0.4m의 공간을 확보할 것
③ 폐쇄형헤드 중 개구부에 설치하는 것은 당해 개구부의 상단으로부터 0.15m 이내의 벽면에 설치할 것
④ 폐쇄형헤드 설치 시 급배기용 덕트의 긴 변의 길이가 1.2m를 초과하는 것이 있는 경우에는 당해 덕트의 윗부분에도 헤드를 설치할 것

07 제4류 위험물을 취급하는 수량이 지정수량의 30만배인 일반취급소의 사업장에서 자체소방대를 설치하여야 한다. 이때 전체 화학소방차 중 포수용액을 방사하는 화학소방차는 몇 대 이상 두어야 하는가?

① 3
② 2
③ 1
④ 필수적인 것은 아니다

08 위험물의 운반시 혼재가 가능한 것은? (단, 지정수량 10배의 위험물인 경우이다)

① 제4류 위험물과 제5류 위험물
② 제1류 위험물과 제2류 위험물
③ 제3류 위험물과 제6류 위험물
④ 제2류 위험물과 제3류 위험물

---

05 화학포 소화약제(A, B급)
- 외약제(A제) : 탄산수소나트륨($NaHCO_3$), 기포안정제(사포닝, 계면활성제, 소다회, 가수분해단백질)
- 내약제(B제) : 황산알루미늄[$Al_2(SO_4)_3$]
- 반응식(포핵 : CO_2) : $6NaHCO_3 + Al_2(SO_4)_3 \cdot 18H_2O$
  $\rightarrow 3Na_2SO_4 + 2Al(OH)_3 + 6CO_2\uparrow + 18H_2O$
∴ 이 반응식에서 탄산수소나트륨($NaHCO_3$) 6몰이 반응시 이산화탄소(CO_2) 6몰이 발생하였으므로, 6몰×22.4L/몰=134.4L

06 폐쇄형헤드 설치 시 급배기용 덕트의 긴 변의 길이가 1.2m를 초과하는 것이 있는 경우에는 당해 덕트의 아랫면에도 스프링클러헤드를 설치할 것

07 자체소방대에 두는 화학소방자동차 및 인원

사업소	지정수량의 양	화학소방자동차	자체소방대원의 수
제조소 또는 일반취급소에서 취급하는 제4류 위험물의 최대수량의 합계	3천 배 이상 12만 배 미만인 사업소	1대	5인
	12만 배 이상 24만 배 미만인 사업소	2대	10인
	24만 배 이상 48만 배 미만인 사업소	3대	15인
	48만 배 이상인 사업소	4대	20인
옥외탱크저장소에 저장하는 제4류 위험물의 최대수량	50만 배 이상인 사업소	2대	10인

※ 화학소방차 중 포수용액을 방사하는 화학소방차 대수는 상기 표의 규정대수의 $\frac{2}{3}$ 이상으로 한다.

∴ 3대×$\frac{1}{3}$=2대 이상

08 유별을 달리 하는 위험물의 혼재기준

위험물의 구분	제1류	제2류	제3류	제4류	제5류	제6류
제1류		×	×	×	×	○
제2류	×		×	○	○	×
제3류	×	×		○	×	×
제4류	×	○	○		○	×
제5류	×	○	×	○		×
제6류	○	×	×	×	×	

※ 지정수량의 $\frac{1}{10}$ 이하의 위험물은 적용하지 않음

서로 혼재운반이 가능한 위험물(꼭 암기할 것)
- ④와 ②, ③ : 4류와 2류, 4류와 3류
- ⑤와 ②, ④ : 5류와 2류, 5류와 4류
- ⑥와 ① : 6류와 1류

정답   **05** ④   **06** ④   **07** ②   **08** ①

09 다음 소화약제의 분해반응 완결시 ( ) 안에 옳은 것은?

$$2NaHCO_3 \rightarrow Na_2O + H_2O + (\quad)$$

① $6CO_2$　　　　　② $6NaOH$
③ $6CO$　　　　　④ $2CO_2$

10 산화성 액체인 질산의 분자식으로 옳은 것은?

① HNO_2　　　　② HNO_3
③ NO_2　　　　　④ NO_3

11 위험물안전관리법령상 간이탱크저장소에 대한 설명 중 틀린 것은?

① 간이저장탱크의 용량은 600리터 이하여야 한다.
② 하나의 간이탱크저장소에 설치하는 간이저장탱크는 5개 이하여야 한다.
③ 간이저장탱크는 두께 3.2mm 이상의 강판으로 흠이 없도록 제작하여야 한다.
④ 간이저장탱크는 70kPa의 압력으로 10분간의 수압시험을 실시하여 새거나 변형되지 않아야 한다.

12 다음 중 증기의 밀도가 가장 큰 것은?

① 디에틸에테르
② 벤젠
③ 가솔린(옥탄 100%)
④ 에틸알코올

13 위험물 탱크의 용량은 탱크의 내용적에서 공간용적을 뺀 용적으로 한다. 이 경우 소화약제 방출구를 탱크 안의 윗부분에 설치하는 탱크의 공간용적은 당해 소화설비의 소화약제 방출구 아래의 어느 범위의 면으로부터 윗부분의 용적으로 하는가?

① 0.1m 이상 0.5m 미만 사이의 면
② 0.3m 이상 1m 미만 사이의 면
③ 0.5m 이상 1m 미만 사이의 면
④ 0.5m 이상 1.5m 미만 사이의 면

09 분말소화약제

종류	주성분	화학식	색상	적응화재	열분해 반응식
제1종	탄산수소나트륨 (중탄산나트륨)	$NaHCO_3$	백색	B, C급	1차(270℃) : $2NaHCO_3 \rightarrow Na_2CO_3 + CO_2 + H_2O$ 2차(850℃) : $2NaHCO_3 \rightarrow Na_2O + 2CO_2 + H_2O$
제2종	탄산수소칼륨 (중탄산칼륨)	$KHCO_3$	담자 (회)색	B, C급	1차(190℃) : $2KHCO_3 \rightarrow K_2CO_3 + CO_2 + H_2O$ 2차(590℃) : $2KHCO_3 \rightarrow K_2O + 2CO_2 + H_2O$
제3종	제1인산암모늄	$NH_4H_2PO_4$	담홍색	A, B, C급	$NH_4H_2PO_4 \rightarrow HPO_3 + NH_3 + H_2O$
제4종	탄산수소칼륨 + 요소	$KHCO_3 + (NH_2)_2CO$	회색	B, C급	$2KHCO_3 + (NH_2)_2CO \rightarrow K_2CO_3 + 2NH_3 + 2CO_2$

※ 제1종 또는 제2종 분말소화약제의 열분해반응식에서 몇 차 또는 열분해온도가 주어지지 않을 경우에는 제1차 반응식을 쓰면 된다.

10 ① 아질산, ② 질산, ③ 이산화질소

11 하나의 간이탱크저장소에 설치하는 간이저장탱크는 3개 이하여야 한다.

12
$$증기밀도(\rho) = \frac{분자량(g)}{22.4L}(g/L)$$
: 표준 상태(0℃, 1기압)

① 디에틸에테르($C_2H_5OC_2H_5$) 분자량
$$(12 \times 2 + 1 \times 5) \times 2 + 16 = 74, 밀도(\rho) = \frac{74}{22.4L} = 3.3g/L$$

② 벤젠(C_6H_6) 분자량
$$12 \times 6 + 1 \times 6 = 78, 밀도(\rho) = \frac{78}{22.4L} = 3.48g/L$$

③ 가솔린(옥탄 100%)(C_8H_{18}) 분자량
$$12 \times 8 + 1 \times 18 = 114, 밀도(\rho) = \frac{114}{22.4L} = 5.09g/L$$

④ 에틸알코올(C_2H_5OH) 분자량
$$12 \times 2 + 1 \times 5 + 16 + 1 = 46, 밀도(\rho) = \frac{46}{22.4L} = 2.05g/L$$

※ 분자량이 클수록 증기밀도가 크다.

13 공간용적은 탱크의 내용적의 $\frac{5}{100}$ 이상 $\frac{10}{100}$ 이하의 용적으로 한다. 다만, 소화설비(소화약제 방출구를 탱크 안의 윗부분에 설치하는 것에 한한다)를 설치하는 탱크의 공간용적은 당해 소화설비의 소화약제 방출구 아래의 0.3m 이상 1m 미만 사이의 면으로부터 윗부분의 용적으로 한다.

정답 09 ④　10 ②　11 ②　12 ③　13 ②

14 위험물안전관리법령상 위험등급의 종류가 나머지 셋과 다른 하나는?

① 제1류 위험물 중 중크롬산염류
② 제2류 위험물 중 인화성 고체
③ 제3류 위험물 중 금속의 인화물
④ 제4류 위험물 중 알코올류

15 위험물제조소에서 국소방식 배출설비의 배출능력은 1시간당 배출장소 용적의 몇 배 이상인 것으로 하는가?

① 5배   ② 10배
③ 15배   ④ 20배

16 위험물안전관리법령상 운송책임자의 감독지원을 받아 운송하여야 하는 위험물에 해당하는 것은?

① 알킬알루미늄, 산화프로필렌, 알킬리튬
② 알킬알루미늄, 산화프로필렌
③ 알킬알루미늄, 알킬리튬
④ 산화프로필렌, 알킬리튬

17 시·도의 조례가 정하는 바에 따라 관할소방서장의 승인을 받아 지정수량 이상의 위험물을 제조소등이 아닌 장소에서 임시로 저장 또는 취급하는 기간은 최대 며칠 이내인가?

① 30   ② 60
③ 90   ④ 120

18 주유취급소에서 자동차 등에 위험물을 주유할 때 자동차 등의 원동기를 정지시켜야 하는 위험물의 인화점 기준은 몇 ℃ 미만인가? (단, 연료탱크에 위험물을 주유하는 동안 방출되는 가연성 증기 회수설비가 부착되지 않은 고정주유설비의 경우이다)

① 20℃   ② 30℃
③ 40℃   ④ 50℃

14 ①, ②, ③ : 위험등급 Ⅲ
④ : 위험등급 Ⅱ

15 제조소의 배출설비의 배출능력은 1시간당 배출장소 용적의 20배 이상인 것으로 할 것(전역방출방식 : 바닥면적 1m²당 18m³ 이상)

16 이동탱크저장소의 위험물 운송에 있어서 알킬알루미늄, 알킬리튬은 운송책임자의 감독, 지원을 받아 운송하여야 한다.

17 위험물 임시 저장기간 : 90일 이내

18 주유취급소에서 자동차 등에 인화점 40℃ 미만의 위험물을 주유할 때에는 자동차 등의 원동기를 정지시켜야 한다.

정답 14 ④   15 ④   16 ③   17 ③   18 ③

19 연소범위에 대한 설명으로 옳지 않은 것은?

① 연소범위는 연소하한값부터 연소상한값까지이다.

② 연소범위의 단위는 공기 또는 산소에 대한 가스의 % 농도이다.

③ 연소하한이 낮을수록 위험이 크다.

④ 온도가 높아지면 연소범위가 좁아진다.

20 옥내저장탱크의 상호 간에는 특별한 경우를 제외하고 최소 몇 m 이상의 간격을 유지하여야 하는가?

① 0.1   ② 0.2

③ 0.3   ④ 0.5

21 위험물제조소에 설치하는 분말 소화설비의 기준에서 분말 소화약제의 가압용 가스로 사용할 수 있는 것은?

① 헬륨 또는 산소

② 네온 또는 염소

③ 아르곤 또는 산소

④ 질소 또는 이산화탄소

22 염소산나트륨의 저장 및 취급 시 주의할 사항으로 틀린 것은?

① 철제용기에 저장은 피해야 한다.

② 열분해 시 이산화탄소가 발생하므로 질식에 유의한다.

③ 조해성이 있으므로 방습에 유의한다.

④ 용기에 밀전(密栓)하여 보관한다.

23 알킬알루미늄의 저장 및 취급방법으로 옳은 것은?

① 용기는 완전 밀봉하고 CH_4, C_3H_8 등을 봉입한다.

② C_6H_6 등의 희석제를 넣어 준다.

③ 용기의 마개에 다수의 미세한 구멍을 뚫는다.

④ 통기구가 달린 용기를 사용하여 압력상승을 방지한다.

19 • 온도가 높아지면 하한값은 낮아지고 상한값은 높아져서 연소범위가 넓어져 위험성이 크다.

• 압력이 높아지면 하한값은 변하지 않지만 상한값은 높아진다.

• 산소 중에서는 하한값이 변하지 않지만 상한값이 높아져서 연소범위가 넓어진다.

20 옥내저장탱크 상호 간에는 0.5m 이상의 간격을 유지하여야 한다.

21 분말 소화약제의 가압용 및 축압용 가스 : 질소 또는 이산화탄소

22 염소산나트륨($NaClO_3$) : 제1류(산화성고체), 지정수량 50kg

• 조해성, 흡습성이 있고 물, 알코올, 에테르에 잘 녹는다.

• 열분해 시 염화나트륨과 산소를 발생한다.

$$2NaClO_3 \rightarrow 2NaCl + 3O_2$$

• 강산화제로서 철제용기를 부식시킨다.

• 산과 반응하여 독성과 폭발성이 강한 이산화염소(ClO_2)를 발생한다.

23 알킬알루미늄(R−Al) : 제3류(금수성), 지정수량 10kg

• $C_{1\sim4}$는 자연발화성, C_5 이상은 자연발화성이 없다.

• 용기에는 불활성기체(N_2)를 봉입하여 밀봉저장한다.

• 사용할 경우 희석제(벤젠, 톨루엔, 헥산 등)로 20~30% 희석하여 위험성을 적게 한다.

• 물과 접촉 시 가연성가스를 발생하므로 주수소화는 절대 금하고 팽창질석, 팽창진주암등으로 피복소화한다.

• 트리메틸알루미늄(TMA : Tri Methyl Aluminium)

$(CH_3)_3Al + 3H_2O \rightarrow Al(OH)_3 + 3CH_4 \uparrow$ (메탄)

• 트리에틸알루미늄(TEA : Tri Eethyl Aluminium)

$(C_2H_5)_3Al + 3H_2O \rightarrow Al(OH)_3 + 3C_2H_6 \uparrow$ (에탄)

정답   19 ④   20 ④   21 ④   22 ②   23 ②

24 알루미늄분말 화재 시 주수해서는 안 되는 가장 큰 이유는?

① 수소가 발생하여 연소가 확대되기 때문에
② 유독가스가 발생하여 연소가 확대되기 때문에
③ 산소의 발생으로 연소가 확대되기 때문에
④ 분말의 독성이 강하기 때문에

25 메틸알코올의 위험성에 대한 설명으로 틀린 것은 어느 것인가?

① 겨울에는 인화의 위험이 여름보다 작다.
② 증기밀도는 가솔린보다 크다.
③ 독성이 있다.
④ 연소범위는 에틸알코올보다 넓다.

26 위험물제조소에서 다음과 같이 위험물을 취급하고 있는 경우 각각의 지정수량 배수의 총합은 얼마인가?

> • 브롬산나트륨 300kg
> • 과산화나트륨 150kg
> • 중크롬산나트륨 500kg

① 3.5   ② 4.0
③ 4.5   ④ 5.0

27 이황화탄소에 관한 설명으로 틀린 것은?

① 비교적 무거운 무색의 고체이다.
② 인화점이 0도 이하이다.
③ 약 100도에서 발화할 수 있다.
④ 이황화탄소의 증기는 유독하다.

---

24 알루미늄분(Al) : 제2류(가연성고체), 지정수량 500kg
• 금속의 이온화 경향이 수소(H)보다 크므로 과열된 수증기(H_2O) 또는 산과 반응하여 수소(H_2↑)기체를 발생시킨다.

$$2Al + 6H_2O \rightarrow 2Al(OH)_3 + 3H_2 \uparrow (주수소화 절대엄금)$$
$$2Al + 6HCl \rightarrow 2AlCl_3 + 3H_2 \uparrow$$

• 주수소화는 절대엄금하고 마른 모래(건조사) 등으로 피복소화한다.

25 제4류 위험물(인화성액체)
1. 메틸알코올(CH_3OH) : 목정(독성 있음)
   • 분자량 : 32, 연소범위 : 7.3~36%, 인화점 : 11℃
   • 증기밀도(g/L) $= \dfrac{분자량(g)}{22.4L} = \dfrac{32g}{22.4L} = 1.43g/L$
2. 에틸알코올(C_2H_5OH) : 주정(독성 없음)
   • 분자량 : 46, 연소범위 : 4.3~19%, 인화점 : 13℃
   • 증기밀도 $= \dfrac{46g}{22.4L} = 2.05g/L$
3. 가솔린[주성분 : C_8H_{18}(옥탄)]
   • 분자량 : 72~128, 연소범위 : 1.4~7.6%, 인화점 −43~−20℃
   • 증기밀도 $= \dfrac{114g}{22.4L} ≒ 3.9g/L$
   ∴ 메틸알코올은 가솔린보다 분자량이 작으므로 증기밀도가 가솔린보다 작다.

26 제1류 위험물의 지정수량
• 브롬산나트륨(브롬산염류) : 300kg
• 과산화나트륨(무기과산화물) : 50kg
• 중크롬산나트륨(중크롬산염류) : 1,000kg
   ∴ 지정수량 배수의 합
$$= \dfrac{A품목의\ 저장수량}{A품목의\ 지정수량} + \dfrac{B품목의\ 저장수량}{B품목의\ 지정수량} + \cdots$$
$$= \dfrac{300kg}{300kg} + \dfrac{150kg}{50kg} + \dfrac{500kg}{1,000kg} = 4.5배$$

27 이황화탄소(CS_2) : 제4류의 특수인화물(인화성액체), 지정수량 50L
• 인화점 : −30℃, 발화점 : 100℃, 연소범위 : 1.2~44%, 액비중 : 1.26
• 증기비중 $\left(\dfrac{76}{29} = 2.62\right)$ 은 공기보다 무거운 무색투명한 액체이다.
• 물보다 무겁고 물에 녹지 않으며 알코올, 벤젠, 에테르 등에 잘 녹는다.
• 휘발성, 인화성, 발화성이 강하고 독성이 있어 증기 흡입 시 유독하다.
• 연소 시 유독한 아황산가스를 발생한다.
$$CS_2 + 3O_2 \rightarrow CO_2 \uparrow + 2SO_2 \uparrow$$
• 저장 시 물속에 보관하여 가연성증기의 발생을 억제시킨다.
• 소화 시 CO_2, 분말 소화약제, 다량의 포 등을 방사시켜 질식 및 냉각소화한다.

정답 24 ①   25 ②   26 ③   27 ①

28 화재 시 이산화탄소를 사용하여 공기 중 산소의 농도를 21중량%에서 13중량%로 낮추려면 공기 중 이산화탄소의 농도는 약 몇 중량%가 되어야 하는가?

① 34.3
② 38.1
③ 42.5
④ 45.8

29 탄화칼슘의 취급방법에 대한 설명으로 옳지 않은 것은?

① 물, 습기와의 접촉을 피한다.
② 건조한 장소에 밀봉, 밀전하여 보관한다.
③ 습기와 작용하여 다량의 메탄이 발생하므로 저장 중에 메탄가스의 발생유무를 조사한다.
④ 저장용기에 질소가스 등 불활성 가스를 충전하여 저장한다.

30 황린의 저장방법으로 옳은 것은?

① 물속에 저장한다.
② 공기 중에 보관한다.
③ 벤젠 속에 저장한다.
④ 이황화탄소 속에 보관한다.

31 금속나트륨에 대한 설명으로 옳지 않은 것은?

① 물과 격렬히 반응하여 발열하고 수소가스를 발생한다.
② 에틸알코올과 반응하여 나트륨에틸라이트와 수소가스를 발생한다.
③ 할로겐화합물 소화약제는 사용할 수 없다.
④ 은백색의 광택이 있는 중금속이다.

---

28 이산화탄소(CO_2)의 농도 산출 공식

$$CO_2(\%) = \frac{21 - O_2(\%)}{21} \times 100$$

$$= \frac{21 - 13}{21} \times 100 = 38.1\%$$

29 탄화칼슘(CaC_2, 카바이트) : 제3류(금수성물질), 지정수량 300kg
- 회백색의 불규칙한 괴상의 고체이다.
- 물과 반응하여 수산화칼슘[$Ca(OH)_2$]와 아세틸렌(C_2H_2)가스를 발생한다.
  $$CaC_2 + 2H_2O \rightarrow Ca(OH)_2 + C_2H_2\uparrow$$
- 아세틸렌(C_2H_2)가스의 폭발범위 2.5~81%로 매우 넓어 위험성이 크다.
  $$C_2H_2 + 2.5O_2 \rightarrow 2CO_2 + H_2O$$
- 고온(700℃)에서 질소(N_2)와 반응하여 석회질소($CaCN_2$)를 생성한다(질화작용).
  $$CaC_2 + N_2 \rightarrow CaCN_2 + C$$
- 장기보관 시 용기 내에 불연성가스(N_2 등)를 봉입하여 저장한다.
- 소화 시 마른 모래 등으로 피복소화한다(주수 및 포는 절대엄금).

30 황린(P_4) : 제3류(자연발화성물질), 지정수량 20kg
- 백색 또는 담황색 고체로서 물에 녹지 않고 벤젠, 이황화탄소에 잘 녹는다.
- 공기 중 약 40~50℃에서 자연발화하므로 물속에 저장한다.
- 인화수소(PH_3)의 생성을 방지하기 위해 약알칼리성(pH=9)의 물속에 보관한다.
- 맹독성으로 피부 접촉 시 화상을 입는다.
- 연소 시 오산화인(P_2O_5)의 백색연기를 낸다.
  $$P_4 + 5O_2 \rightarrow 2P_2O_5$$

31 금속나트륨(Na) : 제3류(자연발화성, 금수성), 지정수량 10kg
- 은백색 광택 있는 경금속으로 물보다 가볍다(비중 0.97).
- 공기 중에서 연소 시 노란색 불꽃을 내면서 연소한다.
  $$4Na + O_2 \rightarrow 2Na_2O(회백색)$$
- 물 또는 알코올과 반응하여 수소(H_2)기체를 발생한다.
  $$2Na + 2H_2O \rightarrow 2NaOH + H_2\uparrow$$
  $$2Na + 2C_2H_5OH \rightarrow \underline{2C_2H_5ONa} + H_2\uparrow$$
  (나트륨에틸라이트)
- 공기 중 자연발화를 일으키기 쉬우므로 석유류(등유, 경유, 유동파라핀, 벤젠) 속에 저장한다.
- 할로겐과 반응하여 할로겐화합물을 생성한다(할로겐 소화약제 사용 금함).
  $$2Na + Cl_2 \rightarrow 2NaCl$$
  $$4Na + CCl_4 \rightarrow 4NaCl + C(폭발)$$
- 소화 시 마른 모래 등으로 질식소화한다(피부접촉 시 화상주의).

정답 28 ② 29 ③ 30 ① 31 ④

32 질산의 비중이 1.5일 때 1소요단위는 몇 L인가?

① 150 ② 200
③ 1,500 ④ 2,000

33 분진폭발의 위험이 가장 낮은 물질은?

① 마그네슘 가루
② 아연가루
③ 밀가루
④ 시멘트가루

34 그림의 원통형 종으로 설치된 탱크에서 공간용적을 내용적의 10%라고 하면 탱크용량(허가용량)은 약 얼마인가?

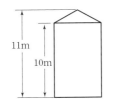

① 113.44 ② 124.34
③ 129.06 ④ 138.16

35 위험물제조소등에 설치하는 옥외소화전설비의 기준에서 옥외소화전함은 옥외소화전으로부터 보행거리 몇 m 이하의 장소에 설치해야 하는가?

① 1.5 ② 5
③ 7.5 ④ 10

36 전기화재의 급수와 표시색상을 옳게 나타낸 것은?

① C급 － 백색 ② D급 － 백색
③ C급 － 청색 ④ D급 － 청색

37 1몰의 에틸알코올이 완전연소하였을 때 생성되는 이산화탄소는 몇 몰인가?

① 1몰 ② 2몰
③ 3몰 ④ 4몰

---

32 소요1단위의 산정방법

건축물	내화구조의 외벽	내화구조가 아닌 외벽
제조소 및 취급소	연면적 100m²	연면적 50m²
저장소	연면적 150m²	연면적 75m²
위험물	지정수량의 10배	

- 질산(HNO_3) : 제6류(산화성액체), 지정수량 300kg
  (위험물 적용 기준 : 질산은 비중이 1.49 이상의 것)
- 질산의 1소요단위 : 지정수량×10배
  =300kg×10=3,000kg
- 질산의 비중이 1.5이므로 부피로 환산하면

$$\therefore V = \frac{3,000kg}{1.5kg/L} = 2,000L$$

33
- 분진폭발 위험성이 있는 물질 : 금속분말가루, 곡물가루, 석탄분진, 목재분진, 섬유분진, 종이분진 등
- 분진폭발 위험성이 없는 물질(불연성물질) : 시멘트가루, 석회석분말, 수산화칼슘가루 등

34 원통형 탱크(종으로 설치한 것)의 내용적 계산식
$V = \pi r^2 L [r : 2m, L : 10m]$
$= \pi \times 2^2 \times 10 \times 0.9$
$= 113.09m^3$
┌ 탱크용량＝내용적－공간용적
│ ＝100%－10%
└ ＝90%＝0.9

36

화재 분류	종류	색상	소화방법
A급	일반화재	백색	냉각소화
B급	유류화재	황색	질식소화
C급	전기화재	청색	질식소화
D급	금속화재	무색	피복소화

37 에틸알코올(C_2H_5OH) : 제4류의 알코올류(인화성액체), 지정수량 400L
- 에틸알코올의 완전연소반응식

$\underset{1몰}{C_2H_5OH} + 3O_2 \rightarrow \underset{2몰}{2CO_2} + 3H_2O$

정답 32 ④ 33 ④ 34 ① 35 ② 36 ③ 37 ②

38 위험물안전관리법령상 제5류 위험물의 위험 등급에 대한 설명 중 틀린 것은?

① 유기과산화물과 질산에스테르류는 위험 등급 Ⅰ에 해당한다.

② 지정수량 100kg인 히드록실아민과 히 드록실아민염류는 위험등급 Ⅱ에 해당 한다.

③ 지정수량 200kg에 해당되는 품명은 모 두 위험등급 Ⅱ에 해당한다.

④ 지정수량 100kg인 품명만 위험등급 Ⅰ 에 해당된다.

39 물과 접촉 시 발열하면서 폭발 위험성이 증가 하는 것은?

① 과산화칼륨
② 과망간산나트륨
③ 요오드산칼륨
④ 과염소산칼륨

40 위험물제조소등에 옥내소화전설비를 설치할 때, 옥내소화전이 가장 많이 설치된 층의 소화 전의 개수가 4개일 경우 확보해야 할 수원의 수량은?

① 10.4m³   ② 20.8m³
③ 31.2m³   ④ 41.6m³

41 다음에서 설명하는 위험물에 해당하는 것은?

> • 지정수량은 300kg이다.
> • 산화성액체 위험물이다.
> • 가열하면 분해하여 유독성가스를 발생 한다.
> • 증기비중은 약 3.5이다.

① 브롬산칼륨
② 클로로벤젠
③ 질산
④ 과염소산

---

38 제5류 위험물의 종류 및 지정수량

성질	위험 등급	품명	지정 수량
자기 반응성 물질	Ⅰ	유기과산화물[과산화벤조일 등]	10kg
		질산에스테르류[니트로셀룰로오스, 질산 에틸 등]	
	Ⅱ	니트로화합물[TNT, 피크린산 등]	200kg
		니트로소화합물[파라니트로소벤젠]	
		아조화합물[아조벤젠 등]	
		디아조화합물[디아조디니트로페놀]	
		히드라진 유도체[디메틸히드라진]	
		히드록실아민[NH_2OH]	
		히드록실아민염류[황산히드록실아민]	100kg

39 과산화칼륨(K_2O_2) : 제1류 위험물(금수성), 지정수량 50kg
• 열분해, 물 또는 CO_2와 반응 시 산소(O_2)를 발생한다.
　열분해 : $2K_2O_2 \xrightarrow{} 2K_2 + O_2 \uparrow$
　물과 반응 : $2K_2O_2 + 2H_2O \rightarrow 4KOH + O_2 \uparrow$ (발열)
　공기 중 CO_2와 반응 : $2K_2O_2 + 2CO_2 \rightarrow 2K_2CO_3 + O_2 \uparrow$
• 주수소화 절대엄금, 마른 모래 등으로 질식소화한다(CO_2 효과 없음).

40 • 옥내소화전설비 설치기준

수평 거리	방사량	방사압력	수원의 양(Q : m³)
25m 이하	260(L/min) 이상	350(kPa) 이상	Q=N(소화전 개수 : 최대 5개)×7.8m³ (260L/min×30min)

• 옥내소화전의 수원의 양(m³)
　$Q = N \times 7.8m^3 = 4 \times 7.8m^3 = 31.2m^3$

41 과염소산($HClO_4$) : 제6류(산화성액체), 지정수량 300kg
• 무색액체로서 흡수성 및 휘발성이 강하다.
• 불연성이지만 자극성, 산화성이 크고 공기 중 분해 시 연기를 발 생한다.
• 가열하면 분해 폭발하여 유독성인 HCl를 발생시킨다.
　$HClO_4 \xrightarrow{} HCl + 2O_2 \uparrow$
• 증기비중 $= \dfrac{분자량}{공기의 평균 분자량(29)} = \dfrac{100.5}{29} = 3.47$
　($HClO_4$ 분자량 = 1 + 35.5 + 16 × 4 = 100.5)
• 소화 시 마른 모래, 다량의 물분무를 사용한다.

정답 **38** ④　**39** ①　**40** ③　**41** ④

42 과산화나트륨 78g과 충분한 양의 물이 반응하여 생성되는 기체의 종류와 생성량을 옳게 나타낸 것은?

① 수소, 1g
② 산소, 16g
③ 수소, 2g
④ 산소, 32g

43 주된 연소의 형태가 나머지 셋과 다른 하나는?

① 아연분
② 양초
③ 코크스
④ 목탄

44 에틸렌글리콜의 성질로 옳지 않은 것은?

① 갈색의 액체로 방향성이 있고 쓴맛이 난다.
② 물, 알코올 등에 잘 녹는다.
③ 분자량은 약 62이고 비중은 약 1.1이다.
④ 부동액의 원료로 사용된다.

45 위험물안전관리법령상 다음 괄호 안에 알맞은 수치는?

> 옥내저장소에서 위험물을 저장하는 경우 기계에 의하여 하역하는 구조로 된 용기만을 겹쳐 쌓는 경우에 있어서는 (   ) 미터 높이를 초과하여 용기를 겹쳐 쌓지 아니하여야 한다.

① 2   ② 4
③ 6   ④ 8

---

42 과산화나트륨(Na_2O_2) : 제1류의 무기과산화물(금수성), 지정수량 50kg

• 과산화나트륨의 물과의 반응식

$$2Na_2O_2 + 2H_2O \rightarrow 4NaOH + O_2\uparrow$$

$$2 \times 78g \quad : \quad 32g$$
$$78g \quad : \quad x$$

$$x = \frac{78 \times 32}{2 \times 78} = 16g(O_2량)$$

[Na_2O_2 분자량 : $23 \times 2 + 16 \times 2 = 78$]

43 연소의 형태

• 표면연소 : 숯, 코크스, 목탄, 금속분(Al, Zn 등)
• 증발연소 : 파라핀(양초), 황, 나프탈렌, 휘발유, 등유 등의 제4류 위험물
• 분해연소 : 목탄, 종이, 플라스틱, 목재, 중유 등
• 자기연소(내부연소) : 셀룰로이드, 니트로셀룰로오스 등 제5류 위험물
• 확산연소 : 수소, LPG, LNG 등 가연성기체

44 에틸렌글리콜[$C_2H_4(OH)_2$] : 제4류 제3석유류(수용성), 지정수량 4000L

• 무색, 무취, 단맛이 있고 흡수성과 점성이 있는 액체이다.
• 물, 알코올 등에 잘 녹고 에테르, 벤젠, CS_2에는 녹지 않는다.
• 분자량 62, 인화점 111℃, 발화점 398℃, 비중 1.1, 비점 197℃, 융점 −12.6℃
• 독성이 있는 2가 알코올이며, 부동액에 사용한다.

45 옥내저장소에서 위험물용기 적재 높이 제한

• 기계에 의하여 하역하는 구조로 된 용기만을 겹쳐 쌓는 경우 : 6m
• 제4류 위험물 중 제3석유류, 제4석유류 및 동식물유류를 수납하는 용기만을 겹쳐 쌓는 경우 : 4m
• 그 밖의 경우 : 3m

정답 **42** ② **43** ② **44** ① **45** ③

46 위험물안전관리법령상 제4류 위험물 지정수량의 3천배 초과 4천배 이하로 저장하는 옥외탱크저장소의 보유공지는 얼마인가?

① 6m 이상　　② 9m 이상
③ 12m 이상　　④ 15m 이상

47 다음 괄호 안에 적합한 숫자를 차례대로 나열한 것은?

> 자연발화물질 중 알킬알루미늄 등은 운반용기의 내용적의 (　　)% 이하의 수납률로 수납하되, 50℃의 온도에서 (　　)% 이상의 공간용적을 유지하도록 할 것

① 90, 5　　② 90, 10
③ 95, 5　　④ 95, 10

48 다음은 위험물안전관리법령에서 정한 내용이다. 괄호 안에 알맞은 용어는?

> (　　)(이)라 함은 고형알코올 그밖에 1기압에서 인화점이 섭씨 40도 미만인 고체를 말한다.

① 가연성고체
② 산화성고체
③ 인화성고체
④ 자기반응성고체

49 위험물안전관리법에서 정의하는 "제조소등"에 해당되지 않는 것은?

① 취급소　　② 판매소
③ 저장소　　④ 제조소

50 위험물안전관리법령상 알코올류에 해당하는 것은?

① 알릴알코올(CH_2CHCH_2OH)
② 에틸알코올(CH_3CH_2OH)
③ 부틸알코올(C_4H_9OH)
④ 에틸렌글리콜($C_2H_4(OH)_2$)

---

46 옥외탱크저장소의 보유공지

저장 또는 취급하는 위험물의 최대수량	공지의 너비
지정수량의 500배 이하	3m 이상
지정수량의 500배 초과 1,000배 이하	5m 이상
지정수량의 1,000배 초과 2,000배 이하	9m 이상
지정수량의 2,000배 초과 3,000배 이하	12m 이상
지정수량의 3,000배 초과 4,000배 이하	15m 이상
지정수량의 4,000배 초과	당해 탱크의 수평단면의 최대지름(횡형인 경우는 긴 변)과 높이 중 큰 것과 같은 거리 이상(단, 30m 초과의 경우 30m 이상으로, 15m 미만의 경우 15m 이상으로 할 것)

47 위험물 운반용기의 내용적의 수납률
- 고체 : 내용적의 95% 이하
- 액체 : 내용적의 98% 이하
- 제3류 위험물(자연발화성물질 중 알킬알루미늄 등) : 내용적의 90% 이하로 하되 50℃에서 5% 이상의 공간용적을 유지할 것
※ 저장탱크의 용량＝탱크의 내용적－탱크의 공간용적
- 저장탱크의 용량범위 : 90~95%

48 제2류 위험물의 인화성고체에 대한 것이다.

49 위험물안전관리법 제2조 6항 : "제조소등"이라 함은 제조소, 저장소 및 취급소를 말한다.

50 제4류 위험물 중 "알코올류"라 함은 1분자를 구성하는 탄소원자수가 C_1~C_3인 포화 1가 알코올(변성알코올을 포함)을 말한다.
- 종류 : 메틸알코올(CH_3OH), 에틸알코올(CH_3CH_2OH), 프로필알코올(C_3H_7OH)

51 위험물제조소의 기준에 있어서 위험물을 취급하는 건축물의 구조로 적당하지 않은 것은?

① 벽, 기둥, 바닥, 보, 서까래는 불연재료로 하여야 한다.
② 연소의 우려가 있는 외벽은 내화구조의 벽으로 하여야 한다.
③ 출입구는 연소의 우려가 있는 외벽에 설치하는 경우 을종방화문을 설치하여야 한다.
④ 지붕은 폭발력이 위로 방출될 정도의 가벼운 불연재료로 덮는다.

52 0.99atm, 55℃에서 이산화탄소의 밀도는 약 몇 g/L인가?

① 0.02   ② 1.62
③ 9.65   ④ 12.65

53 다음 중 발화점이 가장 낮은 물질은?

① 아세톤
② 메틸알코올
③ 아세트산
④ 등유

54 위험물안전관리법령에서 정한 아세트알데히드등을 취급하는 제조소의 특례에 따라 다음 (   )에 해당되지 않는 것은?

아세트알데히드등을 취급하는 설비는 (   ), (   ), 동, (   ) 또는 이들을 성분으로 하는 합금으로 만들지 아니할 것

① 마그네슘   ② 수은
③ 금   ④ 은

---

51 제조소의 건축물 구조기준
• 지하층이 없도록 한다.
• 벽, 기둥, 바닥, 보, 서까래 및 계단은 불연재료로 하고, 연소의 우려가 있는 외벽은 개구부가 없는 내화구조의 벽으로 하여야 한다.
• 지붕은 폭발력이 위로 방출된 정도의 가벼운 불연재료로 덮어야 한다.
• 출입구와 비상구는 갑종방화문 또는 을종방화문을 설치하며, 연소의 우려가 있는 외벽에 설치하는 출입구에는 수시로 열 수 있는 자동폐쇄식의 갑종방화문을 설치한다.
• 위험물을 취급하는 건축물의 창 및 출입구에 유리를 이용하는 경우에는 망입유리로 한다.
• 액체의 위험물을 취급하는 건축물의 바닥은 위험물이 스며들지 못하는 재료를 사용하고, 적당한 경사를 두어 그 최저부에 집유설비를 한다.

52 이상기체 상태방정식

$$PV = nRT = \frac{W}{M}RT, \quad PM = \frac{W}{V}RT \quad \left[\frac{W}{V} = \rho(밀도)\right]$$

$$PM = \rho RT$$

$$\therefore 밀도\ \rho(g/L) = \frac{PM}{RT} = \frac{0.99 \times 44}{0.082 \times (273+55)} = 1.62g/L$$

$$\begin{bmatrix} P : 압력(atm) & V : 부피(L) \\ n : 몰수\left(\frac{W}{M}\right) & W : 질량(g) \\ M : 분자량 & T : 절대온도(273+℃)[K] \\ R : 기체상수\ 0.082(atm \cdot L/mol \cdot K) \end{bmatrix}$$

※ CO_2의 분자량 : $12+16 \times 2 = 44$

53

품명	아세톤	메틸알코올	아세트산	등유
류별	제1석유류	알코올류	제2석유류	제2석유류
수용성 여부	수용성	수용성	수용성	비수용성
지정수량	400L	400L	2000L	1000L
인화점	−18℃	11℃	40℃	30~60℃
발화점	538℃	464℃	427℃	254℃

54 아세트알데히드, 산화프로필렌의 공통사항
• 구리(동, Cu), 은(Ag), 수은(Hg), 마그네슘(Mg) 및 그 합금 등과는 용기나 설비를 사용하지 말 것(중합반응 시 폭발성 물질 생성)
• 저장 시 불활성가스(N_2, Ar) 또는 수증기를 봉입하고 냉각장치를 사용하여 비점 이하로 유지할 것

정답 51 ③ 52 ② 53 ④ 54 ③

55 아세톤에 관한 설명 중 틀린 것은?

① 겨울철에도 인화의 위험성이 있다.

② 무색, 휘발성이 강한 액체이다.

③ 조해성이 있으며 물과 반응시 발열한다.

④ 증기는 공기보다 무거우며 액체는 물보다 가볍다.

56 건축물 외벽이 내화구조이며 연면적 $300m^2$인 위험물 옥내저장소의 건축물에 대하여 소화설비의 소화능력단위는 최소한 몇 단위 이상이 되어야 하는가?

① 4단위　　　② 3단위

③ 1단위　　　④ 2단위

57 다음 중 제5류 위험물이 아닌 것은?

① 클로로벤젠　　　② 과산화벤조일

③ 아조벤젠　　　④ 염산히드라진

58 다음 중 $KMnO_4$와 혼합할 때 위험한 물질이 아닌 것은?

① CH_3OH

② H_2O

③ H_2SO_4

④ $C_2H_5OC_2H_5$

59 위험물안전관리법령에서 정한 알킬알루미늄 등을 저장 또는 취급하는 이동탱크저장소에 비치해야 하는 물품이 아닌 것은?

① 방호복

② 고무장갑

③ 비상조명등

④ 휴대용 확성기

60 유기과산화물의 화재시 적응성이 있는 소화설비는?

① 물분무소화설비

② 불활성가스소화설비

③ 할로겐화합물소화설비

④ 분말소화설비

---

55 아세톤(CH_3COCH_3) : 제4류 제1석유류(수용성), 지정수량 400L
- 인화점 $-18℃$, 발화점 538℃, 비중 0.79, 연소범위 2.6~12.8%
- 분자량 58, 증기비중 2.0[58/공기의 평균분자량(29)]
- 무색 독특한 냄새가 나는 휘발성 액체로 보관 중 황색으로 변색한다.
- 수용성, 알코올, 에테르, 가솔린 등에 잘 녹는다.
- 탈지작용, 요오드포름반응, 아세틸렌 용제에 사용한다.
- 직사광선에 의해 폭발성 과산화물을 생성한다.

※ 조해성 : 고체가 공기 중 수분을 흡수하여 스스로 녹는 현상

56 소요1단위의 산정방법

건축물	내화구조의 외벽	내화구조가 아닌 외벽
제조소 및 취급소	연면적 $100m^2$	연면적 $50m^2$
저장소	연면적 $150m^2$	연면적 $75m^2$
위험물	지정수량의 10배	

$$\therefore 소요단위(소화능력단위) = \frac{300m^2}{150m^2} = 2단위$$

57 클로로벤젠(C_6H_5Cl) : 제4류 제2석유류(비수용성), 지정수량 1,000L

58 과망간산칼륨($KMnO_4$) : 제1류(산화성고체), 지정수량 1,000kg
- 흑자색 주상결정으로 물에 녹아서 진한 보라색을 나타내고, 강한 산화력과 살균력이 있다.
- 진한황산, 알코올류, 에테르, 유기물 등과 혼촉 시 발화폭발 위험성이 있다.
- 240℃로 가열 시 분해하여 산소를 방출하고 이산화망간과 망간산칼륨(K_2MnO_4)을 생성한다.

$$2KMnO_4 \xrightarrow[\triangle]{240℃} K_2MnO_4 + MnO_2 + O_2 \uparrow$$

59 알킬알루미늄, 알킬리튬을 저장 또는 취급하는 이동탱크저장소에는 긴급시의 연락처, 응급조치에 관하여 필요한 사항을 기재한 서류, 방호복, 고무장갑, 밸브 등을 죄는 결합공구 및 휴대용 확성기를 비치하여야 한다.

60 유기과산화물 : 제5류(자기반응성 물질)
- 제5류 위험물은 자체 내에 가연물과 산소를 포함하고 있으므로 질식소화는 효과가 없으며, 다량의 물로 주수하여 냉각소화하는 것이 효과적이다.

정답 55 ③　56 ④　57 ①　58 ②　59 ③　60 ①

01 다음 중 분말소화약제의 주성분이 아닌 것은?

① 탄산수소나트륨
② 인산암모늄
③ 탄산수소칼륨
④ 탄산나트륨

02 위험물에 대한 소화방법 중 금수성 물질의 질식소화방법이 있다. 이때 사용되는 모래에 대한 설명 중 틀린 것은?

① 모래는 가연물을 함유하지 않아야 한다.
② 모래 저장시 주변에 삽, 양동이 등의 부속기구를 상비하여야 한다.
③ 모래는 약간 젖은 모래가 좋다.
④ 모래 취급의 편리성을 위해 모래주머니에 담아둔다.

03 다음 중 위험물안전관리법령상 위험물제조소와의 안전거리가 가장 먼 것은?

① 「고등교육법」에서 정하는 학교
② 「의료법」에 따른 병원급 의료기관
③ 「고압가스안전관리법」에 의하여 허가를 받은 고압가스제조시설
④ 「문화재보호법」에 의한 유형문화재와 기념물 중 지정문화재

04 다음 중 제1류 위험물에 해당되지 않는 것은?

① 과염소산암모늄
② 염소산칼륨
③ 과산화바륨
④ 질산구아니딘

해설·정답 확인하기

01 분말소화약제

종류	주성분	화학식	색상	적응화재	열분해 반응식
제1종	탄산수소나트륨 (중탄산나트륨)	$NaHCO_3$	백색	B, C급	1차(270℃) : $2NaHCO_3$ $\rightarrow Na_2CO_3 + CO_2 + H_2O$ 2차(850℃) : $2NaHCO_3$ $\rightarrow Na_2O + 2CO_2 + H_2O$
제2종	탄산수소칼륨 (중탄산칼륨)	$KHCO_3$	담자 (회)색	B, C급	1차(190℃) : $2KHCO_3$ $\rightarrow K_2CO_3 + CO_2 + H_2O$ 2차(590℃) : $2KHCO_3$ $\rightarrow K_2O + 2CO_2 + H_2O$
제3종	제1인산암모늄	$NH_4H_2PO_4$	담홍색	A, B, C급	$NH_4H_2PO_4$ $\rightarrow HPO_3 + NH_3 + H_2O$
제4종	탄산수소칼륨+ 요소	$KHCO_3 +$ $(NH_2)_2CO$	회색	B, C급	$2KHCO_3 + (NH_2)_2CO$ $\rightarrow K_2CO_3 + 2NH_3 + 2CO_2$

※ 제1종 또는 제2종 분말소화약제의 열분해반응식에서 몇 차 또는 열분해온도가 주어지지 않을 경우에는 제1차 반응식을 쓰면 된다.

02 금수성 물질에 젖은 모래를 사용시 물과 반응하여 발열 또는 발화하고 가연성 가스를 발생하기 때문에 마른모래(건조사)를 사용하여야 한다.

03 제조소의 안전거리(제6류 위험물은 제외)

건축물	안전거리
사용전압이 7,000V 초과 35,000V 이하	3m 이상
사용전압이 35,000V 초과	5m 이상
주거용(주택)	10m 이상
고압가스, 액화석유가스, 도시가스	20m 이상
학교, 병원, 극장, 복지시설	30m 이상
유형문화재, 지정문화재	50m 이상

04 질산구아니딘[$HNO_3 \cdot C(NH)(NH_2)_2$] : 제5류 위험물(자기반응성 물질), 지정수량 200kg

정답 01 ④ 02 ③ 03 ④ 04 ④

05 메틸알코올 8,000L에 대한 소화능력으로 삽을 포함한 마른 모래를 몇 L 설치해야 하는가?

① 100
② 200
③ 300
④ 400

06 인화점 70도 이상의 제4류 위험물을 저장하는 암반탱크저장소에 설치해야 하는 소화설비들로만 이루어진 것은? (단, 소화난이도등급 Ⅰ에 해당한다.)

① 물분무 소화설비 또는 고정식 포 소화설비
② 이산화탄소 소화설비 또는 물분무 소화설비
③ 할로겐화합물 소화설비 또는 이산화탄소 소화설비
④ 고정식 포 소화설비 또는 할로겐화합물 소화설비

07 위험물의 자연발화를 방지하는 방법으로 가장 거리가 먼 것은?

① 통풍을 잘 시킬 것
② 저장실의 온도를 낮출 것
③ 습도가 높은 곳에 저장할 것
④ 정촉매 작용을 하는 물질과의 접촉을 피할 것

08 위험물제조소등에 설치해야 하는 각 소화설비의 설치기준에 있어서 각 노즐 또는 헤드선단의 방사압력 기준이 나머지 셋과 다른 설비는?

① 옥내소화전설비
② 옥외소화전설비
③ 스프링클러설비
④ 물분무 소화설비

---

05 메틸알코올(CH_3OH) : 제4류 알코올류, 지정수량 400L
- 위험물의 소요 1단위 : 지정수량의 10배
- 소요단위 $= \dfrac{\text{저장수량}}{\text{지정수량} \times 10배}$

$= \dfrac{8000L}{400L \times 10배} = 2$단위

- 마른 모래(삽 1개 포함)

50L : 0.5단위
x : 2단위

$\therefore x = \dfrac{50 \times 2}{0.5} = 200L$

※ 간이소화용구의 능력단위

소화약제	용량	능력단위
소화전용 물통	8L	0.3
수조(소화전용 물통 3개 포함)	80L	1.5
수조(소화전용 물통 6개 포함)	190L	2.5
마른 모래(삽 1개 포함)	50L	0.5
팽창질석 또는 팽창진주암(삽 1개 포함)	160L	1.0

06 소화난이도등급 Ⅰ의 암반탱크저장소에 설치해야 하는 소화설비

	유황만을 저장취급하는 것	물분무 소화설비
암반탱크저장소	인화점 70℃ 이상의 제4류 위험물만을 저장 취급하는 것	물분무 소화설비 또는 고정식 포 소화설비
	그 밖의 것	고정식 포 소화설비(포 소화설비가 적응성이 없는 경우에는 분말 소화설비)

07 자연발화 방지대책
- 직사광선을 피하고 저장실 온도를 낮출 것
- 습도 및 온도를 낮게 유지하여 미생물 활동에 의한 열 발생을 낮출 것
- 통풍 및 환기 등을 잘하여 열 축적을 방지할 것

08 제조소등 소화설비의 설치기준

소화설비	수평거리	방사량	방사압력	수원의 양(Q : m³)
옥내소화전	25m 이하	260(L/min) 이상	350(kPa) 이상	Q=N(소화전 개수 : 최대 5개) ×7.8m³(260L/min×30min)
옥외소화전	40m 이하	450(L/min) 이상	350(kPa) 이상	Q=N(소화전 개수 : 최대 4개) ×13.5m³(450L/min×30min)
스프링클러	1.7m 이하	80(L/min) 이상	100(kPa) 이상	Q=N(헤드수 : 최대 30개)× 2.4m³(80L/min×30min)
물분무	-	20(L/m² ·min) 이상	350(kPa) 이상	Q=A(바닥면적m²)×0.6m³/m² (20L/m²· min×30min)

정답 05 ② 06 ① 07 ③ 08 ③

09 아염소산염류 500kg과 질산염류 3000kg을 함께 저장하는 경우 위험물의 소요단위는 얼마인가?

① 2 ② 4
③ 6 ④ 8

10 금속분의 연소시 주수소화하면 위험한 이유로서 옳게 설명한 것은?

① 물에 녹아 산이 된다.
② 물과 작용하여 수소가스를 발생한다.
③ 물과 작용하여 산소가스를 발생한다.
④ 물과 작용하여 유독가스를 발생한다.

11 제3종 분말소화약제의 열분해반응식을 옳게 나타낸 것은?

① $2KNO_3 \rightarrow 2KNO_2 + O_2$
② $2CaHCO_3 \rightarrow 2CaO + H_2CO_3$
③ $2KClO_3 \rightarrow 2KCl + 3O_2$
④ $NH_4H_2PO_4 \rightarrow HPO_3 + NH_3 + H_2O$

12 다음 위험물의 화재시 이산화탄소 소화약제를 사용할 수 없는 것은?

① 마그네슘
② 등유
③ 글리세린
④ 인화성 고체

13 위험물을 보관하는 방법에 대한 설명 중 잘못된 것은?

① 황화린 : 냉암소에 저장한다.
② 염소산나트륨 : 철제용기의 사용을 피한다.
③ 산화프로필렌 : 저장 시 구리 용기에 질소 등 불활성 기체를 충전한다.
④ 트리에틸알루미늄 : 용기는 밀봉하고 질소 등 불활성 기체를 충전한다.

09
- 아염소산염류 : 제1류 위험물, 지정수량 50kg
- 질산염류 : 제1류 위험물, 지정수량 300kg
- 위험물의 1소요단위 : 지정수량의 10배

  $\therefore$ 소요단위 $= \dfrac{500kg}{50kg \times 10} + \dfrac{3000kg}{300kg \times 10} = 2$단위

10
- 제2류 중 금속분(Al, Zn 등)은 물과 작용하여 수소(H_2) 가스를 발생한다.

  $2Al + 6H_2O \rightarrow 2Al(OH)_3 + 3H_2\uparrow$
  $Zn + 2H_2O \rightarrow Zn(OH)_2 + H_2\uparrow$
- 제1류 중 무기과산화물(Na_2O_2, K_2O_2 등)은 물과 작용하여 산소(O_2) 가스를 발생한다.

  $2Na_2O_2 + 2H_2O \rightarrow 4NaOH + O_2\uparrow$
  $2K_2O_2 + 2H_2O \rightarrow 4KOH + O_2\uparrow$

11 ①, ③ : 제1류 위험물의 열분해반응식
② : 위험물 아님

12 마그네슘(Mg) : 제2류(가연성고체, 금수성), 지정수량 500kg
- 위험물 제외대상 : 2mm의 체를 통과 못하는 덩어리와 직경이 2mm 이상을 막대모양의 것
- 이산화탄소(CO_2)와 폭발적으로 반응한다.

  $2Mg + CO_2 \rightarrow 2MgO + C$($CO_2$ 소화제 사용 금함)
- 가열 및 점화 시 강한 빛과 열을 내며 폭발연소한다.(산화반응)

  $2Mg + O_2 \rightarrow 2MgO + 287.4kcal$
- 물과 반응하여 가연성기체인 수소($H_2\uparrow$)가스가 발생한다.

  $Mg + 2H_2O \rightarrow Mg(OH)_2 + H_2\uparrow$(주수소화 절대엄금)
- 소화 시 물, CO_2, 포, 할로겐 등의 소화약제는 사용을 금하고 석회분말이나 마른 모래로 덮어 질식소화한다.

13 1. 아세트알데히드, 산화프로필렌의 공통사항
- 구리(동, Cu), 은(Ag), 수은(Hg), 마그네슘(Mg) 및 그 합금 등과는 용기나 설비를 사용하지 말 것(중합반응 시 폭발성 물질 생성)
- 저장 시 불활성가스(N_2, Ar) 또는 수증기를 봉입하고 냉각장치를 사용하여 비점 이하로 유지할 것

2. 알킬알루미늄(트리에틸알루미늄등)을 이동저장탱크에 저장하는 경우
- 이동저장탱크에 알킬알루미늄등을 저장하는 경우에는 20kPa 이하의 압력으로 불활성의 기체를 봉입하여 둘 것
  ※꺼낼 때는 200kPa 이하의 압력
- 이동저장탱크에 아세트알데히드등을 저장하는 경우에는 항상 불활성 기체를 봉입하여 둘 것
  ※꺼낼 때는 100kPa 이하의 압력

3. 염소산나트륨은 철제용기를 부식시키므로 사용을 금한다.

정답 09 ① 10 ② 11 ④ 12 ① 13 ③

14 포 소화약제에 의한 소화방법으로 다음 중 가장 주된 소화효과는?

① 희석소화 ② 질식소화
③ 제거소화 ④ 자기소화

15 위험물안전관리법령의 소화설비 설치기준에 의하면 옥외소화전설비의 수원의 수량은 옥외소화전 설치개수(설치 개수가 4 이상인 경우에는 4)에 몇 m³를 곱한 양 이상이 되도록 하여야 하는가?

① 7.5m³ ② 13.5m³
③ 20.5m³ ④ 25.5m³

16 위험물안전관리법령상 제조소등의 정기점검 대상에 해당하지 않는 것은?

① 지정수량 15배의 제조소
② 지정수량 40배의 옥내탱크저장소
③ 지정수량 50배의 이동탱크저장소
④ 지정수량 20배의 지하탱크저장소

17 위험물저장소에 해당하지 않는 것은?

① 옥외저장소 ② 지하탱크저장소
③ 이동탱크저장소 ④ 판매저장소

18 니트로글리세린을 다공질의 규조토에 흡수시켜 제조한 물질은?

① 흑색화약 ② 니트로셀룰로오스
③ 다이너마이트 ④ 면화약

19 탄화수소에서 탄소의 수가 증가할수록 나타나는 현상들로 옳게 짝지어진 것은?

> ⓐ 연소속도가 늦어진다.
> ⓑ 발화온도가 낮아진다.
> ⓒ 발열량이 커진다.
> ⓓ 연소범위가 넓어진다.

① ⓐ ② ⓐ, ⓑ
③ ⓐ, ⓑ, ⓒ ④ ⓑ, ⓒ, ⓓ

---

14 포 소화약제의 주된 소화효과 : 질식효과(거품)와 냉각효과(물)

15 옥외소화전설비 설치기준

수평거리	방사량	방사압력	수원의 양(Q : m³)
40m 이하	450(L/min) 이상	350(kPa) 이상	Q=N(소화전 개수 : 최소 2개, 최대 4개)× 13.5m³(450L/min × 30min)

16 정기점검대상 제조소등
• 지정수량의 10배 이상의 위험물을 취급하는 제조소
• 지정수량의 100배 이상의 위험물을 저장하는 옥외저장소
• 지정수량의 150배 이상의 위험물을 저장하는 옥내저장소
• 지정수량의 200배 이상을 저장하는 옥외탱크저장소
• 암반탱크저장소
• 이송취급소
• 지정수량의 10배 이상의 위험물을 취급하는 일반취급소
• 지하탱크저장소
• 이동탱크저장소
• 지하탱크가 있는 제조소·주유취급소 또는 일반취급소

17 위험물저장소의 종류
• 옥외저장소
• 옥내저장소
• 옥외탱크저장소
• 지하탱크저장소
• 암반탱크저장소
• 이동탱크저장소

18 니트로글리세린[$C_3H_5(ONO_2)_3$] : 제5류(자기반응성물질)
• 니트로글리세린＋규조토＝다이너마이트

19 탄화수소에 탄소수(분자량)가 증가할수록
• 증가하는 것 : 인화점, 비점, 증기비중, 융점, 발열량, 밀도, 이성질체 등
• 감소하는 것 : 연소속도, 연소범위, 발화점, 수용성 등

정답 14 ② 15 ② 16 ② 17 ④ 18 ③ 19 ③

20 다음 설명에 해당하는 위험물은 어느 것인가?

> • 지정수량은 20kg이고, 백색 또는 담황색 고체이다.
> • 비중은 약 1.82, 융점은 약 44℃, 발화점은 34℃이다.
> • 비점은 약 280℃, 증기비중은 약 4.3이다.

① 황린   ② 유황
③ 마그네슘   ④ 적린

21 무색무취의 백색결정이며 분자량 약 122, 녹는점 약 482℃인 강산화성 물질로 화약제조, 로켓추진제 등의 용도로 사용되는 위험물은?

① 과산화바륨
② 과염소산나트륨
③ 아염소산나트륨
④ 염소산바륨

22 다음 중 톨루엔에 대한 설명으로 틀린 것은?

① 알코올, 에테르, 벤젠 등과 잘 섞인다.
② 증기는 마취성이 있다.
③ 휘발성이 있고 가연성 액체이다.
④ 노란색 액체로 냄새가 없다.

23 위험물안전관리법령에 따른 이동저장탱크의 구조기준에 대한 설명으로 틀린 것은?

① 압력탱크는 최대상용압력의 1.5배의 압력으로 10분간 수압시험을 하여 새지 말 것
② 상용압력이 20kPa를 초과하는 탱크의 안전장치는 상용압력의 1.5배 이하의 압력에서 작동할 것
③ 탱크는 두께 3.2mm 이상의 강철판 또는 이와 동등 이상의 강도, 내산성 및 내열성을 갖는 재료로 할 것
④ 방파판은 두께 1.6mm 이상의 강철판 또는 동등 이상의 강도, 내산성 및 내열성이 있는 금속성의 것으로 할 것

---

20 황린(백린, P_4) : 제3류(자연발화성), 지정수량 20kg
• 분자량 124, 비중 1.82, 융점 44℃, 비점 280℃, 발화점 34℃, 증기비중 4.3(124/29)
• 백색 또는 담황색의 가연성 및 자연발화성고체(발화점 : 34℃)이며 적린(P)과 동소체이다.
• 맹독성 물질로 연소 시 오산화인(P_2O_5)의 흰 연기를 낸다.
  $$P_4 + 5O_2 \rightarrow 2P_2O_5$$
• 착화온도(34℃)가 매우 낮아서 공기중 자연발화의 위험이 있으므로 소량의 수산화칼슘[$Ca(OH)_2$]을 넣어서 만든 pH=9인 약알칼리성 물속에 저장한다.

21 과염소산나트륨($NaClO_4$) : 제1류(산화성고체), 지정수량 50kg
• 무색 또는 백색 분말로 조해성이 있는 불연성 산화제이다.
• 물, 알코올, 아세톤에 잘 녹고 에테르에는 녹지 않는다.
• 400℃에서 분해하여 산소를 발생한다.
  $$NaClO_4 \xrightarrow[\Delta]{400℃} NaCl + 2O_2 \uparrow$$
• 유기물, 가연성분말, 히드라진 등과 혼합 시 가열, 충격, 마찰에 의해 폭발한다.
• 소화 시 다량의 주수소화한다.

22 톨루엔($C_6H_5CH_3$) : 제4류 제1석유류(비수용성), 지정수량 200L
• 인화점 4℃인 무색투명한 액체로서 특유한 냄새가 난다.
• 마취성, 독성, 휘발성이 있는 가연성 액체이다.
• 물에 녹지 않고 알코올, 벤젠, 에테르 등에 잘 녹는다.
• TNT폭약 원료에 사용된다.

23 1. 이동저장탱크의 수압시험(압력탱크 : 최대상용압력이 46.7kPa 이상인 탱크)

탱크의 종류	수압시험방법	판정기준
압력탱크	최대상용압력의 1.5배로 10분간 실시	새거나 변형이 없을 것
압력탱크 외의 탱크	70kPa 압력으로 10분간 실시	

※ 수압시험은 기밀시험과 비파괴시험을 동시에 실시하는 방법으로 대신할 수 있다.

2. 이동저장탱크의 안전장치의 작동압력
• 상용압력이 20kPa 이하인 탱크 : 20kPa 이상 24kPa 이하
• 상용압력이 20kPa 초과인 탱크 : 상용압력의 1.1배 이하
3. 이동저장탱크의 강철판의 두께
• 탱크의 본체, 측면틀, 안전칸막이 : 3.2mm 이상
• 방호틀 : 2.3mm 이상
• 방파판 : 1.6mm 이상

정답 20 ①   21 ②   22 ④   23 ②

24 분말소화약제와 함께 트윈에이젠트 시스템 (twin agent system)으로 사용할 수 있는 포소화약제는?

① 합성계면활성제포 소화약제
② 불화단백포 소화약제
③ 수성막포 소화약제
④ 단백포 소화약제

25 전기불꽃에 의한 에너지식을 바르게 나타낸 것은? (단, E는 전기불꽃에너지, C는 전기용량, Q는 전기량, V는 방전전압이다.)

① $E = \frac{1}{2}QV$ ② $E = \frac{1}{2}QV^2$

③ $E = \frac{1}{2}CV$ ④ $E = \frac{1}{2}VQ^2$

26 연소의 3요소를 모두 포함하는 것은?

① 과염소산, 산소, 불꽃
② 마그네슘분말, 연소열, 수소
③ 아세톤, 수소, 산소
④ 불꽃, 아세톤, 질산암모늄

27 위험물시설에 설치하는 자동화재탐지설비의 하나의 경계구역 면적과 그 한 변의 길이의 기준으로 옳은 것은? (단, 광전식 분리형 감지기를 설치하지 않은 경우이다.)

① 300m² 이하, 50m 이하
② 300m² 이하, 100m 이하
③ 600m² 이하, 50m 이하
④ 600m² 이하, 100m 이하

28 벤젠(C_6H_6)의 일반 성질로서 틀린 것은?

① 휘발성이 강한 액체이다.
② 인화점은 가솔린보다 낮다.
③ 물에 녹지 않는다.
④ 화학적으로 공명구조를 이루고 있다.

---

24 수성막포 소화약제(AFFF, 일명 light water)
• 포소화약제 중 가장 우수한 약제로 대형유류화재에 탁월한 소화능력이 있다.
• 각종 시설물 및 연소물을 부식시키지 않고 피해를 최소화하며 특히 분말소화약제와 병용사용시(분말소화약제+수성막포) 소화효과는 한층 더 증가하여 두 배로 된다.

25 전기불꽃에너지의 공식

$$E = \frac{1}{2}QV = \frac{1}{2}CV^2$$

26 연소의 3요소 : 가연물, 산소공급원, 점화원
① 과염소산(제6류) : 불연성물질(가연물이 아님)
② 마그네슘분말, 수소 : 가연물, 연소열 : 점화원
③ 아세톤, 수소 : 가연물
④ 불꽃(점화원), 아세톤(가연물), 질산암모늄(산소공급원)
※ 질산암모늄(제1류)은 분해 시 산소를 발생시킨다.
$2NH_4NO_3 \xrightarrow{\Delta} 4H_2O + 2N_2\uparrow + O_2\uparrow$

27 자동화재탐지설비의 설치기준
• 경계구역은 건축물이 2 이상의 층에 걸치지 아니하도록 할 것
• 하나의 경계구역의 면적은 500m² 이하이면 당해 경계구역이 2개의 층을 하나의 경계구역으로 할 수 있음
• 하나의 경계구역의 면적은 600m² 이하로 하고, 그 한 변의 길이는 50m(광전식 분리형 감지기를 설치할 경우에는 100m) 이하로 할 것
• 하나의 경계구역의 주된 출입구에서 그 내부의 전체를 볼 수 있는 경우에 있어서는 그 면적은 1,000m² 이하로 할 수 있다.
• 자동화재탐지설비에는 비상전원을 설치할 것

28 벤젠(C_6H_6) : 제4류 제1석유류(비수용성), 지정수량 200L
• 무색투명한 방향성 및 휘발성이 강한 액체이다.
• 공명구조의 안정된 π결합이 있어 부가(첨가)반응보다 치환반응이 더 잘 일어난다.
• 물에 녹지 않고 알코올, 에테르, 아세톤에 잘 녹는다.
• 인화점 −11℃, 착화점 562℃, 융점 5.5℃
  (가솔린의 인화점 : −43~−20℃)
• 증기는 마취성과 독성이 있다.

정답 24 ③ 25 ① 26 ④ 27 ③ 28 ②

29 산·알칼리 소화기에 있어서 탄산수소나트륨과 황산의 반응시 생성되는 물질을 모두 옳게 나타낸 것은?

① 황산나트륨, 탄산가스, 질소
② 염화나트륨, 탄산가스, 질소
③ 황산나트륨, 탄산가스, 물
④ 염화나트륨, 탄산가스, 물

30 촉매 존재하에서 일산화탄소와 수소를 고온, 고압에서 합성시켜 제조하는 물질로 산화하면 포름알데히드가 되는 것은?

① 메탄올
② 벤젠
③ 휘발유
④ 등유

31 다음 중 위험물의 분류가 옳은 것은?

① 유기과산화물 – 제1류 위험물
② 황화린 – 제2류 위험물
③ 금속분 – 제3류 위험물
④ 무기과산화물 – 제5류 위험물

32 질산칼륨에 대한 설명으로 옳은 것은?

① 조해성과 흡습성이 강하다.
② 칠레초석이라고도 한다.
③ 물에 녹지 않는다.
④ 흑색화약의 원료이다.

33 다음 위험물의 화재시 소화방법으로 물을 사용하는 것이 적합하지 않은 것은?

① $NaClO_3$
② P_4
③ Ca_3P_2
④ S

---

29 $H_2SO_4 + 2NaHCO_3 \rightarrow Na_2SO_4 + 2CO_2 \uparrow + 2H_2O$
(황산) (탄산수소나트륨) (황산나트륨) (탄산가스) (물)

30 메틸알코올(CH_3OH, 목정) : 제4류 중 알코올류, 지정수량 400L
• 인화점 11℃, 발화점 464℃, 연소범위 7.3~36%
• 물, 유기용매에 잘 녹고, 독성이 강하여 흡입 시 실명 또는 사망한다.
• 제조법 : 일산화탄소와 수소를 고압, 고온에서 촉매와 함께 반응시켜 얻는다.
$CO + 2H_2 \rightarrow CH_3OH$
(일산화탄소) (수소) (메탄올)
• 산화반응식 : $CH_3OH \rightarrow HCHO + H_2O$
(메탄올) (포름알데히드) (물)
• 연소반응식 : $CH_3OH + 1.5O_2 \rightarrow CO_2 + 2H_2O$
(메탄올) (산소) (이산화탄소) (물)

31 ① 유기과산화물 – 제5류(자기반응성 물질), 지정수량 10kg
② 황화린 – 제2류(가연성 고체), 지정수량 100kg
③ 금속분 – 제2류(금수성), 지정수량 500kg
④ 무기과산화물 – 제1류(산화성 고체), 지정수량 50kg

32 질산칼륨(KNO_3) : 제1류(산화성고체), 지정수량 300kg
• 무색무취의 결정 또는 분말로 산화성이 있다.
• 물, 글리세린 등에 잘 녹고 알코올에는 녹지 않는다.
• 흑색화약(질산칼륨 75% + 유황 10% + 목탄 15%)의 원료로 사용된다.
$2KNO_3 + 3C + S \rightarrow K_2S + 3CO_2 + N_2$
• 단독으로는 분해하지 않으나 가열하면 용융분해하여 산소를 발생한다.
$2KNO_3 \xrightarrow[\Delta]{400℃} 2KNO_2 + O_2 \uparrow$
• 강산화제이므로 가연성분말(유황), 황린, 나트륨, 에테르, 유기물 등과 혼촉발화의 위험성이 있다.
※ 질산나트륨($NaCO_3$, 칠레초석) : 제1류(산화성 고체), 지정수량 300kg

33 인화칼슘(Ca_3P_2, 인화석회) : 제3류(금수성물질), 지정수량 300kg
• 적갈색 괴상의 고체로서 물 또는 약산과 반응 시 독성이 강한 포스핀(PH_3, 인화수소)가스를 발생시킨다.
$Ca_3P_2 + 6H_2O \rightarrow 3Ca(OH)_2 + 2PH_3 \uparrow$ (포스핀)
$Ca_3P_2 + 6HCl \rightarrow 3CaCl_2 + 2PH_3 \uparrow$ (포스핀)
• 소화 시 주수 및 포소화는 엄금하고 마른 모래 등으로 피복소화한다.

정답 29 ③   30 ①   31 ②   32 ④   33 ③

34 옥외저장소에 덩어리 상태의 유황만을 지반면에 설치한 경계표시의 안쪽에서 저장할 경우 하나의 경계표시의 내부면적은 몇 m² 이하이어야 하는가?

① 75
② 100
③ 300
④ 500

35 다음 중 지정수량이 가장 작은 것은?

① 크레오소트유
② 아세톤
③ 클로로벤젠
④ 디에틸에테르

36 다음 중 알루미늄을 침식시키지 못하고 부동태를 만드는 것은?

① 묽은 염산
② 진한 질산
③ 황산
④ 묽은 질산

37 불활성가스 청정 소화약제의 기본 성분이 아닌 것은?

① 헬륨   ② 질소
③ 불소   ④ 아르곤

38 메틸리튬과 물의 반응생성물로 옳은 것은?

① 메탄, 수소화리튬
② 메탄, 수산화리튬
③ 에탄, 수소화리튬
④ 에탄, 수산화리튬

---

34 옥외저장소에 유황을 덩어리 상태로 저장 및 취급할 경우
- 하나의 경계표시의 내부면적 : 100m² 이하
- 2 이상의 경계표시를 설치하는 경우 각각 경계표시 내부의 면적을 합산한 면적 : 1,000m² 이하
- 경계표시의 상호 간의 간격 : 공지 너비의 $\frac{1}{2}$ 이상(단, 지정수량의 200배 이상 : 10m 이상)
- 경계표시 : 불연재료 구조로 하고 높이는 1.5m 이하로 할 것
- 경계표시의 고정장치 : 천막으로 고정장치를 설치하고 경계표시의 길이 2m마다 1개 이상 설치할 것

35 제4류 위험물의 물성

품명	크레오소트유	아세톤	클로로벤젠	디에틸에테르
류별	제3석유류 (비수용성)	제1석유류 (수용성)	제2석유류 (비수용성)	특수인화물
지정수량	2,000L	400L	1,000L	50L
인화점	74℃	−18℃	32℃	−45℃

36 HNO_3(질산) : 제6류 위험물(산화성액체), 지정수량 300kg
[위험물 적용대상 : 비중이 1.49 이상인 것]
- 흡습성, 자극성, 부식성이 강한 발연성액체이다.
- 강산으로 직사광선에 의해 분해 시 적갈색의 이산화질소(NO_2)를 발생시킨다.
  $$4HNO_3 \rightarrow 2H_2O + 4NO_2\uparrow + O_2\uparrow$$
- 질산은 단백질과 반응 시 노란색으로 변한다(크산토프로테인반응 : 단백질검출반응).
- 왕수에 녹는 금속은 금(Au)과 백금(Pt)이다(왕수＝염산(3)＋질산(1) 혼합액).
- 진한 질산은 금속과 반응 시 산화 피막을 형성하는 부동태를 만든다(부동태를 만드는 금속 : Fe, Ni, Al, Cr, Co).
- 저장 시 직사광선을 피하고 갈색 병의 냉암소에 보관한다.
- 소화 : 마른 모래, CO_2 등을 사용하고, 소량일 경우 다량의 물로 희석소화한다(물로 소화 시 발열, 비산할 위험이 있으므로 주의).

37 불활성가스 청정 소화약제의 기본 성분 : 질소(N_2), 아르곤(Ar), 이산화탄소(CO_2), 헬륨(He)
※ 불소(F)는 할로겐족 원소이다.

38 메틸리튬(CH_3Li) : 제3류의 알킬리튬(R−Li)(금수성물질)
물과 반응하면 수산화리튬(LiOH)과 메탄(CH_4)을 생성한다.
  $$CH_3Li + H_2O \rightarrow LiOH + CH_4\uparrow$$

정답 34 ② 35 ④ 36 ② 37 ③ 38 ②

39 아조화합물 800kg, 히드록실아민 300kg, 유기과산화물 40kg의 총 양은 지정수량의 몇 배에 해당하는가?

① 7배   ② 9배
③ 10배   ④ 11배

40 위험물안전관리법령상 주유취급소에 설치·운영할 수 없는 건축물 또는 시설은?

① 주유취급소를 출입하는 사람을 대상으로 하는 그림전시장
② 주유취급소를 출입하는 사람을 대상으로 하는 일반음식점
③ 주유원 주거시설
④ 주유취급소를 출입하는 사람을 대상으로 하는 휴게음식점

41 주유취급소에서 자동차 등에 위험물을 주유할 때 자동차 등의 원동기를 정지시켜야 하는 위험물의 인화점 기준은 몇 ℃ 미만인가? (단, 연료탱크에 위험물을 주유하는 동안 방출되는 가연성 증기 회수설비가 부착되지 않은 고정주유설비의 경우이다.)

① 20℃   ② 30℃
③ 40℃   ④ 50℃

42 히드록실아민을 취급하는 제조소에 두어야 하는 최소한의 안전거리(D)를 구하는 식은?

① $D = \dfrac{51.1 \cdot N}{5}$

② $D = \dfrac{31.1 \cdot N}{3}$

③ $D = 51.1 \cdot \sqrt[3]{N}$

④ $D = 31.1 \cdot \sqrt[3]{N}$

43 위험물 옥내저장소의 피뢰설비는 지정수량의 최소 몇 배 이상 저장창고에 설치하도록 하고 있는가?

① 10배   ② 15배
③ 20배   ④ 30배

---

39 1. 제5류 위험물의 지정수량
- 아조화합물 : 200kg
- 히드록실아민 : 100kg
- 유기과산화물 : 10kg

2. 지정수량의 배수의 합

$= \dfrac{\text{A품목 저장수량}}{\text{A품목 지정수량}} + \dfrac{\text{B품목 저장수량}}{\text{B품목 지정수량}} + \cdots\cdots$

$= \dfrac{800kg}{200kg} + \dfrac{300kg}{100kg} + \dfrac{40kg}{10kg} = 11$배

40 주유취급소에 설치할 수 있는 건축물
- 주유 또는 등유·경유를 옮겨 담기 위한 작업장
- 주유취급소의 업무를 행하기 위한 사무소
- 자동차 등의 점검 및 간이정비를 위한 작업장
- 자동차 등의 세정을 위한 작업장
- 주유취급소에 출입하는 사람을 대상으로 한 점포·휴게음식점 또는 전시장
- 주유취급소의 관계자가 거주하는 주거시설
- 전기자동차용 충전설비(전기를 동력원으로 하는 자동차에 직접 전기를 공급하는 설비)

41 주유취급소에서 자동차 등에 위험물을 주유할 때 자동차 등의 원동기를 정지시켜야 하는 위험물의 인화점 기준은 40℃ 미만이다.

42 히드록실아민 제조소의 안전거리
$D = 51.1 \cdot \sqrt[3]{N}$
$\left[\begin{array}{l} D : \text{안전거리(m³)} \\ N : \text{취급하는 히드록실아민의 지정수량의} \\ \quad \text{배수(지정수량 : 100kg)} \end{array}\right]$

43 피뢰설비 설치 대상 : 지정수량의 10배 이상의 제조소등(제6류는 제외)

정답 39 ④   40 ②   41 ③   42 ③   43 ①

44 가연성물질이 아닌 것은?

① $C_2H_5OC_2H_5$

② $KClO_4$

③ $C_2H_4(OH)_2$

④ P_4

45 다음의 위험물을 위험등급 Ⅰ, Ⅱ, Ⅲ의 순서로 나열한 것은?

> 황린, 수소화나트륨, 리튬

① 황린, 수소화나트륨, 리튬

② 황린, 리튬, 수소화나트륨

③ 수소화나트륨, 황린, 리튬

④ 수소화나트륨, 리튬, 황린

46 지정과산화물 옥내저장소의 저장창고 출입구 및 창의 설치 기준으로 틀린 것은?

① 창은 바닥면으로부터 2m 이상의 높이에 설치한다.

② 하나의 창의 면적을 0.4m² 이내로 한다.

③ 하나의 벽면에 두는 창의 면적의 합계를 해당 벽면 면적의 80분의 1이 초과되도록 한다.

④ 출입구에는 갑종방화문을 설치한다.

47 산화프로필렌의 성상에 대한 설명 중 틀린 것은?

① 청색의 휘발성이 강한 액체이다.

② 인화점이 낮은 인화성액체이다.

③ 물에 잘 녹는다.

④ 에테르향의 냄새를 가진다.

44 ① 디에틸에테르($C_2H_5OC_2H_5$) : 제4류 특수인화물(인화성액체)

② 과염소산칼륨($KClO_4$) : 제1류(산화성고체, 불연성)

③ 에틸렌글리콜[$C_2H_4(OH)_2$] : 제4류 제2석유류(인화성액체)

④ 황린(P_4) : 제3류(자연발화성물질)

45 제3류 위험물의 위험등급과 지정수량

품명	황린(P_4)	리튬(Li)	수소화나트륨(NaH)
위험등급	Ⅰ	Ⅱ	Ⅲ
지정수량	20kg	50kg	300kg

46 지정과산화물 옥내저장소의 기준

• 저장창고는 150m² 이내마다 격벽으로 완전히 구획할 것

• 출입구는 갑종방화문을 설치할 것

• 창은 바닥면으로부터 2m 이상의 높이에 설치할 것

• 하나의 벽면에 두는 창의 면적 합계는 벽면적의 1/80 이내로 할 것

• 하나의 창의 면적은 0.4m² 이내로 할 것

47 산화프로필렌(CH_3CHCH_2O) : 제4류 특수인화물(인화성액체), 지정수량 50L

• 인화점 −37℃, 발화점 465℃, 연소범위 2.5~38.5%

• 에테르향의 냄새가 나는 무색의 휘발성이 강한 액체이다.

• 물, 벤젠, 에테르, 알코올 등에 잘 녹고 피부접촉 시 화상을 입는다(수용성).

• 소화 : 알코올용포, 다량의 물, CO_2 등으로 질식소화한다.

> **참고**
>
> 아세트알데히드, 산화프로필렌의 공통사항
>
> • Cu, Ag, Hg, Mg 및 그 합금 등과는 용기나 설비를 사용하지 말 것 (중합반응 시 폭발성물질 생성)
>
> • 저장 시 불활성가스(N_2, Ar) 또는 수증기를 봉입하고 냉각장치를 사용하여 비점 이하로 유지할 것

정답 44 ② 45 ② 46 ③ 47 ①

48 위험물안전관리법령상 이동탱크저장소에 의한 위험물 운송 시 위험물 운송자는 장거리에 걸치는 운송을 하는 때에는 2명 이상의 운전자로 해야 한다. 다음 중 그러하지 않아도 되는 경우가 아닌 것은?

① 적린을 운송하는 경우

② 알루미늄의 탄화물을 운송하는 경우

③ 이황화탄소를 운송하는 경우

④ 운송 도중에 2시간 이내마다 20분 이상씩 휴식하는 경우

49 축압식 소화기의 압력계의 지침이 녹색을 가리키고 있을 때 이 소화기의 상태는?

① 과충전된 상태

② 정상상태

③ 압력이 미달된 상태

④ 이상고온상태

50 다음 분말은 모두 150마이크로미터의 체를 통과하는 것이 50중량퍼센트 이상이 된다. 이들 중 위험물안전관리법령상 품명이 "금속분"으로 분류되는 것은?

① 니켈분

② 알루미늄분

③ 철분

④ 구리분

51 폭발의 종류에 따른 물질이 잘못 짝지어진 것은?

① 분해폭발 − 아세틸렌, 산화에틸렌

② 분진폭발 − 금속분, 밀가루

③ 중합폭발 − 시안화수소, 염화비닐

④ 산화폭발 − 히드라진, 과산화수소

52 위험물안전관리법령상 품명이 다른 하나는?

① 니트로글리콜

② 니트로글리세린

③ 셀룰로이드

④ 테트릴

---

48 이황화탄소는 제4류의 특수인화물이므로 제외된다.

※ 위험물운송자는 장거리(고속국도에서는 340km 이상, 그 밖의 도로에서는 200km 이상에 걸치는 운송을 하는 때에는 2명 이상의 운전자로 해야 한다. 다만, 다음의 하나에 해당하는 경우에는 그러하지 아니하다.
   • 운송책임자를 동승시킨 경우
   • 운송하는 위험물이 제2류 위험물 · 제3류 위험물(칼슘 또는 알루미늄의 탄화물과 이것만을 함유한 것) 또는 제4류 위험물(특수인화물을 제외)인 경우
   • 운송 도중에 2시간 이내마다 20분 이상씩 휴식하는 경우

49 축압식 분말소화기의 압력계 표시
   • 녹색 : 정상상태(0.70~0.98MPa)
   • 적색 : 과충전상태(0.98MPa 초과)
   • 노란색 : 충전압력 부족상태(0.70MPa 미만)

50 "금속분"이라 함은 알칼리금속 · 알칼리토류금속 · 철 및 마그네슘 외의 금속의 분말을 말하고, 구리분 · 니켈분 및 150마이크로미터의 체를 통과하는 것이 50중량퍼센트 미만인 것을 제외한다.

51 폭발의 종류
   • 분해폭발 : 아세틸렌, 산화에틸렌, 과산화물, 히드라진 등
   • 중합폭발 : 시안화수소, 염화비닐 등
   • 분진폭발 : 금속분, 밀가루, 곡물가루, 담배가루, 먼지 등
   • 산화폭발 : 액화가스, 압축가스 등
   • 압력폭발 : 고압가스용기폭발, 보일러폭발 등

52 제5류 위험물(자기반응성)
   • 제5류(질산에스테르류) : 니트로글리콜, 니트로글리세린, 셀룰로이드
   • 제5류(니트로화합물) : 테트릴

정답 48 ③ 49 ② 50 ② 51 ④ 52 ④

53 유류저장탱크화재에서 일어나는 현상으로 거리가 먼 것은?

① 보일오버

② 플래시오버

③ 슬롭오버

④ BLEVE

54 물은 냉각소화가 주된 대표적인 소화약제이다. 물의 소화효과를 높이기 위해 무상주수를 함으로써 부가적으로 작용하는 소화효과는?

① 질식소화작용, 제거소화작용

② 질식소화작용, 유화소화작용

③ 타격소화작용, 유화소화작용

④ 타격소화작용, 피복소화작용

55 질소와 아르곤과 이산화탄소의 용량비가 52 대 40대 8인 혼합물 소화약제에 해당하는 것은?

① IG-541

② HCFC BLEND A

③ HFC-125

④ HFC-23

56 위험물의 운반에 관한 기준에서 다음 괄호 안에 알맞은 온도는?

> 적재하는 제5류 위험물 중 (   )℃ 이하의 온도에서 분해될 우려가 있는 것은 보냉컨테이너에 수납하는 등 적정한 온도 관리를 유지해야 한다.

① 40℃   ② 50℃

③ 55℃   ④ 60℃

---

53 유류 및 가스탱크의 화재 발생 현상

- 보일 오버 : 탱크 바닥의 물이 비등하여 부피 팽창으로 유류가 넘쳐 연소하는 현상
- 블레비(BLEVE) : 액화가스저장탱크의 압력 상승으로 폭발하는 현상
- 슬롭 오버 : 물 방사 시 뜨거워진 유류표면에서 비등 증발하여 연소유와 함께 분출하는 현상
- 프로스 오버 : 탱크 바닥의 물이 비등하여 부피 팽창으로 유류가 연소하지 않고 넘치는 현상
- ※ 플래시 오버 : 화재 발생 시 실내의 온도가 급격히 상승하여 축적된 가연성가스가 일순간 폭발적으로 착화하여 실내 전체가 화염에 휩싸이는 현상

54 무상주수(물분무)의 소화효과

- 냉각효과 : 물의 증발열(539kcal/kg)과 비열(1kcal/kg·℃)이 큰 것을 이용한다.
- 질식효과 : 공기 중에 산소를 21%에서 15% 이하로 떨어뜨린다.
- 유화(에멀션)효과 : 액체의 위험물과 물이 미세한 입자가 되어 혼합하는 형태로 위험물의 농도를 낮춰 준다.

55 불활성가스 청정 소화약제의 성분 비율

소화약제명	화학식
IG-01	Ar : 100%
IG-100	N_2 : 100%
IG-541	N_2 : 52%, Ar : 40%, CO_2 : 8%
IG-55	N_2 : 50%, Ar : 50%

56 적재위험물 성질에 따른 분류

차광성의 덮개를 해야 하는 것	방수성의 피복으로 덮어야 하는 것
• 제1류 위험물 • 제3류 위험물 중 자연발화성물질 • 제4류 위험물 중 특수인화물 • 제5류 위험물 • 제6류 위험물	• 제1류 위험물 중 알칼리금속의 과산화물 • 제2류 위험물 중 철분, 금속분, 마그네슘 • 제3류 위험물 중 금수성물질

- ※ 제5류 위험물 중 55℃ 이하의 온도에서 분해될 우려가 있는 것은 보냉 컨테이너에 수납하는 등 적정한 온도 관리를 한다.
- ※ 위험물 적재 운반시 차광성 및 방수성 피복을 전부 해야 하는 위험물
- 제1류 위험물 중 알칼리금속의 과산화물 : K_2O_2, Na_2O_2 등
- 제3류 위험물 중 자연발화성 및 금수성 물질 : K, Na, R-Al, R-Li 등

57 위험물안전관리법령에서 정한 소화설비의 설치 기준에 따라 다음 괄호 안에 알맞은 숫자를 차례대로 나타낸 것은?

> 제조소등에 전기설비(전기배선, 조명기구 등은 제외)가 설치된 경우에는 당해 장소의 면적 (　　)m²마다 소형수동식소화기를 (　　)개 이상 설치할 것

① 50, 1
② 50, 2
③ 100, 1
④ 100, 2

58 위험물안전관리법령상 개방형 스프링클러헤드를 이용한 스프링클러설비에서 수동식 개방밸브를 개방 조작하는 데 필요한 힘은 얼마 이하가 되도록 설치해야 하는가?

① 5kg
② 10kg
③ 15kg
④ 20kg

59 석유류가 연소할 때 발생하는 가스로 강한 자극적인 냄새가 나며, 취급하는 장치를 부식시키는 것은?

① H_2
② CH_4
③ NH_3
④ SO_2

60 이동저장탱크에 저장할 때 접지도선을 설치해야 하는 위험물의 품명이 아닌 것은?

① 특수인화물
② 제1석유류
③ 알코올류
④ 제2석유류

---

57 전기설비의 소화설비
 • 제조소등에 전기설비(전기 배선, 조명기구 등은 제외)가 설치된 경우 : 면적 100m²마다 소형소화기를 1개 이상 설치할 것

58 일제 개방밸브 또는 수동식 개방밸브 설치기준
 • 설치 높이 : 바닥면으로부터 1.5m 이하
 • 설치 위치 : 방수구역마다
 • 작동압력 : 최고사용압력 이하
 • 수동식 개방밸브를 조작하는 힘 : 15kg 이하
 • 2차측 배관 부분에는 당해 방수구역에 방수하지 않고 당해 밸브의 작동을 시험할 수 있는 장치를 설치할 것

59 아황산가스(SO_2, 이산화황)
 • 무색, 자극성 냄새가 나는 유독성 가스이다.
 • 자동차 배기가스나 석유류 연소 시 불순물로 생성되므로 대기오염의 주범이 되고 있다.
 • 연소개통의 저온부식의 주범이 되어 장치를 부식시킨다.
  $$S + O_2 \rightarrow SO_2$$

60 이동저장탱크저장소의 접지도선 설치대상 : 제4류 위험물 중 특수인화물, 제1석유류, 제2석유류

01 다음 중 물과 반응하여 조연성 가스를 발생하는 것은?

① 과염소산나트륨
② 질산나트륨
③ 중크롬산나트륨
④ 과산화나트륨

02 다음 중 B급 화재에 해당하는 것은?

① 유류화재
② 목재화재
③ 금속분화재
④ 전기화재

03 금속분, 나트륨, 코크스 등의 공기중에서 연소형태는?

① 표면연소
② 확산연소
③ 분해연소
④ 증발연소

04 제조소의 게시판 사항 중 위험물의 종류에 따른 주의사항이 옳게 연결된 것은?

① 제2류 위험물(인화성 고체 제외) – 화기엄금
② 제3류 위험물 중 금수성 물질 – 물기엄금
③ 제4류 위험물 – 화기주의
④ 제5류 위험물 – 물기엄금

해설·정답 확인하기

01 과산화나트륨(Na_2O_2) : 제1류 중 무기과산화물(산화성고체), 지정수량 50kg
- 물 또는 공기 중 이산화탄소와 반응 시 산소(조연성 가스)를 발생한다.
- 열분해 시 산소(O_2)를 발생한다.
- 산과 반응하여 과산화수소(H_2O_2)를 발생한다.
- 조해성이 강한 백색 결정으로 알코올에는 녹지 않는다.
- 주수소화는 절대엄금, 건조사 등으로 질식소화한다(CO_2는 효과 없음).

02 화재의 종류

종류	화재등급	색상	소화방법
일반화재	A급	백색	냉각소화
유류 및 가스화재	B급	황색	질식소화
전기화재	C급	청색	질식소화
금속화재	D급	무색	피복소화

03 연소 형태
- 표면연소 : 숯, 코크스, 목탄, 금속분 등
- 분해연소 : 석탄, 목재, 플라스틱, 종이, 중유 등
- 증발연소 : 유황, 나프탈렌, 파라핀(양초), 휘발유 등의 제4류 위험물
- 자기연소(내부연소) : 니트로셀룰로오스, 니트로글리세린 등의 제5류 위험물
- 확산연소 : 수소, 아세틸렌, LPG, LNG 등 가연성 기체

04 제조소 주의사항 표시 게시판(크기 : 0.3m 이상×0.6m 이상인 직사각형)

위험물의 종류	주의사항	게시판의 색상
제1류 중 알칼리금속 과산화물 제3류 중 금수성물질	물기엄금	청색 바탕에 백색 문자
제2류(인화성고체는 제외)	화기주의	
제2류 중 인화성고체 제3류 중 자연발화성물품 제4류 위험물 제5류 위험물	화기엄금	적색 바탕에 백색 문자

정답 01 ④ 02 ① 03 ① 04 ②

05 다음 물질이 혼합되어 있을 때 위험성이 가장 낮은 것은?

① 삼산화크롬 – 아닐린
② 염소산칼륨 – 목탄분
③ 니트로셀룰로스 – 물
④ 과망간산칼륨 – 글리세린

06 다음 위험물 중에서 화재가 발생하였을 때, 내알코올 포소화약제를 사용하는 것이 가장 효과적인 것은?

① C_6H_6
② $C_6H_5CH_3$
③ $C_6H_4(CH_3)_2$
④ CH_3COOH

07 다음 위험물 중 지정수량이 나머지 셋과 다른 하나는?

① 철분
② 마그네슘
③ 금속분
④ 유황

08 과산화벤조일에 대한 설명 중 옳지 않은 것은?

① 지정수량이 10kg이다.
② 저장시 희석제로 폭발의 위험성을 낮출 수 있다.
③ 알코올에는 녹지 않으나 물에 잘 녹는다.
④ 건조한 상태에서는 마찰·충격으로 폭발의 위험이 있다.

09 다음 중 소화기의 사용방법으로 잘못된 것은?

① 적응화재에 따라 사용할 것
② 성능에 따라 방출거리 내에서 사용할 것
③ 바람을 마주보며 소화할 것
④ 양옆으로 비로 쓸 듯이 방할 것

---

05 제1류 위험물(삼산화크롬, 염소산칼륨, 과망간산칼륨)은 산화성 고체이므로 가연성 물질(아닐린, 목탄분, 글리세린)과 혼합시 위험성이 크므로 절대 금한다.
※ 니트로셀룰로스 : 제5류(자기반응성 물질)의 질산에스테르류, 지정수량 10kg
 • 인화점 13℃, 착화점 180℃, 분해온도 130℃
 • 셀룰로스를 진한 질산(3)과 진한 황산(1)의 혼합반응시켜 만든 셀룰로스에스테르이다.
 • 저장·운반시 물(20%) 또는 알코올(30%)로 습윤시킨다.(건조시 타격, 마찰 등에 의해 폭발위험성이 있다)
 • 직사광선, 산·알칼리에 분해하여 자연발화한다.

06 내알코올형포 사용위험물(수용성 물질) : 알코올, 아세톤, 초산, 포름산, 피리딘, 산화프로필렌 등의 수용성 액체 화재 시 사용한다.

07 제2류 위험물의 지정수량

성질	위험등급	품명	지정수량
가연성 고체	II	황화인, 적린, 유황	100kg
	III	철분, 금속분, 마그네슘	500kg
		인화성 고체(고형알코올)	1000kg

08 과산화벤조일[$(C_6H_5CO)_2O_2$] : 제5류(유기과산화물), 지정수량 10kg
 • 무색무취의 백색 분말 또는 결정이다(비중 : 1.33, 발화점 : 125℃, 녹는점 : 103~105℃).
 • 물에 불용, 유기용제(에테르, 벤젠, 알코올 등)에 잘 녹는다.
 • 희석제와 물을 사용하여 폭발성을 낮출 수 있다.
 [희석제 : 프탈산디메틸(DMP), 프탈산디부틸(DBP)]
 • 운반할 경우 30% 이상의 물과 희석제를 첨가하여 안전하게 수송한다.
 • 저장온도는 40℃ 이하에서 직사광선을 피하고 냉암소에 보관한다.

09 소화기 사용법
 • 적응화재에만 사용할 것
 • 성능에 따라 화점 가까이 접근하여 사용할 것
 • 바람을 등지고 풍상에서 풍하로 실시할 것
 • 양옆으로 비로 쓸 듯이 골고루 방사할 것

정답 **05** ③ **06** ④ **07** ④ **08** ③ **09** ③

10 탄화칼슘 저장소에 수분이 침투하여 반응하였을 때 발생하는 가연성 가스는?

① 메탄
② 아세틸렌
③ 에탄
④ 프로판

11 다음 위험물 중 끓는점이 가장 높은 것은?

① 벤젠
② 디에틸에테르
③ 메탄올
④ 아세트알데히드

12 과산화바륨의 성질을 설명한 내용 중 틀린 것은?

① 고온에서 열분해하여 산소를 발생한다.
② 황산과 반응하여 과산화수소를 만든다.
③ 비중은 약 4.96이다.
④ 온수와 접촉하면 수소가스를 발생한다.

13 아연분이 염산과 반응할 때 발생하는 가연성 기체는?

① 아황산가스
② 산소
③ 수소
④ 일산화탄소

14 금속리튬이 물과 반응하였을 때 생성되는 물질은?

① 수산화리튬과 수소
② 수산화리튬과 산소
③ 수소화리튬과 물
④ 산화리튬과 물

---

10 탄화칼슘(CaC_2, 카바이트) : 제3류(금수성), 지정수량 300kg
- 회백색의 불규칙한 괴상의 고체이다.
- 물과 반응하여 수산화칼슘[$Ca(OH)_2$]과 아세틸렌(C_2H_2)가스를 발생한다.
  $$CaC_2 + 2H_2O \rightarrow Ca(OH)_2 + C_2H_2 \uparrow$$
- 아세틸렌(C_2H_2) 가스의 폭발범위 2.5~81%로 매우 넓어 위험성이 크다.
- 고온(700℃)에서 질소와 반응하여 석회질소($CaCN_2$)를 생성한다(질화작용).
  $$CaC_2 + N_2 \rightarrow CaCN_2 + C$$
- 장기보존 시 용기 내에 불연성가스(N_2 등)를 봉입하여 저장한다.
- 소화 시 마른 모래 등으로 피복소화한다(주수 및 포는 절대엄금).

11 제4류 위험물의 물성

구분	벤젠 (C_6H_6)	디에틸에테르 ($C_2H_5OC_2H_5$)	메탄올 (CH_3OH)	아세트알데히드 (CH_3CHO)
류별	제1석유류	특수인화물	알코올류	특수인화물
인화점	−11℃	−45℃	11℃	−39℃
발화점	562℃	180℃	464℃	185℃
끓는점	80℃	34.6℃	64℃	21℃
지정수량	200L	50L	400L	50L

12 과산화바륨(BaO_2) : 제1류 중 무기과산화물, 지정수량 50kg
- 분자량 169, 비중 4.96으로 고온(840℃)에서 열분해시 산소(O_2)를 발생한다.
  $$2BaO_2 \rightarrow 2BaO + O_2 \uparrow$$
- 산과 반응하여 과산화수소가 생성된다.
  $$BaO_2 + H_2SO_4 \rightarrow BaSO_4 + H_2O_2$$
- 온수와 반응하여 수산화바륨과 산소를 발생한다.
  $$2BaO_2 + 2H_2O \rightarrow 2Ba(OH)_2 + O_2 \uparrow$$
- CO_2와 반응하여 산소를 발생한다.
  $$2BaO_2 + 2CO_2 \rightarrow 2BaCO_3 + O_2 \uparrow$$

13 아연(Zn)분 : 제2류 중 금속분류, 지정수량 500kg
- 물(수증기), 산과 반응시 수소(H_2)를 발생한다.
  물과의 반응 : $Zn + 2H_2O \rightarrow Zn(OH)_2 + H_2 \uparrow$
  염산과의 반응 : $Zn + 2HCl \rightarrow ZnCl_2 + H_2 \uparrow$

14 리튬(Li) : 제3류 위험물(금수성 물질), 지정수량 50kg
- 물과 반응하여 수산화리튬(LiOH)과 수소(H_2)를 발생한다.
  $$2Li + 2H_2O \rightarrow 2LiOH + H_2 \uparrow$$
- 산과 반응하여 수소(H_2)를 발생한다.
  $$2Li + 2HCl \rightarrow 2LiCl + H_2 \uparrow$$

정답 10 ② 11 ① 12 ④ 13 ③ 14 ①

15 위험물제조소의 환기설비에서 바닥면적이 450m²일 때 급기구는 몇 개 이상 설치해야 하며, 급기구의 크기는 몇 cm² 이상이어야 하는가?

① 2개, 200cm²

② 2개, 400cm²

③ 3개, 600cm²

④ 3개, 800cm²

16 다음 중 산을 가하면 이산화염소를 발생시키는 물질은?

① 아염소산나트륨

② 브롬산나트륨

③ 요오산칼륨

④ 중크롬산나트륨

17 1몰의 이황화탄소와 고온의 물이 반응하여 생성되는 독성기체물질의 부피는 표준 상태에서 얼마인가?

① 22.4L

② 44.8L

③ 67.2L

④ 134.4L

18 위험물저장소에 해당하지 않는 것은?

① 옥외저장소

② 지하탱크저장소

③ 이동탱크저장소

④ 판매저장소

19 위험물 분류에서 제1석유류에 대한 설명으로 옳은 것은?

① 아세톤, 휘발유 그 밖에 1기압에서 인화점이 섭씨 21도 미만인 것

② 등유, 경유 그 밖의 액체로서 인화점이 섭씨 21도 이상 70도 미만인 것

③ 중유, 도료류로서 인화점이 섭씨 70도 이상 200도 미만의 것

④ 기계유, 실린더유 그 밖의 액체로서 인화점이 섭씨 200도 이상 250도 미만인 것

---

15 위험물제조소의 환기설비의 기준
- 급기구는 바닥면적 150m²마다 1개 이상, 크기는 800cm² 이상으로 할 것

$$\therefore \frac{450m^2}{150m^2} = 3개$$

- 단, 바닥면적이 150m² 미만인 경우 급기구의 면적

바닥면적	급기구의 면적
60m² 미만	150cm² 이상
60m² 이상 90m² 미만	300cm² 이상
90m² 이상 120m² 미만	450cm² 이상
120m² 이상 150m² 미만	600cm² 이상

- 급기구는 낮은 곳에 설치하고 인화방지망(가는눈 구리망)을 설치할 것
- 환기구는 지붕 위 또는 지상 2m 이상 높이에 회전식 고정 벤티레이터 또는 루프팬방식으로 설치할 것

16 아염소산나트륨($NaClO_2$) : 제1류 중 아염소산염류, 지정수량 50kg
- 무색의 결정성 분말로 조해성이 있다.
- 산과 접촉 시 분해하여 이산화염소(ClO_2)의 유독가스를 발생한다.

17 이황화탄소(CS_2) : 제4류의 특수인화물(인화성액체)
- 이황화탄소와 고온의 물과의 반응식

$$\underset{1mol}{CS_2} + 2H_2O \rightarrow CO_2 + \underset{2\times22.4L}{2H_2S}$$

- ∴ 독성가스 : 황화수소(H_2S) $2\times22.4L = 44.8L$

18 위험물저장소의 종류
- 옥외저장소
- 옥내저장소
- 옥외탱크저장소
- 지하탱크저장소
- 암반탱크저장소
- 이동탱크저장소

19 제4류 위험물의 정의 및 지정품목(1기압에서)
- 특수인화물(이황화탄소, 디에틸에테르) : 발화점 100℃ 이하, 인화점 −20℃ 이하, 비점 40℃ 이하
- 제1석유류(아세톤, 휘발유) : 인화점 21℃ 미만
- 알코올류(메틸알코올, 에틸알코올, 프로필알코올) : $C_1 \sim C_3$까지 포화 1가 알코올(변성알코올 포함)
- 제2석유류(등유, 경유) : 인화점 21℃ 이상 70℃ 미만
- 제3석유류(중유, 크레오소트유) : 인화점 70℃ 이상 200℃ 미만
- 제4석유류(기어유, 실린더유) : 인화점 200℃ 이상 250℃ 미만
- 동식물유류 : 동물의 지육 또는 식물의 종자나 과육으로부터 추출한 것으로 인화점이 250℃ 미만인 것
- ※ 석유류의 분류는 인화점으로 한다.

정답 **15** ④ **16** ① **17** ② **18** ④ **19** ①

20 과산화수소의 위험성으로 옳지 않은 것은?

① 산화제로서 불연성 물질이지만 산소를 함유하고 있다.

② 이산화망간 촉매에서 분해가 촉진된다.

③ 분해를 막기 위해 히드라진을 안정제로 사용할 수 있다.

④ 고농도의 것은 피부에 닿으면 화상의 위험이 있다.

21 위험물안전관리법령상 위험물 운송시 제1류 위험물과 혼재 가능한 위험물은? (단, 지정수량의 10배를 초과하는 경우이다.)

① 제2류 위험물

② 제3류 위험물

③ 제5류 위험물

④ 제6류 위험물

22 주유취급소의 고정주유설비에서 펌프기기의 주유관 선단에서 최대토출량으로 틀린 것은?

① 휘발유는 분당 50리터 이하

② 경유는 분당 180리터 이하

③ 등유는 분당 80리터 이하

④ 제1석유류는 분당 100리터 이하

23 HNO$_3$에 대한 설명으로 틀린 것은?

① Al, Fe는 진한 질산에서 부동태를 생성해 녹지 않는다.

② 질산과 염산을 3 : 1 비율로 제조한 것을 왕수라고 한다.

③ 부식성이 강하고 흡습성이 있다.

④ 직사광선에서 분해하여 NO$_2$를 발생한다.

---

20 과산화수소(H$_2$O$_2$) : 제6류(산화성액체), 지정수량 300kg

 ※ 위험물 : 농도가 36중량% 이상인 것

- 강산화제로서 촉매로 이산화망간(MnO$_2$)을 사용 시 분해가 촉진되어 산소의 발생이 증가한다.

$$2H_2O \xrightarrow[촉매]{MnO_2} 2H_2O + O_2 \uparrow$$

- 강산화제이지만 환원제로도 사용한다.
- 일반 시판품은 30~40%의 수용액으로 분해하기 쉽다.

 ※ 분해안정제 : 인산(H$_3$PO$_4$), 요산(C$_5$H$_4$N$_4$O$_3$) 첨가

- 과산화수소 3%의 수용액을 옥시풀(소독약)로 사용한다.
- 고농도의 60% 이상은 충격마찰에 의한 단독으로 분해 폭발위험이 있다.
- 히드라진(N$_2$H$_4$)과 접촉 시 분해하여 발화폭발 한다.

$$2H_2O_2 + N_2H_4 \rightarrow 4H_2O + N_2 \uparrow$$

- 저장용기의 마개에는 작은 구멍이 있는 것을 사용한다(이유 : 분해 시 발생하는 산소를 방출시켜 폭발을 방지하기 위하여).
- 소화 : 다량의 물로 주수소화한다.

21 유별을 달리하는 위험물의 혼재기준

- ④와 ②, ③ : 제4류와 제2류, 제4류와 제3류
- ⑤와 ②, ④ : 제5류와 제2류, 제5류와 제4류
- ⑥와 ① : 제6류와 제1류

22 주유취급소의 고정주유(급유)설비의 펌프기기 최대토출량

- 제1석유류 : 50L/min 이하
- 경유 : 180L/min 이하
- 등유 : 80L/min 이하

 ※ 휘발유는 제1석유류에 해당된다.

23 HNO$_3$(질산) : 제6류(산화성액체), 지정수량 300kg

- 무색의 부식성, 흡습성이 강한 발연성 액체이다.
- 직사광선에서 분해하여 적갈색(황갈색)의 유독한 이산화질소(NO$_2$)을 발생한다(갈색병에 냉암소에 보관).

$$4HNO_3 \rightarrow 2H_2O + O_2 \uparrow + 4NO_2 \uparrow$$

- 금속의 부동태 : 진한 질산의 산화력에 의해 금속의 산화 피막(Fe$_2$O$_3$, NiO, Al$_2$O$_3$ 등)을 만드는 현상이다.

 (부동태를 만드는 금속 : Fe, Ni, Al)

- 크산토프로테인반응(단백질검출반응) : 단백질에 질산을 가하면 노란색으로 변한다.
- 왕수 : 질산(HNO$_3$)과 염산(HCl)을 1:3 비율로 혼합한 산

 [왕수에 유일하게 녹는 금속 : 금(Au), 백금(Pt)]

- 소화 시 다량의 물로 주수소화, 건조사 등을 사용한다.

정답 **20** ③ **21** ④ **22** ④ **23** ②

24 연소의 연쇄반응을 차단 및 억제하여 소화하는 방법은?

① 냉각소화
② 부촉매소화
③ 질식소화
④ 제거소화

25 이황화탄소 저장 시 물속에 저장하는 이유로 가장 옳은 것은?

① 공기 중 수소와 접촉하여 산화되는 것을 방지하기 위하여
② 공기와 접촉 시 환원하기 때문에
③ 가연성 증기 발생을 억제하기 위해서
④ 불순물을 제거하기 위하여

26 제4류 위험물의 옥외저장탱크에 대기밸브부착 통기관을 설치할 때 몇 kPa 이하의 압력차로 작동하여야 하는가?

① 5kPa 이하
② 10kPa 이상
③ 15kPa 이하
④ 20kPa 이하

27 알루미늄분의 위험성에 대한 설명 중 틀린 것은?

① 할로겐원소와 접촉 시 자연발화의 위험성이 있다.
② 산과 반응하여 가연성 가스인 수소를 발생한다.
③ 발화하면 다량의 열이 발생한다.
④ 뜨거운 물과 격렬히 반응하여 산화알루미늄을 발생한다.

28 위험물안전관리법상 위험물제조소등에서 전기설비가 있는 곳에 적응하는 소화설비는?

① 옥내소화전설비
② 스프링클러설비
③ 포 소화설비
④ 할로겐화합물 소화설비

---

24 소화원리
- 냉각소화 : 물의 기화열 및 비열이 큰 것을 이용하여 가연성물질을 발화점이하로 냉각시키는 효과
  (물의 기화열 : 539kcal/kg, 물의 비열 : 1kcal/kg·℃)
- 질식효과 : 공기 중 산소농도 21%를 15% 이하로 감소시키는 효과(CO_2, 분말소화기)
  (질식소화의 산소농도 : 10~15%)
- 부촉매소화(억제소화) : 계속되는 연소반응(화학적 반응)을 억제하여 연쇄반응을 느리게 하는 효과(할론소화기)
- 제거소화 : 가연성물질을 제거시키는 소화효과
※ 연소의 4요소 : 가연물, 산소공급원, 점화원, 연쇄반응

25 이황화탄소(CS_2) : 제4류(인화성 액체, 특수인화물), 지정수량 50L
- 액비중이 1.26으로 물보다 무겁고 물에 녹지 않아 가연성 증기의 발생을 방지하기 위해서 물속(수조)에 저장한다.
- 이황화탄소를 저장하는 옥외탱크전용실의 수조의 바닥, 벽의 두께는 0.2m 이상으로 누수가 없는 철근콘크리트로 한다.
- 인화점 −30℃, 발화점 100℃, 연소범위 1.2~44%
- 연소시 유독한 아황산가스(SO_2)를 발생한다.
  $$CS_2 + 3O_2 \rightarrow CO_2\uparrow + 2SO_2\uparrow$$

26 옥외탱크저장소의 대기밸브 부착 통기관
- 5kPa 이하의 압력차에서 작동할 수 있는 것
- 가는 눈의 구리망 등으로 인화방지장치를 할 것

27 알루미늄분(Al) : 제2류(가연성고체), 지정수량 500kg
- 은백색 고체의 경금속이다.
- 금속의 이온화 경향이 수소(H)보다 크므로 과열된 수증기(H_2O) 또는 산과 반응하여 수소($H_2\uparrow$)기체를 발생시킨다.
  $$2Al + 6H_2O \rightarrow 2Al(OH)_3 + 3H_2\uparrow (주수소화 절대엄금)$$
  $$2Al + 6HCl \rightarrow 2AlCl_3 + 3H_2\uparrow$$
- 할로겐원소(F, Cl, Br, I)와 접촉 시 자연발화 위험성이 있다.
- 주수소화는 절대엄금하고 마른 모래(건조사) 등으로 피복소화한다

28 전기화재(B급) 적응 소화설비
- 할로겐화합물 소화설비
- CO_2가스 소화설비
- 청정 소화약제 소화설비
- 분말 소화설비
※ 물을 사용하는 소화설비는 전기설비를 손상시킬 우려가 있어 적합하지 않다.

정답 24 ② 25 ③ 26 ① 27 ④ 28 ④

29 Halon 1301 소화약제에 대한 설명으로 틀린 것은?

① 저장 용기에 액체상으로 충전한다.
② 화학식은 CF_3Br이다.
③ 비점이 낮아서 기화가 용이하다.
④ 공기보다 가볍다.

30 벤젠 1몰을 충분한 산소가 공급되는 표준 상태에서 완전연소시켰을 때 발생하는 이산화탄소의 양은 몇 L인가?

① 22.4
② 134.4
③ 168.8
④ 224.0

31 황의 성질에 대한 설명 중 틀린 것은?

① 물에 녹지 않으나 이황화탄소에 녹는다.
② 공기 중에서 연소하여 아황산가스를 발생한다.
③ 전도성 물질이므로 정전기 발생에 유의하여야 한다.
④ 분진폭발의 위험성에 주의하여야 한다.

32 다음 중 증기의 밀도가 가장 큰 것은?

① 디에틸에테르
② 벤젠
③ 가솔린(옥탄 100%)
④ 에틸알코올

---

29 Halon 1301(CF_3Br)
- 분자량 : $12 + 19 \times 3 + 80 = 149$
- 증기비중 $= \dfrac{\text{분자량}}{29(\text{공기의 평균 분자량})}$
$= \dfrac{149}{29} = 5.14$(공기보다 무거움)

30 벤젠(C_6H_6) : 제4류, 제1석유류, 지정수량 200L
- 벤젠의 완전연소반응식
$$2C_6H_6 + 15O_2 \rightarrow 12CO_2 + 6H_2O$$
2mol : 12×22.4L
1mol : x
$$x = \frac{1 \times 12 \times 22.4}{2} = 134.4\text{L}(CO_2)$$

31 황(S) : 제2류(가연성고체), 지정수량 100kg
- 동소체로 사방황, 단사황, 고무상황이 있다.
- 물에 녹지 않고 고무상황을 제외하고 이황화탄소에 잘 녹는 황색 고체이다.
- 공기 중에서 연소 시 푸른빛을 내며 유독한 아황산가스를 발생한다.
$$S + O_2 \rightarrow SO_2\uparrow$$
- 공기 중에서 분말 상태로 분진폭발 위험성이 있다.
- 전기의 부도체로서 정전기 발생 시 가열, 충격, 마찰 등에 의해 발화, 폭발위험이 있다.
- 소화의 다량의 물로 주수소화한다.

32

> 증기의 밀도 $= \dfrac{\text{분자량(g)}}{22.4\text{L}}$
>
> ∴ 분자량이 클수록 밀도는 크다.

① 디에틸에테르($C_2H_5OC_2H_5$) 분자량
$(12 \times 2 + 1 \times 5) \times 2 + 16 = 74$
∴ 밀도 $= \dfrac{74}{22.4} = 3.30$

② 벤젠(C_6H_6) 분자량
$12 \times 6 + 1 \times 6 = 78$
∴ 밀도 $= \dfrac{78}{22.4} = 3.48$

③ 가솔린(옥탄100%) ⇒ 옥탄(C_8H_{18}) 분자량
$12 \times 8 + 1 \times 18 = 114$
∴ 밀도 $= \dfrac{114}{22.4} = 5.09$

④ 에틸알코올(C_2H_5OH) 분자량
$12 \times 2 + 1 \times 5 + 16 + 1 = 46$
∴ 밀도 $= \dfrac{46}{22.4} = 2.05$

정답 29 ④ 30 ② 31 ③ 32 ③

33 위험물 옥외저장탱크 중 압력탱크에 저장하는 디에틸에테르 등의 저장온도는 몇 ℃ 이하여야 하는가?

① 60 　　　　② 40
③ 30 　　　　④ 15

34 위험물저장소에서 다음과 같이 제3류 위험물을 저장하고 있는 경우 지정수량의 몇 배가 보관되어 있는가?

・ 칼륨 : 20kg
・ 황린 : 40kg
・ 칼슘의 탄화물 : 300kg

① 4 　　　　② 5
③ 6 　　　　④ 7

35 건축물 외벽이 내화구조이며 연면적 300m² 인 위험물 옥내저장소의 건축물에 대하여 소화설비의 소화능력 단위는 최소한 몇 단위 이상이 되어야 하는가?

① 1단위 　　　　② 2단위
③ 3단위 　　　　④ 4단위

36 다음 중 자연발화의 조건으로 거리가 먼 것은?

① 표면적이 넓을 것
② 열전도율이 클 것
③ 발열량이 클 것
④ 주위의 온도가 높을 것

37 위험물안전관리법령상에서 정한 경보설비가 아닌 것은?

① 비상경보설비
② 자동화재탐지설비
③ 비상방송설비
④ 비상조명설비

---

33 알킬알루미늄등, 아세트알데히드등 및 디에틸에테르등의 저장기준
1. 옥외 및 옥내저장탱크 또는 지하저장탱크의 저장유지온도

위험물의 종류	압력탱크 외의 탱크	위험물의 종류	압력탱크
산화프로필렌, 디에틸에테르 등	30℃ 이하	아세트알데히드 등 디에틸에테르 등	40℃ 이하
아세트알데히드	15℃ 이하		

2. 이동저장탱크의 저장유지온도

위험물의 종류	보냉장치가 있는 경우	보냉장치가 없는 경우
아세트알데히드 등 디에틸에테르 등	비점 이하	40℃ 이하

・ 이동저장탱크에 알킬알루미늄등을 저장하는 경우에는 20kpa 이하의 압력으로 불활성의 기체를 봉입하여 둘 것
　※ 꺼낼 때는 200kPa 이하의 압력
・ 이동저장탱크에 아세트알데히드등을 저장하는 경우에는 항상 불활성 기체를 봉입하여 둘 것
　※ 꺼낼 때는 100kPa 이하의 압력

34 제3류(금수성, 자연발화성)의 지정수량
・ 칼륨(K) : 10kg, 황린(P_4) : 20kg, 칼슘의 탄화물 : 300kg
・ 지정수량의 배수의 합

$$= \frac{\text{A품목 저장수량}}{\text{A품목 지정수량}} + \frac{\text{B품목 저장수량}}{\text{B품목 지정수량}} + \cdots\cdots$$

$$= \frac{20kg}{10kg} + \frac{40kg}{20kg} + \frac{300kg}{300kg} = 5\text{배}$$

35 1소요단위 : 저장소의 건축물외벽이 내화구조일 때 연면적 150m²

$$\therefore \text{소요단위} = \frac{300m^2}{150m^2} = 2\text{단위}$$

36 자연발화의 조건 : ①, ③, ④ 이외에 열전도율이 낮을 것

37 위험물안전관리법령상 경보설비 5가지 : 비상경보설비, 자동화재탐지설비, 자동화재속보설비, 비상방송설비, 확성장치

정답 33 ② 　34 ② 　35 ② 　36 ② 　37 ④

38 시·도의 조례가 정하는 바에 따라 관할소방서장의 승인을 받아 지정수량 이상의 위험물 제조소등이 아닌 장소에서 임시로 저장 또는 취급하는 기간은 최대 며칠 이내인가?

① 60
② 90
③ 30
④ 120

39 제5류 위험물 취급 시 주의사항으로 다음 중 가장 거리가 먼 것은?

① 통풍이 잘 되는 냉암소에 저장한다.
② 화기접근을 피한다.
③ 마찰과 충격을 피한다.
④ 물과 격리하여 저장한다.

40 위험물 운반에 관한 기준에 따라 다음의 (A)와 (B)에 적합한 것은?

> 액체 위험물은 운반용기의 내용적의 (A)
> 이하의 수납률로 수납하되 (B)의 온도
> 에서 누설되지 않도록 충분한 공간용적
> 을 유지하여야 한다.

① A : 98%, B : 40℃
② A : 95%, B : 55℃
③ A : 98%, B : 55℃
④ A : 95%, B : 40℃

41 다음 소화약제의 분해반응 완결 시 ( ) 안에 옳은 것은?

> $2NaHCO_3 \rightarrow Na_2O + H_2O + ($ $)$

① $6CO_2$
② $6NaOH$
③ $6CO$
④ $2CO_2$

---

38 위험물안전관리법 제5조 2항 : 시·도의 조례가 정하는 바에 따라 관할소방서장의 승인을 받아 지정수량 이상의 위험물을 90일 이내의 기간동안 임시로 저장 또는 취급할 수 있다.

39 제5류 위험물(자기반응성 물질) 취급 시 주의사항
- 화기는 절대엄금하고 직사광선, 가열, 충격, 마찰 등을 피한다.
- 물에 녹지 않고 물보다 무거우므로 약 20% 정도의 물에 습윤시켜 안전하게 저장한다.
- 정전기 발생 및 축적을 방지하며, 밀봉밀전하여 적당한 온도와 습도를 유지하고 통풍이 잘되는 냉암소에 저장한다.
- 가급적 소분하여 저장하고 용기의 파손 및 누설을 방지한다.

40 운반용기 적재방법
1. 고체 위험물 : 내용적의 95% 이하 수납률
2. 액체 위험물
   - 내용적의 98% 이하 수납률
   - 55℃에서 누설되지 않고 충분한 공간용적을 유지할 것
3. 제3류 위험물의 운반용기 수납기준
   - 자연발화성 물질 : 불활성기체 밀봉
   - 자연발화성 물질 이외 : 보호액 맬봉 또는 불활성기체 밀봉
   - 알킬알루미늄등 ┌ 운반용기 내용적의 90% 이하 수납
                    └ 50℃에서 5% 이상 공간 유지
4. 운반용기 겹쳐 쌓는 높이 제한 : 3m 이하

41 분말소화약제

종류	주성분	화학식	색상	적응화재	열분해 반응식
제1종	탄산수소나트륨 (중탄산나트륨)	$NaHCO_3$	백색	B, C급	1차(270℃) : $2NaHCO_3$ $\rightarrow Na_2CO_3 + CO_2 + H_2O$ 2차(850℃) : $2NaHCO_3$ $\rightarrow Na_2O + 2CO_2 + H_2O$
제2종	탄산수소칼륨 (중탄산칼륨)	$KHCO_3$	담자 (회)색	B, C급	1차(190℃) : $2KHCO_3$ $\rightarrow K_2CO_3 + CO_2 + H_2O$ 2차(590℃) : $2KHCO_3$ $\rightarrow K_2O + 2CO_2 + H_2O$
제3종	제1인산암모늄	$NH_4H_2PO_4$	담홍색	A, B, C급	$NH_4H_2PO_4$ $\rightarrow HPO_3 + NH_3 + H_2O$
제4종	탄산수소칼륨 + 요소	$KHCO_3 +$ $(NH_2)_2CO$	회색	B, C급	$2KHCO_3 + (NH_2)_2CO$ $\rightarrow K_2CO_3 + 2NH_3 + 2CO_2$

※ 제1종 또는 제2종 분말소화약제의 열분해반응식에서 몇 차 또는 열분해온도가 주어지지 않을 경우에는 제1차 반응식을 쓰면 된다.

42 위험물안전관리자를 해임할 때에는 해임한 날부터 며칠 이내에 위험물안전관리자를 다시 선임하여야 하는가?

① 7   ② 14
③ 30   ④ 60

43 $C_6H_2CH_3(NO_2)_3$을 녹이는 용제가 아닌 것은?

① 물   ② 벤젠
③ 에테르   ④ 아세톤

44 가연성 액체의 연소형태를 옳게 설명한 것은?

① 증발성이 낮은 액체일수록 연소가 쉽고 연소속도는 빠르다.
② 연소범위하한보다 낮은 범위에서도 점화원이 있으면 연소한다.
③ 가연성 액체의 증발연소는 액면에서 발생하는 증기가 공기와 혼합하여 연소하기 시작한다.
④ 가연성 증기의 농도가 연소범위 상한보다 높으면 연소의 위험이 높다.

45 1종 판매취급소에 설치하는 위험물 배합실의 기준으로 틀린 것은?

① 바닥면적은 $6m^2$ 이상 $15m^2$ 이하일 것
② 내화구조 또는 불연재료로 된 벽으로 구획할 것
③ 출입구는 수시로 열 수 있는 자동폐쇄식의 갑종방화문으로 설치할 것
④ 출입구 문턱의 높이는 바닥면으로부터 0.2m 이상일 것

---

42 • 위험물안전관리자를 해임 시 재선임할 경우 30일 이내에 할 것
• 위험물안전관리자 선임신고할 경우 14일 이내에 소방본부장 또는 소방서장에게 할 것

43 트리니트로톨루엔[$C_6H_2CH_3(NO_2)_3$, TNT] : 제5류 중 니트로화합물, 지정수량 200kg
• 담황색 결정이나 햇빛에 의해 다갈색으로 변한다.
• 물에 불용, 에테르, 벤젠, 아세톤 및 가열된 알코올에 잘 녹는다.
• 강력한 폭약으로 분해 시 다량의 기체가 발생한다(N_2, CO, H_2).
$$2C_6H_2CH_3(NO_2)_3 \rightarrow 12CO\uparrow + 2C + 3N_2\uparrow + 5H_2\uparrow$$
• 운반 시 물을 10% 정도 넣어서 운반한다.

44 가연성 액체의 연소형태
• 액체 자체가 타는 것이 아니라 발생되는 증기가 공기와 혼합하였을 때 연소하기 시작한다.
• 증발성이 큰 액체일수록 연소가 쉽고 연소속도가 빠르다.
• 연소범위는 하한보다 낮거나 상한보다 높을 때는 연소하지 않으며 연소범위 안에서만 연소한다.

45 위험물의 배합실 설치기준
• 바닥면적은 $6m^2$ 이상 $15m^2$ 이하일 것
• 내화구조로 된 벽으로 구획할 것
• 바닥은 위험물이 침투하지 아니하는 구조로 하여 적당한 경사를 두고 집유설비를 할 것
• 출입구에는 자동폐쇄식의 갑종방화문을 설치할 것
• 출입구 문턱의 높이는 바닥면으로부터 0.1m 이상으로 할 것
• 내부에 체류한 가연성의 증기 또는 가연성의 미분을 지붕 위로 방출하는 설비를 할 것

정답 **42** ③   **43** ①   **44** ③   **45** ④

46 산화프로필렌에 대한 설명 중 틀린 것은?

① 연소범위는 가솔린보다 넓다.

② 물에는 잘 녹지만 알코올, 벤젠에는 녹지 않는다.

③ 비중은 1보다 작고, 증기비중은 1보다 크다.

④ 증기압이 높으므로 상온에서 위험한 농도까지 도달할 수 있다.

47 소화설비의 설치기준에서 유기과산화물 1000kg은 몇 소요단위에 해당하는가?

① 10 ② 20

③ 30 ④ 40

48 옥내저장탱크와 탱크전용실의 벽과의 사이 및 옥내저장탱크의 상호 간에는 몇 m 이상의 간격을 유지하여야 하는가?

① 0.3 ② 0.5

③ 1.0 ④ 1.5

49 위험물제조소 건축물의 구조 기준이 아닌 것은?

① 출입구에는 갑종방화문 또는 을종방화문을 설치할 것

② 지붕은 폭발력이 위로 방출될 정도의 가벼운 불연재료로 덮을 것

③ 벽, 기둥, 바닥, 보, 서까래 및 계단은 불연재료로 하고 연소 우려가 있는 외벽은 개구부가 없는 내화구조로 할 것

④ 산화성고체, 가연성고체 위험물을 취급하는 건축물의 바닥은 위험물이 스며들지 못하는 재료를 사용할 것

---

46 산화프로필렌(CH_3CHCH_2O) : 제4류 중 특수인화물, 지정수량 50L

- 인화점 $-37°C$, 비중 0.83, 증기비중 2, 연소범위 2.5~38.5% 이다.
- 휘발성이 강하고 물, 알코올, 벤젠 등에 잘 녹는다.
- 분자량 : $CH_3CHCH_2O = 12(C) \times 3 + 1(H) \times 6 + 16(O) \times 1 = 58$

  증기비중 : $\dfrac{분자량}{29} = \dfrac{58}{29} = 2$
- 증기압은 매우 높으므로(20°C에서 45.5mmHg) 상온에서 쉽게 연소범위에 도달한다.
- 저장용기 사용 시 구리, 마그네슘, 은, 수은 및 그의 합금은 사용 금지 한다.(폭발성 금속아세틸라이드 생성)
- 저장용기 내에 질소(N_2) 등 불연성 가스를 채워둔다.

47 소요1단위의 산정방법

건축물	내화구조의 외벽	내화구조가 아닌 외벽
제조소 및 취급소	연면적 100m²	연면적 50m²
저장소	연면적 150m²	연면적 75m²
위험물	지정수량의 10배	

- 유기과산화물 : 제5류 위험물, 지정수량 10kg
- 소요단위 = $\dfrac{저장수량}{지정수량 \times 10} = \dfrac{1000kg}{10kg \times 10} = 10$단위

48 옥내저장탱크와 탱크전용실의 벽과의 사이 및 옥내저장탱크의 상호 간에는 0.5m 이상의 간격을 유지하여야 한다.

49 ④ 액체의 위험물을 취급하는 건축물의 바닥은 위험물이 스며들지 못하는 재료를 사용하고, 적당한 경사를 두어 그 최저부에 집유설비를 하여야 한다.

50 제조소 또는 일반 취급하는 제4류 위험물의 최대 수량의 합이 지정수량의 30만배인 사업소의 자체소방대에 두는 화학소방자동차와 자체소방대원의 기준으로 옳은 것은?

① 1대, 5인
② 2대, 10인
③ 3대, 15인
④ 4대, 20인

51 오황화린이 물과 작용해서 발생하는 유독성 기체는?

① 아황산가스
② 포스겐
③ 황화수소
④ 인화수소

52 표준상태에서 2kg의 이산화탄소가 모두 기체상태의 소화약제로 방사될 경우 부피는 몇 m^3인가?

① 1,018   ② 10.18
③ 101.8   ④ 1018

53 위험물안전관리법령상 옥내소화전설비에 관한 기준에 대해 다음 ( )에 알맞은 수치를 옳게 나열한 것은?

> 옥내소화전설비는 각 층을 기준으로 하여 당해 층의 모든 옥내소화전(설치개수가 5개 이상인 경우는 5개의 옥내소화전)을 동시에 사용할 경우에 각 노즐선단의 방수 압력이 (㉠)kPa 이상이고 방수량이 1분당 (㉡)l 이상의 성능이 되도록 할 것

① ㉠ 350, ㉡ 260
② ㉠ 450, ㉡ 260
③ ㉠ 350, ㉡ 450
④ ㉠ 450, ㉡ 450

---

50 • 자체소방대 설치대상 사업소 : 제4류 위험물을 지정수량의 3천 배 이상 취급하는 제조소 또는 일반취급소와 지정수량의 50만 배 이상 저장하는 옥외탱크저장소
• 자체소방대에 두는 화학소방자동차 및 인원

사업소	지정수량의 양	화학소방자동차	자체소방대원의 수
제조소 또는 일반취급소에서 취급하는 제4류 위험물의 최대수량의 합계	3천 배 이상 12만 배 미만인 사업소	1대	5인
	12만 배 이상 24만 배 미만인 사업소	2대	10인
	24만 배 이상 48만 배 미만인 사업소	3대	15인
	48만 배 이상인 사업소	4대	20인
제4류 위험물을 저장하는 옥외탱크저장소	50만 배 이상인 사업소	2대	10인

※ 화학소방차 중 포수용액을 방사하는 화학소방차 대수는 상기 표의 규정대수의 $\frac{2}{3}$ 이상으로 한다.

51 황화린(제2류) : 삼황화린(P_4S_3), 오황화린(P_2S_5), 칠황화린(P_4S_7)
• 오황화린(P_2S_5)은 물, 알칼리와 반응하여 인산(H_3PO_4)과 황화수소(H_2S)의 유독성기체를 발생한다.

$$P_2S_5 + 8H_2O \rightarrow 2H_3PO_4 + 5H_2S \uparrow$$

52 이상기체 상태방정식

• $PV = nRT = \dfrac{W}{M}RT$

$$\begin{bmatrix} P : 압력(atm) & V : 부피(l) \\ n : 몰수\left(\dfrac{W}{M}\right) & W : 무게(g) \\ M : 분자량 & T : 절대온도(273+t℃)K \\ R : 기체상수(0.082 atm \cdot l/mol \cdot K) & \end{bmatrix}$$

• $V = \dfrac{WRT}{PM} = \dfrac{2,000 \times 0.082 \times (273+0)}{1 \times 44} = 1,018 l = 1.018 m^3$

53 옥내소화전설비의 설치기준

수평거리	방사량	방사압력	수원의 양(Q:m^3)
25m 이하	260(l/min) 이상	350(kPa) 이상	Q=N(소화전개수 : 최대 5개)×7.8m^3 (260l/min×30min)

정답 **50** ③   **51** ③   **52** ①   **53** ①

54 위험물안전관리법령에 따른 지하탱크저장소의 지하저장 탱크의 기준으로 옳지 않은 것은?

① 탱크의 외면에는 녹 방지를 위한 도장을 하여야 한다.
② 탱크의 강철판 두께는 3.2mm 이상으로 하여야 한다.
③ 압력탱크는 최대 상용압력의 1.5배의 압력으로 10분간 수압시험을 한다.
④ 압력탱크 외의 것은 50kPa의 압력으로 10분간 수압시험을 한다.

55 지정수량 이상의 위험물을 차량으로 운반할 때 게시판의 색상에 대한 설명으로 옳은 것은?

① 흑색바탕에 청색의 도료로 '위험물'이라고 게시한다.
② 흑색바탕에 황색의 반사도료로 '위험물'이라고 게시한다.
③ 적색바탕에 흰색의 반사도료로 '위험물'이라고 게시한다.
④ 적색바탕에 흑색의 도료로 '위험물'이라고 게시한다.

56 물과 접촉하였을 때 에탄이 발생되는 물질은?

① CaC_2
② $(C_2H_5)_3Al$
③ $C_6H_3(NO_2)_3$
④ $C_2H_5ONO_2$

57 위험물안전관리법령에 따른 위험물제조소의 안전거리 기준으로 틀린 것은?

① 주택으로부터 10m 이상
② 학교, 병원, 극장으로부터 30m 이상
③ 유형문화재와 기념물 지정문화재로부터 70m 이상
④ 고압가스 등을 저장·취급하는 시설로부터 20m 이상

54 압력탱크 외의 것은 70kPa의 압력으로 10분간 수압시험을 한다. (압력탱크는 최대 상용압력의 1.5배의 압력으로 10분간 수압시험 실시)

55 이동탱크저장소의 표지판
• 표기 : '위험물'
• 색상 : 흑색바탕에 황색반사도료
• 부착위치 : 차량의 전면 및 후면
• 크기 : 0.3m 이상×0.6m 이상인 직사각형

56 알킬알루미늄(R-Al) : 제3류(금수성물질)
• 트리에틸알루미늄[(C_2H_5)$_3$Al] : 물과 접촉 시 폭발적으로 반응하여 에탄(C_2H_6)을 생성한다.
  $(C_2H_5)_3Al + 3H_2O \rightarrow Al(OH)_3 + 3C_2H_6 \uparrow$
• 주수소화 엄금하고 팽창질석, 팽창진주암으로 소화한다.

57 제조소의 안전거리(제6류 위험물 제외)

건축물	안전거리
사용전압이 7,000V 초과 35,000V 이하	3m 이상
사용전압이 35,000V 초과	5m 이상
주거용(주택)	10m 이상
고압가스, 액화석유가스, 도시가스	20m 이상
학교, 병원, 극장, 복지시설	30m 이상
유형문화재, 지정문화재	50m 이상

58 제4류 위험물 중 비수용성 인화성 액체의 탱크화재 시 물을 뿌려 소화하는 것은 적당하지 않다고 한다. 그 이유로서 가장 적당한 것은?

① 인화점이 낮아진다.

② 가연성가스가 발생한다.

③ 화재면(연소면)이 확대된다.

④ 발화점이 낮아진다.

59 위험물안전관리법령상 옥외소화전설비에서 옥외소화전함은 옥외소화전으로부터 보행거리 몇 m 이하의 장소에 설치하여야 하는가?

① 5m 이내　　② 10m 이내

③ 20m 이내　　④ 40m 이내

60 청정 소화약제 중 IG-541의 구성 성분을 옳게 나타낸 것은?

① 헬륨, 네온, 아르곤

② 질소, 아르곤, 이산화탄소

③ 질소, 이산화탄소, 헬륨

④ 헬륨, 네온, 이산화탄소

58 주수소화 시, 비수용성 물질은 비중이 물보다 가벼워 연소면을 확대할 수 있다.

59 옥외소화전설비의 기준
- 옥외소화전의 호스접속구의 상호 수평거리 : 40m 이하
- 옥외소화전 설치높이 : 1.5m 이하
- 옥외소화전과 소화전함 거리 : 보행거리 5m 이하

60 불활성가스 청정소화약제의 성분비율

소화약제명	화학식
IG-01	Ar : 100%
IG-100	N_2 : 100%
IG-541	N_2 : 52%, Ar : 40%, CO_2 : 8%
IG-55	N_2 : 50%, Ar : 50%

memo

memo

memo

memo

memo